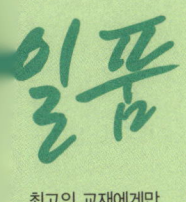

최고의 교재에게만
허락되는 이름

「일품」 합격수험서로 녹색자격증 취득한다!
자격증 취득은 원리에 충실해야 합니다. 최적의 길잡이가 되어드리겠습니다.

「일품」 합격수험서로 녹색직업 부자된다!
다른 수험서와 차별화된 차이점은 조그마한 부분에서부터 시작됩니다.

365일 저자상담직통전화
010-7209-6627

지난 40여 년 동안 수많은 수험생들이 세화출판사의 안전수험서로 합격의 기쁨을 누렸습니다.

많은 독자들의 추천과 선택으로 대한민국 안전수험서 분야 1위 석권을 꾸준히 지키고 있는 도서출판 세화는 항상 수험생들의 안전한 합격을 위해 최신기출문제를 백과사전식 해설과 함께 빠르게 증보하고 있습니다.
저희 세화는 독자 여러분의 안전한 합격을 응원합니다.

40년의 열정, 40년의 노력, 40년의 경험

정부가 위촉한 대한민국 산업현장 교수!
안전수험서 판매량 1위 교재 집필자인
정재수 안전공학박사가 제안하는
과목별 **321** 공부법!!

[되고 법칙]

돈이 없으면 벌면 되고 잘못이 있으면 고치면 되고 안되는 것은 되게 하면 되고,
모르면 배우면 되고, 부족하면 메우면 되고, 잘 안되면 될때까지 하면 되고, 길이
안보이면 길을 찾을때까지 찾으면 되고, 길이 없으면 길을 만들면 되고, 기술이
없으면 연구하면 되고, 생각이 부족하면 생각을 하면 된다.

*수험정보나 일정에 대하여 궁금하시면 세화홈페이지(www.sehwapub.co.kr)에 접속하여 내려받으시고
게시판에 질문을 남기시거나 궁금한 점이 있으시면 언제든지 아래의 번호로 전화하세요.

| 3 단 계 대 비 학 습 | 365일 합격상담직통전화 | **010-7209-6627** |

---

1 필기 합격

- **3단계 합격단계** · 합격날개 · 과목별 필수요점 및 문제
- ⬇
- **2단계 기본단계** · 필수문제 · 최근 3개년 3단계 과년도
- ⬇
- **1단계 만점단계** · 알짬QR · 1주일에 끝나는 합격요점

2 필기 과년도 34년치 3주 합격

- **3단계 합격단계**
  · 기사→공개문제 23개년도 (2003~2025년)기출문제
  · 산업기사→공개문제 24개년도 (2002~2025년)기출문제
- ⬇
- **2단계 기본단계**
  · 기사→미공개문제 11개년도 (1992~2002년)기출문제
  · 산업기사→미공개문제 10개년도 (1992~2001년)기출문제
- ⬇
- **1단계 만점단계** · 알짬QR ·
  · 1주일에 끝나는 계산문제총정리
  · 미공개 문제 및 지난과년도

산업안전 우수 숙련 기술자 (숙련 기술장려법 제10조)

정/직한 수험서!
재/수있는 수험서!
수/석예감 수험서!

아래와 같은 방법으로 공부하시면 반드시 합격합니다.

• 특허 제 10-2687805호 •   **"특허받은 교재"**

자격증 취득은 기초부터 차근차근 다져나가는 것이 중요합니다. 필기에서는 과목별 요점정리와 출제예상문제를, 과년도에서는 최근 기출문제와 계산문제 총정리를, 실기 필답형에서는 합격예상작전과 과년도 기출문제를, 실기 작업형에서는 최근 기출문제 풀이 중심으로 공부하시면 됩니다.

필기시험 합격자에게는 2년간 실기시험 수험의 응시가 주어지고, 최종 실기시험 합격자는 21C 유망 녹색자격증 취득의 기쁨이 주어지게 됩니다.

일품 필기 → 일품 필기 과년도 → 일품 실기 필답형 → 일품 실기 작업형

---

3 실기 필답형 *4주 합격*

3단계 합격단계 — 과목별 필수요점 및 출제예상문제

⬇

2단계 기본단계
• 기본 : 과년도 출제문제 (2011~2015년)
• 필수 : 과년도 출제문제 (2016~2025년)

⬇

1단계 만점단계
• 알짬QR •
• 실기필답형 1주일 최종정리
• 1991~2010년 기출문제

4 실기 작업형 *1주 합격*

3단계 합격단계 — 과년도 출제문제 (2018~2025년)

⬇

2단계 기본단계 — 각 과목별 필수 요점 및 문제

⬇

1단계 만점단계
• 알짬QR •
• 2000~2017년 기출문제

*산재사고로 피해를 입으신 근로자 및 유가족들에게
심심한 조의와 유감을 표합니다.

2026
개정18판 총19쇄

▶ ISO 45001:2018 인증
▶ ISO 9001:2015 인증
▶ 안전연구소 인정

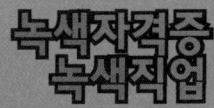
녹색자격증
녹색직업

CBT 실전 연습
AI 기출문제 학습앱
맞추다 MACHUDA
https://machuda.kr

세계유일무이
365일 저자상담직통전화
010-7209-6627

ONLY ONE 합격교재

산업안전지도사
[II] 산업안전일반

대한민국 산업현장교수/기술지도사
안전공학박사/명예교육학박사
정재수 지음

자문/산업안전지도사 심상민
산업보건지도사 김관오 · 임근택

동영상 강의
에듀피디   에어클래스
이패스코리아   한솔아카데미

1차 필기

「산업안전 우수 숙련기술자 선정」

지도사 · 건설안전기사 · 산업안전기사 · 기능장 · 기술사 등 관련자격 및 의문사항에 대하여
365일 성심 성의껏 답변해 드리고 있습니다. 저자와 상담 후 교재를 구입하세요.
www.sehwapub.co.kr

특허 제410-2687805호

대한민국 최초, 최다, 최고, 최상, 최적 적중률의 안전관리 완벽합격!
• 특허 제10-2687805호 •
명칭 : 국가직무능력표준에 따른 자격사 교육 콘텐츠 생성 자동화 방법, 장치 및 시스템

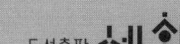
도서출판 세화

2026년 산업안전지도사를 취득해야 하는 이유가 있다. 건강, 장수, 재산이다. 건강하고 장수하고 부자가 되려면 지도사에 합격하면 성취가 가능하다. 대한민국 1[%] 이내 부자도 될 수 있다. 보통사람들이 소망하는 성공과 동일하다.

본 산업안전지도사 교재는 합격을 위한 수험서이다. 산업안전지도사는 기계안전분야·전기안전분야화공안전분야·건설안전분야, 산업보건지도사는 산업위생, 직업환경의학분야 등으로 구분되어 있다. 공통필수 1차 필기 3과목은 동일하다. 지도사는 1996년 9월 8일 제1회시험, 제15회 2025년 9월 24일 최종합격하여 현재 안전분야 최고의 안전 전문의 및 CEO로 활동하고 있다.

정부에서도 박사·기술사만이 응시하는 시험을 대한민국 국민이면 남녀노소·학력·성별 제한없이 응시가 가능하도록 하였다.

「되고법칙」
돈이 없으면 돈은 벌면 되고, 잘못이 있으면 잘못은 고치면 되고, 안 되는 것은 되게 하면 되고, 모르면 배우면 되고, 부족하면 메우면 되고, 잘 안되면 될 때까지 하면 되고, 길이 안보이면 길을 찾을 때까지 찾으면 되고, 길이 없으면 길을 만들면 되고, 기술이 없으면 연구하면 되고, 생각이 부족하면 생각을 하면 된다.

산업안전지도사는 공부하면 합격된다.
교재를 만나는 순간 합격의 기쁨이 올 것이다.
본서는 연구용도 참고용도 아니며 오로지 합격을 위하여 꼭 필요한 내용으로만 구성하였다.
본서의 특징은 자격증 취득을 대비해 이렇게 구성하였다.

① 본서의 이론 내용은 간단하고 명료하게 알짜배기만으로 구성했다.
② 본문의 내용에서 이해하지 못했다면 출제예상문제에서 반드시 이해할 수 있도록 하였다.
③ 한 문제(1항목)를 이해하면 열 문제(10항목)를 해결할 수 있게 상세풀이로 구성하였다.
④ 본서는 출제예상문제를 빠짐없이 수록하여 어떤 교재와도 차별화가 되도록 구성하였다.
⑤ 산업안전지도사 자격 취득의 결론은 본서의 요점과 예상문제, 기출문제 등이 합격될 수 있도록 엮었다.

PREFACE

⑥ 예규와 법 등을 수록하여 답의 확신과 신뢰를 주었다.
⑦ 과년도 기출문제를 백과사전식 해설로 중요점을 강조하여 반드시 합격이 가능하도록 구성하였다.

본 산업안전지도사가 세상에 출간되기까지 밤잠을 설쳐가며 인고의 고통을 함께 한 세화출판사의 박 용 사장님을 비롯한 임직원께 고맙게 생각하며 오늘이 있기까지 변함없이 은혜와 사랑을 주시는 나의 하나님께 진정으로 감사드린다.

저자 씀

원서접수방법 및 유의사항

산업안전지도사 시험은 인터넷을 통해서만 접수가 가능합니다.

① 한국산업인력공단 인터넷 원서 접수 사이트(www.q-net.or.kr)로 접속합니다.
② 회원가입을 해야만 접수할 수 있습니다. 오른쪽 상단에 있는 (회원가입)아이콘을 클릭하면 회원가입 동의를 묻는 회원가입 약관 창이 나옵니다.
③ 회원가입 약관 창에서(동의)를 클릭하시고 인적사항 입력 창에서 성명, 주민등록번호, 우편번호, 주소 등을 입력하고 원서와 자격증에 부착할 사진을 지정하여 올립니다. 입력항목 중에서 * 표시가 있는 항목은 반드시 입력합니다.

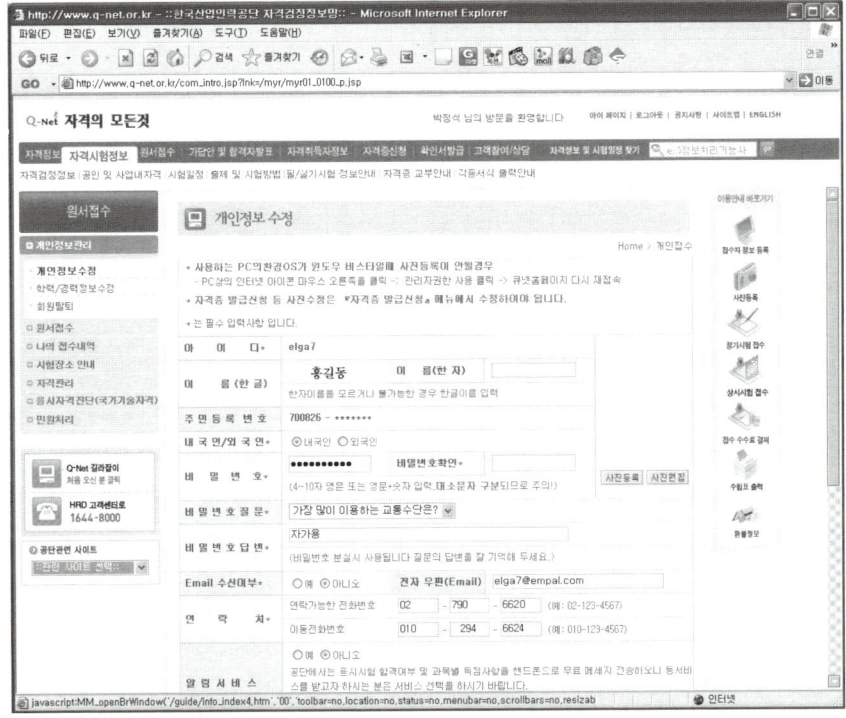

※ 알림서비스를 (예)로 선택하시면 응시한 시험의 합격 여부 및 과목별 득점 내역을 핸드폰 메시지로 무료 전송해주므로 편리합니다.

④ 회원가입 화면에서 필수 항목을 모두 입력하고 (확인)을 클릭하면 가입이 완료됩니다.
⑤ 접수를 하려면 먼저 로그인을 하셔야 합니다. 주민등록번호와 비밀번호를 입력하고 로그인하면 원서 접수창이 열립니다.

⑥ 왼쪽 상단에 있는 '원서 접수'를 클릭하면 현재 접수할 수 있는 자격시험이 정기와 상시로 구분되어 나타납니다. 지도사는 정기시험만 있습니다.
⑦ 응시 시험을 선택하면 응시 시험에서 선택할 수 있는 응시 종목이 나타납니다. 원하는 종목을 클릭하면 이제 까지 입력한 정보에 맞게 수검원서가 나타납니다. (다음)을 클릭하면 시험장을 선택할 수 있는 화면이 나타납니다.
⑧ 시험장을 선택하면 시험일자와 시간을 선택하는 화면이 나타납니다.

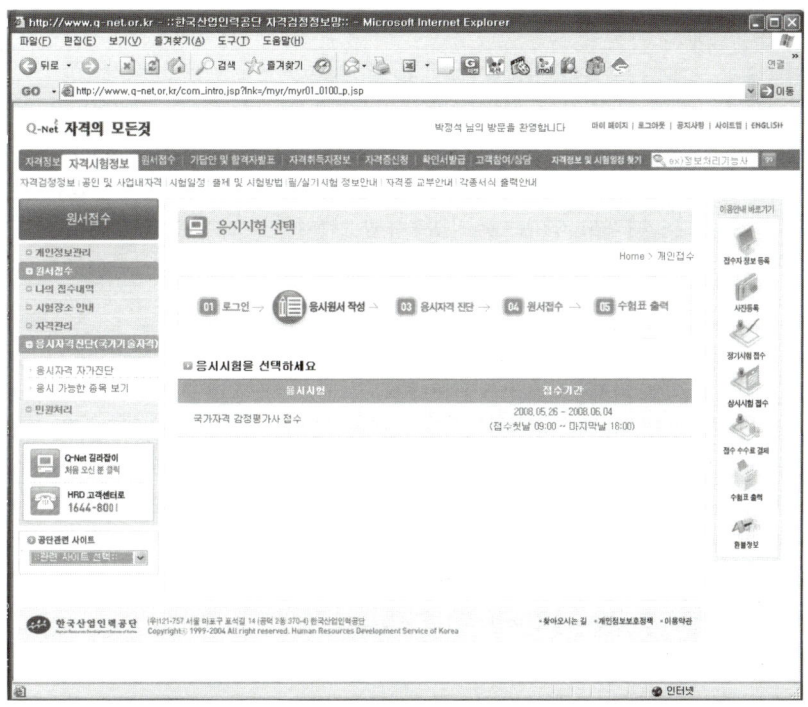

⑨ 응시할 시험장소를 클릭하세요 수검 비용을 결재하는 화면이 나타납니다. (카드결재)와 (계좌이체)중에서 선택하세요.
⑩ 결재를 성공적으로 마친 후(결재성공)을 클릭하면 수험표가 나타납니다. 이 수험표는 시험 볼 때 꼭 필요하므로 반드시 인쇄하여 보관해야 합니다. 아울러 정확한 시험 날짜 및 장소를 확인하세요.

※ 자세한 사항은 www.q-net.or.kr에 접속하여 Q-Net길라잡이를 이용하세요.

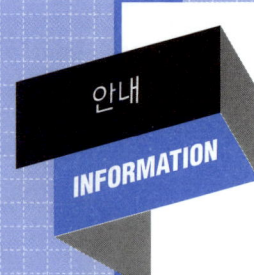

전국 한국 산업인력공단 시험안내 전화번호

지사명	주소	검정안내 전화번호
한국산업인력공단	44538 울산광역시 중구 종가로 345	1644-8000
서울지역본부	02512 서울 동대문구 장안벚꽃로 279	02-2137-0590
서울서부지사	03302 서울 은평구 진관3로 36	02-2024-1700
서울남부지사	07225 서울 영등포구 버드나루로 110	02-876-8322
서울강남지사	06193 서울 강남구 테헤란로 412 T412빌딩 15층	
인천지역본부	21634 인천 남동구 남동서로 209	032-820-8600
경기지사	16626 경기도 수원시 권선구 호매실로 46-68	031-249-1201
경기북부지사	11780 경기도 의정부시 바대논길 21, 해인프라자 3~5층	031-850-9100
경기동부지사	13313 경기도 성남시 수정구 성남대로 1217	031-750-6200
경기서부지사	14488 경기도 부천시 길주로 463번길 69	032-719-0800
경기남부지사	17561 경기도 안성시 공도읍 공도로 51-23	031-615-9000
강원지사	24408 강원도 춘천시 동내면 원창고개길 135	033-248-8500
강원동부지사	25440 강원도 강릉시 사천면 방동길 60	033-650-5700
부산지역본부	46519 부산 북구 금곡대로 441번길 26	051-330-1910
부산남부지사	48518 부산 남구 신선로 454-18	051-620-1910
경남지사	51519 경남 창원시 성산구 두대로 239	055-212-7200
경남서부지사	52733 경남 진주시 남강로 1689	055-791-0700
울산지사	44538 울산광역시 중구 종가로 347	052-220-3224
대구지역본부	42704 대구 달서구 성서공단로 213	053-580-2300
경북지사	36616 경북 안동시 서후면 학가산 온천길 42	054-840-3000
경북동부지사	37580 경북 포항시 북구 법원로 140번길 9	054-230-3200
경북서부지사	39371 경북 구미시 산호대로 253	054-713-3000
광주지역본부	61008 광주광역시 북구 첨단벤처로 82	062-970-1700
전북지사	54852 전북 전주시 덕진구 유상로 69	063-210-9200
전남지사	57948 전남 순천시 순광로 35-2	061-720-8500
전남서부지사	58604 전남 목포시 영산로 820	061-288-3300
대전지역본부	35000 대전광역시 중구 서문로 25번길 1	042-580-9100
충북지사	28456 충북 청주시 흥덕구 1순환로 394번길 81	043-279-9000
충남지사	31081 충남 천안시 서북구 천일고1길 27	041-620-7600
세종지사	30128 세종특별자치시 한누리대로 296	044-410-8000
제주지사	63220 제주 제주시 복지로 19	064-729-0701

※ 청사이전이나 조직 변동시 주소 및 전화번호가 변경될 수 있음

자격시험 안내사항

1. 시험일정 정보

시험관련 상세정보는 산업안전(보건)지도사 홈페이지(www.q-net.or.kr/site/indusafe)와 산업보건지도사(www.q-net.or.kr/site/indusani)참조

2. 시험과목 및 시험방법

가. 시험과목

구분	교시	시험과목		시험시간	배점
제1차 시험	1	공통필수 (3)	・공통필수Ⅰ(산업안전보건법령) ・공통필수Ⅱ(산업안전일반6범위/산업위생일반5범위) ・공통필수Ⅲ(기업진단·지도)	90분 - 5지 택일형 : 과목당 25문제	과목당 100점
제2차 시험	1	전공필수 (택1)	산업안전지도사	・기계안전공학 ・전기안전공학 ・화공안전공학 ・건설안전공학	100분 -주관식 논술형 4개(필수 2/ 택1) -주관식 단답형 5문제(전항 작성)	-주관식 논술형 : 75점(25점*3문제) -주관식 단답형 : (5점*5문제)
	1	전공필수 (택1)	산업보건지도사	・직업환경의학 ・산업위생공학		
제3차 시험	-	-	・면접시험	1인당 20분 내외	10점

나. 과목별 출제범위
1) 제1차시험(3과목)

	산업안전지도사		산업보건지도사		시험방법
	과 목	출제범위	과 목	출제범위	
1차 공통 필수	산업안전보건법령(Ⅰ)	「산업안전보건법」, 같은 법 시행령, 같은 법 시행규칙, 「산업안전보건기준에 관한 규칙」	산업안전보건법령(Ⅰ)	산업안전지도사와 동일	객관식 5지택일형
	산업안전일반6범위(Ⅱ)	산업안전교육론,안전관리 및 손실방지론, 신뢰성공학, 시스템안전공학, 인간공학, 산업재해 조사 및 원인 분석 등	산업위생일반5범위(Ⅱ)	산업위생개론, 작업관리, 산업위생보호구, 건강관리, 산업재해 조사 및 원인 분석 등	
	기업진단지도(Ⅲ)	경영학(인적자원관리, 조직관리, 생산관리), 산업심리학, 산업위생개론	기업진단지도(Ⅲ)	경영학(인적자원관리, 조직관리, 생산관리), 산업심리학, 산업안전개론	

2) 제2차시험(택 1과목)

구분		산업안전지도사			산업보건지도사		
		기계안전분야	전기안전분야	화공안전분야	건설안전분야	산업의학분야	산업보건분야
	과목	기계안전공학	전기안전공학	화공안전공학	건설안전공학	직업환경의학	산업위생공학
전공필수	시험범위	-기계·기구·설비의 안전 등(위험기계·양중기·운반기계·압력용기 포함) -공장자동화설비의 안전기술 등 -기계·기구·설비의 설계·배치·보수·유지기술 등	-전기기계·기구 등으로 인한 위험방지 등(전기방폭설비 포함) -정전기 및 전자파로 인한 재해예방 등 -감전사고 방지기술 등 -컴퓨터·계측제어 설비의 설계 및 관리기술 등	-가스·방화 및 방폭설비 등, 화학장치·설비안전 및 방식기술 등 -정성·정량적 위험성 평가, 위험물 누출·확산 및 피해 예측 등 -유해위험물질 화재폭발 방지론, 화학공정 안전관리 등	-건설공사용 가설구조물·기계·기구 등의 안전기술 등 -건설공법 및 시공방법에 대한 위험성 평가 등 -추락·낙하·붕괴·폭발 등 재해요인별 안전대책 등 -건설현장의 유해·위험요인에 대한 안전기술 등	-직업병의 종류 및 인체발병경로, 직업병의 증상 판단 및 대책 등 -역학조사의 연구방법, 조사 및 분석방법, 직종별 산업의학적 관리대책 등 -유해인자별 특수건강진단 방법, 판정 및 사후관리 대책 등 -근골격계 질환, 직무스트레스 등 업무상 질환의 대책 및 작업관리방법 등	-산업 환기 설비의 설계, 시스템의 성능 검사·유지관리기술 등 -유해인자별 작업 환경측정 방법, 산업위생통계 처리 및 해석, 공학적 대책 수립기술 등 -유해인자별 인체에 미치는 영향·대사 및 축적, 인체의 방어기전 등 -측정 시료의 전처리 및 분석방법, 기기분석 및 정도관리기술 등

3. 시험과목

가. 제2차 시험

1) 산업안전지도사

구분	과목명(응시분야)	출제범위
제2차 시험	기계안전공학	○기계·기구·설비의 안전 등(위험기계·양중기·운반기계·압력용기 포함) ○공장자동화설비의 안전기술 등 ○기계·기구·설비의 설계·배치·보수·유지기술 등
	전기안전공학	○전기기계·기구 등으로 인한 위험 방지 등(전기방폭설비 포함) ○정전기 및 전자파로 인한 재해예방 등 ○감전사고 방지기술 등 ○컴퓨터·계측제어 설비의 설계 및 관리기술 등
	화공안전공학	○가스·방화 및 방폭설비 등, 화학장치·설비안전 및 방식기술 등 ○정성·정량적 위험성 평가, 위험물 누출·확산 및 피해 예측 등 ○유해위험물질 화재폭발 방지론, 화학공정 안전관리 등
	건설안전공학	○건설공사용 가설구조물·기계·기구 등의 안전기술 등 ○건설공법 및 시공방법에 대한 위험성 평가 등 ○추락·낙하·붕괴·폭발 등 재해요인별 안전대책 등 ○건설현장의 유해·위험요인에 대한 안전기술 등

2) 산업보건지도사

구분	과목명(응시분야)	출제범위
제2차 시험	산업의학	○직업병의 종류 및 인체발병경로, 직업병의 증상 판단 및 대책 등 ○역학조사의 연구방법, 조사 및 분석방법, 직종별 산업의학적 관리대책 등 ○유해인자별 특수건강진단 방법, 판정 및 사후관리대책 등 ○근골격계질환, 직무스트레스 등 업무상 질환의 대책 및 작업관리 방법 등
	산업위생공학	○산업환기설비의 설계, 시스템의 성능검사·유지관리기술 등 ○유해인자별 작업환경측정 방법, 산업위생통계 처리 및 해석, 공학적 대책 수립기술 등 ○유해인자별 인체에 미치는 영향·대사 및 축적, 인체의 방어기전 등 ○측정시료의전처리 및 분석 방법, 기기 분석 및 정도관리기술 등

4. 출제영역

가. 산업안전지도사(I과목)

과목명	주요항목	세부항목
산업안전보건법령	1. 산업안전보건법 2. 산업안전보건법 시행령 3. 산업안전보건법 시행규칙 4. 산업안전보건기준에 관한 규칙	1. 총칙 등에 관한 사항 2. 안전·보건관리체제 등에 관한 사항 3. 안전보건관리규정에 관한 사항 4. 유해·위험 예방조치에 관한 사항(산업안전보건기준에 관한 규칙 포함) 5. 근로자의 보건관리에 관한 사항 6. 감독과 명령에 관한 사항 7. 산업안전지도사 및 산업보건지도사에 관한 사항 8. 보칙 및 벌칙에 관한 사항

산업안전지도사(II과목)

과목명	주요항목	세부항목
산업안전일반	1. 산업안전교육론	1. 교육의 필요성과 목적 2. 안전·보건교육의 개념 3. 학습이론 4. 근로자 정기안전교육 등의 교육내용 5. 안전교육방법(TWI, OJT, OFF.J.T 등) 및 교육평가 6. 교육실시방법(강의법, 토의법, 실연법, 시청각교육법 등)
	2. 안전관리 및 손실방지론	1. 안전과 위험의 개념 2. 안전관리 제이론 3. 안전관리의 조직 4. 안전관리 수립 및 운용 5. 위험성평가 활동 등 안전활동 기법
	3. 신뢰성공학	1. 신뢰성의 개념 2. 신뢰성 척도와 계산 3. 보전성과 유용성 4. 신뢰성 시험과 추정 5. 시스템의 신뢰도

과목명	주요항목	세부항목
산업안전일반	4. 시스템안전공학	1. 시스템 위험분석 및 관리 2. 시스템 위험분석기법(PHA, FHA, FMEA, ETA, CA 등) 3. 결함수분석 및 정성적, 정량적 분석 4. 안전성평가의 개요 5. 신뢰도 계산 6. 위해위험방지계획
	5. 인간공학	1. 인간공학의 정의 2. 인간-기계체계 3. 체계설계와 인간요소 4. 정보입력표시(시각적, 청각적, 촉각, 후각 등의 표시장치) 5. 인간요소와 휴먼에러 6. 인간계측 및 작업공간 7. 작업환경의 조건 및 작업환경과 인간공학 8. 근골격계 부담 작업의 평가
	6. 산업재해조사 및 원인분석	1. 재해조사의 목적 2. 재해의 원인분석 및 조사기법 3. 재해사례 분석절차 4. 산재분류 및 통계분석 5. 안전점검 및 진단

산업안전지도사(Ⅲ과목)

과목명	주요항목	세부항목
기업진단·지도	1. 경영학(인적자원관리, 조직관리, 생산관리)	1. 인적자원관리의 개념 및 관리방안에 관한 사항 2. 노사관계관리에 관한 사항 3. 조직관리의 개념에 관한 사항 4. 조직행동론에 관한 사항 5. 생산관리의 개념에 관한 사항 6. 생산시스템의 설계, 운영에 관한 사항 7. 생산관리 최신이론에 관한 사항
	2. 산업심리학	1. 산업심리 개념 및 요소 2. 직무수행과 평가 3. 직무태도 및 동기 4. 작업집단의 특성 5. 산업재해와 행동 특성 6. 인간의 특성과 직무환경 7. 직무환경과 건강 8. 인간의 특성과 인간관계
	3. 산업위생개론	1. 산업위생의 개념 2. 작업환경노출기준 개념 3. 작업환경 측정 및 평가 4. 산업환기 5. 건강검진과 근로자건강관리 6. 유해인자의 인체영향

나. 산업보건지도사(I과목)

과목명	주요항목	세부항목
산업 안전 보건 법령	1. 산업안전보건법 2. 산업안전보건법 시행령 3. 산업안전보건법 시행규칙 4. 산업안전보건기준에 관한 규칙	1. 총칙 등에 관한 사항 2. 안전·보건관리체제 등에 관한 사항 3. 안전보건관리규정에 관한 사항 4. 유해·위험 예방조치에 관한 사항(산업안전보건기준에 관한 규칙 포함) 5. 근로자의 보건관리에 관한 사항 6. 감독과 명령에 관한 사항 7. 산업안전지도사 및 산업보건지도사에 관한 사항 8. 보칙 및 벌칙에 관한 사항

산업보건지도사(II과목)

과목명	주요항목	세부항목
산업 위생 일반	1. 산업위생개론	1. 산업위생의 정의, 목적 및 역사 2. 작업환경노출기준 3. 산업위생통계 4. 작업환경측정 및 평가 5. 산업환기 6. 물리적(온열조건 이상기압, 소음진동 등) 유해인자의 관리 7. 입자상물질의 종류, 발생, 성질 및 인체영향 8. 유해화학물질의 종류, 발생, 성질 및 인체영향 9. 중금속의 종류, 발생, 성질 및 인체영향
	2. 작업관리	1. 업무적합성 평가 방법 2. 근로자의 적정배치 및 교대제 등 작업시간 관리 3. 근골격계 질환예방관리 4. 작업개선 및 작업환경관리
	3. 산업위생보호구	1. 보호구의 개념 이해 및 구조 2. 보호구의 종류 및 선정방법
	4. 건강관리	1. 인체 해부학적 구조와 기능 2. 순환계, 호흡계 및 청각기관구조와 기능 3. 유해물질의 대사 및 생물학적 모니터링 4. 직무스트레스 등 뇌심혈관질환 예방 및 관리 5. 건강진단 및 사후 관리
	5. 산업재해 조사 및 원인 분석	1. 재해조사의 목적 2. 재해의 원인분석 및 조사기법 3. 재해사례 분석절차 4. 산재분류 및 통계분석 5. 역학조사 종류 및 방법

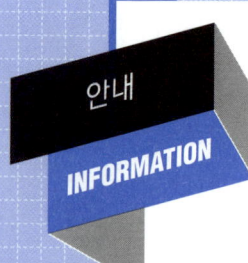

산업보건지도사(III과목)

과목명	주요항목	세부항목
기업진단·지도	1. 경영학(인적자원관리, 조직관리, 생산관리)	1. 인적자원관리의 개념 및 관리방안에 관한 사항 2. 노사관계관리에 관한 사항 3. 조직관리의 개념에 관한 사항 4. 조직행동론에 관한 사항 5. 생산관리의 개념에 관한 사항 6. 생산시스템의 설계, 운영에 관한 사항 7. 생산관리 최신이론에 관한 사항
	2. 산업심리학	1. 산업심리 개념 및 요소 2. 직무수행과 평가 3. 직무태도 및 동기 4. 작업집단의 특성 5. 산업재해와 행동 특성 6. 인간의 특성과 직무환경 7. 직무환경과 건강 8. 인간의 특성과 인간관계
	3. 산업안전개론	1. 안전관리의 개념 및 이론 2. 기계, 화학설비의 위험관리 개요 3. 전기, 건설작업의 위험관리 개요 4. 안전보건경영시스템 개요 5. 위험성 평가 등 안전활동기법 6. 안전보호구 및 방호장치

산업안전보건법
제9장 산업안전지도사 및 산업보건지도사

제142조(산업안전지도사 등의 직무) ① 산업안전지도사는 다음 각 호의 직무를 수행한다.
　1. 공정상의 안전에 관한 평가·지도
　2. 유해·위험의 방지대책에 관한 평가·지도
　3. 제1호 및 제2호의 사항과 관련된 계획서 및 보고서의 작성
　4. 그 밖에 산업안전에 관한 사항으로서 대통령령으로 정하는 사항
② 산업보건지도사는 다음 각 호의 직무를 수행한다.
　1. 작업환경의 평가 및 개선 지도
　2. 작업환경 개선과 관련된 계획서 및 보고서의 작성
　3. 근로자 건강진단에 따른 사후관리 지도
　4. 직업성 질병 진단(「의료법」 제2조에 따른 의사인 산업보건지도사만 해당한다) 및 예방 지도
　5. 산업보건에 관한 조사·연구
　6. 그 밖에 산업보건에 관한 사항으로서 대통령령으로 정하는 사항
③ 산업안전지도사 또는 산업보건지도사(이하 "지도사"라 한다)의 업무 영역별 종류 및 업무 범위, 그 밖에 필요한 사항은 대통령령으로 정한다.

제143조(지도사의 자격 및 시험) ① 고용노동부장관이 시행하는 지도사 자격시험에 합격한 사람은 지도사의 자격을 가진다.
② 대통령령으로 정하는 산업 안전 및 보건과 관련된 자격의 보유자에 대해서는 제1항에 따른 지도사 자격시험의 일부를 면제할 수 있다.
③ 고용노동부장관은 제1항에 따른 지도사 자격시험 실시를 대통령령으로 정하는 전문기관에 대행하게 할 수 있다. 이 경우 시험 실시에 드는 비용을 예산의 범위에서 보조할 수 있다.
④ 제3항에 따라 지도사 자격시험 실시를 대행하는 전문기관의 임직원은 「형법」 제129조부터 제132조까지의 규정을 적용할 때에는 공무원으로 본다.
⑤ 지도사 자격시험의 시험과목, 시험방법, 다른 자격 보유자에 대한 시험 면제의 범위, 그 밖에 필요한 사항은 대통령령으로 정한다.

제144조(부정행위자에 대한 제재) 고용노동부장관은 지도사 자격시험에서 부정한 행위를 한 응시자에 대해서는 그 시험을 무효로 하고, 그 처분을 한 날부터 5년간 시험응시자격을 정지한다.

제145조(지도사의 등록) ① 지도사가 그 직무를 수행하려는 경우에는 고용노동부령으로 정하는 바에 따라 고용노동부장관에게 등록하여야 한다.
② 제1항에 따라 등록한 지도사는 그 직무를 조직적·전문적으로 수행하기 위하여 법인을 설립할 수 있다.
③ 다음 각 호의 어느 하나에 해당하는 사람은 제1항에 따른 등록을 할 수 없다.
　1. 피성년후견인 또는 피한정후견인
　2. 파산선고를 받고 복권되지 아니한 사람
　3. 금고 이상의 실형을 선고받고 그 집행이 끝나거나(집행이 끝난 것으로 보는 경우를 포함한다)

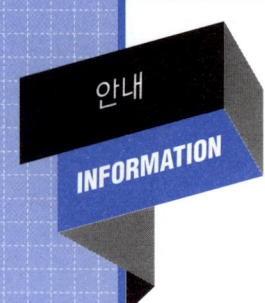

집행이 면제된 날부터 2년이 지나지 아니한 사람
4. 금고 이상의 형의 집행유예를 선고받고 그 유예기간 중에 있는 사람
5. 이 법을 위반하여 벌금형을 선고받고 1년이 지나지 아니한 사람
6. 제154조에 따라 등록이 취소(이 항 제1호 또는 제2호에 해당하여 등록이 취소된 경우는 제외한다)된 후 2년이 지나지 아니한 사람

④ 제1항에 따라 등록을 한 지도사는 고용노동부령으로 정하는 바에 따라 5년마다 등록을 갱신하여야 한다.

⑤ 고용노동부령으로 정하는 지도실적이 있는 지도사만이 제4항에 따른 갱신등록을 할 수 있다. 다만, 지도실적이 기준에 못 미치는 지도사는 고용노동부령으로 정하는 보수교육을 받은 경우 갱신등록을 할 수 있다.

⑥ 제2항에 따른 법인에 관하여는 「상법」 중 합명회사에 관한 규정을 적용한다.

제146조(지도사의 교육) 지도사 자격이 있는 사람(제143조제2항에 해당하는 사람 중 대통령령으로 정하는 실무경력이 있는 사람은 제외한다)이 직무를 수행하려면 제145조에 따른 등록을 하기 전 1년의 범위에서 고용노동부령으로 정하는 연수교육을 받아야 한다.

제147조(지도사에 대한 지도 등) 고용노동부장관은 공단에 다음 각 호의 업무를 하게 할 수 있다.
1. 지도사에 대한 지도ㆍ연락 및 정보의 공동이용체제의 구축ㆍ유지
2. 제142조제1항 및 제2항에 따른 지도사의 직무 수행과 관련된 사업주의 불만ㆍ고충의 처리 및 피해에 관한 분쟁의 조정
3. 그 밖에 지도사 직무의 발전을 위하여 필요한 사항으로서 고용노동부령으로 정하는 사항

제148조(손해배상의 책임) ① 지도사는 직무 수행과 관련하여 고의 또는 과실로 의뢰인에게 손해를 입힌 경우에는 그 손해를 배상할 책임이 있다.

② 제145조제1항에 따라 등록한 지도사는 제1항에 따른 손해배상책임을 보장하기 위하여 대통령령으로 정하는 바에 따라 보증보험에 가입하거나 그 밖에 필요한 조치를 하여야 한다.

제149조(유사명칭의 사용 금지) 제145조제1항에 따라 등록한 지도사가 아닌 사람은 산업안전지도사, 산업보건지도사 또는 이와 유사한 명칭을 사용해서는 아니 된다.

제150조(품위유지와 성실의무 등) ① 지도사는 항상 품위를 유지하고 신의와 성실로써 공정하게 직무를 수행하여야 한다.

② 지도사는 제142조제1항 또는 제2항에 따른 직무와 관련하여 작성하거나 확인한 서류에 기명ㆍ날인하거나 서명하여야 한다.

제151조(금지 행위) 지도사는 다음 각 호의 행위를 해서는 아니 된다.
1. 거짓이나 그 밖의 부정한 방법으로 의뢰인에게 법령에 따른 의무를 이행하지 아니하게 하는 행위
2. 의뢰인에게 법령에 따른 신고ㆍ보고, 그 밖의 의무를 이행하지 아니하게 하는 행위
3. 법령에 위반되는 행위에 관한 지도ㆍ상담

제152조(관계 장부 등의 열람 신청) 지도사는 제142조제1항 및 제2항에 따른 직무를 수행하는 데 필요하면 사업주에게 관계 장부 및 서류의 열람을 신청할 수 있다. 이 경우 그 신청이 제142조제1항 또는 제2항에 따른 직무의 수행을 위한 것이면 열람을 신청받은 사업주는 정당한 사유 없이 이를 거부해서는 아니 된다.

제153조(자격대여행위 및 대여알선행위 등의 금지) ① 지도사는 다른 사람에게 자기의 성명이나 사무소의 명칭을 사용하여 지도사의 직무를 수행하게 하거나 그 자격증이나 등록증을 대여해서는

아니 된다.
② 누구든지 지도사의 자격을 취득하지 아니하고 그 지도사의 성명이나 사무소의 명칭을 사용하여 지도사의 직무를 수행하거나 자격증·등록증을 대여받아서는 아니 되며, 이를 알선하여서도 아니 된다.

제154조(등록의 취소 등) 고용노동부장관은 지도사가 다음 각 호의 어느 하나에 해당하는 경우에는 그 등록을 취소하거나 2년 이내의 기간을 정하여 그 업무의 정지를 명할 수 있다. 다만, 제1호부터 제3호까지의 규정에 해당할 때에는 그 등록을 취소하여야 한다.
1. 거짓이나 그 밖의 부정한 방법으로 등록 또는 갱신등록을 한 경우
2. 업무정지 기간 중에 업무를 수행한 경우
3. 업무 관련 서류를 거짓으로 작성한 경우
4. 제142조에 따른 직무의 수행과정에서 고의 또는 과실로 인하여 중대재해가 발생한 경우
5. 제145조제3항제1호부터 제5호까지의 규정 중 어느 하나에 해당하게 된 경우
6. 제148조제2항에 따른 보증보험에 가입하지 아니하거나 그 밖에 필요한 조치를 하지 아니한 경우
7. 제150조제1항을 위반하거나 같은 조 제2항에 따른 기명·날인 또는 서명을 하지 아니한 경우
8. 제151조, 제153조제1항 또는 제162조를 위반한 경우

산업안전보건법 시행령

제9장 산업안전지도사 및 산업보건지도사

제101조(산업안전지도사 등의 직무) ① 법 제142조제1항제4호에서 "대통령령으로 정하는 사항"이란 다음 각 호의 사항을 말한다.
  1. 법 제36조에 따른 위험성평가의 지도
  2. 법 제49조에 따른 안전보건개선계획서의 작성
  3. 그 밖에 산업안전에 관한 사항의 자문에 대한 응답 및 조언
② 법 제142조제2항제6호에서 "대통령령으로 정하는 사항"이란 다음 각 호의 사항을 말한다.
  1. 법 제36조에 따른 위험성평가의 지도
  2. 법 제49조에 따른 안전보건개선계획서의 작성
  3. 그 밖에 산업보건에 관한 사항의 자문에 대한 응답 및 조언

제102조(산업안전지도사 등의 업무 영역별 종류 등) ① 법 제145조제1항에 따라 등록한 산업안전지도사의 업무 영역은 기계안전·전기안전·화공안전·건설안전 분야로 구분하고, 같은 항에 따라 등록한 산업보건지도사의 업무 영역은 직업환경의학·산업위생 분야로 구분한다.
② 법 제145조제1항에 따라 등록한 산업안전지도사 또는 산업보건지도사(이하 "지도사"라 한다)의 해당 업무 영역별 업무 범위는 별표 31과 같다.

제103조(자격시험의 실시 등) ① 법 제143조제1항에 따른 지도사 자격시험(이하 "지도사 자격시험"이라 한다)은 필기시험과 면접시험으로 구분하여 실시한다.
② 지도사 자격시험 중 필기시험의 업무 영역별 과목 및 범위는 별표 32와 같다.
③ 지도사 자격시험 중 필기시험은 제1차 시험과 제2차 시험으로 구분하여 실시하고 제1차 시험은 선택형, 제2차 시험은 논문형을 원칙으로 하되, 각각 주관식 단답형을 추가할 수 있다.
④ 지도사 자격시험 중 제1차 시험은 별표 32에 따른 공통필수 Ⅰ, 공통필수 Ⅱ 및 공통필수 Ⅲ의 과목 및 범위로 하고, 제2차 시험은 별표 32에 따른 전공필수의 과목 및 범위로 한다.
⑤ 지도사 자격시험 중 제2차 시험은 제1차 시험 합격자에 대해서만 실시한다.
⑥ 지도사 자격시험 중 면접시험은 필기시험 합격자 또는 면제자에 대해서만 실시하되, 다음 각 호의 사항을 평가한다.
  1. 전문지식과 응용능력
  2. 산업안전·보건제도에 관한 이해 및 인식 정도
  3. 상담·지도능력
⑦ 지도사 자격시험의 공고, 응시 절차, 그 밖에 시험에 필요한 사항은 고용노동부령으로 정한다.

제104조(자격시험의 일부면제) ① 법 제143조제2항에 따라 지도사 자격시험의 일부를 면제할 수 있는 자격 및 면제의 범위는 다음 각 호와 같다.
  1. 「국가기술자격법」에 따른 건설안전기술사, 기계안전기술사, 산업위생관리기술사, 인간공학기술사, 전기안전기술사, 화공안전기술사 : 별표 32에 따른 전공필수·공통필수Ⅰ 및 공통필수Ⅱ 과목
  2. 「국가기술자격법」에 따른 건설 직무분야(건축 중 직무분야 및 토목 중 직무분야로 한정한다), 기계 직무분야, 화학 직무분야, 전기·전자 직무분야(전기 중 직무분야로 한정한다)의 기술사

자격 보유자 : 별표 32에 따른 전공필수 과목
3. 「의료법」에 따른 직업환경의학과 전문의 : 별표 32에 따른 전공필수 · 공통필수Ⅰ 및 공통필수 Ⅱ 과목
4. 공학(건설안전 · 기계안전 · 전기안전 · 화공안전 분야 전공으로 한정한다), 의학(직업환경의학 분야 전공으로 한정한다), 보건학(산업위생 분야 전공으로 한정한다) 박사학위 소지자 : 별표 32에 따른 전공필수 과목
5. 제2호 또는 제4호에 해당하는 사람으로서 각각의 자격 또는 학위 취득 후 산업안전 · 산업보건 업무에 3년 이상 종사한 경력이 있는 사람 : 별표 32에 따른 전공필수 및 공통필수Ⅱ 과목
6. 「공인노무사법」에 따른 공인노무사 : 별표 32에 따른 공통필수Ⅰ 과목
7. 법 제143조제1항에 따른 지도사 자격 보유자로서 다른 지도사 자격 시험에 응시하는 사람 : 별표 32에 따른 공통필수Ⅰ 및 공통필수Ⅲ 과목
8. 법 제143조제1항에 따른 지도사 자격 보유자로서 같은 지도사의 다른 분야 지도사 자격 시험에 응시하는 사람 : 별표 32에 따른 공통필수Ⅰ, 공통필수Ⅱ 및 공통필수Ⅲ 과목

② 제103조제3항에 따른 제1차 필기시험 또는 제2차 필기시험에 합격한 사람에 대해서는 다음 회의 자격시험에 한정하여 합격한 차수의 필기시험을 면제한다.

③ 제1항에 따른 지도사 자격시험 일부 면제의 신청에 관한 사항은 고용노동부령으로 정한다.

제105조(합격자 결정) ① 지도사 자격시험 중 필기시험은 매 과목 100점을 만점으로 하여 40점 이상, 전과목 평균 60점 이상 득점한 사람을 합격자로 한다.

② 지도사 자격시험 중 면접시험은 제103조제6항 각 호의 사항을 평가하되, 10점 만점에 6점 이상인 사람을 합격자로 한다.

제106조(자격시험 실시기관) ① 법 제143조제3항 전단에서 "대통령령으로 정하는 전문기관"이란 「한국산업인력공단법」에 따른 한국산업인력공단(이하 "한국산업인력공단"이라 한다)을 말한다.

② 고용노동부장관은 법 제143조제3항에 따라 지도사 자격시험의 실시를 한국산업인력공단에 대행하게 하는 경우 필요하다고 인정하면 한국산업인력공단으로 하여금 자격시험위원회를 구성 · 운영하게 할 수 있다.

③ 자격시험위원회의 구성 · 운영 등에 필요한 사항은 고용노동부장관이 정한다.

제107조(연수교육의 제외 대상) 법 제146조에서 "대통령령으로 정하는 실무경력이 있는 사람"이란 산업안전 또는 산업보건 분야에서 5년 이상 실무에 종사한 경력이 있는 사람을 말한다.

제108조(손해배상을 위한 보증보험 가입 등) ① 법 제145조제1항에 따라 등록한 지도사(같은 조 제2항에 따라 법인을 설립한 경우에는 그 법인을 말한다. 이하 이 조에서 같다)는 법 제148조제2항에 따라 보험금액이 2천만원(법 제145조제2항에 따른 법인인 경우에는 2천만원에 사원인 지도사의 수를 곱한 금액) 이상인 보증보험에 가입해야 한다.

② 지도사는 제1항의 보증보험금으로 손해배상을 한 경우에는 그 날부터 10일 이내에 다시 보증보험에 가입해야 한다.

③ 손해배상을 위한 보증보험 가입 및 지급에 관한 사항은 고용노동부령으로 정한다.

[별표 31]

지도사의 업무 영역별 업무 범위
(제102조제2항 관련)

1. 법 제145조제1항에 따라 등록한 산업안전지도사(기계안전 · 전기안전 · 화공안전 분야)
   가. 유해위험방지계획서, 안전보건개선계획서, 공정안전보고서, 기계 · 기구 · 설비의 작업계획서 및 물질안전보건자료 작성 지도
   나. 다음의 사항에 대한 설계 · 시공 · 배치 · 보수 · 유지에 관한 안전성 평가 및 기술 지도
     1) 전기
     2) 기계 · 기구 · 설비
     3) 화학설비 및 공정
   다. 정전기 · 전자파로 인한 재해의 예방, 자동화설비, 자동제어, 방폭전기설비 및 전력시스템 등에 대한 기술 지도
   라. 인화성 가스, 인화성 액체, 폭발성 물질, 급성독성 물질 및 방폭설비 등에 관한 안전성 평가 및 기술 지도
   마. 크레인 등 기계 · 기구, 전기작업의 안전성 평가
   바. 그 밖에 기계, 전기, 화공 등에 관한 교육 또는 기술 지도

2. 법 제145조제1항에 따라 등록한 산업안전지도사(건설안전 분야)
   가. 유해위험방지계획서, 안전보건개선계획서, 건축 · 토목 작업계획서 작성 지도
   나. 가설구조물, 시공 중인 구축물, 해체공사, 건설공사 현장의 붕괴우려 장소 등의 안전성 평가
   다. 가설시설, 가설도로 등의 안전성 평가
   라. 굴착공사의 안전시설, 지반붕괴, 매설물 파손 예방의 기술 지도
   마. 그 밖에 토목, 건축 등에 관한 교육 또는 기술 지도

3. 법 제145조제1항에 따라 등록한 산업보건지도사(산업위생 분야)
   가. 유해위험방지계획서, 안전보건개선계획서, 물질안전보건자료 작성 지도
   나. 작업환경측정 결과에 대한 공학적 개선대책 기술 지도
   다. 작업장 환기시설의 설계 및 시공에 필요한 기술 지도
   라. 보건진단결과에 따른 작업환경 개선에 필요한 직업환경의학적 지도
   마. 석면 해체 · 제거 작업 기술 지도
   바. 갱내, 터널 또는 밀폐공간의 환기 · 배기시설의 안전성 평가 및 기술 지도
   사. 그 밖에 산업보건에 관한 교육 또는 기술 지도

4. 법 제145조제1항에 따라 등록한 산업보건지도사(직업환경의학 분야)
   가. 유해위험방지계획서, 안전보건개선계획서 작성 지도
   나. 건강진단 결과에 따른 근로자 건강관리 지도
   다. 직업병 예방을 위한 작업관리, 건강관리에 필요한 지도
   라. 보건진단 결과에 따른 개선에 필요한 기술 지도
   마. 그 밖에 직업환경의학, 건강관리에 관한 교육 또는 기술 지도

[별표 32]

지도사 자격시험 중 필기시험의 업무 영역별 과목 및 범위
(제103조제2항 관련)

구분		산업안전지도사				산업보건지도사	
		기계안전 분야	전기안전 분야	화공안전 분야	건설안전 분야	직업환경의학 분야	산업위생 분야
과목		기계안전공학	전기안전공학	화공안전공학	건설안전공학	직업환경의학	산업위생공학
전공필수	시험범위	-기계·기구·설비의 안전 등(위험기계·양중기·운반기계·압력용기 포함) -공장자동화설비의 안전기술 등 -기계·기구·설비의 설계·배치·보수·유지기술 등	-전기기계·기구 등으로 인한 위험 방지 등(전기방폭설비 포함) -정전기 및 전자파로 인한 재해 예방 등 -감전사고 방지기술 등 -컴퓨터·계측제어 설비의 설계 및 관리기술 등	-가스·방화 및 방폭설비 등, 화학장치·설비안전 및 방식기술 등 -정성·정량적 위험성 평가, 위험물 누출·확산 및 피해 예측 등 -유해위험물질 화재폭발 방지론, 화학공정 안전관리 등	-건설공사용 가설구조물·기계·기구 등의 안전기술 등 -건설공법 및 시공방법에 대한 위험성 평가 등 -추락·낙하·붕괴·폭발등재해 안전대책 등 -건설현장의 유해·위험요인에 대한 안전기술 등	-직업병의 종류 및 인체발병경로, 직업병의 증상 판단 및 대책 등 -역학조사의 연구방법, 조사 및 분석방법, 직종별 직업환경의학적 관리대책 등 -유해인자별 특수건강진단 방법, 판정 및 사후관리대책 등 -근골격계질환, 직무스트레스 등 업무상 질환의 대책 및 작업관리방법 등	-산업환기설비의 설계, 시스템의성능검사·유지관리기술 등 -유해인자별 작업환경측정 방법, 산업위생통계 처리 및 해석, 공학적 대책 수립기술 등 -유해인자별 인체에 미치는 영향·대사 및 축적, 인체의 방어기전 등 -측정시료의전처리 및 분석 방법, 기기 분석 및 정도관리기술 등
공통필수 Ⅰ		산업안전보건법령					
	시험범위	「산업안전보건법」, 「산업안전보건법 시행령」, 「산업안전보건법 시행규칙」, 「산업안전보건기준에 관한 규칙」					
공통필수 Ⅱ		산업안전 일반				산업위생 일반	
	시험범위	산업안전교육론, 안전관리 및 손실방지론, 신뢰성공학, 시스템안전공학, 인간공학, 위험성평가, 산업재해 조사 및 원인 분석 등				산업위생개론, 작업관리, 산업위생보호구, 위험성평가, 산업재해 조사 및 원인 분석 등	
공통필수 Ⅲ		기업진단·지도					
	시험범위	경영학(인적자원관리, 조직관리, 생산관리), 산업심리학, 산업위생개론				경영학(인적자원관리, 조직관리, 생산관리), 산업심리학, 산업안전개론	

산업안전보건법 시행규칙

제9장 산업안전지도사 및 산업보건지도사

225조(자격시험의 공고) 「한국산업인력공단법」에 따른 한국산업인력공단(이하 "한국산업인력공단"이라 한다)이 지도사 자격시험을 시행하려는 경우에는 시험 응시자격, 시험과목, 일시, 장소, 응시 절차, 그 밖에 자격시험 응시에 필요한 사항을 시험 실시 90일 전까지 일간신문 등에 공고해야 한다.

제226조(응시원서의 제출 등) ① 영 제103조제1항에 따른 지도사 자격시험에 응시하려는 사람은 별지 제89호서식의 응시원서를 작성하여 한국산업인력공단에 제출해야 한다.

② 한국산업인력공단은 제1항에 따른 응시원서를 접수하면 별지 제90호서식의 자격시험 응시자 명부에 해당 사항을 적고 응시자에게 별지 제89호서식 하단의 응시표를 발급해야 한다. 다만, 기재사항이나 첨부서류 등이 미비된 경우에는 그 보완을 명하고, 보완이 이루어지지 않는 경우에는 응시원서의 접수를 거부할 수 있다.

③ 한국산업인력공단은 법 제166조제1항제12호에 따라 응시수수료를 낸 사람이 다음 각 호의 어느 하나에 해당하는 경우에는 다음 각 호의 구분에 따라 응시수수료의 전부 또는 일부를 반환해야 한다.

1. 수수료를 과오납한 경우 : 과오납한 금액의 전부
2. 한국산업인력공단의 귀책사유로 시험에 응하지 못한 경우 : 납입한 수수료의 전부
3. 응시원서 접수기간 내에 접수를 취소한 경우 : 납입한 수수료의 전부
4. 응시원서 접수 마감일 다음 날부터 시험시행일 20일 전까지 접수를 취소한 경우 : 납입한 수수료의 100분의 60
5. 시험시행일 19일 전부터 시험시행일 10일 전까지 접수를 취소한 경우 : 납입한 수수료의 100분의 50

④ 한국산업인력공단은 제227조제2호에 따른 경력증명서를 제출받은 경우 「전자정부법」 제36조제1항에 따른 행정정보의 공동이용을 통하여 신청인의 국민연금가입자가입증명 또는 건강보험자격득실확인서를 확인해야 한다. 다만, 신청인이 확인에 동의하지 않는 경우에는 해당 서류를 제출하도록 해야 한다.

제227조(자격시험의 일부 면제의 신청) 영 제104조제1항 각 호의 어느 하나에 해당하는 사람이 지도사 자격시험의 일부를 면제받으려는 경우에는 제226조제1항에 따라 응시원서를 제출할 때에 다음 각 호의 서류를 첨부해야 한다.

1. 해당 자격증 또는 박사학위증의 발급기관이 발급한 증명서(박사학위증의 경우에는 응시분야에 해당하는 박사학위 소지를 확인할 수 있는 증명서) 1부
2. 경력증명서(영 제104조제1항제5호에 해당하는 사람만 첨부하며, 박사학위 또는 자격증 취득일 이후 산업안전·산업보건 업무에 3년 이상 종사한 경력이 분명히 적힌 것이어야 한다) 1부

제228조(합격자의 공고) 한국산업인력공단은 영 제105조에 따라 지도사 자격시험의 최종합격자가 결정되면 모든 응시자가 알 수 있는 방법으로 공고하고, 합격자에게는 합격사실을 알려야 한다.

제228조의 2(지도사 자격증의 발급 신청 등) ① 영 제105조제3항에 따라 지도사 자격증을 발급받으려는 사람은 별지 제90호의2서식의 지도사 자격증 발급·재발급 신청서에 다음 각 호의 서류를 첨부하여 지방고용노동관서의 장에게 제출해야 한다.

1. 주민등록증 사본 등 신분을 증명할 수 있는 서류
2. 신청일 전 6개월 이내에 찍은 모자를 쓰지 않은 상반신 명함판 사진 1장(디지털 파일로 제출하는 경우를 포함한다)
3. 이전에 발급 받은 지도사 자격증(재발급인 경우만 해당하며, 자격증을 잃어버린 경우는 제외한다)

② 영 제105조제3항에 따른 지도사의 자격증은 별지 제90호의3서식에 따른다.
[본조신설 2023. 9. 27.][시행일 : 2023. 9. 28.]

제229조(등록신청 등) ① 법 제145조제1항 및 제4항에 따라 지도사의 등록 또는 갱신등록을 하려는 사람은 별지 제91호서식의 등록·갱신 신청서에 다음 각 호의 서류를 첨부하여 주사무소를 설치하려는 지역(사무소를 두지 않는 경우에는 주소지를 말한다)을 관할하는 지방고용노동관서의 장에게 제출해야 한다. 이 경우 등록신청은 이중으로 할 수 없다.
1. 신청일 전 6개월 이내에 촬영한 탈모 상반신의 증명사진(가로 3센티미터 × 세로 4센티미터) 1장
2. 제232조제4항에 따른 지도사 연수교육 이수증 또는 영 제107조에 따른 경력을 증명할 수 있는 서류(법 제145조제1항에 따른 등록의 경우만 해당한다)
3. 지도실적을 확인할 수 있는 서류 또는 제231조제4항에 따른 지도사 보수교육 이수증(법 제145조제4항에 따른 등록의 경우만 해당한다)

② 지방고용노동관서의 장은 제1항에 따라 등록·갱신 신청서를 접수한 경우에는 법 제145조제3항에 적합한지를 확인하여 해당 신청서를 접수한 날부터 30일 이내에 별지 제92호서식의 등록증을 신청인에게 발급해야 한다.
③ 지도사는 제2항에 따른 등록사항이 변경되었을 때에는 지체 없이 별지 제91호서식의 등록사항 변경신청서를 지방고용노동관서의 장에게 제출해야 한다.
④ 지도사는 제2항에 따라 발급받은 등록증을 잃어버리거나 그 등록증이 훼손된 경우 또는 제3항에 따라 등록사항의 변경 신고를 한 경우에는 별지 제93호서식의 등록증 재발급신청서에 등록증(등록증을 잃어버린 경우는 제외한다)을 첨부하여 지방고용노동관서의 장에게 제출하고 등록증을 다시 발급받아야 한다.
⑤ 지방고용노동관서의 장은 제2항부터 제4항까지의 규정에 따라 등록증을 발급하거나 재발급하는 경우에는 별지 제94호서식의 등록부와 별지 제95호서식의 등록증 발급대장에 각각 해당 사실을 기재해야 한다. 이 경우 등록부와 등록증 발급대장은 전자적 처리가 불가능한 특별한 사유가 있는 경우를 제외하고는 전자적 방법으로 관리해야 한다.

제230조(지도실적 등) ① 법 제145조제5항 본문에서 "고용노동부령으로 정하는 지도실적"이란 법 제145조제4항에 따른 지도사 등록의 갱신기간 동안 사업장 또는 고용노동부장관이 정하여 고시하는 산업안전·산업보건 관련 기관·단체에서 지도하거나 종사한 실적을 말한다.
② 법 제145조제5항 단서에서 "지도실적이 기준에 못 미치는 지도사"란 제1항에 따른 지도·종사 실적의 기간이 3년 미만인 지도사를 말한다. 이 경우 지도사가 둘 이상의 사업장 또는 기관·단체에서 지도하거나 종사한 경우에는 각각의 지도·종사 기간을 합산한다.

제231조(지도사 보수교육) ① 법 제145조제5항 단서에서 "고용노동부령으로 정하는 보수교육"이란 업무교육과 직업윤리교육을 말한다.
② 제1항에 따른 보수교육의 시간은 업무교육 및 직업윤리교육의 교육시간을 합산하여 총 20시간 이상으로 한다. 다만, 법 제145조제4항에 따른 지도사 등록의 갱신기간 동안 제230조제1항

에 따른 지도실적이 2년 이상인 지도사의 교육시간은 10시간 이상으로 한다.
③ 공단이 보수교육을 실시하였을 때에는 그 결과를 보수교육이 끝난 날부터 10일 이내에 고용노동부장관에게 보고해야 하며, 다음 각 호의 서류를 5년간 보존해야 한다.
1. 보수교육 이수자 명단
2. 이수자의 교육 이수를 확인할 수 있는 서류
④ 공단은 보수교육을 받은 지도사에게 별지 제96호서식의 지도사 보수교육 이수증을 발급해야 한다.
⑤ 보수교육의 절차·방법 및 비용 등 보수교육에 필요한 사항은 고용노동부장관의 승인을 거쳐 공단이 정한다.

제232조(지도사 연수교육) ① 법 제146조에 따른 "고용노동부령으로 정하는 연수교육"이란 업무교육과 실무수습을 말한다.
② 제1항에 따른 연수교육의 기간은 업무교육 및 실무수습 기간을 합산하여 3개월 이상으로 한다.
③ 공단이 연수교육을 실시하였을 때에는 그 결과를 연수교육이 끝난 날부터 10일 이내에 고용노동부장관에게 보고해야 하며, 다음 각 호의 서류를 3년간 보존해야 한다.
1. 연수교육 이수자 명단
2. 이수자의 교육 이수를 확인할 수 있는 서류
④ 공단은 연수교육을 받은 지도사에게 별지 제96호서식의 지도사 연수교육 이수증을 발급해야 한다.
⑤ 연수교육의 절차·방법 및 비용 등 연수교육에 필요한 사항은 고용노동부장관의 승인을 거쳐 공단이 정한다.

제233조(지도사 업무발전 등) 법 제147조제3호에서 "고용노동부령으로 정하는 사항"이란 다음 각 호와 같다.
1. 지도결과의 측정과 평가
2. 지도사의 기술지도능력 향상 지원
3. 중소기업 지도 시 지원
4. 불성실·불공정 지도행위를 방지하고 건실한 지도 수행을 촉진하기 위한 지도기준의 마련

제234조(손해배상을 위한 보험가입·지급 등) ① 영 제108조제1항에 따라 손해배상을 위한 보험에 가입한 지도사(법 제145조제2항에 따라 법인을 설립한 경우에는 그 법인을 말한다. 이하 이 조에서 같다)는 가입한 날부터 20일 이내에 별지 제97호서식의 보증보험가입 신고서에 증명서류를 첨부하여 해당 지도사의 주된 사무소의 소재지(사무소를 두지 않는 경우에는 주소지를 말한다. 이하 이 조에서 같다)를 관할하는 지방고용노동관서의 장에게 제출해야 한다.
② 지도사는 해당 보증보험의 보증기간이 만료되기 전에 다시 보증보험에 가입하고 가입한 날부터 20일 이내에 별지 제97호서식의 보증보험가입 신고서에 증명서류를 첨부하여 해당 지도사의 주된 사무소의 소재지를 관할하는 지방고용노동관서의 장에게 제출해야 한다.
③ 법 제148조제1항에 따른 의뢰인이 손해배상금으로 보증보험금을 지급받으려는 경우에는 별지 제98호서식의 보증보험금 지급사유 발생확인신청서에 해당 의뢰인과 지도사 간의 손해배상 합의서, 화해조서, 법원의 확정판결문 사본, 그 밖에 이에 준하는 효력이 있는 서류를 첨부하여 해당 지도사의 주된 사무소의 소재지를 관할하는 지방고용노동관서의 장에게 제출해야 한다. 이 경우 지방고용노동관서의 장은 별지 제99호서식의 보증보험금 지급사유 발생확인서를 지체없이 발급해야 한다.

Part 1 산업안전교육론

Chpater 1 안전보건교육의 개념

1. 교육의 필요성과 목적 ·· 2
  (1) 교육훈련 ··· 2
  (2) 안전보건교육계획 ··· 4

2. 교육의 지도 ··· 5
  (1) 교육지도의 원칙(교육지도 8원칙) ··· 5
  (2) 학습 및 강의 ·· 7

3. 교육의 분류 ··· 9
  (1) OJT와 OFF JT ··· 9
  (2) 교육의기본방향 ·· 9
  (3) 토의식과 강의식 교육 ··· 10
  (4) 관리감독자 교육 ·· 12

4. 교육심리학 ·· 13
  (1) 파지와 망각 ·· 13
  (2) 자극과 반응(Stimulus & Response) : S-R 이론 ································ 14
  출제예상문제 ·· 17

Chapter 2 교육내용 및 방법

1. 교육의 종류 ·· 23
  (1) 안전보건교육의 3단계 및 진행 4단계 ·· 23
  (2) 안전보건교육 교육대상별 교육내용 및 시간 ······································ 24

2. 특별안전보건교육 ·· 28
  (1) 특별안전보건교육대상 작업별 교육내용 ··· 28
  (2) 안전보건관리책임자 등에 대한 교육시간 ··· 33
  (3) 검사원 성능검사교육 ·· 33
  (4) 특수형태 근로종사자에 대한 안전보건교육 ······································ 34
  (5) 물질안전보건자료에 관한 교육내용 ··· 34

3. 안전보건교육 ··· 35
   (1) 안전보건교육의 체계 ··· 35
   (2) 안전보건교육(내용, 방법, 단계, 원칙) ·· 35
   (3) 교육훈련평가의 4단계(직접효과와 간접효과를 측정) ······················ 35
   출제예상문제 ··· 36

Part 2 안전보건관리 및 손실방지론

Chapter 1 안전보건관리

1. 안전과 생산[안전관리(safety management)] ··································· 46
   (1) 안전관리 ·· 46
   (2) 안전관리의 긍정적 효과(안전의 가치, 이념) ································· 46

2. 안전 용어 정의 ·· 47
   (1) 안전사고(accident) ·· 47
   (2) 재해(loss, calamity) ··· 48
   (3) 산업재해(industrial losses) ··· 48
   (4) 작업환경 측정 ··· 48
   (5) 안전보건진단 ··· 48
   (6) 중대재해 ·· 48
   (7) 안전사고와 부상의 종류 ··· 48
   (8) ILO의 국제 노동 통계의 구분(근로불능 상해의 종류) ···················· 49
   (9) 공해와 사상 ·· 49
   (10) 직업병 ·· 50
   (11) 페일세이프(fail safe) ·· 50
   (12) 사건(Incident) ··· 50
   (13) 위험(Hazard) ··· 50
   (14) 위험도(Risk) ·· 50
   (15) 근로자 ·· 50
   (16) 사업주 ·· 50

3. 안전보건관리 제이론 ··· 51
   (1) Webster 사전에 의한 안전 정의 ·· 51
   (2) H.W. Heinrich의 안전론 정의 ·· 51
   (3) J.H. Harvey의 3E ··· 51

4. 무재해운동 ··· 52

    (1) 무재해운동의 정의 ··· 52
    (2) 무재해운동의 3대원칙 ······································ 52
    (3) 무재해운동의 3요소(3기둥) ······························ 52
    (4) 무재해운동의 3이념 ·· 53
    (5) "무지해"라 함은 무엇을 뜻하는가(무재해의 용어 정의) ···· 53
    (6) 무재해운동의 시간 계산 방식 ·························· 53

5. 안전활동 기법 ····································· 54

    (1) 위험예지훈련의 4단계(문제 해결 4단계) ·········· 54
    (2) 위험예지훈련의 종류 ······································ 54
    (3) 문제해결 8단계 4라운드 ································· 56
    (4) 집중 발상법(Brain Storming : BS) ················ 56
    (5) 전체 관찰방법 ·· 56
    (6) 안전감독 실시 방법(STOP : Safety Training Observation Program) ······································ 57
    (7) 위험예지훈련응용기법의 종류 ························ 58

6. 안전 관련 역사 ···································· 59

    (1) 유 럽 ·· 59
    (2) 미 국 ·· 59
    (3) 우리나라 ·· 60
    출제예상문제 ·· 61

Chapter 2 안전보건 조직 및 손실방지론

1. 산업안전보건관리 체제 ························· 76

    (1) 계획의 기본방향 ··· 76
    (2) 계획의 구비조건 ··· 76
    (3) 계획 작성(수립)시 고려사항 ··························· 76

2. 안전보건관리 조직형태 ························ 77

3. 안전관계자 업무 ·································· 78

    (1) 안전보건관리책임자의 업무 ···························· 78
    (2) 안전관리자의 업무 ··· 78
    (3) 법적 용어정의 ·· 78

4. 안전보건관리계획 ··· 80

    (1) 재해 요소와 발생 모델 ·· 80
    (2) 관리감독자 업무 내용 ·· 80
    (3) 안전관리계획 작성시 고려해야 할 사항 ·· 80
    (4) 대책의 우선순위 결정시 유의사항 ·· 81
    (5) 안전보건관리계획 내용의 주요항목 ·· 81

5. 손실방지론 ·· 81

    (1) 하인리히(H.W. Heinrich)의 방식 ·· 81
    (2) 시몬즈(R.H. Simonds)의 방식 ·· 81
    (3) 버즈(F.E.Bird's Jr)의 방식 ··· 82
    (4) 콤페스(P.C Compes)의 방식 ·· 83
    (5) 노구찌(野口三郞)의 방식 ··· 84
    출제예상문제 ·· 85

Part 3 신뢰성 공학

Chapter 1 신뢰성 공학

1. 기계설비의 신뢰성 개요 ·· 94

    (1) 설비의 신뢰성 요인 ··· 94
    (2) 신뢰도의 평가지수 ··· 94
    (3) MTBF(평균고장간격 : Mean Time Between Failures) ························· 94
    (4) MTTF(고장까지의 평균시간 : Mean Time To Failure) ························· 95
    (5) MTTR(평균수리시간 : Mean Time To Repair) ·································· 95

2. 기계설비 고장유형 ·· 95

    (1) 초기고장 ·· 95
    (2) 우발고장 ·· 96
    (3) 마모고장 ·· 96

3. 인간-기계(man-machine) 시스템의 신뢰도 ······································· 97

    (1) 직렬체계(serial system) : 직접 운전 작업 ·· 97
    (2) 병렬체계(parallel system) ··· 97
    (3) man-machine system의 신뢰성 ··· 97

4. 설비의 신뢰도 · 98
    (1) 직렬연결 구조 · 98
    (2) 병렬(parallel system)연결(Rs : fail safety) 구조 · 98
    (3) 요소의 병렬 구조 · 99
    (4) 시스템의 병렬 구조 · 99
    (5) 병렬 model과 중복설계 구조 : fail safe system · 99
    (6) 간략(簡略)구조(Reducible Structure) · 100
    (7) 비간략(非簡略)구조(Irreducible Structure) · 100
    (8) 신뢰도 개선(改善) · 101
    출제예상문제 · 102

Chapter 2 안전점검 및 검사·인증·진단

1. 안전점검 · 109
    (1) 안전점검의 정의 · 109
    (2) 안전점검의 의의 · 109
    (3) 안전점검의 종류(점검주기에의 구분) · 109
    (4) 점검방법에 의한 구분 · 110
    (5) 안전점검의 직접적 목적 · 110
    (6) 안전점검 및 진단의 순서 · 110
    (7) 안전점검시 유의사항 · 111
    (8) Check List에 포함되어야 하는 사항 · 111
    (9) Check List 판정시 유의사항 · 111

2. 안전인증 · 113
    (1) 안전인증 대상기계 · 113
    (2) 안전인증 면제·취소·사용금지 대상 · 114
    (3) 자율안전확인 대상기계의 종류 · 115
    (4) 안전인증 및 자율안전 확인 제품의 표시내용(방법) · 116

3. 안전진단 및 검사 · 117
    (1) 안전보건진단의 종류 · 117
    (2) 안전검사 · 117
    (3) 자율검사 프로그램에 따른 안전검사 · 118
    (4) 자율검사기관의 지정취소 등의 사유 · 118
    (5) 산업재해 통계도 · 119
    출제예상문제 · 120

Chapter 3 보호구 및 안전보건표지

1. 보호구 ··· 127
    (1) 정 의 ·· 127
    (2) 보호구 선택시의 유의사항 ·· 127
    (3) 안전인증보호구 ·· 127
    (4) 안전인증 기관의 확인 ·· 128

2. 보호구의 종류 및 특징 ·· 129
    (1) 안전모 ·· 129
    (2) 안전대 ·· 130
    (3) 호흡용 보호구 ·· 131
    (4) 보안경 ·· 132
    (5) 안전화 ·· 132
    (6) 보호면 ·· 133
    (7) 방음보호구 적용범위 ··· 134

3. 안전보건표지 ··· 134
    (1) 산업안전보건표지 종류 ··· 134
    (2) 안전보건표지판의 크기 및 표준기준 ··· 136
    (3) 근무중 안전완장을 항시 착용하여야 하는 자 ······························· 136
    (4) 안전보건표지의 종류와 형태 ·· 137
    (5) 안전보건표지의 색도기준 및 용도 ··· 138
    (6) 안전표찰을 부착하여야 할 곳 ··· 138

4. 색채조절(color conditioning) ·· 138
    (1) 색채조절의 목적 ·· 138
    (2) 색의 3속성 ··· 138
    (3) 색의 선택 조건 ·· 138
    (4) 안전증표의 도형 및 표시방법 ·· 139
    출제예상문제 ·· 140

Part 4 시스템안전공학

Chapter 1 시스템 위험분석

1. 시스템 위험분석 및 관리 ··· 152
  (1) system의 개요 ··· 152
  (2) 시스템의 기능 및 달성방법 ·· 153

2. 시스템 위험분석기법 ·· 154
  (1) 시스템 분석의 종류 ·· 154
  (2) 예비위험분석(PHA : Preliminary Hazards Analysis) ············ 156
  (3) 결함위험분석(FHA : Fault Hazards Analysis) ····················· 156
  (4) 고장형태와 영향분석(FMEA : Failure Modes and Effects
     Analysis) ·· 157
  (5) MORT(Management Oversight and Risk Tree:
     경영소홀 및 위험수 분석) ··· 158
  (6) 운용 및 지원위험분석(Operating and Support→O&S Hazard
     Analysis) ·· 159
  (7) 디시전 트리(Decision Trees) ·· 159
  (8) THERP(인간과오율 예측기법 : Technique for Human Error
     Rate Prediction) ··· 160
  (9) ETA, FAFR, CA ··· 160
  (10) 위험 및 운전성 검토 ··· 161
  출제예상문제 ·· 162

Chapter 2 결함수 분석법

1. 결함수 분석 ·· 168
  (1) FTA에 의한 고장해석 : 결함수 분석(목분석)법 ···················· 168
  (2) FTA의 실시 ··· 169
  (3) FTA의 중요 분야별 효과 ·· 174
  (4) FTA에 의한 고장해석 사례 ··· 175
  (5) 컷셋·미니멀 컷셋 요약 ·· 178
  (6) ETA(Event Tree Analysis : 사건수 분석) ··························· 179

2. 정성적, 정량적 분석 ·· 180
  (1) 고장목의 정량적 평가 ··· 180

　(2) 고장목 정성적 평가 …………………………………………………………… 181
　(3) 절단집합과 통과집합의 정의 ………………………………………………… 181
　(4) 최소절단집합과 최소통과집합의 의미 ……………………………………… 182
　(5) 고장목의 작성과 단순화 ……………………………………………………… 182
　(6) 인간에러(human error)예방대책 …………………………………………… 183
　출제예상문제 ………………………………………………………………………… 184

Chapter 3 안전성 평가

1. 평가의 개요………………………………………………………………………… 193
　(1) 개 요 …………………………………………………………………………… 193
　(2) 안전성 평가 6단계 …………………………………………………………… 194

2. 위험분석·관리·신뢰도 및 안전도 계산 …………………………………… 198
　(1) 용어 및 유인어 ………………………………………………………………… 198
　(2) 위험관리 절차 ………………………………………………………………… 199
　출제예상문제 ………………………………………………………………………… 201

Chapter 4 각종 설비의 유지관리

1. 안전성 검토………………………………………………………………………… 205
　(1) 유해위험방지계획서 제출대상 사업장(제조업 분야 : 전기
　　　계약용량 300[kW] 이상인 사업) …………………………………………… 205
　(2) 유해위험방지계획서의 제출대상 기계·기구 및 설비 …………………… 205
　(3) 유해위험방지계획서 제출대상 건설공사 …………………………………… 206

2. 공장설비의 안전성 평가 ……………………………………………………… 206
　(1) 기계설비의 안전평가 ………………………………………………………… 206
　(2) Potential FMEA에서의 평가요소 …………………………………………… 209

3. 보전성 공학……………………………………………………………………… 210
　(1) 보전(Maintenance) …………………………………………………………… 210
　(2) 보전성(Maintainability) ……………………………………………………… 211
　(3) 보전의 3요소 …………………………………………………………………… 214
　(4) 인간실수 확률에 대한 추정기법 적용 ……………………………………… 215
　(5) 인간에러(Human Error) ……………………………………………………… 216
　(6) 보전시간의 구성(MIL-STD-721B) …………………………………………… 217
　(7) 가동성(Availability) …………………………………………………………… 217

(8) 제조물 책임(Product Liability : PL) ·· 220
출제예상문제 ··· 227

Part 5 인간공학

Chapter 1 인간공학 및 정보입력표시

1. 인간공학의 정의 ·· 234

   (1) 인간공학의 개념 ··· 234
   (2) 인간공학의 연구목적 및 방법 ·· 235

2. 인간-기계 체계 ·· 237

   (1) 인간-기계 통합시스템 ··· 237
   (2) 인간과 기계의 기능 비교 ··· 240

3. 정보입력 표시 ·· 242

   (1) 시각적 표시장치 ·· 242
   (2) 청각적 표시장치 ·· 244
   (3) 촉각적 표시장치 ·· 247
   (4) 인간요소와 휴먼에러 ·· 249
   출제예상문제 ··· 255

Chapter 2 인체계측 및 작업공간

1. 인체계측 및 인간의 체계제어 ·· 261

   (1) 인체계측방법 ··· 261
   (2) 인체계측 자료의 응용 3원칙 ·· 261

2. 신체활동의 생리적 측정법 ·· 263

   (1) 작업의 종류에 따른 측정방법 ··· 263
   (2) 부품(공간)배치의 4원칙 ·· 263
   (3) 의자의 설계원칙 ·· 263

3. 작업공간 및 작업자세 ··· 264

   (1) 작업공간(work space) ··· 264

  (2) 수평작업대 ··· 265
  (3) display가 형성하는 목시각(目視角) ··· 266
4. 인간의 특성과 안전 ··· 266
  (1) 기계설계 진행방법 ·· 266
  (2) 신체부위의 운동 ··· 268
  출제예상문제 ·· 269

Chapter 3   작업환경관리

1. 작업조건과 환경조건 ··· 276
  (1) 열교환방법 ··· 276
  (2) 조 명 ·· 278
  (3) 휘광(glare) ··· 278
  (4) 온도 ··· 279
  (5) 소음(noise:원치 않는 소리, 주관적인 판단) ······························ 281
  (6) 시력 ··· 282
  (7) 색채 ··· 283

2. 작업환경과 인간공학 ··· 284
  (1) 통제의 개요 ··· 284
  (2) 통제표시비(통제비) ·· 285
  (3) 자동제어 ··· 286
  (4) 기계의 통제기능(machine control function) ··························· 287
  출제예상문제 ·· 289

Part 6   산업재해조사 및 원인분석

Chapter 1   산업재해조사 및 원인분석

1. 산업재해조사 ··· 298
  (1) 산업재해의 직·간접원인 ·· 298
  (2) 재해(사고)조사방향 ·· 299
  (3) 재해(사고)조사시의 유의사항 ··· 299

2. 산업재해발생 원인분류 ········· 300

    (1) 재해발생 메커니즘(mechanism) ········· 300
    (2) 산업재해발생의 메커니즘 3가지 ········· 301
    (3) 재해 법칙 ········· 301
    (4) 산업재해발생 조치순서 ········· 302
    (5) 미국의 PDCA법 ········· 303
    (6) 하인리히의 산업재해예방의 4원칙 ········· 303
    (7) 하인리히(H.W.Heinrich)의 사고예방대책 기본원리 5단계 ········· 303
    (8) 산업재해 조사표 ········· 305

3. 산업재해통계 및 분석 ········· 309

    (1) 목적 ········· 309
    (2) 천인율 ········· 309
    (3) 빈도율(도수율)(F.R : Frequency Rate of Injury) ········· 309
    (4) 강도율(S.R : Severity Rate of Injury) ········· 310
    (5) 종합재해지수(도수강도치)(F.S.I : Frequency Severity Indicator) ········· 310
    (6) 안전활동률(미국 R.P.Blake:브레이크) ········· 310
    (7) 환산강도율 및 환산도수율 ········· 311
    (8) Safe T Score ········· 311

4. 산업재해코스트 계산방식 ········· 311

    (1) 하인리히(H.W. Heinrich)의 재해코스트 산출방식 ········· 311
    (2) 시몬즈(R.H. Simonds)의 재해코스트 산출방식 ········· 312
    (3) 재해사례연구의 진행 단계 ········· 313
    출제예상문제 ········· 316

Chapter 2 사업장 위험성평가에 관한 지침

    제1장 총칙 ········· 328
    제2장 사업장 위험성평가 ········· 329
    제3장 위험성평가 인정 ········· 334
    출제예상문제 ········· 354

Chapter 3 KOSHA GUIDE

1. 사고 피해예측 기법에 관한 기술지침 ········· 356
2. 제어시스템에서의 안전무결성등급(SIL)결정에 관한 지침 ········· 364
3. 공정안전성 분석(K-PSR)기법에 관한 기술지침 ········· 385

부록 1　과년도 출제문제

-2023년도 필기문제(2023년 4월 1일) …………………………………………… 3
-2024년도 필기문제(2024년 3월 30일) ………………………………………… 31
-2025년도 필기문제(2025년 3월 29일) ………………………………………… 63

부록 2　찾아보기, 참고문헌 및 자료, 답안카드

안전관리헌장

개정 : 안전행정부고시 제2014-7호
재난 및 안전관리기본법 제7조에 의하여 안전관리헌장을 다음과 같이 개정 고시합니다.

2014년 1월 29일
안전행정부장관

    안전은 재난, 안전사고, 범죄 등의 각종 위험에서 국민의 생명과 건강 그리고 재산을 지키는 가장 중요한 근본이다.

    모든 국민은 안전할 권리가 있으며, 안전문화를 정착시키는 일은 국민의 행복과 국가의 미래를 위해 반드시 필요하다.

이에 우리는 다음과 같이 다짐한다.

Ⅰ. 모든 국민은 가정, 마을 학교, 직잔 등 사회 각 분야에서 안전수칙을 준수하고 안전생활을 적극 실천한다.

Ⅱ. 국가와 지방자치단체는 국민의 안전기본권을 보장하는 안전종합대책을 수립하고, 안전을 위한 투자에 최우선의 노력을 하며, 어린이, 장애인, 노약자는 특별히 배려한다.

Ⅲ. 자원봉사기관, 시민단체, 전문가들은 사고 예방 및 구조 활동, 안전 관련 연구 등에 적극참여하고 협력한다.

Ⅳ. 유치원, 학교 등 교육 기관은 국민이 바른 안전 의식을 갖도록 교육하고, 특히 어릴때부터 안전 습관을 들이도록 지도한다.

Ⅴ. 기업은 안전제일 경영을 실천하고, 위험 요인을 없애 사고가 발생하지 않도록 적극 노력한다.

국가직무능력표준(NCS)

NCS 자격검정 활용

가. 자격종목

1) 개념

자격종목은 국가기술자격의 등급을 직종별로 구분한 것으로 국가기술자격 취득의 기본단위를 말함(국가기술자격별 2조), 자격종목 개편은 국가기술자격 종목 신설의 필요성, 기존 자격종목의 직무내용, 범위 및 난이도, 산업현장 적합도 등을 고려하여 새로운 국가기술자격을 신설하거나 기존의 국가기술자격을 통합, 폐지하는 것을 의미함.

2) 구성요소

자격종목 개편은
① 자격종목　　　　　　② 직무내용
③ 검토대상 능력군　　　④ 검정필요여부
⑤ 출제기준과 비교　　　⑥ 검토의견
⑦ 추가·삭제가 포함되어야 함

구성요소	세부 내용
자격종목	검토대상 국가기술자격 종목 제시
직무내용	자격종목의 직무내용 제시
검토대상 능력군	검토대상 능력군의 능력단위, 능력단위요소, 수행준거 제시
검정필요여부	수행준거 중 자격검정에 필요한 부분 제시
출제기준과 비교	검정이 필요한 수행준거와 출제기준을 비교
검토의견	비교를 통해 현행 국가기술자격의 출제기준 검토
추가·삭제	출제기준 검토를 통해 추가나 삭제가 필요한 부분 제시

나. 출제기준

1) 개념
출제기준은 자격검정의 대상이 되는 종목의 과목별 출제의 대상범위를 나타낸 것으로 출제문제 작성방법과 시험내용범위의 기준을 의미함(국가기술자격법 시행규칙 제38조)

2) 구성요소
출제기준은
① 직무분야   ② 자격종목
③ 적용기간   ④ 직무내용
⑤ 필기검정방법   ⑥ 문제수
⑦ 시험시간   ⑧ 필기과목명
⑨ 필기과목 출제 문제수   ⑩ 실기검정방법
⑪ 시험기간   ⑫ 실기과목명
⑬ 필기, 실기과목별 주요항목   ⑭ 세부항목
⑮ 세세항목이 포함되어야 함

구성요소		세부 내용
직무분야		해당 자격이 활용되는 직무분야
자격종목		국가기술자격의 등급을 직종별로 구분한 것 국가기술자격 취득의 기본단위
적용기간		작성된 출제기준이 개정되기 전까지 실제 자격검정에 적용되는 기간
직무내용		자격을 부여하기 위하여 개인의 능력의 정도를 평가해야 할 내용
필기과목	필기시험방법	필기시험의 검정방법 현행 국가기술자격에서는 객관식, 단답형 또는 주관식 논문형이 있음
	문제수	필기시험의 전체 문제수 제시
	시험기간	필기시험 시간
	필기과목명	기술자격의 종목별 필기시험과목
	출제 문제수	필기시험의 문제수

Part 01 산업안전교육론

Chapter 1 안전보건교육의 개념
Chapter 2 교육 내용 및 방법

Chapter 01 안전보건교육의 개념

중점 학습내용

본 장은 교육의 개요, 필요성, 목적, 방법 등을 서술하여 산업안전지도사로서 기본적인 교육내용만 소개하였다. 특히 강의식 교육과 토의식 교육을 구분하여 필요시 적재적소에 사용할 수 있도록 하였다. 매체별 교육방법 등을 구성하여 교육시 매체를 활용하여 좀더 나은 학습이 되리라 생각된다. 본 장의 시험에 출제가 예상되는 그 중심적인 내용은 다음과 같다.
❶ 교육의 필요성과 목적
❷ 교육의 지도
❸ 교육의 분류
❹ 교육심리학

[그림] 교육의 3단계

합격조언

교육
① 교육은 쓸모 없는 돌도 다듬어서 수석이 된다.
② 버려지고 잘못된 나무도 잘가꾸면 분재가 된다.
③ 이것이 교육이며 산업안전지도사에 합격된다.

합격예측

형식적 교육의 3요소
① 교육의 주체 : 강사, 교도자
② 교육의 객체 : 수강자, 학생
③ 교육의 매개체 : 교육내용, 교재

합격예측

행동변화의 전개과정
자극 → 욕구 → 판단 → 행동

Q 보충문제

교육의 형태에 있어 존 듀이(Dewey)가 주장하는 대표적인 형식적 교육에 해당하는 것은?
① 가정안전교육
② 사회안전교육
③ 학교안전교육
④ 부모안전교육
⑤ 기초안전교육

정답 ③

1 교육의 필요성과 목적

1. 교육훈련

(1) 교육이란

피교육자를 자연적 상태(잠재 가능성)로부터 어떤 이상적인 상태(바람직한 상태)로 이끌어 가는 작용이다.(인간행동의 계획적 변화)

주 인간행동 = 내현적 + 외현적

(2) 교육훈련의 목적

① 단순히 근로자를 산업재해로부터 미연에 방지할 뿐만 아니라
② 재해의 발생으로 파생되는 직접 및 간접적인 경제적 손실을 방지하고
③ 안전보건 확보를 위한 지식·기능 및 태도의 향상을 기하여 생산을 위한 방법의 개선·향상을 목표로 하고
④ 근로자에게 작업의 안전보건에 대한 안전감을 주어 기업에 대한 신뢰감을 높여
⑤ 생산성이나 품질의 향상에 기여하는 데 있다.

(3) 교육훈련의 필요성

① 재해의 대부분의 현상은 물(物) 대 사람의 이상한 접촉에 기인하는 것이며 무엇이 이상한가를 작업자에게 알릴 필요가 있다.
② 안전보건은 과거의 재해 경험에 의거, 누적된 지식을 활용함으로써 유지되는 것인데 재해에 관한 실험은 물(物)에 대해서는 할 수 있으나 특히 사람에 관한

사항에는 한계가 있어 실시하기가 곤란하다.
③ 생산기술의 진전 및 변화에 따라 생산공정이나 작업방법도 변화하고 안전보건에 관한 새로운 시책이 요구되고 있음에도 불구하고 일반적으로는 설계기준이나 생산기술이나 작업표준 속에 안전보건에 관한 시책이 완전하게 포함되어 있지 않다.
④ 직장의 위험성이나 유해성에 관한 지식, 기능 및 태도는 그것들이 확실하게 습관화될 때까지 항상 반복하여 근로자를 교육 훈련하지 않으면 이해, 납득, 습득, 이행이 되지 않는다. '물(物)의 측면에서 안전보건을 확보한다'라고 하는 것이 안전보건관리의 기본임은 두말할 나위도 없으나 작업의 성질 등에 따라서는 물(物)의 안전화에 한계가 있는 경우가 있다. 물(物)의 안전화와 병행하여 사람의 안전화가 안전보건관리의 2대 지주라고 할 수 있다. 사람의 안전화, 다시 말하면 교육 훈련이 충분하게 실시되지 않았기 때문에 근로자가 불안전 행동을 취함으로써 큰 재해를 초래한 예는 적지 않다. 최근의 재해발생 상황, 산업사회의 변화 등을 보면 안전보건교육에 대한 필요성은 과거보다도 높아져 가고 있다.

(4) 교육훈련의 기본

가르치는 것은 상대가 ① 어떤 것을 이해했는가, ② 어느 정도 실행했는가, ③ 어떻게 직장에서 실행하게 되는가를 보는 것으로부터 시작된다.

안전보건교육에서는 교육을 받는 사람이 생각하고, 행동하게 하도록 시키는 것이 중요하다. 또한
① 배우는 사람이 과거에 경험한 것과 체득한 지식을 최대한으로 살리도록 해야 한다.(지식교육)
② 가르치는 사람이 가지고 있는 지식과 경험을 배우는 사람에게 어떻게 잘 전달할 것인가에 대하여 가르치는 방법을 공부한다.(기능교육)
③ 배우는 사람에게 실제 실습, 실험을 통하여 몸으로 얻도록 실기적 지도가 가능한 실습장을 만들어야 한다.(태도교육)

이것이 직장교육의 3가지 기본방법이다.

그 교육의 종류와 내용은
① 지식을 전달하는 교육(지식교육)
② 기능을 습득시키는 교육(기능교육)
③ 태도를 익히는 교육(태도교육)
　결론 문제해결을 능숙하게 행하는 교육(종합적 능력 향상)

합격예측

안전보건교육의 목적
① 인간의 정신(의식)의 안전화
② 행동(동작)의 안전화
③ 작업환경의 안전화
④ 설비와 물자의 안전화

합격예측

학습지도의 원리
① 자기활동의 원리
② 개별화의 원리
③ 사회화의 원리
④ 통합의 원리
⑤ 직관의 원리
⑥ 목적의 원리

합격예측

안전보건 교육에서 근로자 함양체득 사항
① 잠재위험 발견능력
② 비상사태 대응능력
③ 직면한 문제의 사고 발생 가능성 예지능력

합격예측

(1) 안전교육의 3단계 순서
  지식 → 기능 → 태도
(2) 집단교육의 4단계 순서
  지식 → 태도 → 개인 → 집단

합격예측

교육계획의 수립 및 추진 순서
① 교육의 필요점을 발견한다.
② 교육대상을 결정하고 그것에 따라 교육내용 및 교육방법을 결정한다.
③ 교육의 준비를 한다.
④ 교육을 실시한다.
⑤ 교육의 성과를 평가한다.

합격예측

교육의 준비사항
① 지도교육안 작성(이론 수업) 4단계
  ㉮ 준비(도입)단계 : 5분
  ㉯ 제시단계 : 40분
  ㉰ 실습 또는 적용 단계 : 10분
  ㉱ 확인 또는 평가 단계 : 5분
② 교재준비
③ 강사선정

2. 안전보건교육계획

(1) 안전보건교육계획의 준비계획(포함사항)

① 교육목표 설정 : 첫째 과제
② 교육 대상자와 범위 설정
③ 교육의 과정 결정
④ 교육방법 결정
⑤ 보조자료 및 강사, 조교의 편성
⑥ 교육진행 사항
⑦ 소요예산 산정

(2) 안전보건교육계획의 실시계획(세부사항)

① 소요인원
② 교육장소
③ 소요기자재
④ 시범 및 실습계획
⑤ 평가계획
⑥ 일정표
⑦ 소요예산 책정
⑧ 사내·외 현장견학

(3) 안전보건교육계획 수립시 고려할 사항

① 정보수집(자료수집)
② 현장의 의견 반영
③ 교육시행 체계와 관계 고려
④ 법규정 교육과 그 이상의 교육

(4) 안전교육의 3요소

요소 분류	교육의 주체	교육의 객체	교육의 매개체
형식적 교육	교도자(강사)	교육생(수강자 : 대상)	교육자료(교재 : 내용)
비형식적 교육	부모, 형, 선배, 사회인사	자녀와 미성숙자	교육적 환경, 인간관계

(5) 교육목표에 관한 사항

① 교육 및 훈련의 범위
② 교육 보조자료의 준비 및 사용지침
③ 교육훈련의 의무와 책임한계 명시

(6) R.W.Tyler(타일러)교육(학습)지도 원리 22. 3. 19., 25. 3. 29. 출

① 자발성(자기활동)의 원리 : 학습자 자신이 자발적으로 학습에 참여하는 데 중점을 둔 원리이다.
② 개별화의 원리 : 학습자가 지니고 있는 각자의 요구와 능력 등에 알맞은 학습활동의 기회를 마련해 주어야 한다는 원리이다.(계열성 원리)
③ 사회화의 원리 : 학습내용을 현실 사회의 사상과 문제를 기반으로 하여 학교에서 경험한 것과 사회에서 경험한 것을 교류시키고 공동학습을 통해서 협력적이고 우호적인 학습을 진행하는 원리이다.
④ 통합의 원리 : 학습을 총합적인 전체로서 지도하는 원리로, 동시 학습 원리와 같다.(통합성 원리)
⑤ 직관의 원리 : 구체적인 사물을 직접 제시하거나 경험시킴으로써 큰 효과를 거둘 수 있다는 원리이다.
⑥ 목적의 원리
⑦ 생활화의 원리
⑧ 과학화의 원리
⑨ 자연화의 원리 등

합격예측
타일러 학습경험 선정의 원리
① 동기유발(만족)의 원리
② 기회의 원리
③ 가능성의 원리
④ 다목적 달성의 원리
⑤ 전이가능성의 원리

합격예측
동기의 기능의 종류
① 시발적(initiative)기능 : 동기가 행동을 촉발시키는 힘을 주어 행동을 하도록 하는 기능을 말한다.
② 지향적(directive)기능 : 일정한 목표를 향한 행동을 일으키게 하는 어떤 내적인 기능을 말한다.
③ 강화적(reinforcement)기능 : 학습자로 하여금 어떤 학습목표에 대한 결과가 주는 만족의 여부 및 행동의 적부성을 선택하도록 하는 기능을 말한다.

2 교육의 지도

1. 교육지도의 원칙(교육지도 8원칙) 24. 3. 30 출

(1) 피교육자 중심의 교육실시

① 교육이나 훈련은 피교육자가 교육내용을 충분히 이해해 주어야만 의미가 있는 것이다.
② 지도자가 아무리 설명을 하고 시범을 보여 주어도 상대방이 그것을 들어 주고 보아주지 않는다면 교육을 하지 않은 것과 마찬가지가 되는 것이다.

(2) 동기부여를 한다

① 가르치기에 앞서서 우선 상대방으로부터 알려고 하는 의욕이 일어나게 하는 것이 중요하다.
② 가르쳐야 할 교육의 가치를 개인의 이해 관계와 직결시킨다.

(3) 반복한다

① 지식은 반복에 의해 기억되고, 기억된 것이 신속 정확한 협응동작을 가능케 한다.
② 반복학습을 함으로써 지식, 기술, 기능 및 태도가 몸에 익혀져 향상되는 것이다.

Q 보충문제

시간 연구를 통해서 근로자들에게 차별성과급제를 적용하면 효율적이라고 주장한 과학적 관리법의 창시자는?
① 게젤(QA.L.Gesell)
② 테일러(F.Taylor)
③ 웨슬리(D.Wechsler)
④ 샤인(Edgar H. Sehein)
⑤ 하인리히(Heinrich)

정답 ②

F.W. Taylor
(1856~1915)

합격예측

(1) 교육효과순서
　시각 → 청각 → 촉각 →
　미각 → 후각(시청촉미후)
(2) 5관의 교육이해도(효과치)
　① 시각효과 : 60[%]
　② 청각효과 : 20[%]
　③ 촉각효과 : 15[%]
　④ 미각효과 : 3[%]
　⑤ 후각효과 : 2[%]

합격예측

기능적인 이해를 돕는 방법
① 기억의 강화
② 경솔한 임의 행동 억제
③ 생략 행위의 금지
④ 독자적인 자기만족 억제
⑤ 이상 발견시 응급조치 용이

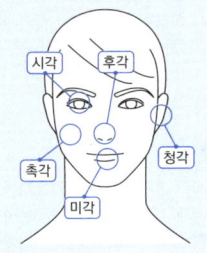

[그림] 오감

(4) 쉬운 것에서부터 어려운 것으로 한다

① 지도교육을 행할 때, 상대방이 이해할 수 있는 것
② 행동화할 수 있는 것부터 나가는 것이 필요하며, 그에 따라서 피교육자는 습득의 기쁨, 달성의 기쁨을 얻어 더욱 공부하려는 의욕을 일으킬 것이며
③ 성공감의 부여도 되고 자신과 만족을 획득하여 자기개발의 길도 개척해 나간다.

(5) 한 번에 한 가지씩을 한다

① 지도교육을 할 때 욕심을 내어 한꺼번에 이것저것 많은 것을 가르치려고 하면 상대방에게 흡수 능력 이상의 것을 강요하기 쉽다.
② 교육의 성과는 양보다 질을 중시한다는 점을 명시해야 할 것이다.

(6) 인상의 강화

① 특히 중요한 것, 작업상 안전보건에 관계되는 핵심 등은 확실하게 알게 해 둘 필요가 있다.
② 지도자는 그 나름대로 인상을 강화시키는 수단을 강구하지 않으면 안 된다.
③ 그 방법으로서는 교육교재의 연구, 재해사례나 현장 사진 이용, 강조, 반복 설명, 질문, 토의 등의 방법이 있으며 인상의 강화 방법은 다음과 같다.
　㉮ 현장의 사진 제시 또는 교육 전 견학
　㉯ 보조자료의 활용
　㉰ 사고사례의 제시
　㉱ 중요점의 재강조
　㉲ 토의과제제시 및 의견청취
　㉳ 속담, 격언과의 연결 및 암시

(7) 오감(5관)을 활용한다

① 사물을 습득시키기 위해서는 인간의 5가지 감각기관을 각기 목적에 알맞게 될 수 있는 대로 복합적으로 활용하는 것이 바람직하다.
② 인상 강화와 결합된다.
　㉮ 5감의 교육효과치
　　㉠ 시각효과 : 60[%]　　㉡ 청각효과 : 20[%]
　　㉢ 촉각효과 : 15[%]　　㉣ 미각효과 : 3[%]
　　㉤ 후각효과 : 2[%]
　㉯ 이해도
　　㉠ 귀 : 20[%]　　㉡ 눈 : 40[%]
　　㉢ 귀+눈 : 60[%]　　㉣ 입 : 80[%]
　　㉤ 머리+손, 발 : 90[%]

㉰ 감각 기능별 반응시간
  ㉠ 청각 ㉡ 촉각 ㉢ 시각 ㉣ 미각 ㉤ 통각 : 0.7[초]

[표] 오감의 특징

감각	시간	자극	내용	특징
시각(눈)	0.20초	빛	밝기, 형태, 움직임, 색	정보의 90[%]를 입수
청각(귀)	0.17초	소리	소리의 크기, 높이, 음색 등	모든 방향에서 들어오는 정보를 포착
미각(혀)	0.29초	수용성화학물질	단맛, 신맛, 쓴맛 등의 맛	시각 및 후각 등 다른 감각과 함께 가능
촉각(피부)	0.18초	기계적 자극, 압력, 온도 자극	촉감, 압력, 통증, 열기	압각, 통각, 온도 감각으로 구분
후각(코)	−	화학물질, 휘발성물질	꽃, 과일, 부패, 약, 수지 등의 냄새	특정 냄새를 맡으면 그 냄새와 관련된 기억이 의도와 상관없이 떠오르게 됨

(8) 기능적인 이해를 돕는다

① 기술교육 과정에서 가장 중요한 것이 바로 기능적인 이해의 증진이다. '왜 그렇게 되어야 하는가?'하는 문제에 관하여 근거 있게 기능적으로 이해시켜야 한다.
② 무조건 암기식 교육이나 주입식 교육은 오래가지 않으며 기억량이 적을 뿐만 아니라 행동상에도 무리가 오는 법이다.

2. 학습 및 강의

(1) 학습의 목적

강의 계획의 처음 단계로 학습목적은 목표, 주제, 학습정도의 3요소로 구성되며, 이 3요소가 학습목적에 반드시 포함되어야 한다. 학습목적은 명확하고 간결하여야 하며, 수강자들의 지식, 경험, 능력, 배경, 요구, 태도 등에 유의하여야 하고, 한정된 기간 내에 강의를 끝낼 수 있도록 작성해야 한다.

(2) 학습의 목적에 포함 사항(학습목적의 3요소)

① 목표(goal)
② 주제(subject)
③ 정도(level of learning)

(3) 학습목적·학습성과

① 학습목적 : '안전의식을 높이기 위한 베르크호프의 재해 정의를 이해한다'
  ㉮ 목표 : 안전의식의 고양
  ㉯ 주제 : 베르크호프의 재해 정의
  ㉰ 학습정도 : 이해한다.
② 학습성과(학습목적을 세분하여 구체적으로 표현)
  ㉮ 업무재해요인으로서 재해를 이해한다.
  ㉯ 재해발생시 시간, 거리와의 관계를 이해한다.
  ㉰ 재해발생의 돌발성을 이해한다.

합격예측

지식교육의 4단계
(1) 도입(1단계)
  피교육자의 동기부여
(2) 제시(2단계)
  ① 교재를 보인다, 이야기를 한다.
  ② 어느 정도 암기하였는가 질문한다.
  ③ 학습을 위한 과제와 자료를 준다.
(3) 학습반응(3단계)
  ① 자습시킨다.
  ② 상호학습
(4) 성과확인(4단계)
  ① 어느 정도 이해하였는가를 본다.
  ② 어떠한 잘못을 하였는가를 본다.

합격예측

교육목표에 포함되어야 할 사항
① 교육 및 훈련의 범위
② 교육 보조자료의 준비 및 사용지침
③ 교육훈련의 의무와 책임한계의 명시

합격예측

준비계획에 포함하여야 할 사항
① 교육목표 설정
② 교육대상자 범위결정
③ 교육과정의 결정
④ 교육방법 및 형태 결정
⑤ 교육 보조자료 및 강사, 조교의 편성
⑥ 교육진행사항
⑦ 필요 예산의 산정

합격예측

학습목적의 3요소
① 목표
② 주제
③ 학습정도의 4요소
   인지, 지각, 이해, 적용

합격예측

안전교육계획에 포함시켜야 할 사항
① 교육목표
② 교육의 종류 및 교육대상
③ 교육의 과목 및 교육내용
④ 교육기간(교육시기)
⑤ 교육방법
⑥ 교육장소
⑦ 교육담당자 및 강사

합격예측

구안법(project method)의 특징
① 학생이 마음속에 생각하고 있는 것을 외부에 구체적으로 실현하고 형상화하기 위해서 자기 스스로가 계획을 세워 수행하는 학습활동으로 이루어지는 형태이다.
② Collings는 구안법을 탐험(exploration), 구성(construction), 의사소통(communication), 유희(play), 기술(skill)의 5가지로 지적하고 산업시찰, 견학, 현장실습 등도 이에 해당된다고 하였다.
③ 구안법의 4단계 : 목적결정, 계획수립, 활동(수행), 평가

(4) 안전교육 평가방법

구 분	관찰법			테스트법		
	관찰	면접	노트	질문	평가 시험	테스트
지식	○	○	×	○	●	●
기능	○	×	●	×	×	●
태도	●	●	×	○	○	×

※ (범례) ● 우수, ○ 보통, × 불량

① 안전교육 평가방법에서 테스트법은 지식교육과 기능교육의 평가방법으로 우수한 반면, 태도교육의 평가방법으로는 불량하다.
② 평가방법은 자료분석법, 상호평가법도 있다.

(5) 학습의 전개과정

① 쉬운 것부터 어려운 것으로 실시
② 과거에서 현재, 미래의 순으로 실시
③ 많이 사용하는 것에서 적게 사용하는 순으로 실시
④ 간단한 것에서 복잡한 것으로 실시

(6) 학습의 정도 : 학습시킬 내용의 범위와 정도

① 인지(to acquaint)
② 지각(to know)
③ 이해(to understand)
④ 적용(to apply)

(7) 학습평가의 기본기준 4가지

① 타당도(성)
② 신뢰도(성)
③ 객관도(성)
④ 실용도(성)

(8) 강의 계획 4단계

① 제1단계 : 학습목적과 학습성과 설정
② 제2단계 : 학습자료 수집 및 체계화
③ 제3단계 : 강의방법 설정
④ 제4단계 : 강의안 작성

(9) 강의안의 작성

① 강의방식이 선정된 뒤에는 효율적으로 강의할 수 있도록 내용을 연구하고 연구가 끝나는 대로 강의안을 작성한다.
② 강의안은 강의계획과 강의내용으로 나누어 작성한다.
  ㉮ 강의계획은 강의제목, 학습목적, 학습정리, 강의 보조자료의 순으로 기재한다.
  ㉯ 강의내용은 도입, 전개, 종결의 3단계로 분류하여 서술하며, 각 단계의 주요 항목마다 소요시간과 필요한 보조자료를 명기한다.

3 교육의 분류

1. OJT와 OFF JT

(1) OJT(On the Job Training)

관리감독자 등 직속상사가 부하직원에 대해서 일상 업무를 통하여 지식, 기능, 문제해결 능력 및 태도 등을 교육훈련하는 방법이며, 개별교육 및 추가지도에 적합하다. (예 코칭, 직무순환, 멘토링 등)

[표] OJT와 OFF JT 특징 22. 3. 19 출 23. 4. 1 출

OJT의 특징	OFF JT의 특징
① 개개인에게 적절한 지도훈련이 가능하다. ② 직장의 실정에 맞게 구체적이고 실제적 훈련이 가능하다. ③ 즉시 업무에 연결되는 관계로 몸과 관련이 있다. ④ 훈련에 필요한 업무의 계속성이 끊어지지 않는다. ⑤ 효과가 곧 업무에 나타나며 훈련의 좋고 나쁨에 따라 개선이 쉽다. ⑥ 훈련효과를 보고 상호 신뢰, 이해도가 높아지는 것이 가능하다.	① 다수의 근로자에게 조직적 훈련을 행하는 것이 가능하다. ② 훈련에만 전념하게 된다. ③ 각자 전문가를 강사로 초청하는 것이 가능하다. ④ 특별 설비기구를 이용하는 것이 가능하다. ⑤ 각 직장의 근로자가 많은 지식이나 경험을 교류할 수 있다. ⑥ 교육 훈련 목표에 대하여 집단적 노력이 흐트러질 수 있다.

(2) OFF JT(OFF the Job Training)

공통된 교육목적을 가진 근로자를 일정한 장소에 집합시켜 외부강사를 초청하여 실시하는 방법으로 집합교육에 적합하다.

2. 교육의 기본 방향

(1) 교육전개 방법

안전교육은 인간 측면에 대한 사고 예방 수단의 하나인 동시에 안전인간 형성을 위한 항구적인 목표라고도 할 수 있다. 기업의 규모나 특성에 따라 안전교육 방향을 설정하는 데는 차이가 있으나 원칙적으로 다음과 같이 3가지로 기본방향을 정하고 있다.

① 사고사례 중심의 안전교육　　② 안전작업(표준작업)을 위한 안전교육
③ 안전의식 향상을 위한 안전교육

(2) 안전교육목적

① 인간정신의 안전화　　② 행동의 안전화
③ 환경의 안전화　　④ 설비와 물자의 안전화

합격예측

OJT와 OFF.J.T
① O.J.T(On the Job Training) : 현장중심 교육으로 직속상사가 현장에서 업무상의 개별교육이나 지도훈련을 하는 교육형태이다.
② OFF.J.T(OFF the Job Training) : 계층별 또는 직능별 등과 같이 공통된 교육대상자를 현장외의 한 장소에 모아 집체 교육훈련을 실시하는 교육형태이다

합격예측

(1) 안전교육의 기본방향3가지
① 사고사례 중심의 안전교육
② 안전작업(표준작업)을 위한 안전교육
③ 안전의식 향상을 위한 안전교육

(2) 프로그램 학습법의 장·단점
[장점]
① 기본 개념학습이나 논리적인 학습에 유리하다.
② 지능, 학습속도 등 개인차를 고려할 수 있다.
③ 수업의 모든 단계에 적용이 가능하다.
④ 수강자들이 학습이 가능한 시간대의 폭이 넓다.
⑤ 매 학습마다 피드백을 할 수 있다.
⑥ 학습자의 학습과정을 쉽게 알 수 있다.

[단점]
① 한 번 개발된 프로그램 자료는 변경이 어렵다.
② 개발비가 많이 들고 제작 과정이 어렵다.
③ 교육 내용이 고정되어 있다.
④ 학습에 많은 시간이 걸린다.
⑤ 집단 사고의 기회가 없다.

합격예측

기본교육 훈련방식 3가지
① 지식형성 : 제시방식
② 기능숙련 : 실습방식
③ 태도개발 : 참가방식

합격예측

(1) 대집단 토의
　① 포럼
　② 심포지엄
　③ 패널디스커션
(2) 소집단 토의
　① 브레인 스토밍
　② 개별지도 토의

참고

실연법(Performance method)
학습자가 이미 설명을 듣거나 시범을 보고 알게 된 지식이나 기능을 교사의 지휘나 감독아래 연습에 적용을 해보게 하는 교육 방법

합격예측

모의법(Simulation mothod)
실제의 장면이나 상태와 극히 유사한 사태를 인위적으로 만들어 그 속에서 학습토록 하는 교육방법

합격예측

프로그램학습법 (Programmed self-instruction method)
① 수업 프로그램이 학습의 원리에 의하여 만들어지고 학생이 자기학습 속도에 따른 학습이 허용되어 있는 상태에서 학습자가 프로그램 자료를 가지고 단독으로 학습토록 교육하는 방법
② 개발비가 많이 드는 것이 단점이다.

[표] 안전교육의 기능적 역할

기　능	역　할
• 전달기능 • 경험적응기능 • 습관형성기능	• 안전지식의 함양 • 안전기능의 체득 • 안전태도의 향상

3. 토의식과 강의식 교육

(1) 토의식 교육방법

① **문제법(Problem Method)** : 문제법은 첫째, 문제의 인식, 둘째, 해결방법의 연구계획, 셋째, 자료의 수집, 넷째, 해결방법의 실시, 다섯째, 정리와 결과의 검토 단계를 거친다.(지식, 기능, 태도, 기술 종합교육 등)

② **사례연구법(Case Study : Case Method)** : 먼저 사례를 제시하고 문제적 사실들과 그의 상호관계에 대해서 검토하고 대책을 토의한다.

③ **포럼(Forum : 공개토론회)** : 새로운 자료나 교재를 제시하고 거기서의 문제점을 피교육자로 하여금 제기하게 하거나 의견을 여러 가지 방법으로 발표하게 하고 다시 깊이 파고들어 토의를 행하는 방법이다.

④ **심포지엄(Symposium)** : 몇 사람의 전문가에 의하여 과제에 관한 견해를 발표하게 한 뒤 참가자로 하여금 의견이나 질문을 하게 하여 토의하는 방법이다.

⑤ **패널 디스커션(Panel Discussion : Workshop)** : 패널 멤버(교육과제에 정통한 전문가 4~5명)가 피교육자 앞에서 자유로이 토의를 하고, 다음에 피교육자 전원이 참가하여 사회자의 사회에 따라 토의하는 방법이다.

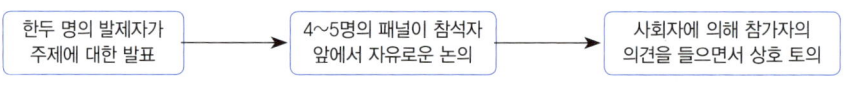

[그림] 패널 디스커션

⑥ **버즈 세션(Buzz Session)** : 6-6회의라고도 하며, 먼저 사회자와 기록계를 선출한 후 나머지 사람은 6명씩의 소집단으로 구분하고, 소집단별로 각각 사회자를 선발하여 6분씩 자유토의를 행하여 의견을 종합하는 방법이다.

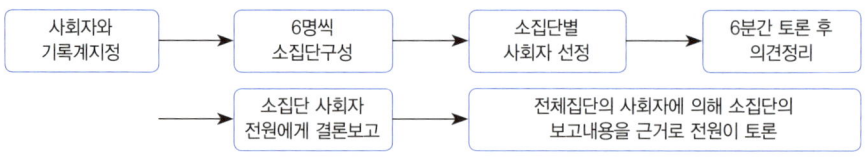

[그림] 버즈 세션

[표] 토의식 교육과 강의식 교육의 비교 23. 4. 1

토 의 식	강 의 식
• 교육의 주역은 참가자이다. • 참가자가 자주적, 적극적이 되기 쉽다. • 상호통행적, 상호개발적이다. • 교육내용을 참가자 전원에 철저하게 주의시키기 쉽다. • 중지를 모아 문제의 대책을 검토할 수 있다. • 참가자 개개인에게 동기부여가 쉽다. • 기능적·태도적인 것의 교육이 쉽다. • 발언, 질문하기가 쉬우므로 참가의 만족감이 크다. • 회의의 결론, 결정에 참가자가 납득, 협조하여 목표의 달성 의욕을 높인다. • 참가자 1인당의 피상적 경비는 많아질 수 있으나 효과는 올리기 쉽다.	• 교육의 주역은 강사이다. • 수강자가 의타적, 소극적이 되기 쉽다. • 일방통행적, 개인개발적이다. • 교육내용을 철저하게 주의시키기 어렵다. • 생각이나 원리, 법규 등을 단시간에 체계적, 이론적으로 다수인에게 전달할 수 있다. • 참가자 개개인에 동기부여가 어렵다. • 기능적·태도적인 것의 교육이 어렵다. • 발언, 질문이 어렵고 참여의식이 낮다. • 참가자의 납득, 협조를 얻기 어렵고 목표 달성 의욕도 환기시키기 어렵다. • 강사의 결론, 요청을 타인의 일로 받아들이기 쉽다. • 수강자 1인당 경비는 적으나 교육효과를 올리기 어려운 경우도 있다.

(2) 교수(teaching) 과정 6단계

① 제1단계 : 교수 목록 진술
② 제2단계 : 사전 평가
③ 제3단계 : 보충 과정(특별지도)
④ 제4단계 : 교수 전략 결정
⑤ 제5단계 : 교수 전개(수업 전체)
⑥ 제6단계 : 평가

(3) 하버드학파의 5단계 교수법 24. 3. 30

① 제1단계 : 준비시킨다.
② 제2단계 : 교시시킨다.
③ 제3단계 : 연합한다.
④ 제4단계 : 총괄한다.
⑤ 제5단계 : 응용시킨다.

(4) 안전지도 교육방법의 최적수업 방법

① 도입 : 강의법, 시범법, 반복법(단시간에 많은 내용 교육)
② 정리 : 자율학습법
③ 전개(중간), 정리(마지막) : 반복법, 토의법, 실연법
④ 도입, 전개, 정리 : 프로그램학습법, 모의학습법, 학생상호학습법

(5) 앞(前)에 실시한 교육이 뒤(後)에 실시한 학습을 방해하는 조건

① 앞의 학습이 불완전할 경우
② 앞뒤의 학습내용이 비슷한 경우
③ 뒤의 학습을 앞의 학습 직후에 실시하는 경우
④ 앞의 학습내용을 제어하기 직전에 실시하는 경우

합격예측

듀이의 사고과정의 5단계
① 1단계 : 시사를 받는다. (suggestion)
② 2단계 : 머리로 생각한다. (intellectualization)
③ 3단계 : 가설을 설정한다. (hypothesis)
④ 4단계 : 추론한다. (reasoning)
⑤ 5단계 : 행동에 의하여 가설을 검토한다.

합격예측

(1) 전이(transference)의 의미
전이란 어떤 내용을 학습한 결과가 다른 학습이나 반응에 영향을 주는 현상을 의미하는 것으로 학습효과를 전이라고도 한다.
① 적극적 전이효과 : 선행학습이 다음의 학습에 촉진적, 진취적 효과를 주는 것을 말한다.
② 소극적 전이효과 : 선행학습이 제2의 학습에 방해가 된다든지 학습능률을 감퇴시키는 것을 말한다.
(2) 학습전이의 조건
① 선행학습 학습정도
② 선행학습 유의성
③ 선행학습 시간적 간격
④ 학습자의 태도
⑤ 학습자의 지능

Q 보충문제

1. 일반적으로 태도교육의 효과를 높이기 위하여 취할 수 있는 가장 바람직한 교육방법은?
① 강의식
② 프로그램 학습법
③ 토의식
④ 문답식
⑤ 실연식

정답 ③

2. 교육전용시설 또는 그 밖에 교육을 실시하기에 적합한 시설에서 실시하는 교육 방법은?
① 집합교육
② 통신교육
③ 현장교육
④ on-line교육
⑤ 비대면교육

정답 ①

합격예측

(1) MTP(Management Training Program)

① FEAF(Far East Air Forces)라고도 하며, 대상은 TWI보다 약간 높은 계층을 목표로 하고, TWI와는 달리 관리문제에 보다 더 치중하고 있다.
② 교육내용 : 관리의 기능, 조직원 원칙, 조직의 운영, 시간관리학습의 원칙과 부하지도법, 훈련의 관리, 신인을 맞이하는 방법과 대행자를 육성하는 요령, 회의의 주관, 작업의 개선, 안전한 작업, 과업관리, 사기앙양 등
③ 한 클래스는 10~15명, 2시간씩 20회에 걸쳐 40시간 훈련하도록 되어 있다.

(2) ATT 교육대상 : 한 번 교육을 받은 관리자가 그 부하인 감독자가 강사(지도자)가 될 수 있다.

Q 보충문제

안전교육방법 중 수업의 도입이나 초기단계에 적용하며, 많은 인원에 대하여 단시간에 많은 내용을 동시에 교육하는 경우에 사용되는 방법으로 가장 적절한 것은?

① 시범
② 반복법
③ 토의법
④ 강의법
⑤ 프로그램 학습법

정답 ④

4. 관리감독자 교육

(1) 기업내 정형교육(TWI : Training Within Industry)

주로 감독자를 교육대상자로 하며, 감독자는 ① 직무에 관한 지식, ② 책임에 관한 지식, ③ 작업을 가르치는 능력, ④ 작업방법을 개선하는 기능, ⑤ 사람을 다루는 기량의 5가지 요건을 구비해야 한다는 전제하에 ③, ④, ⑤항을 교육내용으로 하며, 전체 교육시간은 10시간으로, 1일 2시간씩 5일간 실시한다. 한 클래스는 10명 정도, 토의식과 실연법을 중심으로 한다. 오늘날은 작업 안전 훈련 과정을 포함하여 4개 과정으로 하고 있다. TWI 교육내용은 다음과 같다.

① 작업 방법 훈련(Job Method Training : JMT) : 작업개선
② 작업 지도 훈련(Job Instruction Training : JIT) : 작업지도 · 지시
③ 인간 관계 훈련(Job Relations Training : JRT) : 부하 통솔
④ 작업 안전 훈련(Job Safety Training : JST) : 작업안전

(2) MTP(Management Training Program)

한 클래스는 10~15명, 2시간씩 20회에 걸쳐 40시간 훈련하도록 되어 있다.

(3) ATT(American Telephone & Telegraph Company)

1차 훈련(1일 8시간씩 2주간), 2차 과정에서는 문제가 발생할 때마다 하도록 되어 있으며, 진행방법은 통상 토의식에 의하여 지도자의 유도로 과제에 대한 의견을 제시하게 하여 결론을 내려가는 방식을 취한다. 교육내용은 다음과 같다.

① 계획적인 감독
② 인원배치 및 작업의 계획
③ 작업의 감독
④ 공구와 자료의 보고 및 기록
⑤ 개인작업의 개선
⑥ 인사관계
⑦ 종업원의 기술향상
⑧ 훈련
⑨ 안전 등

(4) CCS(Civil Communication Section)

주로 강의법에 토의법이 가미된 것으로 매주 4일, 4시간씩 8주간(합계 128시간)에 걸쳐 실시하도록 되어 있다.

[표] case method(사례연구법)

특징	① 사례 해결에 직접 참가하여 해결해 가는 과정에서 판단력을 개발 ② 관련사실의 분석 방법이나 종합적인 상황 판단 ③ 대책 입안 등에 효과적인 방법
장점	① 흥미가 있어 학습동기유발 최적 ② 사물에 대한 관찰력과 분석력 향상 ③ 판단력 및 응용력 향상
단점	① 발표를 할 때나 발표하지 않을 때 원칙과 규칙의 체계적인 습득 필요함 ② 적극적인 참여와 의견의 교환을 위한 리더의 역할이 필요함 ③ 적절한 사례의 확보곤란 및 진행방법에 대한 철저한 연구가 필요함

4 교육심리학

1. 파지와 망각

(1) 파지(retention)
과거의 학습경험이 현재와 미래의 행동에 영향을 주는 작용(기억의 단계)

(2) 망각(forgetting)
① 파지의 행동이 지속되지 않는 것
② 경험내용, 인상 등이 약해지거나 소멸되는 현상

(3) 기억의 과정
기명(memorizing) → 파지(retention) → 재생(recall) → 재인(recognition)
① 기억 : 과거의 경험이 어떠한 형태로 미래의 행동에 영향을 주는 작용이라 할 수 있다.
② 기명 : 사물의 인상을 마음에 간직하는 것을 말한다.
③ 파지 : 간직, 인상이 보존되는 것을 말한다.(현재와 미래에 지속)
④ 재생 : 보존된 인상을 다시 의식으로 떠오르는 것을 말한다.
⑤ 재인 : 과거에 경험했던 것과 같은 비슷한 상태에 부딪혔을 때 떠오르는 것을 말한다.

(4) 망각방지법(파지를 유지하기 위한 방법)
① 적절한 지도 계획을 수립하여 연습을 할 것
② 연습은 학습한 직후에 시키며, 간격을 두고 때때로 연습을 할 것
③ 학습자료는 학습자에게 의미를 알게 질서있게 학습시킬 것

(5) 에빙하우스(H. Ebbinghaus)의 망각곡선 이론
망각곡선에 의하면 학습 직후의 망각률이 가장 높다는 것을 알 수 있고, 1시간 경과 후의 파지율이 44.2[%]이고, 1일(24시간) 후에는 전체의 1/3에 해당하는 33.7[%]이고, 그 후부터는 망각이 완만하여 6일(144시간)이 경과한 뒤에는 파지량이 전체의 1/4 정도인 14.6[%]가 된다.
① 1시간 경과 : 약 50[%] 이상 망각
② 48시간 경과 : 약 70[%] 이상 망각
③ 31일 경과 : 약 80[%] 이상 망각

> 참고 H.Ebbinghaus : 기억을 세계 최초로 연구한 독일의 심리학자

합격예측
시행착오설의 학습법칙
① 연습 또는 반복의 법칙 : 모든 학습은 연습을 통하여 진보향상되고 바람직한 행동의 변화를 가져오게 된다.
② 효과의 법칙 : 『결과의 법칙』이라고도 한다. 어떤 일을 계획하고 실천해서 그 결과가 자기에게 만족스러운 상태에 이르면 더욱 그 일을 계속하려는 의욕이 생긴다.
③ 준비성의 법칙 : 준비성이란 학습을 하려고 하는 모든 행동의 준비적 상태를 말한다. 준비성이 사전에 충분히 갖추어진 학습활동은 학습이 만족스럽게 잘되지만, 준비성이 되어 있지 않을 때에는 실패하기 쉽다.

합격예측
교육심리학의 정의
교육심리학은 「교육에 관련된 여러 가지 문제를 심리학적으로 연구함에 있어서 교육적인 방향을 목표로 하는 경험과학이며 기술이다.」라고 말할 수 있다

합격예측
CCS(Civil Communication Section)
① ATP(Administration Training Program)라고도 하며, 당초에는 일부 회사의 톱매니지먼트에 대해서만 행하여졌던 것이 널리 보급된 것이라고 한다.
② 교육내용 : 정책의 수립, 조직(경영부분, 조직형태, 구조 등), 통제(조직통제의 적용, 품질관리, 원가통제의 적용 등) 및 운영(운영조직, 협조에 의한 회사 운영)등

합격예측
행동의 방정식
① S-R : 유기체에 자극을 주면 반응함으로써 새로운 행동이 발달된다.(Thorndike, Pavlov 이론)
② S-O-R : 유기체 스스로가 능동적으로 발산해 보이려는 데 자극을 줌으로써 강화되어 새로운 행동으로 발달한다.(Skinner, Huil 이론)
③ B=f(P.E) : 행동의 발달이란 유기체와 환경과의 상호작용의 결과이다.(Lewin 이론)

Q 보충문제
인간의 정보처리 기능 중 그 용량이 7개 내외로 작아, 순간적 망각 등 인적 오류의 원인이 되는 것은?
① 지각 ② 작업기억
③ 주의력 ④ 감각보관
⑤ 통각

정답 ②

합격예측

문제해결법의 단계
① 1단계 : 문제의 인식
② 2단계 : 해결방법의 연구계획
③ 3단계 : 자료의 수집
④ 4단계 : 해결방법의 실시
⑤ 5단계 : 정리와 결과의 검토

합격예측

(1) 조건반사설에 의한 학습이론의 원리
① 시간의 원리 : 조건자극(종소리)이 무조건자극(음식물)보다 시간적으로 동시 또는 조금 앞서서 주어야만 조건화 즉 강화가 잘된다는 원리이다.
② 강도의 원리 : 조건반사적인 행동이 이루어지려면 먼저 준 자극의 정도에 비해 적어도 같거나 보다 강한 자극을 주어야 바람직한 결과를 낳게 된다.
③ 일관성의 원리 : 조건자극은 일관된 자극물을 사용하여야 한다는 원리이다.
④ 계속성의 원리 : 자극과 반응과의 관계를 반복하여 횟수를 거듭할수록 조건화가 잘 형성된다는 원리이다.

(2) 형태설의 구분
① 통찰설 : 쾰러(Köhler)
② 장설 : 레빈(Lewin)
③ 기호형태설 : 톨만(Tolman)

합격예측

기억률 = $\dfrac{\text{최초 기억에 소요된 시간} - \text{그후기억에 소요된 시간}}{\text{최초 기억에 소요된 시간}} \times 100$

① 기억한 내용은 급속하게 잊어버리게 되지만 시간의 경과와 함께 잊어버리는 비율은 완만해진다.
② 오래되지 않은 기억은 잊어버리기 쉽고 오래 된 기억은 잊어버리기 어렵다.

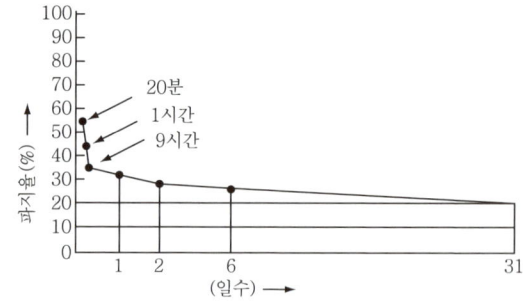

[그림] 에빙하우스 망각곡선(curve of forgetting)

2. 자극과 반응(Stimulus & Response) : S-R 이론

(1) Pavlov의 조건반사(반응)설의 학습원리

① 시간의 원리(the time principle)
② 강도의 원리(the intensity principle)
③ 일관성의 원리(the consistency principle)
④ 계속성의 원리(the continuity principle)

(2) Thorndike의 시행착오설

① 연습 또는 반복의 법칙(the law of exercise or repetition)
② 효과의 법칙(the law of effect)
③ 준비성의 법칙(the law of readiness)

(3) Guthrie : 접근적 조건화설

(4) Skinner : 조작적 조건화설

[그림] 애드워드 손다이크
(Edward Thorndike, 1874~1949)

(5) 전이(transfer)의 조건

① 선행학습의 정도
② 학습자료의 유사성
③ 선행학습과 학습 후의 시간적 간격
④ 학습자의 태도
⑤ 학습자의 지능

[표] 적응기제의 기본형태

방어적 기제		도피적 기제	
• 보 상	• 합리화	• 고 립	• 퇴 행
• 동일시	• 승 화	• 억 압	• 백일몽

💠 **참고** I.P.Pavlov : 러시아의 생리학자

[표] 전습법과 분습법의 장점

전 습 법	분 습 법
• 망각이 적다. • 학습에 필요한 반복이 적다. • 연합이 생긴다. • 시간과 노력이 적다.	• 어린이는 분습법을 좋아한다. • 학습효과가 빨리 나타난다. • 주의와 집중력의 범위를 좁히는 데 적합하다. • 길고 복잡한 학습에 적합하다.

(6) 망상인격 : 편집성 인격

① 자기 주장이 강함
② 빈약한 대인관계
③ 유머 결핍
④ 과민성, 완고, 질투, 시기심이 강함
⑤ 소외당할시 악의적 행동

(7) 강박인격

① 완벽주의자로서 항시 만족을 못 느낌
② 엄격하고 지나칠 정도로 양심적
③ 우유부단
④ 욕망 절제
⑤ 기준에 적합하도록 지나치게 신경쓰는 자

(8) 순환인격

① 외부의 자극과 관계없이 울적한 상태에서 쾌적한 상태로 변하는 데 시간이 오래 걸리는 형
② 명랑한 상태에서는 외향적, 따뜻하고 친하기 쉬운 자로서 정력적이고 적극적인 사람으로 왜곡 판단

(9) 적응과 역할(Super, D. E.의 역할이론)

① 역할연기(Role playing) : 자아 탐색인 동시에 자아실현의 수단이다. (예)체험학습
② 역할기대(Role expectation) : 자기 자신의 역할을 기대하고 감수하는 자는 자기 직업에 충실하다고 본다.
③ 역할조성(Role shaping) : 여러 가지 역할이 발생시 그 중 어떤 역할에는 불응 또는 거부감을 나타내거나 또 다른 역할에는 적응하여 실현하기 위해 일을 구할 때 발생한다.
④ 역할갈등(Role conflict) : 작업 중 서로 상반(모순)된 역할이 기대될 경우 갈등이 발생한다.

합격예측

적응기제의 분류

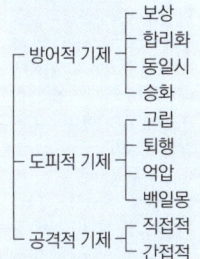

- 방어적 기제 ─ 보상, 합리화, 동일시, 승화
- 도피적 기제 ─ 고립, 퇴행, 억압, 백일몽
- 공격적 기제 ─ 직접적, 간접적

용어정의

role playing(역할연기법)
어떤 역할을 규정하여 이것을 실제로 시켜봄으로 이것을 훈련이나 평가에 사용하는 것이다.

합격예측

역할갈등(role conflict)의 원인
① 역할마찰
② 역할부적합
③ 역할모호성

[표] 역할연기의 장·단점

장점	단점
• 의견발표에 자신이 생긴다. • 자기반성과 창조성이 개발된다. • 하나의 문제에 대해 관찰 능력을 높인다. • 문제에 적극적으로 참여하며, 타인의 장점과 단점이 잘 나타난다.	• 높은 의지결정의 훈련으로는 기대할 수 없다. • 목적이 명확하지 않고 다른 방법과 병행하지 않으면 의미가 없다. • 훈련장소의 확보가 어렵다.

합격예측
전이이론 3가지
① 동일요소설 : 선행학습경험과 새로운 학습경험 사이에 같은 요소가 있을 때에는 서로의 사이에 연합 또는 연결의 현상이 일어난다는 설이다.
(E.L.Thorndike)
② 일반화설 : 학습자가 하나의 경험을 하면 그것으로 그치는 것이 아니고 다른 비슷한 상황에서 같은 방법이나 태도로 대하려는 경향이 있어서 이것이 효과를 가져와 전이가 이루어진다는 설이다.
(C.H.Judd)
③ 형태이조설(移調說) : 형태심리학자들이 입증한 학설로 이것은 경험할 때의 심리학적 사태가 대체로 비슷한 경우라면 먼저 학습할 때에 머릿속에 형성되었던 구조가 그대로 옮겨가기 때문에 전이가 이루어진다는 설이다.

합격예측
학습평가도구의 기본적인 기준 4가지
① 타당도 : 측정하고자 하는 본래 목적과 일치하느냐의 정도를 나타내는 기준이다.
② 신뢰도 : 신용도로서 측정의 오차가 얼마나 적으냐를 나타내는 것이다.
③ 객관도 : 측정의 결과에 대해 누가 보아도 일치된 의견이 나올 수 있는 성질이다.
④ 실용도 : 사용에 편리하고 쉽게 적용시킬수 있는 기준이 실용도가 높은 것이다.

(10) 인간의 착상(着想)심리

① 인간의 생각은 건전하다고만 볼 수 없다.
② 대표적인 판단상의 공통적 과오의 실험 결과를 나타낸 것으로서 심리학 전공의 남녀 1,400명(남녀 각각 700명)을 상대로 조사한 것이다.

[표] 착상심리의 실험 결과

잘못 생각하는 내용	남[%]	여[%]
• 무당은 미래를 예측할 수 있다.	20	21
• 아래턱이 마른 사람은 의지가 약하다.	20	22
• 여자는 남자보다 지력이 열등하다.	11	8
• 인간의 능력은 태어날 때부터 동일하다.	21	24
• 얼굴을 보면 지능 정도를 알 수 있다.	23	29
• 민첩한 사람은 느린 사람보다 착오가 많다.	26	26
• 눈동자가 자주 움직이는 사람은 정직하지 못하다.	23	36

[표] 인지이론의 학습(형태이론)

구분	특징	실험방법	학습원리
통찰설 (Köhler)	문제해결의 목적과 수단의 관계에서 통찰이 성립되어 일어나는 것	① 우회로 실험(병아리) ② 도구사용 및 도구조합의실험(원숭이와 바나나)	① 문제해결은 갑자기 일어나며 완전하다. ② 통찰에 의한 수행은 원활하고 오류가 없다. ③ 통찰에 의한 문제해결은 상당기간 유지된다. ④ 통찰에 의한 원리는 쉽게 다른 문제에 적용된다.
장이론 (Lewin)	학습에 해당하는 인지구조의 성립 및 변화는 심리적 생활공간(환경영역, 내적·개인적 영역, 내적욕구, 동기 등)에 의한다.		장이란 역동적인 상호관련체제(형태 자체를 장이라 할 수 있고 인지된 환경은 장으로 생각할 수도 있다.)
기호-형태설 (Tolman)	어떤 구체적인 자극(기호)은 유기체의 측면에서 볼 때 일정한 형의 행동결과로서의 자극대상(의미체)을 도출한다.		형태주의 이론과 행동주의 이론의 혼합

Chapter 01 안전보건교육의 개념
출제예상문제

출제예상문제는 복습, 예습문제로 엮었습니다. *WHY : 실제시험에도 순서에 관계없이 출제됩니다. 예습 후 다음장에 공부한 문제가 있으면 기억이 배가 됩니다.

01 ★★ 안전교육계획을 수립하기 위한 작업순서이다. 필요한 순서가 아닌 것은 어느 것인가?

① 교육의 필요점을 발견한다.
② 교육대상을 결정한다.
③ 교육을 실시한다.
④ 교육담당자를 정한다.
⑤ 교육성과를 평가한다.

해설
교육계획의 수립 및 추진순서
① 교육의 필요점을 발견한다.
② 교육대상을 결정하고 그것에 따라 교육내용 및 교육방법을 결정한다.
③ 교육의 준비를 한다.
④ 교육을 실시한다.
⑤ 교육의 성과를 평가한다.

💬 **합격자의 조언** 함정이 있는 문제입니다.

02 ★★★ 안전교육의 목적을 설명한 것 중 잘못 말한 것은?

① 재해발생에 필요한 요소들을 교육하여 재해방지를 하기 위함
② 생산성이나 품질의 향상에 기여하는 데 필요하기 때문
③ 작업자에게 안정감을 부여하고 기업에 대한 신뢰감을 부여하기 위함
④ 외부에 안전교육 실시를 PR하기 위하여
⑤ 인간정신의 안전화가 우선되어야 한다.

해설
안전교육의 목적
① 인간정신의 안전화
② 행동의 안전화
③ 환경의 안전화
④ 설비물자의 안전화

03 ★★ 다음 중 교육내용에 속하지 않는 것은?
① 직업 관계 사항   ② 법정 사항
③ 환경의 안전화   ④ 교육대상 및 방법
⑤ 현장의 의견 반영

해설
교육대상과 방법은 교육계획에 포함사항이다.

04 ★★★★★ 다음 중 교육의 3요소가 바르게 나열된 것은?
① 교사－학생－교육재료
② 교사－학생－부모
③ 학생－환경－교육재료
④ 학생－부모－사회지식인
⑤ 교사－부모－교재

해설
교육의 3요소
① 주체
　㉮ 형식적 : 교도자(강사)
　㉯ 비형식적 : 부모, 형, 선배, 사회인사
② 객체
　㉮ 형식적 : 학생(수강자)
　㉯ 비형식적 : 자녀, 미성숙자
③ 매개체
　㉮ 형식적 : 교재
　㉯ 비형식적 : 환경, 인간관계, 교육내용

[**정답**] 01 ④ 02 ④ 03 ④ 04 ①

05 ★★ 알아야 할 것의 개념형성을 계획하는 교수법의 교육 종류는?

① 지식교육 ② 태도교육
③ 문제해결교육 ④ 기능교육
⑤ 향상교육

해설

개념형성의 교육은 지식교육이다.

종류	내 용	생각의 포인트
지식 교육	• 취급기계와 설비의 구조, 기능, 성능의 개념을 이해시킨다. • 재해 발생의 원리를 이해시킨다. • 작업에 필요한 법규, 규정, 기준을 습득시킨다.	알고 싶은 것의 개념을 주지시킨다.
기능 교육	(실기교육) • 작업 방법, 기계장치, 계기류의 조작 행위를 몸으로 습득시킨다. (문제해결의 종류) • 과거, 현재의 문제를 대상으로 하여 사실의 확인과 문제점의 발견, 원인의 탐구로부터 대책을 세우는 순서를 알고 문제 해결의 능력을 향상시킨다.	협력 대응 능력의 육성, 실기를 주체로 행한다.
태도 교육	• 안전작업에 임하는 자세와 동작을 습득시킨다. • 직장 규칙, 안전 규칙을 몸으로 습득시킨다. • 의욕을 가지고 한다.	가치관 형성 교육을 행한다.

06 ★★ 어떤 자극을 받았을 때 그것에 의하여 과거에 기억했던 것들 중에서 어떤 이미지가 환기되어 오는 현상을 무엇이라 하는가?

① 기명(記銘) ② 재생(再生)
③ 연상(聯想) ④ 추상(推想)
⑤ 파지

해설

파지와 망각
① 파지(retention) : 학습된 행동이 지속되는 것
② 기억 과정 : 기명 → 파지 → 재생 → 재인 → 기억
③ 기명(memorizing) : 새로운 사상(event)이 중추신경에 기록되는 것
④ 재생(recall) : 간직된 기록이 다시 의식적으로 떠오르는 것

07 ★★★ 쌍방적 의사전달(two-way process communication)에 의한 교육방식은?

① 강의식 교육 ② 차트에 의한 교육
③ 토의식 교육 ④ 시청각 교육
⑤ 실연식 교육

해설

① 강의법 : 최적 인원 40~50명, 일방적 방법
② 토의식 : 쌍방적 의사전달 방법, 최적인원은 10~20명이며 적극성, 지도성, 협동성을 가르치는 데 유효하다.

08 ★ 안전교육의 목적을 설명한 것 중 잘못 말한 것은?

① 재해발생에 필요한 요소들을 교육하여 재해방지하기 위함
② 생산성이나 품질의 향상에 기여하는 데 필요하기 때문
③ 작업자에게 안정감을 부여하고 기업에 대한 신뢰감을 부여하기 위함
④ 외부에 안전교육 실시를 PR하기 위하여
⑤ 환경의 안전화를 위하여

해설

교육의 목적이 PR하기 위한 것은 아니다.

09 ★★ 경험한 내용이나 학습된 내용을 다시 생각하여 작업에 적용하지 아니하고 방치함으로써 경험의 내용이나 인상이 약해지거나 소멸되는 현상은?

① 착각 ② 훼손
③ 망각 ④ 단절
⑤ 파지

해설

(1) 파지 : 획득한 행동이나 내용이 지속되는 것
(2) 망각 : 지속되지 않고 소실되는 현상
(3) 기억의 과정(기명 → 파지 → 재생 → 재인 → 기억)
  ① 기억 : 과거의 경험이 어떠한 형태로 미래의 행동에 영향을 주는 작용
  ② 기명 : 사물의 인상을 마음속에 간직하는 것
  ③ 재생 : 보존된 인상을 다시 의식으로 떠올리는 것
  ④ 파지 : 인상이 보존되는 것
  ⑤ 재인 : 과거에 경험했던 것과 같은 비슷한 상태에 부딪혔을 때 떠오르는 것을 말한다.

[정답] 05 ① 06 ② 07 ③ 08 ④ 09 ③

(4) 망각방지법(파지를 유지하기 위한 방법)
  ① 적절한 지도 계획을 수립하여 연습을 할 것
  ② 연습은 학습한 직후에 시키며, 간격을 두고 때때로 연습을 할 것
  ③ 학습자료는 학습자에게 의미를 알게 질서있게 학습시킬 것

10 ★★ 안전교육의 일반적인 내용은 다음 사항들이다. 이 중 알맞지 않은 것은 어느 것인가?

① 기능에 관한 훈련 ② 지식에 관한 훈련
③ 태도에 관한 훈련 ④ 경영에 관한 훈련
⑤ 습관화 교육

해설
안전교육의 종류
① 안전지식의 교육 ② 안전기능의 교육
③ 안전태도의 교육

11 ★★★ 학습목적을 세분하여 구체적으로 결정한 것을 무엇이라 하는가?

① 주제   ② 학습목표
③ 학습정도 ④ 학습성과
⑤ 강의안

해설
학습성과 : 학습목적을 세분하여 구체적으로 한 것

보충학습
강의 계획 4단계
① 학습목적과 학습성과의 결정 ② 학습자료의 수집 및 체계화
③ 교수방법선정 ④ 강의안 작성

12 ★★ 안전교육의 목표로서 가장 중요한 것은?

① 안전대책 ② 안전척도
③ 안전심리 ④ 안전기준
⑤ 안전관리

해설
안전교육의 목표는 안전행동의 습관화 및 안전척도이다.

13 ★ 훈련 후 직무 성과에 있어 개인차가 있다. 이 개인차는 개인적 변수에 따라 나타난다. 개인적 변수에 해당되지 않는 것은?

① 신체적 특징 ② 개인의 적성
③ 교육과 경험 ④ 작업 균형 및 배치
⑤ 개인의 적성과 신체적 특징

해설
작업 균형 및 배치는 전체적, 환경적 특성이다.

14 ★★ 안전교육목표에 포함시켜야 할 사항은 어느 것인가?

① 강의 순서 ② 과정 소개
③ 강의 목표 ④ 강의 개요
⑤ 교육 및 훈련의 범위

해설
①, ②, ④는 준비 사항이다.

15 ★★★★★ 작업 지도 4단계 기법 중 확실하게, 빠짐없이, 끈기 있게 지도하는 단계는?

① 제1단계 : 학습할 준비를 시킨다.
② 제2단계 : 작업을 설명한다.
③ 제3단계 : 작업을 시켜본다.
④ 제4단계 : 가르친 뒤를 살펴본다.
⑤ 제5단계 : 보게 한다.

해설

단계	교육방법
제1단계 (학습할 준비를 시킨다.)	① 마음을 안정시킨다. ② 무슨 작업을 할 것인가를 말해준다. ③ 그 작업에 대해 알고 있는 정도를 확인한다. ④ 작업을 배우고 싶은 의욕을 갖게 한다. ⑤ 정확한 위치에 자리잡게 한다.
제2단계 (작업을 설명한다.)	① 주요 단계를 하나씩 설명해 주고, 시범해 보이고, 그려 보인다. ② 급소를 강조한다. ③ 확실하게, 빠짐없이, 끈기있게 지도한다. ④ 이해할 수 있는 능력 이상으로 강요하지 않는다.
제3단계 (작업을 시켜본다.)	① 작업을 지켜보고 잘못을 고쳐준다. ② 작업을 시키면서 설명하게 한다. ③ 작업을 시키면서 급소를 말하게 한다. ④ 확실히 알았다고 할 때까지 확인한다.

[정답] 10 ④ 11 ④ 12 ② 13 ④ 14 ⑤ 15 ②

제4단계 (가르친 뒤 살펴본다.)	① 일에 임하도록 한다. ② 모르는 것이 있을 때에는 물어 볼 사람을 정해둔다. ③ 질문을 하도록 분위기를 조성한다. ④ 점차 지도 횟수를 줄여간다.

16 ★★★★★ 다음 중 자극반응시간(reaction time)이 가장 빠른 순서대로 나열된 것은?

① 청각-시각-촉각-통각
② 시각-청각-촉각-통각
③ 청각-촉각-시각-통각
④ 시각-촉각-청각-통각
⑤ 청각-통각-시각-촉각

해설

감각 기능별 반응시간
① 청각 : 0.17[초] ② 촉각 : 0.18[초]
③ 시각 : 0.20[초] ④ 미각 : 0.29[초]
⑤ 통각 : 0.7[초]

17 ★ 경험한 내용이나 학습된 행동을 다시 생각하여 적용하지 아니하고 방치함으로써 경험의 내용이 약해지거나 소멸되는 현상은?

① 착각   ② 훼손
③ 망각   ④ 단절
⑤ 재인

해설

파지
(1) 파지(retention)
    과거의 학습경험이 현재와 미래의 행동에 영향을 주는 작용. 즉, 학습이 행동에 지속되는 것
(2) 파지(기억)가 오래 지속되는 순서
    ① 기억(기명) : 새로운 사상이 중추신경에 기록되는 것
    ② 파지 : 기록이 계속 간직
    ③ 재생(recall) : 간직된 기억이 다시 의식으로 떠오르는 것
    ④ 재인(recognition) : 재생을 실현할 수 있는 상태

18 ★★ 다음 중 안전교육이 꼭 필요한 대상과 관계가 먼 것은?

① 회사에 처음 들어온 자
② 위험 작업에 종사하고 있는 자
③ 똑같은 방법으로 안전지식과 기능이 숙달된 자
④ 다른 공장에서 전입되어 온 자
⑤ 신규직원

해설

지식과 기능이 숙련된 자도 전혀 교육이 필요하지 않은 것도 아니며 또 꼭 필요한 것도 아니다.

19 ★ 다음 중 학습의 목적에 포함되는 내용이 아닌 것은?

① 목표   ② 주제
③ 학습정도   ④ 학습성과
⑤ 학습세분

해설

학습목적
(1) 학습목적 3단계
    ① 목표
    ② 주제
    ③ 학습정도
(2) 학습성과 : 학습목적이 세분된 것

20 ★★★★★ 학과교육이 4단계의 순서대로 나열된 것은?

① 도입-제시-적용-확인
② 제시-도입-확인-적용
③ 도입-적용-확인-지시
④ 제시-적용-확인-도입
⑤ 적용-확인-지시-도입

해설

학과교육 4단계
① 제1단계 : 도입(준비)
② 제2단계 : 제시
③ 제3단계 : 적용
④ 제4단계 : 확인(평가)

[정답] 16 ③ 17 ③ 18 ③ 19 ④ 20 ①

21 다음 중 전이(transfer)의 조건이 아닌 것은?

① 학습방법 ② 학습정도
③ 학습시간 ④ 학습내용
⑤ 학습경험

해설

전이(transfer)
(1) 전이(transfer)의 의미
  ① 한 상황에서 학습이 다른 상황에서의 학습이나 문제 해결에 직접·간접으로 영향을 미치는 것을 전이라 한다.
  ② 전이현상은 과거의 경험에 의해 주로 좌우되지만, 학습 방법·학습 자료의 제시 방법·경험을 일반화하는 습관·학습 자료의 유사성·학습태도·학습의 장 등의 영향을 받는다. 따라서 이들이 적절히 조화를 이룰 때에 전이효과도 그만큼 커진다.
  ③ 전이란 이전 경험의 결과가 다음 경험을 획득함에 영향을 미치거나, 효과가 옮겨가는 것을 말하는데 전이의 결과는 두 가지가 있다.
    ㉮ 긍정적 전이(positive transfer)는 이전의 학습이 다음 학습을 하는 데 도움을 주는 경우이다. 이를테면 덧셈 학습의 결과가 곱셈을 학습하는 데 도움을 주는 것을 말한다.
    ㉯ 부정적 전이(negative transfer)는 이전의 학습이 다음 학습을 하는 데 방해하거나, 금지하거나, 지체하게 되는 경우를 말한다. 이를테면 한 외래어의 어미 변화를 학습하는 것이 곧이어 행해지는 다른 외래어의 어미 변화 학습에 혼돈을 일으키게 하는 경우이다.
(2) 전이의 이론
  ① 형식도야설 : Locke를 중심으로 발달 연습의 효과
  ② 동일요소설 : F. L. Thorndike의 태도상의 동일 요소, 절차상의 동일 요소, 내용상의 동일 요소
  ③ 일반화설 : 저드(C. H. Judd)
  ④ 형태전이설 : 게슈탈트(Gestalt)

22 안전교육을 실시함에 있어 사람의 판단 잘못으로 인하여 일어나는 사고예방을 위한 교육은 무엇에 중점을 두어야 하는가?

① 안전심리 ② 안전태도
③ 안전지식 ④ 안전의식
⑤ 습관화

해설
판단의 잘못은 지식교육이다.

23 인간의 검출능력이 가장 높은 때는?

① 작업시작 후 30분까지
② 30분에서 1시간 사이
③ 1시간에서 2시간 사이
④ 2시간에서 3시간 사이
⑤ 4시간에서 8시간 사이

해설

인간의 검출능력
(1) 작업시작 후 30분에서 40분 사이가 가장 우수하며 점차 떨어져 24시간 이후에는 50[%]가 망각된다.
(2) 에빙하우스의 망각곡선
  ① 1시간 경과 : 50[%] 이상 망각
  ② 2일 경과 : 70[%] 이상 망각
  ③ 1달 이상 : 80[%] 이상 망각

24 다음 그림은 학습시간과 근로자의 과오를 나타낸 것이다. 맞는 것은?

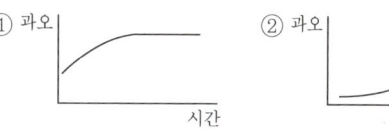
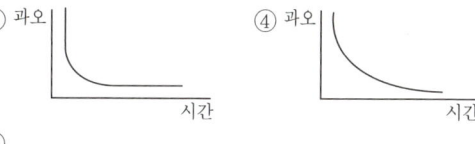
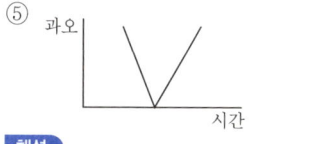

해설
① 시간이 흐를수록 인간의 실수는 점차 수평으로 줄어든다.
② 자동차의 운전을 생각하면 된다.

25 다음 감각기능 중 반응시간이 제일 빠른 것은?

① 청각 ② 촉각
③ 시각 ④ 미각
⑤ 통각

해설

반응시간
① 청각 : 0.17[초] ② 촉각 : 0.18[초]

[정답] 21 ③ 22 ③ 23 ① 24 ③ 25 ①

③ 시각 : 0.20[초]
④ 미각 : 0.29[초]
⑤ 통각 : 0.70[초]

26 ★★★★
학습의 정도(level of learning)란 주제를 학습시킬 때와 내용의 정도를 뜻한다. 다음 중 학습의 정도의 4단계에 포함되지 않는 것은?

① 인지(to acquaint)
② 이해(to understand)
③ 회상(to recall)
④ 적용(to apply)
⑤ 지각(to know)

해설
학습목적 정도 4단계
① 인지(to acquaint)
② 지각(to know)
③ 이해(to understand)
④ 적용(to apply)

💬 합격자의 조언
1. 절망속에서도 희망을 잃지 말라. 희망만이 희망을 싹 틔운다.
2. 기쁨 넘치는 노래를 불러라. 그 소리를 듣고 사방팔방에서 몰려든다.
3. 지갑은 돈이 사는 아파트다. 나의 돈을 좋은 아파트에 입주시켜라.

[정답] 26 ③

Chapter 02 교육내용 및 방법

중점 학습내용

교육방법은 교육의 기본인 지식교육, 기능교육, 태도교육을 실시하여 산업체에서 산업재해가 일어나지 않도록 하기 위하여 구성하였으며 또 안전보건교육체계 등을 기술하여 21세기 실무안전관리자의 역할을 할 수 있도록 하였다. 시험에 출제가 예상되는 그 중심적인 내용은 다음과 같다.

❶ 교육의 종류
❷ 교육대상
❸ 안전보건교육

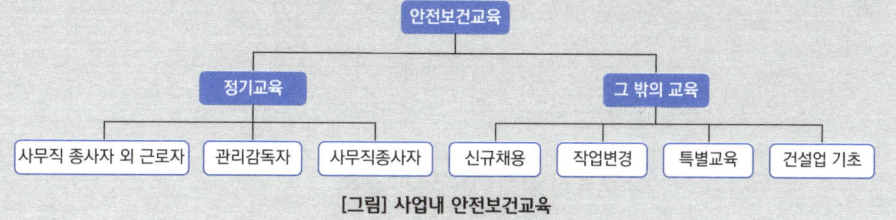

[그림] 사업내 안전보건교육

1 교육의 종류

1. 안전보건교육의 3단계 및 진행 4단계

(1) 제1단계(지식교육)
① 강의, 시청각 교육을 통한 지식의 전달과 이해
② 작업의 종류나 내용에 따라 교육범위가 다르다.

(2) 제2단계(기능교육)
① 교육대상자가 그것을 스스로 행함으로 얻어진다.
② 개인의 반복적 시행착오에 의해서만 얻어진다.
③ 시범, 견학, 실습, 현장실습 교육을 통한 경험체득과 이해

(3) 제3단계(태도교육)
생활지도, 작업 동작 지도 등을 통한 안전의 습관화
① 청취한다.　　　　　　② 이해, 납득시킨다.
③ 모범(시범)을 보인다.　④ 권장(평가)한다.
⑤ 칭찬한다.　　　　　　⑥ 벌을 준다.

[표] 단계별 교육 목표 및 내용

단계별	과정	교육 목표	내용
1단계	지식교육	① 안전의식 제고 ② 기능 지식의 주입 ③ 안전의 감수성 향상	① 안전의식을 향상 ② 안전의 책임감을 주입 ③ 기능, 태도 교육에 필요한 기초 지식을 주입 ④ 안전규정 숙지

합격날개

합격예측

기본교육 훈련방식
① 지식형성(knowledge building) : 제시방식
② 기능숙련(skill training) : 실습방식
③ 태도개발(attitude development) : 참가방식

합격예측

준비성(도)의 의미
① 정신발달의 정도
② 정서적 반응
③ 사회적 발달
④ 생리적 조건
⑤ 학습의 습관

Q 보충문제

"예측변인이 준거와 얼마나 관련되어 있느냐"를 나타낸 타당도를 무엇이라 하는가?

① 내용타당도
② 준거관련타당도
③ 수렴타당도
④ 구성개념타당도
⑤ 개념타당도

정답 ②

> **합격예측**
>
> **교시법의 4단계**
> ① 1단계 : 준비단계
>   (도입 : preparation)
> ② 2단계 : 일을 해 보이는 단계(실연 : presentation)
> ③ 3단계 : 일을 시켜보는 단계(실습 : performance)
> ④ 4단계 : 보습 지도의 단계(확인 : follow-up)

> **합격예측**
>
> (1) 학과교육의 4단계
>   도입 → 제시 → 적용 → 확인
> (2) 창의력 발휘 3요소
>   ① 전문지식
>   ② 상상력
>   ③ 내적동기

2단계	기능교육	① 안전작업의 기능 ② 표준작업의 기능 ③ 위험예측 및 응급처치기능	① 전문적 기술기능 ② 안전기술기능 ③ 방호장치 관리기능 ④ 점검·검사장비기능
3단계	태도교육	① 작업 동작의 정확화 ② 공구, 보호구 취급태도의 안전화 ③ 점검태도의 정확화 ④ 언어태도의 안전화 **결론** 안전한 마음가짐을 몸에 익히는 심리적 교육방법	① 표준작업방법의 습관화 ② 공구 보호구 취급과 관리 자세의 확립 ③ 작업 전후의 점검·검사요령의 정확한 습관화 ④ 안전작업 지시전달 확인 등 언어태도의 습관화 및 정확화 22. 3. 19 출
추후지도	특징	① 지식-기능-태도 교육을 반복 ② 정기적인 OJT 실시 ③ 태도교육훈련기본방식 : 참가방식	

(4) 교육진행(훈련) 4단계 순서

단 계	교 육 방 법
제1단계 : 도입 (학습할 준비를 시킨다)	• 마음을 안정시킨다. • 무슨 작업을 할 것인가를 말해준다. • 그 작업에 대해 알고 있는 정도를 확인한다. • 작업을 배우고 싶은 의욕을 갖게 한다. • 정확한 위치에 자리잡게 한다.
제2단계 : 제시 (작업을 설명한다)	• 주요 단계를 하나씩 설명해주고, 시범해보이고, 그려보인다. • 급소를 강조한다. • 확실하게, 빠짐없이, 끈기있게 지도한다. • 이해할 수 있는 능력 이상으로 강요하지 않는다.
제3단계 : 적용 (작업을 시켜본다)	• 작업을 시켜보고 잘못을 고쳐준다.(작업습관확립) • 작업을 시키면서 설명하게 한다.(공감) • 다시 한번 시키면서 급소를 말하게 한다. • 확실히 알았다고 할 때까지 확인한다.
제4단계 : 확인 (가르친 뒤 살펴본다)	• 일에 임하도록 한다. • 모르는 것이 있을 때는 물어 볼 사람을 정해둔다. • 질문을 하도록 분위기를 조성한다. • 점차 지도 횟수를 줄여간다.

2. 안전보건교육 교육대상별 교육내용 및 시간

(1) 근로자 채용시의 교육 및 작업내용 변경시의 교육내용

① 산업안전 및 산업재해 예방에 관한 사항(화재·폭발 사고 발생 시 대피에 관한 사항을 포함한다)
② 산업보건 및 건강장해 예방에 관한 사항
③ 위험성 평가에 관한 사항
④ 산업안전보건법령 및 산업재해보상보험 제도에 관한 사항
⑤ 직무스트레스 예방 및 관리에 관한 사항
⑥ 직장 내 괴롭힘, 고객의 폭언 등으로 인한 건강장해 예방 및 관리에 관한 사항

⑦ 기계·기구의 위험성과 작업의 순서 및 동선에 관한 사항
⑧ 작업 개시 전 점검에 관한 사항
⑨ 정리정돈 및 청소에 관한 사항
⑩ 사고 발생 시 긴급조치에 관한 사항
⑪ 물질안전보건자료에 관한 사항

(2) 근로자의 정기안전보건교육내용

① 산업안전 및 산업재해 예방에 관한 사항(화재·폭발 사고 발생 시 대피에 관한 사항을 포함한다)
② 산업보건 및 건강장해 예방에 관한 사항(폭염·한파작업으로 인한 건강장해 발생 시 응급조치에 관한 사항을 포함한다)
③ 위험성 평가에 관한 사항
④ 건강증진 및 질병 예방에 관한 사항
⑤ 유해·위험 작업환경 관리에 관한 사항
⑥ 산업안전보건법령 및 산업재해보상보험 제도에 관한 사항
⑦ 직무스트레스 예방 및 관리에 관한 사항
⑧ 직장 내 괴롭힘, 고객의 폭언 등으로 인한 건강장해 예방 및 관리에 관한 사항

(3) 관리감독자 정기안전보건교육내용

① 산업안전 및 산업재해 예방에 관한 사항(화재·폭발 사고 발생 시 대피에 관한 사항을 포함한다)
② 산업보건 및 건강장해 예방에 관한 사항(폭염·한파작업으로 인한 건강장해 발생 시 응급조치에 관한 사항을 포함한다)
③ 위험성 평가에 관한 사항
④ 유해·위험 작업환경 관리에 관한 사항
⑤ 산업안전보건법령 및 산업재해보상보험 제도에 관한 사항
⑥ 직무스트레스 예방 및 관리에 관한 사항
⑦ 직장 내 괴롭힘, 고객의 폭언 등으로 인한 건강장해 예방 및 관리에 관한 사항
⑧ 작업공정의 유해·위험과 재해 예방대책에 관한 사항
⑨ 사업장 내 안전보건관리체제 및 안전·보건조치 현황에 관한 사항
⑩ 표준안전 작업방법 결정 및 지도·감독 요령에 관한 사항
⑪ 현장근로자와의 의사소통능력 및 강의능력 등 안전보건교육 능력 배양에 관한 사항
⑫ 비상시 또는 재해 발생 시 긴급조치에 관한 사항
⑬ 그 밖의 관리감독자의 직무에 관한 사항

합격예측

조건반사설의 종류
① 시간의 원리
② 강도의 원리
③ 일관성의 원리
④ 계속성의 원리

합격예측

안전교육의 3단계
① 1단계 : 지식교육
② 2단계 : 기능교육
③ 3단계 : 태도교육

합격예측

교육의 본질적 기능 4가지
① 인간형성 작용으로서의 교육
성숙자가 미성숙자를 도와주는 작용이며 이를 인간형성 작용이라고 한다.
결국 교육이란 미성숙한 인간이 성숙한 인간이 되어 천부의 내재적 소질을 조화롭게 발전시킴으로써 이상적 인간이 되도록 사랑의 힘으로 돕는 일이다.
② 가치형성 작용으로서의 교육
교육은 아동이 자신의 가치를 형성할 수 있도록 다양한 경험을 통하여 기존의 가치를 체험하고 체득하게 하며, 나아가 자신의 가치를 정립할 수 있도록 도와주어야 한다.
③ 문화전달 및 문화형성 작용으로서의 교육
교육은 문화전달의 기능을 발휘하고 나아가서 새로운 문화를 창조하는 역할을 수행하는 것이다.
④ 사회화 과정으로서의 교육
사회화 과정으로서의 교육은 민족이나 국가의 발전과 사회개조에 공헌하는 인간형성을 중시한다.
교육의 사회적응 기능 – 사회 변화에 순응하는 교육기능, 개인의 사회적응능력으로서의 기능(교육의 사회 개혁적 기능)

(4) 관리감독자 채용 시 및 작업내용 변경 시 교육내용

① 산업안전 및 산업재해 예방에 관한 사항(화재·폭발 사고 발생 시 대피에 관한 사항을 포함한다)
② 산업보건 및 건강장해 예방에 관한 사항
③ 위험성 평가에 관한 사항
④ 산업안전보건법령 및 산업재해보상보험 제도에 관한 사항
⑤ 직무스트레스 예방 및 관리에 관한 사항
⑥ 직장 내 괴롭힘, 고객의 폭언 등으로 인한 건강장해 예방 및 관리에 관한 사항
⑦ 기계·기구의 위험성과 작업의 순서 및 동선에 관한 사항
⑧ 작업 개시 전 점검에 관한 사항
⑨ 물질안전보건자료에 관한 사항
⑩ 사업장 내 안전보건관리체제 및 안전·보건조치 현황에 관한 사항
⑪ 표준안전 작업방법 결정 및 지도·감독 요령에 관한 사항
⑫ 비상시 또는 재해 발생 시 긴급조치에 관한 사항
⑬ 그 밖의 관리감독자의 직무에 관한 사항

[표] 관리감독자 안전보건교육(제26조제1항 관련)

교육과정	교육시간
가. 정기교육	연간 16시간 이상
나. 채용 시 교육	8시간 이상
다. 작업내용 변경 시 교육	2시간 이상
라. 특별교육	16시간 이상(최초 작업에 종사하기 전 4시간 이상 실시하고, 12시간은 3개월 이내에서 분할하여 실시 가능)
	단기간 작업 또는 간헐적 작업인 경우에는 2시간 이상

[표] 근로자 안전보건교육(제26조제1항, 제28조제1항 관련)

교육과정	교육대상		교육시간
(가) 정기교육	1) 사무직 종사 근로자		매반기 6시간 이상
	2) 그 밖의 근로자	가) 판매업무에 직접 종사하는 근로자	매반기 6시간 이상
		나) 판매업무에 직접 종사하는 근로자 외의 근로자	매반기 12시간 이상
(나) 채용 시의 교육	1) 일용근로자 및 근로계약기간이 1주일 이하인 기간제근로자		1시간 이상
	2) 근로계약기간이 1주일 초과 1개월 이하인 기간제근로자		4시간 이상
	3) 그 밖의 근로자		8시간 이상
(다) 작업내용 변경 시 교육	1) 일용근로자 및 근로계약기간이 1주일 이하인 기간제근로자		1시간 이상
	2) 그 밖의 근로자		2시간 이상

교육과정	교육대상	교육시간
(라) 특별교육	1) 일용근로자 및 근로계약기간이 1주일 이하인 기간제근로자 : 별표5제1호라목(제39호는 제외한다)에 해당하는 작업에 종사하는 근로자에 한정한다.	2시간 이상
	2) 일용근로자 및 근로계약기간이 1주일 이하인 기간제근로자 : 별표5제1호라목제39호에 해당하는 작업에 종사하는 근로자에 한정한다.	8시간 이상
	3) 일용근로자 및 근로계약기간이 1주일 이하인 기간제근로자를 제외한 근로자 : 별표5제1호라목에 해당하는 작업에 종사하는 근로자에 한정한다.	가) 16시간 이상(최초 작업에 종사하기 전 4시간 이상 실시하고 12시간은 3개월 이내에서 분할하여 실시 가능) 나) 단기간 작업 또는 간헐적 작업인 경우에는 2시간 이상
(마) 건설업 기초 안전보건교육	건설 일용근로자	4시간 이상

[비고] ① 위 표의 적용을 받는 "일용근로자"란 근로계약을 1일 단위로 체결하고 그 날의 근로가 끝나면 근로관계가 종료되어 계속 고용이 보장되지 않는 근로자를 말한다.
② 일용근로자가 위 표의 나목 또는 라목에 따른 교육을 받은 날 이후 1주일 동안 같은 사업장에서 같은 업무의 일용근로자로 다시 종사하는 경우에는 이미 받은 위 표의 나목 또는 라목에 따른 교육을 면제한다.
③ 다음 각 목의 어느 하나에 해당하는 경우는 위 표의 가목부터 라목까지의 규정에도 불구하고 해당 교육과정별 교육시간의 2분의 1 이상을 그 교육시간으로 한다.
㉮ 영 별표 1 제1호에 따른 사업
㉯ 상시근로자 50명 미만의 도매업, 숙박 및 음식점업
④ 근로자가 다음 각 목의 어느 하나에 해당하는 안전교육을 받은 경우에는 그 시간만큼 위 표의 가목에 따른 해당 반기의 정기교육을 받은 것으로 본다.
㉮ 「원자력안전법 시행령」 제148조제1항에 따른 방사선작업종사자 정기교육
㉯ 「항만안전특별법 시행령」 제5조제1항제2호에 따른 정기안전교육
㉰ 「화학물질관리법 시행규칙」 제37조제4항에 따른 유해화학물질 안전교육
⑤ 근로자가 「항만안전특별법 시행령」 제5조제1항제1호에 따른 신규안전교육을 받은 때에는 그 시간만큼 위 표의 나목에 따른 채용 시 교육을 받은 것으로 본다.
⑥ 방사선 업무에 관계되는 작업에 종사하는 근로자가 「원자력안전법 시행규칙」 제138조제1항제2호에 따른 방사선작업종사자 신규교육 중 직장교육을 받은 때에는 그 시간만큼 위 표의 라목에 따른 특별교육 중 별표 5 제1호라목의 33.란에 따른 특별교육을 받은 것으로 본다.

합격예측

단계별 교육시간

교육법의 4단계	강의식	토의식
1단계 : 도입	5분	5분
2단계 : 제시	40분	10분
3단계 : 적용	10분	40분
4단계 : 확인	5분	5분

합격예측 및 관련법규

제139조(유해·위험작업에 대한 근로시간 제한 등) ① 사업주는 유해하거나 위험한 작업으로서 높은 기압에서 하는 작업 등 대통령령으로 정하는 작업에 종사하는 근로자에게는 1일 6시간, 1주 34시간을 초과하여 근로하게 해서는 아니 된다.
② 사업주는 대통령령으로 정하는 유해하거나 위험한 작업에 종사하는 근로자에게 필요한 안전조치 및 보건조치 외에 작업과 휴식의 적정한 배분 및 근로시간과 관련된 근로조건의 개선을 통하여 근로자의 건강 보호를 위한 조치를 하여야 한다.
예 잠함 잠수작업

합격예측

직무수행 준거가 갖추어야 할 3가지 특성
① 적절성 ② 실용성
③ 안정성

합격예측

(1) 교육법의 4단계
- ① 1단계 : 도입-학습준비
- ② 2단계 : 제시-작업설명
- ③ 3단계 : 적용-실습 및 응용
- ④ 4단계 : 확인-총괄

(2) 준비성(readiness)
- ① 어떤 학습이 효과적으로 이루어질 수 있기 위한 학습자의 준비 상태 또는 정도를 말한다.
- ② 어떤 학습에서 성공하기 위한 조건으로서의 학습자의 성숙의 정도를 의미한다.

[표] 준비도의 의미와 요인

준비성(도)의 의미	준비도를 결정하는 요인
• 정신발달의 정도 • 정서적 반응 • 사회적 발달 • 생리적 조건 • 학습의 습관	• 성숙 • 생활연령 • 정신연령 • 경험 • 개인차

Q 보충문제

교육 대상자수가 많고, 교육대상자의 학습능력의 차이가 큰 경우 집단안전교육방법으로서 가장 효과적인 방법은?

① 문답식 교육
② 토의식 교육
③ 시청각 교육
④ 상담식 교육
⑤ 토론식 교육

정답 ③

2 특별안전보건교육

1. 특별안전보건교육대상 작업 별 교육내용

작 업 명	교 육 내 용
(1) 고압실 내 작업(잠함공법이나 그 밖의 압기공법으로 대기압을 넘는 기압인 작업실 또는 수갱 내부에서 하는 작업만 해당한다)	• 고기압 장해의 인체에 미치는 영향에 관한 사항 • 작업의 시간·작업방법 및 절차에 관한 사항 • 압기공법에 관한 기초지식 및 보호구 착용에 관한 사항 • 이상 발생 시 응급조치에 관한 사항 • 그 밖에 안전보건관리에 필요한 사항
(2) 아세틸렌용접장치 또는 가스집합용접장치를 사용하는 금속의 용접·용단 또는 가열작업(발생기·도관 등에 의하여 구성되는 용접장치만 해당한다)	• 용접 흄, 분진 및 유해광선 등의 유해성에 관한 사항 • 가스용접기, 압력조정기, 호스 및 취관두 등의 기기점검에 관한 사항 • 작업방법·순서 및 응급처치에 관한 사항 • 안전기 및 보호구 취급에 관한 사항 • 화재 예방 및 초기 대응에 관한 사항 • 그 밖에 안전보건관리에 필요한 사항
(3) 밀폐된 장소(탱크 내 또는 환기가 극히 불량한 좁은 장소를 말한다)에서 하는 용접작업 또는 습한 장소에서 하는 전기용접장치	• 작업순서, 안전작업방법 및 수칙에 관한 사항 • 환기설비에 관한 사항 • 전격 방지 및 보호구 착용에 관한 사항 • 질식 시 응급조치에 관한 사항 • 작업환경 점검에 관한 사항 • 그 밖에 안전보건관리에 필요한 사항
(4) 폭발성·물반응성·자기반응성·자기발열성 물질, 자연발화성 액체·고체 및 인화성 액체의 제조 또는 취급작업(시험연구를 위한 취급작업은 제외한다)	• 폭발성·물반응성·자기반응성·자기발열성 물질, 자연발화성 액체·고체 및 인화성 액체의 성질이나 상태에 관한 사항 • 폭발 한계점, 발화점 및 인화점 등에 관한 사항 • 취급방법 및 안전수칙에 관한 사항 • 이상 발견 시의 응급처치 및 대피 요령에 관한 사항 • 화기·정전기·충격 및 자연발화 등의 위험방지에 관한 사항 • 작업순서, 취급주의사항 및 방호거리 등에 관한 사항 • 그 밖에 안전보건관리에 필요한 사항
(5) 액화석유가스·수소가스 등 인화성 가스 또는 폭발성 물질 중 가스의 발생장치 취급 작업	• 취급가스의 상태 및 성질에 관한 사항 • 발생장치 등의 위험 방지에 관한 사항 • 고압가스 저장설비 및 안전취급방법에 관한 사항 • 설비 및 기구의 점검 요령 • 그 밖에 안전보건관리에 필요한 사항
(6) 화학설비 중 반응기, 교반기·추출기의 사용 및 세척작업	• 각 계측장치의 취급 및 주의에 관한 사항 • 투시창·수위 및 유량계 등의 점검 및 밸브의 조작주의에 관한 사항 • 세척액의 유해성 및 인체에 미치는 영향에 관한 사항 • 작업 절차에 관한 사항 • 그 밖에 안전보건관리에 필요한 사항

(7) 화학설비의 탱크 내 작업	• 차단장치·정지장치 및 밸브개폐장치의 점검에 관한 사항 • 탱크 내의 산소농도 측정 및 작업환경에 관한 사항 • 안전보호구 및 이상 발생 시 응급조치에 관한 사항 • 작업절차·방법 및 유해·위험에 관한 사항 • 그 밖에 안전보건관리에 필요한 사항
(8) 분말·원재료 등을 담은 호퍼·저장창고 등 저장탱크의 내부작업	• 분말·원재료의 인체에 미치는 영향에 관한 사항 • 저장탱크 내부작업 및 복장보호구 착용에 관한 사항 • 작업의 지정·방법·순서 및 작업환경 점검에 관한 사항 • 팬·풍기(風旗) 조작 및 취급에 관한 사항 • 분진 폭발에 관한 사항 • 그 밖에 안전보건관리에 필요한 사항
(9) 다음 각 목에 정하는 설비에 의한 물건의 가열·건조작업 가. 건조설비 중 위험물 등에 관계되는 설비로 속부피가 1세제곱미터 이상인 것 나. 건조설비 중 가목의 위험물 등의 물질에 관계되는 설비로서, 연료를 열원으로 사용하는 것(그 최대연소 소비량이 매 시간당 10킬로그램 이상인 것만 해당한다) 또는 전력을 열원으로 사용하는 것(정격소비전력이 10킬로와트 이상인 경우만 해당한다)	• 건조설비 내외면 및 기기기능의 점검에 관한 사항 • 복장보호구 착용에 관한 사항 • 건조 시 유해가스 및 고열 등이 인체에 미치는 영향에 관한 사항 • 건조설비에 의한 화재·폭발 예방에 관한 사항
(10) 다음 각 목에 해당하는 집재장치(집재기·가선·운반기구·지주 및 이들에 부속하는 물건으로 구성되고, 동력을 사용하여 원목 또는 장작과 숯을 담아 올리거나 공중에서 운반하는 설비를 말한다)의 조립, 해체, 변경 또는 수리작업 및 이들 설비에 의한 집재 또는 운반작업 가. 원동기의 정격출력이 7.5킬로와트를 넘는 것 나. 지간의 경사거리 합계가 350미터 이상인 것 다. 최대사용하중이 200킬로그램 이상인 것	• 기계의 브레이크 비상정지장치 및 운반경로, 각종 기능 점검에 관한 사항 • 작업시작 전 준비사항 및 작업방법에 관한 사항 • 취급물의 유해·위험에 관한 사항 • 구조상의 이상 시 응급처치에 관한 사항 • 그 밖에 안전보건관리에 필요한 사항
(11) 동력에 의하여 작동되는 프레스기계를 5대 이상 보유한 사업장에서 해당 기계로 하는 작업	• 프레스의 특성과 위험성에 관한 사항 • 방호장치 종류와 취급에 관한 사항 • 안전작업방법에 관한 사항 • 프레스 안전기준에 관한 사항 • 그 밖에 안전보건관리에 필요한 사항

합격예측

하버드학파의 5단계 교수법
① 1단계 : 준비한다.
② 2단계 : 교시한다.
③ 3단계 : 연합한다.
④ 4단계 : 총괄시킨다.
⑤ 5단계 : 응용시킨다.

합격예측

(1) 아담스의 공정성 이론
① 직무에 있어서 투입에 대한 산출의 비율이 타 종업원과 일치할 때 공정성이 존재하고 불일치할 때 불공정성이 존재
② 불공정성이 지각될 때 공정성 회복을 위해 긴장이 유발되며 불공정성이 클수록 긴장이 커진다.

(2) Z이론(Sven Lundstedt)
맥그리그의 X이론(권위형)과 Y이론(민주형)은 인간해석을 이분화 한 것으로 인간은 그렇게 단순한 것이 아니라 복잡한 면이 있다는 걸 강조하기 위해 Z이론(자유방임형) 제시

(3) Z이론의 인간해석
① 인간은 조직의 규율과 제도의 억압된 상황에서 사는 것을 원치 않는다.
② 인간은 선천적으로 과학적 탐구 정신을 가지고 있어 모든 상황에 의문을 제기하고 실험하여 새로운 것을 발견하고 또 발전시켜 나간다.

(4) 샤인(Edgar.H.Schein)의 복잡한 인간관
시대적 변천에 따른 인간 모형의 변화 순서

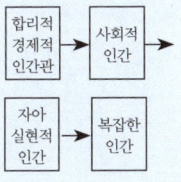

합격예측

시청각교육의 필요성
① 교수의 효율성을 높여줄 수 있다.
② 지식팽창에 따른 교재의 구조화를 기할 수 있다.
③ 인구증가에 따른 대량 수업체제가 확립될 수 있다.
④ 교사의 개인차에서 오는 교수의 평준화를 기할 수 있다.
⑤ 어떤 사물에 대하여 완전히 이해하려면 현실적이고 구체적인 지각경험을 기초로 해야 한다.
⑥ 사물의 정확한 이해는 건전한 사고력을 유발하고 태도에 영향을 주어 바람직한 인격형성을 시킬 수 있다.

(12) 목재가공용 기계(둥근톱기계, 띠톱기계, 대패기계, 모떼기기계 및 라우터만 해당하며, 휴대용은 제외한다)를 5대 이상 보유한 사업장에서 해당 기계로 하는 작업	• 목재가공용 기계의 특성과 위험성에 관한 사항 • 방호장치의 종류와 구조 및 취급에 관한 사항 • 안전기준에 관한 사항 • 안전작업방법 및 목재 취급에 관한 사항 • 그 밖에 안전보건관리에 필요한 사항
(13) 운반용 등 하역기계를 5대 이상 보유한 사업장에서의 해당 기계로 하는 작업 22. 3. 19 출	• 운반하역기계 및 부속설비의 점검에 관한 사항 • 작업순서와 방법에 관한 사항 • 안전운전방법에 관한 사항 • 화물의 취급 및 작업신호에 관한 사항 • 그 밖에 안전보건관리에 필요한 사항
(14) 1톤 이상의 크레인을 사용하는 작업 또는 1톤 미만의 크레인 또는 호이스트를 5대 이상 보유한 사업장에서 해당 기계로 하는 작업 25. 3. 29 출	• 방호장치의 종류, 기능 및 취급에 관한 사항 • 걸고리·와이어로프 및 비상정지장치 등의 기계·기구 점검에 관한 사항 • 화물의 취급 및 작업방법에 관한 사항 • 신호방법 및 공동작업에 관한 사항 • 인양 물건의 위험성 및 낙하·비래(飛來)·충돌재해 예방에 관한 사항 • 인양물이 적재될 지반의 조건, 인양하중, 풍압 등이 인양물과 타워크레인에 미치는 영향 • 그 밖에 안전보건관리에 필요한 사항
(15) 건설용 리프트·곤돌라를 이용한 작업	• 방호장치의 기능 및 사용에 관한 사항 • 기계, 기구, 달기체인 및 와이어 등의 점검에 관한 사항 • 화물의 권상·권하 작업방법 및 안전작업지도에 관한 사항 • 기계·기구에 특성 및 동작원리에 관한 사항 • 신호 방법 및 공동 작업에 관한 사항 • 그 밖에 안전보건관리에 필요한 사항
(16) 주물 및 단조작업	• 고열물의 재료 및 작업환경에 관한 사항 • 출탕·주조 및 고열물의 취급과 안전작업방법에 관한 사항 • 고열작업의 유해·위험 및 보호구 착용에 관한 사항 • 안전기준 및 중량물 취급에 관한 사항 • 그 밖에 안전보건관리에 필요한 사항
(17) 전압이 75볼트 이상인 정전 및 활선작업	• 전기의 위험성 및 전격 방지에 관한 사항 • 해당 설비의 보수 및 점검에 관한 사항 • 정전작업·활선작업 시의 안전작업방법 및 순서에 관한 사항 • 절연용 보호구, 절연용 보호구 및 활선작업용 기구 등의 사용에 관한 사항 • 그 밖에 안전보건관리에 필요한 사항
(18) 콘크리트 파쇄기를 사용하여 하는 파쇄작업(2미터 이상인 구축물의 파쇄작업만 해당한다)	• 콘크리트 해체 요령과 방호거리에 관한 사항 • 작업안전조치 및 안전기준에 관한 사항 • 파쇄기의 조작 및 공통작업신호에 관한 사항 • 보호구 및 방호장비 등에 관한 사항 • 그 밖에 안전보건관리에 필요한 사항
(19) 굴착면의 높이가 2미터 이상이 되는 지반굴착(터널 및 수직갱 외의 갱굴착은 제외한다)작업	• 지반의 형태·구조 및 굴착 요령에 관한 사항 • 지반의 붕괴재해예방에 관한 사항 • 붕괴 방지용 구조물 설치 및 작업방법에 관한 사항 • 보호구의 종류 및 사용에 관한 사항 • 그 밖에 안전보건관리에 필요한 사항

(20) 흙막이 지보공의 보강 또는 동바리를 설치하거나 해체하는 작업	• 작업안전 점검 요령과 방법에 관한 사항 • 동바리의 운반·취급 및 설치 시 안전작업에 관한 사항 • 해체작업 순서와 안전기준에 관한 사항 • 보호구 취급 및 사용에 관한 사항 • 그 밖에 안전보건관리에 필요한 사항	
(21) 터널 안에서의 굴착작업(굴착용 기계를 사용하여 하는 굴착작업 중 근로자가 칼날 밑에 접근하지 않고 하는 작업은 제외한다) 또는 같은 작업에서의 터널 거푸집 지보공의 조립 또는 콘크리트 작업	• 작업환경의 점검 요령과 방법에 관한 사항 • 붕괴 방지용 구조물 설치 및 안전작업방법에 관한 사항 • 재료의 운반 및 취급·설치의 안전기준에 관한 사항 • 보호구의 종류 및 사용에 관한 사항 • 소화설비의 설치장소 및 사용방법에 관한 사항 • 그 밖에 안전보건관리에 필요한 사항	
(22) 굴착면의 높이가 2미터 이상이 되는 암석의 굴착작업	• 폭발물 취급 요령과 대피 요령에 관한 사항 • 안전거리 및 안전기준에 관한 사항 • 방호물의 설치 및 기준에 관한 사항 • 보호구 및 작업신호 등에 관한 사항 • 그 밖에 안전보건관리에 필요한 사항	
(23) 높이가 2미터 이상인 물건을 쌓거나 무너뜨리는 작업(하역기계로만 하는 작업은 제외한다)	• 원부재료의 취급방법 및 요령에 관한 사항 • 물건의 위험성·낙하 및 붕괴재해예방에 관한 사항 • 적재방법 및 전도 방지에 관한 사항 • 보호구 착용에 관한 사항 • 그 밖에 안전보건관리에 필요한 사항	
(24) 선박에 짐을 쌓거나 부리거나 이동시키는 작업	• 하역 기계·기구의 운전방법에 관한 사항 • 운반·이송경로의 안전작업방법 및 기준에 관한 사항 • 중량물 취급 요령과 신호 요령에 관한 사항 • 작업안전점검과 보호구 취급에 관한 사항 • 그 밖에 안전보건관리에 필요한 사항	
(25) 거푸집 동바리의 조립 또는 해체작업	• 동바리의 조립방법 및 작업 절차에 관한 사항 • 조립재료의 취급방법 및 설치기준에 관한 사항 • 조립 해체 시의 사고예방에 관한 사항 • 보호구 착용 및 점검에 관한 사항 • 그 밖에 안전보건관리에 필요한 사항	
(26) 비계의 조립·해체 또는 변경작업	• 비계의 조립순서 및 방법에 관한 사항 • 비계작업의 재료 취급 및 설치에 관한 사항 • 추락재해 방지에 관한 사항 • 보호구 착용에 관한 사항 • 비계상부작업시 최대 적재하중에 관한 사항 • 그 밖에 안전보건관리에 필요한 사항	
(27) 건축물의 골조, 다리의 상부 구조 또는 탑의 금속제의 부재로 구성되는 것(5미터 이상인 것만 해당한다)의 조립·해체 또는 변경작업	• 건립 및 버팀대의 설치순서에 관한 사항 • 조립 해체 시의 추락재해 및 위험요인에 관한 사항 • 건립용 기계의 조작 및 작업신호방법에 관한 사항 • 안전장비 착용 및 해체순서에 관한 사항 • 그 밖에 안전보건관리에 필요한 사항	
(28) 처마 높이가 5미터 이상인 목조건축물의 구조 부재의 조립이나 건축물의 지붕 또는 외벽 밑에서의 설치작업	• 붕괴·추락 및 재해 방지에 관한 사항 • 부재의 강도·재질 및 특성에 관한 사항 • 조립·설치순서 및 안전작업방법에 관한 사항 • 보호구 착용 및 작업점검에 관한 사항 • 그 밖에 안전보건관리에 필요한 사항	

합격예측

강의계획의 4단계
① 1단계 : 학습목적과 학습성과의 설정
② 2단계 : 학습자료수집 및 체계화
③ 3단계 : 교수방법의 선정
④ 4단계 : 강의안 작성

산업안전보건법 시행규칙 [별표 5]
특수형태근로종사자에 대한 최초노무제공시 교육내용
아래의 내용중 특수형태근로종사자의 직무에 적합한 내용을 교육해야 한다.
① 산업안전 및 산업재해 예방에 관한 사항(화재·폭발 사고 발생 시 대피에 관한 사항을 포함한다)
② 산업보건 및 건강장해 예방에 관한 사항
③ 건강증진 및 질병 예방에 관한 사항
④ 유해·위험 작업환경 관리에 관한 사항
⑤ 산업안전보건법령 및 산업재해보상보험 제도에 관한 사항
⑥ 직무스트레스 예방 및 관리에 관한 사항
⑦ 직장 내 괴롭힘, 고객의 폭언 등으로 인한 건강장해 예방 및 관리에 관한 사항
⑧ 기계·기구의 위험성과 작업의 순서 및 동선에 관한 사항
⑨ 작업 개시 전 점검에 관한 사항
⑩ 정리정돈 및 청소에 관한 사항
⑪ 사고 발생 시 긴급조치에 관한 사항
⑫ 물질안전보건자료에 관한 사항
⑬ 교통안전 및 운전안전에 관한 사항
⑭ 보호구 착용에 관한 사항

합격예측

TBM 진행 3단계
① 1단계 : 도입한다.
② 2단계 : 의견을 내도록 한다.
③ 3단계 : 정리한다.

합격예측

안전태도교육의 원칙
① 청취한다.
② 이해하고 납득한다.
③ 항상 모범을 보여준다.
④ 권장한다.
⑤ 처벌한다.
⑥ 좋은 지도자를 얻도록 힘쓴다.
⑦ 적정배치를 한다.
⑧ 평가한다.

합격예측

(1) 집단역학(집단상호간 나타나는 현상)
　① 권력구조
　② 조직정치
　③ 갈등
　④ 커뮤니케이션 등
(2) Tuckman의 집단 형성 과정
　형성→혼란/갈등→규범화
　→성취/수행→해체
(3) 루블(Ruble)과 토마스(Thomas) 갈등관리
　① 경쟁(강요)
　② 절충
　③ 수용
　④ 협동
　⑤ 회피
(4) 갈등 축소 전략(방법)
　① 대면
　② 초월적 목표 설정
　③ 자원의 확충
　④ 공통관심사 강조
(5) 갈등 해결 방법(수단)
　① 분배적 협상 : 자원의 크기 한정시 자기 몫 극대화
　② 통합적 협상 : 모두 만족, 상호 승리

작업명	교육내용
(29) 콘크리트 인공구조물(그 높이가 2미터 이상인 것만 해당한다)의 해체 또는 파괴작업	• 콘크리트 해체기계의 점검에 관한 사항 • 파괴 시의 안전거리 및 대피 요령에 관한 사항 • 작업방법·순서 및 신호 요령에 관한 사항 • 해체·파괴 시의 작업안전기준 및 보호구에 관한 사항 • 그 밖에 안전보건관리에 필요한 사항
(30) 타워크레인을 설치(상승작업을 포함한다)·해체하는 작업	• 붕괴·추락 및 재해 방지에 관한 사항 • 설치·해체순서 및 안전작업방법에 관한 사항 • 부재의 구조·재질 및 특성에 관한 사항 • 신호방법 및 요령에 관한 사항 • 이상 발생 시 응급조치에 관한 사항 • 그 밖에 안전보건관리에 필요한 사항
(31) 보일러(소형 보일러 및 다음 각 목에서 정하는 보일러는 제외한다)의 설치 및 취급 작업 　가. 몸통 반지름이 750밀리미터 이하이고 그 길이가 1,300밀리미터 이하인 증기보일러 　나. 전열면적이 3제곱미터 이하인 증기보일러 　다. 전열면적이 14제곱미터 이하인 온수보일러 　라. 전열면적이 30제곱미터 이하인 관류보일러	• 기계 및 기기 점화장치 계측기의 점검에 관한 사항 • 열관리 및 방호장치에 관한 사항 • 작업순서 및 방법에 관한 사항 • 그 밖에 안전보건관리에 필요한 사항
(32) 게이지압력을 제곱센티미터당 1킬로그램 이상으로 사용하는 압력용기의 설치 및 취급작업 23. 4. 1 출	• 안전시설 및 안전기준에 관한 사항 • 압력용기의 위험성에 관한 사항 • 용기 취급 및 설치기준에 관한 사항 • 작업안전 점검방법 및 요령에 관한 사항 • 그 밖에 안전보건관리에 필요한 사항
(33) 방사선 업무에 관계되는 작업(의료 및 실험용은 제외한다)	• 방사선의 유해·위험 및 인체에 미치는 영향 • 방사선의 측정기기 기능의 점검에 관한 사항 • 방호거리·방호벽 및 방사선물질의 취급 요령에 관한 사항 • 응급처치 및 보호구 착용에 관한 사항 • 그 밖에 안전보건관리에 필요한 사항
(34) 밀폐공간에서의 작업	• 산소농도 측정 및 작업환경에 관한 사항 • 사고 시의 응급처치 및 비상시 구출에 관한 사항 • 보호구 착용 및 사용방법에 관한 사항 • 밀폐공간작업의 안전작업방법에 관한 사항 • 그 밖에 안전보건관리에 필요한 사항
(35) 허가 및 관리 대상 유해물질의 제조 또는 취급작업	• 취급물질의 성질 및 상태에 관한 사항 • 유해물질이 인체에 미치는 영향 • 국소배기장치 및 안전설비에 관한 사항 • 안전작업방법 및 보호구 사용에 관한 사항 • 그 밖에 안전보건관리에 필요한 사항
(36) 로봇작업	• 로봇의 기본원리·구조 및 작업방법에 관한 사항 • 이상 발생 시 응급조치에 관한 사항 • 안전시설 및 안전기준에 관한 사항 • 조작방법 및 작업순서에 관한 사항

(37) 석면해체·제거작업	• 석면의 특성과 위험성 • 석면해체·제거의 작업방법에 관한 사항 • 장비 및 보호구 사용에 관한 사항 • 그 밖에 안전보건관리에 필요한 사항
(38) 가연물이 있는 장소에서 하는 화재위험작업	• 작업준비 및 작업절차에 관한 사항 • 작업장 내 위험물, 가연물의 사용·보관·설치 현황에 관한 사항 • 화재위험작업에 따른 인근 인화성 액체에 대한 방호조치에 관한 사항 • 화재위험작업으로 인한 불꽃, 불티 등의 비산(飛散)방지 조치에 관한 사항 • 인화성 액체의 증기가 남아 있지 않도록 환기 등의 조치에 관한 사항 • 화재감시자의 직무 및 피난교육 등 비상조치에 관한 사항 • 그 밖에 안전보건관리에 필요한 사항
(39) 타워크레인을 사용하는 작업 시 신호업무를 하는 작업	• 타워크레인의 기계적 특성 및 방호장치 등에 관한 사항 • 화물의 취급 및 안전작업방법에 관한 사항 • 신호방법 및 요령에 관한 사항 • 인양 물건의 위험성 및 낙하·비래·충돌재해 예방에 관한 사항 • 인양물이 적재될 지반의 조건, 인양하중, 풍압 등이 인양물과 타워크레인에 미치는 영향 • 그 밖에 안전보건관리에 필요한 사항

> **합격예측**
>
> **교육훈련평가의 4단계**
> ① 1단계 : 반응단계
> ② 2단계 : 학습단계
> ③ 3단계 : 행동단계
> ④ 4단계 : 결과단계
>
> **작업지도기법의 4단계**
> (1) 제1단계 : 학습할 준비를 시킨다.
> 　① 마음을 안정시킨다.
> 　② 작업을 배우고 싶은 의욕을 갖게 한다.
> 　③ 무슨 작업을 할 것인가를 말해준다.
> 　④ 작업에 대해 알고 있는 정도를 확인한다.
> 　⑤ 정확한 위치에 자리 잡게 한다.
> (2) 제2단계 : 작업을 설명한다.
> 　① 주요단계를 하나씩 설명해 주고 시범해 보이고 그려 보인다.
> 　② 급소를 강조한다.
> 　③ 확실하게 빠짐없이, 끈기 있게 지도한다.
> 　④ 이해할 수 있는 능력 이상으로 강요하지 않는다.
> (3) 제3단계 : 작업을 시켜본다.
> (4) 제4단계 : 가르친 뒤를 살펴본다.

2. 안전보건관리책임자 등에 대한 교육시간

교육대상	교육시간	
	신규교육	보수교육
① 안전보건관리책임자	6시간 이상	6시간 이상
② 안전관리자, 안전관리전문기관의 종사자	34시간 이상	24시간 이상
③ 보건관리자, 보건관리전문기관의 종사자	34시간 이상	24시간 이상
④ 건설재해예방 전문지도기관의 종사자	34시간 이상	24시간 이상
⑤ 석면조사기관의 종사자	34시간 이상	24시간 이상
⑥ 안전보건관리담당자	-	8시간 이상
⑦ 안전검사기관, 자율안전검사기관의 종사자	34시간 이상	24시간 이상

3. 검사원 성능검사 교육

교육과정	교육대상	교육시간
성능검사 교육	-	28시간 이상

4. 특수형태근로종사자에 대한 안전보건교육

교육과정	교육시간
가. 최초 노무제공 시 교육	2시간 이상(단기간 작업 또는 간헐적 작업에 노무를 제공하는 경우에는 1시간 이상 실시하고, 특별교육을 실시한 경우는 면제)
나. 특별교육	16시간 이상(최초 작업에 종사하기 전 4시간 이상 실시하고 12시간은 3개월 이내에서 분할하여 실시가능)
	단기간 작업 또는 간헐적 작업인 경우에는 2시간 이상

[표] 건설업 기초안전보건교육에 대한 내용 및 시간

교육내용	소계 4시간
건설공사의 종류(건축·토목 등) 및 시공 절차	1시간
산업재해 유형별 위험요인 및 안전보건조치	2시간
안전보건관리체제 현황 및 산업안전보건 관련 근로자 권리·의무	1시간

[표] 교육훈련기법의 종류 25. 3. 29.

종 류	기법
강의법	안전지식의 전달방법으로 특히 초보적인 단계에 대해서는 효과가 큰 방법
시범	기능이나 작업과정을 학습시키기 위해 필요로 하는 분명한 동작을 제시하는 방법
반복법	이미 학습한 내용이나 기능을 반복해서 말하거나 실연토록 하는 방법
토의법	10~20인 정도로 초보가 아닌 안전지식과 관리에 대한 유경험자에게 적합한 방법
실연법	이미 설명을 듣고 시범을 보아서 알게 된 지식이나 기능을 교사의 지도 아래 직접 연습을 통해 적용해 보는 방법
프로그램 학습법	학습자가 프로그램 자료를 가지고 단독으로 학습하도록 하는 방법
모의법	실제의 장면이나 상황을 인위적으로 비슷하게 만들어두고 학습하게 하는 방법
구안법 (Project method)	참가자 스스로가 계획을 수립하고 행동하는 실천적인 학습활동 과제에 대한 목표 결정 → 계획수립 → 활동시킨다 → 행동 → 평가

5. 물질안전보건자료에 관한 교육내용

① 대상화학물질의 명칭(또는 제품명)
② 물리적 위험성 및 건강 유해성
③ 취급상의 주의사항

④ 적절한 보호구
⑤ 응급조치 요령 및 사고시 대처방법
⑥ 물질안전보건자료 및 경고표지를 이해하는 방법

3 안전보건교육

1. 안전보건교육의 체계

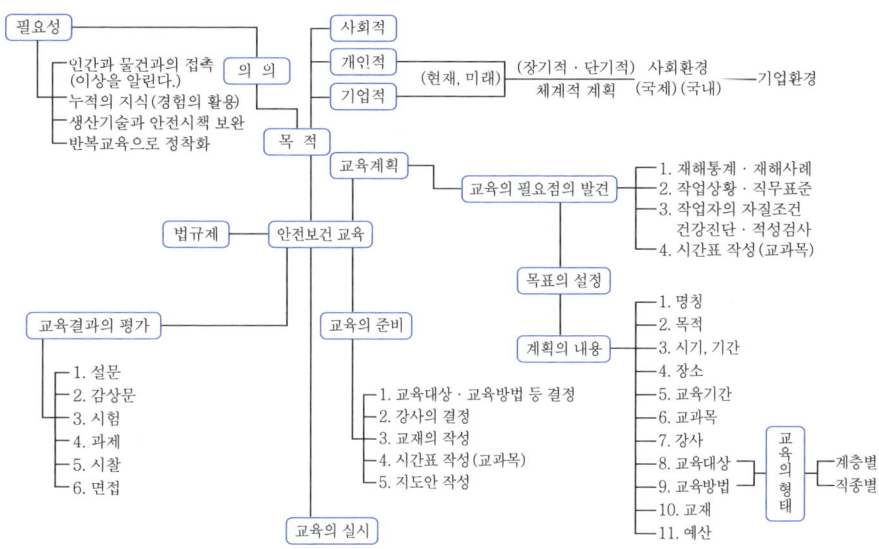

2. 안전보건교육(내용, 방법, 단계, 원칙)

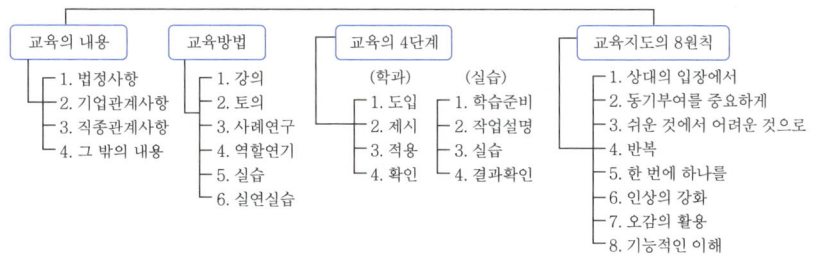

3. 교육훈련평가의 4단계(직접효과와 간접효과를 측정)
① 제1단계 : 반응단계(훈련을 어떻게 생각하고 있는가?)
② 제2단계 : 학습단계(어떠한 원칙과 사실 및 기술 등을 배웠는가?)
③ 제3단계 : 행동단계(교육훈련을 통하여 직무수행 상 어떠한 행동의 변화를 가져왔는가?)
④ 제4단계 : 결과단계(교육훈련을 통하여 코스트절감, 품질개선, 안전관리, 생산증대 등에 어떠한 결과를 가져왔는가?)

합격예측

안전교육의 진행 4단계
① 1단계 : 도입(준비)
② 2단계 : 제시(설명)
③ 3단계 : 적용(응용)
④ 4단계 : 평가(확인)

용어정의
① 전습법(whole method) : 학습재료를 하나의 전체로 묶어서 학습하는 방법이다.
② 분습법(part method) : 학습재료를 작게 나누어서 조금씩 학습하는 방법으로 순수 분습법, 점진적 분습법, 반복적 분습법이 있다.

Q 보충문제
조직에서 의사소통망은 조직 내의 구성원들간에 정보를 교환하는 경로구조를 의미하는데, 이 의사소통망의 유형이 아닌 것은?

① 원형   ② X자형
③ 사슬형 ④ 수레바퀴형
⑤ Y형

해설
의사소통망 유형
① 바퀴형(수레바퀴형)
② 원형   ③ 개방형
④ 선형   ⑤ Y형

정답 ②

Chapter 02 교육내용 및 방법
출제예상문제

출제예상문제는 복습, 예습문제로 엮였습니다. *WHY : 실제시험에도 순서에 관계없이 출제됩니다. 예습 후 다음장에 공부한 문제가 있으면 기억이 배가 됩니다.

01 다음 안전교육방법 중 피교육자의 인간동작과 관련 있는 교육방법은?

① 강의식　　② 토의식
③ 문답식　　④ 실연식
⑤ 실습식

해설
실연법(performance method)
학습자가 이미 설명을 듣거나 시범을 보고 알게 된 지식이나 기능을 교사의 지휘나 감독 아래 직접적으로 연습 적용해 보게 하는 교육 방법

02 학과교육의 4단계 중에서 2단계는?

① 제시　　② 도입
③ 확인　　④ 적용
⑤ 종합

해설
(1) 학과교육의 4단계
　① 도입　　② 제시(설명)
　③ 적용(응용)　④ 확인(종합)
(2) 실습교육의 4단계
　① 학습준비　② 작업설명
　③ 실습　　　④ 결과시찰

03 태도형성의 기능 4가지에 속하지 않는 것은?

① 자아방위적인 기능
② 가치표현의 기능
③ 적응기능
④ 잠재능력의 개발기능
⑤ 지식기능

해설
태도형성기능 4가지
① 자아방위적인 기능　② 가치표현적 기능
③ 적응기능　　　　　④ 지식기능

04 특별안전보건교육 중 로봇작업의 교육내용이 아닌 것은?

① 조립 해체시의 사고예방에 관한 사항
② 이상시 응급조치에 관한 사항
③ 안전시설 및 안전기준에 관한 사항
④ 조작방법 및 작업순서에 관한 사항
⑤ 로봇의 기본원리 · 구조 및 작업방법에 관한 사항

해설
로봇의 특별안전교육
① 로봇의 기본원리, 구조 및 작업방법에 관한 사항
② 이상시 응급조치에 관한 사항
③ 안전시설 및 안전기준에 관한 사항
④ 조작방법 및 작업순서에 관한 사항

05 토의식 교육기법에서 가장 많이 시간이 소비되는 단계는?

① 도입단계　　② 제시단계
③ 적용단계　　④ 확인단계
⑤ 응용단계

해설
교육진행 4단계 시간배분(60분 교육시)
① 강의식 : 도입(5분) → 제시(40분) → 적용(10분) → 확인(5분)
② 토의식 : 도입(5분) → 제시(10분) → 적용(40분) → 확인(5분)

[정답] 01 ④　02 ①　03 ④　04 ①　05 ③

06 ★★★ 토의진행방법에서의 토의를 통제하는 과정은 몇 단계에서 정해지는가?

① 제1단계　　② 제2단계
③ 제3단계　　④ 제4단계
⑤ 제5단계

해설
(1) 토의진행 4단계 : 준비 → 제시 → 적용 → 평가
(2) 통제단계는 제3단계 적용단계이다.

07 ★★ 시청각적 학습방법의 장점이 아닌 것은?

① 교수의 평준화
② 교재의 구조화
③ 개인차의 고려
④ 대량수업체제 확립
⑤ 교수의 효율성

해설
시청각적 방법(audio-visual method)의 장점은 ①, ②, ④, ⑤이다.

08 ★★ 다음 중 모의법(simulation) 교육의 특징은?

① 단위시간당 교육비가 많이 든다.
② 시설의 유지비가 저렴하다.
③ 시간의 소비가 거의 없다.
④ 학생 대 교사의 비율이 낮다.
⑤ 수업의 초기단계가 가능하다.

해설
모의법(simulation method) 교육의 특징
(1) 뜻
　실제의 장면이나 상태와 유사한 장면을 인위적으로 만들어 학습하는 방법
(2) 적용하는 학습
　① 수업의 모든 단계
　② 학교수업, 직업교육
　③ 실제 상태로 위험성이 따를 경우
　④ 작업조작을 중요시하는 경우
(3) 제약조건
　① 단위교육비가 비싸고 시간의 소비가 많다.
　② 시설의 유지비가 비싸다(높다).
　③ 다른 교육방법에 비하여 학생 대 교사비가 높다.

09 ★ 직장규율과 안전규율 등을 몸에 익히기 위하여 실시하는 교육의 종류는 무엇인가?

① 지식교육
② 문제해결교육
③ 기능교육
④ 태도교육
⑤ 습관화교육

해설
몸과 행동에 관계되는 것은 태도교육이다.

10 ★★ 다음 중 작업위험분석방법이 아닌 것은?

① 면접법　　② 관찰법
③ 설문지법　　④ 강의법
⑤ 혼합법

해설
작업위험분석방법
① 면접법　　② 관찰법
③ 설문지법　　④ 혼합법

11 ★★ 안전교육의 대상자에 대한 설명 중 틀린 것은?

① 신규 채용자 중 계절 작업자는 교육대상에서 제외한다.
② 작업내용 변경자는 필히 교육대상이 된다.
③ 신규 채용자 중 감시 작업자는 교육대상이 된다.
④ 위험작업 종사자는 교육대상이다.
⑤ 관리감독자

해설
어떤 근로자도 교육대상에서 제외될 수 없다.

[정답] 06 ③　07 ③　08 ①　09 ④　10 ④　11 ①

12 강의법에 의한 교육시 최적 수강자 수는?

① 30~50인 ② 50~70인
③ 70~90인 ④ 90~110인
⑤ 100명 이상

해설

강의방식
① 강의식(40~50명 최적) ② 문답식
③ 문제제시식

13 앞의 학습이 뒤의 학습에 미치는 영향을 무엇이라 하는가?

① 반사(reflex) ② 반응(reaction)
③ 전이(transfer) ④ 효과(effect)
⑤ 교육(education)

해설

전이의 결과 2가지
① 긍정적 전이 : 이전의 학습이 다음 학습에 도움을 주는 경우
② 부정적 전이 : 이전의 학습이 다음 학습에 방해 혹은 금지되는 경우

14 안전교육의 4단계법을 순서대로 연결한 것 중 알맞는 것은?

① 준비 → 제시 → 적용 → 확인
② 준비 → 적용 → 확인 → 제시
③ 제시 → 준비 → 적용 → 확인
④ 확인 → 준비 → 제시 → 적용
⑤ 적용 → 평가 → 제시 → 준비

해설

학과교육의 4단계이다.

15 교육작업 지도기법 중 '이해할 수 있는 능력 이상으로 강요하지 않는다'는 몇 단계에 속하는가?

① 1단계 ② 2단계
③ 3단계 ④ 4단계
⑤ 5단계

해설

제2단계 제시단계의 설명이다.

16 훈련의 평가라 함은 그 훈련의 목적을 달성하였는가를 분석하는 것이다. 그런데 교육훈련 평가의 중심 대상인 실적평가에 있어서 직접효과를 측정하는 4단계의 방법을 채택하게 되는데 이 훈련평가의 4단계 중 틀린 것은 어느 것인가?

① 제1단계 – 반응단계 ② 제2단계 – 작업단계
③ 제3단계 – 행동단계 ④ 제4단계 – 결과단계
⑤ 제5단계 – 응용단계

해설

제2단계 – 설명단계

17 교육형태에 따라 지도하는 교육자를 기준으로 분류한 협의교수법과 거리가 먼 것은?

① 역할연기법 ② 강의식법
③ 대화식법 ④ 설명회식법
⑤ 시청각교육

해설

특수 목적을 이용한 회의방식
(1) role playing(역할연기법) : 참석자에 일정한 역할을 주고 토의시키는 학습방법으로서 흥미와 좋은 자세를 갖게 하며 태도교육에 사용된다.
(2) case method(사례연구법) : 경영교육의 효과적인 방법으로 기업이 도입한 것이며 case의 성질과 검토방법은 다음과 같다.
 ① 문제발견능력
 ② 문제내용의 비판력
 ③ 대책의 입안능력
 ④ 종합적인 판단력

18 안전화를 이룩하기 위한 안전교육 중 안전교육을 통해 안전행동을 실행해 낼 수 있는 동기를 부여하는 교육은 무엇인가?

① 안전지식교육 ② 안전기능교육
③ 안전태도교육 ④ 안전환경교육
⑤ 습관화교육

[정답] 12 ① 13 ③ 14 ① 15 ② 16 ② 17 ① 18 ③

해설

행동의 교정은 태도교육이다.

19 ★★ 다음 안전교육의 방법 중 전개 단계에서 가장 좋은 방법은?

① 시범 ② 강의법
③ 토의법 ④ 평가법
⑤ 서술법

해설

학습성과의 순서
① 도입 : 서론부분으로 학습자의 주의력과 관심포착(1시간 강의에서 5분 정도)
② 전개 : 본론으로서 학습의 중요부분
③ 종결 : 강의의 대단원

20 ★★ 산업안전보건법령상 안전보건개선계획서에 개선을 위하여 포함되어야 하는 중점개선 항목에 해당되지 않는 것은?

① 시설 ② 안전보건관리체제
③ 안전보건교육 ④ 보호구 착용
⑤ 작업환경의 개선

해설

안전보건개선계획서 중점개선 항목
① 시설
② 안전보건관리체제
③ 안전보건교육
④ 산업재해 예방 및 작업환경의 개선

정보제공

산업안전보건법 시행규칙 제131조(안전보건개선계획 수립대상 사업장 등)

21 ★★★★★ 하버드학파의 학습지도법의 5단계를 바르게 나열한 것은?

① 준비시킨다 – 연합시킨다 – 교시한다 – 총괄시킨다 – 응용시킨다
② 준비시킨다 – 연합시킨다 – 총괄시킨다 – 교시한다 – 응용시킨다
③ 준비시킨다 – 교시한다 – 연합시킨다 – 총괄시킨다 – 응용시킨다
④ 준비시킨다 – 교시한다 – 응용시킨다 – 연합시킨다 – 총괄시킨다
⑤ 교시한다 – 연합한다 – 준비한다 – 응용한다 – 총괄시킨다

해설

하버드 학파 교수법 5단계
① 준비한다 ② 교시한다 ③ 연합한다
④ 총괄한다 ⑤ 응용한다

22 ★★★★ 역할연기(role playing) 교육의 장점이 아닌 것은?

① 의견발표에 자신이 생기고 고찰력이 풍부해진다.
② 관찰능력을 높이고 감수성이 향상된다.
③ 매 반응마다 피드백이 주어지기 때문에 학습자가 흥미를 갖는다.
④ 자기태도에 반성과 창조성이 싹튼다.
⑤ 사람을 보는 눈이 신중하게 된다.

해설

역할연기(role playing)
(1) role playing의 장점
 1) ①, ②, ④ 외
 2) 문제에 적극적으로 참가하여 흥미를 갖게 하며, 타인의 장점과 단점이 잘 나타난다.
 3) 사람을 보는 눈이 신중하게 되고, 관대하게 되며 자신의 능력을 알게 된다.
(2) role playing의 단점
 1) 목적이 명확하지 않고 계획적으로 실시하지 않으면 학습에 연계되지 않는다.
 2) 높은 수준의 의사 결정에 대한 훈련을 하는 데는 그다지 효과를 기대할 수 없다.

[정답] 19 ③ 20 ④ 21 ③ 22 ③

23 학습평가의 기본적인 기준이 아닌 것은?

① 실용도(實用度)   ② 타당도(妥當度)
③ 습숙도(習熟度)   ④ 신뢰도(信賴度)
⑤ 객관도

해설
학습평가 기본기준
①, ②, ④, ⑤

24 인간에 대한 변화 중에 가장 쉽게 변화를 가져올 수 있는 것은 다음 중 어느 것인가?

① 태도의 변화   ② 지식의 변화
③ 행동의 변화   ④ 조직의 성장변화
⑤ 집단의 변화

해설
지식 – 기능 – 태도의 순이다.

25 안전교육의 평가방법으로 가장 적합한 것은?

① 관찰   ② 면접
③ 질문   ④ 테스트
⑤ 노트

해설
교육의 종류와 학습평가법

평가방법 교육종류	관찰	면접	노트	질문	평가 시험	테스트
지식교육	△	△	×	△	○	○
기능교육	△	×	○	×	×	○
태도교육	○	○	×	△	△	×

※ ○ : 우수, △ : 보통, × : 부적합

26 다음 중 안전기능교육의 3원칙이 아닌 것은?

① 위험작업 규제   ② 준비 상태
③ 인간관계 개선   ④ 안전 표준작업
⑤ 준비기능

해설
안전기능교육의 3원칙
① 준비(readiness)기능
② 위험작업의 규제
③ 안전작업 표준화

27 불안전 행동을 예방하기 위하여 수정해야 할 조건의 시간이 짧은 것부터 길게 나타내는 순서대로 올바른 것은?

① 집단행위 – 개인행위 – 태도 – 지식
② 개인행위 – 태도 – 지식 – 집단행위
③ 태도 – 지식 – 집단행위 – 개인행위
④ 지식 – 태도 – 개인행위 – 집단행위
⑤ 태도 – 지식 – 행동 – 집단행위

해설
불안전한 행동을 안전 행동으로 바꾸는 순서
지식교육 – 태도교육 – 개인교육 – 집단교육

28 사고예방을 위한 훈련 프로그램에서 다루지 않는 사항은 다음 중 어느 것인가?

① 직무 지식   ② 안전에 대한 의식
③ 사고 보고서   ④ 생산성 향상
⑤ 재해예방직무

해설
예방의 목적이 생산성 향상은 아니다.

29 안전보건교육은 안전관리 3E 중의 하나이다. 안전교육의 기본 방향이 아닌 것은?

① 사고 중심의 안전보건교육
② 안전 표준작업을 위한 교육
③ 안전의식 고취를 위한 교육
④ 적성 능력 향상을 위한 교육
⑤ 인간정신의 안전화

해설
안전교육으로 적성 능력을 향상시킨다는 것은 불가능하다.

[정답] 23 ③ 24 ② 25 ④ 26 ③ 27 ④ 28 ④ 29 ④

30 다음 교육방법 중 수업의 중간이나 마지막 단계에 행하는 방법은?

① 강의법 ② 토의법
③ 프로그램법 ④ 실연법
⑤ 시사법

해설
① 강의법 : 수업의 도입이나 초기 단계
② 프로그램 : 수업의 모든 단계
③ 토의법 : 수업의 중간이나 마지막 단계에 적합하다.
④ 실연법 : 수업의 중간이나 마지막 단계(단, 적용이 가능하나 토의법보다 효과가 크다.)

31 안전태도교육의 기본과정을 옳게 설명한 순서는?

① 들어본다 → 이해시킨다 → 시범을 보인다 → 평가한다
② 이해시킨다 → 들어본다 → 시범을 보인다 → 평가한다
③ 시범을 보인다 → 이해시킨다 → 들어본다 → 평가한다
④ 들어본다 → 시범을 보인다 → 이해시킨다 → 평가한다
⑤ 시범을 보인다 → 이해시킨다 → 평가한다 → 들어본다

해설
태도교육의 4단계 설명이다.

32 안전관리교육을 위한 교재(敎材) 중 안전작업 분석도표(sheet)는 무엇을 위한 것인가?

① 안전관리기능을 위한 교재
② 안전사상((思想)을 위한 교재
③ 안전관리지식을 위한 교재
④ 안전태도(態度)를 위한 교재
⑤ 습관화를 위한 교재

해설
분석도표는 지식교재이다.

33 귀납적인 문제 해결의 방법이나 태도 교육에 많이 활용되고 있는 교육 기법은?

① 단계법 ② 교육방법
③ 강의식법 ④ 토의식법
⑤ 지시법

해설
태도교육
① 작업 동작의 정확화가 필요
② 단계법이 필요

34 교육의 3요소가 아닌 것은?

① 교재 ② 교육방법
③ 수강자 ④ 강사
⑤ 학생

해설
교육의 3요소
① 주체 : 강사
② 객체 : 수강자
③ 매개체 : 교재

35 짧은 교육기간에 많은 내용을 전달하기 위해서는 다음 중 어느 교육방법이 적당한가?

① 강의식 ② 문답식
③ 토의식 ④ 질문식
⑤ 실연식

해설
강의식은 단시간에 많은 내용의 전달이 가능하다.

[정답] 30 ④ 31 ① 32 ③ 33 ① 34 ② 35 ①

36 다음 중 강의법의 장점이 아닌 것은?

① 여러 가지 수업매체를 동시에 활용할 수 있다.
② 학습자의 태도, 정서 등의 감화를 위한 학습에 효과적이다.
③ 사실, 사상을 시간, 장소의 제한없이 제시할 수 있다.
④ 강사와 학습자가 시간을 효과적으로 이용할 수 있다.
⑤ 짧은 시간에 많은 양의 학습이 가능하다.

해설
④를 할 수 없는 것이 강의법의 단점이다.

37 근로자안전보건교육으로 8시간 이상(일용 근로자는 1시간 이상) 교육을 실시하여야 하는 교육과정은?

① 정기교육
② 채용시 교육
③ 작업내용변경시 교육
④ 특별교육
⑤ 관리감독자 교육

해설
대상자별 교육시간
(1) 정기교육
　① 사무직 종사 근로자 : 매반기 6시간 이상
　② 관리감독자 : 연간 16시간 이상
(2) 신규채용시 교육 : 8시간 이상(일용근로자 1시간 이상)
(3) 작업내용변경시 교육 : 2시간 이상(일용근로자 1시간 이상)
(4) 특별안전보건교육(일용근로자) : 2시간 이상

38 "위험물의 성질"에 관한 안전교육 지도안을 작성하려고 한다. "제시"에 해당되는 것은?

① 위험정도를 말한다.
② 위험물 취급물질을 설명한다.
③ 문제에 대하여 질문을 받는다.
④ 취급상 제규정을 준수, 확인한다.
⑤ 출석을 확인한다.

해설
안전교육법의 4단계
(1) 도입(준비) : ①
(2) 제시(설명) : ②
(3) 적용(응용) : ③
(4) 확인(총괄) : ④

39 알고 있는 지식을 심화시키거나 어떠한 자료에 대해 보다 명료한 생각을 갖도록 하기 위하여 실시하는 교육방법은 어느 것인가?

① Lecture method
② Discussion method
③ Performance method
④ Demonstration method
⑤ Project method

해설
Discussion method(토의법)
① 수업의 중간이나 마지막 단계
② 학교수업이나 직업훈련의 특정 분야
③ 알고 있는 지식을 심화시키거나 어떠한 자료에 대해 보다 명료한 생각을 갖도록 하는 경우
④ 팀웍이 필요한 경우

40 학습평가의 기본적인 기준이 아닌 것은?

① 실용도(實用度)
② 타당도(妥當度)
③ 습숙도(習熟度)
④ 신뢰도(信賴度)
⑤ 객관도

해설
학습평가의 기본적인 기준
① 타당도 : 측정하고자 하는 본래 목적과 일치하느냐의 정도를 나타내는 기준
② 신뢰도 : 신용도로서 측정의 오차가 얼마나 적으냐를 나타내는 것
③ 객관도 : 측정의 결과에 대해 누가 보아도 일치된 의견이 나올 수 있는 성질
④ 실용도 : 사용에 편리하고 쉽게 적용시킬 수 있는 기준이 실용도가 높은 것

보충학습
매슬로가 1954년 발표한 논문 "동기부여와 인간성(Motive and Personality)"에서 인간욕구의 5단계설을 제시하면서 동기부여와 욕구의 변화단계를 말하였다. 그 후 1970년에 자아초월의 욕구를 추가하여 현재는 매슬로 인간욕구 6단계설을 제안하였다.

[정답] 36 ④　37 ②　38 ②　39 ②　40 ③

매슬로의 인간욕구 6단계설[Maslow's hierarchy of needs (6 categories), 1970]
① 제1단계 : 생리적 욕구(Physiologica Needs)
② 제2단계 : 안전의 욕구(Safety security Needs)
③ 제3단계 : 사회적 욕구(Acceptance Needs)
④ 제4단계 : 자아의 욕구(Self-esteem Needs)
⑤ 제5단계 : 자아실현의 욕구(Self-actualization)
⑥ 제6단계 : 자아초월의 욕구(Self-transcendence)
결론 : 자아초월 = 이타정신 = 남을 배려하는 마음

41 건설업 기초안전보건 교육에 대한 내용 및 시간에서 산업재해 유형별 위험요인 및 안전보건조치는 몇시간 교육을 실시하는가?

① 1　　② 2
③ 3　　④ 4
⑤ 5

해설

건설업 기초안전보건교육에 대한 내용 및 시간

교육내용	시간
건설공사의 종류(건축·토목 등) 및 시공 절차	1시간
산업재해 유형별 위험요인 및 안전보건조치	2시간
안전보건관리체제 현황 및 산업안전보건 관련 근로자 권리·의무	1시간

정보제공
2023년 1월 1일부터 적용

42 안전보건관리 담당자의 보수교육시간은?

① 6　　② 8
③ 10　　④ 12
⑤ 14

해설

안전보건관리책임자 등에 대한 교육

교육대상	교육시간	
	신규교육	보수교육
안전보건관리책임자	6시간 이상	6시간 이상
안전관리자, 안전관리전문기관의 종사자	34시간 이상	24시간 이상
보건관리자, 보건관리전문기관의 종사자	34시간 이상	24시간 이상
건설재해예방 전문지도기관의 종사자	34시간 이상	24시간 이상
석면조사기관의 종사자	34시간 이상	24시간 이상
안전보건관리담당자	-	8시간 이상
안전검사기관, 자율안전검사기관의 종사자	34시간 이상	24시간 이상

정보제공
2023년 8월 8일 「법률 제19611호」법 적용

💬 합격자의 조언
1. 불경기에도 돈은 살아서 숨쉰다. 돈의 숨소리에 귀를 기울여라.
2. 값진 곳에 돈을 써라. 돈도 신이 나면 떼지어 몰려온다.

[정답] 41 ②　42 ②

Part 02 | 안전보건관리 및 손실방지론

Chapter 1 안전보건관리
Chapter 2 안전보건조직 및 손실방지론

# Chapter 01 안전보건관리

중점 학습내용

인류의 문명은 지금으로부터 약 75만년 전 유인원이 출현하여 시작되었다고 보고 있는데 고대를 거쳐 중세에 이르기까지 문명의 발달은 아주 완만히 진행되고 있었으며 1711년 영국의 산업혁명을 시작으로 하여 세계대전을 치르면서 급격한 발전을 하여 이제는 대량 생산체제에서 자동화·정보화 사회에 진입하고 있다. 본 장의 내용을 요약하여 안전관리를 하는 목적, 중요성, 역사 등에 관련된 기본적인 기초 지식을 학습하도록 하였으며 시험에 출제되는 그 중심적인 내용은 다음과 같다.

❶ 안전과 생산[안전관리(Safety management)]
❷ 안전 용어 정의
❸ 안전보건관리제이론
❹ 무재해 운동
❺ 안전 활동 기법
❻ 안전 관련 역사

안전이란?

구분	정의
사전적	위험하지 않는 것, 마음이 편안하고 몸이 온전한 상태
학문적	사고의 위험성을 감소시키기 위하여 인간의 행동을 수정하거나 물리적으로 안전한 환경을 조성한 조건이나 상태 : 위험을 제어하는 기술
동양적	安 = 宀 + 女(여자가 집에 있다는 뜻으로 안정을 뜻함) 全 = 八 + 王(왕이 궁궐에 앉아 위엄을 갖추고 있는 상태로 질서유지를 뜻함)
서양적	SAFETY ① Supervise : 관리감독, 관찰 ② Attitude : 태도기술 ③ Fact : 현상파악 ④ Evaluation : 평가분석 및 대책수립 ⑤ Training : 반복훈련 ⑥ You are the owner : 주인의식 철저

〈건강의 정의(세계보건기구, WHO)〉
단순히 질병이 없거나 허약하지 않은 상태만을 의미하는 것이 아니고, Physical(육체적 안녕), Mental(정신적 안녕), Social wellbeing(사회적 안녕)이 완전한 상태

합격예측

안전기사 합격해야 하는 이유이자 목적
① 건강유지(제1)
② 장수하기(제2)
③ 돈(부자) 많이 벌기(제3)

참고

(1) 안전제일
① 초기방침(고대 안전)
→ 생산 제1, 품질 제2, 안전 제3
② 개선방침(현재 안전)
→ 안전 제1, 품질 제2, 생산 제3
(2) "재난"이란 국민의 생명·신체·재산과 국가에 피해를 주거나 줄 수 있는 것
① 자연재난 : 태풍, 홍수, 호우(豪雨), 강풍, 풍랑, 해일(海溢), 대설, 낙뢰, 가뭄, 지진, 황사(黃砂), 조류(藻類) 대발생, 조수(潮水), 그 밖에 이에 준하는 자연현상으로 인하여 발생하는 재해
② 사회재난 : 화재·붕괴·폭발·교통사고·화생방사고·환경오염사고 등으로 인하여 발생하는 대통령령으로 정하는 규모 이상의 피해와 에너지·통신·교통·금융·의료·수도 등 국가기반 체계의 마비, 「감염병의 예방 및 관리에 관한 법률」에 따른 감염병 또는 「가축전염병예방법」에 따른 가축전염병의 확산 등으로 인한 피해

1 안전과 생산[안전관리(safety management)]

1. 안전관리

안전관리는 생산성의 향상과 재산 손실(loss)의 최소화를 위하여 행하는 것으로 비능률적 요소인 안전사고가 발생하지 않은 상태를 유지하기 위한 활동, 즉 재해로부터 인간의 생명과 재산을 보호하기 위한 계획적이고 체계적인 제반 활동을 산업 안전관리(safety management)라 한다.

2. 안전관리의 긍정적 효과(안전의 가치, 이념)

23. 4. 1 출
24. 3. 30 출

첫째, 인명의 존중(인도주의 실현)
둘째, 사회 복지의 증진
셋째, 생산성의 향상(품질향상)
넷째, 경제성의 향상
기타, 인적·물적 손실예방

[그림] 안전1 - 품질2 - 생산3

1906년 세계 제일의 제철회사인 미국의 US 제강회사의 게리(Gary) 사장의 시책으로 안전제일(安全第一)이 시작되었다.

(1) 안전제일의 역사적 기원

① 미국 기업의 경영의 원칙. 게리(E.H. Gary)의 시책
② 미국에서는 "생산에 앞서 안전을 먼저(safety first)" 생각해야 한다고 했고, 유럽에서는 "생산에 반드시 안전을 포함(production with safety)"시켜야 한다고 했으며, 현재는 '안전작업(safety production)'을 해야 한다고 했다. 그러므로 안전과 생산은 수레의 양 바퀴와 같은 불가분의 관계를 갖고 있다.

(2) 녹십자의 기원

① 녹십자기는 안전 운동의 상징적 표시이며 안전운동의 근본이다.
② 녹십자는 서양에서는 인애(仁愛), 동양에서는 복덕(福德)을 의미한다.
③ 안전기는 미국에서는 청색 바탕에 백십자를 쓰기도 하며 우리나라에서는 백십자, 적십자가 있으므로 현재 녹십자를 사용하고 있다.

[그림] 녹십자 표시

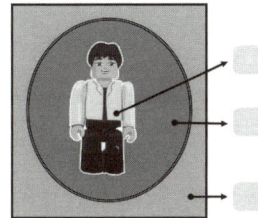
[그림] 산업안전 목표

(3) 전국 안전보건 강조기간

① 우리나라는 매년 7월 1일~7월 31일
② 안전보건 강조기간 특별점검 실시

[사진] 앨버트 게리(Elber Henry Gary)

2 안전 용어 정의

1. 안전사고(accident)

안전 사고란 고의성이 없는 어떤 불안전한 행동이나 조건이 선행되어 일을 저해시키거나 또는 능률을 저하시키며 직접 또는 간접적으로 인명이나 재산의 손실을 가져올 수 있는 사건을 말한다.(생산공정이 잘못되어가는 잠재적 지표)
① 원하지 않는 사상(Undesired Event)
② 비능률적인 사상(Inefficient Event)
③ 변형된 사상(Strained Event)

합격예측

안전제일의 이념
인간존중

참고

특별점검
① 기계·기구 및 설비의 신설·변경 및 수리 등을 할 경우
② 천재지변 발생 후
③ 안전강조 기간 내

참고

하인리히(Heinrich)의 제창(일명 하인리히 재해 코스트 법칙)
• 재해사고 1건당의 직접 손해액(a)
• 재해사고 1건당의 간접 손해액(b)
  $a : b = 1 : 4$

참고

① KS : 한국산업표준규격
② ISO/IEC : 국제기준규격
③ EN : 유럽규격

참고

미연방지(예방철학)
① MP(보전예방)
② CM(개량보전)
③ PM(예방보전)

보충문제

1900년대 초 미국 한 기업의 회장으로서 "안전제일(Safety First)"이란 구호를 내걸고 사고예방활동을 전개한 후 안전의 투자가 결국 경영상 유리한 결과를 가져온다는 사실을 알게 하는 데 공헌한 사람은?
① 게리(Gary)
② 하인리히(Heinrich)
③ 버드(Bird)
④ 피렌제(Firenze)
⑤ 마슬로우(A.maslow)

정답 ①

참고

재난 및 안전관리 기본법의 용어 정의
① "재난관리"란 재난의 예방·대비·대응 및 복구를 위하여 하는 모든 활동을 말한다.
② "안전관리"란 재난이나 그 밖의 각종 사고로부터 사람의 생명·신체 및 재산의 안전을 확보하기 위하여 하는 모든 활동을 말한다.
③ "안전기준"이란 각종 시설 및 물질 등의 제작, 유지관리 과정에서 안전을 확보할 수 있도록 적용하여야 할 기술적 기준을 체계화한 것을 말하며, 안전기준의 분야, 범위 등에 관하여는 대통령령으로 정한다.

참고

(1) 산업 안전 보건법 제2조에서, 「산업 재해」라 함은 노무를 제공하는 사람이 업무에 관계되는 건설물·설비·원재료·가스·증기·분진 등에 의하거나 작업 그 밖에 업무에 기인하여 사망 또는 부상하거나 질병에 걸리는 것을 말한다.

(2) 작업관련성 질병(work related disease)
  ① 종류 : 직업성 근·골격 및 뇌·심혈관 질환
  ② 발생원인
    ㉮ 작업장 내의 위험요인
    ㉯ 근로자의 개인요인
    ㉰ 근로자의 생활환경 요인

(3) 직업병(Occupational disease)
  ① 종류 : 진폐증, 소음성 난청, 중금속 중독
  ② 발생원인 : 작업장의 물리·화학·생물학적 위험요인 노출

합격예측

안전사고의 본질적 4가지 특성
① 사고발생의 시간성
② 우연성 중의 법칙성
③ 필연성 중의 우연성
④ 사고의 재현 불가능성

용어정의

"근로자대표"란 근로자의 과반수로 조직된 노동조합이 있는 경우에는 그 노동조합을, 근로자의 과반수로 조직된 노동조합이 없는 경우에는 근로자의 과반수를 대표하는 자를 말한다.

Q 보충문제

안전관리를 "안전은 (①)을(를) 제어하는 기술"이라 정의할 때 다음 중 ①에 들어갈 용어로 예방 관리적 차원과 가장 가까운 용어는?
① 위험   ② 사고
③ 재해   ④ 상해
⑤ 수혈

정답 ①

2. 재해(loss, calamity)

재해란 안전 사고의 결과로 일어난 인명과 재산의 손실을 말한다.

3. 산업재해(industrial losses)

통제를 벗어난 에너지의 광란으로 인하여 입은 인명과 재산의 피해 현상을 산업재해(industrial losses)라 말한다.(3일 이상의 휴업을 요하는 부상자)

4. 작업환경 측정

작업환경 측정이라 함은 작업 환경의 실태를 파악하기 위하여 해당 근로자 또는 작업장에 대하여 사업주가 유해인자에 대한 측정 계획을 수립한 후 시료(試料)를 채취하고 분석·평가하는 것을 말한다.

5. 안전보건진단

안전보건진단이라 함은 산업재해를 예방하기 위하여 잠재적 위험성의 발견과, 그 개선 대책을 수립할 목적으로 고용노동부장관이 지정하는 자가 하는 조사·평가를 말한다.

6. 중대재해

중대재해라 함은 산업재해 중 사망 등 재해의 정도가 심하거나 다수의 재해자가 발생한 경우로서 고용노동부령으로 정하는 재해를 말한다.
① 사망자가 1명 이상 발생한 재해
② 3개월 이상의 요양이 필요한 부상자가 동시에 2명 이상 발생한 재해
③ 부상자 또는 직업성 질병자가 동시에 10명 이상 발생한 재해

7. 안전사고와 부상의 종류

(1) 중상해

부상으로 인하여 2주 이상의 노동손실을 가져온 상해

(2) 경상해

부상으로 1일 이상 14일 미만의 노동손실을 가져온 상해

(3) 경미상해

부상으로 8시간 이하의 휴무 또는 작업에 종사하면서 치료를 받는 상해

[그림] 안전관리의 정의

8. ILO(국제 노동 통계)의 근로불능 상해의 종류

(1) 사망

안전 사고로 사망하거나 혹은 입은 사고의 결과로 생명을 잃는 것 : 노동 손실일 수 7500일

(2) 영구 전노동불능 상해

부상 결과로 노동 기능을 완전히 잃게 되는 부상(신체 장해 등급 제1급에서 제3급에 해당) : 노동 손실 일수 7500일

(3) 영구 일부노동불능 상해

부상 결과로 신체 부분의 일부가 노동 기능을 상실한 부상(신체 장해 등급 제4급에서 제14급에 해당)

(4) 일시 전노동불능 상해

의사의 진단(소견)에 따라 일정기간 정규 노동에 종사할 수 없는 상해 정도(신체 장해가 남지 않는 일반적인 휴업 재해)

(5) 일시 일부노동 불능상해

의사의 진단으로 일정 기간 정규 노동에 종사할 수 없으나 휴무 상해가 아닌 상해, 즉 일시 가벼운 노동에 종사하는 경우

(6) 응급(구급)조치 상해

부상을 입은 다음 치료(1일 미만)를 받고 다음부터 정상작업에 임할 수 있는 정도의 상해

9. 공해와 사상

(1) 공해

자연 환경을 인간 행위에 의하여 오염시키는 것으로서 공기오염 · 수질오염 · 토질오염을 말한다. 이 3가지가 생명과 환경의 위기를 만들고 있다.(대책 : 생명살림 운동)

(2) 사상

어느 특정인에게 주는 피해 중에서 기관이나 타인과의 계약에 의하지 않고 자신의 업무 수행 중에 입은 상해로서 의료 및 그 밖에 보상을 청구할 수 없는 상해를 말한다.

합격예측

사고
예측할 수 없는 사상

합격예측

ILO에서 정한 상해 정도별 분류
① 사망
② 영구 전노동불능 상해
③ 영구 일부노동불능 상해
④ 일시 전노동불능 상해
⑤ 일시 일부노동불능 상해
⑥ 구급조치 상해

합격예측 및 관련법규

산업재해보상보험법 용어정의
① "업무상의 재해"란 업무상의 사유에 따른 근로자의 부상·질병·장해 또는 사망을 말한다.
② "근로자"·"임금"·"평균임금"·"통상임금"이란 각각 「근로기준법」에 따른 "근로자"·"임금"·"평균임금"·"통상임금"을 말한다. 다만, 「근로기준법」에 따라 "임금" 또는 "평균임금"을 결정하기 어렵다고 인정되면 고용노동부장관이 정하여 고시하는 금액을 해당 "임금" 또는 "평균임금"으로 한다.
③ "유족"이란 사망한 자의 배우자(사실상 혼인 관계에 있는 자를 포함한다. 이하 같다.)·자녀·부모·손자녀·조부모 또는 형제자매를 말한다.
④ "치유"란 부상 또는 질병이 완치되거나 치료의 효과를 더 이상 기대할 수 없고 그 증상이 고정된 상태에 이르게 된 것을 말한다.
⑤ "장해"란 부상 또는 질병이 치유되었으나 정신적 또는 육체적 훼손으로 인하여 노동능력이 상실되거나 감소된 상태를 말한다.
⑥ "폐질"이란 업무상의 부상 또는 질병에 따른 정신적 또는 육체적 훼손으로 노동능력이 상실되거나 감소된 상태로서 그 부상 또는 질병이 치유되지 아니한 상태를 말한다.
⑦ "진폐(塵肺)"란 분진을 흡입하여 폐에 생기는 섬유증식성(纖維增殖性) 변화를 주된 증상으로 하는 질병을 말한다.

합격예측

Near Accident(무상해 사고)
일체의 인적·물적 손실이 없는 사고

합격자의 조언

fail safe는 시험에도 출제되지만 인생도 그렇게 살면 성공한다.

합격예측

(1) 페일 세이프(fail safe)의 기능
  ① 고장이 생겨도 어느 기간 동안은 정상기능이 유지되는 구조
  ② 병렬 계통이나 대기 여분을 갖춰 항상 안전하게 유지되는 기능
(2) 풀 프루프(fool proof)
  ① 인간의 실수가 있어도 안전장치가 설치되어 사고나 재해로 연결되지 않는 구조
  ② 바보가 작동을 시켜도 안전하다는 뜻
  ③ 「실패가 없다」, 「바보라도 취급한다」라는 뜻으로 정리하면,
    ㉮ 정해진 순서대로 조작하지 않으면 기계가 작동하지 않는다.
    ㉯ 오조작을 하여도 사고가 나지 않는다.

용어정의

Temper Proof
산업 현장의 생산설비의 경우 안전장치가 부착되어 있으나 생산성을 위해 제거하고 사용하는 경우가 있다. 설비 설계자는 고의로 안전장치를 제거하는 데에도 대비하여야 하는데 이러한 예방 설계

참고

근로기준법상 근로자는 ① 직업의 종류에 관계없이 ② 사업 또는 사업장에서 ③ 임금을 목적으로 근로를 제공하는 자를 말한다(근로기준법 제2조 제1호). 또한 ④ 사용자와 근로자 사이에 근로 제공과 임금 지급의 실질적인 관계가 종속적이어야 한다. 이는 사용종속관계라고 하며 판례에 의해 확립되었다.

10. 직업병

직업의 특수성으로 인하여 발생하는 질병으로서 직업의 종류, 환경 및 작업 방법의 불량으로 인하여 근로자의 건강을 해치는 것을 말한다.

11. 페일세이프(fail safe)

인간 또는 기계에 과오나 동작상의 실패가 있어도 안전 사고를 발생시키지 않도록 2중 또는 3중으로 통제 장치를 가하는 것을 말한다.

12. 사건(Incident)

① 위험요인이 사고로 발전되었거나 사고로 이어질 뻔했던 원하지 않는 사상(Event)
② 인적·물적 손실인 상해·질병 및 재산적 손실뿐만 아니라 인적·물적 손실이 발생되지 않는 아차사고를 포함

13. 위험(Hazard)

직·간접적으로 인적·물적, 환경적 피해를 주는 원인이 될 수 있는 실제 또는 잠재된 상태를 말한다.

14. 위험도(Risk)

① 특정한 위험요인이 위험한 상태로 노출되어 특정한 사건으로 이어질 수 있는 사고의 빈도(가능성)와 사고의 강도(중대성) 조합
② 위험의 크기 또는 위험의 정도
③ 위험도 = 발생빈도 × 발생강도

15. 근로자

근로자라 함은 「근로 기준법」 제2조 제1항 제1호에 따른 근로자를 말한다.

16. 사업주

사업주라 함은 근로자를 사용하여 사업을 하는 자를 말한다.

3 안전보건관리 제이론

1. Webster 사전에 의한 안전 정의

① 안전은 상해, 손실, 감소, 손해 또는 위험에 노출되는 것으로부터의 자유 상태를 말한다.
② 안전은 그와 같은 자유를 위한 보관, 보호 또는 방호 장치와 시건 장치, 질병의 방지에 필요한 지식 및 기술을 말한다.

2. H.W. Heinrich의 안전론 정의

① 안전(safety) = 사고방지(accident prevention)
② 사고방지는 물리적 환경과 인간 및 기계의 관계(performance)를 통제하는 과학인 동시에 기술이다.
③ 하인리히는 과학과 기술의 체계를 안전에 도입하였다.

3. J.H. Harvey의 3E

Harvey는 안전 사고를 방지하고 안전을 도모하기 위하여 3E의 조치가 균형을 이루어야 한다고 주장하여 안전에 크게 기여하였다.

[표] 3E · 3S · 4S

3E	3S	4S
safety education(안전교육) safety engineering(안전기술) safety enforcement(안전독려)	① 단순화(simplification) ② 표준화(standardization) ③ 전문화(specification)	4S=3S+종합화 (synthesization)

참고
안전학자의 생애 주기

	1881	1901	1906	1921	1931	1962	1969	1980
Elbert H. Gary	출생 (1846)	회사 CEO	안전 제일	사망 (1927)				
H. W. "Bill" Heinrich	출생 (1881)				△	사망		
Frank E. Bird Jr.				출생 (1921)			△	
Peter C. Compes					출생 (1930)			TOP

합격예측
3E
① 교육
② 기술
③ 독려

합격예측
3정5S
(1) 3정
  ① 정품
  ② 정량
  ③ 정위치
(2) 5S 운동
  ① 정리(Seiri)
  ② 정돈(Seiton)
  ③ 청소(Seiso)
  ④ 청결(Seiketsu)
  ⑤ 습관화(Shitsuke)

합격예측
무재해운동의 이념
인간존중

참고
(1) 안전평가시 안전조직을 유효하게 활용하기 위한 3가지 분석방법의 기본유형
  ① 안전활동분석(직무분석)
  ② 권한분석(계층별 책임분석)
  ③ 관계분석(부서간 연락조정분석)
(2) 관리의 조건
  계획(plan) → 실시(do) → 검토(check) → 조치(action)

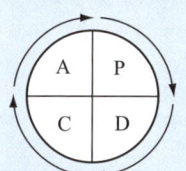

[그림] 안전관리 4-cycle

(3) 안전관리성적을 평가할 때 채택하는 주요 평가 척도 4가지
  ① 상대척도
  ② 절대척도
  ③ 평정척도
  ④ 도수척도

4. 무재해운동

1. 무재해운동의 정의

무재해운동이란 인간존중의 이념에 바탕을 두어 직장의 안전과 건강을 다함께 선취하자는 운동이다.(1979. 9. 1 부터 시행, 2019. 1. 25(규칙 제862호) 기록인증제 폐지, 사업장자율운동 전환)

2. 무재해운동기본이념 3대원칙

① 무의 원칙('0'의 원칙)
② 선취의 원칙(안전제일의 원칙)
③ 참가의 원칙

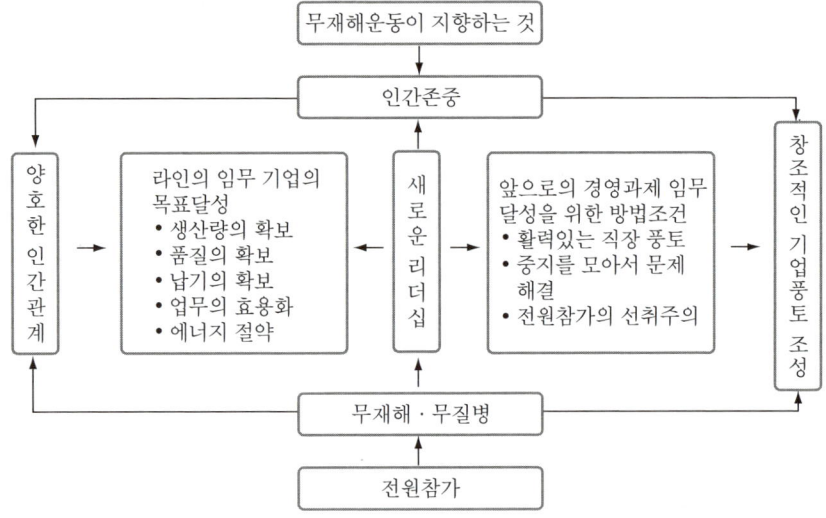

[그림] 무재해운동의 전개과정

3. 무재해운동의 3요소(3기둥)

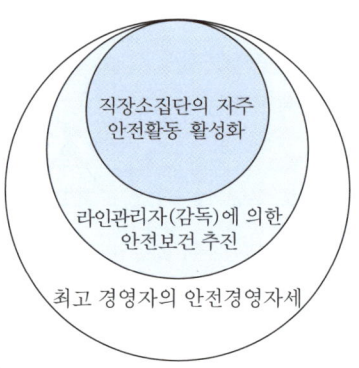

[그림] 무재해운동의 3요소(3기둥)

합격예측

무재해운동기본 이념 3원칙의 정의

① 무의원칙 : 근원적으로 산업재해를 없애는 것이며 '0'의 원칙이다.
② 참가의 원칙 : 근로자 전원이 참석하여 문제해결 등을 실천하는 원칙
③ 안전제일(선취해결)의 원칙 : 무재해를 실현하기 위해 일체의 위험요인을 사전에 발견, 파악, 해결하여 재해를 예방하거나 방지하기 위한 원칙

합격예측

무재해 운동의 3요소의 정의

① 최고 경영자의 안전경영자세 - 사업주
② 관리감독자에 의한 안전보건의 추진 - 관리감독자(안전관리 라인화)
③ 직장소집단의 자주안전 활동의 활성화 - 근로자

합격예측

생산성에 영향을 미치는 요소

① 생산량(P : Production)
② 품질(Q : Quality)
③ 원가(C : Cost)
④ 납기(D : Delivery)
⑤ 안전(S : Safety)
⑥ 환경(M : Morale)

합격예측

무재해운동 개시신청서
관련기관제출기간 : 14[일]

Q 보충문제

다음 중 산업안전보건위원회에서 심의·의결된 내용 등 회의 결과를 근로자에게 알리는 방법으로 가장 적절하지 않은 것은?

① 사보에 게재
② 일간 신문에 게재
③ 사업장 게시판에 게재
④ 자체 정례조회를 통한 전달
⑤ 조회시 구두전달

정답 ②

4. 무재해운동의 3이념

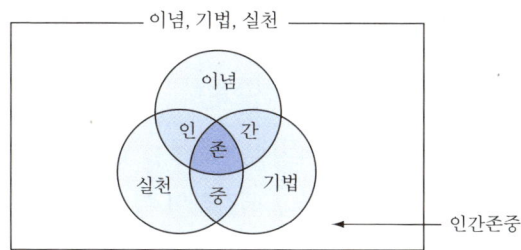

[그림] 무재해운동의 이념·기법·실천(3이념)

5. "무재해"라 함은 무엇을 뜻하는가(무재해의 용어 정의)

"무재해"란 무재해운동 시행사업상에서 근로자가 업무에 기인하여 사망 또는 4일 이상의 요양을 요하는 부상 또는 질병에 이환되지 않는 것을 말한다. 다만, 다음 각 목의 어느 하나에 해당하는 경우에는 무재해로 본다.
① 업무수행 중의 사고 중 천재지변 또는 돌발적인 사고로 인한 구조행위 또는 긴급피난 중 발생한 사고
② 출·퇴근 도중에 발생한 재해
③ 운동경기 등 각종 행사 중 발생한 재해
④ 천재지변 또는 돌발적인 사고 우려가 많은 장소에서 사회통념상 인정되는 업무수행 중 발생한 사고
⑤ 제3자의 행위에 의한 업무상 재해
⑥ 업무상 질병에 대한 구체적인 인정기준 중 뇌혈관질병 또는 심장질병에 의한 재해
⑦ 업무시간외에 발생한 재해. 다만, 사업주가 제공한 사업장내의 시설물에서 발생한 재해 또는 작업개시전의 작업준비 및 작업종료후의 정리정돈과정에서 발생한 재해는 제외한다.
⑧ 도로에서 발생한 사업장 밖의 교통사고, 소속 사업장을 벗어난 출장 및 외부 기관으로 위탁 교육중 발생한 사고, 회식중의 사고, 전염병 등 사업주의 법 위반으로 인한 것이 아니라고 인정되는 재해

근거 사업장 무재해 운동 추진 및 운영에 관한 규칙 제2조(정의)

6. 무재해운동의 시간 계산 방식

① 시간 계산(총시간) = 실제 근로시간수 × 실근무자수(단, 건설업 이외의 300인 미만 사업장 적용)
② 사무직은 통산 8시간으로 계산(건설현장근로자의 실근로산정이 어려울 경우 1일 10시간)

참고 사업장 무재해 운동 추진 및 운영에 관한 규칙 (2019. 1. 25. 제862호)

참고 **산업안전보건법 시행규칙 제73조(산업재해 발생보고)**
사업주는 산업재해로 사망자가 발생하거나 3일 이상의 휴업이 필요한 부상을 입거나 질병에 걸린 사람이 발생한 경우에는 법 제57조제3항에 따라 해당 산업재해가 발생한 날부터 1개월 이내에 별지 제30호서식의 산업재해조사표를 작성하여 관할 지방고용노동관서의 장에게 제출(전자문서에 의한 제출을 포함한다)하여야 한다.

결론 무재해의 산업재해와 산업안전보건법의 산업재해는 차이가 있습니다.

합격예측

무재해운동의 추진 3기둥(요소)
① 최고경영자의 안전경영자세
② 관리감독자에 의한 안전보건의 추진
③ 직장소집단 자주안전 활동의 활성화

참고

목표값 산정방법
① 달성 가능한 수치를 정한다.
② 목표시간 : ○○인시(人時)
③ 도수율 : ○○/월
④ 강도율 : ○○/월
⑤ 표준강도값 : ○○/월

합격예측

무재해 1배수 목표시간의 계산 방법
① $\dfrac{\text{연간 총 근로시간}}{\text{연간 총 재해자수}}$
② $\dfrac{\text{1인당 연평균 근로시간} \times 100}{\text{재해율}}$
③ $\dfrac{\text{연평균 근로자수} \times \text{1인당 연평균 근로시간}}{\text{연간 총 재해자수}}$

용어정의

① "안전문화활동"이란 안전교육, 안전훈련, 홍보 등을 통하여 안전에 관한 가치와 인식을 높이고 안전을 생활화하도록 하는 등 재난이나 그 밖의 각종 사고로부터 안전한 사회를 만들어가기 위한 활동을 말한다.
② "재난관리정보"란 재난관리를 위하여 필요한 재난상황정보, 동원가능 자원정보, 시설물정보, 자리정보를 말한다.

> **합격예측**
>
> **문제해결의 4단계(4 Round)**
> ① 1R – 현상파악
> ② 2R – 본질추구
> ③ 3R – 대책수립
> ④ 4R – 행동목표설정

> **합격예측**
>
> **지적확인이란**
> 작업을 안전하게 오조작 없이 하기 위하여 작업공정의 요소 요소에서 자신의 행동을 [○○좋아]라고 대상을 지적하여 큰 소리로 확인하는 것을 말한다. (눈, 팔, 손, 입, 귀 등 감각기관을 총동원하여 확인)

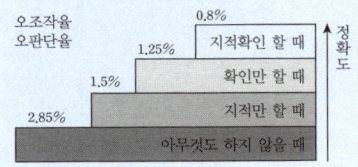

> **합격예측**
>
> **자문자답카드 위험예지훈련**
> 한 사람이 스스로 위험요인을 발견, 파악하여 단시간에 행동목표를 정하여 지적확인을 하며, 특히 비정상적인 작업의 안전을 확보하기 위한 위험예지훈련

> **Q 은행문제**
>
> 다음 중 무재해운동 추진에 있어 무재해로 보는 경우가 아닌 것은?
> ① 출·퇴근 도중에 발생한 재해
> ② 제3자의 행위에 의한 업무상 재해
> ③ 운동경기 등 각종 행사 중 발생한 재해
> ④ 사업주가 제공한 사업장내의 시설물에서 작업개시전의 작업준비 및 작업종료 후의 정리정돈과정에서 발생한 재해
> ⑤ 고의적인 사고
>
> 정답 ④

5 안전활동 기법

1. 위험예지훈련의 4단계(문제 해결 4단계)

안전을 선취하고 전원 일치의 마음가짐을 길러주는 훈련으로 다음 4단계를 활용한다.(직장내에서 소수인원으로 토의하고 생각하며 이해한다.)

(1) 제1단계(현상파악)

① 어떤 위험이 잠재하고 있는가?
② 전원이 토론으로 도해(圖解)의 상황 속에 잠재한 위험 요인을 발견한다.

(2) 제2단계(요인 조사 : 본질추구)

① 이것이 위험 요점이다!(위험의 포인트 결정 및 지적 확인)
② 발견된 위험 요인 가운데 중요하다고 생각되는 위험을 파악하고 ○표나 ◎표를 붙인다.(문제점 발견 및 중요문제 결정)

(3) 제3단계(대책수립)

① 당신이라면 어떻게 할 것인가?
② ◎표를 한 중요 위험을 해결하기 위해서는 어떻게 하면 좋은가를 생각하여 구체적인 대책을 세운다.

(4) 제4단계(행동계획설정 : 행동목표설정)

① 우리는 이렇게 한다.(우수한 대책 합의)
② 대책 중 중점적인 실시 사항에 ※표를 붙여 그것을 실천하기 위한 팀의 행동목표를 설정한다.(행동계획 결정)

2. 위험예지훈련의 종류

① 감수성 훈련 : 문제점파악 감수성 훈련
② 문제해결 훈련 : 문제점 해결방법 파악 훈련
③ 단시간 미팅 훈련 : TBM(Tool Box Meeting) : 즉시즉응법
④ 집중력 훈련

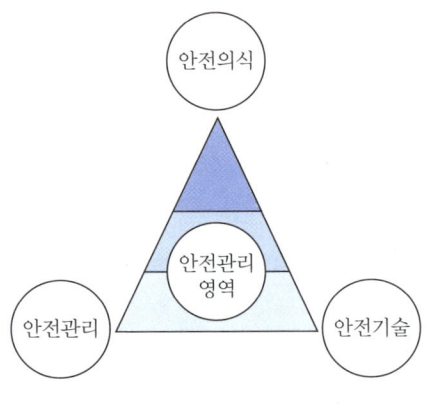

[그림] 안전 관리영역

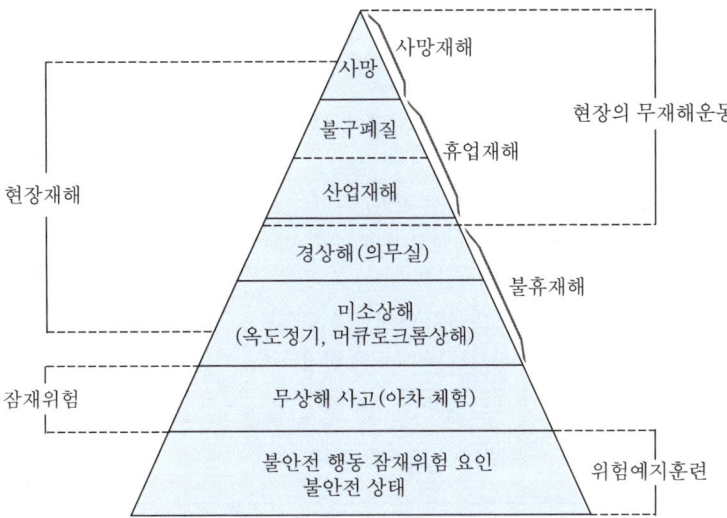

[그림] 잠재위험요인과 상해사고의 관계도

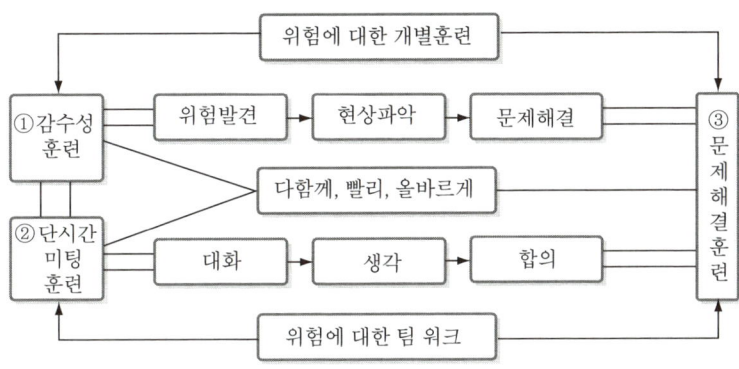

[그림] 위험예지 훈련 3가지

④ 특징
㉮ 위험예지훈련은 직장이나 작업의 상황 속에서 위험요인을 발견하는 감수성을 개인의 팀(5~6명) 수준으로 높이는 감수성 훈련이다.
㉯ 직장에서 전원의 집중력의 향상, 특히 단시간 미팅이 필요하다.
㉰ 발견한 위험을 해결하는 팀의 문제해결능력을 향상하는 것이 필요하다.
㉱ 위험 예지 훈련은 위험요인을 행동하기 전에 팀의 의욕으로 해결하는 문제해결훈련이다.

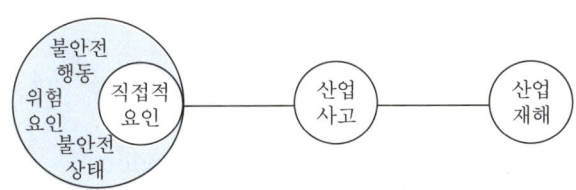

[그림] 산업재해 원인

> **합격예측**
> **ECR(Error Cause Removal)**
> 과오원인제거

> **합격예측**
> **작업분석(새로운 작업방법의 개발원칙) : ECRS**
> ① 제거(Eliminate)
> ② 결합(Combine)
> ③ 재조정(Rearrange)
> ④ 단순화(Simplify)

> **합격예측**
> **Taylor의 과학적 관리법의 원칙 4가지**
> ① 동작능력 활용의 원칙
> ② 작업량 절약의 원칙
> ③ 동작개선의 원칙
> ④ 부품배치의 원칙

> **합격예측**
> (1) TBM 위험예지 훈련의 정의
> ① 작업 시작전 : 5~15분
> ② 작업 후 : 3~5분 정도의 시간으로 팀장을 주축
> ③ 인원 : 5~6명 정도가 회사의 현장 주변에서 짧은 시간의 화합
> ④ 상황 : 즉시즉응훈련
> (2) 1인 위험예지훈련
> ① 한사람 한 사람의 위험에 대한 감수성 향상을 도모하기 위하여 삼각 및 One Point 위험예지훈련을 통합한 활용기법의 하나이다.
> ② 한 사람 한 사람(리더 제외)이 동시에 공통의 도해로 4라운드까지의 1인 위험예지를 지적 확인하면서 단시간에 실시한다.
> ③ 그 결과를 리더의 사회로 서로서로 발표하고 강평함으로써 자기 개발의 도모를 겨냥하고 있다

> **합격예측**
> 위험요인은 산업재해나 사고의 원인이 될 가능성이 있는 불안전 행동과 불안전 상태이다.
> 원인 ⇨ 현상 ⇨ 결과
> (…때문에) (…해서) (…된다)

합격예측

브레인스토밍(BS)의 4원칙 (4S)
① 비판금지(Support)
② 자유분방(Silly)
③ 대량발언(Speed)
④ 수정발언(Synergy)

합격예측

무재해운동 실천의 3기법
① 팀미팅기법
② 선취기법
③ 문제해결기법

합격예측

위험예지훈련의 4R
① 1단계 : 현상파악
② 2단계 : 본질추구
③ 3단계 : 대책수립
④ 4단계 : 목표설정

합격예측

재해예방과 위험방지 비교
(1) 재해예방(災害豫防 : Prevention of injury)
　① 소극적인 대책
　② 위험은 방치하고 재해만 피하는 개념
　③ 정책적이고 포괄적인 의미
　　예 제2차 산업재해예방계획 수립
(2) 위험방지(Prevention of hazard)
　① 적극적인 대책
　② 잠재된 위험까지도 제거하는 개념
　③ 기술적이고 과학적인 의미
　　예 유해·위험방지계획서 제출

3. 문제해결 8단계 4라운드

문제해결 8단계(10가지 요령)	문제 해결 4라운드	시행방법
① 문제제기(해결하여야 할 과제의 발견과 테마 설정) ② 현상파악(테마에 관한 현상파악, 사실 확인)	현상파악(1R)	본다.
③ 문제점 발견(현상, 사실 중의 문제점 파악) ④ 중요 문제 결정(가장 중요하고 본질적 원인의 결정)	본질추구(2R)	생각한다.
⑤ 해결책 구상(해결방침의 책정) ⑥ 구체적 대책수립(시행가능한 대책의 아이디어 수립)	대책수립(3R)	계획한다.
⑦ 중점사항 결정(중점적으로 실시하는 대책의 결정) ⑧ 실시계획 책정(실시계획의 체크와 행동 목표 설정)	행동목표설정(4R)	결단한다.
⑨ 실천		실천한다.
⑩ 반성 및 평가		반성한다.

4. 집중발상법(Brain Storming : BS)

① 개요 : 브레인스토밍이란 6~12명정도의 구성원으로 잠재의식을 일깨워 자유로이 아이디어를 개발하자는 토의식 아이디어 개발기법이다.(A.F. Osborn, 1941년)

② 기본 전제 조건
　㉮ 창의력은 정도의 차이는 있으나 누구에게나 있다.
　㉯ 비창의적인 사회문화적 풍토는 창의적 개발을 저해하고 있다.
　㉰ 자유를 허용하고 부정적 태도를 바꾸게 함으로써 발전적인 창의성을 개발할 수 있다.

③ BS의 4원칙
　㉮ 비판금지(criticism is ruled out) : 좋다, 나쁘다 비판은 하지 않는다.
　㉯ 자유분방(free wheeling) : 마음대로 자유로이 발언한다.
　㉰ 대량발언(quantity is wanted) : 무엇이든 좋으니 많이 발언한다.
　㉱ 수정발언(combination and improvement of thought) : 타인의 생각에 동참하거나 보충 발언해도 좋다.

5. 전체 관찰방법

① 시각 : 기기장비의 위, 아래, 뒤, 속을 본다.(look ABBI ; look above, below, behind and inside equipment)
② 청각 : 진동이나 이상음을 듣는다.(listen for vibrations and unusual sounds)
③ 후각 : 이상한 냄새를 맡는다.(smell unusual odors)
④ 몸 : 정상 외의 온도나 진동을 느낀다.(feel unusual temperatures and vibration)

6. 안전감독 실시 방법(STOP : Safety Training Observation Program)

(1) 숙련된 관찰자(안전관리자)는 불안전한 행위를 관찰하기 위하여 관찰 사이클(observation cycle)을 이용한다.(관리감독자 안전관찰 훈련 : 현장에서 실시)

(2) stop의 목적은 각 계층의 감독자들이 숙련된 안전관찰을 행하여 사고를 미연에 방지하고자 함이다. (미국 Du Pont 회사 개발)

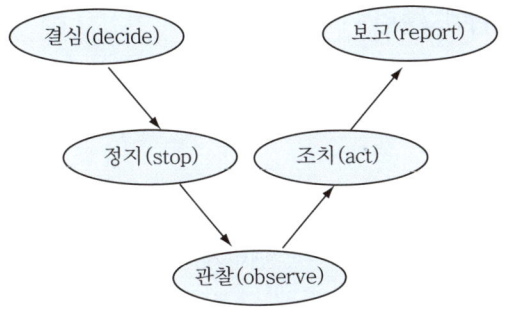

[그림] STOP 훈련 사이클

[표] 안전확인 5지 운동

종류	호칭(수지의 가르침)	확인점
모지(무지)(마음)	하나, 자기도 동료도 부상을 당하거나 당하게 하지 말자	정신차려서 마음의 준비
시지(식지)(복장)	둘, 복장을 단정하게 안전 작업(부드러운 충고, 사람의 화(和)와 신뢰)	연락, 신호, 그리고 복장의 정비
중지(규정)	셋, 서로가 지키자 안전수칙(정리정돈은 안전의 중심)	통로를 넓게 규정과 기준
약지(정비)	넷, 정비·올바른 운전(물에 닿지 않는 손가락, 재해를 일으키지 않는 행동)	기계 차량의 점검 정비
새끼손가락(확인)	다섯, 언제나 점검 또는 점검(새끼손가락도 도움이 된다. 보호구는 반드시)	표시는 뚜렷하게 안전 확인

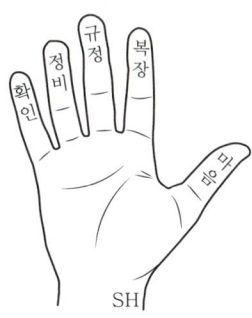

[그림] 5지 운동

[그림] touch and call

합격예측

STOP(Safety Training Observation Program)이란
감독자를 대상으로 한 안전관찰훈련 과정

합격예측

(1) 안전확인 5지 운동
① 모지 : 마음
② 시지 : 복장
③ 중지 : 규정
④ 약지 : 정비
⑤ 새끼손가락 : 확인

(2) 5C 운동
① Correctness (복장단정)
② Cleaning(청소청결)
③ Clearance(정리정돈)
④ Checking(점검확인)
⑤ Concentration (전심전력)

합격예측

터치앤콜(Touch and Call)
① 왼손을 맞잡고 같이 소리치는 것으로 전원이 스킨십(Skinship)을 느끼도록 하는 것
② 팀의 일체감, 연대감을 조성할 수 있다.
③ 대뇌 구피질에 좋은 이미지를 불어넣어 안전행동을 하도록 하는 것

Q 은행문제

연간 안전보건관리계획의 초안 작성자로 가장 적합한 사람은?

① 경영자
② 관리감독자
③ 안전스태프
④ 근로자대표
⑤ 안전보건관리책임자

정답 ③

합격예측

ECR(실수 및 과오)의 3대 원인
(1) 능력부족
　① 적성의 부적합
　② 지식의 부족
　③ 기술의 미숙
　④ 인간관계
(2) 주의부족
　① 개성
　② 감정의 불안정
　③ 습관성
　④ 감수성 미약
(3) 환경조건
　① 재해 표준 불량
　② 계획 불충분
　③ 연락 및 의사소통 불량
　④ 직업 조건 불량
　⑤ 불안과 동요

안전지식
119의 유래
화재나 구조/구급이라고 하면 119번이 상식화되어 있다. 그러나 왜 119일까? 그것은 일본의 소방제도가 우리나라에 도입되면서 일본에서 사용되었던 번호가 그대로 도입되었던 것으로 보인다. 일본은 벨이 전화를 발명한 다음 해인 1877년에 이미 전화를 수입하여 1879년에 동경-열해간에 처음으로 전화를 설치하였고, 1880년에는 동경과 요코하마에서 시내전화를 개통하였다. 전화의 보급에 따라 화재통보도 증가하였으나, 당시의 전화는 호출을 받아 교환수가 하나하나 손으로 연결하였고 또한 전화국에서는 화재에 있어서도 긴급 우선취급을 하지 않았으므로, 소방서로 통보조차 제대로 이루어지지 않았던 것으로 보인다. 1917년 4월 1일 화재탐지용 전화가 동경에서 제도화되었는데, 이것은 전화로 "화재"를 알리면 전화교환수가 바로 소방관서로 연락하도록 하였다. 그 후 관동대지진을 계기로 자동교환화가 추진되어 1926년에 동경/교토전화국에서 처음으로 도입되어 화재전용 전화번호를 112번으로 결정하였으나, 접속에 착오가 많아 1927년부터는 지역번호(국번의 제1숫자)로서 사용되고 있지 않는 "9"번을 도입함으로써 "119"번이 탄생하였다.

7. 위험예지훈련응용기법의 종류

(1) TBM 역할연기훈련

하나의 팀이 TBM에서 위험예지활동에 대하여 역할 연기하는 것을 다른 팀이 관찰하여 연기 종료 후 전원이 강평하는 식으로 서로 교대하여 TBM 위험예지를 체험 학습하는 훈련이다.

(2) one point 위험예지훈련

위험예지훈련 4R 중 2R, 3R, 4R을 모두 one point로 요약하여 실시하는 TBM 위험예지 훈련이다.

(3) 삼각위험예지훈련

위험예지훈련을 보다 빠르게, 보다 간편하게, 전원 참여로 말하거나 쓰는 것이 미숙한 작업장을 위한 방법이다.

(4) 단시간 미팅(즉시즉응훈련) 진행과정

단시간에 활기에 넘친 충실한 위험예지활동을 포함한 TBM을 그 때 그 장소에 즉응하여 전원이 역할 연습하여 체험 학습하는 것이며 TBM의 내용은 다음과 같다.
① TBM은 통상 작업 시작 전에 5분~15분 정도의 시간을 들여 행하여진다. 또한 작업 종업시의 극히 짧은 3분~5분으로 행하는 미팅도 TBM의 하나이다.
② TBM은 직장, 현장, 공구 상자 등의 근처에서 될 수 있는 한 작은 원을 만들어 이루어진다. (인원 5~7명 정도 : 소규모)
③ TBM은 직장이나 작업의 상황에 잠재된 위험을 모두가 말을 하는 가운데 스스로 생각하고 납득하고 합의하는 것이다.

(5) TBM 진행 5단계 25. 3. 29. 출

1단계	도입	직장체조, 상호인사, 목표제창
2단계	점검정비	건강, 복장, 공구, 보호구, 안전장치, 사용기기 등 점검정비
3단계	작업지시	당일 작업에 대한 설명 및 지시를 받고 복창하여 확인
4단계	위험예측	당일 작업의 위험을 예측하고 대책 토의, 원포인트 위험예지훈련
5단계	확인	대책을 수립하고 팀의 목표 확인, 원포인트 지적확인, 터치 앤 콜

(6) 5C 운동

① 복장단정(Correctness)
② 정리정돈(Clearance)
③ 청소청결(Cleaning)
④ 점검ㆍ확인(Checking)
⑤ 전심전력(Concentration)

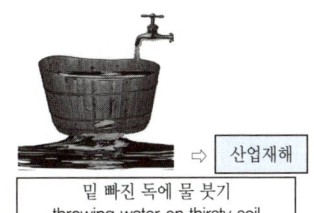

⇨ 산업재해

[그림] 산업재해

6 안전 관련 역사

1. 유럽

- 1700년 : 이탈리아 의학자 라마니치가 다년간 임상 경험을 통한 41종의 직업병에 대한 증상과 예방법을 논술
- 1802년 : 영국에서 방직 공장에 대한 '소년공보호법'을 제정
- 1819년 : 영국에서 '소년공보호법'을 개정하여 소년 보호를 위한 근대적 공장법 제도를 만듦
- 1844년 : 영국에서 '공장법'을 개정하여 기계 장치 및 안전 설비를 갖추도록 함
- 1889년 : 프랑스 파리에서 제1회 국제산업재해예방회의가 개최됨
- 1890년 : 독일 베를린에서 노동시간, 노동자의 최저 연령 및 부인 노동 등을 협의한 국제 회의가 개최됨
- 1891년 : 노동 법규의 국제 규약화의 필요성을 인식하고, 안전기술 교환을 위하여 600명의 통신 회원 선출, 스위스에 산업재해 예방 상설 사무국을 설치
- 1893년 : 네덜란드의 암스테르담에 안전박물관 설치
- 1905년 : 베를린에서 부녀자의 야간 작업 금지와 황인의 사용금지 논의
- 1916년 : 영국 런던에 '안전제일협회'가 창립되어 1918년에는 '영국안전제일협회'로, 1923년에는 '국민안전제일협회'로 개칭됨
- 2026년 1월 1일 : 산업안전보건법 시행규칙 일부개정 시행

2. 미국

- 1836년 : 메사추세츠주에서 소년 보호를 목적으로 공장법을 제정
- 1906년 : 일리노이주에 있는 US 제강회사의 게리(Gary) 사장이 인도주의적 견지에서 '생산 제일'의 방침을 고쳐서 '안전 제일', '품질 제이', '생산 제삼'이라는 운영정책을 시행
- 1908년 : 뉴욕주에서 '근로자 보상법'이 채택됨
- 1913년 : '미국안전협의회'가 설립됨

합격예측

기업경영의 우선순위
안전 제1 - 품질 제2 - 생산 제3

합격예측

안전의 4M(생산 효율)+1E
① Man
② Machine
③ Material
④ Method
⑤ Environment

합격예측

① 3E
- Enforcement
- Engineering
- Education

23. 4. 1 ☆

② 사고의 배후요인 4M
- Man
- Machine
- Media
- Managment

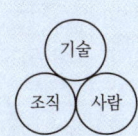

③ TOP
- Technique
- Organization
- Person

> **합격예측**
>
> **중대재해 3가지**
> ① 사망자가 1명 이상 발생한 재해
> ② 3개월 이상의 요양이 필요한 부상자가 동시에 2명 이상 발생한 재해
> ③ 부상자 또는 직업성 질병자가 동시에 10명 이상 발생한 재해

> **합격예측**
>
> (1) 1명의 통제인원
>   한 사람의 통제하에 팀웍(team work)을 이룰 수 있는 적절한 인원은 5~6명 정도이다.
> (2) ECR(Error Cause Removal)의 실수 및 과오의 요인
>   사업장에서 직접 작업을 하는 작업자 스스로가 자기의 부주의 또는 제반오류의 원인을 생각함으로써 작업의 개선을 하도록 하는 제안이다.
>
> [표] ECR(Error Cause Removal)의 실수 및 과오의 요인 3가지
>
> | 실수 및 과오의 요인 | 세부 내용 |
> |---|---|
> | 능력 부족 | 적성, 지식, 기술, 인간관계 |
> | 주의 부족 | 개성, 감정의 불안정, 습관성 |
> | 환경조건 부적당 | 표준 불량, 규칙 불충분, 연락 및 의사소통 불량, 작업조건 불량 |

> **합격예측 및 관련법규**
>
> **산업안전보건법 제1조(목적)**
> 이 법은 산업 안전 및 보건에 관한 기준을 확립하고 그 책임의 소재를 명확하게 하여 산업재해를 예방하고 쾌적한 작업환경을 조성함으로써 **노무를 제공하는 사람**의 안전 및 보건을 유지·증진함을 목적으로 한다.

- 1931년 : 하인리히(Heinrich, H. W.)가 '산업 사고 방지'라는 책을 출간하여 인간의 불안전한 행동이 불안전한 작업 조건보다 사고 발생 원인에 더 큰 비중을 차지한다고 제시
- 1947년 : 모든 주에서 '근로자 보상법'을 적용
- 1970년 : '산업안전과 보건에 관한 법령'(Occupational Safety and Health Administration : OSHA)을 제정

이상에서 유럽과 미국의 산업안전운동을 살펴보았다. 연대적 고찰을 통한 안전에 대한 역사적 사고방식의 흐름은 다음과 같다.

> 소년 보호 → 안전 설비 → 연소자·부녀자 보호 → 인명 존중 운동 → 보건법

또한 안전 운동의 상징으로 녹십자가 사용되고 있는데, 녹십자는 1927년 이래 줄곧 안전 운동의 상징으로 쓰여져 왔으며, 흰색 바탕에 녹색의 십자(cross) 표시를 한다.

3. 우리나라

- 1952년 : 육군 본부 인사 참모부에 안전계를 두어 육군 안전 업무를 실시하기 시작했는데, 우리나라에서 안전 업무를 체계적으로 시작한 첫 부서가 됨
- 1953년 : 근로기준법에 안전과 보건에 대한 규정을 제정
- 1956년 : 내무부 치안국에 한·미 합동 안전협의회 설치
- 1962년 : 보건사회부 노동국에 '산업안전보건위원회'와 교통부에 '안전관실' 설치 및 산업안전규정 제정 공포
- 1963년 : 철도청에 '안전관실'을 둠. 노동청이 발족되어 노정국 근로기준과에서 산업안전과 보건 업무 담당
- 1964년 : '대한산업안전본부'가 설립됨
- 1965년 : 내무부 치안국 교통과에 교통안전 전담 부서를 두고 '교통안전위원회' 설치
- 1966년 : 노동청 노정국에 산업안전과 설치
- 1973년 : '대한산업안전본부'가 '사단법인 대한산업안전협회'로 개칭
- 1977년 : 국립 노동과학연구소 발족
- 1982년 : 7월 1일부터 산업안전보건법 시행
- 2004년 : 11월 4일 안전관리헌장제정·공포
- 2014년 : 11월 19일 "국민안전처" 출범
- 2024년 : 7월 1일 안전보건규칙 등 일부 개정 시행

산업안전운동의 시작이 유럽은 1700년대 초반이고, 1800년대 부터 구체적으로 안전운동이 전개되어 왔고, 미국에서는 1830년대인 데 비해 우리나라는 1950년대에 들어서야 안전활동이 전개되었다.

Chapter 01 안전보건관리 출제예상문제

출제예상문제는 복습, 예습문제로 엮었습니다. *WHY : 실제시험에도 순서에 관계없이 출제됩니다. 예습 후 다음장에 공부한 문제가 있으면 기억이 배가 됩니다.

01 ★★ 안전유지와 생산관계와의 거리가 먼 것은?
① 신뢰성 향상 ② 기술 축적 향상
③ 생산량 과다 할당 ④ 인간관계 개선
⑤ 생산목표 척도

해설
안전관리 확보와 생산유지의 함수 관계
① 안전은 생산성 향상의 바탕이 된다.
② 안전은 불필요한 경비절감의 근원이 된다.
③ 안전은 직장의 질서유지를 증가시킨다.
④ 안전은 인간관계를 향상시킨다.
⑤ 안전은 생산목표의 척도가 된다.

02 ★★★ 다음 사고 원인에 대한 설명 중에서 틀린 것은?
① 교육적 원인 : 안전지식의 부족
② 간접 원인 : 고의에 의한 사고
③ 인적 원인 : 불안전한 행동
④ 직접 원인 : 불량환경 및 설비
⑤ 관리적 원인 : 관리부족

해설
사고와 사건
(1) 고의에 의한 것은 사건(event)이며 직접 원인이다.
(2) 사고와 사건의 차이
  ① 사고(accident) : 고의성이 없는 행동
  ② 사건(event) : 고의성이 있는 행동 예 강간, 강도, 도둑질

03 ★ 사고방지대책을 수립하고자 할 때 하인리히는 5단계설을 주장하였다. 제1단계로 먼저 하여야 할 일은?
① 안전예산 확보 ② 안전점검표 작성
③ 안전조직 편성 ④ 안전교육 훈련
⑤ 관리자 임명

해설
안전사고방지 5단계
① 제1단계 : 조직 ② 제2단계 : 사실의 발견
③ 제3단계 : 분석 ④ 제4단계 : 시정책의 선정
⑤ 제5단계 : 적용

참고 안전조직이 완전할 때 사고가 없으며 가정, 직장, 나라도 안전하다.

04 ★ 다음 인간의 불안전한 행동 중 그 빈도가 가장 높은 것은?
① 잘못해서 딴 것과 바꾸었다.
② 잊었다.
③ 위험은 알았으나 무시했다.
④ 착각했다.
⑤ 실수했다.

해설
직접원인(불안전행동) 빈도
① 알고 안 하는 사고가 70[%] 이상이다.
② 욕구가 만족하지 못할 때 알면서 대부분 무시한다.

05 ★★★★ 하인리히의 사고방지대책 제4단계(시정방법의 선정)에서 하여야 할 내용과 거리가 먼 것은?
① 안전규칙이나 수칙의 개선
② 안전관리자의 선임
③ 안전행정 및 기술적 개선
④ 인원배치 조정 및 안전운동의 전개
⑤ 기술적 개선

[정답] 01 ③ 02 ② 03 ③ 04 ③ 05 ②

> 해설

사고방지의 기본원리 5단계
제1단계 : 안전조직
　① 경영자의 안전 목표 설정
　② 안전관리자의 선임
　③ 안전의 라인 및 참모조직
　④ 안전활동 방침 및 계획 수립
　⑤ 조직을 통한 안전활동 전개
제2단계 : 사실의 발견
　① 사고 및 활동기록의 검토
　② 작업 분석
　③ 점검 및 검사
　④ 사고 조사
　⑤ 각종 안전회의 및 토의
　⑥ 근로자의 제안 및 여론조사
제3단계 : 분석
　① 사고원인 및 경향분석
　② 사고기록 및 관계자료 분석
　③ 인적, 물적, 환경적 조건 분석
　④ 작업공정 분석
　⑤ 교육훈련 및 적정배치 분석
　⑥ 안전수칙 및 보호장비의 적부
제4단계 : 시정방법의 선정
　① 기술적 개선
　② 배치 조정
　③ 교육훈련의 개선
　④ 안전행정의 개선
　⑤ 규정 및 수칙, 제도의 개선
　⑥ 안전운동의 전개 기타
제5단계 : 시정책의 적용
　① 교육적 대책
　② 기술적 대책
　③ 단속 대책(3E 적용단계)

06 ★★★ 다음의 재해발생 원인 가운데서 불안전한 상태에 해당하는 것은?

① 안전장치, 보호구의 불사용
② 안전장치, 보호구의 불비, 부적절
③ 규칙의 무시
④ 작업준비의 불안전
⑤ 안전수칙 무시

> 해설

(1) ①, ③, ④, ⑤는 불안전 행동의 원인, 즉 인적인 원인이다.
(2) 재해의 직접원인 비율
　① 불안전 행동(인적 원인) : 88[%]
　② 불안전한 상태(물적 원인) : 10[%]

07 ★★★★★ 효율적인 안전관리를 위해서는 4가지의 기본관리 cycle을 갖춰 활동을 되풀이함으로써 안전관리의 수준이 향상된다. 다음 중 안전관리 cycle 요소가 아닌 것은?

① 계획(plan)　　② 예산(budget)
③ 실시(do)　　　④ 조치(action)
⑤ 검토(check)

> 해설

안전관리의 4사이클
(1) 계획을 세운다(plan : P)
　① 목표를 정한다.
　② 목표를 달성하는 방법을 정한다.
(2) 계획대로 실시한다(do : D)
　① 환경과 설비를 개선한다.
　② 점검한다.
　③ 교육 훈련한다.
　④ 그 밖에 계획을 실행에 옮긴다.
(3) 결과를 검토한다(check : C)
(4) 검토 결과에 의해 조치를 취한다(action : A)
　① 정해진 대로 행해지지 않았으면 수정한다.
　② 문제점이 발견되었을 때 개선한다.
　③ 개선의 방법에는 방법개선(method improvement)과 공정변경(process change)의 2가지 방향이 있다.
　④ 더욱 좋은 개선책을 고안하여 다음 계획에 들어간다.
(5) 관리조건 3단계 : P → D → S(see = check + action)

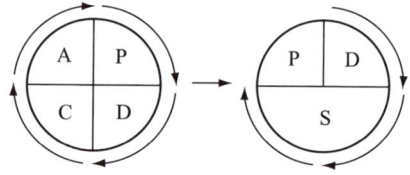

[그림] 안전관리 4사이클 및 3단계

08 ★★★ 지적확인의 특성은?

① 인간의 의식을 강화한다.
② 인간의 지식수준을 높인다.
③ 인간의 안전태도를 형성한다.
④ 인간의 육체적 기능수준을 높인다.
⑤ 기능을 강화한다.

[정답] 06 ②　07 ②　08 ①

해설
지적확인
① 사람의 눈이나 귀 등 오관의 감각기관을 총동원해서 작업의 정확성과 안전을 확인하는 것을 말한다.
② 결론은 인간의식 강화단계이다.

09 ★★★★★
버드의 재해분포에 따르면 30건의 물적 손실사고가 발생하면 무손실사고는 몇 건이 발생하는가?

① 300 ② 400
③ 600 ④ 800
⑤ 1,000

해설
버드의 1 : 10 : 30 : 600의 법칙
① 중상, 또는 폐질 : 1
② 경상(물적, 인적 상해) : 10
③ 무상해 사고(물적 손실 발생) : 30
④ 무상해 무사고 고장(위험 순간) : 600

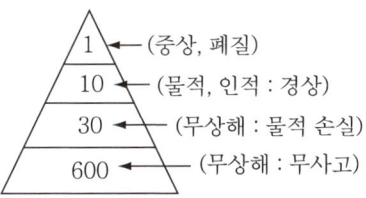

[그림] 버드의 1 : 10 : 30 : 600의 법칙

10 ★★★★
위험예지훈련 4R 방식 중 위험의 포인트를 결정하여 지적 확인하는 단계로 옳은 것은?

① 1단계(현상파악) ② 2단계(본질추구)
③ 3단계(대책수립) ④ 4단계(목표설정)
⑤ 5단계(행동설정)

해설
위험예지훈련의 4단계[4-Round]
- 준비 : 멤버가 많을 때에는 서브팀 편성멤버 4~6명 역할분담(리더, 서기, 발표자, 코멘트, 보고자 담당), 신문용지 배포
- 도입 : 전원기립, 리더(서브리더)인사정렬, 구령, 건강 확인 등
- 제1단계 : 현상파악(어떤 위험이 잠재하고 있는가?)(도해의 배포)위험요인과 초래되는 현상(5~7항목 정도)『해서는 안 된다.』『~ 때문에 ~된다.』(15분 정도)
- 제2단계 : 본질추구(이것이 위험의 포인트이다.)
  ① 문제라고 생각되는 항목에 ○표 밑줄
  ② ◎표 2항목(합의 요약). 밑줄 위험의 포인트(지적 확인 제창)『~해서~된다.』(15분) 정도

- 제3단계 : 대책수립(당신이라면 어떻게 하겠는가?)
  ◎표 항목에 대한 구체적이고 실천 가능한 대책 → 3항목 정도 → 전체로 5~7항목 정도(15분 정도)
- 제4단계 : 목표설정(우리들은 이렇게 하자.)
  4R → ① 중점 실시 항목(합의 요약) → (1~2항목 밑줄)
  4R – ②팀의 행동목표 → 지적 확인 제창 『~을 ~하여 ~하자. 좋아!』 (15분 정도)
- 확인 발표 & 코멘트 : 목표설정
  ① 원 포인트 지적확인 연습(3회 『○○ 좋아!』)
  ② 터치 앤 콜(touch and call) 『무재해로 나가자, 좋다!』
  ③ 발표자가 1R~4R 순서대로 읽어나간다.
  ④ 상대팀의 발표 → 코멘트

○ 실제 현장에서도 실시하는 방법입니다.

11 ★★★★
무재해 운동의 추진 기법 중 위험예지훈련의 4라운드에서 제2단계 진행방법은 무엇인가?

① 본질추구 ② 현상파악
③ 목표설정 ④ 대책수립
⑤ 목표추구

해설
위험예지훈련 4 Round
① 제1단계 : 현상파악
② 제2단계 : 본질추구
③ 제3단계 : 대책수립
④ 제4단계 : 목표설정

○ 문제 10번을 보세요. 이번 시험에도 또 출제되겠지요.

12 ★★★
다음 사항 중 불안전한 상태는 어느 것인가?

① 무단작업을 한다.
② 안전장치가 없다.
③ 보호구를 착용하지 않는다.
④ 안전장치를 사용하지 않는다.
⑤ 위험장소에 접근한다.

해설
(1) ①, ③, ④, ⑤는 불안전한 행동이다.
(2) 상태는 물적이며 행동은 인적이다.

【 정답 】 09 ③ 10 ② 11 ① 12 ②

13 위험예지훈련 진행방법 중 '본질 추구'는 제 몇 라운드에 해당하는가?

① 제1라운드 ② 제2라운드
③ 제3라운드 ④ 제4라운드
⑤ 제5라운드

해설

위험예지훈련 기초 4라운드
① 제1라운드 : 현상파악
② 제2라운드 : 본질추구
③ 제3라운드 : 대책수립
④ 제4라운드 : 목표달성

참고 위험예지훈련은 반드시 출제됩니다. 또 문제은행에도 있습니다.

14 사고발생의 5단계 중 재해를 예방하기 위하여 몇 단계를 제거하면 되는가?

① 3단계 ② 4단계
③ 2단계 ④ 5단계
⑤ 1단계

해설

(1) 불안전한 행동, 불안전한 상태를 제거하는 것이 가장 바람직하다(직접원인).
(2) 사고발생 5단계
   ① 제1단계 : 사회적, 유전적, 환경적 요인
   ② 제2단계 : 개인적 성격
   ③ 제3단계 : 불안전한 행동 및 불안전한 상태
   ④ 제4단계 : 사고
   ⑤ 제5단계 : 재해

15 무재해운동 개시 보고는 누구에게 하는가?

① 고용노동부장관
② 산업안전공단 관할 기술 지도원장
③ 고용노동부 담당 근로감독관
④ 안전보건 관리책임자
⑤ 대통령

해설

무재해운동 적용 사업장 및 적용범위
① 안전관리자를 선임해야 할 사업장 : 상시 근로자 50인 이상 사업장
② 건설공사의 경우 도급 금액이 10억원
③ 해외 건설공사의 경우 상시 근로자 500인 이상이거나 도급 금액 1억 달러 이상인 건설현장
④ 그 밖에 무재해운동 개시 보고서를 한국산업안전공단 이사장 또는 기술 지도원장에 통보한 사업장

16 어떤 사업장에서 상해 또는 질병이 5명 발생하였는데 이때 버드(Frank E. Bird, Jr.)의 재해비율 연구에 의한 경상이 일어날 수 있는 횟수는 어느 정도인가?

① 50명 ② 100명
③ 150명 ④ 200명
⑤ 300명

해설

버드의 1 : 10 : 30 : 600
(1) 버드의 사고 구성 비율 : 버드는 1753498건의 사고를 분석하고, 중상 또는 폐질 1, 경상(물적 또는 인적 상해) 10, 무상해 사고(물적 손실) 30, 무상해 무사고 고장(위험순간) 600의 비율로 사고가 발생한다고 정의하였다.
(2) 상해 질병은 5명×10 = 50명

17 다음은 안전관리의 일상업무인 안전점검을 행하는 사이클(주기)이다. 이 사이클을 바르게 설명한 것은?

① 실상의 파악 – 결함의 발견 – 대책의 결정 – 대책의 실시
② 결함의 발견 – 대책의 결정 – 대책의 실시 – 실상의 파악
③ 실상의 파악 – 결함의 발견 – 대책의 실시 – 대책의 결정
④ 결함의 발견 – 실상의 파악 – 대책의 결정 – 대책의 실시

[정답] 13 ② 14 ① 15 ② 16 ① 17 ①

⑤ 결함의 발견 – 대책의 설정 – 실상의 파악 – 대책 실시

해설

안전점검의 순환체계

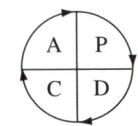

[그림] 안전관리 사이클

실태(실상)의 파악 → 결함의 발견 → 대책의 결정 → 대책의 실시

18 ★★ 다음 그림과 같이 K공업의 위험예지 시트의 경우 위험요인 파악이 잘못된 것은 어느 것인가?

K군은 화물에 와이어를 걸고 들어올리다가 위치가 나빠 바닥에 내리고, 와이어의 위치를 고치고 있다.

① 화물이 고리에서 벗어지는 것을 방지하는 장치가 없다.
② 한꺼번에 두 가지의 동작을 하고 있는 등 불안전한 행동이나 상태가 보인다.
③ 작동 팬던트 스위치는 적당하다.
④ 와이어의 고리는 손 위치가 화물에 끼임 위치에 있다.
⑤ K군은 팬던트스위치를 보지 않고 있다.

해설

위험요인 파악
① 작동 팬던트를 눈으로 볼 수가 없어 위치가 부적당하다.
② 화물고리 각도는 30[°] 이내로 하는 것이 하중을 줄일 수 있다.

19 ★★★ 인간의 의식을 강화하고 오류를 감소하며 신속, 정확한 판단과 조치를 위한 효과적인 방법은 다음 어느 것인가?

① 확인 철저
② 환호 응답
③ 지적 환호
④ 작업표준의 교육과 훈련
⑤ BS운동

해설

지적 환호는 무재해운동에 많이 실시하며 오류를 감소하는 데 효과적이다.

20 ★★★★ 다음 중 재해방지 기본원칙에 해당되지 않는 것은?

① 대책선정 원칙
② 손실우연 원칙
③ 예방가능 원칙
④ 통계의 원칙
⑤ 원인연계

해설

재해예방 4원칙
① 예방가능의 원칙
② 손실우연의 원칙
③ 원인연계의 원칙
④ 대책선정의 원칙

21 ★★★ 다음은 재해발생의 메커니즘을 나타낸 것이다. 기초원인은 어떤 것과 같은 요인인가?

① 사고 ② 직접원인
③ 간접원인 ④ 재해
⑤ 2차 원인

해설

재해발생의 과정

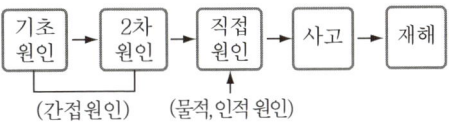

[정답] 18 ③ 19 ③ 20 ④ 21 ③

22 다음 재해예방 원칙 중 대책 선정의 원칙을 바르게 설명한 것은?

① 재해는 원인만 제거되면 예방 가능하다.
② 재해예방을 위한 방안은 반드시 있다.
③ 손실은 우연히 일어나므로 예방 가능하다.
④ 재해는 어떤 원인과 결과에 따라 일어난다.
⑤ 재해원인은 직접원인과 간접원인이다.

해설
재해예방 4원칙 예
① 예방가능의 원칙
② 대책선정의 원칙
③ 손실우연의 원칙
④ 원인연계의 원칙

23 사고방지대책의 기본원리 중 3E를 적용하는 단계는?

① 제1단계 ② 제3단계
③ 제4단계 ④ 제2단계
⑤ 제5단계

해설
사고방지 5단계
① 제1단계 : 안전조직
② 제2단계 : 사실의 발견
③ 제3단계 : 분석
④ 제4단계 : 시정방법의 선정
⑤ 제5단계 : 시정책의 적용(3E 적용)

24 작업자 자신이 자기의 부주의 이외에 제반 오류의 원인을 생각함으로써 개선을 하도록 하는 과오 원인 제거기법으로 옳은 것은?

① TBM ② STOP
③ BS ④ ECR
⑤ ABC

해설
ECR 운동
① ECR : 직접 작업을 하는 작업자 자신이 자기의 부주의 이외에 제반 오류의 원인을 생각함으로써 개선을 하도록 한다.
② ZD 운동에서는 ECR 혹은 ECE라고도 한다.
③ STOP : 미국의 듀퐁(Du Pont)에서 개발한 것으로 감독자를 대상으로 한 안전관찰훈련이다.
④ total observation(전체관찰기법) : 감각기관을 모두 활용하는 기법이다.

25 재해방지 원칙에 속하지 않는 것은?

① 같은 사고에서 생기는 손실(상해)의 종류 정도는 우연적이다.
② 재해방지의 대상은 우연의 손실보다는 사고의 발생 방지에 주력한다.
③ 직접 원인은 물적 원인과 인적 원인으로 구별된다.
④ 직접 원인에는 그것의 존재 이유가 있다. 이것을 1차 원인이라 한다.
⑤ 기술적 원인은 간접원인이다.

해설
손실우연의 원칙
① 사고는 우연적이기도 하지만 필연적이다.
② 물론 사고로 인한 손실에는 우연성이 개재된다.
③ 직접 원인은 1차 원인

26 무재해운동의 추진기법 중 위험예지훈련의 4라운드에서 제3단계 진행방법은 무엇인가?

① 본질추구 ② 현상파악
③ 목표설정 ④ 대책수립
⑤ 대책실천

해설
위험예지훈련의 4라운드
① 제1라운드 : 현상파악
② 제2라운드 : 본질추구
③ 제3라운드 : 대책수립
④ 제4라운드 : 목표설정

[정답] 22 ②　23 ⑤　24 ④　25 ②　26 ④

27 버드(Bird)의 재해발생에 관한 이론 중 '기본원인'은 몇 단계에 해당되는가?

① 제1단계
② 제2단계
③ 제3단계
④ 제4단계
⑤ 제5단계

해설

버드의 도미노 이론 5단계
① 제1단계 : 제어의 부족(관리)
② 제2단계 : 기본원인(기원)
③ 제3단계 : 직접원인(징후)
④ 제4단계 : 사고(접촉)
⑤ 제5단계 : 상해(손실)

28 재해사고의 예방대책 5단계 중 시정책의 적용 내용에 맞지 않는 것은?

① 3E의 적용
② 기술적인 대책 우선 적용
③ 대책 실시에 따른 재평가
④ 안전수칙 준수
⑤ 안전기준의 설정

해설

3E 대책은 하베이(J. H. Harvey)가 제창한 것이다. 하인리히는 시정책으로 기술적 개선(engineering revision), 설득호소(persuasion and appeal), 교육훈련(discipline), 인사조정(personnel adjustment) 등을 들고 있으나 결국 3E로 귀결된다고 할 수 있다. 3E를 약술하면 다음과 같다.
(1) 기술(engineering)적 대책(공학적 대책) : 안전설계, 작업행정의 개선, 안전기준의 설정, 환경 설비의 개선, 점검 보존의 확립 등을 행한다.
(2) 교육(education)적 대책 : 안전교육 및 훈련을 실시한다.
(3) 규제(enforcement)적 대책(단속, 감독 또는 관리적 대책) : 단속 대책은 엄격한 규칙에 의해 제도적으로 시행되어야 하므로 다음의 조건이 충족되어야 한다.
　① 적합한 기준 설정
　② 각종 규정 및 수칙의 준수
　③ 전 종업원의 기준 이해
　④ 경영자 및 관리자의 솔선수범
　⑤ 부단한 동기부여와 사기 향상

참고 행정, 수칙, 규정은 제4단계 시정방법 선정 단계에서 실시한다.

29 재해발생 과정 이론을 옳게 연결시킨 것은?

① 선천적 결함–개인 결함–불안전 행동·불안전 상태–사고–재해
② 개인적 결함–선천적 결함–사고–재해–불안전 행동 상태
③ 불안전 행동 상태–개인 결함–선천적 결함–사고–재해
④ 개인적 결함–불안전 행동 상태–선천적 결함–재해–사고
⑤ 직접원인–간접원인–사고–재해–시정

해설

하인리히의 도미노(domino) 이론 5단계
① 제1단계 : 사회적, 환경적, 유전적 결함(선천적 결함)
② 제2단계 : 개인적 결함
③ 제3단계 : 불안전 행동과 불안전 상태
④ 제4단계 : 사고
⑤ 제5단계 : 재해(상해)

30 무재해운동 추진기법 중 위험예지훈련의 4라운드에서 제4단계 진행방법은 무엇인가?

① 목표설정　　② 현상파악
③ 대책수립　　④ 본질추구
⑤ 재해예방

해설

위험예지문제 해결 4단계(4라운드) 진행방법
① 제1단계 : 현상파악(문제제기, 현상 파악)
② 제2단계 : 본질추구(문제점 발견, 중요문제 결정)
③ 제3단계 : 대책수립(해결책 구성, 구체적 대책 수립)
④ 제4단계 : 행동목표 설정(중점 중요사항, 실시계획 책정)

31 안전사고방지의 기본원칙 중 2단계 사실의 발견과 관계없는 것은?

① 교육훈련의 분석　　② 안전토의
③ 사고조사　　　　　④ 안전진단

[정답] 27 ②　28 ④　29 ①　30 ①　31 ①

⑤ 작업분석

해설

(1) 교육훈련의 분석은 제3단계
(2) 사실의 발견 내용(제2단계)
　① 사고 및 활동기록 검토
　② 작업분석
　③ 안전점검
　④ 사고조사
　⑤ 안전회의 및 토의
　⑥ 종업원 여론조사

32 ★★★ 무재해운동의 3원칙에 해당되지 않는 것은?

① 무의 원칙　　② 보장의 원칙
③ 선취의 원칙　④ 참가의 원칙
⑤ 0의 원칙

해설

무재해운동의 3원칙
① 무의 원칙
② 선취(안전제일)의 원칙
③ 참가의 원칙

33 ★★★ 버드(Bird)의 재해발생에 관한 연쇄이론 중 직접적인 원인은 몇 단계에 해당되는가?

① 제1단계　　② 제2단계
③ 제3단계　　④ 제4단계
⑤ 제5단계

해설

버드의 연쇄성 이론 5단계
① 제1단계 : 제어 부족(관리부재)
② 제2단계 : 기본 원인
③ 제3단계 : 직접 원인(징후)
④ 제4단계 : 사고(접촉)
⑤ 제5단계 : 상해(손실)

34 ★★ 사고발생은 다음 중 어느 것에 기인되어 일어나는가?

① 사람의 불안전한 행동에 의하여만 일어난다.
② 불안전한 상태에 의하여 일어난다.
③ 불안전한 행동과 불안전한 상태가 복합되어 일어난다.
④ 위 모두 해당되지 않는다.
⑤ 간접원인에 의해 일어난다.

해설

재해사고(98%) = 불안전한 행동(88%) + 불안전한 상태(10%)

35 ★★★ 다음 재해발생 원인 중 기술적 원인에 속하지 않는 것은?

① 구조·재료의 부적합
② 생산 방법의 부적당
③ 점검 정비 보존 불량
④ 생산 공정의 부적당
⑤ 안전수칙의 오해

해설

재해의 간접원인(관리적 원인)
(1) 기술적 원인
　① 건물·기계장치 설계 불량
　② 구조·재료의 부적합
　③ 생산공정의 부적당
　④ 점검 및 보존 불량
(2) 교육적 원인
　① 안전지식의 부족
　② 안전수칙의 오해
　③ 경험훈련의 미숙
　④ 작업방법의 교육 불충분
　⑤ 유해·위험작업의 교육 불충분
(3) 작업관리상의 원인
　① 안전관리조직의 결함
　② 안전수칙 미제정
　③ 작업준비 불충분
　④ 인원배치 부적당
　⑤ 작업지시 부적당
　결론 : 안전수칙의 오해는 교육적 원인이다.

[정답] 32 ②　33 ③　34 ③　35 ⑤

36 작업장에서 가장 높은 비율을 차지하는 사고원인은?

① 작업방법
② 작업환경
③ 시설장비의 결함
④ 간접원인
⑤ 근로자의 불안전한 행동

해설
(1) ⑤는 안전사고의 88[%]이다.
(2) 그 밖에 불안전 상태는 사고의 10[%]이다.

37 불안전한 행동의 원인이 아닌 것은?

① 생리적 원인
② 심리적 원인
③ 교육적 원인
④ 안전수칙 원인
⑤ 환경적 원인

해설
불안전 행동의 원인
① 생리적   ② 심리적
③ 교육적   ④ 환경적

➡ 문제 35번을 정독했으면 답이 보이지요.

38 다음 중 근로자의 불안전한 행동이 아닌 것은?

① 보호구, 복장 잘못 사용
② 기계장치의 저속
③ 불안전한 상태 방치
④ 물 자체의 결함
⑤ 위험장소 접근

해설
재해의 직접 원인

불안전한 상태(물적)	불안전한 행동(인적)
① 물 자체 결함	① 위험장소 접근
② 안전방호장치 결함	② 안전장치의 기능 제거
③ 복장, 보호구의 결함	③ 복장, 보호구의 잘못 사용
④ 물의 배치 및 작업장소 결함	④ 기계 기구 잘못 사용
⑤ 작업환경의 결함	⑤ 운전중인 기계장치의 손실
⑥ 생산공정의 결함	⑥ 불안전한 속도 조작
⑦ 경계표시, 설비의 결함	⑦ 위험물 취급 부주의
	⑧ 불안전한 상태 방치
	⑨ 불안전한 자세 동작
	⑩ 감독 및 연락 불충분

39 위험예지훈련 4R방식 중 위험의 포인트를 결정하여 지적 확인하는 단계로 옳은 것은?

① 1단계(현상파악)   ② 2단계(본질추구)
③ 3단계(대책수립)   ④ 4단계(목표설정)
⑤ 5단계(행동설정)

해설
위험예지훈련 4R
① 제1R : 잠재위험요인 발견
② 제2R : 본질추구(지적확인단계)
③ 제3R : 위험예방대책 실시
④ 제4R : 행동목표설정

➡ 유사한 문제가 반복되는 것은 문제은행식이며 이번 시험에도 출제될 수 있다는 것을 강조합니다.

40 재해발생시 긴급처리 순서를 알맞게 기술한 것은?

① 피재자의 응급조치 – 피재기계의 정지 – 통보 – 2차 재해방지 – 현장보존
② 피재기계의 정지 – 통보 – 2차 재해방지 – 피재자의 응급조치 – 현장보존
③ 피재자의 응급조치 – 피재기계의 정비 – 2차 재해방지 – 통보 – 현장보존
④ 피재기계의 정지 – 피재자의 응급조치 – 통보 – 2차 재해방지 – 현장보존

[정답] 36 ⑤ 37 ④ 38 ④ 39 ② 40 ④

⑤ 피재기계의 정지 – 통보 – 피재자의 응급조치 – 2차 재해방지 – 현장보존

해설

(1) 재해발생처리 순서의 7단계 : 긴급처리 – 재해조사 – 원인강구 – 대책수립 – 대책실시계획 – 실시 – 평가
(2) 제1단계(긴급처리 5단계)
   ① 피재기계의 정지
   ② 피재자의 응급조치
   ③ 관계자에게 통보
   ④ 2차 재해방지
   ⑤ 현장보존

41 ★★★ 다음 중 불안전한 상태가 아닌 것은 어느 것인가?

① 위험물질의 방치
② 난폭한 성격
③ 기계의 상태 불량
④ 환기 불량
⑤ 물자체의 결함

해설

① 난폭한 성격은 불안전한 행동이다.
② 불안전 상태는 물적 원인을 말한다.

참고 문제 38번 해설

42 ★★ 안전추진을 위한 동기부여를 하부기구에 대해서 생각할 경우 가장 중점적 대상이 되어야 하는 것은 다음 중 누구인가?

① 최고 경영자
② 기업 경영자
③ 제일선 감독자
④ 경영 관리자
⑤ 산업안전지도사

해설

① 안전추진시 하부기구의 중점적 대상은 제일선 감독자이다.
② 최상부기구의 안전추진은 최고 경영자이다.

43 ★★ 노무를 제공하는 사람이 업무에 관계되는 건설물, 설비, 원재료, 가스, 증기, 분진 등에 의하거나 작업, 그 밖의 업무에 기인하여 사망, 부상, 질병에 이환되는 것을 무엇이라 하는가?

① 케이슨병
② 직업병
③ 산업재해
④ 상해
⑤ 중대재해

해설

용어정의

(1) "산업재해"라 함은 노무를 제공하는 사람이 업무에 관계되는 건설물·설비·원재료·가스·증기·분진 등에 의하거나 작업 그 밖의 업무에 기인하여 사망 또는 부상하거나 질병에 걸리는 것을 말한다.
(2) "근로자"라 함은 「근로기준법」제2조 제1항 제1호에 따른 근로자를 말한다.
(3) "사업주"라 함은 근로자를 사용하여 사업을 행하는 자를 말한다.
(4) "근로자대표"라 함은 노동조합이 조직되어 있는 경우 그 노동조합을, 노동조합이 조직되어 있지 아니한 경우에는 근로자의 과반수를 대표하는 자를 말한다.
(5) "작업환경측정"이라 함은 작업환경의 실태를 파악하기 위하여 해당 근로자 또는 작업장에 대하여 사업주가 측정계획을 수립하여 시료의 채취 및 그 분석·평가를 하는 것을 말한다.
(6) "안전보건진단"이라 함은 산업재해를 예방하기 위하여 잠재적 위험성의 발견과 그 개선대책의 수립을 목적으로 조사·평가하는 것을 말한다.
(7) "중대재해"라 함은 산업재해 중 사망 등 재해의 정도가 심하거나 다수의 재해자가 발생한 경우로서 고용노동부령으로 정하는 재해를 말한다.

참고 산업안전보건법 제2조(정의)

44 ★★★ 무재해 운동의 이념은?

① 인간존중의 이념
② 이윤추구의 이념
③ 재해방지의 이념
④ 무사고 이념
⑤ 건강의 이념

해설

무재해 운동의 정의
무재해 운동의 근본이념은 인간존중의 이념이며, 안전과 건강을 다함께 선취하는 운동이다.

[정답] 41 ② 42 ③ 43 ③ 44 ①

45 다음 중 지적 확인시의 의식수준은?

① phase Ⅰ　　② phase Ⅱ
③ phase Ⅲ　　④ phase Ⅳ
⑤ Phase 0

해설

의식 level의 단계 분류

단계(phase)	의식의 mode	주의 작용	생리적 상태	신뢰성	뇌파 작용
phase 0	무의식, 실신	zero	수면, 뇌발작	zero	γ파
phase Ⅰ	의식흐림(subnormal, 의식 몽롱함)	inactive	피로, 단조로움, 졸음, 술취함	0.9 이하	θ파
phase Ⅱ	이완상태(normal, relaxed)	passive, 마음이 안쪽으로 향함	안정기거, 휴식시, 정례작업(정상작업시)	0.99~0.99999	α파
phase Ⅲ	상쾌한 상태(nomal, clear)	active, 앞으로 향하는 주시야도 넓다.	적극 활동시(지적 확인 단계)	0.999999 이상	β파
phase Ⅳ	과긴장 상태(hyper normal, excited)	일점으로 응집, 판단 정지	긴급방위 반응, 당황해서 panic(감정 흥분시 당황한 상태)	0.9 이하	β파 또는 전자파

46 안전사고 방지의 기본원칙 중 사실적 발견과 관계없는 것은?

① 교육훈련의 분석　　② 안전토의
③ 사고조사　　　　　　④ 안전진단
⑤ 위험분석

해설

(1) 제2단계 : 사실의 발견 사항
　① 자료수집
　② 작업공정의 분석, 위험분석
　③ 점검·검사 및 조사 실시
(2) 교육훈련분석 : 제4단계, 시정책의 선정에서 한다.

47 다음 중 안전관리란 말을 가장 적절히 설명한 것은?

① 조직 내 마련된 위험에 대한 사전통제 방법
② 안전공학보다 관리적 측면을 강조한 안전활동
③ 산업심리나 인간공학적인 측면을 강조한 안전수단
④ 안전공학 측면을 강조하는 안전수단
⑤ 기본원인을 강조한다.

해설

안전관리
(1) 안전관리의 목적은 재해를 사전에 통제하는 것이다.
(2) 안전관리(safety management)
　생산성의 향상과 손실(loss)의 최소화를 위하여 행하는 것으로 비능률적 요소인 사고가 발생하지 않은 상태를 유지하기 위한 활동 즉 재해로부터 인간의 생명과 재산을 보호하기 위한 계획적이고 체계적인 제반 활동을 말한다.

◎ 실기시험 용어 정의로 출제됩니다.

48 작업에 들어갈 때 그림과 같이 수지를 하나하나 꺾으면서 안전을 확인하고 전부 끝나면 힘차게 쥐고 '무사고로 가자' 하는 안전확인 5지 운동에 속하지 않는 것은?

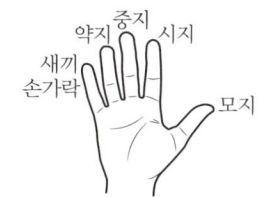

① 모지 : 마음
② 시지 : 복장
③ 약지 : 확인
④ 중지 : 규정
⑤ 약지 : 점검

해설

안전확인 5지 운동
① 모지(하나) : 마음의 준비
② 시지(둘) : 복장
③ 중지(셋) : 규정과 기준
④ 약지(넷) : 점검 정비
⑤ 새끼손가락(다섯) : 안전확인

[정답] 45 ③　46 ①　47 ①　48 ③

49 ★★★ 무재해운동의 이념 중 선취의 원칙이란?

① 재해를 예방하거나 방지하는 것
② 근로자 전원이 일체감을 조성하는 것
③ 사고의 잠재요인을 사전에 파악하는 것
④ 근로자 전원이 자발성, 자주성으로 안전활동을 촉진하는 것
⑤ 전원이 참여한다.

> **해설**
> 무재해 운동 3원칙
> ① 선취의 원칙
> ② 참가의 원칙
> ③ 무의 원칙

50 ★★★ 다음 중 사고방지의 기본원리 중 그 시정책을 선정하는 데 필요한 조치가 아닌 것은?

① 기술교육 및 훈련의 개선
② 안전행정의 개선
③ 안전점검의 사고조사
④ 인사조정 및 감독체제의 강구
⑤ 관리적 대책 개선

> **해설**
> (1) 시정책의 선정(대책의 선정)
> ① 기술적
> ② 관리적
> ③ 제도적
> (2) 안전점검 및 사고조사는 제2단계 : 사실의 발견(현상 파악) 단계에서 한다.

51 ★★★ 버드(Bird)의 재해발생에 관한 이론 중 '직접 원인'은 몇 단계에 해당되는가?

① 제1단계 ② 제2단계
③ 제3단계 ④ 제4단계
⑤ 제5단계

> **해설**
> 버드(Frank Bird)의 사고연쇄성 5단계
> ① 제1단계 : 통제(control)의 부족(관리의 부재) : 계획, 조직, 지시, 통제
> ② 제2단계 : 기본적 원인(기원론, 원인학)
> ③ 제3단계 : 직접적 원인(징후)
> ④ 제4단계 : 사고(접촉)
> ⑤ 제5단계 : 상해(손실)

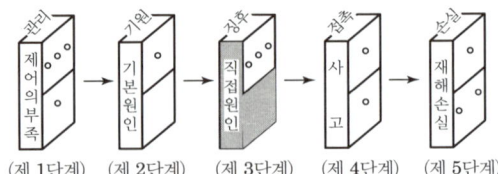

[그림] 버드의 재해연쇄 이론

52 ★★★ 다음 중 문제해결방법이 아닌 것은?

① 현상파악   ② 대책수립
③ 행동목표설정   ④ 본질추구
⑤ 안정평가

> **해설**
> 문제해결 4라운드
> ① 현상파악
> ② 본질추구
> ③ 대책수립
> ④ 행동목표설정

53 ★★ 위험예지훈련 4R 방식 중 위험의 포인트를 결정하여 "합의 요약"하는 단계로 옳은 것은?

① 1단계 ② 2단계
③ 3단계 ④ 4단계
⑤ 5단계

> **해설**
> 위험예지훈련의 4R
> ① 1R : 도해 배포
> ② 2R : 지적 확인 제창
> ③ 3R : 구체적 대책
> ④ 4R : 합의 요약

【 정답 】 49 ① 50 ③ 51 ③ 52 ⑤ 53 ④

54 위험예지훈련의 진행방법에서 3R(라운드)에 해당하는 것은?

① 목표설정 ② 본질추구
③ 현상파악 ④ 대책수립
⑤ 행동목표설정

해설

위험예지 문제해결 4단계(4round)
① 제1단계 : 현상파악(문제제기, 현상파악)
② 제2단계 : 본질추구(문제점 발견, 중요 문제 결정)
③ 제3단계 : 대책수립(해결책 구상, 구체적 대책수립)
④ 제4단계 : 행동목표설정(중점 중요사항, 실시계획 책정)
○ 문제 52, 문제 53은 실제 같은 문제입니다. 이번 시험에도 출제된다는 것을 기억하십시오.

55 안전사고의 관리적 원인 중 기술적 원인에 해당되지 않는 것은?

① 인원배치 부적당
② 점검·정비·보존불량
③ 생산방법의 부적당
④ 구조재료의 부적합
⑤ 보호구정비불량

해설

① 기술적 원인 : 기계·기구·설비 등의 방호설비, 경계설비, 보호구정비 등의 기술적 결함
② 인원배치 부적당은 관리적 원인이다.

56 안전사고방지 기본원칙 중 사실의 발견과 관계가 먼 것은?

① 사고조사 ② 여론조사
③ 안전토의 ④ 작업 분석
⑤ 교육훈련의 분석

해설

사고방지의 기본원리 5단계
(1) 제1단계 : 안전조직
  ① 경영자의 안전 목표 설정
  ② 안전관리자의 선임
  ③ 안전의 라인 및 참모조직
  ④ 안전활동방침 및 계획 수립
  ⑤ 조직을 통한 안전활동 전개
(2) 제2단계 : 사실의 발견
  ① 사고 및 활동 기록의 검토
  ② 작업분석
  ③ 점검 및 검사
  ④ 사고조사
  ⑤ 각종 안전회의 및 토의
  ⑥ 근로자의 제안 및 여론조사
(3) 제3단계 : 분석
  ① 사고원인 및 경향성 분석
  ② 사고기록 및 관계자료 분석
  ③ 인적·물적 환경조건 분석
  ④ 작업공정 분석
  ⑤ 교육훈련 및 적정배치 분석
  ⑥ 안전수칙 및 보호장비의 적부
(4) 제4단계 : 시정방법의 선정
  ① 기술적 개선
  ② 배치조정
  ③ 교육훈련의 개선
  ④ 안전행정의 개선
  ⑤ 규칙 및 수칙 등 제도의 개선
  ⑥ 안전운동의 전개 기타
(5) 제5단계 : 시정책의 적용
  ① 교육적 대책
  ② 기술적 대책
  ③ 단속 대책

57 다음 재해발생원인 중 기초원인에 해당하는 것은?

① 불안전한 설계 구조
② 불안전한 장비 사용
③ 불안전한 복장 보호구
④ 불량한 보호구
⑤ 불충분한 안전관리 활동

해설

기초원인 – 습관적, 사회적, 환경적, 유전적, 관리감독적 특성
(1) 조직적인 안전활동의 결여, 감독자의 안전관리 안전위원회의 결여, 사고조사의 결여, 조직의 결여 등
(2) 불충분한 안전관리 활동, 비효과적인 안전활동
(3) 안전활동의 수행 방향과 참여의 결여
(4) 가드설치의 실패, 충분한 응급조치, 개인보호구, 안전공구, 안전작업 환경 결여
(5) 신입 작업자의 적성과 작업경험을 시험하는 적당한 과정 결여
(6) 작업자의 사기의욕의 저하
(7) 안전작업 규정의 시행규제의 결여
(8) 사고발생 책임 소재의 결여

[정답] 54 ④ 55 ① 56 ⑤ 57 ⑤

58 무재해운동을 추진하기 위한 3요소가 아닌 것은?

① 경영층의 엄격한 안전방침 및 자세
② 안전활동의 라인화
③ 직장 자주활동의 활성화
④ 안전관리의 라인화
⑤ 전 종업원의 안전요원화

해설
무재해운동의 3요소 혹은 3기둥이라 한다.

59 사고방지의 기본원리에 대하여 설명한 것이다. 해당되지 않는 것은?

① 관리책임의 원칙
② 원인연계의 원칙
③ 손실우연의 원칙
④ 예방가능의 원칙
⑤ 대책선정의 원칙

해설
산업재해 4원칙 4가지
②, ③, ④, ⑤

60 다음 설명 중 재해의 특징이 아닌 것은?

① 모든 재해는 사전에 방지할 수 있다.
② 모든 재해의 발생에는 원인이 존재한다.
③ 모든 재해는 대책이 선정된다.
④ 모든 재해는 인적 손상과 물적 손실이 수반된다.
⑤ 재해는 직접원인과 간접원인이 있다.

해설
① 재해예방 4원칙에 따라 모든 재해는 예방이 가능하다.(단, 천재지변 제외)
② 재해는 인적과 물적이 동시에 있을 수 있지만 인적·물적이 각각 발생하는 예가 많다.

61 다음 중 사고의 간접원인이 아닌 것은?

① 정신적 원인
② 관리적 원인
③ 신체적 원인
④ 물적 원인
⑤ 교육적 원인

해설
① 사고의 직접원인 : 인적 원인, 물적 원인
② 사고의 간접원인 : 교육적, 관리적, 정신적, 신체적, 기술적 원인

62 다음 중 무재해운동의 3원칙에 해당되지 않는 것은?

① 무의 원칙
② 보장의 원칙
③ 선취의 원칙
④ 참가의 원칙
⑤ 0의 원칙

해설
무재해운동의 3원칙
① 무의 원칙 ② 선취의 원칙 ③ 참가의 원칙

63 산업재해의 원인으로 간접적 원인에 해당되지 않는 것은?

① 기술적 원인
② 물적 원인
③ 정신적 원인
④ 교육적 원인
⑤ 관리적 원인

해설
물적 원인과 인적 원인은 직접 원인이다.
●문제 61번과 유사합니다. 문제은행식이니 계속 출제가 되겠지요.

[정답] 58 ⑤ 59 ① 60 ④ 61 ④ 62 ② 63 ②

64 ★ 다음 내용 중 사람의 결함에 의한 사고원인과 밀접한 것은 어떤 것인가?

① 소음 진동
② 정비불량
③ 과로
④ 보호구 구입 보관
⑤ 생산공정의 결함

해설

사고원인
① 소음 진동 : 환경 원인
② 정비불량 : 불안전한 상태
③ 보호구 구입 보관 : 불안전한 상태
④ 과로 : 인간의 피로 상태

💬 합격자의 조언
긍정적인 언어를 사용하라. 부정적인 언어는 복 나가는 언어다.

녹색직업 녹색자격증코너

큰 지혜
작은 지혜는 큰 지혜를 알 수 없고,
작은 해는 큰 해를 알지 못한다.
아침에 돋아난 버섯은 밤과 낮의 교체를 알 수 없고
매미는 봄과 가을의 교체를 알지 못하나니,
이는 작은 해이기 때문이다.
　　　　　　　　　　　　　　-장자

참 말들을 잘합니다.
들어보면 하나 같이 근사하고 다 맞는 말 같습니다.
그러나 깊이 들여다보면
그 속에 자신의 잇속이 들어있고
교묘히 가리는 위장이 있습니다.
말이라고 다 말이 아닙니다
상대의 그릇을 알고
무엇이 옳은지 아는 지혜,
그것은 한철 매미는 가질 수 없는 것이지요.
큰 지혜는 큰 것을 보게 됩니다

[정답] 64 ③

Chapter 02 안전보건조직 및 손실방지론

중점 학습내용

본 장은 안전 경영을 하기 위한 안전보건관리 체제, 안전 계획을 바탕으로 한 안전의 조직 3가지 유형을 나열하였고 법적인 안전 관계자 직무 및 산업안전보건법을 기본으로 구성하였으며 시험에 출제되는 그 중심적인 내용은 다음과 같다.

❶ 산업안전보건관리 체제
❷ 안전보건관리 조직형태
❸ 안전관계자 직무
❹ 안전보건관리계획

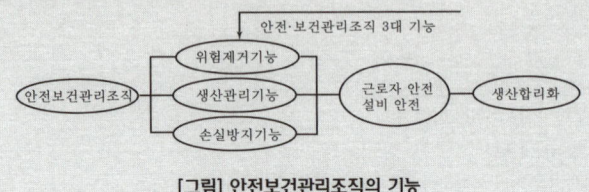

[그림] 안전보건관리조직의 기능

합격예측

산업재해방지를 위한 안전보건관리조직의 목적
① 모든 위험요소의 제거
② 위험제거기술의 수준향상
③ 재해예방률의 향상
④ 단위당 예방비용의 절감

합격예측

(1) 안전점검의 안전 5요소
  ① 인간
  ② 도구(기계)
  ③ 원재료
  ④ 환경
  ⑤ 작업방법
(2) 안전관리 조직의 구비조건
  ① 회사의 특성과 규모에 부합되게 조직되어야 한다.
  ② 조직의 기능이 충분히 발휘될 수 있는 제도적 체계가 갖추어져야 한다.
  ③ 조직을 구성하는 관리자의 책임과 권한이 분명해야 한다.
  ④ 생산 라인과 밀착된 조직이어야 한다.

---

1 산업안전보건관리 체제

1. 계획의 기본방향

① 현재 기준의 범위 내에서의 안전유지적 방향에서 계획한다.
② 기준의 재설정 방향에서 계획한다.
③ 문제 해결의 방향에서 계획한다.

2. 계획의 구비조건

3. 계획 작성(수립)시 고려사항

① 사업장의 실태에 맞도록 독자적으로 작성하되 실현 가능성이 있도록 하여야 한다.
② 계획의 목표는 점진적으로 하여 높은 수준으로 한다.
③ 직장 단위로 구체적으로 작성한다.

④ 현재의 문제점을 검토하기 위해 자료를 조사 수집한다.
⑤ 계획에서 실시까지의 미비점, 잘못된 점을 피드백(feed back) 할 수 있는 조정기능을 갖고 있을 것
⑥ 적극적인 선취안전을 취하여 새로운 생각과 정보를 활용한다.
⑦ 계획안이 효과적으로 실시되도록 Line-staff 관계자에게 충분히 납득시킨다.

2 안전보건관리 조직형태

구 분	장 점	단 점	비 고
line형 조직 경영자 ↓ 생산지시 / 안전지시 ↓ 작업자	① 안전에 관한 명령과 지시는 생산 라인을 통해 신속·정확히 전달 실시된다. ② 중소 규모 기업에 활용된다.	① 안전 전문 입안이 되어 있지 않아 내용이 빈약하다. ② 안전의 정보가 불충분하다.	① 근로자 100명 미만 사업장에 적합 ② 생산과 안전을 동시에 지시
staff형 조직 경영자 ↓ 생산지시 / 안전스태프지시 ↓ 작업자	① 안전 전문가가 안전 계획을 세워 문제 해결 방안을 모색하고 조치한다. ② 경영자의 조언과 자문 역할을 한다. ③ 안전 정보 수집이 용이하고 빠르다.	① 생산 부문에 협력하여 안전 명령을 전달 실시하므로 안전과 생산을 별개로 취급하기 쉽다. ② 생산 부문은 안전에 대한 책임과 권한이 없다.	① 관리 상호간 커뮤니케이션이 원활하도록 해야 안전 관리가 잘 이루어진다. ② 근로자 100~1,000명 정도 ③ 테일러(F.W Taylor)가 제창한 기능형 조직에서 발전
line and staff형 조직 경영자 ← 스태프 ↓ 생산지시 / 안전지시 ↓ 작업자	① 안전 전문가에 의해 입안된 것을 경영자의 지침으로 명령·실시하므로 정확·신속히 이루어진다. ② 안전 입안·계획·평가·조사는 스태프에서, 생산 기술·안전 대책은 라인에서 실시한다.	① 명령계통과 조언, 권고적 참여가 혼돈되기 쉽다. ② 스태프의 월권 행위가 있을 수 있다.	① line형과 staff형의 결점을 상호 보완할 수 있는 방식인데 주로 대기업에서 활용되며 우리나라 산업안전보건법에서도 권장된다. ② 근로자 1,000명 이상

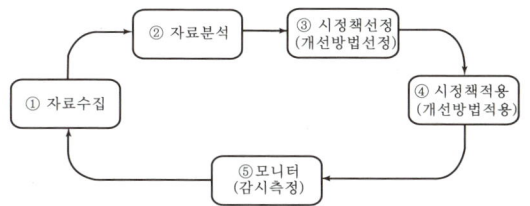

[그림] 개선된 최신 안전보건관리 기법 순서

합격예측

안전보건관리조직의 형태 3가지
① Line형(직계식) : 100명 미만의 소규모 사업장
② Staff형(참모식) : 100~1,000명의 중규모 사업장
③ Line-staff형(복합식) : 1,000명 이상의 대규모 사업장

합격예측 및 관련법규

안전보건관리조직 3대 기능
① 위험제거 기능
② 생산관리 기능
③ 손실방지 기능

합격예측

안전업무활동의 체계화 5대책
① 예방대책
② 국한(局限)대책
③ 재해처리대책
④ 비상조치대책
⑤ Feed Back대책

보충문제

다음은 각기 다른 조직 형태의 특성을 설명한 것이다. 각 특징에 해당하는 조직형태를 연결한 것으로 맞는 것은?

a. 중규모 형태의 기업에서 시장 상황에 따라 인적 자원을 효과적으로 활용하기 위한 형태이다.
b. 목적 지향적이고 목적 달성을 위해 기존의 조직에 비해 효율적이며 유연하게 운영될 수 있다.

① a : 위원회 조직, b : 프로젝트 조직
② a : 사업부제 조직, b : 위원회 조직
③ a : 매트릭스형 조직, b : 사업부제 조직
④ a : 매트릭스형 조직, b : 프로젝트 조직
⑤ a : X조직, b : Y조직

정답 ④

합격예측

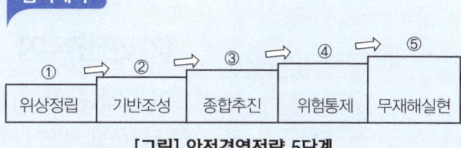

[그림] 안전경영전략 5단계

합격예측

안전관리의 기본방향
① 현재 기준 범위 내에서의 안전 유지 방향
② 현재 기준의 재설정 방향
③ 문제해결 방향

합격예측 24. 3. 30

제25조(안전보건관리담당자의 업무) 안전보건관리담당자의 업무는 다음 각 호와 같다.
1. 법 제29조에 따른 안전보건교육 실시에 관한 보좌 및 지도·조언
2. 법 제36조에 따른 위험성평가에 관한 보좌 및 지도·조언
3. 법 제125조에 따른 작업환경측정 및 개선에 관한 보좌 및 지도·조언
4. 법 제129조부터 제131조까지의 규정에 따른 각종 건강진단에 관한 보좌 및 지도·조언
5. 산업재해 발생의 원인 조사, 산업재해 통계의 기록 및 유지를 위한 보좌 및 지도·조언
6. 산업 안전·보건과 관련된 안전장치 및 보호구 구입 시 적격품 선정에 관한 보좌 및 지도·조언

3 안전관계자 업무

1. 안전보건관리책임자의 업무

① 사업장의 산업재해 예방계획의 수립에 관한 사항
② 안전보건관리규정의 작성 및 변경에 관한 사항
③ 안전보건교육에 관한 사항
④ 작업환경의 측정 등 작업환경의 점검 및 개선에 관한 사항
⑤ 근로자의 건강진단 등 건강 관리에 관한 사항
⑥ 산업재해의 원인조사 및 재발방지대책수립에 관한 사항
⑦ 산업재해에 관한 통계의 기록 및 유지에 관한 사항
⑧ 안전장치 및 보호구 구입시의 적격품 여부 확인에 관한 사항
⑨ 그밖에 근로자의 유해·위험예방조치에 관한 사항으로서 고용노동부령으로 정하는 사항

2. 안전관리자의 업무

① 산업안전보건위원회 또는 안전보건에 관한 노사협의체에서 심의·의결한 업무와 해당 사업장의 안전보건관리규정 및 취업규칙에서 정한 업무
② 위험성평가에 관한 보좌 및 지도·조언
③ 안전인증대상 기계 등과 자율안전확인대상 기계 등 구입 시 적격품의 선정에 관한 보좌 및 지도·조언
④ 해당 사업장 안전교육계획의 수립 및 안전교육 실시에 관한 보좌 및 지도·조언
⑤ 사업장 순회점검·지도 및 조치의 건의
⑥ 산업재해 발생의 원인 조사·분석 및 재발 방지를 위한 기술적 보좌 및 지도·조언
⑦ 산업재해에 관한 통계의 유지·관리·분석을 위한 보좌 및 지도·조언
⑧ 법 또는 법에 따른 명령으로 정한 안전에 관한 사항의 이행에 관한 보좌 및 지도·조언
⑨ 업무수행 내용의 기록·유지
⑩ 그 밖에 안전에 관한 사항으로서 고용노동부장관이 정하는 사항

3. 법적 용어정의

(1) 안전보건관리책임자

사업장을 실질적으로 총괄하여 관리하는 사람

(2) 안전관리자

안전에 관한 기술적인 사항을 관리하는 분이다. 안전관리자를 두어야 할 사업의 종류, 규모 및 안전관리자의 수·자격·직무·권한·선임방법 그 밖에 필요한 사항은 대통령령으로 정한다.

(3) 산업재해용어 정의(KOSHA CODE)

종류	세부내용
떨어짐(추락)	사람이 인력(중력)에 의하여 건축물, 구조물, 가설물, 수목, 사다리 등의 높은 장소에서 떨어지는 것
넘어짐(전도)·전복	사람이 거의 평면 또는 경사면, 층계 등에서 구르거나 넘어짐 또는 미끄러진 경우와 물체가 전도·전복된 경우
붕괴·무너짐 (도괴)	토사, 적재물, 구조물, 가설물 등이 전체적으로 허물어져 내리거나 또는 주요 부분이 꺾어져 무너지는 경우
부딪힘(충돌) 접촉	재해자 자신의 움직임·동작으로 인하여 기인물에 접촉 또는 부딪히거나, 물체가 고정부에서 이탈하지 않은 상태로 움직임(규칙, 불규칙) 등에 의하여 접촉·충돌한 경우
떨어짐(낙하)·날아옴(비래)	구조물, 기계 등에 고정되어 있던 물체가 중력, 원심력, 관성력 등에 의하여 고정부에서 이탈하거나 또는 설비 등으로부터 물질이 분출되어 사람을 가해하는 경우
끼임(협착) 감김	두 물체 사이의 움직임에 의하여 일어난 것으로 직선 운동하는 물체 사이의 협착, 회전부와 고정체 사이의 끼임, 롤러 등 회전체 사이에 물리거나 또는 회전체·돌기부 등에 감긴 경우
압박·진동	재해자가 물체의 취급과정에서 신체 특정부위에 과도한 힘이 편중·집중·눌려진 경우나 마찰접촉 또는 진동 등으로 신체에 부담을 주는 경우
신체 반작용	물체의 취급과 관련 없이 일시적이고 급격한 행위·동작, 균형 상실에 따른 반사적 행위 또는 놀람, 정신적 충격, 스트레스 등
부자연스런 자세	물체의 취급과 관련 없이 작업환경 또는 설비의 부적절한 설계 또는 배치로 작업자가 특정한 자세·동작을 장시간 취하여 신체의 일부에 부담을 주는 경우
과도한 힘·동작	물체의 취급과 관련하여 근육의 힘을 많이 사용하는 경우로서 밀기, 당기기, 지탱하기, 들어올리기, 돌리기, 잡기, 운반하기 등과 같은 행위·동작
반복적 동작	물체의 취급과 관련하여 근육의 힘을 많이 사용하지 않는 경우로서 지속적 또는 반복적인 업무 수행으로 신체의 일부에 부담을 주는 행위·동작
이상온도 노출·접촉	고·저온 환경 또는 물체에 노출·접촉된 경우
이상기압 노출	고·저기압 등의 환경에 노출된 경우
소음 노출	폭발음을 제외한 일시적·장기적인 소음에 노출된 경우
유해·위험물질 노출·접촉	유해·위험물질에 노출·접촉 또는 흡입하였거나 독성 동물에 쏘이거나 물린 경우
유해광선 노출	전리 또는 비전리 방사선에 노출된 경우
산소결핍·질식	유해물질과 관련 없이 산소가 부족한 상태·환경에 노출되었거나 이물질 등에 의하여 기도가 막혀 호흡기능이 불충분한 경우
화재	가연물에 점화원이 가해져 의도적으로 불이 일어난 경우(방화 포함)
폭발	건축물, 용기 내 또는 대기 중에서 물질의 화학적, 물리적 변화가 급격히 진행되어 열, 폭음, 폭발압이 동반하여 발생하는 경우
전류접촉 (감전)	전기 설비의 충전부 등에 신체의 일부가 직접 접촉하거나 유도 전류의 통전으로 근육의 수축, 호흡곤란, 심실세동 등이 발생한 경우 또는 특별고압 등에 접근함에 따라 발생한 섬락 접촉, 합선·혼촉 등으로 인하여 발생한 아크에 접촉된 경우
폭력행위	의도적인 또는 의도가 불분명한 위험행위(마약, 정신질환 등)로 자신 또는 타인에게 상해를 입힌 폭력·폭행을 말하며, 협박·언어·성폭력 및 동물에 의한 상해 등도 포함

합격예측

재해발생의 분석시 3가지
① 기인물 : 불안전한 상태에 있는 물체(환경포함)
② 가해물 : 직접 사람에게 접촉되어 위해를 가한 물체
③ 사고의 형태(재해형태) : 물체(가해물)와 사람과의 접촉현상

참고

산업재해용어 중 시험에 출제 예상
① 부딪힘(충돌)
② 떨어짐(낙하)·날아옴(비래)
③ 붕괴·무너짐(도괴)

참고

[그림] 넘어짐(전도)현상

참고

[그림] 떨어짐(추락 : Fail from height)

보충문제

다음 재해사례에서 기인물에 해당하는 것은?

> 기계작업에 배치된 작업자가 반장의 지시를 받기 전에 정지된 선반을 운전시키면서 변속치차의 덮개를 벗겨내고 치차를 저속으로 운전하면서 급유하려고 할때 오른손이 변속치차에 맞물려 손가락이 절단되었다.

① 덮개 ② 급유
③ 선반 ④ 변속치차
⑤ 작업반장

정답 ③

합격예측

재해원인분석 3종목
① 사고의 유형 : 추락, 전도, 충돌, 낙하 및 비례, 협착, 감전, 폭발, 붕괴 및 도괴, 파열, 화재, 이상온도 접촉, 유해물 접촉, 무리한 동작 등
② 기인물 : 불안전한 상태에 있는 물체(환경 포함)
③ 가해물 : 사람에게 직접 접촉되어 위해를 가한 물체 (환경 포함)

합격예측

안전보건관리에 대한 규정
① 안전수칙
② 실비관리 규정
③ 안전작업표준
④ 각종 위원회 규정
⑤ 안전보건관리규정

합격예측

[그림] 관리감독자

4 안전보건관리계획

1. 재해 요소와 발생 모델

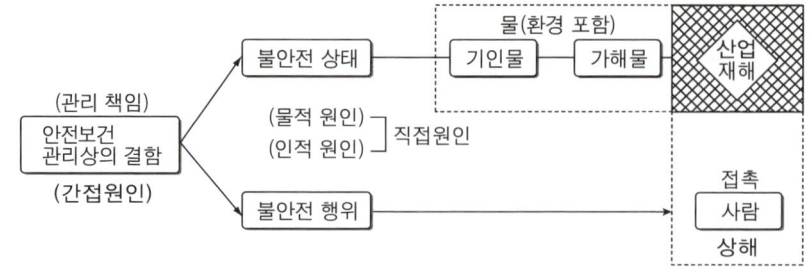

[그림] 재해 발생 모델

2. 관리감독자 업무 내용

① 사업장내 관리감독자가 지휘·감독하는 작업과 관련되는 기계·기구 또는 설비의 안전보건점검 및 이상유무의 확인
② 관리감독자에게 소속된 근로자의 작업복·보호구 및 방호장치의 점검과 그 착용·사용에 관한 교육·지도
③ 해당 작업에서 발생한 산업재해에 관한 보고 및 이에 대한 응급조치
④ 해당 작업의 작업장의 정리·정돈 및 통로확보의 확인·감독
⑤ 해당 사업장의 다음 각 목의 어느 하나에 해당하는 사람의 지도·조언에 대한 협조
　㉮ 안전관리자(안전관리전문기관에 위탁한 사업장의 경우에는 그 전문기관의 해당 사업장 담당자)
　㉯ 보건관리자(보건관리전문기관에 위탁한 사업장의 경우에는 그 전문기관의 해당 사업장 담당자)
　㉰ 안전보건관리담당자(안전보건관리담당자의 업무를 안전관리 전문기관 또는 보건관리전문기관에 위탁한 사업장은 그 전문기관의 해당 사업장 담당자)
　㉱ 산업보건의
⑥ 위험성평가에 관한 업무
　㉮ 유해·위험요인의 파악에 대한 참여
　㉯ 개선조치의 시행에 대한 참여
⑦ 그 밖에 해당 작업의 안전 및 보건에 관한 사항으로서 고용노동부령으로 정하는 사항

3. 안전관리계획 작성시 고려해야 할 사항

① 목표와 대책과의 균형을 유지할 것
② 대책 작성에 있어서는 조감도를 작성할 것

4. 대책의 우선순위 결정시 유의사항

① 목표달성에 대한 기여도
② 대책의 긴급성에 의해 우선순위를 결정
③ 문제의 확대 가능성의 여부
④ 대책의 난이성에 따라 우선순위를 정하지 말 것

5. 안전보건관리계획 내용의 주요항목

① 중점사항과 세부실시 사항
② 실시 시기
③ 실시 부서 및 실시 담당자
④ 실시상의 유의점
⑤ 실시 결과의 보고 및 확인

5 손실방지론

1. 하인리히(H.W. Heinrich)의 방식 22. 3. 19

① 총재해코스트＝직접비＋간접비(직접비의 4배)
② 직접비 : 간접비＝1 : 4
③ 직접비(재해로 인해 받게 되는 산재보상금)＝(즉, 법령으로 지급되는 산재보상비)

[표] 직업비의 구분

• 휴업 급여	• 장애 급여
• 요양 급여	• 유족 급여
• 장의비	• 유족 특별 급여
• 장애 특별 급여	• 직업재활 급여

④ 간접비 : 직접비를 제외한 모든 비용

[표] 간접비의 구분

• 인적 손실	• 물적 손실	• 생산 손실
• 특수 손실	• 그 밖의 손실	

합격예측

하인리히에 의한 재해코스트 산정방식

∴직접비 : 간접비 = 1 : 4

합격예측

재해코스트 역설자
① 하인리히
② 시몬즈
③ 버드
④ 콤페스
⑤ 노구치

합격예측

(1) 하인리히 직접손실비용: 간접손실비용 = 1:4(1대 4의 경험법칙)
재해손실비용 = 직접비 + 간접비 = 직접비×5
(2) 손실비 비율 적용
① 경공업 분야 1:4
② 중공업 분야 1:10~1:20

합격예측

시몬즈 방식

총 cost = 보험 cost + 비보험 cost

(1) 보험 cost = 보험의 총액 + 보험회사에 관련된 여러 경비와 이익금
(2) 비보험 cost = [휴업 상해건수×A] + [통원 상해건수×B] + [응급처치 건수×C] + [무상해 사고건수×D] 단, 사망과 영구 전노동 불능상해는 제외된다.

2. 시몬즈(R.H. Simonds)의 방식 23. 4. 1

① 총재해코스트 = 보험 코스트 + 비보험 코스트
② 보험 코스트 : 산재보험료(반드시 사업장에서 지출)
③ 비보험 코스트 = (휴업상해건수×A) + (통원상해건수×B) + (응급조치건수×C) + (무상해 건수×D)

㈜ A, B, C, D는 장애 정도에 따라 결정

> **재해사고(Category)**
> (1) 휴업상해(영구 부분노동 불능, 일시 전노동 불능)
> (2) 통원상해(일시 부분노동 불능, 의사의 조치를 필요로 하는 통원 상해)
> (3) 응급조치(8시간 미만 휴업)
> (4) 무상해사고(인명손실과는 무관함)

④ 산재보험 코스트 : 산업재해보상보험법에 의해 보상된 금액
⑤ 비보험 코스트 : 산재보험 코스트를 제외한 금액(하인리히의 간접비와 같다.

[표] 비보험 코스트

- 제3자가 작업을 중지한 시간에 대한 임금 손실(지불한 임금 손실)
- 재료, 설비, 정비, 교체, 철거의 순손실비
- 부상자의 임금 지불 코스트
- 재해에 따른 특별급여 등

※ 시몬즈와 하인리히 방식의 차이점

① 시몬즈는 보험 cost와 비보험 cost로, 하인리히는 직접비와 간접비로 구분
② 산재보험료와 보상금의 차이 : 시몬즈는 보험 cost에 가산, 하인리히는 가산하지 않음
③ 간접비와 비보험 cost는 같은 개념이나 구성 항목에 차이
④ 시몬즈는 하인리히의 1:4 방식을 전면 부정하고 새로운 산정방식인 평균치법 채택

3. 버즈(F.E.Bird's Jr)의 방식

① 1926년 이래로 간접비에 대한 연구와 토론이 많은 사람들에 의해 행해져 왔다.
② 버즈(Frank Bird's)는 간접비의 빙산원리(Iceberg principle of hidden costs)를 주장하여 두 개의 범주로 나누어 설명하고 있다.
③ 하나는 쉽게 측정할 수 있으며 동시에 보험에 가입되어 있지 않은 재산손실비용이고, 다른 하나는 양을 측정하기 어렵고 보험에 들지 않는 기타비용이다.

④ 각 부분에 대한 계산은 1:4로 계산한 것보다 더 높게 책정되어 있다.
⑤ 보험비:비보험재산비용:비보험기타 재산비용의 비율은 1:5~50:1~3이 된다.

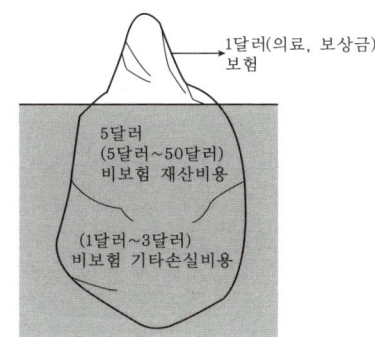

[그림] 버즈 빙산의 일각

[표] 직접비, 간접비 구성

직접비(1)	간접비(5)	
보험비	비보험 재산손실비용	비보험 기타 손실비용
상해사고와 관련되는 의료비 또는 보상비	쉽게 측정 (보험 미가입) ① 건물 손실 ② 기구 및 장비손실 ③ 제품 및 재료손실 ④ 조업중단 및 지연	양 측정 곤란 (보험 미가입) ① 시간조사 ② 교육 ③ 임대 등
	5~50	1~3

4. 콤페스(P.C Compes)의 방식

① 직접비용과 간접비용외에 기업의 활동능력이 상실되는 손실도 감안
② 전체재해손실=공동비용(불변)+개별비용(변수)

[표] 공동비용 및 개별비용

구분	공동비용	개별비용
항목	① 보험료 ② 안전보건팀 유지비용 ③ 기타(기업의 명예, 안전성 등)	① 작업중단으로 인한 손실비용 ② 수리대책에 필요한 비용 ③ 치료에 소요되는 비용 ④ 사고조사에 필요한 비용 등

5. 노구찌(野口三郞)의 방식 22. 3. 19

시몬즈의 평균치법을 근거로 일본의 상황에 맞는 손실방법을 제시

$$M = A \text{ 또는}(1.15a+b)+B+C+D+E+F$$

※ M:재해 1건당 코스트
　A:법정보상비(a:정부보상비,
　b:회사보상비)
　B:법정외 보상비(a, b는 제외)
　C:인적손실비용
　D:물적손실비용
　E:생산손실비용
　F:특수손실비용
　a:하인리히의 직접비에 대응
　1.15a:시몬즈의 보험코스트에 대응

합격예측

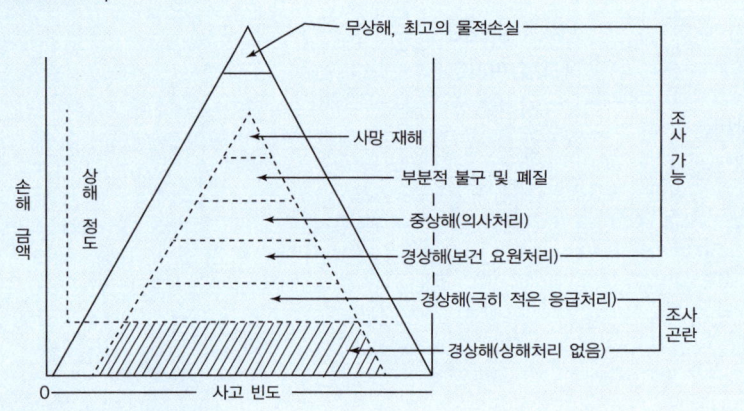

Chapter 02 안전보건조직 및 손실방지론 출제예상문제

출제예상문제는 복습, 예습문제로 엮었습니다. *WHY : 실제시험에도 순서에 관계없이 출제됩니다. 예습 후 다음장에 공부한 문제가 있으면 기억이 배가 됩니다.

01 ★★★★★ 안전관리자의 업무에 해당되지 않는 것은?

① 해당 사업장 안전교육 계획의 수립 및 실시에 관한 보좌 및 지도·조언
② 직업병 발생의 원인조사 및 대책수립
③ 산업재해발생의 원인조사 및 재발방지를 위한 지도·조언
④ 안전에 관련된 보호구의 구입시 적격품 선정에 관한 보좌 및 지도
⑤ 사업장 순회점검·지도 및 조치의 건의

해설

안전관리자 업무
① 산업안전보건위원회 또는 안전보건에 관한 노사협의체에서 심의·의결한 업무와 해당 사업장의 안전보건관리규정 및 취업규칙에서 정한 업무
② 위험성 평가에 관한 보좌 및 지도·조언
③ 안전인증대상 기계 등과 자율안전확인대상 기계 구입시 적격품의 선정에 관한 보좌 및 지도·조언
④ 해당 사업장 안전교육계획의 수립 및 안전교육 실시에 관한 보좌 및 지도·조언
⑤ 사업장 순회점검·지도 및 조치의 건의
⑥ 산업재해 발생의 원인 조사·분석 및 재발 방지를 위한 기술적 보좌 및 지도·조언
⑦ 산업재해에 관한 통계의 유지·관리·분석을 위한 보좌 및 지도·조언
⑧ 법 또는 법에 따른 명령으로 정한 안전에 관한 사항의 이행에 관한 보좌 및 지도·조언
⑨ 업무수행 내용의 기록·유지
⑩ 그 밖에 안전에 관한 사항으로서 고용노동부장관이 정하는 사항

02 ★★★★★ 다음은 안전조직 형태를 설명한 것이다. 맞게 이어놓은 것은?

① 명령과 보고관계 간단명료한 조직 – 라인 조직
② 경영자의 조언과 자문역할을 한다 – 라인 조직
③ 명령과 조언 권고가 혼동되기 쉬운 조직 – 스태프 조직
④ 생산부문은 안전에 대한 책임과 권한이 없다 – 라인스태프 조직
⑤ 종업원이 많을 때 – 라인스태프 조직

해설

① 경영자의 조언 자문 : 스태프 조직
② 명령과 권고 혼동 조직 : 라인스태프 혼형
③ 생산부문은 안전에 대한 책임이 없다 : 스태프 조직

참고 어떤 형태로도 안전조직 3유형은 기업체에서 적용해야 한다.

03 ★★ 다음 중 안전보건관리규정에 포함되어야 할 사항이 아닌 것은?

① 안전 및 보건관리조직
② 재해코스트 분석방법
③ 사고 및 재해에 대한 조치
④ 안전보건교육
⑤ 안전관리 통제사항

해설

안전보건관리규정에 포함사항
① 안전 및 보건에 관한 관리조직과 그 직무에 관한 사항
② 안전보건교육에 관한 사항
③ 작업장의 안전 및 보건관리에 관한 사항
④ 사고 조사 및 대책 수립에 관한 사항
⑤ 그 밖에 안전 및 보건에 관한 사항

정보제공
산업안전보건법 제25조(안전보건관리규정의 작성)

[정답] 01 ② 02 ① 03 ②

04 A사업장은 평균 근로자수가 1,000명의 중규모이다. 안전조직은 어떤 형태가 가장 적합한가?

① 라인형 안전조직
② 스태프형 안전조직
③ 라인스태프 병행조직
④ 생산부서장이 안전책임자 겸직 조직
⑤ 직선식 조직

해설

근로자수에 따른 안전조직
① 라인식 조직 : 100명 이하(소규모)
② 스태프식 조직 : 100~1,000명(중규모)
③ 라인스태프 혼형 : 1,000명 이상(대규모)

참고 우리나라 산업안전보건법에서는 라인스태프 혼형 안전 조직을 권고 있다.

05 다음 안전관리조직 중 스태프(staff)형의 장점이 아닌 것은?

① 안전정보 수집이 신속하다.
② 안전기술 축적이 용이하다.
③ 안전기술 명령이 신속하다.
④ 경영자의 자문역할을 한다.
⑤ 중규모 사업장에 적합하다.

해설

스태프형의 장점
① 안전 전문가가 안전 계획을 세워 문제해결 방안을 모색하고 조치한다.
② 경영자에게 조언과 자문 역할을 한다.
③ 안전정보 수집이 빠르고 용이하다.

참고 안전기술 명령의 신속은 라인조직이다.

06 안전조직을 설명한 것 중 line-staff에 해당되는 것은?

① 조언이나 권고적 참여가 혼동된다.
② 안전과 생산은 별개로 생각한다.
③ 안전에 대한 정보가 불충분하다.
④ 안전책임과 권한이 생산부문에는 없다.
⑤ 소규모사업장에 적합하다.

해설

혼형(라인+스태프)의 특징
① 안전 전문가에 의해 입안된 것을 경영자의 지침으로 명령을 실시하므로 정확, 신속히 이루어진다.(장점)
② 명령계통과 조언 권고적 참여가 혼동되기 쉽다.(단점)

07 라인 및 참모식의 혼합식 안전조직 특성이 아닌 것은?

① 안전활동을 전담하는 부서를 두어 안전에 관한 업무를 관장하는 제도이다.
② 안전업무에 관한 계획 등은 전문 기술자에 의해 추진되고 집행은 생산에서 행한다.
③ 안전은 전체 종업원의 직접 참여로 이루어진다.
④ 안전활동과 생산이 상호 연관을 가지고 운용된다.
⑤ 대규모사업장에 적합하다.

해설

(1) 안전계획에서 입안, 추진, 모든 것이 staff에서 이루어지는 것은 참모식 조직이다.
(2) 라인-스태프 혼형의 장점을 설명한 것이다.

❖ 이번 시험에도 출제되니 꼭 기억하세요.

08 효율적인 안전관리를 위해서는 4가지의 기본관리 사이클을 갖춰 활동을 되풀이함으로써 안전관리의 수준이 향상된다. 다음 중 관리 사이클 요소가 아닌 것은?

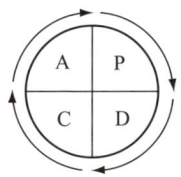

① 계획(plan)
② 예산(budget)
③ 실시(do)
④ 조치(action)
⑤ 점검(check)

해설

(1) 안전관리 4사이클 순서 : P → D → C → A
(2) C : Check(검토)를 의미합니다.

[정답] 04 ② 05 ③ 06 ① 07 ① 08 ②

09 안전관리계획 수립시의 유의사항을 나열한 것이다. 틀린 것은?

① 목표는 낮은 수준에서 높은 수준으로 점진적으로 설정할 것
② 근본적인 안전대책을 강구할 것
③ 규정된 기준은 법정기준을 상회하도록 할 것
④ 최종단일안으로 한다.
⑤ 복수적인 안을 넣어 그 중에서 선택할 것

해설
(1) 안전관리계획은 복수적이어서는 안 된다. 반드시 단일안으로 통일되어야 한다.
(2) ①, ②, ③ 외 관계 법령의 제·개정에 따라 즉시 개정한다.
(3) 작성 또는 개정시에 현장의 의견을 충분히 반영한다.

10 안전조직 형태 중 직계(line)형의 특징은?

① 독립된 안전참모 조직을 보유하고 있다.
② 대규모의 사업장에 적합하다.
③ 안전지시나 명령이 신속히 수행된다.
④ 안전지식이나 기술축적이 용이하다.
⑤ 1,000명 이상의 사업장에 적합하다.

해설
(1) ①, ④는 스태프식의 특징
(2) ②, ⑤는 라인스태프식 혼형의 특징

11 안전업무를 관장하는 전문부문을 두는 안전보건조직은?

① line형 조직
② staff형 조직
③ line-staff 혼형조직
④ staff-line 혼형조직
⑤ fail-safe 조직

해설
staff형 장점
① 안전 전문가가 안전계획을 세워 문제 해결방안을 모색하고 조치한다.
② 경영자의 조언과 자문 역할
③ 안전정보 수집이 용이하고 빠르다.

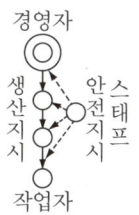

[그림] 스태프형의 골격

12 다음 중 라인식 안전조직의 특성이 아닌 것은?

① 모든 명령은 생산계통을 따라 이루어진다.
② 참모식 조직보다 경제적인 조직이다.
③ 안전관리 전담요원을 별도로 지정한다.
④ 규모가 작은 사업장에 적용된다.
⑤ 100명 미만에 적합하다.

해설
안전조직의 특성
(1) 라인식 : 100명 미만에 적합
  ① 모든 명령은 생산계통을 따라 이루어진다.
  ② 참모식보다 경제적 조직이다.
  ③ 규모가 작은 사업장에 적용된다.
  ④ 라인형 장점 : 안전명령 및 지시가 용이
  ⑤ 라인형 단점 : 안전지식과 기술축적 불가
(2) 참모식 : 100명~1,000명 정도에 적합
  ① 생산계통과 견해 차이로 마찰이 일어난다.
  ② 전담기능에 의거 수행되므로 발전적이다.
  ③ 참모형 장점 : 안전지식과 기술축적 용이
  ④ 참모형 단점 : 안전지시가 용이치 못함
(3) 혼합식 : 1,000명 이상 사업장에 적합
  ① 생산기능과 잘 협조가 이루어진다.
  ② 전 근로자의 안전활동에 참여기회 부여
  ③ 라인 각 계층에 안전업무를 겸임할 수 있다.

13 개선계획을 작성함에 있어서 먼저 공정도를 작성하지 않으면 안 된다. 공정별 유해·위험 분포도를 작성할 때의 중요 포인트에 해당되지 않는 것은?

① 공정 내의 유해 위험인자의 발견
② 공정별 종사인원의 파악
③ 각 공정간의 작업의 흐름에 따른 표준작업 관계
④ 각 공정별 종사자의 적성

[정답] 09 ⑤ 10 ③ 11 ② 12 ③ 13 ④

> **해설**
>
> **개선계획서의 목차(포인트)**
> ① 공정별 유해·위험 분포도
> ② 재해발생 현황
> ③ 재해 다발원인 및 유형분석
> ④ 교육 및 점검계획
> ⑤ 유해·위험 작업부서 및 근로자수
> ⑥ 개선계획(공통사항 중점개선계획)

14 ★★ 안전조직 중 안전스태프의 주의사항이 아닌 것은?

① 안전관리 목표 및 방침안 작성
② 정보수집안 수집 활용
③ 실시계획의 추진
④ 작업자의 적정배치에 대하여 조치한다.
⑤ 사업장에 적합한 안전관리

> **해설**
> 작업자의 적정배치는 인사과에 안전관리자의 부탁(협조) 사항이다.

15 ★★★ 다음은 안전조직 형태를 설명한 것이다. 맞게 연결된 것은?

① 명령과 보고 관계, 간단 명료한 조직 - 라인조직
② 경영자의 조언과 자문역할을 한다 - 라인조직
③ 명령자 조언 권고가 혼동되기 쉬운 조직 - 스태프조직
④ 생산부문에 있어 안전에 대한 책임과 권한이 없다 - 라인스태프
⑤ 100명 미만 사업장 - 스태프조직

> **해설**
> ② 스태프 조직 ③ 라인스태프 조직
> ④ 스태프 조직 ⑤ 라인 조직
> ◐ 똑같은 문제가 나왔지요. 왜냐고요. 문제은행식이니까요.

16 ★★★ 사업주의 안전에 대한 책임에 해당되지 않는 것은?

① 안전기구의 조직
② 안전활동 참여 및 감독
③ 사고기록 조사 및 분석
④ 안전방침 수립 및 시달
⑤ 안전조직 편성 운영

> **해설**
> (1) 사고기록 조사 및 분석은 안전관리자 직무
> (2) 사업주의 안전책임
> ① 안전조직 편성운영
> ② 안전예산의 책정 및 진행
> ③ 안전한 기계설비 및 작업환경의 유지, 개선
> ④ 기본방침 및 안전시책의 시달 및 지시

17 ★★ 다음 중 안전관리규정에 포함되어야 할 사항이 아닌 것은?

① 총칙 ② 재해코스트 분석방법
③ 조직과 책임 ④ 안전기준
⑤ 긴급조치

> **해설**
>
> **규정에 포함 사항**
> ① 총칙 ② 조직과 책임
> ③ 안전보건위원회 ④ 안전기준
> ⑤ 보건기준 ⑥ 교육훈련
> ⑦ 점검과 검사 ⑧ 긴급조치
> ⑨ 재해 및 사고조사보고 ⑩ 보호구 관리
> ⑪ 상벌 ⑫ 제안제도

18 ★★★ 라인식(직계식) 조직의 특성으로 옳지 않은 것은?

① 안전관리 전담 요원을 별도로 지정한다.
② 모든 명령은 생산계통을 따라 이루어진다.
③ 규모가 작은 사업장에 적용된다.
④ 참모식 조직보다 경제적인 조직이다.
⑤ 안전지시가 강력하다.

> **해설**
> (1) ①은 스태프(staff)식 조직이다.
> (2) 라인식은 100명 미만의 중소기업에 적합한 안전조직이다.

[정답] 14 ④ 15 ① 16 ③ 17 ② 18 ①

19 다음 중 안전관리자의 업무인 것은?

① 산재 발생시 원인조사 분석, 기술적 보좌 및 지도
② 안전보건 관리규정의 작성
③ 산업재해에 관한 통계의 기록 미 유지
④ 안전장치 및 보호구 구입 여부 확인
⑤ 산업재해자 보상금 결정

해설
산업안전보건법령 제18조를 기억하셔야 합니다.
◐ 문제 1번 공부했으면 다시 확인하세요.

20 안전조직 중 라인스태프(line staff)의 장점을 가장 잘 나타낸 것은?

① 안전 전문가에 의해 입안된 것을 경영자의 지침으로 명령 실시토록 하므로 정확 신속하다.
② 안전 전문가가 안전대책을 세워 전문적인 문제해결 방안을 모색 대처한다.
③ 안전실시의 지시는 명령계통으로 신속히 전달된다.
④ 경영자의 조언과 자문역할을 한다.
⑤ 중규모 사업장에 적합하다.

해설
(1) ③은 라인형 조직의 장점
(2) ②, ④, ⑤는 스태프형 조직의 장점

21 안전관리의 조직형태 중에서 경영자(수뇌부)의 지휘와 명령이 위에서 아래로 하나의 계통이 잘 되어 잘 전달되며 소규모 기업에 적합한 방식은?

① 스태프 방식   ② 라인 방식
③ 라인스태프 방식 ④ 라운드 방식
⑤ 패일조직

해설
규모에 따른 안전조직
① 대규모 : 라인스태프
② 중규모 : 스태프
③ 소규모 : 라인식

22 안전관리조직의 기본방식이 아닌 것은?

① line system
② staff system
③ line-staff system
④ 직선식 조직
⑤ safety system

해설
안전관리조직의 3유형
① 라인형
② 스태프형
③ 라인스태프 혼형

23 다음은 안전관리자가 수행하여야 할 4가지 사항이다. 이 중에서 안전관리자가 작업 안전수칙의 이행 상태를 확인하고 불안전한 상태나 조건을 지적하고 시정하는 항목은 어느 것인가?

① 안전기획의 수립과 시행
② 잠재 위험성의 발견과 통제
③ 안전의 교육 및 훈련
④ 사고의 조사분석 및 시정
⑤ 안전조직의 선정

해설
안전관리자 수행 사항
① 안전관리계획 계획단계에서 실시한다.
② 안전은 계획(plan)에서 직접 원인을 제거한다.
③ 지적과 시정은 분석에서 실시한다.

24 다음 중 근로자가 준수하여야 할 안전수칙에 포함되는 사항이 아닌 것은?

① 보호구의 착용시기, 종류, 요령의 지시
② 작업대 및 기계주변의 청결 및 정돈의 강조
③ 작업장 내의 무질서 및 소란의 금지 강조
④ 작업장에 알맞은 환기, 조명, 냉난방 장치 등의 설치 강조
⑤ 안전수칙준수

[정답] 19 ①   20 ①   21 ②   22 ⑤   23 ④   24 ④

해설
(1) 환기, 조명 등은 보건관리자가 할 일이다.
(2) 근로자 이행사항
   ① 작업 전후 안전점검 실시
   ② 안전작업의 이행
   ③ 보고, 신호, 안전수칙 준수
   ④ 개선 필요시 적극적 의견 제안

25 ★★ 다음 안전관리조직 중 스태프(staff)형의 장점이 아닌 것은?

① 안전정보수집이 신속하다.
② 안전기술축적이 용이하다.
③ 안전기술명령이 신속하다.
④ 경영자의 자문역할을 한다.
⑤ 중규모사업장에 적합하다.

해설
③은 라인형의 장점이다.
○ 제2장 안전관리 체제 및 운영에서 다른 문제가 출제되면 저자가 책임질께요.

26 ★★★★ 안전문제의 계획에서부터 실시에 이르기까지의 명령은 생산라인을 따라서 시달되는 것과 같은 조직형태는 다음의 어느 것이라고 생각하는가?

① 참모식 조직
② 기동식 조직
③ 단계식 조직
④ 스태프 조직
⑤ 직계식 조직

해설
소규모 사업에 적합한 라인식(직계식, 직선식)을 의미한다.
○ 정말 더 이상의 문제는 없어요. 계속 전진하세요.

27 ★★ 다음 중 안전관리 계획수립시 기본계획에 해당되지 않는 것은?

① 산재사업장 및 직장 단위로 구체적으로 계획한다.
② 계획의 목표는 점진적이고 중간 수준의 것으로 한다.
③ 사후형보다는 사전형의 안전대책을 채택한다.
④ 여러 개의 안을 만들어 최종안을 채택한다.
⑤ 직장단위로 구체적으로 한다.

해설
안전계획 작성시 고려사항 3가지
① 직장 단위로 구체적으로 작성한다.
② 계획목표는 점진적으로 하여 높은 수준으로 한다.
③ 사업장의 실태에 맞도록 독자적으로 수립하되 실현 가능성이 있도록 한다.

28 ★ 대규모 기업에서 많이 채택되고 있는 안전 조직 방식은?

① 라인 방식
② 스태프 방식
③ 라인스태프 방식
④ 인간, 기계제방식
⑤ 세이프티 조직

해설
규모에 따른 안전조직
① 소규모 : 라인식
② 중규모 : 스태프식
③ 대규모 : 라인스태프 혼형

29 ★★ 안전관리 조직의 기본 방식이 아닌 것은?

① 라인 시스템
② 스태프 시스템
③ 라인스태프 시스템
④ 직선식 조직
⑤ 세이프티 시스템

해설
안전조직은 ①, ②, ③, ④이다.

30 ★★ 관리감독자의 업무에 해당되지 않는 것은?

① 보호구 구입시 적격품 선정
② 기계설비의 안전·보건 점검 및 이상유무의 확인
③ 산업재해에 관한 보고 및 그에 대한 응급 조치
④ 작업장의 정리정돈 및 통로확보의 확인·감독
⑤ 안전관리자·보건관리자의 지도·조언협조

[정답] 25 ③ 26 ⑤ 27 ② 28 ③ 29 ⑤ 30 ①

> 해설

관리감독자 업무
① 사업장내 관리감독자가 지휘·감독하는 작업(이하 이 조에서 "해당 작업"이라한다)과 관련되는 기계·기구 또는 설비의 안전·보건점검 및 이상유무의 확인
② 관리감독자에게 소속된 근로자의 작업복·보호구 및 방호장치의 점검과 그 착용·사용에 관한 교육·지도
③ 해당 작업에서 발생한 산업재해에 관한 보고 및 이에 대한 응급조치
④ 해당 작업의 작업장의 정리·정돈 및 통로확보의 확인·감독
⑤ 해당 사업장의 다음 각 목의 어느 하나에 해당하는 사람의 지도·조언에 대한 협조
  가. 안전관리자(안전관리전문기관에 위탁한 사업장의 경우에는 그 전문기관의 해당 사업장 담당자)
  나. 보건관리자(보건관리전문기관에 위탁한 사업장의 경우에는 그 전문기관의 해당 사업장 담당자)
  다. 안전보건관리담당자(안전보건관리담당자의 업무를 안전관리전문기관 또는 보건관리전문기관에 위탁한 사업장은 그 전문기관의 해당 사업장 담당자)
  라. 산업보건의
⑥ 위험성평가에 관한 다음 각 목의 업무
  가. 유해·위험요인의 파악에 대한 참여
  나. 개선조치의 시행에 대한 참여
⑦ 그 밖에 해당작업의 안전 및 보건에 관한 사항으로서 고용노동부령으로 정하는 사항

31 ★★ 안전보건관리책임자의 업무에 대하여 기술한 것 중에서 잘못된 것은?

① 유해·위험방지 업무의 총괄관리
② 작업환경점검 업무의 총괄관리
③ 산업재해예방계획의 수립에 관한 사항
④ 안전보건관리규정의 작성에 관한 사항
⑤ 안전에 관한 보조자의 감독

> 해설

안전보건관리책임자의 업무내용
① 사업장의 산업재해예방계획의 수립에 관한 사항
② 안전보건관리규정의 작성 및 변경에 관한 사항
③ 안전보건교육에 관한 사항
④ 작업환경의 측정 등 작업환경의 점검 및 개선에 관한 사항
⑤ 근로자의 건강진단 등 건강관리에 관한 사항
⑥ 산업재해의 원인조사 및 재발방지대책의 수립에 관한 사항
⑦ 산업재해에 관한 통계의 기록 및 유지에 관한 사항
⑧ 안전장치 및 보호구 구입시의 적격품 여부확인에 관한 사항
⑨ 그 밖에 근로자의 유해·위험방지 조치에 관한 사항으로 고용노동부령으로 정하는 사항

32 ★★★★ 재해코스트를 연구한 역설자 중 1:4의 경험법칙을 연구한 역설자는?

① 노구치   ② 콤페스
③ 버즈   ④ 시몬즈
⑤ 하인리히

> 해설

하인리히의 1:4
① 직접비:1
② 간접비:4
③ 1대 4의 경험 법칙

33 ★★★ 시몬즈의 총재해 코스트는?

① 직접비 × 간접비
② 직접비 + 간접비
③ 보험코스트 × 비보험코스트
④ 산재보험료 × 비보험료
⑤ 보험코스트 + 비보험코스트

> 해설

시몬즈총재해코스트 = 보험코스트 + 비보험코스트

34 ★★ 간접비의 빙산의 원리를 주장한 학자는?

① 하인리히 ② 버즈
③ 콤페스   ④ 시몬즈
⑤ 노구치

> 해설

Frank Bird's "Iceberg Principle of hidden Costs"

💬 **합격자의 조언**
① 헌 돈은 새 돈으로 바꿔 사용하라. 새 돈은 충성심을 보여준다.
② 최신교재가 최신정보로 합격을 보장한다.

[정답] 31 ⑤ 32 ⑤ 33 ⑤ 34 ②

Part 03 | 신뢰성 공학

Chapter 1 신뢰성 공학
Chapter 2 안전점검 및 검사·인증·진단
Chapter 3 보호구 및 안전보건표지

Chapter 01 신뢰성 공학

중점 학습내용

본 장은 신뢰성 공학에서 기계설비·인간관계 및 기계설비 고장유형 등을 간단명료하게 정의하였으며 이번 지도사 시험에 출제가 예상되는 내용은 다음과 같다.
① 기계설비의 신뢰성 개요
② 기계설비 고장 유형
③ 인간-기계 시스템 신뢰도
④ 설비의 신뢰도

합격예측

신뢰성 공학(reliability engineering : 信賴性工學)
기기나 시스템의 안전성·보전성 등을 다루는 공학
① 심리적정보처리단계 : 회상(recall), 인식(recognition), 정리(retention)
② 인간의 정보처리시간 : 0.5초(인간의 정보처리능력 한계)

합격예측

SDT(신호검출)이론의 응용
① 소리의 파형, 빛, 레이다영상 등의 시각신호 및 다른 종류의 신호에도 청각과 동일하게 적용
② 응용분야 : 음파탐지, 품질검사 임무, 증인증언, 의료진단, 항공교통통제 등 광범위하게 적용

1 기계설비의 신뢰성 개요

1. 설비의 신뢰성 요인

① 재질
② 기능
③ 작동방법

2. 신뢰도의 평가지수

① 신뢰도(Reliability : Rt) : 체계 또는 부품이 주어진 운용조건하에서 의도하는 사용기간 중에 의도한 목적에 만족스럽게 작동할 확률
② 가용도(Availability : At) : 체계가 어떤 시점에서 만족스럽게 작동할 수 있는 확률로서 순간가용도, 구간가용도, 고유가용도로 분류
③ 정비도(Maintainability : Mt) : 고장난 체계가 일정한 시간 안에 수리될 확률
④ 고장률(Hazard rate : ht) : 단위시간당 시간구간 초에 정상 작동하던 체계가 그 시간구간 내에 고장나는 비율
⑤ 고장밀도함수(Failure density function : ft) : 단위시간당 고장이 발생하는 체계의 비율

3. MTBF(평균고장간격 : Mean Time Between Failures)

① 고장이 발생되어도 다시 수리를 해서 쓸 수 있는 제품을 의미 : 무고장 시간의 평균 $\left[MTBF_s = \dfrac{1}{\lambda} + \dfrac{1}{2\lambda} + \cdots + \dfrac{1}{n\lambda} \right]$

$F = \dfrac{1}{\lambda} = t_0,\ t_0 = \dfrac{1}{\lambda}$ 고장률$(\lambda) = \dfrac{\text{고장(불량품) 건수}}{\text{총 가동시간}}$(건/시간)

② 고장에서 고장까지의 정상 상태에 머무르는 무고장 동작 시간의 평균치
③ 평균고장 발생의 시간 길이로 수리하면서 사용하는 제품의 신뢰도 척도
④ 고장 사이의 작동시간 평균치 : 보전성 개선 목적(보전기록자료)

4. MTTF(고장까지의 평균시간 : Mean Time To Failure)

① 기계의 평균수명으로 모든 기계가 t_0를 갖지 않기 때문에 확률분포로 파악
② 고장이 발생하면 그것으로 수명이 없어지는 제품
③ 한번 고장이 발생하면 수명이 다하는 것으로 생각하여 수리하지 않고 폐기 또는 교환하는 제품의 고장까지의 평균시간 $\left[\text{MTTF}\left(1 + \dfrac{1}{2} + \cdots + \dfrac{1}{n}\right)\right]$
④ 고장이 일어나기까지의 동작시간 평균치

5. MTTR(평균수리시간 : Mean Time To Repair)

체계의 고장발생 순간부터 수리가 완료되어 정상적으로 작동을 시작하기까지의 평균고장시간이며 지수분포를 따른다.

① $\text{MTTR} = \dfrac{1}{U(\text{평균수리율})} = \dfrac{\text{수리시간 합계}}{\text{수리횟수}}$(시간)

② $\text{MDT}(\text{평균정지시간}) = \dfrac{\text{총보전 작업시간}}{\text{총보전 작업건수}}$

2 기계설비의 고장유형

1. 초기고장

① 감소형 고장
② 설계상, 구조상 결함, 불량 제조·생산과정 등의 품질관리 미비로 생기는 고장형태
③ 점검작업이나 시운전 작업 등으로 사전에 방지할 수 있는 고장
④ 디버깅(Debugging)기간 : 기계의 초기 결함을 찾아내 고장률을 안정시키는 기간
⑤ 번인(Burn-in)기간 : 물품을 실제로 장시간 가동하여 그 동안에 고장난 것을 제거하는 기간
⑥ 비행기 : 에이징(Aging)이라 하여 3년 이상 시운전
⑦ 욕조곡선(Bath-tub) : 예방보전을 하지 않을 때의 곡선은 서양식 욕조 모양

합격예측

자동체계(automatic system)
체계가 완전히 자동화된 경우에는 기계 자체가 감지, 정보처리 및 의사결정, 행동을 포함한 모든 임무를 수행한다. 신뢰성이 완전한 자동체계란 불가능한 것이므로 인간은 주로 감시(monitor), 프로그램, 정비유지(maintenance) 등의 기능을 수행한다.

합격예측

암호체계 사용상 일반적 지침
① 암호의 검출성(감지장치로 검출)
② 암호의 변별성(인접자극의 상이도 영향)
③ 부호의 양립성(인간의 기대와 모순되지 않을 것)
④ 부호의 의미
⑤ 암호의 표준화
⑥ 다차원 암호의 사용(정보전달 촉진)

합격예측

계의 직·병렬계
① 직렬계
   $\text{MTTF}_s = \dfrac{\text{MTTF}}{n}$
② 병렬계
   $\text{MTTF}_s = \text{MTTF}\left(1 + \dfrac{1}{2} + \dfrac{1}{3} + \cdots + \dfrac{1}{n}\right)$

Q 은행문제

과전압이 걸리면 전기를 차단하는 차단기, 퓨즈 등을 설치하여 오류가 재해로 이어지지 않도록 사고를 예방하는 설계원칙은?
① 에러복구 설계
② 풀-프루프(fool-proof) 설계
③ 페일-세이프(fail-safe) 설계
④ 템퍼-프루프(tamper proof) 설계
⑤ 인간중심설계

정답 ③

합격예측

초기고장

(1) 정의
불량제조나 생산과정에서의 품질관리의 미비로부터 생기는 고장으로서 점검작업이나 시운전 등으로 사전에 방지할 수 있는 고장이다. 초기고장은 결함을 찾아내 고장률을 안전시키는 기간이라 하여 디버깅(debugging)기간이라고 하고 물품을 실제로 장시간 움직여 보고 그 동안에 고장난 것을 제거하는 공정이라 하여 번인(burnin)기간이라고도 한다.

(2) 초기고장의 고장발생 원인
① 표준 이하의 재료 사용
② 불충분한 품질관리
③ 표준 이하의 작업자 솜씨
④ 불충분한 Debugging
⑤ 빈약한 가공 및 취급 기술
⑥ 조립상의 과오
⑦ 오염
⑧ 부적절한 조치
⑨ 부적절한 시동
⑩ 저장 및 운반중의 부품 고장
⑪ 부적절한 포장 및 수송

합격예측

우발고장

(1) 정의
예측할 수 없을 때에 생기는 고장으로 시운전이나 점검작업으로는 방지할 수 없다. 각 요소의 우발고장에 있어서는 평균고장시간과 비율을 알고 있으면 제어계 전체 고장을 일으키지 않는 신뢰도를 구할 수 있다.

(2) 우발고장의 고장발생원인
① 안전계수가 낮기 때문에
② stress가 strength보다 크기 때문에
③ 사용자의 과오 때문에
④ 최선의 검사방법으로도 탐지되지 않은 결함 때문에
⑤ 디버깅 중에도 발견되지 않는 고장 때문에
⑥ 예방보전에 의해서도 예방될 수 없는 고장 때문에
⑦ 천재지변에 의한 고장 때문에

과 비슷하게 나타나는 현상
⑧ 예방보전(PM : Preventive Maintenance) : 디버깅, 번인, 에이징

2. 우발고장

① 일정형
② 신뢰도는 지수형으로, 고장까지의 무고장 동작시간은 지수분포로 나타낸다.
③ 우발적 사고, 자살 등 랜덤(random)꼴로 재해 발생
④ 예측할 수 없을 때에 생기는 고장으로 점검 작업이나 시운전 작업으로 재해를 방지할 수 없다.
⑤ 신뢰도 $R(t)=e^{-\frac{t}{t_0}}=e^{-\lambda t}$ (평균고장시간 t_0인 요소가 t시간 동안 고장을 일으키지 않을 확률)

3. 마모고장

① 증가형
② 점차로 고장률이 상승하는 형으로 볼 베어링 등 기계적 요소나 부품의 마모, 사람의 노화 현상
③ 마모나 노화에 의해 어떤 시점에서 집중적으로 고장나는 특징을 가진다.
④ 고장이 집중적으로 일어나기 직전에 교환을 하면 고장을 사전에 방지할 수 있다.
⑤ 장치의 일부가 수명을 다해서 생기는 고장으로, 안전 진단 및 적당한 보수에 의해서 방지할 수 있는 고장이다.

$$고장률(\lambda) = \frac{고장건수(r)}{총 가동시간(T)}$$

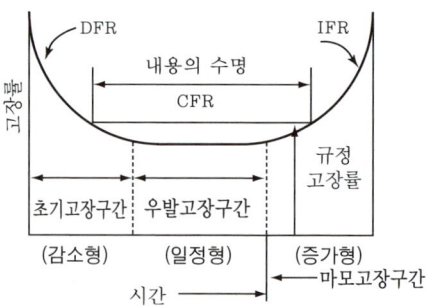

[그림] 기계설비 고장유형 22. 3. 19

3 인간-기계(man-machine) 시스템의 신뢰도

1. 직렬체계(serial system) : 직접 운전 작업

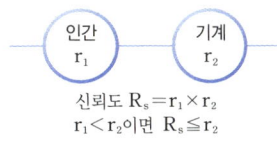

신뢰도 $R_s = r_1 \times r_2$
$r_1 < r_2$이면 $R_s \leq r_2$

[그림] 직렬체계

2. 병렬체계(parallel system)

① 인간과 기계가 병렬로 작업을 하게 되면 신뢰도는 기계 단독이나 직렬 작업보다 높아진다.

② 인간과 기계를 병렬로 조합할 때 인간의 역할은 여러 가지가 있으나 그 중 감시의 역할을 하게 하여 기계의 약점을 보강할 수 있도록 해야 한다.

예 계기 감시 작업

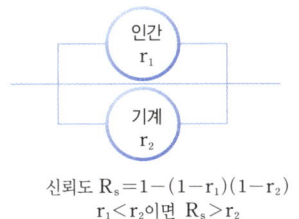

신뢰도 $R_s = 1 - (1-r_1)(1-r_2)$
$r_1 < r_2$이면 $R_s > r_2$

[그림] 병렬체계

3. man-machine system의 신뢰성

신뢰성 R_S는 인간의 신뢰성 R_H와 기계의 신뢰성 R_E의 상승적 작용에 의해 $R_S = R_H \cdot R_E$로 나타낸다.

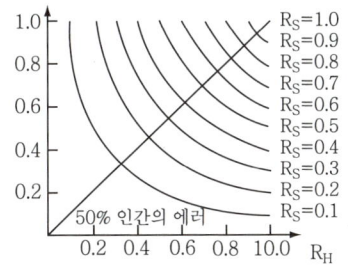

R_S : 시스템의 신뢰성
R_H : 인간의 신뢰성
R_E : 기계의 신뢰성

[그림] 인간과 기계의 신뢰성과 시스템의 신뢰성

합격예측

마모고장

(1) 정의
　장치의 일부가 수명을 다해서 생기는 고장으로서, 안전진단 및 적당한 보수에 의해서 방지할 수 있는 고장이다.

(2) 마모고장기의 고장발생원인
　① 부식 또는 산화
　② 마모 또는 피로
　③ 노화 및 퇴화
　④ 불충분한 정비
　⑤ 수축 또는 균열
　⑥ 부적절한 오버홀(over haul)

합격예측

고장 유형 3가지

① 초기고장 : 감소형
　(DFR : Decreasing Failure Rate) – 디버깅기간, 번인 기간
② 우발고장 : 일정형
　(CFR : Constant Failure Rate) – 내용 수명
③ 마모고장 : 증가형
　(IFR : Increasing Failure Rate) – 정기진단(검사)

합격예측

Screening 실험

스크리닝은 부품의 잠재결함을 조기에 제거하는 비파괴적 선별기술로, 제품의 구입·안정·출하 등에 있어 신뢰성을 확인·보증하는 시험이다. 스크리닝은 실제사용시 쉽게 고장이 나는 잠재결함을 초기에 강제로 제거하는 기술이므로 실제사용시 고장모드와는 똑같지 않을 수 있다.

Q 보충문제

심장의 박동주기 동안 심근의 전기적 신호를 피부에 부착한 전극들로 부터 측정하는 것으로 심장이 수축과 확장을 할 때, 일어나는 전기적 변동을 기록한 것은?

① 뇌전도계　② 근전도계
③ 심전도계　④ 안전도계
⑤ 응용계

정답 ③

합격날개

합격예측
록시스템의 종류 3가지
① interlock : 인간과 기계 사이에 두는 안전장치 또는 기계에 두는 안전장치
② intralock : 인간의 내면에 존재하는 통제장치
③ trans lock : interlock과 interalock 사이에 두는 안전 장치

합격예측
(1) 색의 시각적 암호
  ① 일반적으로 9가지 면색 구별 가능(훈련을 할 경우 20~30개까지 식별)
  ② 효과적인 적용 : 탐색, 위치확인, 정밀한 조사 등
(2) 다차원 시각적 암호
  색이나 숫자로 된 단일 암호보다 색-숫자의 중복으로 된 조합암호 차원의 전달된 정보량이 많은 것으로 실험결과 확인

Q 보충문제
인간-기계시스템에 대한 평가에서 평가척도나 기준(criteria)으로 관심의 대상이 되는 변수는?
① 독립변수 ② 종속변수
③ 확률변수 ④ 통제변수
⑤ 절대변수

정답 ②

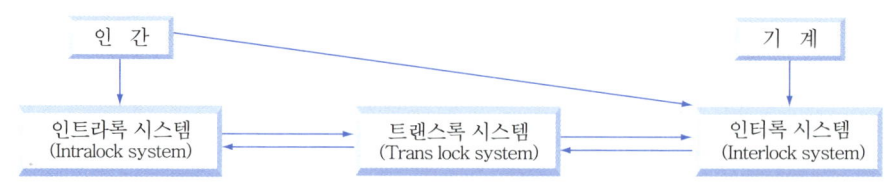

[그림] lock(록) 시스템의 종류

4. 설비의 신뢰도

1. 직렬연결구조

제어계가 R개의 요소로 만들어져 있고 각 요소의 고장이 독립적으로 발생하는 것이라면, 어떤 요소의 고장도 제어계의 기능을 잃는 상태로 있다고 할 때에 신뢰성 공학에서는 직렬이라고 하고 다음과 같이 나타낸다. (예 자동차 운전)

$$\text{신뢰도 } R_s = R_1 \cdot R_2 \cdot R_3 \cdots R_n = \prod_{i=1}^{n} R_i$$

2. 병렬(parallel system)연결(R_S : fail safety) 구조

열차나 항공기의 제어장치처럼 한 부분의 결함이 중대한 사고를 일으킬 우려가 있는 경우에 페일세이프 시스템을 적용한다. 이 시스템은 결함이 생긴 부품의 기능을 대체시킬 수 있는 장치를 중복 부착시키는 시스템이다.(신뢰도가 가장 높다.)

$$R_s = 1 - \{(1-R_1)(1-R_2) \cdots (1-R_n)\} = 1 - \prod_{i=1}^{n}(1-R_i)$$

3. 요소의 병렬구조

요소의 병렬 fail safety 작용으로 조합된 시스템의 신뢰도는 다음 식으로 계산한다.

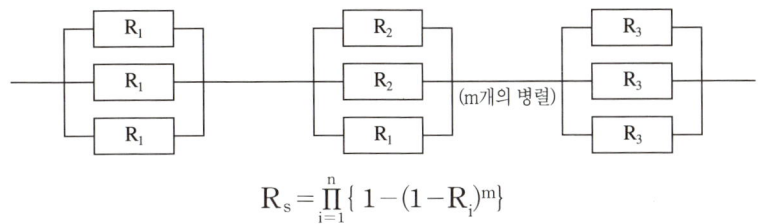

$$R_s = \prod_{i=1}^{n} \{1-(1-R_i)^m\}$$

4. 시스템의 병렬구조

항공기의 조종장치는 엔진 가동 유압 펌프계와 교류 전동기 가동 유압 펌프계의 쌍방이 고장을 일으켰을 경우의 응급용으로서 수동장치 3단의 fail safety 방법이 사용되고 있다. 이같은 시스템을 병렬로 한 방식은 다음과 같이 나타낸다.

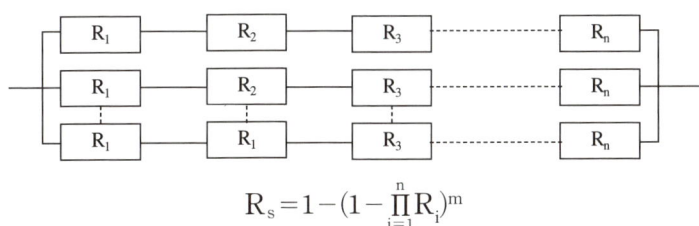

$$R_s = 1-(1-\prod_{i=1}^{n} R_i)^m$$

5. 병렬 model과 중복설계구조 : fail safe system

① 리던던시(redundancy) : 리던던시는 일부에 고장이 발생되더라도 전체가 고장이 일어나지 않도록 기능적으로 여력(redundant)인 부분을 부가해서 신뢰도를 향상시키려는 중복 설계(용장도)를 의미한다.

② 리던던시의 방식
  ㉮ 병렬 리던던시
  ㉯ 대기 리던던시
  ㉰ M out of N 리던던시(N개 중 M개 동작시 계는 정상)
  ㉱ 스페어에 의한 교환
  ㉲ fail-safe

③ 구조적 fail safe 종류
  ㉮ 다경로하중구조
  ㉯ 분할구조

합격예측

예방보전이 효율적으로 수행될 경우의 효과
① 생산시스템의 정지시간이 줄게 되며, 이에 따른 유효 손실이 감소되고,
② 수리작업의 회수가 줄고 기계수리비용이 감소되며,
③ 납기지연으로 인한 고객불만이 없어지고 매출이 신장되며,
④ 예비기계를 보유할 필요성이 감소되고,
⑤ 현장에서 작업자가 보다 안전하게 작업할 수 있어,
⑥ 결국 생산시스템의 신뢰도가 향상되고 제조원가는 절감된다.

Q 보충문제

1. 인지 및 인식의 오류를 예방하기 위해 목표와 관련하여 작동을 계획해야 하는데 특수하고 친숙하지 않은 상황에서 발생하며, 부적절한 분석이나 의사결정을 잘못하여 발생하는 오류는?
① 기능에 기초한 행동 (Skill-based Behavior)
② 규칙에 기초한 행동 (Rule-based Behavior)
③ 사고에 기초한 행동 (Accident-based Behavior)
④ 지식에 기초한 행동 (Knowledge-based Behavior)
⑤ 태도에 의한 습관행동

정답 ④

2. 프레스에 설치된 안전장치 수명은 지수분포를 따르며, 평균 수명은 100시간이다. 새로 구입한 S형 안전장치가 향후 50시간 동안 고장없이 작동할 확률(A)과 이미 100시간을 사용한 안전장치가 향후 50시간이상 견딜 확률(B)은 각각 얼마인가?

[해설] ① 50시간 동안 고장없이 작동할 확률(A)
$= e^{-\frac{50}{100}} = e^{-0.5}$
$= 0.607$
② 앞으로 100시간 이상 견딜 확률(B)
$= e^{-\frac{100}{100}} = e^{-1}$
$= 0.368$

㉓ 교대(떠받는)구조
㉔ 하중경감구조

6. 간략(簡略)구조(Reducible Structure)

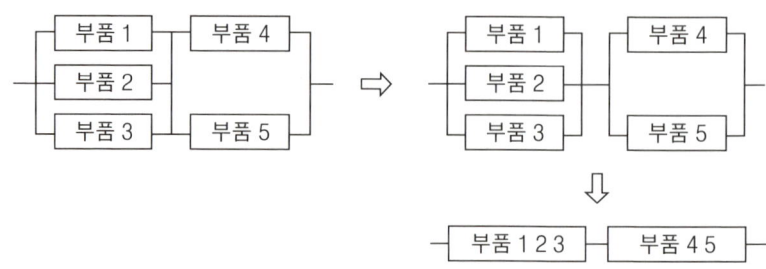

[그림] 간략구조

시스템을 분해하여 몇 개의 서브시스템이나 부품들로 나누었을 때, 경우에 따라서는 그 신뢰도 구조가 직렬과 병렬 구조의 반복 구조이기 때문에, 좀더 간단한 구조로 간략화될 수 있는 구조

7. 비간략(非簡略)구조(Irreducible Structure)

시스템을 분해하여 몇 개의 서브시스템이나 부품들로 나누었을 때, 그 신뢰도 구조가 직렬과 병렬 구조의 반복 구조가 아니기 때문에, 더 이상 간단한 구조로 간략화될 수 없는 구조

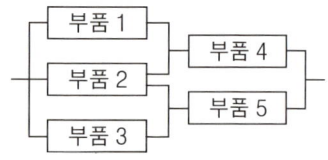

[그림] 비간략 구조

① **사상공간법**(事象空間法)(event space method) : 주어진 시스템에서 발생 가능한 모든 경우를 나열하여 사상공간목록을 작성, 목록에 포함된 사상들을 시스템이 고장날 경우와 정상 가동될 경우로 분류하여, 시스템의 신뢰도를 정상 가동될 경우에 대한 확률의 합계로 구한다. 나열된 사상들은 상호 배제적이고 누락된 사상이 없어야 하며, 부품 고장이 상호 독립적이면 어떤 시스템에도 적용할 수 있으나, 부품의 수가 많으면 사상공간목록의 작성이 힘이 든다.

② **경로추적법**(經路追跡法)(path tracing method) : 신뢰도 block diagram에서 모든 부품이 없는 경우에서부터 시작하여 1개, 2개, 3개 등으로 부품수를 점차 증가시켜 나가며, 시스템이 정상 가동할 완전 경로들을 밝혀 이 완전 경로들의 합집합의 확률을 구하면 이것이 시스템의 신뢰도가 된다. 완전 경로들은 일반적으로 상호 배제적이 아니므로 반드시 합집합의 확률을 구하여야

하며, 이 합집합의 확률을 구하는 식을 전개하고 항들을 간략화하는 계산이 복잡하다.

③ **분해법**(分解法)(decomposition method) : 복잡한 시스템의 신뢰도 구조를 좀더 간단한 구조로 분해하여 조건부 확률을 이용해서 시스템의 신뢰도를 구하는 방법이다.

'그 부품이 없었다면' 신뢰도 구조가 아주 간단해질 수 있는 '주요부품(key-stone component)' X를 선정하면, 시스템의 신뢰도는 이 주요부품 X의 상태에 따라 2가지 경우로 나누어 생각할 수 있으므로,

$R = \Pr[\otimes]\Pr[\text{시스템 정상가동}|\otimes] + \Pr[\overline{X}]\Pr[\text{시스템 정상가동}|\overline{X}]$이 된다.

8. 신뢰도 개선(改善)

① 간단한 설계
② 여유있는 설계(여유용량, 안전계수)
③ 부품 개선
④ 중복설계 : 시스템의 신뢰도를 개선하기 위해 구조에 평행경로를 부가하는 것
   ㉮ 단일체계
   - 체계중복(system or unit redundancy) : 전체의 시스템을 중복 설치하는 방법
   - 부품중복(component redundancy) : 각 부품을 개별적으로 중복 설치하는 방법
   ㉯ 절충체계

[표] 저항력의 종류

구분	특징
탄성저항(elastic resistance)	조종장치의 변위에 따라 변하며 변위에 대한 궤환이 항력과 체계적인 관례를 가지고 있는 것이 이점
점성저항(viscous damping)	① 출력과 반대방향으로 속도에 비례해서 작용하는 힘 때문에 생기는 항력 ② 원활한 제어를 도우며, 규정된 변위 속도 유지 효과 ③ 우발적인 조종장치의 동작을 감소시키는 효과
관성(inertia)	① 물체의 질량으로 인한 운동(방향)에 대한 저항으로 가속도에 따라 변함 ② 원활한 제어를 도우며, 우발적인 작동 가능성 감소
정지(static) 및 미끄럼(coulomb) 마찰	① 처음 움직임에 대한 정지 마찰은 급격히 감소하나 미끄럼 마찰은 계속 운동에 저항하며 변위나 속도에 무관 ② 제어 동작에 도움이 되지 못하며 인간성능을 저하 ③ 우발적인 작동 가능성을 줄이고, 손떨림을 감소시켜 조종장치를 한 곳에 유지하는 데는 도움

합격예측

근골격계질환 작업특성의 요인 (NIOSH연구)
① 반복성
② 부자유스런 또는 취하기 어려운 자세
③ 과도한 힘
④ 접촉 스트레스
⑤ 진동
⑥ 온도, 조명 등 그 밖에 요인

합격예측

인간공학 연구에 사용되는 변수의 유형
① 독립 변수 : 조명, 기기의 설계형(design), 정보경로(channel), 중력
② 종속 변수(기준, Chiterion) : 독립변수의 가능한 '효과'의 척도(반응시간 등)

참고

KS A 3004 : 신뢰성 용어
① 아이템(구성품 : item) - 신뢰성의 대상이 되는 시스템(체계), 서브시스템, 기기, 장치, 구성품, 부품, 요소 등의 총칭 또는 그 중의 하나
  - 비고 : 이러한 용어는 상위 아이템(시스템)에서 하위 아이템(요소)까지 계층적인 뜻으로 널리 사용되고 있다.
② 시스템(system) - 소정의 임무를 달성하기 위하여 선정되고, 배열되고, 서로 연계되어서 동작하는 일련의 아이템(하드웨어, 소프트웨어, 인간요소) 등의 모임
  - 비고 : 필요에 따라 체계(體系)를 사용한다.
③ 신뢰성(reliability) - 아이템이 주어진 조건하에서 규정된 기간 중, 요구되는 기능을 수행하는 성질
④ 신뢰성 공학(reliability engineering) - 아이템과 신뢰성을 부여할 목적의 응용과학 및 기술
⑤ 신뢰도(reliability) - 아이템이 주어진 조건(하)에서 규정된 기간 중, 요구되는 기능을 다하는 확률(분포함수, 신뢰도함수 참조)

Chapter 01 신뢰성 공학 출제예상문제

출제예상문제는 복습, 예습문제로 엮었습니다. *WHY : 실제시험에도 순서에 관계없이 출제됩니다. 예습 후 다음장에 공부한 문제가 있으면 기억이 배가 됩니다.

01 다음 중 인간 – 기계 체계의 주목적은?
① 피로의 경감
② 경제성과 보건성
③ 신뢰성 향상과 사용도 확보
④ 생계유지
⑤ 안전의 최대화와 능률의 극대화

해설
인간 공학
① 인간 – 기계의 최종목적은 안전과 능률이다.
② 인간 공학의 최종목표 역시 안전과 능률이다.

02 현실적으로 시스템을 사용하는 때에는 정비나 보수가 필수 불가결한 작업이다. 이러한 작업들로 인해 시스템의 신뢰도 함수가 가장 크게 영향을 받는 구조는?
① 대기구조 ② n 중 K구조
③ 병렬구조 ④ 직렬구조
⑤ 직 · 병렬구조

해설
직렬연결·병렬연결 비교
(1) 직렬연결
  ① 제어계가 r개의 요소로 연결
  ② 각 요소의 고장이 독립적으로 발생
  ③ 어떤 요소의 고장도 제어계의 기능을 잃는 상태
(2) 병렬system
  ① 항공기나 열차의 제어장치처럼 한 부분의 결함이 중대한 사고를 일으킬 염려가 있는 경우에 적용하는 system
  ② 결함이 생긴 부품의 기능을 대체시킬 수 있는 장치를 중복 부착시켜 주는 system

보충학습
계면설계(interface design)
① 작업공간, 표시장치, 조종장치 등이 계면에 해당
② 계면설계를 위한 인간요소 관련 자료는 상식과 경험, 정량적 자료, 전문가의 판단 등

03 제어결과를 목표와 비교하여 상이할 경우 다시 feedback하여 수정해 나가는 제어방식은?
① open loop control
② sequential control
③ automation
④ safe–loop control
⑤ closed loop control

해설
제어방식 비교
① 개방루프 제어방식 : 항공기의 방향 조정의 경우 항공기의 진로를 유지하기 위하여 기체의 역학적 특성, 진로상의 공기의 밀도와 바람 등을 사전에 충분히 알고 조정 방향을 시간적으로 프로그램함으로써 항공기가 소정의 비행로를 따라 비행하게 되는데 이와 같은 제어방식을 말한다.
② 피드백 제어방식 : 제어결과를 측정하여 목표로 하는 동작이나 상태와 비교하여 잘못된 점을 수정해 나가는 제어방식으로 피드백 제어에서는 제어의 결과를 목표와 비교하기 위하여 출력이 피드백측으로 피드백되어 전체가 하나의 폐루프를 구성하기 때문에 일명 폐쇄루프제어(closed loop control)라고도 한다.

04 평균고장시간이 4×10^8 시간인 요소 4개가 직렬 체계를 이루었을 때 이 체계의 수명은?
① 1×10^8 [시간] ② 4×10^8 [시간]
③ 16×10^8 [시간] ④ 8.3×10^8 [시간]
⑤ 4×10^{-9} [시간]

해설
직렬체계
① system이 직렬계를 이룬 경우는 그 요소의 개수로 나누어준다.
② 풀이 : $4 \times 10^8 \times \dfrac{1}{4} = 1 \times 10^8$ [hr]

[정답] 01 ⑤ 02 ④ 03 ⑤ 04 ①

보충학습

각각 10,000[시간] A, B
2개 지수분포 : $10,000 \times \left(1 + \dfrac{1}{2}\right) = 15,000$[시간]

05 ★ 다음 인간의 단점 중 운동 출력 특징을 설명한 것은?

① 서 있는 자세에 의한 불안정 때문에 넘어지고 떨어지고 현기증을 일으킨다.
② 인간 감각기는 극히 한정된 대상밖에 지각할 수 없다.
③ 유사한 기억 때문에 혼란과 망각을 일으킨다.
④ 종래 습관이나 규율을 경시하거나 무시한다.
⑤ 습관을 매우 중시한다.

해설

인간의 장점과 약점

구 분	장 점	단 점
감각입력 (感覺入力) 특성	① 감각기는 단독 또는 복합하여 지각대상(知覺對象)의 질적 특징을 민첩하고 상세하게 분석한다. ② 패턴(pattern) 인식에 의하여 복잡한 소음 중에서 특정 대상을 직관적으로 인지한다. ③ 예측과 주의에 의하여 거대한 소음 중에서 특정의 필요 신호를 선택한다.	① 인간의 감각기는 물리현상 중의 극히 제한된 대상밖에 지각할 수 없다. ② 패턴 인식에 의한 착시(錯視), 감각기의 특성에 의한 착각(錯覺)이 일어나기 쉽다. ③ 예측하지 못한 사태에 빠지면 모르고 그냥 넘어가거나, 예측 과잉으로 주의가 생략되기 쉽다.
운동출력 (運動出力) 특성	① 양발로 서있으므로 동작·보행·운반의 자유도가 매우 크다. ② 양손에 의하여 다차원 동작(多次元動作)과 적응 처리의 숙련성. 창조적 기능을 발휘한다.	① 서 있는 자세에 의한 불안정 때문에 넘어지고, 떨어지고, 현기증을 일으킨다. ② 출력에는 기계적인 한계가 있으며, 힘이나 동력을 가하면 동작이 흐트러지기 쉽다.
중추처리 (中樞處理) 특성	① 지식과 체험이 풍부한 기억, 학습 능력이 우수하다. ② 직선적 사고에 의한 유연한 판단, 논리적 사고, 합리적인 판단을 한다. ③ 상황에 따라 신속히 판단을 바꾸고(非線形), 의지적 억제에 의하여 행동을 합리적으로 바꾼다. ④ 창의적 연구, 현상을 의심하고 다시 관찰하고, 발상과 창조, 호기심이 풍부하다. ⑤ 주체적 활동을 좋아하며, 의욕과 실천력으로 능력이 배가한다.	① 유사한 기억 때문에 혼란과 망각을 일으킨다. ② 판단 시간이 늦고 양도 적다. 급박한 장면에서는 판단이 흐려지기 쉽다. ③ 판단을 요하지 않는 단순 동작의 반복에 약하고, 쉽게 의식이 둔해지며, 피로하기 쉽다. ④ 종래의 습관이나 규율을 경시하거나 무시한다. ⑤ 자기욕구의 만족을 위해서는 수단 방법을 가리지 않고, 감정적으로 자기 주장을 내세운다.

06 ★★★ 안전진단 및 적절한 보전(保全)에 의해 방지할 수 있는 고장의 형태는?

① 초기고장
② 마모고장
③ 피로고장
④ 우발고장
⑤ 생리고장

해설

기계고장률의 기본모형

(1) 초기고장
  ① 감소형(DFR : Decreasing Failure Rate)
  ② 설계상·구조상 결함, 불량제조, 생산과정 등의 품질관리의 미비로 생기는 고장
  ③ 점검 작업이나 시운전 작업 등으로 사전에 방지할 수 있는 고장
  ④ 디버깅(debugging) 기간 : 기계의 결함을 찾아내 고장률을 안정시키는 기간
  ⑤ 번인(burn-in) 기간 : 물품을 실제로 장시간 움직여 보고 그동안에 고장난 것을 제거하는 기간
  ⑥ 비행기 : 에이징이라 하여 3년 이상 시운전
  ⑦ 욕조곡선(bath-tub) : 예방보전을 하지 않을 때의 곡선은 서양식 욕조 모양과 비슷하게 나타나는 현상
  ⑧ 예방보전(PM : Preventive Maintenance) → 디버깅, 번인, 에이징(aging)

(2) 우발고장
  ① 일정형(CFR : Constant Failure Rate)
  ② 신뢰도는 지수형으로, 고장까지의 무고장 동작시간은 지수분포로 나타낸다.
  ③ 우발적 사고, 자살 등 랜덤(random)꼴로 재해 발생
  ④ 예측할 수 없을 때에 생기는 고장으로 점검 작업이나 시운전 작업으로 재해를 방지할 수 없다.
  ⑤ 신뢰도 : $R(t) = e^{-\frac{t}{t_0}} = e^{-\lambda t}$ (평균고장시간 t_0인 요소가 t 시간 동안 고장을 일으키지 않을 확률)

(3) 마모고장
  ① 증가형(IFR : Increasing Failure Rate)
  ② 점차로 고장률이 상승하는 형으로, 볼 베어링 등 기계적 요소나 부품의 마모, 사람의 노화현상
  ③ 마모나 노화에 의해 어떤 시점에서 집중적으로 고장나는 특징을 가진다.
  ④ 고장이 집중적으로 일어나기 직전에 교환을 하면 고장을 사전에 방지할 수 있다.

[정답] 05 ① 06 ②

07 ★★★★★ 인간과 기계의 신뢰도가 인간 60[%], 기계 95[%] 인 경우 병렬 작업시 전체 신뢰도는?

① 98[%] ② 99[%]
③ 97[%] ④ 94[%]
⑤ 93[%]

해설

$R_s = 1 - (1 - 0.6)(1 - 0.95) = 0.98 \times 100 = 98[\%]$

08 ★★ 기계설비의 배치에 대한 안전성 평가에서 검토해야 할 사항이 아닌 것은?

① 작업의 흐름에 따라 기계를 배치한다.
② 기계설비를 통로측에 설치할 수 없을 경우에는 작업자가 통로 쪽으로 등을 향하여 일하도록 배치하여야 한다.
③ 비상시에 쉽게 대비할 수 있는 통로를 마련하고 사고 진압을 위한 활동 통로가 반드시 마련되어야 한다.
④ 공장 내외는 안전한 통로를 두어야 하며, 통로는 선을 그어 작업장과 명확히 구별하도록 한다.
⑤ 작업의 흐름을 라인화한다.

해설

작업자의 등은 통로 반대쪽이어야 한다. 이유는, 햇빛을 보고 작업할 수 없다.

09 ★ 시스템 또는 제품에 관한 모든 사고를 식별하고 설계 및 제조과정을 통하여 이들의 사고를 최소화하고 제어하는 것을 보증하는 시스템 공학의 일부분인 학문은?

① 시스템공학 ② 신뢰성 공학
③ 운용 안전성 공학 ④ 산업안전 공학
⑤ 시스템안전공학

해설

시스템안전 : 어떤 시스템에 있어서 기능, 시간, 코스트의 제약조건하에서 인원 및 설비가 당하는 상해 및 손상을 최소한으로 줄이는 것

10 ★★ 다음의 부품배치 원칙 중 위치를 정하기 위한 기준은?

① 중요성의 원칙과 사용빈도의 원칙
② 사용빈도의 원칙과 기능별 배치의 원칙
③ 기능별 배치의 원칙과 사용순서의 원칙
④ 사용순서의 원칙과 중요성의 원칙
⑤ 사용과 중요도 중복 원칙

해설

위치 정하기 기준 : 중요성의 원칙과 사용빈도의 원칙

11 ★★ 인간-기계 시스템에서 수동제어 시스템에 속하지 않는 것은?

① 연속적 추적 제어   ② 프로그램 제어
③ 계층 구조적 제어   ④ 시간 차트 제어
⑤ 융통성 있음

해설

자동제어의 종류
① 시퀀스 제어 ② 되먹임 제어 ③ 오토메이션

12 ★★ 인간과 기계의 기능을 비교하여 인간의 기능이 현존하는 기계의 기능을 능가하는 경우는?

① 주위의 이상하거나 예기치 못한 사건들을 감지한다.
② 사전에 명시된 사건, 특히 드물게 발생하는 사건을 감지한다.
③ 정보를 신속하고 대량으로 보관한다.
④ 큰 부하가 걸리는 상황에서도 효율적으로 작동한다.
⑤ 연역적 기능을 갖는다.

해설

인간이 현존하는 기계를 능가하는 기능
① 저에너지의 자극을 감지하는 기능
② 복잡 다양한 자극의 형태를 식별하는 기능
③ 예기치 못한 사건들을 감지하는 기능(예감, 느낌)

[정답] 07 ① 08 ② 09 ⑤ 10 ① 11 ② 12 ①

④ 다량의 정보를 장시간 기억하고 필요시 내용을 회상하는 기능
⑤ 관찰을 일반화하여 귀납적으로 추리하는 기능
⑥ 원칙을 적용하여 다양한 문제를 해결하는 기능
⑦ 어떤 운용 방법이 실패할 경우 다른 방법을 선택(융통성)
⑧ 다양한 경험을 토대로 의사 결정, 상황적인 요구에 따라 적응적인 결정, 비상사태시 임기응변
⑨ 주관적으로 추산하고 평가하는 기능
⑩ 문제 해결에 있어서 독창력을 발휘하는 기능
⑪ 과부하(overload) 상태에서는 중요한 일에만 전념하는 기능

13 ★★★★ 다음은 초기고장과 마모고장의 고장형태와 그 예방대책에 관한 내용이다. 연결이 잘못된 것은?

① 초기고장 – 감소형
② 마모고장 – 증가형
③ 초기고장 – 디버깅
④ 우발고장 – 일정형
⑤ 마모고장 – 스크리닝

해설
마모고장은 정기진단이 필요하다.

14 ★★★ 다음 중 layout의 원칙인 것은?

① 인간이나 기계의 흐름을 라인화한다.
② 사람이나 물건의 이동거리를 단축하기 위해 기계배치를 분산화한다.
③ 운반작업을 수작업화한다.
④ 중간중간에 중복부분을 만든다.
⑤ 계층을 조절한다.

해설
layout의 원칙
① 기계배치를 집중화할 것
② 운반작업을 기계화할 것
③ 중간부분에 중복부분을 없앨 것

15 ★★ 다음 시스템의 신뢰도를 구하시오. (단위 %)

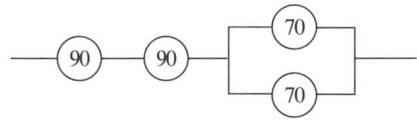

① 54[%]   ② 64[%]

③ 74[%]   ④ 84[%]
⑤ 88[%]

해설
$R_s = 0.9 \times 0.9\{1 - (1 - 0.7)(1 - 0.7)\}$
$= 0.7371 \times 100 = 73.71 ≒ 74[\%]$

16 ★★★★ 인간의 신뢰도가 60[%], 기계의 신뢰도가 90[%]이면 인간과 기계가 직렬체계로 작업할 때의 신뢰도는 몇 [%]로 보는가?

① 30   ② 54
③ 150 ④ 80
⑤ 95

해설
$R_s = $ 인간 × 기계 $= 0.6 \times 0.9 = 0.54 \times 100 = 54[\%]$

17 ★★ 인간공학에 사용되는 인간기준의 기본유형이 아닌 것은?

① 주관적 반응   ② 생리학적 지표
③ 인간성능척도   ④ 사고 및 과오빈도
⑤ 환경적응척도

해설
인간기준(human criteria)의 종류
① 인간의 성능 척도   ② 주관적 반응
③ 생리학적 지표   ④ 사고 및 과오빈도

18 ★★★ 작업설계를 함에 있어 철학적 접근방법은 무엇을 강조하는가?

① 작업에 대한 책임   ② 작업만족도
③ 적성배치   ④ 작업능률
⑤ 인간공학

[정답] 13 ⑤ 14 ① 15 ③ 16 ② 17 ⑤ 18 ②

해설

① 작업만족도를 위한 수단 : 작업만족도는 작업설계를 함에 있어 철학적으로 고려한 것이다.
② 작업설계(job design) ┌ 작업확대
　　　　　　　　　　　└ 작업효율화(윤택화)
→ 작업만족도(job satisfaction) → 작업순환(작업능률, 생산성 향상)

19 인간이 현존하는 기계를 능가하는 조건이 아닌 것은?

① 어떤 운용방법이 실패할 경우 다른 방법을 선택한다.
② 관찰을 통해서 일반화하고 연역적으로 추리한다.
③ 원칙을 적용하여 다양한 문제를 해결한다.
④ 주위의 이상하거나 예기치 못한 사건들을 감지한다.
⑤ 귀납적으로 추리한다.

해설

① 인간은 귀납적 기능으로 추리한다.
② 기계는 연역적 기능으로 추리한다.

20 인간-기계 체계를 분석하는 방법 중의 하나인 OSD(Operational Sequence Diagram)에 사용되는 기본 기호 중 전달정보를 나타내는 기호는?

① 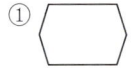 ②
③  ④

해설

OSD(Operational Sequence Diagram)
'정보 - 의사결정 - 행동'으로 하는 작업순서를 기호로써 표시하는 방법
(1) 기본 기호
　　○ : 수신정보, □ : 행동, ▽ : 전달정보
(2) lamp가 점화된 것을 보고 button을 누르는 작업 순서

　　　lamp 점등을 보고
　　　button을 누른다.

(3) light가 자동으로 켜지면 작업자는 그것을 보고 button을 누르는 경우의 OSD
　① 작업자를 중심으로 한 기술

　② 시스템을 중심으로 한 기술

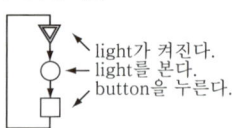

21 현실적으로 시스템을 사용하는 때에는 정비 보수가 불가결하다. 이러한 작업들로 인해 시스템의 신뢰도 함수가 가장 크게 영향을 받는 구조는?

① 내부구조　　　② 중복구조
③ 병렬구조　　　④ 직렬구조
⑤ 복합구조

해설

직렬연결은 자동자 운전 형태이다.

22 인간-기계 관계 측정법이 아닌 것은 어느 것인가?

① 순간조작 분석　　② 지각운동 정보분석
③ 정신적 신체 분석　④ 사용빈도 분석
⑤ 전작업 부담 분석

해설

인간-기계 관계 측정법(인간공학 연구방법)
① 순간조작 분석
② 지각운동 정보 분석
③ 연속 컨트롤 부담 분석
④ 전작업 부담 분석
⑤ 기계의 상호 연관성 분석
⑥ 사용빈도 부담 분석

[정답] 19 ② 20 ③ 21 ④ 22 ③

23 인간-기계 체계의 분석 및 설계(체계 설계)에 있어서의 인간공학의 가치에 해당되지 않는 것은?

① 인력이용률의 향상
② 사고 및 미스로 인한 손실방지
③ 생산 및 정비유지의 경제성 증대
④ 적절한 배경
⑤ 적정배치

해설
인간-기계 체계의 설계에 있어서 인간공학의 가치
① 적절한 배경
② 적절한 장비
③ 적절한 환경
④ 적절한 직무
⑤ 훈련비용의 절감
⑥ 인력이용률의 향상
⑦ 사고 및 오용으로부터의 손실감소
⑧ 생산 및 정비유지의 경제성 증대

24 시스템 분석 및 설계에 있어서 인간공학의 가치와 거리가 먼 것은?

① 작업 숙련도의 감소
② 사용자의 수용도 향상
③ 성능치 향상
④ 사고 및 오용의 감소
⑤ 인력이용률이 향상

해설
시스템과 인간공학은 발전하는 것이다.

25 인간공학에 사용되는 인간기준(human criteria)의 기본유형이 아닌 것은?

① 주관적 반응　　② 생리학적 지표
③ 인간성능척도　　④ 사고빈도
⑤ 환경적응척도

해설
인간공학의 인간 기준 4가지
① 주관적 반응　　② 생리적인 지표
③ 인간성능척도　　④ 사고빈도

참고 시각적 표시장치

구분	내용
정량적 판독	눈금을 사용하는 경우와 같이 정확한 값을 얻으려고 하는 경우
정성적 판독	기계가 작동되는 상태나 조건 등을 결정하기 위한 것으로 보통 허용범위 이상, 이내, 미만 등과 같이 세 가지 조건에 대하여 사용된다.
이분적 판독	On-Off와 같이 작업을 확인하거나 상태를 규정하기 위해 사용된다.

26 자동제어 중 feedback 제어에 관한 설명 중 틀린 것은?

① 순서에 의하여 설명한다.
② 기계적 변위 제어
③ 제어의 목표치와 상태를 비교한다.
④ 자동 동작으로 일정한 값을 유지
⑤ 자동으로 유지된다.

해설
순서에 의한 것은 sequence 제어이다.

27 인간-기계 통합체계의 형태에 해당되지 않는 것은?

① 수동　　② 자동
③ 감지　　④ 기계화
⑤ 반자동

해설
기계체계의 형태
① 수동체계　② 기계화체계
③ 자동화체계

28 인간공학적으로 조작구를 설계할 때 고려하여야 할 사항이 아닌 것은?

① 중량감　　② 탄력성
③ 마찰력　　④ 관성력

[정답] 23 ⑤　24 ①　25 ⑤　26 ①　27 ③　28 ①

⑤ 탄성

해설
조작구 설계시 인간공학적으로 고려하여야 할 사항
① 탄력성 ② 마찰력 ③ 관성력

29 인간공학에 사용되는 인간기준(human criteria)의 기본유형이 아닌 것은?

① 주관적 반응 ② 생리학적 지표
③ 인간성능척도 ④ 환경적응척도
⑤ 사고빈도

해설
인간기준의 유형
① 인간성능척도 ② 생리학적 지표
③ 주관적인 반응 ④ 사고빈도

30 인간 – 기계 체계에서 인간과 기계가 만나는 면(面)을 무엇이라고 하는가?

① 계면 ② 포락면
③ 의사결정면 ④ 인체설계면
⑤ 설계면

해설
인간 – 기계의 계면(interface)
인간과 기계가 만나는 면(面)

31 인간 – 기계 시스템에서 시스템의 설계를 다음과 같이 구분할 때 제3단계인 기본설계에 해당되지 않는 것은?

23. 4. 1 출

> 1단계 : 시스템의 목표와 성능 명세 결정
> 2단계 : 시스템의 정의
> 3단계 : 기본설계
> 4단계 : 인터페이스설계
> 5단계 : 보조물설계
> 6단계 : 시험 및 평가

① 작업설계 ② 화면설계
③ 직무분석 ④ 기능할당
⑤ 인간–기계 시스템 설계

해설
인간 – 기계 시스템 설계 3단계
① 작업설계
② 직무분석
③ 기능할당
④ 인간성능–요건명세

[정답] 29 ④ 30 ① 31 ②

Chapter 02 안전점검 및 검사·인증·진단

중점 학습내용

본 장은 안전점검에서 점검 목적 의의 등을 강조하였고 안전점검 방법, 특히 안전인증 등 작업 시작 전 기계·기구 등을 나열하였으며 점검 항목도 서술하였다. 시험에 출제가 예상되는 중심적인 내용은 다음과 같다.

❶ 안전점검
❷ 안전인증
❸ 안전진단 및 검사

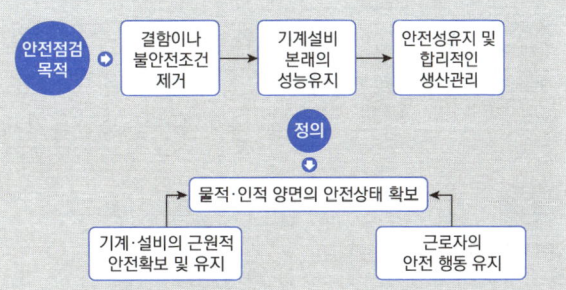

1 안전점검

합격예측

(1) 안전점검 방법의 종류
  ① 육안점검 : 시각, 촉각 등으로 검사(부식, 마모)
  ② 기능점검 : 간단한 조작에 의해 판단
  ③ 기기점검 : 안전장치, 누전차단장치 등을 정해진 순서로 작동하여 양부를 판단
  ④ 정밀점검 : 규정에 의해 측정, 검사 등 설비의 종합적인 점검
(2) 안전점검 결과 기록사항
  ① 점검년월일
  ② 점검방법
  ③ 점검개소
  ④ 점검결과
  ⑤ 점검실시자 성명
  ⑥ 점검 결과에 따른 조치사항

1. 안전점검의 정의

안전점검이란 안전을 확보하기 위해 실태를 명확히 파악하는 것으로서, 불안전 상태와 불안전 행동을 발생시키는 결함을 사전에 발견하거나 안전 상태를 확인하는 행동이다.

2. 안전점검의 의의

① 설비의 안전 확보
② 설비의 안전 상태 유지
③ 인적인 안전 행동 상태의 유지

3. 안전점검의 종류(점검주기에의 구분)

(1) 정기점검(계획점검)

일정 기간마다 정기적으로 실시하는 점검으로 법적 기준 또는 사내 안전 규정에 따라 해당 책임자가 실시하는 점검

(2) 수시점검(일상점검)

매일 작업 전·작업 중 또는 작업 후에 일상적으로 실시하는 점검을 말하며 작업자·작업책임자·관리감독자가 실시하고 사업주의 안전순찰도 넓은 의미에서 포함된다. 예 작업전 점검내용 : 방호장치 작동 여부

> **합격예측**
>
> **(1) 안전점검의 대상**
> ① 안전관리 조직체제 및 운영상황
> ② 안전교육계획 및 실시 상황
> ③ 작업환경 및 유해·위험 관리에 관한 상황
> ④ 정리정돈 및 위험물 방화관리에 관한 상황
> ⑤ 운반설비 및 관련 시설물의 상태
>
> **(2) 요약** : 작업환경, 작업방법, 방호장치

> **합격예측**
>
> **안전점검의 순환과정**
> 현상의 파악(실상의 파악) – 결함의 발견 – 시정대책의 선정 – 대책의 실시

(3) 특별점검

기계·기구 또는 설비의 신설·변경 또는 중대재해 발생 직후 등 고장 수리 등으로 비정기적인 특정 점검을 말하며 기술 책임자가 실시한다. (산업안전 보건강조기간에도 실시)

(4) 임시점검

정기점검 실시 후 다음 점검기일 이전에 임시로 실시하는 점검의 형태를 말하며, 기계·기구 또는 설치의 이상 발견시에 임시로 점검하는 점검을 임시점검이라 한다. (예 목재가공용 둥근톱기계의 작업 중 갑작스런 고장시)

4. 점검방법에 의한 구분

(1) 외관점검

기기의 적당한 배치, 설치 상태, 변형, 균열, 손상, 부식, 볼트의 여유 등의 유무를 외관에서 시각 및 촉감 등에 의해 조사하고, 점검 기준에 의해 양부를 확인하는 것이다.

(2) 기능점검

간단한 조작을 행하여 대상 기기의 기능적 양부를 확인하는 것이다.

(3) 작동점검

안전장치나 누전차단장치 등을 정해진 순서에 의해 작동시켜 상황의 양부를 확인하는 것이다.

(4) 종합점검

정해진 점검 기준에 의해 측정·검사를 행하고, 또 일정한 조건하에서 운전시험을 행하여 그 기계설비의 종합적인 기능을 확인하는 것이다.

5. 안전점검의 직접적 목적

① 결함이나 불안전 조건의 제거
② 기계·설비의 본래 성능 유지
③ 합리적인 생산 관리

6. 안전점검 및 진단의 순서

① 실태(현상)의 파악
② 결함의 발견
③ 대책의 결정
④ 대책의 실시

7. 안전점검시 유의사항

① 여러 가지 점검 방법을 병용한다.
② 점검자의 능력에 상응하는 점검을 실시한다.
③ 과거의 재해 발생 부분은 그 원인이 배제되었는지 확인한다.
④ 불량한 부분이 발견된 경우에는 다른 동종 설비도 점검한다.
⑤ 발견된 불량 부분은 원인을 조사하고 필요한 대책을 강구한다.
⑥ 안전 점검은 안전 수준의 향상을 목적으로 하는 것임을 염두에 두어야 한다.

8. Check List에 포함되어야 하는 사항

① 점검대상
② 점검부분(점검개소)
③ 점검항목(점검내용 : 마모, 균열, 부식, 파손, 변형 등)
④ 점검주기 또는 기간(점검시기)
⑤ 점검방법(육안점검, 기능점검, 기기점검, 정밀점검)
⑥ 판정기준(안전검사기준, 법령에 의한 기준, KS기준 등)
⑦ 조치사항(점검결과에 따른 결함의 시정사항)

9. Check List 판정시 유의사항

① 판정 기준의 종류가 두 종류인 경우 적합 여부를 판정한다.
② 한 개의 절대 척도나 상대 척도에 의할 때는 수치로서 나타낼 것
③ 복수의 절대 척도나 상대 척도에 조합된 문항은 기준 점수 이하로 나타낼 것
④ 대안과 비교하여 양부를 판정한다.
⑤ 경험하지 않은 문제나 복잡하게 예측되는 문제 등은 관계자와 협의하여 종합 판정한다.

[표] 작업 시작 전 점검사항

작업의 종류	점 검 내 용
1. 프레스 등을 사용하여 작업을 할 때	① 클러치 및 브레이크의 기능 ② 크랭크축·플라이휠·슬라이드·연결봉 및 연결나사의 풀림 유무 ③ 1행정 1정지기구·급정지장치 및 비상정지장치의 기능 ④ 슬라이드 또는 칼날에 의한 위험방지 기구의 기능 ⑤ 프레스의 금형 및 고정볼트 상태 ⑥ 방호장치의 기능 ⑦ 전단기(剪斷機)의 칼날 및 테이블의 상태

합격예측

점검기준의 기본조건
① 점검대상(점검대상이 되는 기계의 명칭 또는 측정과 시험의 명칭)
② 점검부분(점검대상 기계의 각 부분의 점검개소 부품명)
③ 점검항목(마모, 균열, 파손, 부식 등의 점검실시 항목)
④ 점검주기 또는 기간(점검 사기)
⑤ 점검방법(육안점검, 기기점검, 기능점검, 정밀점검)
⑥ 판정기준 및 조치

합격예측

점검표의 항목
① 점검대상
② 점검부분 및 점검항목
③ 점검주기 또는 기간(점검시기)
④ 점검방법
⑤ 판정기준 및 조치사항

합격예측

안전진단

① 안전진단은 기계·기구의 설비, 공구, 작업방법, 작업환경, 근로자의 안전활동, 근무태도, 생활태도 등에 대해 잠재위험 요인을 자세하게 진단하여 적절하고 신속한 조치를 시행하는 것이며 쾌적한 작업 환경과 기계·기구설비 등의 안전한 기능발휘를 갖추어 안전에 대한 효율적인 관리를 행하는 것으로 장기적으로는 예방적인 측면에 이르는 안전점검을 말한다.

② 안전진단은 인적, 물적, 환경 요인을 말한다.

참고

생산 현장에서의 안전활동 상황

① 생산담당자의 안전추진 활동
② 관리감독자의 안전추진 활동
③ 근로자의 안전풍토 및 안전협력, 이행, 실행여부

은행문제

안전검사기관 및 자율검사프로그램 인정기관은 고용노동부장관에게 그 실적을 보고하도록 관련법에 명시되어 있는데 그 주기로 옳은 것은?

① 매월 ② 격월
③ 분기 ④ 반기
⑤ 매년

정답 ③

2. 로봇의 작동범위 내에서 그 로봇에 관하여 교시 등 (로봇의 동력원을 차단하고 행하는 것을 제외한다)의 작업을 할 때	① 외부전선의 피복 또는 외장의 손상유무 ② 매니퓰레이터(manipulator) 작동의 이상유무 ③ 제동장치 및 비상정지장치의 기능	
3. 공기압축기를 가동할 때 23. 4. 1 출	① 공기저장 압력용기의 외관상태 ② 드레인밸브의 조작 및 배수 ③ 압력방출장치의 기능 ④ 언로드밸브의 기능 ⑤ 윤활유의 상태 ⑥ 회전부의 덮개 또는 울 ⑦ 그 밖의 연결부위의 이상유무	
4. 크레인을 사용하여 작업을 할 때	① 권과방지장치·브레이크·클러치 및 운전장치의 기능 ② 주행로의 상측 및 트롤리가 횡행(橫行)하는 레일의 상태 ③ 와이어로프가 통하고 있는 곳의 상태	
5. 이동식 크레인을 사용하여 작업을 할 때	① 권과방지장치 그 밖의 경보장치의 기능 ② 브레이크·클러치 및 조정장치의 기능 ③ 와이어로프가 통하고 있는 곳 및 작업장소의 지반상태	
6. 리프트(간이리프트를 포함한다)를 사용하여 작업을 할 때	① 방호장치·브레이크 및 클러치의 기능 ② 와이어로프가 통하고 있는 곳의 상태	
7. 곤돌라를 사용하여 작업을 할 때	① 방호장치·브레이크의 기능 ② 와이어로프·슬링와이어 등의 상태	
8. 양중기의 와이어로프·달기체인·섬유로프·섬유벨트 또는 훅·샤클·링 등의 철구(이하 "와이어로프 등"이라 한다)를 사용하여 고리걸이작업을 할 때	와이어로프 등의 이상유무	
9. 지게차를 사용하여 작업을 할 때	① 제동장치 및 조종장치 기능의 이상유무 ② 하역장치 및 유압장치 기능의 이상유무 ③ 바퀴의 이상유무 ④ 전조등·후미등·방향지시기 및 경보장치 기능의 이상유무	
10. 구내운반차를 사용하여 작업을 할 때	① 제동장치 및 조종장치 기능의 이상유무 ② 하역장치 및 유압장치 기능의 이상유무 ③ 바퀴의 이상유무 ④ 전조등·후미등·방향지시기 및 경음기 기능의 이상유무 ⑤ 충전장치를 포함한 홀더 등의 결합상태의 이상유무	
11. 고소작업대를 사용하여 작업을 할 때	① 비상정지장치 및 비상하강방지장치 기능의 이상 유무 ② 과부하방지장치의 작동유무(와이어로프 또는 체인구동방식의 경우) ③ 아웃트리거 또는 바퀴의 이상유무 ④ 작업면의 기울기 또는 요철유무 ⑤ 활선작업용 장치의 경우 홈·균열·파손 등 그 밖의 이상유무	

12. 화물자동차를 사용하는 작업을 행하게 할 때	① 제동장치 및 조종장치의 기능 ② 하역장치 및 유압장치의 기능 ③ 바퀴의 이상유무
13. 컨베이어 등을 사용하여 작업할 때	① 원동기 및 풀리기능의 이상유무 ② 이탈 등의 방지장치 기능의 이상유무 ③ 비상정지장치 기능의 이상유무 ④ 원동기·회전축·기어 및 풀리 등의 덮개 또는 울 등의 이상유무
14. 차량계 건설기계를 사용하여 작업을 할 때	브레이크 및 클러치 등의 기능
14의2. 용접·용단 작업 등의 화재위험 작업을 할 때(제2편제2장제2절)	① 작업 준비 및 작업 절차 수립 여부 ② 화기작업에 따른 인근 가연성물질에 대한 방호조치 및 소화기구 비치 여부 ③ 용접불티 비산방지덮개 또는 용접방화포 등 불꽃·불티 등의 비산을 방지하기 위한 조치여부 ④ 인화성 액체의 증기 또는 인화성 가스가 남아있지 않도록 하는 환기 조치 여부 ⑤ 작업근로자에 대한 화재예방 및 피난교육 등 비상조치 여부
15. 이동식 방폭구조 전기기계·기구를 사용할 때	전선 및 접속부 상태
16. 근로자가 반복하여 계속적으로 중량물을 취급하는 작업을 할 때	① 중량물 취급의 올바른 자세 및 복장 ② 위험물의 비산에 따른 보호구의 착용 ③ 카바이드·생석회 등과 같이 온도상승이나 습기에 의하여 위험성이 존재하는 중량물의 취급방법 ④ 그 밖에 하역운반기계 등의 적절한 사용방법
17. 양화장치를 사용하여 화물을 싣고 내리는 작업을 할 때	① 양화장치(揚貨裝置)의 작동상태 ② 양화장치에 제한하중을 초과하는 하중을 실었는지 여부
18. 슬링 등을 사용하여 작업을 할 때	① 훅이 붙어 있는 슬링·와이어슬링 등의 매달린 상태 ② 슬링·와이어슬링 등의 상태(작업시작 전 및 작업중 수시로 점검)

2 안전인증

1. 안전인증대상 기계

(1) 기계 및 설비의 종류

① 프레스 ② 전단기 및 절곡기 ③ 크레인 ④ 리프트 ⑤ 압력용기 ⑥ 롤러기
⑦ 사출성형기 ⑧ 고소 작업대 ⑨ 곤돌라

합격예측

(1) 안전인증절차

유해하거나 위험한 기계, 방호장치, 보호구 (안전인증 대상기계)
↓
안전에 관한 성능, 제조자 기술능력, 생산체계
↓
안전인증기준(고시)
↓
안전인증 표시 (대상기계 및 담은 용기 또는 포장)

(2) 안전점검 보고서에 수록될 내용
① 작업현장의 현 배치 상태와 문제점
② 안전교육 실시 현황 및 추진 방향
③ 안전방침과 중점개선 계획

용어정의

therbling
동작을 구성하는 기본적인 요소를 정한 기호이다.

합격예측 및 관련법규

제107조(안전인증대상기계 등) 법 제84조제1항에서 "고용노동부령으로 정하는 안전인증대상기계등"이란 다음 각 호의 기계 및 설비를 말한다. 25. 3. 29.
1. 설치·이전하는 경우 안전인증을 받아야 하는 기계
  가. 크레인
  나. 리프트
  다. 곤돌라
2. 주요 구조 부분을 변경하는 경우 안전인증을 받아야 하는 기계 및 설비
  가. 프레스
  나. 전단기 및 절곡기(折曲機)
  다. 크레인
  라. 리프트
  마. 압력용기
  바. 롤러기
  사. 사출성형기(射出成形機)
  아. 고소(告訴)작업대
  자. 곤돌라

합격예측

자율안전확인신고절차

자율안전확인대상 기계
제조 및 구조 부분 변경
또는 수입
↓
자율안전기준
(안전에 관한 성능)
↓
자율안전확인
↓
신고
(고용노동부장관)
↓
자율안전확인의 표시
(대상 기계 및 담은 용기
또는 포장)

합격예측

작업위험 분석방법
① 면접
② 관찰
③ 설문방법
④ 혼합방식

(2) 방호장치의 종류

① 프레스 및 전단기 방호장치 ② 양중기용 과부하방지장치
③ 보일러 압력방출용 안전밸브 ④ 압력용기 압력방출용 안전밸브
⑤ 압력용기 압력방출용 파열판 ⑥ 절연용 방호구 및 활선작업용 기구
⑦ 방폭구조 전기기계·기구 및 부품
⑧ 추락·낙하 및 붕괴 등의 위험방호에 필요한 가설기자재로서 고용노동부장관이 정하여 고시하는 것
⑨ 충돌·협착 등의 위험방지에 필요한 산업용 로봇 방호장치로서 고용노동부장관이 정하여 고시하는 것

(3) 보호구의 종류

① 추락 및 감전 위험방지용 안전모 ② 안전화 ③ 안전장갑
④ 방진마스크 ⑤ 방독마스크 ⑥ 송기마스크 ⑦ 전동식 호흡보호구
⑧ 보호복 ⑨ 안전대 ⑩ 차광 및 비산물 위험방지용 보안경
⑪ 용접용 보안면 ⑫ 방음용 귀마개 또는 귀덮개

2. 안전인증 면제·취소·사용금지 대상

(1) 안전인증 면제 대상

① 연구개발을 목적으로 제조 수입하거나 수출을 목적으로 제조하는 경우
② 고용노동부장관이 정하여 고시하는 외국의 안전인증기관에서 인증을 받은 경우
③ 다른 법령에서 안전성에 관한 검사나 인증을 받은 경우

(2) 안전인증의 취소 및 사용금지 또는 개선 대상

① 거짓이나 그 밖의 부정한 방법으로 안전인증을 받은 경우
② 안전인증을 받은 안전인증대상기계·기구 등의 안전에 관한 성능 등이 안전인증기준에 맞지 아니하게 된 경우
③ 정당한 사유 없이 안전인증기준 준수여부의 확인(확인주기 : 3년 이하의 범위)을 거부, 기피 또는 방해하는 경우

[표] 안전인증 심사의 종류 및 방법 22. 3. 19

종류	심사방법	심사기간
예비심사	기계 및 방호장치·보호가 안전인증대상 기계 등인지를 확인하는 심사(안전인증을 신청한 경우만 해당)	7일
서면심사	안전인증대상 기계 등의 종류별 또는 형식별로 설계도면 등 안전인증대상 기계 등의 제품 기술과 관련된 문서가 안전인증기준에 적합한지 여부에 대한 심사	15일 (외국에서 제조한 경우 30일)
기술능력 및 생산체계 심사	안전인증대상 기계 등의 안전성능을 지속적으로 유지·보증하기 위하여 사업장에서 갖추어야 할 기술능력과 생산체계가 안전인증기준에 적합한지에 대한 심사, 다만, 수입자가 안전인증을 받거나 제품심사에서의 개별 제품심사를 하는 경우에는 기술능력 및 생산체계 심사를 생략	30일 (외국에서 제조한 경우 45일)

제품심사	안전인증대상 기계 등의 안전에 관한 성능이 안전인증기준에 적합한지에 대한 심사 (두 가지 심사 중 어느 하나만을 받는다)	개별 제품 심사	서면심사결과가 안전인증기준에 적합할 경우에 하는 안전인증대상 기계 등 모두에 대하여 하는 심사(서면 심사와 개별 제품심사를 동시에 할 것을 요청하는 경우 병행하여 할 수 있다.)	15일
		형식별 제품 심사	서면심사와 기술능력 및 생산체계 심사결과가 안전인증기준에 적합할 경우에 하는 안전인증대상 기계 등의 형식별로 표본을 추출하여 하는 심사(서면심사, 기술능력 및 생산체계 심사와 형식별 제품심사를 동시에 할 것을 요청하는 경우 병행하여 할 수 있다.)	30일 (방폭구조전기 기계기구 및 부품과 일부 보호구는 60일)

3. 자율안전확인대상 기계의 종류

(1) 기계의 종류

① 연삭기 또는 연마기(휴대형은 제외한다) ② 산업용 로봇 ③ 혼합기
④ 파쇄기 또는 분쇄기 ⑤ 식품가공용기계(파쇄·절단·혼합·제면기만 해당한다)
⑥ 컨베이어 ⑦ 자동차정비용 리프트
⑧ 공작기계(선반, 드릴기, 평삭·형삭기, 밀링만 해당한다.)
⑨ 고정형 목재가공용기계(둥근톱, 대패, 루타기, 띠톱, 모떼기 기계만 해당한다)
⑩ 인쇄기

(2) 방호장치의 종류

① 아세틸렌 용접장치용 또는 가스집합 용접장치용 안전기
② 교류 아크용접기용 자동전격방지기
③ 롤러기 급정지장치   ④ 연삭기(研削機) 덮개
⑤ 목재 가공용 둥근톱 반발 예방장치와 날 접촉 예방장치
⑥ 동력식 수동대패용 칼날 접촉 방지장치
⑦ 추락·낙하 및 붕괴 등의 위험 방지 및 보호에 필요한 가설기자재(안전인증 대상기계기구에 해당되는 사항 제외)로서 고용노동부장관이 정하여 고시하는 것

(3) 보호구의 종류

① 안전모(안전인증 대상기계에 해당되는 사항 제외)
② 보안경(안전인증 대상기계에 해당되는 사항 제외)
③ 보안면(안전인증 대상기계에 해당되는 사항 제외)

참고

작업환경 측정결과 기록보존 사항
① 측정연월일
② 측정장소
③ 측정방법
④ 측정자 성명
⑤ 측정결과
⑥ 측정결과에 따른 조치의 개요

합격예측

① "기압조절실"이란 잠수작업에 종사하는 근로자의 건강보호를 위해 가압 또는 감압을 받도록 압력을 조절하는 장치를 말한다.
② "주실"이란 잠수작업 후 근로자의 체내에 축적된 기체를 해소하기 위한 격실을 말한다.
③ "부실"이란 "주실"의 출입이 쉽도록 빠른 가압이 이루어 질 수 있게 하는 격실을 말한다.
④ "기체공급장치"란 주실 및 부실의 압력을 상승시키는 장치를 말한다.
⑤ "호흡장치(BIBS : Built-In Breathing System)"란 기압조절실 내부에 체류하는 근로자에게 산소 등의 호흡용 기체를 공급해 주기 위해 별도로 설치된 마스크 형태의 장치를 말한다.
⑥ "통화장치"란 기압조절실 내부 체류자와 외부 조작자 간의 의사소통을 위하여 설치하는 송수화장치를 말한다.
⑦ "현창(주실과 부실을 포함한다)"이란 기압조절실 내부의 상태를 관찰할 수 있도록 투명한 재질로 설치한 창문을 말한다.

합격예측

비파괴검사의 종류

(1) 육안검사
(2) 누설검사
(3) 침투검사
(4) 초음파검사 : 초음파를 피검사물에 보내어 내부의 결함 또는 불균일층의 존재에 의한 진행의 교란에 의해 결함을 검출하는 방법으로서 다음과 같은 방법이 있다.
  ① 반사법
  ② 공진법
  ③ 수적탐사법
(5) 자기탐상검사(자성검사)
(6) 음향검사(타진법)
(7) 방사선투과검사

합격예측

작업개선단계

① 1단계 : 작업분해
② 2단계 : 세부내용 검토
③ 3단계 : 작업분석
④ 4단계 : 새로운 방법의 적용

합격예측 및 관련법규

제124조(안전검사의 신청 등)

① 법 제93조제1항에 따라 안전검사를 받아야 하는 자는 별지 제50호서식의 안전검사 신청서를 제126조에 따른 검사 주기 만료일 30일 전에 영 제116조제2항에 따라 안전검사 업무를 위탁받은 기관(이하 "안전검사기관"이라 한다)에 제출(전자문서에 의한 제출을 포함한다)해야 한다.

② 제1항에 따른 안전검사 신청을 받은 안전검사기관은 검사 주기 만료일 전후 각각 30일 이내에 해당 기계·기구 및 설비별로 안전검사를 해야 한다. 이 경우 해당 검사기간 이내에 검사에 합격한 경우에는 검사 주기 만료일에 안전검사를 받은 것으로 본다.

[표] 안전인증의 표시방법

구분	표시	표시방법
안전인증 및 자율안전 확인의 표시 및 표시방법	KCs	① 표시의 크기는 대상기계 등의 크기에 따라 조정할 수 있으나 인증마크의 세로(높이)를 5밀리미터 미만으로 사용할 수 없다. ② 표시는 표상을 명백히 하기 위하여 필요한 때에는 표시 주위에 표시사항을 국·영문 등의 글자로 덧붙여 적을 수 있다. ③ 표시는 대상기계 등이나 이를 담은 용기 또는 포장지의 적당한 곳에 붙이거나 인쇄 또는 새기는 등의 방법으로 표시하여야 한다. ④ 국가통합인증마크의 기본모형의 색상 명칭을 "KC Dark Blue"로 하고, 별색으로 인쇄할 경우에는 PANTONE 288C 색상을 사용하며, 4원색으로 인쇄할 경우에는 C:100%, M:80%, Y:0%, K:30%로 인쇄한다. ⑤ 특수한 효과를 위하여 금색과 은색을 사용할 수 있으며 색상을 사용할 수 없는 경우는 검은색을 사용할 수 있다. 별색으로 인쇄할 경우에는 주어진 색상별 PANTONE 색상을 사용할 수 있다. ⑥ 표시를 하는 경우에 인체에 상해를 줄 우려가 있는 재질이나 표면이 거친 재질을 사용해서는 아니 된다.
안전인증대상 기계 등이 아닌 유해·위험기계 등의 안전인증의 표시 및 표시방법	S	① 표시의 크기는 대상기계 등의 크기에 따라 조정할 수 있다. ② 표시의 표상을 명백히 하기 위하여 필요한 때에는 표시 주위에 표시사항을 국·영문 등의 글자로 덧붙여 적을 수 있다. ③ 표시는 대상기계 등이나 이를 담은 용기 또는 포장지의 적당한 곳에 붙이거나 인쇄 또는 새기는 등의 방법으로 표시하여야 한다. ④ 표시의 색상은 테와 문자를 청색, 그 밖의 부분을 백색으로 표현하는 것을 원칙으로 하되, 안전인증표시의 바탕색 등을 고려하여 테와 문자를 흰색, 그 밖의 부분을 청색으로 할 수 있다. 이 경우 청색의 색도는 7.5PB 2.5/7.5로 , 백색의 색도는 N9.5로 한다. ⑤ 표시를 하는 경우에 인체에 상해를 줄 우려가 있는 재질이나 표면이 거친 재질을 사용해서는 아니 된다.

4. 안전인증 및 자율안전 확인 제품의 표시내용(방법)

(1) 안전인증 제품 표시방법

① 형식 또는 모델명 ② 규격 또는 등급 등 ③ 제조자명
④ 제조번호 및 제조연월 ⑤ 안전인증 번호

(2) 자율안전 확인 제품 표시방법

① 형식 또는 모델명 ② 규격 또는 등급 등 ③ 제조자명
④ 제조번호 및 제조연월 ⑤ 자율안전 확인 번호

3 안전보건진단 및 검사

1. 안전보건진단의 종류

(1) 종합진단

(2) 안전기술진단

(3) 보건기술진단

(4) 안전보건진단 결과보고서에 포함 사항
① 산업재해 또는 사고의 발생원인
② 작업조건·작업방법

2. 안전검사

(1) 안전검사 대상 기계의 종류

① 프레스
② 전단기
③ 크레인(정격하중 2[t] 미만인 것은 제외한다)
④ 리프트
⑤ 압력용기
⑥ 곤돌라
⑦ 국소배기장치(이동식은 제외한다.)
⑧ 원심기(산업용만 해당한다.)
⑨ 롤러기(밀폐형 구조는 제외한다.)
⑩ 사출성형기[형체결력 294[KN](킬로뉴튼)미만은 제외한다.]
⑪ 고소작업대[「자동차관리법」에 따른 화물자동차 또는 특수자동차에 탑재한 고소작업대(高所作業臺)로 한정한다.]
⑫ 컨베이어
⑬ 산업용 로봇
⑭ 혼합기
⑮ 파쇄기 또는 분쇄기

시행일 ⑭, ⑮ 2026. 6. 26

(2) 사용금지 기계의 종류

① 안전검사를 받지 아니한 기계 등
② 안전검사에 불합격한 기계 등

합격예측

작업표준의 목적
① 위험요인의 제거
② 손실요인의 제거
③ 작업의 효율화

합격예측

작업표준의 구비조건
① 작업의 실정에 적합할 것
② 표현은 구체적으로 할 것
③ 좋은 작업의 표준일 것
④ 생산성과 품질의 특성에 적합할 것
⑤ 이상시의 조치기준에 대해 정해 둘 것
⑥ 다른 규정 등에 위배되지 않을 것

합격예측
시업검사란
설비의 안전상태를 항상 유지 확보하기 위하여 설비의 가동 전에 실시하는 안전점검

합격예측
안전점검대상
① 전반적인 문제 : 안전관리 조직체, 안전활동, 안전교육, 안전점검제도 및 실시 상황 등
② 설비에 관한 문제 : 작업환경, 안전장치, 보호구, 정리정돈, 위험물 방화관리, 운반설비 등

합격예측
특별점검시기
① 기계·기구·설비의 신설·변경 내지 고장 수리시 실시하는 점검
② 천재지변 발생 후 실시하는 점검
③ 안전강조기간 내에 실시하는 점검

[표] 안전검사의 주기

구 분	검 사 주 기
크레인(이동식 크레인은 제외한다) 리프트(이삿짐운반용 리프트는 제외한다) 및 곤돌라	사업장에서 설치가 끝난 날부터 3년 이내에 최초 안전검사를 실시하되, 그 이후부터 매 2년(건설현장에서 사용하는 것은 최초로 설치한 날부터 매 6개월 마다)
이동식 크레인, 이삿짐 운반용리프트 및 고소작업대	'자동차관리법' 제8조에 따른 신규등록 이후 3년 이내에 최초 안전검사를 실시하되, 그 이후부터 2년마다
프레스, 전단기, 압력용기, 국소 배기장치, 원심기, 롤러기, 사출성형기, 컨베이어 및 산업용 로봇, 혼합기, 분쇄기 또는 파쇄기	사업장에 설치가 끝난 날부터 3년 이내에 최초 안전검사를 실시하되, 그 이후부터 2년마다(공정안전보고서를 제출하여 확인을 받은 압력용기는 4년마다)

3. 자율검사 프로그램에 따른 안전검사

(1) 절차

사업주(관리주체)가 근로자 대표와 협의 → 검사방법, 주기 등을 충족하는 검사프로그램 → 안전에 관한 성능검사 → 안전검사 받은 것으로 인정

(2) 자율안전프로그램의 인정 요건
① 자격을 갖춘 검사원을 고용하고 있을 것
② 검사를 실시할 수 있는 장비를 갖추고 이를 유지·관리할 수 있을 것
③ 안전검사 주기에 따른 검사주기의 2분의 1에 해당하는 주기(크레인 중 건설현장 외에서 사용하는 크레인의 경우에는 6개월)마다 검사를 실시할 것
④ 자율검사프로그램의 검사기준이 안전검사기준을 충족할 것

(3) 유효기간 : 2년

4. 자율검사기관의 지정취소 등의 사유
① 검사업무를 하지 않고 대행수수료를 받는 경우
② 검사 관련 서류를 거짓으로 작성한 경우
③ 정당한 사유없이 검사업무의 대행을 거부한 경우
④ 검사항목을 생략하거나 검사방법을 준수하지 않은 경우
⑤ 검사결과의 판정기준을 준수하지 않거나 검사결과에 따른 안전조치 의견을 제시하지 않은 경우

[표] 안전인증의 표시방법

안전인증 및 자율안전 확인의 표시 및 표시방법	KCs
안전인증대상 기계 등이 아닌 유해위험 기계 등의 표시 및 표시방법	S

5. 산업재해 통계도

(1) 파레토도(Pareto diagram)

① 관리 대상이 많은 경우 최소의 노력으로 최대의 효과를 얻을 수 있는 방법
② 사고의 유형, 기인물 등 분류항목을 큰 값에서 작은 값의 순서로 도표화하는 데 편리

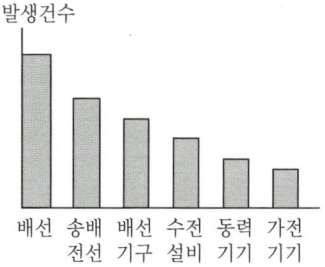

[그림] 전기설비별 감전사고 분포 (파레토도)

(2) 특성요인도

① 특성과 요인관계를 어골상(魚骨象)으로 세분하여 연쇄관계를 나타내는 방법
② 원인요소와의 관계를 상호의 인과관계만으로 결부(재해사례연구시 사실확인에 적합)

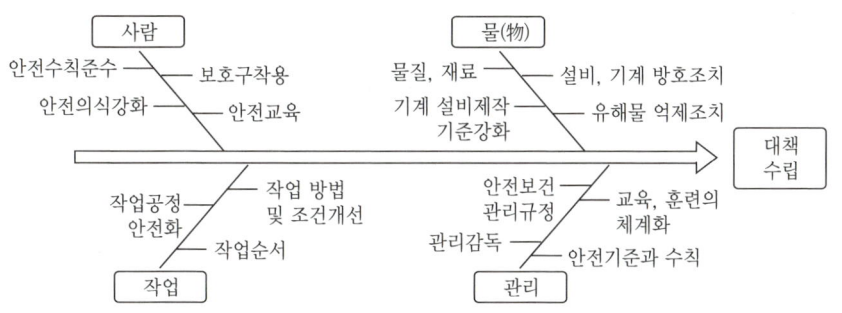

[그림] 특성요인도

(3) 크로스(Cross) 분석

두 가지 또는 그 이상의 요인이 서로 밀접한 상호관계를 유지할 때 사용되는 방법

T : 전체 재해건수
X : 인적 원인으로 발생하는 재해건수
Y : 물적 원인으로 발생한 재해건수
Z : 두 가지 원인이 함께 겹쳐 발생한 재해건수
W : 물적 원인 인적원인 어느 원인도 관계없이 일어난 재해

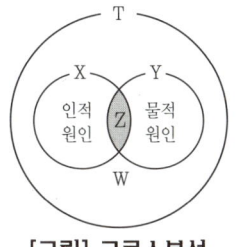

[그림] 크로스분석

(4) 관리도(Control chart)

재해발생건수 등의 추이파악 → 목표관리 행하는 데 필요한 월별재해발생건수의 그래프화 → 관리 구역 설정 → 관리하는 통계분석방법

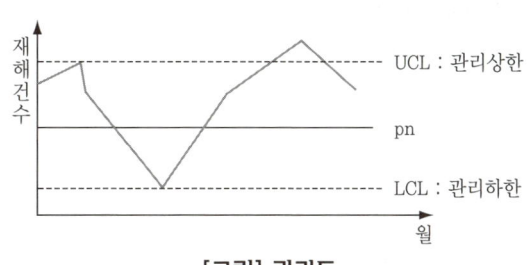

[그림] 관리도

합격예측

산업재해 통계도 종류 23. 4. 1 출
① 파레토도
② 특성요인도
③ 크로스분석
④ 관리도

합격예측

(1) 시설물안전관리 특별법상 안전점검의 종류 및 정밀안전진단의 실시 시기
  ① 정기점검 : A, B, C 등급은 반기에 1회 이상
  ② 긴급점검 : 관리주체가 필요하다고 판단할 때 또는 관계 행정기관의 장이 필요하다고 판단하여 관리주체에게 긴급점검을 요청할 때
  ③ 정밀점검

[표] 정밀안전진단의 실시 주기

안전등급	정밀점검 건축물	정밀점검 그 외 시설물	정밀안전진단
A 등급	4년에 1회 이상	3년에 1회 이상	6년에 1회 이상
B·C 등급	3년에 1회 이상	2년에 1회 이상	5년에 1회 이상
D·E 등급	2년에 1회 이상	1년에 1회 이상	4년에 1회 이상

(2) 정밀안전점검 실시시기
정기안전점검 결과 건설공사의 물리적·기능적 결함 등이 발견되어 보수·보강 등의 조치를 하기 위하여 필요한 경우에 실시하는 점검

읽을거리

파레토 법칙
(Pareto principle, law of the vital few, principle of factor sparsity)
80대 20 법칙(80 : 20 rule)은 '전체 결과의 80%가 전체 원인의 20%에서 일어나는 현상'을 가리킨다. 예를 들어, 20%의 고객이 백화점 전체 매출의 80%에 해당하는 만큼 쇼핑하는 현상을 설명할 때 이 용어를 사용한다. 2대 8 법칙이라고도 한다. 이 용어를 경영학에 처음으로 사용한 사람은 조셉 M. 주란이다. '이탈리아 인구의 20%가 이탈리아 전체 부의 80%를 가지고 있다'라고 주장한 이탈리아의 경제학자 빌프레도 파레토의 이름에서 따왔다.

Chapter 02 안전점검 및 검사·인증·진단 출제예상문제

출제예상문제는 복습, 예습문제로 엮었습니다. *WHY : 실제시험에도 순서에 관계없이 출제됩니다. 예습 후 다음장에 공부한 문제가 있으면 기억이 배가 됩니다.

01 ★★★★★ 다음 중에서 안전점검의 종류에 해당되지 않는 것은?

① 정기점검
② 수시점검
③ 일시점검
④ 일상점검
⑤ 특별점검

해설

안전점검의 종류
① 정기점검(계획점검)
② 임시점검
③ 수시점검(일상점검)
④ 특별점검

02 ★★ 다음 중 작업위험 분석방법으로 적당하지 않은 것은?

① 관찰법
② 면접법
③ 질문지법
④ 혼합방법
⑤ 해석법

해설

작업위험 분석방법의 종류
① 면접법
② 관찰법
③ 설문(질문지)방법
④ 혼합방법

03 ★★★ 방호조치에 대한 설명 중 틀린 것은?

① 롤러기의 방호장치는 급정지장치이다.
② 연삭기의 방호장치는 덮개이다.
③ 둥근톱의 방호장치는 안전매트이다.
④ 곤돌라의 방호장치는 과부하방지장치이다.
⑤ 로봇의 방호장치는 안전매트이다.

해설

(1) 둥근톱 기계의 방호장치 : 반발예방장치 및 톱날접촉예방장치
(2) 안전매트 : 로봇의 방호장치
◐ 산삼을 캐기 위해서는 산삼밭에 가야한다. 교재의 선택이 합격이다.

04 ★★★ 안전보건위원회의 요구가 있을 때 해야 하는 안전진단은?

① 특별진단
② 예비진단
③ 정기진단
④ 임시진단
⑤ 수시진단

해설

건강진단과 동일하며 안전보건위원회 요구시는 임시진단이다.

05 ★ 다음은 사람에 대한 인적(人的) 안전대책이다. 이에 해당되지 않는 것은?

① 안전관리 체제를 확립한다.
② 안전작업 표준을 작성한다.
③ 설계단계에서부터 안전화한다.
④ 안전교육 훈련을 실시한다.
⑤ 안전표준작업을 한다.

해설

(1) 설계단계에서 안전의 실시 목적은 물적인 안전대책이며 첫째 목적이다.
(2) ①, ②, ④, ⑤는 인적 안전대책이다.

[정답] 01 ③ 02 ⑤ 03 ③ 04 ④ 05 ③

06 안전운동이 전개되는 안전강조기간 내에 실시하는 안전점검의 종류는?

① 정기점검　② 임시점검
③ 임시점검　④ 수시점검
⑤ 특별점검

해설

특별점검
(1) 우리나라 안전강조기간 : 매년 7.1~7.31
(2) 정기점검 : 일정기간에 실시한다.

07 단위 작업마다 사용재료, 사용설비, 작업자, 작업조건, 작업방법, 작업의 관리, 이상시의 조치 등을 규정하는 것은?

① 공정보고서　② 기술표준서
③ 작업지도서　④ 공정계획서
⑤ 작업지시서

해설

작업지도서
① 작업기준이란 사용재료, 사용설비, 작업자, 작업조건, 작업방법, 작업의 관리방법 이상 발생시 처리, 감독자의 필요 사항에 대해 규정하는 것으로 기술기준의 요구 조건을 만족시켜야 한다.
② 작업기준은 일반적으로 작업지도서, 작업요령 등으로 불린다.

08 안전점검의 주된 목적에 해당되지 않는 것은?

① 위험을 사전에 발견하여 시정한다.
② 관리운영 및 작업방법을 조사한다.
③ 기계설비의 안전상태 유지를 점검한다.
④ 결함이나 불안전한 조건의 제거를 위함이다.
⑤ 합리적 생산관리

해설

안전점검의 목적(의미)
① 설비의 안전확보(결함이나 불안전 조건의 제거)
② 설비의 안전상태 유지 및 본래의 성능유지
③ 인적인 안전행동상태의 유지
④ 합리적인 생산 관리(생산성 향상)

09 사업장 내의 물적·인적 재해의 잠재 위험성을 사전에 발견하여 그 예방대책을 세우기 위한 안전관리행위는?

① 안전관리조직
② 안전진단
③ 페일 세이프(fail safe)
④ 안전장치
⑤ 안전조직

해설

안전점검의 정의(안전진단의 정의)
안전점검이란 안전을 확보하기 위해 실태를 명확히 파악하는 것으로서 불안전 상태와 불안전 행동을 발생시키는 결함을 사전에 발견하거나 안전상태를 확인하는 행동이다.

10 다음 중 안전점검의 종류에 해당되지 않는 것은?

① 정기점검　② 수시점검
③ 임시점검　④ 특별점검
⑤ 특수점검

해설

안전점검의 종류
① 정기점검　② 수시점검　③ 특별점검　④ 임시점검

11 작업배치에 있어 고려하는 작업특성에 해당되지 않는 것은 다음 중 어느 것인가?

① 형태　② 기계
③ 환경　④ 체력
⑤ 작업내용

해설

작업의 특성 분류
① 환경조건 : 체력, 건강상태, 근로의욕
② 작업조건 : 빈도, 시간, 방법, 강도, 치밀성, 복잡성, 정확성 등
③ 작업내용 : 능력의 필요 정도, 기초지식, 경험, 기능 정도
④ 형태 : 정상작업, 비정상작업, 단독작업, 공동작업
⑤ 법적 자격 및 제한 : 면허, 자격, 성별, 연령, 시간 등

[정답] 06 ⑤　07 ③　08 ②　09 ②　10 ⑤　11 ②

12 작업태도 분석에 의한 동기파악방법의 연구과정은?

① 요인 – 태도 – 결과
② 태도 – 결과 – 요인
③ 결과 – 요인 – 태도
④ 태도 – 요인 – 결과
⑤ 요인 – 결과 – 태도

해설

작업태도 분석과정
① 요인(원인) ② 작업태도 ③ 작업결과

13 다음 중 안전점검의 종류에 해당되지 않는 것은?

① 수시점검
② 정기점검
③ 특수점검
④ 임시점검
⑤ 일상점검

해설

안전점검의 종류
① 수시점검 ② 정기점검 ③ 특별점검 ④ 임시점검

14 재해사고의 원인 중 재료의 결함요인이 아닌 것은?

① 부식
② 균열
③ 피로
④ 가스 침식
⑤ 강도

해설

구조의 안전화(재료, 설계, 가공 등의 결함)
(1) 재료 결함상의 유의사항
　① 부식 ② 균열 ③ 강도
(2) 설계상의 결함 : 설계상의 가장 큰 과오는 강도 산정상의 오산이다. 최대 부하 추정의 부정확성과 사용 중 일부 재료의 강도가 열화될 것을 감안하여 안전율을 충분히 고려해야 한다.
　① 안전율 = $\dfrac{\text{극한강도}}{\text{최대설계응력}}$
　　　　　 = $\dfrac{\text{파괴하중}}{\text{안전하중}}$
　　　　　 = $\dfrac{\text{파괴하중(극한하중)}}{\text{최대사용하중(정격하중)}}$
　② 안전율이란 필연성에 잠재되어 있는 우연성을 감안하여 계산한 것이다.
　③ 안전여유 = 극한강도 – 허용응력(사용하중)
(3) 가공결함 : 재료가공 중의 경화와 같은 결함이 생길 수 있으므로 열처리 등을 통하여 사전에 결함을 방지하는 것이 중요하다.

⊙ 구조의 안전화 3가지는 실기에도 출제된다.

15 다음 중 특히 기계적, 재료적인 결함에 의한 위험성은?

① 조명의 불충분
② 설계의 불충분
③ 기구의 불충분
④ 방호의 불충분
⑤ 구조의 불충분

해설

기계적·재료적인 결함 : 설계의 불충분

16 다음 점검표에 포함된 사항이 아닌 것은 어느 것인가?

① 점검항목
② 점검부분
③ 검사결과
④ 점검방법
⑤ 점검주기

해설

점검표 포함사항
① 점검대상　　② 점검부분
③ 점검항목　　④ 점검주기
⑤ 점검방법　　⑥ 판정기준
⑦ 조치사항

17 기계 및 재료에 대한 검사시 파괴검사에 해당되는 검사는?

① 육안검사
② 인장검사
③ 초음파검사
④ 자기검사
⑤ X선 검사

해설

인장검사는 파괴검사이며, 육안·초음파·자기검사는 비파괴검사이다.

[정답] 12 ①　13 ③　14 ③　15 ②　16 ③　17 ②

18 다음 검사대상에 의한 분류에 속하지 않는 것은?

① 성능검사 ② 형식검사
③ 기능검사 ④ 규격검사
⑤ 검사기기검사

해설

안전검사
(1) 검사대상에 의한 분류
　① 기능(성능)검사
　② 형식검사
　③ 규격검사
(2) 검사방법에 의한 검사
　① 육안검사
　② 기능(성능)검사
　③ 검사기기에 의한 검사
　④ 시험에 의한 검사

19 다음 중 감전으로 인한 부상과 인공호흡에 관한 응급치료 중 옳다고 판단되는 것은?

① 심장이 정지상태이며 인공호흡을 해야 한다.
② 음료수를 준다.
③ 물을 준다.
④ 인공호흡을 하면 안 된다.
⑤ 영양제를 준다.

해설

인공호흡
① 심장이 정지되어도 인공호흡을 해야 한다.
② 1분 이내 인공호흡을 실시하면 95[%] 이상 소생이 가능하다.

20 작업위험 분석법에 해당되지 않는 것은?

① 관찰법 ② 절충법
③ 방문법 ④ 면접법
⑤ 일지작성법

해설

작업위험 분석방법 ①, ②, ④, ⑤ 외 설문서, 결정사건기법 등이 있다.

21 다음 중 신체지지의 목적으로 전신에 착용하는 것으로 높은 곳에서의 추락을 방지하는 목적으로 사용되는 보호구는?

① 벨트식 ② 안전블록
③ 추락방지대 ④ 안전그네
⑤ 안전벨트

해설

안전대(안전벨트, 추락방지대)

안전그네	신체지지의 목적으로 전신에 착용하는 띠모양의 부품
벨트	신체지지의 목적으로 허리에 착용하는 띠모양의 부품
추락 방지대	신체의 추락을 방지하기위해 자동잠김장치를 갖추고 죔줄과 수직 구명줄에 연결된 금속장치
안전블록	안전그네와 연결하여 추락 발생시 추락을 억제할 수 있는 자동잠김장치가 갖추어져 있고 죔줄이 자동적으로 수축되는 금속장치

22 통계적 원인분석에서 재해통계방법으로 사용이 안 되는 것은?

① 파레토도 ② 크로스분석
③ 관리도 ④ 실험계획도
⑤ 특성요인도

해설

통계원인 분석방법 4가지
① 파레토(Pareto)도 : 사고의 유형, 기인물 등의 분류 항목을 순서대로 도표화하여 문제나 목표의 이해에 편리하다.
② 특성 요인도 : 특성과 요인과의 관계를 도표로 하여 어골상으로 세분화한다.
③ 크로스(Cross) 분석 : 2개 이상의 문제를 분석하는 데 사용한다.
④ 관리도 : 재해 발생건수 등의 추이를 파악하고 상방관리선(UCL), 중심선(CL), 하방관리선(LCL)으로 표시한다.

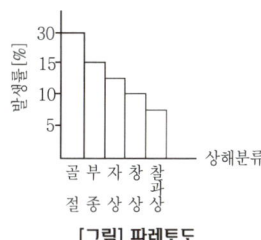

[그림] 파레토도

[정답] 18 ⑤　19 ①　20 ③　21 ④　22 ④

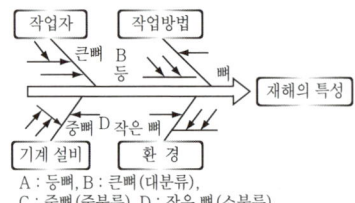
[그림] 특성 요인도

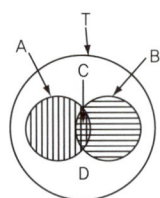
[그림] 크로스도

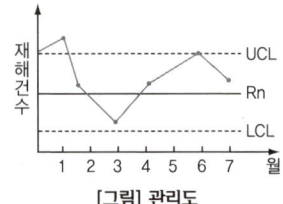
[그림] 관리도

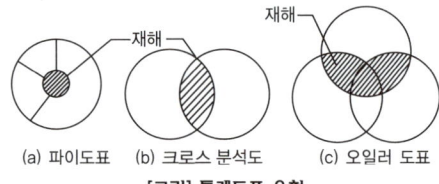
(a) 파이도표　(b) 크로스 분석도　(c) 오일러 도표
[그림] 통계도표 유형

23 근로자들이 작업장에서 안전하게 맡은 직무를 수행하도록 하기 위하여 작업대상에 깔려 있는 위험성을 미리 알아내는 기술은?

① 직무 분석
② 사례 연구
③ 안전교육 훈련
④ 안전교육
⑤ 작업위험 분석

해설
① 안전교육 훈련은 재해예방 대책이다.
② 사례연구는 재해발생시 재해방지를 위해 실시한다.

24 안전점검 기준표의 내용에 속하지 않는 것은?

① 점검항목　② 판정기준
③ 점검방법　④ 요인
⑤ 점검시기

해설
안전점검표 포함사항
① 점검부분　② 점검항목　③ 점검방법
④ 판정기준　⑤ 판정　⑥ 점검시기　⑦ 조치

25 안전점검의 목적을 잘못 말한 것은?

① 사고원인을 찾아 재해를 미연에 방지하기 위함이다.
② 생산현장의 그릇된 행동이나 상태를 주의시키고 중단하기 위함이다.
③ 재해의 재발을 방지하여 사전대책을 세우기 위함이다.
④ 현장의 불안전 요인을 찾아 적절한 계획에 반영시키기 위함이다.
⑤ 설비의 근원적 안전확보에 있다.

해설
안전점검의 결함 발견에 의한 대책강구 원칙(안전점검의의)
① 설비의 근원적 안전확보
② 설비의 안전상태 유지
③ 인적인 안전행동의 유지
④ 인적·물적 양면의 안전상태 유지

26 다음 사항 중 안전점검대상에 해당되지 않는 것은?

① 안전조직
② 안전점검 제도 및 실시상황
③ 인원의 배치
④ 작업환경
⑤ 안전활동

[정답] 23 ⑤　24 ④　25 ④　26 ③

> 해설

(1) 인원배치는 적성검사대상이다.
(2) 안전점검의 대상
　① 전반적 또는 작업방법에 관한 것
　　㉮ 안전관리조직 체제 : 안전조직, 관리의 실태
　　㉯ 안전활동 : 계획, 추진상황
　　㉰ 안전교육 : 법정 및 일반교육의 계획 및 실시 상황
　　㉱ 안전점검 : 제도, 실시상황
　② 기계 및 물적설비에 관한 것
　　㉮ 작업환경 : 온·습도, 환기 등의 일반 환경, 유해 위험환경의 관리
　　㉯ 안전장치 : 법규와의 적합성, 목적에의 합치 여부, 성능유지, 관리상황
　　㉰ 보호구(방호) : 종류, 수량, 관리상황, 성능의 점검상황
　　㉱ 정리정돈 : 표준화, 실시상황
　　㉲ 운반설비 : 표준화, 생력화, 성능과 취급관리, 안전표지, 안전표시
　　㉳ 위험물, 방화관리 : 위험물의 표지, 표시, 분류, 저장, 보관, 자위소방대 편성

27 ★★★★★ 생산현장에서 작업에 종사하고 있는 작업자가 작업을 함에 있어서 가장 안전하고 능률적으로 작업을 할 수 있도록 작업내용 및 작업단위별로 사용설비, 작업자, 작업조건 및 작업방법 등에 관해 규정해 놓은 것을 무엇이라 하는가?

① 안전수칙
② 기술표준
③ 작업지도서
④ 표준안전작업방법
⑤ 기술지도

> 해설

작업표준(Operation standard)
작업조건, 작업방법, 관리방법, 사용재료, 사용설비, 그 밖에 취급상의 주의사항 등에 관한 기준을 규정한 것으로, 종류에는 기술표준, 작업지도서, 작업지시서, 안전수칙 등이 있다.

28 ★★★★★ 안전인증 제품표시 방법이 아닌 것은?

① 형식 또는 모델명　② 제조자명
③ 규격 또는 등급 등　④ 검사자 성명
⑤ 제조번호 및 제조연월

> 해설

안전인증 제품 표시방법
① 형식 또는 모델명
② 규격 또는 등급 등
③ 제조자명
④ 제조번호 및 제조연월
⑤ 안전인증 번호

29 안전진단시에 작업위험분석방법이 아닌 것은?

① 면접방식
② 관찰방식
③ 시범방식
④ 혼합방식
⑤ 설문방식

> 해설

작업위험분석방법
① 면접　② 관찰　③ 설문방법　④ 혼합방식

30 ★★ 다음은 안전점검표를 작성할 때 유의할 사항이다. 적합하지 않은 것은?

① 구체적이고 재해방지에 실효가 있을 것
② 중점도가 낮은 것부터 순서 있게 작성할 것
③ 쉽고 이해하기 쉬운 표현으로 할 것
④ 점검표는 되도록 일정한 양식으로 할 것
⑤ 관계자의 의견을 청취할 것

> 해설

안전점검표 작성시 유의사항
① 안전점검표는 중점도가 높은 것부터 순서 있게 작성한다.
② 사업장에 적합한 독자적 내용을 가지고 작성할 것
③ 점검항목을 폭넓게 검토할 것
④ 관계자의 의견을 청취할 것

31 다음 작업표준작성시의 유의사항이 아닌 것은?

① 작업표준은 관리감독자가 관리하고 꾸준히 개선하며 전원이 관심을 가지고 운영한다.
② 작업표준은 그 사업장의 독자적인 것으로 작업에 적합한 내용일 것
③ 재해가 발생할 가능성이 높은 작업부터 먼저 착수한다.

[정답] 27 ④　28 ④　29 ③　30 ②　31 ⑤

④ 생산과 품질에 적합해야 한다.
⑤ 작업표준은 포괄적이어야 하며, 생산성과 품질은 고려할 필요가 없다.

해설
작업표준은 구체적이어야 하며, 생산성과 품질의 특성에 적합해야 한다.

32 ★★ 다음은 안전진단시의 진단항목을 열거하였다. 해당되지 않는 것은 무엇인가?

① 최고 책임자의 안전방침
② 재해조사방법 및 분석
③ 고용노동부에 안전관계보고의 적정성
④ 안전교육 훈련
⑤ 경영자의 안전방침

해설
재해조사방법 및 분석은 안전보건위원회 사항이다.

33 단위 작업마다의 사용재료, 사용설비, 작업자, 작업조건, 작업방법, 작업의 관리, 이상시의 조치 등을 규정하는 것은?

① 공정보고서
② 기술표준서
③ 작업지도서
④ 공정계획서
⑤ 안전점검표

해설
작업표준의 종류
① 공정보고서, 기술표준, 제조규격 : 생산하는 제품을 대상으로 특히 필요하다고 생각되는 공정에서 품질에 영향을 미친다고 인정되는 기술적 요인에 대하여 그 요구조건을 규정하는 것으로 작업표준의 바탕이 되는 것(라인관리자 기술자용)
② 작업표준, 작업지도서 : 작업의 안전, 품질, 능률, 원가 등의 견지에서 통합작업, 또는 단위 작업마다의 사용재료, 사용설비, 작업자, 작업조건, 작업방법, 작업의 관리 등의 이상시의 조치 등을 규정한 것(감독자용, 작업자용)
③ 작업순서, 동작표준, 작업지시서, 작업요령 : 단위 작업 또는 요소 작업마다의 사용재료, 사용설비, 사용공구, 작업자가 행하는 동작, 작업상의 주의사항 이상 발생 시 감독자에의 보고 등을 규정한 것(작업자용)

합격자의 조언
① 세상에 우연은 없다. 한번 맺은 인연을 소중히 하라.(기사 → 기술사 → 지도사)
② 돈 많은 사람을 부러워 말라. 그가 사는 법을 배우도록 하라.

[정답] 32 ② 33 ③

Chapter 03 보호구 및 안전보건표지

중점 학습내용

본 장은 보호구 정의, 보호구를 사용하는 목적, 선택시 유의사항, 종류 등을 집중적으로 서술하였다. 안전보건표지를 보고 위험성, 유해성을 알 수 있도록 하였으며 특히 색채조절의 목적 등을 나열하였다. 시험에 출제가 예상되는 중심적인 내용은 다음과 같다.

❶ 보호구
❷ 보호구의 종류 및 특징
❸ 안전보건표지
❹ 색채 조절

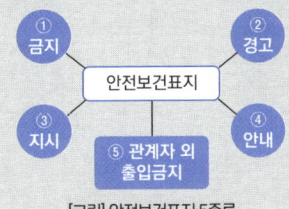

[그림] 안전보건표지 5종류

1 보호구

1. 정의

외계의 유해한 자극물을 차단하거나 또는 그 영향을 감소시키려는 목적을 가지고 근로자의 신체 일부 또는 전부에 장착하는 것이며 소극적이며 2차적인 안전대책이다.

2. 보호구 선택시의 유의사항

① 사용 목적에 적합한 것
② 보호구 검정에 합격하고 보호 성능이 보장되는 것
③ 작업 행동에 방해되지 않는 것
④ 착용이 용이하고 크기 등 사용자에게 편리한 것

3. 안전인증보호구

(1) 안전인증대상 보호구의 종류

① 추락 및 감전 위험방지용 안전모 ② 안전화 ③ 안전장갑 ④ 방진마스크
⑤ 방독마스크 ⑥ 송기마스크 ⑦ 전동식 호흡보호구 ⑧ 보호복 ⑨ 안전대
⑩ 차광 및 비산물 위험방지용 보안경 ⑪ 용접용 보안면
⑫ 방음용 귀마개 또는 귀덮개

합격예측

개인보호구의 구비조건
① 착용시 작업이 용이할 것
② 유해·위험물에 대하여 방호가 안전할 것
③ 재료의 품질이 우수할 것
④ 구조 및 표면 가공성이 좋을 것
⑤ 외관 및 디자인이 미려할 것

합격예측 및 관련법규

안전인증, 자율안전확인신고 표시

합격예측

(1) 물체가 떨어지거나 날아올 위험 또는 근로자가 추락할 위험이 있는 작업 : 안전모
(2) 충격흡수장치 성능기준
① 최대전달충격력은 6.0[kN]이하이어야 함
② 감속거리는 1,000[mm] 이하이어야 함

합격예측

보호구 점검과 관리방법
① 정기적으로 점검할 것
② 청결하고 습기가 없는 장소에 보관할 것
③ 보호구 사용 후 세척하여 깨끗이 보관할 것
④ 세척 후 건조시킨 후 보관할 것

합격예측

절연장갑의 등급 및 표시

등급	최대사용전압		등급별 색상
	교류(V, 실효값)	직류(V)	
00	500	750	갈색
0	1,000	1,500	빨간색
1	7,500	11,250	흰색
2	17,000	25,500	노란색
3	26,500	39,750	녹색
4	36,000	54,000	등색

㈜ 직류값은 교류에 1.5를 곱하면 된다.
  예 500×1.5=750

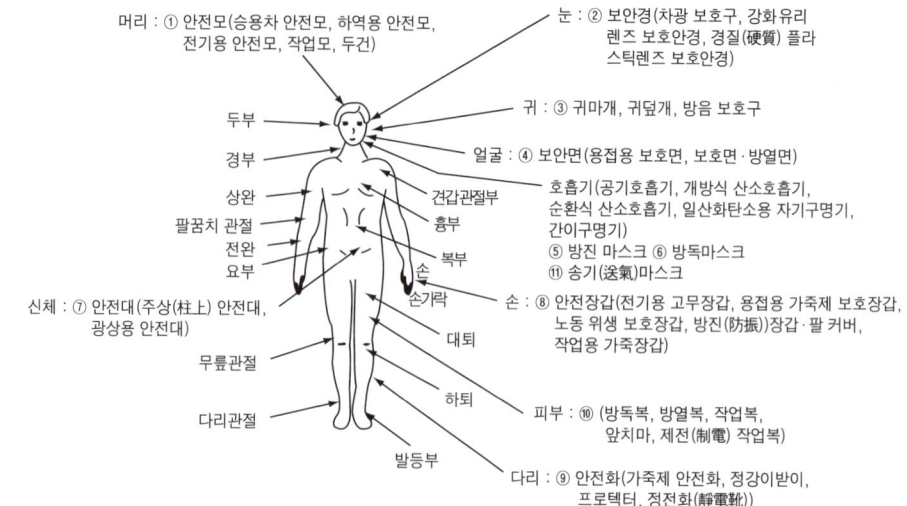

[그림] 보호구 착용

(2) 자율안전확인대상 보호구

① 안전모(추락 및 감전 위험방지용 안전모 제외)
② 보안경(차광 및 비산물 위험방지용 보안경 제외)
③ 보안면(용접용 보안면 제외)

4. 안전인증 기관의 확인

(1) 확인 사항

① 안전인증서에 적힌 제조 사업장에서 해당 안전인증 대상기계 등을 생산하고 있는지 여부
② 안전인증을 받은 안전인증 대상기계 등이 안전인증기준에 적합한지 여부
③ 제조자가 안전인증을 받을 당시의 기술능력·생산체계를 지속적으로 유지하고 있는지 여부
④ 안전인증 대상기계 등이 서면심사 내용과 같은 수준 이상의 재료 및 부품을 사용하고 있는지 여부

참고

안전보호구와 위생보호구의 차이
(1) 안전보호구
  ① 두부에 대한 보호구 : 안전모
  ② 추락 방지에 대한 보호구 : 안전대
  ③ 발에 대한 보호구 : 안전화
  ④ 손에 대한 보호구 : 안전장갑
  ⑤ 얼굴에 대한 보호구 : 보안면
(2) 위생보호구
  ① 유해 화학물질의 흡입방지를 위한 보호구 : 방진, 방독, 송기마스크
  ② 눈의 보호에 대한 보호구 : 보안경
  ③ 소음의 차단에 대한 보호구 : 귀마개, 귀덮개

(2) 확인 주기

① 안전인증을 받은 제조자가 안전인증기준을 지키고 있는지 여부 확인
② 확인주기 : 매년 확인(다만, 안전인증을 신청하여 안전인증을 받은 경우는 2년 마다)

2 보호구의 종류 및 특징

1. 안전모

(1) 안전모의 종류 및 용도

종류 기호	사용구분	모체의 재질	내전압성
AB	물체낙하, 날아옴, 추락에 의한 위험을 방지, 경감시키는 것	합성수지	비내전압성
AE	물체낙하, 날아옴에 의한 위험을 방지 또는 경감하고 머리부위 감전에 의한 위험을 방지하기 위한 것	합성수지 (FRP)(주②)	내전압성 (주①)
ABE	물체의 낙하 또는 날아옴 및 추락에 의한 위험을 방지하기 위한 것 및 감전 방지용	합성수지 (FRP)	내전압성

(주) ① 내전압성이란 7,000[V] 이하의 전압에 견디는 것을 말한다.
② FRP : Fiber Glass Reinforced Plastic(유리섬유 강화 플라스틱)

(2) 안전모의 구비조건

① 일반구조요건
㉮ 안전모는 모체, 착장체(머리고정대, 머리받침고리, 머리받침끈) 및 턱끈을 가질 것
㉯ 착장체의 머리고정대는 착용자의 머리부위에 적합하도록 조절할 수 있을 것
㉰ 착장체의 구조는 착용자의 머리에 균등한 힘이 분배되도록 할 것
㉱ 모체, 착장체 등 안전모의 부품은 착용자에게 상해를 줄 수 있는 날카로운 모서리 등이 없을 것
㉲ 턱끈은 사용 중 탈락되지 않도록 확실히 고정되는 구조일 것
㉳ 안전모의 착용높이는 85[mm] 이상이고 외부수직거리는 80[mm] 미만일 것
㉴ 안전모의 내부수직거리는 25[mm] 이상 50[mm] 미만일 것
㉵ 안전모의 수평간격은 5[mm] 이상일 것
㉶ 머리받침끈이 섬유인 경우에는 각각의 폭은 15[mm] 이상이어야 하며, 교차되는 끈의 폭의 합은 72[mm] 이상일 것
㉷ 턱끈의 폭은 10[mm] 이상일 것
㉮ 안전모의 모체, 착장체를 포함한 질량은 440[g]을 초과하지 않을 것

합격예측

안전모의 시험성능기준 및 부가성능기준

항목	성능
시험성능기준	
내관통성	종류 AE, ABE종 안전모는 관통거리가 9.5[mm] 이하이고, AB종 안전모는 관통거리가 11.1[mm] 이하이어야 한다.(자율안전확인에서는 관통거리가 11.1[mm] 이하)
충격흡수성	최고전달충격력이 4,450[N]을 초과해서는 안되며, 모체와 착장체의 기능이 상실되지 않아야 한다.
내전압성	AE, ABE종 안전모는 교류 20[kV]에서 1분간 절연파괴없이 견뎌야 하고, 이때 누설되는 충전전류는 10[mA] 이하이어야 한다.(자율안전확인에서는 제외)
내수성	AE, ABE종 안전모는 질량증가율이 1[%] 미만이어야 한다.(자율안전확인에서는 제외)
난연성	모체가 불꽃을 내며 5초 이상 연소되지 않아야 한다.
턱끈풀림	150[N] 이상 250[N] 이하에서 턱끈이 풀려야 한다.
부가성능기준	
측면변형방호	최대 측면변형은 40[mm], 잔여변형은 15[mm] 이내이어야 한다.
금속용융물분사방호	• 용융물에 의해 10[mm] 이상의 변형이 없고 관통되지 않아야 한다. • 금속 용융물의 방출을 정지한 후 5초 이상 불꽃을 내며 연소되지 않을 것(자율안전확인에서는 제외)

질량증가율[%]
$= \dfrac{\text{담근후의 질량} - \text{담그기전의 질량}}{\text{담그기 전의 질량}} \times 100$

참고
안전모
물체의 낙하, 비래 또는 추락에 의한 위험을 방지 또는 경감하거나 감전에 의한 위험을 방지하기 위하여 사용한다.

안전모 착용 대상 사업장
① 2[m] 이상의 고소 작업
② 비계의 조립, 해체 작업
③ 차량계 하역운반기계의 하역 작업
④ 낙하 위험 작업
⑤ 동력으로 작동되는 기계 작업

참고
안전모의 용어정의
① "모체"라 함은 착용자의 머리부위를 덮는 주된 물체를 말한다.
② "착장체"라 함은 머리받침끈, 머리고정대 및 머리받침고리 등으로 구성되어 안전모를 머리부위에 고정시켜주며, 안전모에 충격이 가해졌을 때 착용자의 머리부위에 전해지는 충격을 완화시켜주는 기능을 갖는 부품을 말한다.
③ "충격흡수재"라 함은 안전모에 충격이 가해졌을 때, 착용자의 머리부위에 전해지는 충격을 완화하기 위하여 모체의 내면에 붙이는 부품을 말한다.
④ "턱끈"이라 함은 모체가 착용자의 머리부위에서 탈락하는 것을 방지하기 위한 부품을 말한다.
⑤ "통기구멍"이라 함은 통풍의 목적으로 모체에 있는 구멍을 말한다.

② AB종 안전모는 일반구조 조건에 적합해야 하고 충격흡수재를 가져야 하며, 리벳(Rivet) 등 기타 돌출부가 모체의 표면에서 5[mm] 이상 돌출되지 않아야 한다.
③ AE종 안전모는 일반구조 조건에 적합해야 하고 금속제의 부품을 사용하지 않고, 착장체는 모체의 내외면을 관통하는 구멍을 뚫지 않고 붙일 수 있는 구조로서 모체의 내외면을 관통하는 구멍 핀홀 등이 없어야 한다.
④ ABE종 안전모는 상기 ②, ③의 조건에 적합해야 한다.

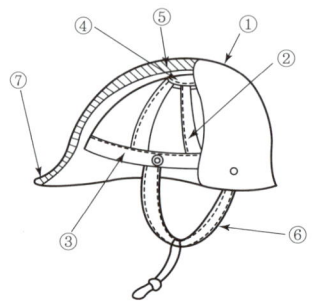

번호	명칭	
①	모체	
②	착장체	머리받침끈
③		머리받침(고정)대
④		머리받침고리
⑤	충격흡수재(자율안전확인에서 제외)	
⑥	턱끈	
⑦	모자챙(차양)	

[그림] 안전모의 구조

2. 안전대

(1) 안전대의 종류

종 류	사용 구분	비고
벨트식(B식)	U자걸이 전용	
안전그네식(H식)	1개걸이 전용	
안전그네식(H식)	안전블록(H식 적용)	와이어로프지름 : 4[mm] 이상
	추락방지대(H식 적용)	

(2) U자걸이로 사용할 수 있는 안전대의 구조
① 동체 대기 벨트, 각링 및 신축 조절기가 있을 것
② D링 및 각링은 안전대 착용자의 동체 양측에 해당하는 곳에 위치해야 한다.
③ 신축 조절기가 로프로부터 이탈하지 말 것

(3) 안전대 구조 및 용어정의

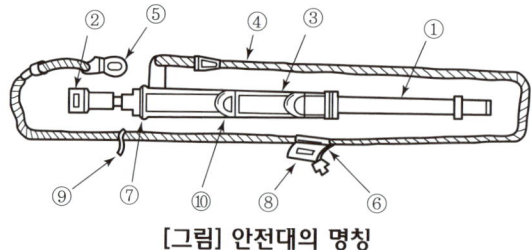

[그림] 안전대의 명칭

① 벨트 : 신체에 착용하는 띠모양의 부품
② 버클 : 벨트를 착용하기 위해 그 끝에 부착한 금속장치
③ 동체 대기 벨트 : U자걸이 사용시 벨트와 겹쳐서 몸체에 대는 역할을 하는 띠
④ 로프 : 벨트와 지지 로프 그 밖에 걸이 설비, 안전대를 안전하게 걸기 위한 설비
⑤ 훅 : 로프와 걸이 설비 등 또는 D링과 연결하기 위한 고리 모양의 금속장치

⑥ 신축 조절기 : 로프의 길이를 조절하기 위하여 로프에 설치된 금속장치
⑦ D링 : 벨트와 로프를 연결하기 위한 D자형 금속장치
⑧ 8자형 링 : 안전대를 1개걸이로 사용할 때 훅과 로프를 연결하기 위한 8자형 금속장치
⑨ 세 개 이음형 고리 : 안전대를 1개걸이로 사용할 때 훅과 로프를 연결하기 위한 세 개 이음형고리 금속장치를 말한다.
⑩ 각링 : 벨트와 신축 조절기를 연결하기 위한 큰 형태의 금속장치

(4) 안전대용 죔줄(로프)의 구비조건

① 부드럽고 되도록 미끄럽지 않을 것
② 충격, 인장강도가 강할 것
③ 완충성이 높을 것
④ 내마모성이 높을 것
⑤ 습기나 약품류에 침범당하지 않을 것
⑥ 내열성이 높을 것

3. 호흡용 보호구

(1) 방진마스크의 구비조건

① 여과효율이 좋을 것
② 흡배기저항이 낮을 것
③ 사용적이 적을 것
④ 중량이 가벼울 것
⑤ 시야가 넓을 것
⑥ 안면밀착성이 좋을 것
⑦ 피부 접촉 부분의 고무질이 좋을 것

(2) 방진·방독마스크

사용조건 : 산소농도 18[%] 이상인 장소

합격예측

안전대의 사용구분
① U자걸이 전용(전주 위 작업)
② 1개걸이 전용(고소 작업)
③ 안전블록
④ 추락방지대

참고

방진마스크의 성능

종류		등급	염화나트륨(NaCl) 및 파라핀 오일(Paraffin oil) 시험(%)
여과재 분진 등 포집효율	분리식	특급	99.95[%] 이상
		1급	94.0[%] 이상
		2급	80.0[%] 이상
	안면부 여과식	특급	99.0[%] 이상
		1급	94.0[%] 이상
		2급	80.0[%] 이상

종류		등급	질량(g)
여과재 질량	분리식	전면형	500 이하
		반면형	300 이하

형태		등급	누설률(%)
안면부 누설률	분리식	전면형	0.05 이하
		반면형	5 이하
	안면부 여과식	특급	5 이하
		1급	11 이하
		2급	25 이하

참고

방진마스크의 적용범위
분진, 미스트 및 흄(이하 "분진 등"이라 한다.)이 호흡기를 통하여 체내에 유입되는 것을 방지하기 위하여 사용되는 마스크

은행문제

신체지지의 목적으로 전 신에 착용하는 띠 모양의 것으로서 상체 등 신체 일부만 지지하는 것은 제외한다.

① 안전그네 ② 벨트
③ 죔줄   ④ 버클
⑤ D링

정답 ①

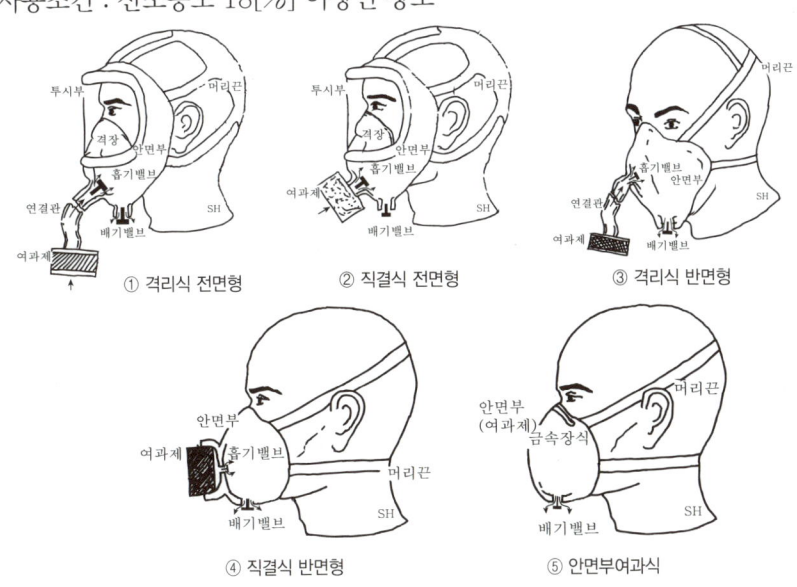

[그림] 방진마스크의 종류

합격예측

방독마스크 등급 및 사용장소

등급	사용장소
고농도	가스 또는 증기의 농도가 100분의 2(암모니아에 있어서는 100분의 3) 이하의 대기 중에서 사용하는 것
중농도	가스 또는 증기의 농도가 100분의 1(암모니아에 있어서는 100분의 1.5) 이하의 대기 중에서 사용하는 것
저농도 및 최저농도	가스 또는 증기의 농도가 100분의 0.1 이하의 대기 중에서 사용하는 것으로서 긴급용이 아닌 것

비고 : 방독마스크는 산소 농도가 18% 이상인 장소에서 사용하여야 하고, 고농도와 중농도에서 사용하는 방독마스크는 전면형(격리식, 직결식)을 사용해야 한다.

합격예측

① "파과"라 함은 정화통 내의 정화제에 의해 흡입공기 중의 유해물질이 거의 정상적으로 흡수제거 또는 무독화된 후, 정화제의 제독능력이 떨어졌기 때문에 정화통의 배기공기에서의 유해물질 농도가 최대허용 파과한도를 넘게 되는 현상을 말한다.
② "파과시간"이라 함은 어느 일정농도의 유해물질을 포함한 공기를 일정유량으로 정화통에 통과하기 시작해서부터 파과가 보일 때까지의 시간을 말한다.
③ "파과곡선"이라 함은 파과시간과 유해물질 농도와의 관계를 나타낸 곡선을 말한다.

[표] 방독마스크 흡수관(정화통)의 종류

종 류	시험가스	정화통 외부측면 표시색
유기화합물용	시클로헥산(C_6H_{12}) 디메틸에테르(CH_3OCH_3), 이소부탄(C_4H_{10})	갈색
할로겐용	염소가스 또는 증기(Cl_2)	회색
황화수소용	황화수소가스(H_2S)	회색
시안화수소용	시안화수소가스(HCN)	회색
아황산용	아황산가스(SO_2)	노란색
암모니아용	암모니아가스(NH_3)	녹색

*복합용 및 겸용의 정화통 : ① 복합용[해당가스 모두 표시(2층 분리)]
　　　　　　　　　　　　② 겸용[백색과 해당가스 모두 표시(2층 분리)]

4. 보안경

(1) 보안경의 구분

안전인증(차광보안경)	자율안전확인
자외선용	유리보안경
적외선용	플라스틱보안경
복합용	도수렌즈보안경
용접용	

(2) 보안경의 일반조건

① 특정한 위험에 대해 적절한 보호를 할 수 있을 것
② 착용했을 때 편안할 것
③ 내구성이 있을 것
④ 충분히 소독되어 있을 것
⑤ 세척이 쉬울 것
⑥ 견고하게 고정되어 착용자가 움직이더라도 쉽게 탈착 또는 움직이지 않을 것

보호안경

이중보호안경 코발트, 방진, 용접, 그라인더용

(안경알) 색은 원하는 대로 끼울 수 있음
보호안경(산소용접용)

[그림] 보안경의 종류

5. 안전화

(1) 안전화 성능 시험 종류

종 류	성능 시험 종류
가죽제 안전화	은면결렬시험, 인열강도시험, 6가크롬함량, 내부식성시험, 인장강도시험, 내유성시험, 내압박성시험, 내충격성시험, 박리저항시험, 내답발성시험 등
고무제 안전화	인장강도 및 노화후 인장강도시험, 내유성시험, 내화학성시험, 완성품의 내화학성시험, 파열강도시험, 선심 및 내답판의 내부식성시험, 누출방지시험 등

(2) 가죽제 발보호 안전화의 일반구조

① 제조하는 과정에서 발가락 끝부분에 선심을 넣어 압박 및 충격에 대하여 착용자의 발가락을 보호할 수 있는 구조일 것
② 착용감이 좋으며 작업하기 편리할 것
③ 견고하게 제작하여야 하며 부분품의 마무리가 확실하여야 하고 형상은 균형되어 있을 것
④ 선심의 내측은 헝겊, 가죽, 고무 또는 플라스틱 등으로 감싸고 특히 후단부의 내측은 보강되어 있을 것

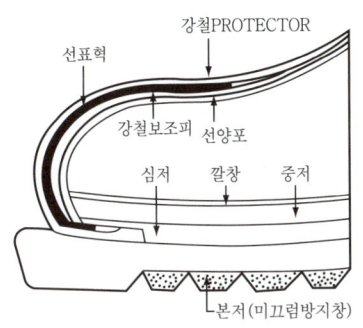

[그림] 안전화의 재료 및 구조

[표] 안전화 높이 · 하중

구분	높이[mm]	하중[kN]
중작업용	1,000	15±0.1
보통작업용	500	10±0.1
경작업용	250	4.4±0.1

[표] 절연장화의 종류 및 용도

종류	용도
A종	주로 300[V]를 초과 교류 600[V], 직류 750[V] 이하의 작업에 사용하는 것
B종	주로 교류 600[V], 직류 750[V] 초과 3,500[V] 이하의 작업에 사용
C종	주로 3,500[V] 초과 7,000[V] 이하 작업에 사용

① 단화 : 113[mm] 미만   ② 중단화 : 113[mm] 이상   ③ 장화 : 178[mm] 이상

[그림] 안전화 높이(h)

6. 보호면

일반 보호면 각 부품의 재료가 갖추어야 할 성질 6가지
① 구조적으로 충분한 강도를 가지며 가벼울 것
② 착용시 피부에 해가 없을 것
③ 수시로 세척 소독이 가능한 것일 것
④ 금속을 사용할 시에는 녹슬지 않는 것일 것
⑤ 플라스틱을 사용할 시에는 난연성의 것일 것
⑥ 투시부에 사용되는 플라스틱은 광학적 성능을 가질 것

합격예측

안전화의 종류
① 가죽제 안전화 : 낙하·충격, 찔림 방지
② 고무제 안전화 : 낙하·충격, 찔림, 방수
③ 정전기 안전화 : 낙하·충격, 찔림, 정전기 방지
④ 발등 안전화 : 낙하·충격, 찔림으로부터 발 및 발등 보호
⑤ 절연화 : 낙하·충격, 찔림, 저압전기에 의한 감전 방지
⑥ 절연장화 : 고압에 의한 감전 방지 및 방수
⑦ 화학물질용 안전화 : 물체의 낙하, 충격 또는 날카로운 물체에 의한 찔림 위험으로부터 발을 보호하고 화학물질로부터 유해위험을 방지

참고

안전화의 적용범위
물체의 낙하, 충격 또는 날카로운 물체로 인한 위험이나 화학약품 등으로부터 발 또는 발등을 보호하거나 감전 또는 정전기의 인체대전을 방지하기 위하여 사용하는 안전화

합격예측

방독마스크 정화통의 표시사항
① 사용범위
② 사용상의 주의사항
③ 파과곡선도
④ 사용시간 기록카드

참고

섭씨 영하 18도 이하인 급냉동 어창에서 하는 하역작업 : 방한모·방한복·방한화·방한장갑

합격예측

고무제안전화의 장소구분

구분	사용장소
일반용	일반작업장
내유용	탄화수소류의 윤활유 등을 취급하는 작업장
내산용	무기산을 취급하는 작업장
내알칼리용	알칼리를 취급하는 작업장
내산·알칼리 겸용	무기산 및 알칼리를 취급하는 작업장

7. 방음보호구 적용범위

소음이 발생되는 사업장에 있어서 근로자의 청력을 보호하기 위하여 사용하는 귀마개와 귀덮개(이하 "방음보호구"라 한다.)에 대하여 적용한다.

(1) 종류 및 등급

종류	등급	기호	성능
귀마개	1종	EP-1	저음부터 고음까지 차음하는 것
귀마개	2종	EP-2	주로 고음을 차음하여 회화음 영역인 저음은 차음하지 않는 것
귀덮개	-	EM	

(2) 방음보호구의 구조조건

① 귀마개의 구비조건
  ㉮ 귀(외이도)에 잘 맞을 것
  ㉯ 사용 중 심한 불쾌함이 없을 것
  ㉰ 사용 중에 쉽게 빠지지 않을 것
② 귀덮개의 구비조건
  ㉮ 귀덮개는 귀 전체를 덮을 수 있는 크기로 하고, 발포 플라스틱 등의 흡음재료로 감쌀 것
  ㉯ 귀 주위를 덮는 덮개의 안쪽 부위는 발포 플라스틱 또는 공기 혹은 액체를 봉입한 플라스틱 튜브 등에 의해 귀 주위에 완전하게 밀착되는 구조로 할 것
  ㉰ 머리띠 또는 걸고리 등의 길이를 조절할 수 있는 것으로 철재인 경우에는 적당한 탄성을 가져 착용자에게 압박감 또는 불쾌감을 주지 않을 것

(3) 소음성난청의 판정기준

① A, C, C1, C2, D1, D2로 구분한다.
② C~C2는 관찰대상자에 해당되어 건강상담과 보호구착용 · 추적검사 · 근로시간단축 등의 사후 관리를 취해야 한다.
③ D1~D2는 직업병 확진 의뢰 등의 조치를 취해야 한다.

3 안전보건표지

1. 산업안전보건표지 종류

(1) 금지 표지

출입금지, 보행금지, 차량통행금지, 사용금지, 탑승금지, 금연, 화기금지, 물체이동 금지 등으로 흰색 바탕에 기본 모형은 빨간색, 관련 부호 및 그림은 검은색이다.

(2) 경고표지

인화성물질 경고, 산화성물질 경고, 폭발물 경고, 급성독성물질 경고, 부식성물질 경고 등은 금지표지에 준하며, 방사성물질 경고, 고압전기 경고, 매달린 물체경고, 낙하물 경고, 고온 경고, 저온 경고, 몸균형 상실 경고, 레이저광선 경고, 위험장소 경고 등으로 바탕은 노란색 기본 모형, 관련 부호 및 그림은 검은색이다.

(3) 지시표지

보안경 착용, 방독마스크 착용, 방진마스크 착용, 보안면 착용, 안전모 착용, 귀마개 착용, 안전화 착용, 안전장갑 착용, 안전복 착용으로 바탕은 파란색으로 그 관련 그림은 흰색으로 나타난다.

(4) 안내표지

녹십자표지, 응급구호표지, 들것, 세안장치, 비상구, 좌측 비상구, 우측 비상구가 있는데 바탕은 흰색, 기본 모형 및 관련 부호는 녹색, 바탕은 녹색, 관련 부호 및 그림은 흰색으로 나타낸다.

(5) 관계자외 출입금지

① 허가대상물질작업장
② 석면취급/해체작업장
③ 금지대상물질의 취급 실험실 등

[표] 산업안전보건표지의 의미

기본형태	표지의 의미	사용예
⊘ 금지표지	는 어떤 특정한 행위가 허용되지 않음을 나타낸다. 이 표지는 흰색바탕에 빨간색 원과 45[°]각도의 빗선으로 이루어진다. 금지한 내용은 원의 중앙에 검은색으로 표현하며, 둥근테와 빗선의 굵기는 원 외경의 10[%]이다.	
△ 경고표지	는 일정한 위험에 따라 경고를 나타낸다. 이 표지는 노란색 바탕에 검은색 삼각테로 이루어지며, 경고할 내용은 삼각형 중앙에 검은색으로 표현하고 노란색의 면적이 전체의 50[%] 이상을 차지하도록 하여야 한다. 마름모형(◇)은 예외임	
● 지시표지	는 일정한 행동을 취할 것을 지시하는 것으로 파란색의 원형이며, 지시하는 내용을 흰색으로 표현한다. 원의 직경은 부착된 거리의 40분의 1 이상이어야 하며, 파란색은 전체 면적의 50[%] 이상일 것	
■ 안내표지	는 안전에 관한 정보를 제공한다. 이 표지는 녹색바탕의 정방형 또는 장방형이며, 표현하고자 하는 내용은 흰색이고, 녹색은 전체 면적의 50[%] 이상이 되어야 한다. (예외 : 안전제일표지)	

안전보건표지 종류 및 규격
① 금지표지 : 원형에 사선
② 경고표지 : 삼각형·마름모형
③ 지시표지 : 원형
④ 안내표지 : 정사각형 또는 직사각형

산업안전색채의 종류에 따른 사용예
① 빨간색 : 정지신호, 소화설비 및 그 장소, 유해행위의 금지(금지표지)
② 노란색 : 위험경고, 주의표지, 기계방호물(경고표지)
③ 파란색 : 특정 행위의 지시 및 사실의 고지(지시표지)
④ 녹색 : 비상구 및 피난소, 사람 및 차량의 통행표시
⑤ 흰색 : 파랑, 녹색에 대한 보조색
⑥ 검은색 : 문자 및 빨강, 노랑에 대한 보조색

유기화합물용 안전장갑의 시험방법

재료에 대한 시험방법	투과저항 시험, 마모저항 시험, 절삭저항 시험, 인열강도 시험, 뚫림강도 시험
완성품에 대한 시험방법	공기누출 시험, 물을 이용한 누출 시험
부가성능 시험방법	투과저항(부가성능)

합격예측

색채의 종류에 따른 표시사항
① 주황색 : 위험표지
② 빨간색 : 방화·정지·금지표지
③ 노란색 : 주의표지
④ 녹색 : 안전, 진행, 구급기호
⑤ 파란색 : 조심
⑥ 자주색 : 방사능 표지
⑦ 흰색 : 통로·정돈

참고

인시덴트(incident)
강도가 높은 재해를 불휴재해(不休災害)로 피해를 축소(피해완화)하는 의미를 갖는다.

합격예측

절연장갑의 시험성능기준

인장강도	1,400[N/cm²] 이상(평균값)
신장률	100분의 600 이상(평균값)
영구신장률	100분의 15 이하
경년변화시험	인장강도	노화전 100분의 80 이상
	신장률	노화전 100분의 80 이상
	영구신장률	100분의 15 이하
뚫림강도 시험	18[N/mm] 이상
화염억제 시험	55[mm] 미만으로 화염 억제
저온시험	찢김, 깨짐 또는 갈라짐이 없을 것
내열성시험	이상이 없을 것

2. 안전보건표지판의 크기 및 표준기준

번호	기본 모형	규 격 비 율	표시사항
1	(원형에 사선)	$d \geq 0.025L$ $d_1 = 0.8d$ $0.7d < d_2 < 0.8d$ $d_3 = 0.1d$	금지 표지
2	(삼각형)	$a \geq 0.034L$ $a_1 = 0.8a$ $0.7a < a_2 < 0.8a$	경고 표지
2	(마름모)	$a \geq 0.025L$ $a_1 = 0.8a$ $0.7a < a_2 < 0.8a$	
3	(원형)	$d \geq 0.025L$ $d_1 = 0.8d$	지시 표지
4	(직사각형)	$b \geq 0.0224L$ $b_2 = 0.8b$	안내 표지
5	(직사각형)	$h < 1$ $h_2 = 0.8h$ $1 \times h \geq 0.0005L^2$ $h - h_2 = 1 - l_2 = 2e_2$ $l/h = 1, 2, 4, 8(4종류)$	안내 표지
6	A B C	모형 안쪽에는 A, B, C로 3가지 구역으로 구분하여 글씨를 기재한다.	1. 모형크기(가로 40cm, 세로 25cm 이상) 2. 글자크기(A : 가로 4cm, 세로 5cm 이상, B : 가로 2.5cm, 세로 3cm 이상, C : 가로 3cm, 세로 3.5cm 이상)	관계자외 출입금지
7	A B C	모형 안쪽에는 A, B, C로 3가지 구역으로 구분하여 글씨를 기재한다.	1. 모형크기(가로 70cm, 세로 50cm 이상) 2. 글자크기(A : 가로 8cm, 세로 10cm 이상, B, C : 가로 6cm, 세로 6cm 이상)	관계자외 출입금지

3. 근무중 안전완장을 항시 착용하여야 하는 자

① 안전보건관리책임자 ② 안전관리자 ③ 안전보건 관리담당자 ④ 관리감독자

4. 안전보건표지의 종류와 형태

① 금지표지	101 출입금지	102 보행금지	103 차량통행금지	104 사용금지	105 탑승금지	106 금연	107 화기금지
	108 물체이동금지	② 경고표지	201 인화성물질경고	202 산화성물질경고	203 폭발성물질경고	204 급성독성물질경고	205 부식성물질경고	206 방사성물질경고
	207 고압전기경고	208 매달린물체경고	209 낙하물경고	210 고온경고	211 저온경고	212 몸균형상실경고	213 레이저광선경고	214 발암성·변이원성·생식독성·전신독성·호흡기과민성물질경고
	215 위험장소경고	③ 지시표지	301 보안경착용	302 방독마스크착용	303 방진마스크착용	304 보안면착용	305 안전모착용	306 귀마개착용
	307 안전화착용	308 안전장갑착용	309 안전복착용	④ 안내표지	401 녹십자표지	402 응급구호표지	403 들것	404 세안장치
	405 비상용기구	406 비상구	407 좌측비상구	408 우측비상구	⑤ 관계자외 출입금지	501 허가대상물질 작업장 / 관계자외 출입금지 (허가물질 명칭) / 제조/사용/보관 중 / 보호구/보호복 착용 / 흡연 및 음식물 섭취 금지	502 석면취급/해체작업장 / 관계자외 출입금지 / 석면 취급/해체 중 / 보호구/보호복 착용 / 흡연 및 음식물 섭취 금지	503 금지대상물질의 취급 실험실 등 / 관계자외 출입금지 / 발암물질 취급 중 / 보호구/보호복 착용 / 흡연 및 음식물 섭취 금지

⑥ 문자 추가시 예시문

▶ 내자신의 건강과 복지를 위하여 안전을 늘 생각한다.
▶ 내가정의 행복과 화목을 위하여 안전을 늘 생각한다.
▶ 내자신의 실수로 동료를 해치지 않도록 하기 위하여 안전을 늘 생각한다.
▶ 내자신이 일으킨 사고로 오는 회사의 재산과 과실을 방지하기 위하여 안전을 늘 생각한다.
▶ 내자신의 방심과 불안전한 행동이 조국의 번영에 장애가 되지 않도록 하기 위하여 안전을 늘 생각한다.

합격예측

산업안전보건표지의 구분

① 금지표지 : 바탕은 흰색, 기본모형은 빨간색, 관련부호 및 그림은 검은색
② 경고표지 : 바탕은 노란색, 기본모형·관련부호 및 그림은 검은색 다만, 인화성물질 경고, 산화성물질 경고, 폭발성물질 경고, 급성독성물질 경고, 부식성 물질 경고 및 발암성·변이원성·생식독성·전신독성·호흡기과민성 물질 경고의 경우 바탕은 무색, 기본모형은 빨간색(검은색도 가능)
③ 지시표지 : 바탕은 파란색, 관련 그림은 흰색
④ 안내표지 : 바탕은 흰색, 기본모형 및 관련부호는 녹색, 바탕은 녹색, 관련부호 및 그림은 흰색

합격예측

안전보건표지의 [%]

산업안전보건표지 속의 그림 또는 부호의 크기는 안전보건표지의 크기와 비례하여야 하며, 안전·보건표지 전체규격의 30[%] 이상

합격예측

성능기준(보안면의 투과율)

(1) 일반보안면

구분		투과율 [%]
투명투시부		85 이상
채색 투시부	밝음	50±7
	중간밝기	23±4
	어두움	14±4

(2) 용접용 보안면

커버 플레이트	89[%] 이상
자동용 접필터	낮은 수준의 최소시감투과율 0.16[%] 이상

합격예측
안전인증 제품 표시사항
① 형식 또는 모델명
② 규격 또는 등급 등
③ 제조자명
④ 제조번호 및 제조연월
⑤ 안전인증 번호

참고
송기마스크의 종류
① 호스마스크
② 에어라인마스크
③ 복합식 에어라인마스크

합격예측
안전대 시험성능기준
• 완성품의 정하중 성능

구분	명칭	시험하중	성능기준
완성품	벨트식	15[kN] (1,530 [kgf])	1. 파단되지 않을 것 2. 신축조절기의 기능이 상실되지 않을 것
	안전그네식	15[kN] (1,530 [kgf])	시험몸통으로부터 빠지지 말 것

합격예측
귀마개의 일반구조
① 귀마개는 사용수명 동안 피부자극, 피부질환, 알레르기 반응 혹은 그 밖에 다른 건강상의 부작용을 일으키지 않을 것
② 귀마개 사용 중 재료에 변형이 생기지 않을 것
③ 귀마개를 착용할 때 귀마개의 모든 부분이 착용자에게 물리적인 손상을 유발시키지 않을 것
④ 귀마개를 착용할 때 밖으로 돌출되는 부분이 외부의 접촉에 의하여 귀에 손상이 발생하지 않을 것
⑤ 귀(외이도)에 잘 맞을 것
⑥ 사용 중 심한 불쾌함이 없을 것
⑦ 사용 중에 쉽게 빠지지 않을 것

5. 안전보건표지의 색도기준 및 용도

색채	색도기준	용도	사용 예
빨간색	7.5R 4/14	금지	정지신호, 소화설비 및 그 장소, 유해행위의 금지
		경고	화학물질 취급장소에서의 유해·위험 경고
노란색	5Y 8.5/12	경고	화학물질 취급장소에서의 유해·위험 경고 이외의 위험 경고, 주의표지 또는 기계방호물
파란색	2.5PB 4/10	지시	특정 행위의 지시 및 사실의 고지
녹색	2.5G 4/10	안내	비상구 및 피난소, 사람 또는 차량의 통행표지
흰색	N9.5		파란색 또는 녹색에 대한 보조색
검은색	N0.5		문자 및 빨간색 또는 노란색에 대한 보조색

[참고] 1. 허용 오차 범위 H=±2, V=±0.3, C=±1(H는 색상, V는 명도, C는 채도를 말한다.
2. 위의 색도기준은 한국산업규격(KS)에 따른 색의 3속성에 의한 표시방법(KSA 0062 기술표준원 고시 제2008-0759)에 따른다.

6. 안전표찰을 부착하여야 할 곳

① 작업복 또는 보호의의 우측 어깨
② 안전모의 좌우면
③ 안전완장

4 색채조절(color conditioning)

1. 색채조절의 목적

① 작업자에 대한 감정적 효과, 피로방지 등을 통하여 생산능률 향상에 있다.
② 재해사고방지를 위한 표지의 명확화 등에 목적이 있다.

2. 색의 3속성

① **색상**(hue) : 유채색에만 있는 속성이며 색의 기본적 종별을 말한다.
② **명도**(value) : 눈이 느끼는 색의 명암의 정도, 즉 밝기를 나타낸다.
③ **채도**(chroma) : 색의 선명도의 정도, 즉 색깔의 강약을 의미한다.

3. 색의 선택 조건

① 차분하고 밝은 색을 선택한다.
② 안정감을 낼 수 있는 색을 선택한다.
③ 악센트(accent)를 준다.
④ 자극이 강한 색을 피한다.
⑤ 순백색을 피한다.
⑥ 차가운 색, 아늑한 색을 구분하여 사용한다.

4. 안전증표의 도형 및 표시방법

[그림] 도형

[그림] 표시방법

① 안전증표의 크기는 동 증표를 표시하는 기계 등의 크기에 따라 신축성 있게 조정할 수 있다.
② 안전증표의 표상을 명백히 하기 위하여 필요한 때에는 동 증표의 주위에 표시사항을 국·영문 등의 글자로 부기할 수 있다.
③ 안전증표는 해당 제품 또는 포장지의 적당한 곳에 부착하거나 인쇄 또는 새기는 등의 방법으로 표시하여야 한다.
④ 안전증표의 색상은 테와 문자를 청색, 그 밖에 부분을 백색으로 표현하는 것을 원칙으로 하되, 안전증표를 표시하는 바탕색 등을 고려하여 테와 문자를 흰색, 그 밖에 부분을 청색으로 할 수 있다. 이 경우 청색의 색도는 2.5PB 4/10로, 백색의 색도는 N9.5로 한다.(색도기준은 한국산업규격 색의 3속성에 의한 표시방법(KS A0062)에 따른다.)
⑤ 안전증표는 인체에 상해를 줄 우려가 있는 재질이나 표면이 거친 재질을 사용해서는 아니 된다.

합격예측

방진마스크의 등급 및 사용장소

등급	사용장소
특급	• 베릴륨 등과 같이 독성이 강한 물질들을 함유한 분진 등 발생장소 • 석면 취급 장소
1급	• 특급 마스크 착용 장소를 제외한 분진 등 발생장소 • 금속흄 등과 같이 열적으로 생기는 분진 등 발생장소 • 기계적으로 생기는 분진 등 발생장소(규소 등과 같이 2급 마스크를 착용하여도 무방한 경우는 제외한다.)
2급	특급 및 1급 마스크 착용 장소를 제외한 분진등 발생장소

합격예측

"음압수준"이란 음압을 다음 식에 따라 데시벨(dB)로 나타낸 것을 말하며 KS C 1505(적분평균소음계) 또는 KS C 1502(소음계)에 규정하는 소음계의 "C" 특성을 기준으로 한다.

음압수준(dB)$=20\log 10\dfrac{P}{P_0}$

P : 측정음압으로서 파스칼[Pa] 단위를 사용
P_0 : 기준음압으로서 20[μPa]사용

합격예측

방열복의 종류 및 질량

종류	착용 부위	질량[kg]
방열상의	상체	3.0 이하
방열하의	하체	2.0 이하
방열일체복	몸체(상·하체)	4.3 이하
방열장갑	손	0.5 이하
방열두건	머리	2.0 이하

참고

잠수기 용어
① 잠수헬멧(helmet) : 오염된 물, 낙석 또는 외부의 충격으로부터 잠수사의 머리를 보호하기 위해 착용하는 것으로서 역지밸브(non return valve), 환기밸브(steady flow valve) 및 요구형 호흡조절장치(demand regulator)가 달린 헬멧을 말한다.
② 잠수마스크(helmet) : 잠수사의 머리를 보호하기 위해 착용하는 것으로서 역지밸브, 환기밸브 및 요구형호흡 조절장치가 달려있고, 후드(hood)가 합성고무 등 탄성이 있는 재료로 만들어진 마스크를 말한다.
③ 생명줄(umbilical) : 잠수사에게 기체를 공급하는 호스, 수심측정호스 및 통화용 전선 등 각기 용도가 다른 3가지 이상의 요서를 일체형으로 조합한 줄을 말한다.
④ 고압(high pressure) : 고압기체저장용기(잠수사가 착용하는 비상용 고압기체통을 포함한다)의 고압기체를 사용할 경우 잠수조정장치의 압력조절기 또는 비상용 고압기체통의 1단계 압력조절기까지 작용하는 압력을 말한다.
⑤ 중압(medium pressure) : 잠수사가 착용하는 비상용 고압기체통의 1단계 호흡조절기와 2단계 호흡조절기 사이에 작용하는 압력을 말한다.
⑥ 저압(low pressure) : 잠수조정장치의 압력조절기에서 감압 후 잠수헬멧 및 잠수마스크까지, 또는 잠수사가 착용하는 비상용 2단계 압력조절기에서 잠수헬멧 및 잠수마스크까지 작용하는 대기압 수준의 압력을 말한다.

Chapter 03 보호구 및 안전보건표지 출제예상문제

출제예상문제는 복습, 예습문제로 엮었습니다. *WHY : 실제시험에도 순서에 관계없이 출제됩니다. 예습 후 다음장에 공부한 문제가 있으면 기억이 배가 됩니다.

01 ★★ 다음 중 방진마스크의 선정기준에 해당되는 것은?

① 흡기저항이 높은 것일수록 좋다.
② 흡기저항 상승률이 낮은 것일수록 좋다.
③ 배기저항이 높은 것일수록 좋다.
④ 분진포집 효율이 낮은 것일수록 좋다.
⑤ 여과효율이 낮은 것일수록 좋다.

해설
방진마스크 선정기준
① 여과효율이 좋을 것 ② 흡배기저항이 낮을 것
③ 사용적이 적을 것 ④ 중량이 가벼울 것
⑤ 시야가 넓을 것 ⑥ 안면밀착성이 좋을 것
⑦ 피부 접촉 부위의 고무질이 좋을 것

02 ★ 다음 중 안전모의 시험성능기준으로 적당하지 않은 것은?

① 외관 ② 안전성
③ 내충격성 ④ 내수성
⑤ 내전압성

해설
안전모 시험성능의 종류
① 내관통성 ② 내전압성
③ 내수성 ④ 난연성
⑤ 충격흡수성 ⑥ 턱끈풀림

03 ★★ 건강장해의 근원적 예방대책이 아닌 것은?

① 생산공정 또는 작업방법을 무해화(無害化)한다.
② 보호구의 사용, 작업시간의 단축 등을 강구한다.
③ 환경을 개선하고 유해요인을 배제한다.
④ 작업방법을 개선하고 노동부담을 경감한다.
⑤ 생산시설을 자동화한다.

해설
보호구는 소극적 대책이며 근본적 예방대책은 아니다.

04 ★ 다음 보호구를 선택할 때 주의사항을 설명했다. 틀린 것은?

① 귀마개 - 피부에 유해한 영향을 주지 않는 것일 것
② 안전모 - 내전, 내수, 내충격에 강한 것일 것
③ 보안경 - 상해 등을 주는 각이나 요철이 없고 불쾌감이 없을 것
④ 산소마스크 - 산소부족시
⑤ 방진마스크 - 흡배기저항이 높은 것일 것

해설
방진마스크는 흡배기저항이 낮을 것
◐ 흡배기저항이 높으면 어떻게 숨을 쉬나요.

05 ★★ 다음은 방진마스크 선택시 주의점을 설명한 것이다. 잘못 설명한 것은?

① 포집률이 좋아야 한다.
② 흡기저항 상승률이 높을수록 좋다.
③ 시야가 넓을수록 좋다.
④ 안면의 밀착성이 큰 것일수록 좋다.
⑤ 중량이 가벼워야 한다.

[정답] 01 ② 02 ① 03 ② 04 ⑤ 05 ②

> **해설**

흡배기저항이 낮아야 한다.

○문제 4번을 이해했으면 문제 5번은 답이 자동으로 나오지요.

06 ★★ 다음의 소음예방 방법 중 가장 바람직한 방법은?

① 기계 장치 등의 구조를 바꾸거나 다른 기계로 대체한다.
② 소음원을 제거 감소시킨다.
③ 소음이 작업자에게 전달되지 않도록 음원을 은폐하고 소음흡수장치를 한다.
④ 귀마개나 귀덮개를 사용하여 음의 강도를 줄인다.
⑤ 복합소음을 이용한다.

> **해설**

① 소음대책의 첫째 방법 : 소음원 자체 제거
② 기타는 소극적인 방법이다.

07 ★★ 보호구가 갖추어야 할 구비요건 중 거리가 먼 것은?

① 착용이 간편할 것
② 작업에 방해가 되지 않을 것
③ 유해·위험요소에 대한 방호가 완전할 것
④ 재료의 품질이 우수할 것
⑤ 가격이 저렴할 것

> **해설**

보호구의 구비조건
(1) ①, ②, ③, ④
(2) 구조와 끝마무리가 양호할 것
(3) 겉모양과 보기가 좋을 것

> 참고) 보호구는 생명과 직결되므로 가격이 비싸더라도 보호구는 안전하고 완전해야 한다.

08 ★★★ 공장 내 안전표지를 부착하는 이유는?

① 능률적인 작업을 유도하기 위하여
② 인간심리의 활성화 촉진
③ 인간행동의 변화통제
④ 공장 내 환경정비 목적
⑤ 정리정돈확보

> **해설**

안전표지의 사용목적
① 유해 위험 기계, 기구, 자재 등의 위험성을 표시로 경고하여 작업자로 하여금 예상되는 재해를 사전에 예방
② 작업대상의 유해위험성의 성질에 따라 작업행위를 통제하고, 대상물을 신속 용이하게 판별하여 안전한 행동을 하게 함으로써 재해와 사고를 미연에 방지

09 ★★ 작업장에서 보호구를 보다 효율적으로 사용할 수 있게 하는 기본적 사항이 아닌 것은?

① 작업에 알맞은 보호구를 선정해야 한다.
② 필요수량만큼을 반드시 비치해야 한다.
③ 생산성 향상을 위한 최소의 보호구를 사용토록 한다.
④ 올바른 사용방법을 제대로 교육시켜야 한다.
⑤ 검인정된 보호구만 사용한다.

> **해설**

보호구는 최대의 보호구를 사용하여 손상시 항상 교체토록 한다.

10 ★★★ 유기용제에서 발생한 독성을 제거하기 위한 방독마스크의 흡수제로 옳은 것은?

① 호프칼라이트
② 큐프라마이트
③ 활성탄
④ 소다라임
⑤ 실리카겔

> **해설**

① 흡수제의 종류 : 활성탄, 실리카겔(silicagel), 소다라임(sodalime), 호프칼라이트(hopecalite), 큐프라마이트(kuperamite) 등
② 유기용제 독성제거 : 활성탄

[정답] 06 ② 07 ⑤ 08 ③ 09 ③ 10 ③

11 ★★★★★ 다음은 산업안전표지의 기본 모형을 그린 것이다. 이것은 어느 표지에 이용하는가?

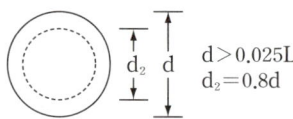

① 금지　　② 경고
③ 지시　　④ 안내
⑤ 관계자외 출입금지

해설
안전표지의 기본 모형
① 금지 : ⊘　② 경고 : ◇, △　③ 안내 : □
◎ 가로, 세로 등 숫자기억은 할 필요 없습니다.

12 ★★ 다음 보기의 안전표지가 나타내는 의미는?

① 위험장소 경고　② 위험물질 경고
③ 유해물질 경고　④ 고온 경고
⑤ 폭발물 경고

해설
경고표지 종류

인화성물질 경고	산화성물질 경고	폭발성 물질경고	급성독성 물질경고	위험장소 경고

13 ★★ 인간행동의 색채조절의 효과로 기대되는 것이 아닌 것은 어느 것인가?

① 밝기의 증가　② 생산의 증가
③ 피로의 증가　④ 작업능력의 향상
⑤ 폭발물 경고

해설
색채조절의 목적
① 피로의 감소　② 생산능률 향상
③ 재해사고 방지　④ 표지의 명확화

14 ★★★ 다음은 근로자가 위험 작업장에서 보호구를 착용하고자 할 때 꼭 알아두어야 할 사항이다. 이 중에서 가장 그 의미가 약한 것은?

① 위험을 예측하는 방법
② 보호구의 종류와 성능
③ 보호구의 가격과 구입 방법
④ 착용방법과 관리방법
⑤ 착용요령

해설
① 보호구의 가격, 구입방법 등은 근로자가 알아두어야 할 사항이 아니다.
② 중요사항은 ①, ②, ④, ⑤이다.

15 ★★★★ 방독마스크를 사용할 수 없는 장소에 해당되는 것은?

① 산소농도가 28[%] 이하인 장소
② 산소농도가 22[%] 이하인 장소
③ 산소농도가 18[%] 이하인 장소
④ 산소농도가 20[%] 이하인 장소
⑤ 산소농도가 25[%] 이하인 장소

해설
산소농도가 18[%] 이하이면 우선적으로 산소마스크를 착용해야 한다.
참고 산소결핍은 대기중 산소농도가 18[%] 미만이다.

16 ★★ 다음 보호구 종류 사용상 연관을 연결한 것이다. 사용 용도가 잘못된 것은?

① 비래장소 작업자 – 안전모
② 분진비산장소 작업자 – 방독마스크
③ 인력운반 취급자 – 안전화
④ 토사작업자 – 내열 석면장갑
⑤ 추락위험 – 안전대

[**정답**]　11 ③　12 ①　13 ③　14 ③　15 ③　16 ④

해설
흙작업시 면장갑이 적합하다.

	특급	99.0 이상
안면부 여과식	1급	94.0 이상
	2급	80.0 이상

17 ★★★★★ 방진마스크의 구조조건 중 맞지 않는 것은?

① 여과효율이 좋을 것
② 중량이 가볍고 안면밀착성이 좋을 것
③ 하방 시야가 50[°] 이상 넓을 것
④ 사용적이 적을 것
⑤ 흡배기저항이 높을 것

해설
흡배기저항이 낮아야 한다.
○ 이번 시험에도 이 문제가 출제되겠지요. Why! 자주자주 나오니까.

19 ★★★★★ 다음 중 보호구가 잘못 사용된 것은 어느 것인가?

① 폐수맨홀 청소 – 방진마스크
② 아세틸렌용접 – 실드헬멧
③ 용광로 – 고열복
④ 3[m]의 작업 – 안전벨트
⑤ 고소작업 – 안전대

해설
폐수맨홀 청소는 방독마스크를 착용해야 한다.

참고) 2[m] 이상 작업부터 고소작업이라 한다.

18 ★★★★★ 다음 중 납중독을 일으킬 위험이 높은 분진이나 퓸(fume) 발산작업에 사용하는 보호구는?

① 산소마스크
② 여과효율 99[%] 이상인 방진마스크
③ 호스마스크
④ 격리식 방독마스크
⑤ 방독마스크

해설
(1) 방진마스크의 구분 및 사용장소

등급	특급	1급	2급
사용 장소	• 베릴륨 등과 같이 독성이 강한 물질들을 함유한 분진 등 발생장소 • 석면 취급 장소	• 특급마스크 착용장소를 제외한 분진 등 발생장소 • 금속흄 등과 같이 열적으로 생기는 분진 등 발생장소 • 기계적으로 생기는 분진 등 발생장소(규소 등과 같이 2급 방진마스크를 착용하여도 무방한 경우는 제외한다.)	특급 및 1급 마스크 착용장소를 제외한 분진 등 발생 장소

배기밸브가 없는 안면부여과식 마스크는 특급 및 1급 장소에 사용해서는 안 된다.

(2) 성능

형태 및 등급		염화나트륨(NaCl) 및 파라핀 오일 (Paraffin oil) 시험[%]
분리식	특급	99.95 이상
	1급	94.0 이상
	2급	80.0 이상

20 ★★★★ 지시표지를 나타내는 색도기준으로 옳은 것은?

① 7.5R 4/14   ② 5Y 8.5/12
③ 2.5PB 4/10   ④ 2.5G 4/10
⑤ N0.5

해설
산업안전색채의 종류, 색도기준 및 표시사항

종류	기준	표시사항	사용 예
빨간색	7.5R 4/14	금지	정지신호, 소화설비 및 그 장소
노란색	5Y 8.5/12	경고	위험경고, 주의표지, 기계방호물
파란색	2.5PB 4/10	지시	특정행위의 지시 및 사실의 고지
녹색	2.5G 4/10	안내	비상구, 피난소, 사람·차량통행표지

21 ★★ 감전으로 인하여 호흡이 정지된 환자의 응급치료에 있어서 인공호흡을 하는 경우 1분간에 몇 회 정도의 속도로 30분 이상 계속할 것인가?

① 60번 정도   ② 30번 정도
③ 20번 정도   ④ 15번 정도
⑤ 25번 정도

[**정답**] 17 ⑤ 18 ② 19 ① 20 ③ 21 ④

해설
① 인공호흡은 5초 간격으로 1분에 12~15회가 적당하다.
② 1분 내 소생률은 95[%]이다.

22 ★ 산소가 결핍되어 있는 장소에서 사용되는 마스크는?
① 방진마스크　② 방독마스크
③ 송기마스크　④ 특급 방진마스크
⑤ 유기용마스크

해설
산소결핍시 보호구
① 산소마스크　② 송기마스크　③ 구명줄　④ 안전모

23 ★★ 산업안전 보호구 중 분진포집효율이 가장 좋은 것은? (단, 분리식)
① 99[%]　② 99.95[%]
③ 99.9[%]　④ 95[%]
⑤ 85[%]

해설
방진마스크의 분진포집효율
① 특급 : 99.95[%] 이상
② 1급 : 94[%] 이상
③ 2급 : 80[%] 이상

24 ★★ 들것, 비상구, 응급구호표지를 나타내는 색은?
① 빨간색　② 노란색
③ 초록색　④ 주황색
⑤ 검은색

해설
안전표지 및 색상
① 금지 : 빨간색(정지신호, 소화설비)
② 경고 : 노란색(위험경고, 주의, 기계방호물)
③ 안내 : 초록색(비상구, 피난구)
④ 지시 : 파란색(특정행위 지시, 사실의 고지)

25 ★★ 산업안전색채 중 잠재한 위험을 일깨워주거나 불안한 행위에 주의를 환기시킬 위치에 설치하는 경고표지의 색은 다음 중 어느 것인가?
① 빨간색　② 노란색
③ 초록색　④ 파란색
⑤ 흰색

해설
주의표시 : 경고표지 등은 노란색이다.
[참고] 문제 24번 해설 참조

26 ★ 방진마스크의 구비조건으로 옳지 않은 것은?
① 흡배기저항이 높을 것
② 중량이 가벼울 것
③ 안면밀착성이 좋을 것
④ 포집효율이 좋을 것
⑤ 시야가 넓을 것

해설
방진마스크의 구비조건(선정기준)
① 여과효율이 좋을 것　② 흡배기저항이 낮을 것
③ 사용적이 적을 것　④ 중량이 가벼울 것
⑤ 시야가 넓을 것　⑥ 안면밀착성이 좋을 것
⑦ 피부 접촉 부위의 고무질이 좋을 것

27 ★★ 산업안전보건표지는 그 사용목적에 따라 4개 종류로 분류되고 있다. 다음 중 이에 속하지 않는 것은?
① 금지표지　② 방향표지
③ 경고표지　④ 안내표지
⑤ 지시표지

해설
산업안전·보건표지종류
① 금지표지　② 경고표지
③ 지시표지　④ 안내표지

[정답] 22 ③　23 ②　24 ③　25 ②　26 ①　27 ②

28 ★★★ 다음 보호구 중 고소작업에 맞지 않는 것은?

① 안전모 ② 안전화
③ 안전벨트 ④ 안전망
⑤ 핫스틱

해설
① 핫스틱은 전기활선 작업시에 사용한다.
② 고소작업은 2[m] 이상에서 작업하는 것을 말한다.

29 ★★★★ 가스마스크를 사용할 때 유의사항이 잘못 기술된 것은?

① 흡수관의 손상여부를 확인한다.
② 유해가스에 알맞은 흡수관을 사용한다.
③ 유독가스의 농도가 높을수록 격리식을 사용한다.
④ 탱크 및 맨홀 내부에서는 직결식을 사용한다.
⑤ 검정에 합격된 보호구를 사용한다.

해설
① 탱크 및 맨홀 내부에는 격리식을 사용한다.
② 가스마스크는 방독마스크를 말한다.

30 ★★ 안전블록이 부착된 안전대의 구조에 있어 안전블록의 줄은 와이어로프인 경우 최소지름은 얼마 이상이어야 하는가?

① 2[mm] ② 4[mm]
③ 8[mm] ④ 10[mm]

해설
안전대의 구비조건
① 충격인장강도에 강할 것
② 습기나 약품에 강할 것
③ 매끄럽지 않을 것
④ 와이어로프 최소지름 : 4[mm] 이상

31 ★★ 산업안전·보건표지 중 지시표지는 어떠한 색채의 종류인가?

① 초록색 ② 파란색
③ 빨간색 ④ 노란색
⑤ 흰색

해설
안전·보건표지 및 색
① 금지 : 빨간색
② 경고 : 노란색
③ 지시 : 파란색
④ 안내 : 초록색

32 ★★ 안전표지 중 주의, 위험표지의 글자, 보조색에 이용되는 색채는?

① 보라색 ② 빨간색
③ 검은색 ④ 흰색
⑤ 녹색

해설

① 흰색 : 파란색, 녹색에 대한 보조색
② 검은색 : 문자 및 빨간색, 노란색에 대한 보조색

33 ★★ 특급 방진마스크를 착용하여야 할 작업은?

① 암석의 파쇄작업
② 철분이 비산하는 작업
③ 베릴륨을 함유한 분진 발생 장소
④ 염소 탱크 내의 작업
⑤ 분진발생장소

해설
①, ②, ④, ⑤ : 특급 및 1급으로 가능하다.

[정답] 28 ⑤ 29 ④ 30 ② 31 ② 32 ③ 33 ③

34 다음 중 열에 가장 잘 견디는 장갑은?

① 고무장갑　　② 면장갑
③ 가죽장갑　　④ 나일론장갑
⑤ 석면장갑

해설
① 열에 우수한 것은 석면　② 열에 약한 것은 고무장갑
③ 용접시는 가죽장갑

35 암모니아용 방독마스크의 정화통 색은?

① 검은색　　② 황색
③ 녹색　　　④ 빨간색
⑤ 흰색

해설
방독마스크 흡수관(정화통)의 종류

종류	시험가스	정화통 외부측면 표시색
유기화합물용	시클로헥산(C_6H_{12}), 디메틸에테르(CH_3OCH_3), 이소부탄(C_4H_{10})	갈색
할로겐용	염소가스 또는 증기(Cl_2)	회색
황화수소용	황화수소가스(H_2S)	회색
시안화수소용	시안화수소가스(HCN)	회색
아황산용	아황산가스(SO_2)	노란색
암모니아용	암모니아가스(NH_3)	녹색

36 할로겐가스용 방독마스크의 정화통 색은?

① 빨간색　　② 회색
③ 녹색　　　④ 황적색

해설
할로겐가스용 정화통색 : 회색

참고 문제 35번 해설 참조

37 다음 건설현장에 안전·보건표지를 설치하려 한다. 그 종류와 분류가 맞는 것은?

① 물체이동 – 금지표지
② 인화성물질 – 지시표지
③ 위험장소 – 안내표지
④ 안전띠 착용 – 경고표지
⑤ 방독마스크 착용 – 금지표지

해설
① 경고표지 : 인화성물질, 위험장소
② 안전띠 착용 : 지시표지

38 다음 안전보건표지를 알맞게 나타낸 것은?

① 부식성 물질 저장 – 경고표지
② 금연 – 지시표지
③ 화기엄금 – 경고표지
④ 안전모 착용 – 안내표지
⑤ 세안장치 – 경고표지

해설
① 금연 : 금지표지
② 화기엄금 : 금지표지
③ 안전모 착용 : 지시표지

39 산업안전보건표지 중에서 정사각형(혹은 직사각형) 모양에 그림으로 나타낸 표지는?

① 금지표지　　② 경고표지
③ 지시표지　　④ 주의표지
⑤ 안내표지

해설
① 경고표지 : 삼각형
② 금지와 지시표지 : 원형

40 다음 중 안전대용 로프의 구비조건이 아닌 것은?

① 내마모성이 높을 것
② 완충성이 높을 것
③ 내열성이 높을 것
④ 값이 저렴할 것
⑤ 매끄럽지 않을 것

[정답] 34 ⑤　35 ③　36 ②　37 ①　38 ①　39 ⑤　40 ④

> **해설**
>
> 안전대의 구비조건
> (1) ①, ②, ③, ⑤외 충격인장강도에 강할 것
> (2) 습기나 약품에 강할 것
>
> ● 문제가 중복되는 이유는 기출문제이고 이번시험에 이 문제가 출제될 수 있다는 증명입니다.

41 ★★★ AE와 ABE형의 안전모의 내수성 시험은 모체를 20~25[℃]의 수중에 24시간 담가놓은 후 대기 중에 꺼내어 수분을 제거한 무게 증가율이 얼마일 때 합격하는가?

① 1[%] 미만
② 2[%] 이하
③ 2.5[%] 미만
④ 3[%] 이하
⑤ 5[%] 미만

> **해설**
>
> 안전모의 주요 성능 시험
> ① 내관통성 시험 : 높이 3.048[m](10[ft])에서 0.45[kg]의 철제추를 자유낙하시키고 관통거리를 측정한다.
> ② 충격흡수성 시험 : 내관통성 시험과 같이 3.6[kg]의 충격추를 1.524[m](5[ft]) 높이에서 자유낙하시켜 전달충격력을 측정하고 평균치가 3781[N](850[lb])이하, 최고전달충격력이 4,450[N](1,000[lb]) 이하이다.
> ③ 내수성 시험 : AE형과 ABE형 안전모의 모체를 수중에 24시간 담가놓은 후, 표면의 물을 닦아 내고 무게를 측정하여 질량증가율이 1[%] 미만이어야 한다.
> ④ 난연성 시험 : AE형과 ABE형 안전모의 모체로부터 넓이 25[mm], 길이 125[mm]의 시험편의 중간의 75[mm]의 연소시간이 60초 이상이어야 한다.
> ⑤ 내전압성 시험 : AE형과 ABE형 안전모는 20[kV]에 1분간 견디고, 충전전류가 10[mA] 이하이어야 한다.

42 현장에서 안전책임자, 안전관리자는 근무 중에 안전완장을 착용해야 한다. 안전완장에 바탕색깔과 어떤 내용을 한글로 표시해야 하는가?

① 노란색, 직책
② 노란색, 성명
③ 흰색, 직책
④ 흰색, 성명
⑤ 적색, 성명

> **해설**
>
> 안전완장의 표시사항
> '노란색 바탕'에 검은색 한글 고딕체로 '직책'을 표시한다.

43 안전장갑의 종류는 사용구분에 따라 규정 지어진다. 사용구분이 주로 300[V]를 초과하고 교류 600[V] 또는 직류 750[V] 이하의 작업에서 사용하는 안전장갑의 종류는 다음 중 어느 것인가?

① A종
② B종
③ C종
④ D종
⑤ E종

> **해설**
>
> 안전장갑의 종류
>
> | | | | |
> |---|---|---|---|
> | 내전압용 안전장갑 (절연장갑) | 전기에 의한 감전 방지용 | A종 | 주로 300[V]를 초과하고 교류 600[V] 또는 직류 750[V] 이하의 작업에 사용 |
> | | | B종 | 주로 교류 600[V] 또는 직류 750[V]를 초과하고 3,500[V] 이하의 작업에 사용 |
> | | | C종 | 주로 3,500[V]를 초과하고 7,000[V] 이하의 작업에 사용 |
> | 유기화합물용 안전장갑 (보호장갑) | 액체상태의 유기화합물이 피부를 통하여 인체에 흡수되는 것을 방지하기 위하여 사용 | | |

44 안전대를 인장시험기로 시험할 때 인장강도는?

① 900[kgf]
② 1,100[kgf]
③ 1,300[kgf]
④ 1,400[kgf]
⑤ 1,530[kgf]

> **해설**
>
> 안전대의 정하중 성능시험으로 인장시험기로 15[kN](1,530[kgf]) 인장하중을 가하여 1분간 유지한 후 기능상실 여부를 조사한다.

45 다음 중 신체지지의 목적으로 전신에 착용하는 것으로 높은 곳에서의 추락을 방지하는 목적으로 사용되는 보호구는?

① 벨트식
② 안전블록
③ 추락방지대
④ 안전그네식
⑤ 벨트

[정답] 41 ① 42 ① 43 ① 44 ⑤ 45 ④

해설
안전대의 종류

구분	용도
안전그네	신체지지의 목적으로 전신에 착용하는 띠모양의 부품
벨트	신체지지의 목적으로 허리에 착용하는 띠모양의 부품
추락방지대	신체의 추락을 방지하기 위해 자동잠김장치를 갖추고 죔줄과 수직 구명줄에 연결된 금속장치
안전블록	안전그네와 연결하여 추락 발생시 추락을 억제할 수 있는 자동잠김장치가 갖추어져 있고 죔줄이 자동적으로 수축되는 금속장치

46 안전보건표지에 사용하는 색채 가운데 비상구 및 피난소 사람 또는 차량이 통행표지에 사용하는 색채는 다음 중 어느 것인가?

① 빨간색　　② 노란색
③ 녹색　　　④ 파란색
⑤ 검은색

해설
산업안전·보건표지의 종류

구분	형태	용도
금지	빨간색(원형)	정지신호, 소화설비 및 그 장소, 유해행위의 금지
경고	노란색(삼각형)	위험경고, 주의표지 또는 기계 방호물
	빨간색(마름모)	화학물질 취급장소 유해위험 경고
지시	파란색(원형)	특정 행위의 지시 및 사실의 고지
안내	녹색(사각형, 녹십자는 원형)	비상구 및 피난소, 통행표지

47 내전압용 절연장갑의 성능기준에 있어 최대사용전압에 따른 등급 구분에서 최소등급인 "00등급"의 색상으로 옳은 것은?

① 갈색　　② 흰색
③ 노란색　④ 녹색
⑤ 검은색

해설
절연장갑의 등급 및 표시

등급	최대사용전압		등급별 색상
	교류(V, 실효값)	직류(V)	
00	500	750	갈색
0	1,000	1,500	빨간색
1	7,500	11,250	흰색
2	17,000	25,500	노란색
3	26,500	39,750	녹색
4	36,000	54,000	등색

💬 **합격자의 조언**
1. 본전 생각을 하지 말라. 손해가 이익을 끌고 온다.
2. 돈을 내 맘대로 쓰지 말라. 돈에게 물어보고 사용하라.
3. 느낌을 소중히 하라. 느낌은 신의 목소리다.

[정답] 46 ③　47 ①

MEMO

Part 04 | 시스템 안전 공학

Chapter 1 시스템 위험분석
Chapter 2 결함수 분석법
Chapter 3 안정성 평가
Chapter 4 각종 설비의 유지관리

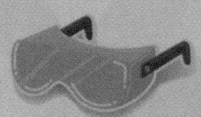

Chapter 01 시스템 위험분석

중점 학습내용

본 시스템 안전공학은 산업재해를 근본적으로 감소시키기 위한 장으로서 시스템 안전의 개요, FTA 등을 기술하였고 시스템안전에 대한 기본용어 등의 정의를 기준으로 서술하였다. 안전성 평가는 산업안전보건법으로 명시되어 있듯이 안전이 가장 중요하며 21C에는 인간보다는 기계·기구를 이용한 작업이 이루어져야 될 것으로 생각한다. 시험에 출제가 예상되는 본 장의 중심내용은 다음과 같다.

❶ 시스템 위험분석 및 관리
❷ 시스템 위험분석기법
❸ 미 국방성(DOD)
  ㉮ 시스템 안전에 대한 가장 일반적이고 많이 쓰이는 접근법은 미국방성(Department of Defense : DOD)과 국방성 계약자에 의해 얻어진다.
  ㉯ 근본적으로 시스템 안전 프로그램을 발전시키고 수행한다.
  ㉰ 미 국방성(DOD)의 접근법은 시스템 안전 프로그램의 필요조건인 MIL-STD-882B를 기초로 한다.

1 시스템 위험분석 및 관리

1. system의 개요

(1) system이란

① 요소의 집합에 의해 구성되고
② system 상호간에 관계를 유지하면서
③ 정해진 조건 아래에서
④ 어떤 목적을 위하여 작용하는 집합체라 할 수 있다.

(2) 시스템안전(system safety)이란

어떤 시스템에 있어서 기능, 시간, 코스트(cost) 등의 제약조건하에서 인원 및 설비가 당하는 상해 및 손상을 최소한으로 줄이는 것이다. 특히 시스템 안전을 달성하기 위해서는 시스템의 계획 → 설계 → 제조 → 운용 등의 단계를 통하여 시스템의 안전관리 및 시스템안전공학을 정확히 적용시키는 것이 필요하다.

(3) 산업시스템이란

① 시스템 구성요소와 재료
② 부품
③ 기계
④ 설비
⑤ 일하는 사람

합격예측

시스템안전공학
① 시스템 안전공학은 과학적, 공학적 원리를 적용해서 시스템 내의 위험성을 적시에 식별하고 그 예방 또는 제어에 필요한 조치를 도모하기 위한 시스템공학의 한 분야이다.
② 시스템의 안전성을 명시, 예측 또는 평가하기 위한 공학적 설계, 안전해석의 원리 및 수법을 기초로 한다.
③ 수학, 물리학 및 관련 과학 분야의 전문적 지식과 특수기술을 기초로 하여 성립한다.

용어정의

시스템안전
시스템 전체에 대하여 종합적이고 균형이 잡힌 안전성을 확보하는 것이다.

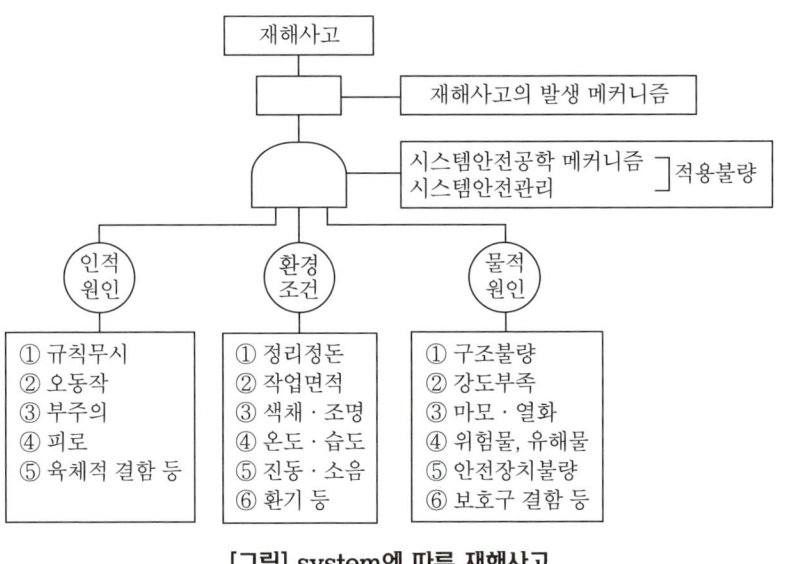

[그림] system에 따른 재해사고

합격예측

시스템안전 프로그램의 내용
① 계획의 개요
② 안전조직
③ 계약조건
④ 관련부문과의 조정
⑤ 안전기준
⑥ 안전해석
⑦ 안전성의 평가
⑧ 안전데이터의 수집 및 분석
⑨ 경과 및 결과의 분석

합격예측

체계설계 과정에서 가장 먼저 실시하는 것
성능명세서결정

합격예측

MIL-STD-882A
미국군 안전물자조달을 위한 군용규격을 나타내는 것

2. 시스템의 기능 및 달성방법

(1) 시스템의 기능

① 정보의 전달
② 물질 혹은 에너지의 생산
③ 사람, 물질, 에너지의 수송

(2) 시스템안전관리의 업무수행요건

① 시스템의 안전에 필요한 사항의 동일성의 식별(identification)
② 안전활동의 계획, 조직 및 관리
③ 다른 시스템 프로그램 영역과의 조정
④ 시스템안전에 대한 목표를 유효하게 적시에 실현하기 위한 프로그램의 해석 검토 및 평가

(3) 시스템의 안전성 확보책(MIL-STD-882B) 22. 3. 19 출

① 제1단계 : 위험상태의 존재 최소화(fail safe)설계(설계 및 공정계획시 위험 제거)
② 제2단계 : 안전장치의 설치(채택)
③ 제3단계 : 경보장치의 설치(채택)
④ 제4단계 : 특수 수단 개발과 표식 등의 규격화(절차 및 교육훈련 개발)

합격예측

시스템 안전설계의 원칙
① 1단계 : 위험상태의 존재를 최소화(페일세이프 도입)
② 2단계 : 안전장치의 채용
③ 3단계 : 경보장치의 채용
④ 4단계 : 특수한 수단의 강구

합격예측

시스템의 구조
① 기본시스템 :
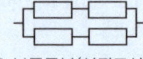
② 체계중복 :

③ 부품중복(신뢰도상) :
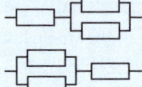
④ 절충중복 :

(4) 시스템의 안전달성방법

① 재해예방
  ㉮ 위험의 소멸
  ㉯ 위험수준의 제한
  ㉰ 유해·위험물의 대체사용 및 완전 차폐
  ㉱ 페일세이프(fail safe)의 설계
  ㉲ 고장의 최소화
  ㉳ 중지 및 회복 등

② 피해의 최소화 및 억제
  ㉮ 격리   ㉯ 탈출 및 생존   ㉰ 보호구 사용
  ㉱ 구조   ㉲ 적은 손실의 용인

③ 시스템 안전달성을 위한 프로그램 진행단계
제1단계 구상단계 → 제2단계 사양결정단계 → 제3단계 설계단계 → 제4단계 제작(제조)단계 → 제5단계 운영(조업)단계

2 시스템 위험분석기법

1. 시스템 분석의 종류

(1) 작용하는 프로그램의 단계에 따라
① 예비위험분석(PHA)
② 서브시스템 사고분석(sub-system hazard analysis)
③ 시스템 사고분석
④ 운용사고분석(O&S)

(2) 해석의 수리적 방법에 따라
① 정성적 분석
② 정량적 분석

(3) 논리적 견지에 따라
① 귀납적 분석
② 연역적 분석

(4) 시스템의 구상단계(제조·설계 단계)에서 이루어져야 할 사항
: 시스템 안전계획(SSP : System Safety Plan) 작성

① 시스템안전 프로그램의 설정 및 실시 방법 기술
② 시스템안전 부문의 작업진행상황을 평가하기 위한 기초 문서
③ 작업목표 및 목표달성을 기술한 관리상의 문서
④ SSP에 기술될 내용
　㉮ 시스템안전 프로그램의 설정 및 실시 방법 기술
　㉯ 허용수준까지 최소화 또는 제거되어야 할 사고의 종류
　㉰ 시스템에서 생기는 모든 사고의 식별 및 평가를 위한 분석법(해석법)의 양식
　㉱ 작성되고 보존되어야 할 기록의 종류

(5) 안전성 평가의 4가지 기법

① 체크리스트에 의한 방법(check list)　② 위험의 예측 평가(layout의 검토)
③ 고장형 영향 분석(FMEA법)　　　　　④ FTA법

(6) Risk 처리(위험조정)기술 4가지

① 위험회피(Avoidance)　　② 위험제거(경감, 감축 : Reduction)
③ 위험보유, 보류(Retention)　④ 위험전가(Transfer) : 보험으로 위험조정

(7) 불대수(G.Boole)의 기본공식

① 항등정리
　$A+0 = A$, $A \times 1 = A$ (A에 0과 1을 각각 대입하면 A에 대입한 값이 나오므로 결과는 A가 된다.)
　$A+1 = 1$ (A에 0과 1을 넣어도 결과는 언제나 1이 된다. 왜냐하면 불대수는 0과 1로 이루어진 2진수이므로)
　$A \times 0 = 0$ (A에 0과 1을 넣어도 결과는 언제나 0이 된다.)
② 멱등법칙
　$A+A = A$
　$A \times A = A$ (+는 합집합, ×는 교집합으로서 A와 A의 교집합과 합집합은 항상 A이다.)
　$A+A' = 1$ (A와 non A의 합집합은 1, 즉 신호있음)
　$A \times A' = 0$ (A와 non A의 교집합은 0, 즉 신호없음)
③ 교환법칙
　$A+B = B+A$ (A와 B의 합집합은 B와 A의 합집합과 같다.)
　$A \times B = B \times A$ (A와 B의 교집합은 B와 A의 교집합과 같다.)
④ 결합법칙
　$A+(B+C) = (A+B)+C$ (B와 C의 합집합에 A를 합한 것은 A와 B의 합집합에 C를 합한 것과 같다.)
　$A \times (B \times C) = (A \times B) \times C$ (B와 C의 교집합과 A와의 교집합은 A와 B의 교집합과 C와의 교집합과 같다.)
⑤ 분배법칙
　$A \times (B+C) = (A \times B)+(A \times C)$
　$A+(B \times C) = (A+B) \times (A+C)$
⑥ 흡수법칙
　$A+A \times B = A$ (A와 B의 교집합과 A의 합집합은 A이다.)
　$A+A' \times B = A+B$ (non A와 B의 교집합과 A의 합집합은 A와 B의 합집합과 같다.)
⑦ 보수정리
　$A+A' = 1$ (A와 non A의 합집합은 A)
　$A \times A' = 0$ (A와 non A의 교집합은 0)
⑧ 다중부정
　$A'' = A$ (non A의 non은 A)
⑨ 드 모르간의 법칙
　$A'+B' = (A \times B)'$ (non A와 non B의 합집합은 A와 B의 교집합의 non과 같다.)

합격예측

명제의(예)

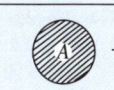
$A + \overline{A} = 1$

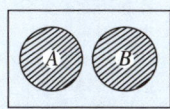
$A + B$

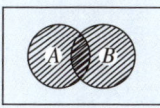
$A + B$

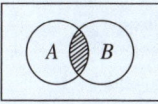
$A \cdot B$

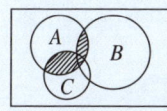
$A \cdot (B+C)$
$= (A \cdot B)+(A \cdot C)$

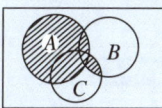
$A+(B \cdot C)$
$= (A+B) \cdot (A+C)$

합격예측

위험처리기술
① 위험의 회피
② 위험의 제거(경감)
　㉮ 위험 방지
　㉯ 위험 분산
　㉰ 위험 결합
　㉱ 위험 제한
③ 위험의 보유(보류)
④ 위험의 전가

2. 예비위험분석(PHA : Preliminary Hazards Analysis) 22. 3. 19

PHA는 모든 시스템안전 프로그램의 최초 단계의 분석으로서 시스템 내의 위험요소가 얼마나 위험한 상태에 있는가를 정성적으로 평가하는 것이다.

(1) PHA의 목적

시스템 개발 단계에서 시스템 고유의 위험 영역을 식별하고 예상되는 재해의 위험 수준을 구상단계에서 적용하고 평가하는 데 있다.

(2) PHA의 기법

① check list에 의한 기법
② 기술적 판단에 의한 기법
③ 경험에 따른 기법

(3) PHA의 카테고리 분류

① Class 1 : 파국적(Catastropic) – 사망, 시스템 손상
　인간의 과오, 환경, 설계의 특성, 서브시스템의 고장 또는 기능 불량이 시스템의 성능을 저하시켜 그 결과 시스템의 손실을 초래하는 상태
② Class 2 : 위기적(Critical) – 심각한 상해, 시스템 중대 손상
　인간의 과오, 환경, 설계의 특성, 서브시스템의 고장 또는 기능 불량이 시스템의 성능을 저하시켜 시스템에 중대한 지장을 초래하거나 인적 부상을 가져오므로 즉시 수정 조치를 필요로 하는 상태
③ Class 3 : 한계적(Marginal) – 경미한 상해, 시스템 성능 저하
　시스템의 성능 저하가 인원의 부상이나 시스템 전체에 중대한 손해를 입히지 않고 제어가 가능한 상태
④ Class 4 : 무시(Negligible) – 경미 상해 및 시스템 저하 없음
　시스템의 성능, 기능이나 인적 손실이 전혀 없는 상태

[그림] PHA·OSHA·FHA·HAZOP

3. 결함위험분석(FHA : Fault Hazards Analysis)

(1) 정 의

FHA는 분업에 의하여 여럿이 분담 설계한 subsystem간의 interface를 조정하여 각각의 subsystem 및 전 시스템의 안전성에 악영향을 끼치지 않게 하기 위한 분석기법이다.

(2) FHA의 기재사항

① 서브시스템의 요소
② 그 요소의 고장형
③ 고장형에 대한 고장률
④ 요소 고장시 시스템의 운용 형식
⑤ 서브시스템에 대한 고장의 영향
⑥ 2차 고장
⑦ 고장형을 지배하는 뜻밖의 일
⑧ 위험성의 분류
⑨ 전 시스템에 대한 고장의 영향
⑩ 기타

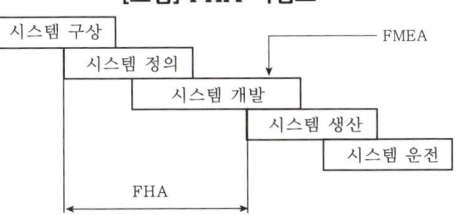

프로그램 : 세화					시스템 : FHA				
#1 구성요소 명칭	#2 구성요소 위험방식	#3 시스템 작동방식	#4 서브시스템에서 위험영향	#5 서브시스템, 대표적 시스템 위험영향	#6 환경적 요인	#7 위험영향을 받을 수 있는 2차 요인	#8 위험수준	#9 위험관리

[그림] FHA 작업표

[그림] FHA·FMEA 적용단계

4. 고장의 형과 영향분석(FMEA : Failure Modes and Effects Analysis)

(1) 정의

FMEA는 서브시스템 위험분석이나 시스템 위험분석을 위하여 일반적으로 사용되는 전형적인 정성적, 귀납적 분석방법으로 시스템에 영향을 미치는 모든 요소의 고장을 형태별로 분석하여 그 영향을 검토하는 것이다.

(2) FMEA의 실시 순서

시스템이나 기기의 설계 단계에서 FMEA의 실시 순서는 다음과 같다.

[표] FMEA 실시 순서

순 서	주 요 내 용
제1단계 대상 시스템의 분석	① 기기·시스템의 구성 및 기능의 전반적 파악 ② FMEA 실시를 위한 기본 방침의 결정 ③ 기능 block과 신뢰성 block의 작성
제2단계 고장형태와 그 영향의 해석	① 고장형태의 예측과 설정 ② 고장원인의 상정 ③ 상위 항목의 고장 영향의 검토 ④ 고장 검지법의 검토 ⑤ 고장에 대한 보상법이나 대응법의 검토 ⑥ FMEA 워크시트에 기입 ⑦ 고장 등급의 평가
제3단계 치명도 해석과 개선책의 검토	① 치명도 해석 ② 해석 결과의 정리와 설계 개선으로 제언

합격예측

시스템 안전계획(SSP : system safety plan)의 작성 : SSP의 내용

① 안정성 관리조직 및 다른 프로그램 기능과의 관계
② 시스템에 발생하는 모든 사고의 식별 및 평가를 위한 분석법의 양식
③ 허용수준까지 최소화 또는 제거되어야 할 사고의 종류
④ 작성되고 보존되어야 할 기록의 종류

참고

(1) FMEA 방법
  · 정성적
  · 귀납적
(2) Boolean algebra
  ① 영국의 수학자 G.Boole에 의해서 창시된 논리 수학으로 논리 대수를 사용한 연산 과정이 정의되어 있는 대수계이다.
  ② 논리곱(AND), 논리합(OR), 부정(NOT), IF-THEN 등과 같은 논리 연산자(operator)를 사용함으로써 수학적인 연산이 가능하다.
  ③ 컴퓨터 등에 사용되는 전자 회로 설계 및 안전에도 적용되고 있다.

합격예측 25. 3. 29. 출

위험우선순위 점수 (Risk Priority Number)

(1) RPN = 심각도(Severity) × 발생도(Occurrence) × 검출도(Detection)
① 심각도(Severity) : 고장이 제품, 설비, 장치, 시스템에 미치는 영향이 얼마나 심각한가
② 발생도(Occurrence) : 고장 유발 원인이 얼마나 자주 발생하는가
③ 검출도(Detection) : 이상 발생 여부를 얼마나 검출할 수 있는가
(2) 각 요소는 1~10점의 평가 가이드로 설계되며, 최고 점수는 1000점이다.

합격예측
FMEA의 장·단점
① 장점 : 서식이 간단하고 비교적 적은 노력으로 특별한 훈련없이 분석을 할 수 있다.
② 단점 : 논리성이 부족하고 특히 각 요소 간의 영향을 분석하기 어렵기 때문에 동시에 두 가지 이상의 요소가 고장날 경우 분석이 곤란하며, 또한 요소가 물체로 한정되어 있기 때문에 인적원인을 분석하는 데는 곤란이 있다.

합격예측
β값의 조건부 확률

고장의 영향	β의 값
대단히 자주 일어나는 손실	$\beta = 1.00$
보통 일어날 수 있는 손실	$0.10 \leq \beta < 1.00$
적지만 일어날 수 있는 손실	$0 < \beta \leq 0.10$
영향 없음	$\beta = 0$

FMEA 고장등급의 결정

고장 등급	고장 구분	판단 기준	대책 내용
I	치명 고장	임무 수행 불능, 인명 손실	설계 변경이 필요
II	중대 고장	임무의 중대한 부분 불달성	설계의 재검토가 필요
III	경미 고장	임무의 일부 불달성	설계 변경이 불필요
IV	미소 고장	영향이 전혀 없음	설계 변경은 전혀 불필요

(3) FMECA(고장의 형과 영향 및 치명도분석)

FMEA와 CA를 병용한 안전해석 기법으로 정량적 해석이 가능하다.

[표] FMEA 고장영향과 발생확률

고장의 영향	발생 확률(β의 값)	비고
실제의 손실	$\beta = 1.00$	자주
예상되는 손실	$0.10 \leq \beta < 1.00$	보통
가능한 손실	$0 < \beta \leq 0.10$	드물게
영향 없음	$\beta = 0$	무

(4) FMEA에서의 고장의 형태
① 개로 또는 개방 고장
② 폐로 또는 폐쇄 고장
③ 기동 고장
④ 정지 고장
⑤ 운전 계속의 고장
⑥ 오작동 고장

(5) FMEA 고장등급 평가요소 5가지
① C_1 : 기능적 고장의 영향의 중요도
② C_2 : 영향을 미치는 시스템의 범위
③ C_3 : 고장 발생의 빈도
④ C_4 : 고장방지의 가능성
⑤ C_5 : 신규 설계의 정도

(6) 평가요소 전부를 사용하는 경우 고장 평점 C_s는

$$C_s = (C_1 \cdot C_2 \cdot C_3 \cdot C_4 \cdot C_5)^{\frac{1}{5}}$$

[표] MIL-STD-882B DOD 분류

분류	범주	해당 재난
파국(catastrophic)	I	사망 또는 시스템 상실
중대재해(critical)	II	중상, 직업병 또는 중요 시스템 손상
경미재해(marginal)	III	경상, 경미한 직업병 또는 시스템의 가벼운 손상
무시재해(negligible)	IV	사소한 상처, 직업병 또는 시스템 손상

5. MORT(Management Oversight and Risk Tree : 경영소홀 및 위험수분석)

① 1970년 이후 미국의 W.G.Johnson 등에 의해 개발된 최신 시스템 안전프로그램으로서 원자력 산업의 고도 안전 달성을 위해 개발된 분석기법이다. 이는 산업안전을 목적으로 개발된 시스템안전 프로그램으로서의 의의가 크다.
② FTA와 같은 논리기법을 이용하여 관리, 설계, 생산, 보전 등의 광범위한 안전을 도모하는 원자력산업 외에 일반 산업안전에도 적용이 기대된다.

6. 운용 및 지원위험분석(Operating and Support → O&S Hazard Analysis)

(1) 정 의

시스템의 모든 사용 단계에서 생산, 보전, 시험, 운반, 저장, 운전, 비상탈출, 구조, 훈련 및 폐기 등에 사용되는 인원, 순서, 설비에 관하여 위험을 동정하고 제어하며 그들의 안전 요건을 결정하기 위하여 실시하는 해석이며 위험에 초점을 맞춘 위험분석 차트이다.

(2) 운용 및 지원위험해석의 결과는 다음의 경우에 있어서 기초 자료가 된다.

① 위험의 염려가 있는 시기와 그 기간 중의 위험을 최소화하기 위해 필요한 행동의 동정
② 위험을 배제하고 제어하기 위한 설계변경
③ 방호장치, 안전설비에 대한 필요조건과 그들의 고장을 검출하기 위하여 필요한 보전 순서의 동정
④ 운전 및 보전을 위한 경보, 주의, 특별한 순서 및 비상용 순서
⑤ 취급, 저장, 운반, 보전 및 개수를 위한 특정한 순서

7. 디시전 트리(Decision Trees)

(1) decision trees는 요소의 신뢰도를 이용하여 시스템의 신뢰도를 나타내는 시스템 모델의 하나로 귀납적이고, 정량적인 분석방법이다.

(2) decision trees가 재해사고의 분석에 이용될 때는 event tree라고 하며, 이 경우 trees는 재해사고의 발단이 된 요인에서 출발하여 2차적 원인과 안전 수단의 적부 등에 의해 분기되고 최후에 재해 사상에 도달한다.

(3) 디시전 트리의 작성방법

① 통상 좌로부터 우로 진행된다.

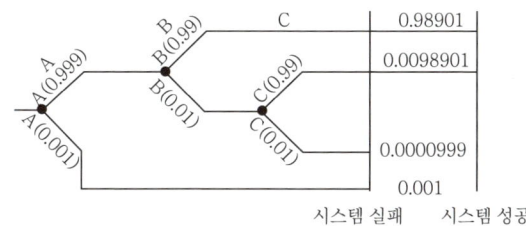

[그림] decision tree의 예

② 요소 또는 사상을 나타내는 시점에서 성공 사상은 상방에, 실패 사상은 하방에 분기된다.
③ 분기마다 안전도와 불안전도의 발생확률(분기된 각 사상의 확률의 합은 항상 1이다)이 표시된다.

합격예측

운용 및 지원위험분석(O & SHA : operating and support hazard analysis)
지정된 시스템의 모든 사용단계에서 생산, 보전, 시험, 운반, 저장, 운전, 비상탈출, 구조, 훈련, 폐기 등에 사용되는 인원, 순서, 설비에 관하여 위험을 동정하고 제어하며 그들의 안전요건을 결정하기 위해 실시하는 분석법을 말한다.

합격용어

유인어(guide words)
간단한 용어(말)로서 창조적 사고를 유도하고 자극하여 이상을 발견하고 의도를 한정하기 위하여 사용되는 것

합격예측

(1) 위급 사건 기법 (Critical Incident Technique : CIT)
① 위급사건의 정보화 자료 : 예방수단 개발의 귀중한 실제결함이나 행태적 특이성 반영 단서 제공
② 정보수집을 위한 면접 : 위험했던 경험들을 확인
  ㉮ 사고나 위기 일발
  ㉯ 조작실수
  ㉰ 불안전한 조건과 관행 등
(2) 직무위급도 분석 (pickrel. et al.의 실수효과 심각성의 4등급)
  ① 안전 ② 경미
  ③ 중대 ④ 파국적
(3) 조작자 행동나무 (Operator Action Tree : OAT)
① OAT접근방법
  ㉮ 감지
  ㉯ 진단
  ㉰ 반응
② 기본적 OAT
  사건발생 → 관찰 → 문제진단 → 반응수행 → 성공/실패

---

④ 마지막으로 각각의 제곱의 합으로써 시스템의 안전도가 계산된다.

8. THERP(인간과오율 예측기법 : Technique for Human Error Rate Prediction)

① 시스템에 있어서 인간의 과오(human error)를 정량적으로 평가하기 위하여 1963년 Swain 등에 의해 개발된 기법이다.
② 인간의 과오율 추정법 등 5개의 스텝으로 되어 있다. 여기에 표시하는 것은 그 중 인간의 동작이 시스템에 미치는 영향을 나타내는 그래프적 방법이다.
③ 기본적으로 ETA의 변형이라고 볼 수 있는데 루프(loop : 고리), 바이패스(bypass)를 가질 수가 있고 man-machine system의 국부적인 상세분석에 적합하다.

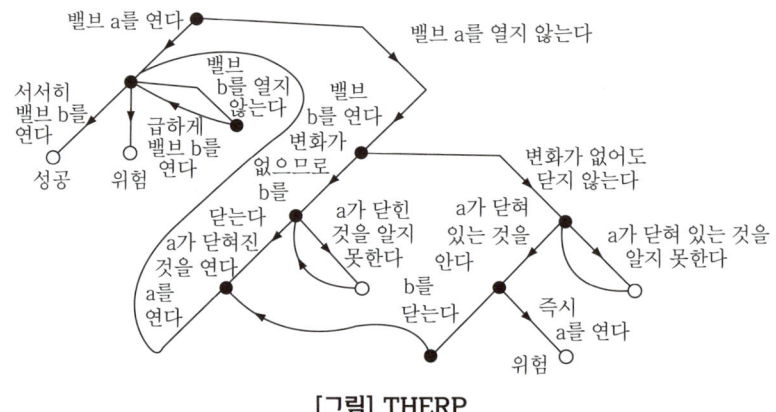

[그림] THERP

9. ETA, FAFR, CA

(1) ETA(Event Tree Analysis : 사건수분석)

① 사상의 안전도를 사용하는 연속된 사건들의 시스템 모델의 하나이다.
② 귀납적, 정량적 분석(정상 또는 고장)으로 발생경로 파악하는 방법이다.
③ 재해의 확대 요인의 분석(나무가지가 갈라지는 형태)에 적합하다.
④ ETA의 작성은 좌에서 우로 진행한다.
⑤ 각 사상의 확률의 합은 1.0이다.

(2) FAFR(Fatality Accident Frequency Rate)

① 클레츠(Kletz)가 고안
② 위험도를 표시하는 단위로 10^8시간당 사망자 수를 나타낸다. 즉, 일정한 업무 또는 작업행위에 직접 노출된 10^8시간(1억 시간)당 사망확률
③ 단위시간당 위험률로서, 근로자 수가 1,000명의 사업장에서 50년간 근로 총 시간 수를 의미

④ 화학공업의 FAFR : 0.35~0.4 → 4×10^8시간당 1회 사망을 의미

(3) CA(Criticality Analysis : 위험도 분석)

① 고장이 직접 시스템의 손실과 인명의 사상에 연결되는 높은 위험도(criticality)를 가진 요소나 고장의 형태에 따른 분석법이다.
② 고장의 형태가 기기 전체의 고장에 어느 정도 영향을 주는가를 정량적으로 평가하는 방법이다.
③ 정성적 방법에 의한 FMEA에 대해 정량적 및 귀납적 성격을 부여한다.
(예 항공기 안전성 평가사용)
④ 고장 등급의 평가
치명도(C_E) = $C_1 \times C_2 \times C_3 \times C_4 \times C_5$
여기서, C_1 : 고장 영향의 중대도
C_2 : 고장의 발생빈도
C_3 : 고장 검출의 곤란도
C_4 : 고장 방지의 곤란도
C_5 : 고장 시정시 단의 여유도

[표] 고장형의 위험도의 분류(SEA : 미국자동차협회)

category Ⅰ	생명의 상실
category Ⅱ	작업의 실패
category Ⅲ	운용의 지연 또는 손실
category Ⅳ	극단적인 계획 외의 관리로 이어질 고장

10. 위험 및 운전성 검토

(1) 위험 및 운전성 검토(HAZard and Operability study) 25. 3. 29.출

각각의 장비에 대해 잠재된 위험이나 기능저하, 운전 잘못 등과 전체로서의 시설을 결과적으로 미칠 수 있는 영향 등을 평가하기 위해서 공정이나 설계도 등에 체계적이고 비판적인 검토를 행하는 것을 말한다. (예 화학공장 등 위험성 평가)

(2) 위험 및 운전성 검토의 성패를 좌우하는 중요요인

① 팀의 기술능력과 통찰력
② 사용된 도면, 자료 등의 정확성
③ 발견된 위험의 심각성을 평가할 때 팀의 균형감각 유지 능력
④ 이상(deviation), 원인(cause), 결과(consequence)들을 발견하기 위해 상상력을 동원하는데 보조수단으로 사용할 수 있는 팀의 능력

합격예측

푸아송 분포
(Poisson distributtion)
① 단위 시간안에 어떤 사건이 몇 번 발생할 것인지를 표현하는 이산 확률분포이다.
② 푸아송 분포는 18세기에 시메옹 드니 푸아송의 1838년 "민사사건과 형사사건 재판의 확률에 관한 연구"라는 논문을 통해 알려졌다.

용어정의

① 의도(intention) : 어떤 부분이 어떻게 작동될 것으로 기대된 것을 의미하는 것으로 서술적일 수도 있고 도면화될 수도 있다.
② 이상(deviations) : 의도에서 벗어난 것을 말하며 유인어를 체계적으로 적용하여 얻어진다.
③ 원인(causes) : 이상이 발생한 원인을 의미한다.
④ 결과(consequences) : 이상이 발생할 경우 그것에 대한 결과이다.
⑤ 위험(hazard) : 손실, 손상, 부상 등을 초래할 수 있는 결과를 의미한다.

Q 보충문제

압박이나 긴장에 대한 척도 중 생리적 긴장의 화학적 척도에 해당하는 것은?
① 혈압 ② 호흡수
③ 혈액 성분 ④ 심전도
⑤ 근전도

정답 ③

Chapter 01 시스템 위험분석 출제예상문제

출제예상문제는 복습, 예습문제로 엮었습니다. *WHY : 실제시험에도 순서에 관계없이 출제됩니다. 예습 후 다음장에 공부한 문제가 있으면 기억이 배가 됩니다.

01 ★★ 시스템의 설계단계에서 이루어져야 할 시스템 안전부문의 작업이 아닌 것은?

① 구상단계에서 작성된 시스템안전 프로그램 계획을 실시한다.
② 장치설계에 반영할 안전성 설계기준을 결정하여 발표한다.
③ 예비위험분석을 완전한 시스템안전 위험분석으로 갱신 발전시킨다.
④ 시스템안전에 관한 것은 파일로 보존할 것
⑤ 운용 안전성 분석을 실시한다.

해설

운용 안전성 분석기법(OSA)
① 시스템 요건의 지정된 시스템의 모든 사용 단계에서 생산, 보전, 시험, 운반, 순서, 설비에 관한 Hazard를 동정하고 제어한다.
② 안전요건을 결정하기 위하여 실시하는 해석이다.
③ 제조, 조립, 시험 단계에서 실시한다.

02 ★★★★★ 인간-기계 체계에서 인간의 실수와 그것으로 인해 생길 수 있는 위험을 예측하는 기법은?

① FHA ② PHA
③ FMEA ④ THERP
⑤ FTA

해설

(1) FHA(결함 사고위험분석 : Fault Hazard Analysis)
 ① subsystem의 분석에 사용되는 분석방법
 ② subsystem : 전체 system을 구성하고 있는 system의 한 구성요소
 ③ FHA의 기재사항
  ㉠ subsystem의 요소
  ㉡ 요소의 고장형태
  ㉢ 고장형에 대한 고장률
  ㉣ 요소 고장시 system의 운용 형식
  ㉤ subsystem에 대한 고장 영향
  ㉥ 2차 고장
  ㉦ 고장형을 지배하는 뜻밖의 일
  ㉧ 위험성의 분류
  ㉨ 전 system에 대한 고장 영향
 ④ 위험성의 평가순서
  ㉠ 위험성의 검출과 확인
  ㉡ 위험성 측정과 분석평가
  ㉢ 위험성 처리
  ㉣ 위험성 처리 방법과 확인
  ㉤ 계속적인 위험성 감시
(2) THERP(Technique for Human Error Rate Prediction)
 ① system에 있어서 인간의 과오(Human Error)를 정량적으로 평가하기 위해 개발된 기법
 ② ETA의 변형으로 고리(loop), 바이패스(by-pass)를 가질 수 있다.
 ③ man-machine system의 국부적인 상세한 분석에 적합
 ④ 인간의 동작이 system에 미치는 영향을 그래프적 방법으로 나타냄
 ⑤ 인간과오율 추정법 등으로 구성되었다.

03 ★★★ 시스템안전 달성을 위하여 실시하여야 할 사항과 거리가 먼 것은?

① 경보장치를 채택
② 위험상태의 존재를 최대화
③ 안전장치를 채용
④ 안전달성을 위한 특수 수단 개발과 표식 등을 규격화
⑤ 위험상태존재 최소화

해설

시스템안전의 우선도
① 위험상태의 존재 최소화
② 안전장치의 채택
③ 경보장치의 채택
④ 특수한 수단의 개발(위험의 제어를 위한 순서 및 훈련)과 표식 등의 규격화

[정답] 01 ⑤ 02 ④ 03 ②

04 FTA의 특징과 관계없는 것은?

① 재해의 정량적 예측 가능
② 간단한 FT도의 작성으로 정량적 해석 가능
③ 컴퓨터 처리 가능
④ 연역적 처리 가능
⑤ 귀납적 해석 가능

해설
FTA의 특징
① 정상사상인 재해현상으로부터 기본사상인 재해원인을 향해 연역적인 분석을 행하므로 재해현상과 재해원인의 상호관련을 정확하게 해석하여 안전대책을 검토할 수 있다.
② 정량적 해석이 가능하므로 정량적 예측을 행할 수 있다.

05 시스템안전에 대한 접근방법 중 연역적 방법은?

① 예비위험분석 ② 결함위험분석
③ 시스템위험분석 ④ 결함수분석
⑤ 인간과오율분석

해설
① PHA : 정성적
② FTA : 연역적 + 정량적
③ FHA : subsystem 분석

06 다음 중 시스템 안전관리 프로그램의 기본적인 분야가 아닌 것은?

① 운용안전계획 ② 사고·사건계획
③ 비상대책계획 ④ 안전통제계획
⑤ 안전계획

해설
시스템 프로그램의 기본적 분야
① 운용안전계획 ② 비상대책계획 ③ 안전통제계획

07 복잡한 시스템을 설계, 가동하기 전의 구상 단계에서 시스템의 근본적인 위험성을 평가하는 가장 기초적인 위험도 분석기법은 무엇인가?

① 결함수분석법(FTA)
② 예비위험분석(PHA)
③ 고장의 형과 영향분석(FMEA)
④ 운용 안전성 분석(OSA)
⑤ 인간과오율분석(THERP)

해설
예비위험분석(Preliminary Hazards Analysis : PHA) : 시스템 안전 프로그램에 있어 최초 개발 단계의 분석으로 위험요소가 얼마나 위험한 상태인가를 정성적으로 평가함으로써 설계변경 등을 하지 않고 효과적이고 경제적인 시스템의 안전성을 확보할 수 있는 것이며, 분석 방법에는 ① 점검 카드의 사용, ② 경험에 따른 방법, ③ 기술적 판단에 의한 방법이 있다.

08 시스템의 안전계획에 기술되어야 할 내용과 관계가 없는 것은?

① 안전성 관리 조직 및 타의 프로그램 기능과의 관계
② 시스템에 생기는 모든 사고의 식별 및 평가를 위한 해석법의 양식
③ 시스템의 위험요인에 대한 구체적인 개선 대책
④ 허용수준까지 최소화 또는 제거되어야 할 사고의 종류
⑤ 작성하고 보존되어야 할 기록의 종류

해설
system safety plan은 ①, ②, ④, ⑤

09 시스템안전 분석에서 가장 필요한 것은?

① 각 단계별 비용 대 효과 분석
② 모든 과정에서 정확한 한계 방법
③ 계획을 수행하기 위한 특수 기술
④ 시스템의 개념적 모델 선정
⑤ 시스템의 사고사건

해설
시스템의 개념적 모델 선정이 안전 분석에서 가장 중요하다.

[정답] 04 ⑤ 05 ④ 06 ② 07 ② 08 ③ 09 ④

10 다음의 시스템에 있어서의 신뢰도는?

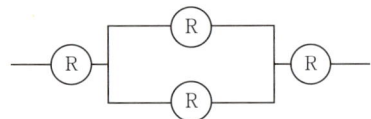

① R^4
② $2R-R^2$
③ $2R^3-R^4$
④ $2R^2-R^4$
⑤ $3R^2-R^4$

해설
$R_s = R\{1-(1-R)(1-R)\} \times R = 2R^3 - R^4$

11 다음 그림은 무슨 사상을 나타내는가?

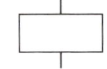

① 결함사상   ② 기본사상
③ 통상사상   ④ 생략사상
⑤ 오류사상

해설
①  : 기본사상   ② 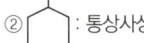 : 통상사상

12 시스템안전 프로그램의 목표사항으로 보증할 필요가 있지 않은 것은?

① 사명 및 필요사항과 모순되지 않는 안전성의 시스템 설계에 의한 구체화
② 신재료 및 신제조, 시험 기술의 채용 및 사용에 따른 위험의 최소화
③ 유사한 시스템 프로그램에 의하여 작성된 과거 안전성 데이터의 고찰 및 이용
④ ①+②+③의 보증
⑤ 시스템의 사고조사에 관한 구체적 기준

해설
시스템안전 프로그램 보증사항 : ①, ②, ③

13 시스템 분석 및 설계에 있어서 인간공학의 가치와 거리가 먼 것은?

① 작업 숙련도의 감소   ② 사용자의 수용도 향상
③ 성능의 향상   ④ 사고 및 오용의 감소
⑤ 훈련비용의 절감

해설
인간공학의 가치 : ②, ③, ④, ⑤

14 FT도에 사용되는 기호 중 더 이상의 세부적인 분류가 필요없는 사상을 의미하는 기호는?

① 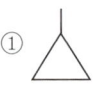   ②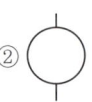
③ 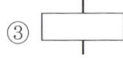   ④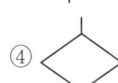
⑤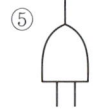

해설
FTA기호
① : 전이기호   ③ : 개별적 결함사상
④ : 생략사상   ⑤ : AND게이트

15 입력현상 중에서 어떤 현상이 다른 현상보다 먼저 일어나 출력현상이 생기는 수정 게이트는?

① AND 게이트   ② 우선적 AND 게이트
③ 조합 AND 게이트   ④ 배타적 OR 게이트
⑤ AND-OR 게이트

해설
(1) AND 게이트 : 모든 입력사상이 공존할 때 출력사상이 발생
(2) 조합 AND 게이트 : 3개 이상의 입력 현상 중에 언젠가 2개가 일어나면 출력이 생긴다.
(3) 배타적 OR 게이트 : OR 게이트이지만 2개 또는 2 이상의 입력이 동시에 존재하는 경우에는 출력이 생기지 않는다.

[정답] 10 ③   11 ①   12 ⑤   13 ①   14 ④   15 ②

16 인간과 기계의 신뢰도에서 인간 60[%], 기계 95[%]의 병렬 작업시 신뢰도는 다음 중 어느 것인가?

① 98[%]　　② 99[%]
③ 97[%]　　④ 96[%]
⑤ 95[%]

해설
R = 1 − (1 − r_1)(1 − r_2)
　= 1 − (1 − 0.6)(1 − 0.95)
　= 0.98 × 100[%] = 98[%]

17 다음 그림은 무엇을 나타내는가?

① 기본사상　　② 통상사상
③ 생략사상　　④ 전이기호
⑤ 전개기호

해설
① FTA 기호를 본문에서 꼭 확인할 것
② 전이기호를 나타낸다.

18 시스템의 설계단계에서 이루어져야 할 시스템안전 부분의 작업이 아닌 것은?

① 구상단계에서 작성된 시스템안전 프로그램 계획을 실시한다.
② 장치설계에 반영할 안전성 설계기준을 결정하여 발표한다.
③ 예비위험분석을 완전히 시스템 안전위험분석으로 갱신 발전시킨다.
④ 시스템안전에 관한 것은 파일로 보존할 것
⑤ 운용 안전성 분석을 실시한다.

해설
시스템안전 부분작업
(1) ①, ②, ③ 외 3가지가 있다.
(2) 하청업자나 대리점에 대한 시방서 중에 시스템안전을 위한 필요사항을 정의하여 포함시킬 것
(3) 시스템안전이 손상되지 않게 하기 위하여 설계 트레이드 오프 회의에 참가할 것
(4) 안전부문의 모든 결정 사항은 문서로 하며, 정확한 시스템안전에 관한 것은 파일로 하여 보존할 것

19 시스템의 신뢰도 중에 고장원인의 기여율이 가장 낮은 것은?

① 부품　　② 설계
③ 제품　　④ 사용
⑤ 조립

해설
제품의 고장은 없다.

20 다음 중 직렬계의 특성은?

① 요소의 수가 많을수록 신뢰도는 높아진다.
② 요소 전부가 고장이어야 계는 고장이다.
③ 계의 수명은 요소 중에서 수명이 가장 짧은 것으로 정하여진다.
④ 요소의 수가 많을수록 수명이 길어진다.
⑤ 신뢰도는 단독보다 높아진다.

해설
①, ②, ④, ⑤는 병렬계의 특성이다.

21 결함수에서 입력현상이 생겨서 어떤 일정한 시간이 지속된 때에 출력이 생기고, 만약 그 시간이 지속되지 않으면 출력이 생기지 않는 기호는?

① 전이기호　　② 위험지속기호
③ 시간지연기호　　④ 시간연장기호
⑤ 직렬기호

해설

기 호	명 칭	설 명
위험지속시간	위험 지속 AND 게이트	입력사상이 생겨서 어떤 일정한 기간이 지속될 때에 출력이 생긴다. 만약 그 시간이 지속되지 않으면 출력은 생기지 않는다.

[정답] 16 ① 17 ④ 18 ⑤ 19 ③ 20 ③ 21 ②

22 입력 B₁과 B₂의 어느 한쪽이 일어나면 출력 A가 생기는 경우를 '논리합'의 관계라 한다. 이때 입력과 출력 사이에는 무슨 게이트로 연결되는가?

① AND 게이트
② 억제 게이트
③ OR 게이트
④ 부정 게이트
⑤ 위험기호 게이트

해설

논리곱 : AND 게이트

23 다음 그림과 같은 FT(Fault Tree)도가 있을 때 G₁의 발생확률은 얼마인가?(단, ⓐ의 발생확률이 0.3, ⓑ는 0.4, ⓒ는 0.3, ⓓ는 0.5이다.)

① 0.078
② 0.00078
③ 0.0078
④ 0.78
⑤ 0.88

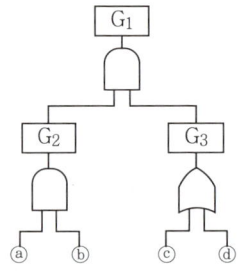

해설

(1) $G_1 = G_2 \times G_3 = 0.12 \times 0.65 = 0.078$
(2) $G_2 = ⓐ \times ⓑ = 0.3 \times 0.4 = 0.12$
(3) $G_3 = 1 - (1-ⓒ)(1-ⓓ) = 1 - (1-0.3)(1-0.5) = 0.65$
∴ G₁의 발생확률은 0.078이다.

24 FT도 중에서 그림에서 제시된 T의 재해 발생확률은?

① 0.171
② 0.192
③ 0.242
④ 0.251
⑤ 0.271

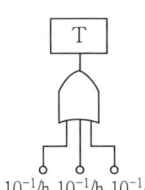

해설

T의 재해발생률(병렬)
$R_s = 1 - (1-0.1)(1-0.1)(1-0.1) = 0.271$

25 다음 시스템의 신뢰도는 어느 것인가? (단위 : %)

23. 4. 1 출

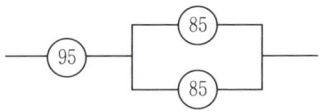

① 90.9[%]
② 92.9[%]
③ 80.9[%]
④ 86.9[%]
⑤ 88.9[%]

해설

$R_s = 0.95 \times \{1 - (1-0.85)(1-0.85)\} = 0.9286 \times 100 = 92.9[\%]$

26 위험 및 운전성 검토의 절차에서 제4단계에 해당하는 것은?

① 목적과 범위결정
② 검토준비
③ 검토실시
④ 후속조치후 결과기록
⑤ 검토팀의 선정

해설

검토절차 5단계
① 1단계 : 목적과 범위 결정
② 2단계 : 검토팀의 선정
③ 3단계 : 검토준비
④ 4단계 : 검토실시
⑤ 5단계 : 후속조치후 결과기록

27 위험 및 운전성 검토시에 고려해야 할 위험의 형태가 아닌 것은?

① 지역 기간산업의 위험
② 작업중인 인원 및 일반대중에 대한 위험
③ 제품 품질에 대한 위험
④ 환경에 대한 위험
⑤ 공장 및 기계설비에 대한 위험

해설

검토시 고려할 위험의 형태

[정답] 22 ③ 23 ① 24 ⑤ 25 ② 26 ③ 27 ①

① 공장 및 기계설비에 대한 위험
② 작업중인 인원 및 일반대중에 대한 위험
③ 제품 품질에 대한 위험
④ 환경에 대한 위험

28 ETA의 7단계에 해당되지 않는 것은?

① 설계
② 심사
③ 제작
④ 검사
⑤ 확인

해설

ETA의 7단계 순서
① 설계 ② 심사 ③ 제작
④ 검사 ⑤ 보전 ⑥ 운전
⑦ 안전대책

29 다음 중 서브시스템 해석에 주로 사용되는 시스템 해석기법은? 24. 3. 30

① FMEA
② PHA
③ ETA
④ FHA
⑤ FTA

해설

FHA(Fault Hazard Analysis)
결함위험분석으로 서브시스템 해석 등에 사용되는 해석법이다.

참고 시스템안전에서의 사실의 발견방법
① FTA(Fault Tree Analysis) : 결함수 분석(목분석법)
② ETA(Event Tree Analysis) : 귀납적, 정량적 분석
③ FMEA(Failure Mode and Effect Analysis) : 고장의 유형과 영향 분석
④ FMECA(Failure Mode Effect and Criticality Analysis) : FMEA + CA(정성적 + 정량적)
⑤ THERP(Technique for Human Error Rate Prediction) : 인간과오율 예측법
⑥ OS(Operability Study) : 안전요건 결정기법
⑦ MORT(Management Oversight and Risk Tree) : 연역적, 정량적 분석기법

[정답] 28 ⑤   29 ④

Chapter 02 결함수 분석법

중점 학습내용

본 장은 결함수 분석법으로 FTA 개요와 특징을 비롯한 시스템안전의 모든 것을 기술하였다. 특히 안전성 평가기법을 기술하여 자기자신을 항상 산업재해에 대비하여 점검과 예방을 할 수 있도록 하였고 산업체에서 산업재해가 일어나지 않도록 하기 위하여 21세기 실무안전관리자의 역할을 할 수 있도록 하였다. 시험에 출제가 예상되는 그 중심적인 내용은 다음과 같다.

❶ 결함수 분석
❷ 정성적, 정량적 분석

제1단계	제2단계	제3단계	제4단계
톱사상의 선정	사상마다 재해원인·요인의 규명	FT도의 작성	개선계획의 작성

[그림] FTA재해사례 연구순서

1 결함수(FTA : Fault Tree Analysis, 故障樹木) 분석

1. FTA에 의한 고장해석 : 결함수 분석(목분석)법

(1) FTA(Fault Tree Analysis)

① 고장 계통 분석
② 고장의 나무 해석
③ 고장목 해석
④ 폴트 트리 해석
⑤ FTA의 특징
  ㉮ FTA는 시스템이나 기기의 신뢰성이나 안전성을 그림으로 그려 해석하는 방법으로, 대륙간 탄도탄(ICBM : Intercontinental Ballistic Missile)의 고장에 곤욕을 치르고 있던 미 국방성이 BTL에 의뢰하여 W. A. Watson 등에 의해 고안되어 1961년 개발 미사일의 발사 제어 시스템의 안전성 확립에 활용하여 성과를 거두고, 1965년 Boeing 항공회사의 D. F. Haasl에 의해 보완됨으로써 실용화되기 시작한 시스템의 고장 해석 방법이다.
  ㉯ FTA는 미사일 발사제어 시스템의 안전성 해석에 활용된 이외에 원자력 플랜트, 화학 플랜트, 교통 시스템 등의 안전성 해석에도 활용되어 효과를 인정받아 신뢰성 해석에도 응용되기 시작했다.
  ㉰ FTA는 시스템의 고장을 발생시키는 사상(event)과 그 원인과의 인간관계를 논리기호(AND와 OR)를 활용하여 나뭇가지 모양의 그림으로 나타

합격예측

FTA
정상사상인 재해현상으로부터 기본사상인 재해원인을 향해 연역적 분석을 행하는 것이 특징이다.

합격예측

FTA 창안자
1962년 미국 벨전화연구소의 Watson에 의해 군용으로 고안되었다.

낸 고장계통도(Fault Tree Diagram : 고장나무 그림, 故障木圖, 故障樹形圖, FT圖)로 작성하고, 이에 의거하여 시스템의 고장확률을 구함으로써 문제가 되는 부분을 찾아내어 시스템의 신뢰성을 개선하는 계량적인 고장 해석 및 신뢰성 평가방법이다.

(2) FTA의 일반적 절차

① 순서 1 : 해석의 대상이 되는 시스템 및 기구의 구성, 기능, 작동을 조사하고 조작 방법을 파악한다.
② 순서 2 : 톱사상을 파악한다.
③ 순서 3 : 톱사상에 관련된 1차 요인을 톱 사상 아래에 열거한다.
④ 순서 4 : 톱사상과 1차 요인을 논리기호로 연결한다.
⑤ 순서 5 : 1차 요인마다 2차 요인을 열거하고 서로 논리기호로 연결한다.
⑥ 순서 6 : 순서 5에서와 같이 3차, 4차, …, n차 요인을 열거하고 각각 상위의 요인과 논리기호로 연결하여 FT도를 완성한다.
⑦ 순서 7 : Boole대수를 이용하여 FT도를 간소화한다.
⑧ 순서 8 : 각 요인에 발생 확률을 배당한다. 이때 기본사상, 비전개사상 모두에 발생 확률이 배당되는지를 반드시 확인한다.
⑨ 순서 9 : 논리기호에 의거, 톱사상의 발생확률을 계산한다.
⑩ 순서 10 : 톱 사상의 발생확률시 요구 수준 이하인가를 확인한다. 요구수준에 미달하면 대책을 강구한다.

(3) FTA의 간소 절차

① 순서 1 : FT도를 작성한다.
② 순서 2 : 최하위 고장원인인 기본사상에 대한 고장확률을 추정한다.
③ 순서 3 : 기본사상에 중복이 있는 경우 Boole 대수에 의거하여 고장목(故障木)을 간소화한다.
④ 순서 4 : 시스템의 고장확률을 계산하고 문제점을 찾는다.
⑤ 순서 5 : 문제점의 개선 및 신뢰성의 향상대책을 강구한다.

2. FTA의 실시

(1) FTA의 활용 및 기대 효과

① 사고원인 규명의 간편화
② 사고원인 분석의 일반화
③ 사고원인 분석의 정량화
④ 노력, 시간의 절감
⑤ 시스템의 결함진단
⑥ 안전점검 체크리스트 작성

합격예측

FTA에 의한 재해사례연구 순서
① 제1단계 : 톱사상의 선정
② 제2단계 : 사상마다의 재해 원인및 요인 규명
③ 제3단계 : FT도 작성
④ 제4단계 : 개선계획 작성
⑤ 제5단계 : 개선안 실시계획

참고

운용중인 시스템이나 동작중인 기기에 발생하면 좋지 않은 사상(톱사상)을 정상에 두고, 그 사상이 발생하는 데에 필요한 1차 요인, 2차 요인 및 그 이하의 요인들을 그 밑에 차례로 전개하고, 이들 요인들을 논리기호로 결합한다. 이와 같이 하면 나무를 거꾸로 세운 모양의 그림이 얻어지므로 이를 FT도라고 부르고, FT도를 작성하고 해석하는 것을 FTA라고 한다.

합격예측

FTA의 순서 3단계
① 정상적 FT의 작성단계 : 공정 또는 작업내용파악, 예상재해조사, 해석대상이 되는 재해결정, 예비해석, FT의 작성
② FT의 정량화 단계 : 재해발생확률 계산, 목표치설정, 실패대수표시, 고장발생확률과 인간에러 확률, 재해발생 확률 계산
③ 재해방지대책의 수립 : 중요도 해석, FT의 수정 및 재해석, 최적안전대책수립

합격예측

MTBF(평균고장간격 : Mean Time Between Failures)
① 체계의 고장발생 순간부터 수리가 완료되어 정상작동 하다가 다시 고장이 발생하기까지의 평균시간
② 고장률(λ) = $\dfrac{\text{고장건수}(r)}{\text{총가동시간}(T)}$
③ MTBF = $\dfrac{1}{\lambda} = \left(\dfrac{T}{R}\right)$

(2) 톱 사상의 선정

톱 사상은 FTA의 출발점이며, 톱 사상에 의해 해석의 내용이 달라지므로 신중하게 선정해야 한다.

복잡한 시스템에 대해 FTA를 실시할 경우 바라지 않는 사상이 상당히 많이 있을 수 있으므로 적절히 톱 사상을 선정하지 않으면 FTA의 효과는 기대하기 힘들다.

따라서 다음 사항을 고려해야 한다.
① 사상이 명확히 정의되어야 하고 또한 평가될 수 있어야 함
② 가능한 한 다수의 하위 레벨 사상을 포함하는 사상이어야 함
③ 설계상 또는 기술상 대처 가능한 사상이어야 함

일반적으로 한 시스템이나 기기에 대해 2종류의 고장 유형을 톱 사상으로 선정하여 FT도를 작성하여 검토하면 충분하다. 예를 들어, 문짝의 경우에는
- 문짝이 닫히지 않는다.
- 문짝이 닫힌 상태에서 열리지 않는다.

시스템이나 기기를 구성하고 있는 서브시스템이나 컴포넌트에 대해 각각의 임무 달성을 방해하는 톱사상을 선정하여 FT도를 작성하여 검토할 수 있다.

(3) 1차 요인

1차 요인은 톱사상이 발생하는 직접적인 원인의 하나로 서로 독립적인 사상이다. 따라서, 1차 요인 중 하나 또는 둘 이상이 그 기능을 다하지 않으면 톱사상이 발생한다.

1차 요인은 시스템이나 기기의 기본 기능을 달성하기 위해 필요한 기본적인 요인을 가리키며, 부수 기능을 달성하기 위해 필요한 요인은 포함하지 않는다. 그러나 환경 조건까지 포함한 모든 요인을 망라해야 한다.

(4) 논리기호

FT도 작성을 위해 필요한 최소한의 기호는 다음(다음 페이지의 표)과 같다.
- 신뢰성 블록도와 FT도의 관계

보충학습

고장수목
대규모 시스템에서는 랜덤한 이상이 거듭되어 바람직하지 못한 사상(事象)이 발생할 때가 많다. 이와 같은 이상의 조합을 조직적으로 구하는 그림과 같은 논리 다이어그램을 고장수목이라 한다.

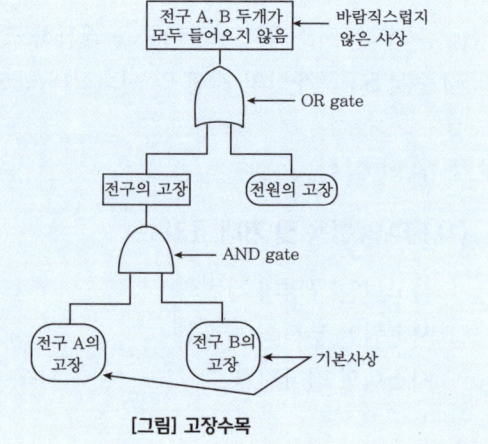

[그림] 고장수목

① 직렬 신뢰성 블록도와 FT도의 관계 : 직렬 블록도는 다음과 같이 AND 게이트로 결합된 FT도이다.

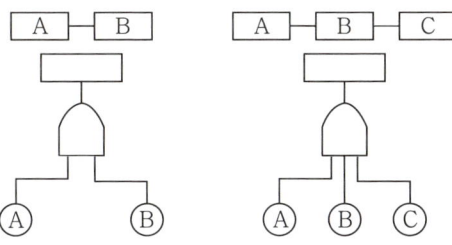

② 병렬 신뢰성 블록도와 FT도의 관계 : 병렬 블록도는 다음과 같이 OR 게이트로 결합된 FT도이다.

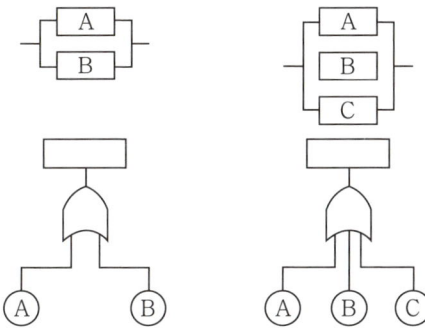

③ 논리게이트
  ㉮ OR 게이트 – 입력사상 발생확률의 합(단, 각 블록의 발생확률 0.1 이하)
  ㉯ AND 게이트 – 입력사상과 발생확률의 곱
  ㉰ 제약 게이트 – 입력사상과 조건사상 발생확률의 곱으로 계산된다.
  ㉱ OR 게이트, AND 게이트 및 또는 제약(억제) 게이트로 혼합결합된 FT도

[표] FTA의 기호

번호	기 호	명 칭	입·출력현상
1		결함사상	개별적인 결함사상(비정상적 사건)
2	○	기본사상	더 이상 전개되지 않는 기본적인 사상
3	(점선원)	기본사상(인간의 실수)	발생확률이 단독적으로 얻어지는 낮은 레벨의 기본적인 사상
4		통상사상	통상발생이 예상되는 사상(예상되는 원인)

합격예측

① 우선적 AND Gate
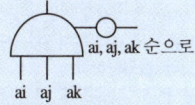
ai, aj, ak 순으로

② 짜맞춤 AND Gate
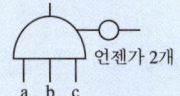
언젠가 2개

③ 위험지속 기호
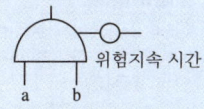
위험지속 시간

④ 배타적 OR Gate
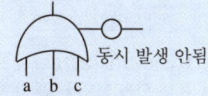
동시 발생 안됨

합격예측

MTTF(평균고장시간)
① 체계가 작동하기 시작한 후 고장이 발생하기까지의 평균시간 System의 수명
② 직렬계의 경우 :
  계의 수명 = $\dfrac{MTTF}{n}$
③ 병렬계의 수명의 경우 :
  계의 수명 =
  $MTTF\left(1 + \dfrac{1}{2} + \dfrac{1}{3} + \cdots + \dfrac{1}{n}\right)$
  MTTF : 평균고장시간
  n : 직렬 또는 병렬계의 요소

Q 은행문제

다음 내용의 ( )안에 들어갈 내용을 순서대로 정리한 것은?

> 근섬유의 수축단위는 (A)(이)라 하는데, 이것은 두 가지 기본형의 단백질 필라멘트로 구성되어 있으며, (B)이(가) (C) 사이로 미끄러져 들어가는 현상으로 근육의 수축을 설명하기도 한다.

① A : 근막, B : 마이오신, C : 액틴
② A : 근막, B : 액틴, C : 마이오신
③ A : 근원섬유, B : 근막, C : 근섬유
④ A : 근원섬유, B : 액틴, C : 마이오신
⑤ A : 근막, B : 액틴, C : 마이오신

정답 ④

합격예측

우선적 AND Gate
입력사상 가운데 어느 사상이 다른 사상보다 먼저 일어났을 때에 출력사상이 생긴다. 예를 들면 「A는 B보다 먼저」와 같이 기입한다.

합격예측

MTTR(평균수리시간 : Mean Time To Repair)
체계의 고장발생 순간부터 수리가 완료되어 정상작동하기까지의 평균시간

합격예측

(1) MIL-STD-882B의 시스템 안전 필요사항에 대한 우선권 순서
최소 리스트를 위한 설계 → 안전장치 설치 → 경보장치 설치 → 절차 및 교육훈련 개발

(2) MIL-STD-882B의 위험성평가 매트릭스(Matrix) 분류
① 자주 발생(Frequent)
② 보통 발생(Probable)
③ 가끔 발생(Occasional)
④ 거의 발생하지 않음 (Remote)
⑤ 극히 발생하지 않음 (Improbable)

5	◇	생략사상	정보부족, 해석기술의 불충분으로 더 이상 전개할 수 없는 사상. 작업진행에 따라 해석이 가능할 때는 다시 속행한다.
6	◇	생략사상 (인간의 실수)	
7	△	전이기호 (IN)	FT도상에서 부분에의 이행 또는 연결을 나타낸다. 삼각형 정상의 선은 정보의 전입 루트를 뜻한다.
8	△	전이기호 (OUT)	FT도상에서 다른 부분에의 이행 또는 연결을 나타낸다. 삼각형 옆의 선은 정보의 전출을 뜻한다.
9	▽	전이기호 (수량이 다르다)	
10	출력/입력	AND 게이트 (논리기호)	모든 입력사상이 공존할 때만이 출력사상이 발생한다.
11	출력/입력	OR 게이트 (논리기호)	입력사상 중 어느 것이나 하나가 존재할 때 출력사상이 발생한다.
12	입력 출력 조건	수정 게이트	입력사상에 대해서 이 게이트로 나타내는 조건이 만족하는 경우에만 출력사상이 발생한다.
13	Ai, Aj, Ak 순으로	우선적 AND 게이트	입력사상 중에 어떤 현상이 다른 현상보다 먼저 일어날 때에 출력현상이 생긴다.
14	2개의 출력 Ai Aj Ak	조합 AND 게이트	3개 이상의 입력현상 중에 언젠가 2개가 일어나면 출력이 생긴다.
15	동시발생없음	배타적 OR 게이트	OR Gate로 2개 이상의 입력이 동시에 존재할 때에는 출력사상이 생기지 않는다. 예를 들면 '동시에 발생하지 않는다'라고 기입한다.
16	위험지속시간	위험 지속 AND 게이트	입력현상이 생겨서 어떤 일정한 기간이 지속될 때에 출력이 생긴다. 만약 그 시간이 지속되지 않으면 출력은 생기지 않는다.

(5) 여타의 기호 및 사상

① Tabular AND Gate : AND 게이트의 입력사상으로 매우 많은 종국사상이 있을 때를 표시

② m-out-of-n Gate : n개의 입력사상 중 적어도 m개의 사상이 발생할 때에만 출력사상이 발생하는 경우를 표시. m개의 입력사상이 동시에 발생할 필요는 없다.

③ Exclusive OR Gate : 입력사상 중 어느 하나만 발생하고, 나머지는 발생하지 않을 때를 표시

④ Priority AND Gate : 2개의 사상 중 1개의 사상이 먼저 발생하고 다른 사상은 나중에 발생할 때를 표시
   예 화재 경보기가 고장나고 다음에 화재가 발생

⑤ Inhibit Gate : 입력사상이 일어났을 때의 조건을 표시하며, 사상이 발생한 때만 출력사상이 일어남을 표시
   예 입력사상이 자동차의 전조등 고장이고 출력사상이 도로를 보지 못할 때, 억제조건은 밖이 어두울 때임.

⑥ AND-NOT Gate : 한 사상이 발생되고 두번째 사상이 발생되지 않을 때의 조건을 표시

⑦ 정상사상(Top Event) : 고장목의 정상에 오는 사상으로, 보통 '바람직하지 않은 사상'이 정상사상이 된다.
   예 시스템 정지, 용기 파괴, 압력 저하 등

⑧ 중간사상(Intermediate Event) : 정상사상을 제외하고 더 분해되어 정상사상으로 야기할 수 있는 사상

⑨ 종국사상(Terminal Event) : 더 이상 분해될 수 없는 사상으로, 다음과 같이 분류된다.
   ㉮ 미전개사상(Undeveloped Event) : 원래는 더 전개해야 하는 사상이나, 설계 단계에서 원인 규명을 위한 정보 부족으로 전개할 수 없거나 더 이상 해석의 필요가 없는 사상
   ㉯ 기본사상(Basic Event) : 더 이상 분해될 수 없는 컴포넌트 레벨의 사상이나 외부사상을 가리키고 컴포넌트 고장은 컴포넌트의 상태별로 1차 고장, 2차 고장, 명령 고장으로 분류된다. 1차 고장(Primary failure)은 컴포넌트 결함의 결과로 작동 조건과 환경 조건이 설계 한계 내에 있을 때 발생, 2차 고장(secondary failure)은 비정상적인 작동 조건이나 환경 조건의 결과로 발생하는 고장이다. 명령고장[command failures(signal failure)]은 컴포넌트에 잘못된 명령이자 신호를 입력했을 때 발생하는 고장임.

합격예측

억제 Gate(논리기호)

수정 Gate의 일종으로 억제 모디파이어(Inhibit Modifier)라고도 하며 입력현상이 일어나 조건을 만족하면 출력이 생기고, 조건이 만족되지 않으면 출력이 생기지 않는다.

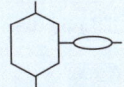

[그림] 억제 Gate

합격예측

짜맞춤 AND Gate

3개 이상의 입력사상 가운데 어느 것이든 2개가 일어나면 출력사상이 생긴다. 예를 들면 「어느 것이든 2개」라고 기입한다.

㉰ 가형사상(House Event) : 신뢰성 분석자가 켜거나 끌 수 있는 종국사상의 특별한 형태로서, 어떤 시나리오하에서 시스템의 고장 습성을 연구하기 위해 사용된다.

3. FTA의 중요 분야별 효과

(1) 설계 등에 대한 효과

기본 설계 단계에서 FMEA를 실시함으로써 중대한 고장 유형들을 찾아낸 후 이들 중 1~2개의 고장 유형을 톱사상으로 한 FTA를 실시함으로써 고장을 많이 발생시키는 기본사상을 파악, 설계변경 등에 의해 그와 같은 고장유형을 제거한다. 기본설계단계에서 FMEA를 실시하지 않고 상세설계단계에서 설계변경을 하면 손실이 크게 된다.

안전성 해석에서도 활용하여 인명, 건물 등에 위험을 초래하는 기본 사상들을 제거할 수 있다.

(2) 고장해석에 대한 효과

FTA는 시장에서 발생하는 중대한 트러블에 대해 고장해석을 하여 대책을 세우고자 할 때 사용하면 효과가 크다.

FTA를 활용하면, 다음과 같은 효과가 있다.
① 논리기호를 이용하여 그림으로 전개하므로 입력부터 출력까지 계통적으로 검토할 수 있다.
② 고장원인에는 컴포넌트 부품 등 하드웨어의 고장 이외에 인간의 조작 미스, 지시서나 도면의 미스, 컴퓨터 소프트웨어의 미비 등 소프트웨어의 문제 및 온도변화, 습도 등 자연현상에 기인하는 것도 적지 않은바, FTA에 의하면 이들에 대해서도 검토가 가능하다.
③ FTA도에는 톱사상, 1차 요인, 2차 요인과 기본사상과의 관계 및 해석 결과가 명시되어 있으므로 검토 누락을 방지할 수 있다.

(3) FTA특징

① Top down형식(연역적)
② 정량적 해석기법(컴퓨터 처리가 가능)
③ 논리기호를 사용한 특정사상에 대한 해석
④ 서식이 간단해서 비전문가도 짧은 훈련으로 사용할 수 있다.
⑤ Human Error의 검출이 어렵다.

합격예측

부정 Gate
부정 모디파이어 라고도 하며 입력현상의 반대인 출력이 된다.

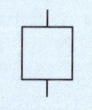

[그림] 부정 Gate

합격용어

배타적 OR Gate
OR Gate로 2개 이상의 입력이 동시에 존재할 때에는 출력사상이 생기지 않는다. 예를 들면 「동시에 발생하지 않는다.」라고 기입한다.

용어정의

① 귀납법 : 개별적인 특수한 사실로부터 일반적인 원리를 이끌어 내는 방법
- 귀납적 탐구방법 : 자연현상을 관찰하여 얻은 자료를 종합하고 분석하여 규칙성을 발견하고, 이로부터 일반적인 원리나 법칙을 이끌어내는 탐구방법
- 여러 개별적인 사실로부터 결론을 이끌어내며, 가설 설정 단계가 없음.
② 연역법 : 일반적인 원리로부터 개별적인 특수한 사실을 이끌어 내는 방법

4. FTA에 의한 고장해석 사례②③

예제문제

그림과 같은 신뢰성 블록선도로 표현되는 시스템의 고장목(fault tree)을 만들고 시스템의 고장률을 구하라.(숫자는 각 요소의 고장확률이다.)

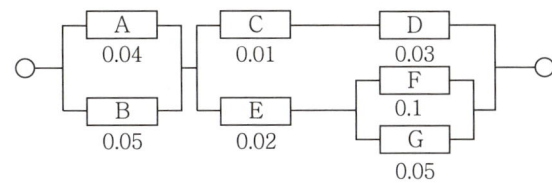

○ 위 그림의 고장목을 만들고 시스템의 고장률을 구하면 아래 그림과 같다.

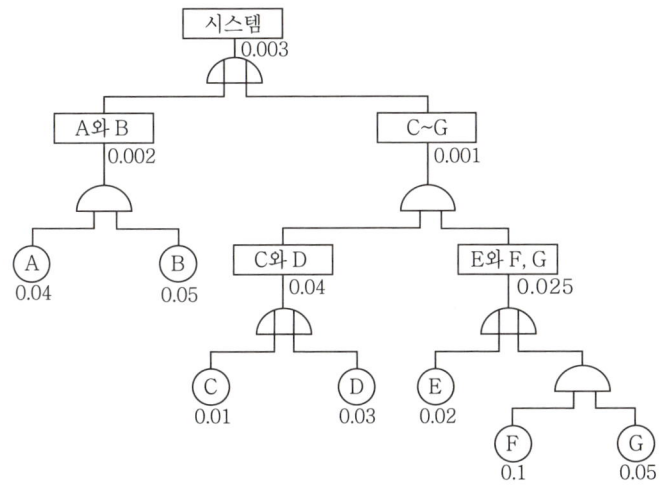

[표] 논리연산표

연산	의미	논리기호	연산식	진리표	집합	스위치 회로
AND	두 개의 입력이 1일 때 1출력	![AND]	$Y = A \cdot B$	입력 A B / 출력 Y 0 0 / 0 0 1 / 0 1 0 / 0 1 1 / 1	교집합 $\cap$	
OR	한 개 이상 입력이 1일 때 1출력	![OR]	$Y = A + B$	입력 A B / 출력 Y 0 0 / 0 0 1 / 1 1 0 / 1 1 1 / 1	합집합 $\cup$	
NOT	입력과 반대출력	![NOT]	$Y = \overline{A}$	입력 A / 출력 Y 0 / 1 1 / 0	여집합 $\subset$	

합격예측

① AND 게이트는 논리적(곱)의 확률을 나타낸다.
② OR 게이트는 논리화(합)의 확률을 나타낸다.

합격예측

위험지속기호

입력사상이 생겨 어느 일정시간 지속하였을 때에 출력사상이 생긴다. 예를 들면「위험지속시간」과 같이 기입한다.

Q 은행문제

재해예방 측면에서 시스템의 FT에서 상부측 정상사상의 가장 가까운 쪽에 OR 게이트를 인터록이나 안전장치 등을 활용하여 AND 게이트로 바꿔주면 이 시스템의 재해율에는 어떠한 현상이 나타나겠는가?

① 재해율에는 변화가 없다.
② 재해율의 급격한 증가가 발생한다.
③ 재해율의 급격한 감소가 발생한다.
④ 재해율의 점진적인 증가가 발생한다.]
⑤ 재해율, 도수율이 증가한다.

정답 ③

합격예측

결함사상은 최상단(정상사상) 이나 중간(중간사상)에 사용

합격예측

FTA(결함수 분석법)의 활용 및 기대효과

① 사고원인 규명의 간편화
② 사고원인 분석의 일반화
③ 사고원인 분석의 정량화
④ 노력시간의 절감
⑤ 시스템의 결함진단
⑥ 안전점검표 작성

합격예측

부적응의 유형

구분	특징
망상 인격	자기주장이 강하고 빈약한 대인관계
순환 인격	울적한 상태에서 명랑한 상태로 상당히 장기간에 걸쳐 기분 변동
분열 인격	자폐적, 수줍음, 사교를 싫어하는 형태, 친밀한 인간관계 회피
폭발 인격	갑자기 예고없이 노여움 폭발, 흥분 잘하고 과민성, 자기행동의 합리화
강박 인격	양심적, 우유부단, 욕망제지, 타인으로부터 인정받기를 지나치게 원함(완전주의)
기타	히스테리인격, 소극적 공격적 인격, 무력인격, 부적합인격, 반사회인격 등

연산	의미	논리기호	연산식	진리표			집합	스위치 회로
XOR	두 개의 입력이 서로 다를 때 1이 출력		$Y = A \oplus B$ $= \overline{A}B + A\overline{B}$	입력 A B		출력 Y		
				0 0		0		
				0 1		1		
				1 0		1		
				1 1		0		
NAND	AND에 NOT를 연결		$Y = \overline{(A \cdot B)}$ $= \overline{A} + \overline{B}$	입력 A B		출력 Y		
				0 0		1		
				0 1		1		
				1 0		1		
				1 1		0		
NOR	OR에 NOT를 연결		$Y = \overline{(A+B)}$ $= \overline{A} \cdot \overline{B}$	입력 A B		출력 Y		
				0 0		1		
				0 1		0		
				1 0		0		
				1 1		0		
XNOR	XOR에 NOT를 연결		$Y = \overline{(A \oplus B)}$ $= \overline{A} \cdot \overline{B} + AB$	입력 A B		출력 Y		
				0 0		1		
				0 1		0		
				1 0		0		
				1 1		1		

(1) FTA의 작성시기

① 기계설비를 설치 가동할 경우
② 위험 내지는 고장의 우려가 있거나 그러한 사유가 발생하였을 경우
③ 재해가 발생하였을 경우

(2) D. R. Cheriton의 FTA에 의한 재해사례 연구순서

① 제1단계 : 톱(top)사상의 선정
② 제2단계 : 사상마다 재해원인 및 요인규명
③ 제3단계 : FT(Fault Tree)도의 작성
④ 제4단계 : 개선계획 작성
⑤ 제5단계 : 개선안 실시계획

(3) 동작 경제의 3원칙(Barnes)

동작경제의 3원칙 길브레드(F.B. Gilbreth)가 처음 사용하고, 반즈(R.M. Barnes)가 개량, 보완

① 신체의 사용에 관한 원칙(Use of The human body) 23. 4. 1
㉮ 두 손의 동작은 같이 시작하고 같이 끝나도록 한다.

㈏ 휴식시간을 제외하고는 양손이 동시에 쉬지 않도록 한다.
㈐ 두 팔의 동작은 동시에 서로 반대방향으로 대칭적으로 움직이도록 한다.
㈑ 손과 신체의 동작은 작업을 원만하게 처리할 수 있는 범위 내에서 가장 낮은 동작 등급을 사용하도록 한다.
㈒ 가능한 한 관성을 이용하여 작업을 하도록 하되 작업자가 관성을 억제하여야 하는 경우에는 발생되는 관성을 최소화하도록 한다.
㈓ 손의 동작은 원활하고 연속적인 동작이 되도록 하며, 방향이 급작스럽게 크게 변화하는 모양의 직선동작은 피하도록 한다.
㈔ 탄도동작은 제한되거나 통제된 동작보다 더 신속하고 용이하며 정확하다.
㈕ 가능하다면 쉽고도 자연스러운 리듬이 작업동작에 생기도록 작업을 배치한다.
㈖ 눈의 초점을 모아야 작업을 할 수 있는 경우는 가능하면 없애고 불가피한 경우에는 눈의 초점이 모아져야 하는 두 작업 지점간의 거리를 최소화한다.

② **작업장의 배치에 관한 원칙(Arrangement of the workplace)**
㈎ 모든 공구나 재료는 제 위치에 있도록 한다.
㈏ 공구재료 및 제어기기는 사용위치에 가까이 두도록 한다.
㈐ 중력 이송원리를 이용한 부품상자나 용기를 이용하여 부품을 부품사용장소에 가까이 보낼 수 있도록 한다.
㈑ 가능하다면 낙하식 운반방법을 사용한다.
㈒ 공구나 재료는 작업조작이 원활하게 수행되도록 그 위치를 정한다.
㈓ 작업자가 잘 보면서 작업을 할 수 있도록 한다. 이를 위해서는 적절하게 조명을 해 주는 것이 첫 번째 요건이다.
㈔ 작업자가 작업 중 자세의 변경, 즉 앉거나 서는 것을 임의로 할 수 있도록 작업대와 의자높이가 조정되도록 한다.
㈕ 작업자가 좋은 자세를 취할 수 있도록 의자는 높이 뿐만 아니라 디자인도 좋아야 한다.

③ **공구 및 설비 디자인에 관한 원칙(Design of tools and equipment)**
㈎ 치구나 발로 작동시키는 기기를 사용할 수 있는 작업에서는 이러한 기기를 활용하여 양손이 다른 일을 할 수 있도록 한다.
㈏ 공구의 기능은 결합하여서 사용하도록 한다.
㈐ 공구와 재료는 가능한 한 사용하기 쉽도록 미리 위치를 잡아준다.
㈑ 각 손가락이 서로 다른 작업을 할 때에는 작업량을 각 손가락의 능력에 맞도록 분배해야 한다.
㈒ 레버, 핸들 및 통제기기는 작업자가 몸의 자세를 크게 바꾸지 않더라도 조작하기 쉽도록 배열한다.

합격예측

① 최소컷셋(minimal cut set) : 어떤 고장이나 실수를 일으키면 재해가 일어날까 하는 식으로 결국은 시스템의 위험성(반대로 말하면 안전성)을 표시하는 것
② 최소패스셋(minimal path set) : 어떤 고장이나 실수를 일으키지 않으면 재해는 일어나지 않는다고 하는 것. 즉 시스템의 신뢰성을 나타낸다.

합격예측

위험 및 운전성 검토의 검토목적
① 기존시설의 안전도 향상
② 설비구입 여부 결정
③ 설계의 검사
④ 작업수칙의 검토
⑤ 공장건설 여부와 건설장소 결정
⑥ 공급자에게 문의사항 획득

참고

추정적 개연성
10,000~100,000시간 내에 결함발생 1건일 때 추정적 개연성이 있다고 한다.

합격예측

길브레드(Gilbrete) 동작경제의 3원칙
(1) 동작능력 활용의 원칙
  ① 발 또는 왼손으로 할 수 있는 것은 오른손을 사용하지 않는다.
  ② 양손으로 동시에 작업하고 동시에 끝낸다.
(2) 작업량 절약의 원칙
  ① 적게 운동할 것
  ② 재료나 공구는 취급하는 부근에 정돈할 것
  ③ 동작의 수를 줄일 것
  ④ 동작의 양을 줄일 것
  ⑤ 물건을 장시간 취급할 시 장구를 사용할 것
(3) 동작개선의 원칙
  ① 동작을 자동적으로 리드미컬한 순서로 할 것
  ② 양손은 동시에 반대의 방향으로, 좌우 대칭적으로 운동하게 할 것
  ③ 관성, 중력, 기계력 등을 이용할 것

합격예측

① 컷셋(cut set) : 정상사상을 발생시키는 기본사상의 집합으로 그 안에 포함되는 모든 기본사상이 발생할 때 정상사상을 발생시킬 수 있는 기본사상의 집합

② 패스셋(path set) : 모든 기본사상이 일어나지 않을 때 처음으로 정상사상이 일어나지 않는 기본사상의 집합(고장나지 않도록 하는 사상의 조합)

Q 은행문제

1. 다음 중 FTA에서 어떤 고장이나 실수를 일으키지 않으면 정상사상(top event)은 일어나지 않는다고 하는 것으로 시스템의 신뢰성을 표시하는 것은?

① cut set
② minimal cut set
③ free event
④ minimal path set
⑤ pass set

정답 ④

2. 그림과 같이 FTA로 분석된 시스템에서 현재 모든 기본 사상에 대한 부품이 고장난 상태이다. 부품 X_1부터 부품 X_5까지 순서대로 복구한다면 어느 부품을 수리 완료하는 순간부터 시스템은 정상가동이 되겠는가?

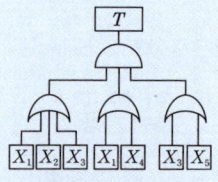

① 부품 X_2 ② 부품 X_3
③ 부품 X_4 ④ 부품 X_5
⑤ 부품 X_1

정답 ②

[해설] ① AND게이트는 모든 입력 사상이 공존할 때만이 출력사상이 발생

② OR게이트는 입력 사상 중 어느것이나 존재할 때 출력사상이 발생

[표] 서블릭(therblig)의 분류

구분	동작	방법
효율적인 therblig	기본적인 동작	빈손이동, 운반, 쥐기, 내려놓기, 미리놓기
	동작의 목적을 가지는 동작	사용, 조립, 분해
비효율적인 therblig	정신적 또는 반정신적 동작	찾기, 고르기, 바로놓기, 검사, 계획
	정체적인 부분의 동작	불가피한 지연, 피할 수 있는 지연, 휴식, 잡고있기

5. 컷셋·미니멀 컷셋 요약 24. 3. 30., 25. 3. 29. 출

(1)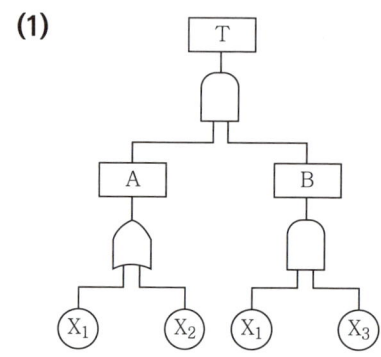

$T = A \cdot B$
$= \dfrac{X_1}{X_2} \cdot B$
$= X_1 X_1 X_3$
$ X_2 X_1 X_3$

즉, 컷셋은 $(X_1 X_3)(X_1 X_2 X_3)$

미니멀 컷셋은 $(X_1 X_3)$

보충학습

(2)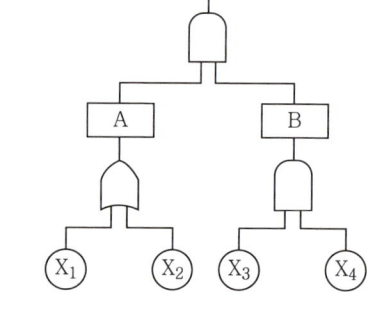

$T = A \cdot B$
$= \dfrac{X_1}{X_2} \cdot B$
$= X_1 X_3 X_4$
$ X_2 X_3 X_4$

즉, 컷셋은 $(X_1 X_3 X_4)(X_2 X_3 X_4)$

미니멀 컷셋은 $(X_1 X_3 X_4)$ 또는 $(X_2 X_3 X_4)$

(3)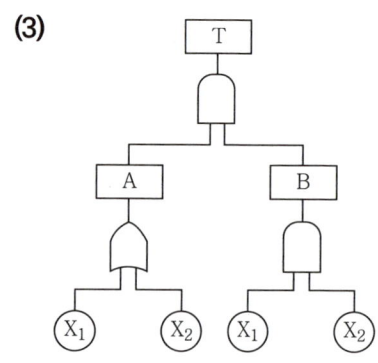

$T = A \cdot B$
$= \dfrac{X_1}{X_2} \cdot B$
$= X_1 X_1 X_2$
$ X_2 X_1 X_2$

즉, 컷셋 및 미니멀 컷셋 $(X_1 X_2)$

(4)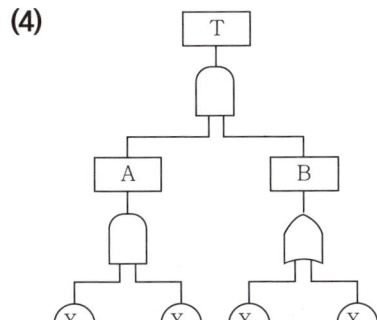

$T = A \cdot B$
$= \dfrac{X_1}{X_2} \cdot B$
$= X_1 X_2 X_3$
$ X_1 X_2 X_4$

즉, 컷셋은 $(X_1 X_2 X_3)(X_1 X_2 X_4)$
미니멀 컷셋은 $(X_1 X_2 X_3)$ 또는 $(X_1 X_2 X_4)$

(5)

$T = A \cdot B$
$= \dfrac{X_1}{X_2} \cdot B$
$= X_1 X_2 X_1$
$ X_1 X_2 X_3$

즉, 컷셋은 $(X_1 X_2)(X_1 X_2 X_3)$
미니멀 컷셋은 $(X_1 X_2)$

(6)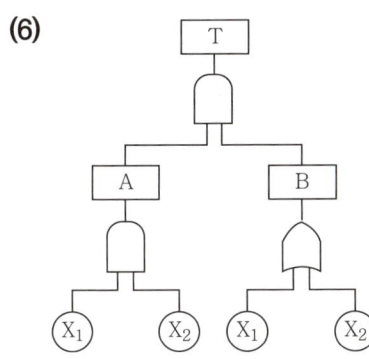

$T = A \cdot B$
$= \dfrac{X_1}{X_2} \cdot B$
$= X_1 X_2 X_1$
$ X_1 X_2 X_2$

컷셋 · 미니멀 컷셋은 $(X_1 X_2)$

(7) $(X_1 X_2)(X_1 X_2 X_3)(X_1 X_2 X_4)$ → 미니멀 컷셋은 $(X_1 X_2)$

(8) $(X_1 X_3)(X_1 X_2 X_3)(X_1 X_3 X_4)$ → 미니멀 컷셋은 $(X_1 X_3)$

즉, 구해진 컷셋 중 어느 것이든 한 조만 있으면 그것이 바로 미니멀 컷셋이 된다.

6. ETA(Event Tree Analysis : 사건수 분석)

(1) 사상 계통 분석

(2) 사상의 나무 해석

(3) 사상의 목 해석

① ETA는 FTA와 유사하게 시스템이나 기기의 인간관계를 도시하여 검토하는 데에 사용하는 방법이다.

합격예측

시스템 안전관리

① 시스템안전에 필요한 사항의 동일성의 식별 (identification)
② 안전활동의 계획, 조직과 관리
③ 다른 시스템 프로그램 영역과 조정
④ 시스템안전에 대한 목표를 유효하게 적시에 실현시키기 위한 프로그램의 해석, 검토 및 평가 등의 시스템 안전업무

합격예측

bit(binary unit의 합성어)

① bit란 실현가능성이 같은 2개의 대안 중 하나가 명시되었을 때 얻을 수 있는 정보량
② 정보량 : 실현가능성이 같은 n개의 대안이 있을 때 총 정보량
$H = \log_2 n$

합격예측

FT도에서 최소컷셋
(Minimal cut set)
$(X_1)(X_2, X_3)$

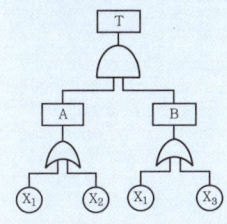

합격예측

MORT(Managment Oversight and Risk Tree)
미국 에너지 연구 개발청(ERDA)의 Johnson에 의해 개발된 시스템안전 프로그램이다.

② FTA – 톱사상(결과) → 복수의 기본사상(원인)

③ ETA – 하나의 기본사상(원인) → 톱사상(결과)

예를 들어 탱크의 기름유출로부터 화재발생의 과정을 ET도로 나타내면 다음과 같다.

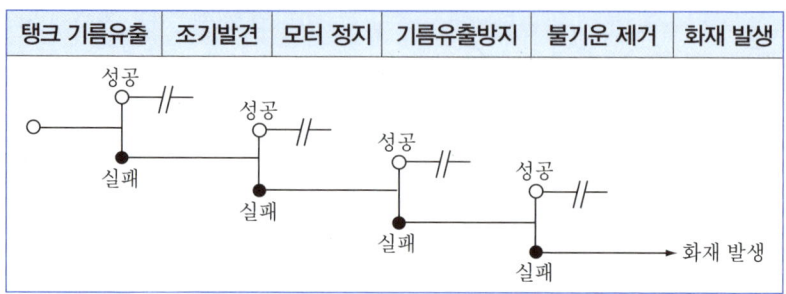

2 정성적, 정량적 분석

1. 고장목의 정량적 평가

고장목의 정량적 해석은 고장목의 논리적 구조를 확률의 형태로 바꾸고, 기본사상의 발생확률로부터 정상사상의 발생확률을 계산하는 방법이다. 이를 위해서는 고장발생확률이나 인간오류 발생확률과 같은 수치가 준비되어서 이 수치가 기본사상에 할당되어야 한다.

① 최소절단집합을 이용하는 방법으로, 각 절단을 이루고 있는 기본고장의 고장확률을 곱해서 최소절단집합의 확률을 구하고 이를 이용하여 정상사상의 확률을 구하는 방법이다. 일반식은 다음과 같고, M은 최소절단집합의 수이다.

$$P[T] = \sum_{j=1}^{M} \left\{ \prod_{i \in M_j}^{n} P[E_i] \right\}$$

② 최소절단집합에 대한 정보가 없어도 고장목의 구조만으로 확률을 아는 방법으로, 계산은 원리적으로 AND 게이트에 대해서는 곱셈(∩)으로, OR 게이트에 대해서는 덧셈(∪)의 확률 계산이다. 일반식은 다음과 같고, 여기서 R은 입력사상의 신뢰성을, F는 입력사상의 고장률을 나타내며, 이때 발생되는 모든 입력사상은 상호 독립적이다.

㉮ OR 게이트 : $F_E = 1 - \prod_{i=1}^{n}(1-F_i)$

$R_E = 1 - \prod_{i=1}^{n} R_i$

㉮ AND 게이트 : $F_E = 1 - \prod_{i=1}^{n} F_i$

$R_E = 1 - \prod_{i=1}^{n}(1 - R_i)$

2. 고장목의 정성적 평가

① FTA는 바람직하지 못한 사상을 발견하여 발생을 제어하거나, 허용 수준 이하로 억제하기 위한 해석이므로, 기본사상의 어떤 조합이 정상사상 발생에 많은 영향을 가지고 있는 것이 중요하다.
② 정성적 평가는 최소절단집합에 따라 수행되는데, 최소절단집합은 고장을 발생시키기에 불가결한 기본고장의 집합으로, 기본고장에 대한 최소절단집합은 유일하며, 시스템의 고장은 최소절단집합의 합집합으로 표현이 가능하다.
③ 정성적 평가는 최소절단집합에 따라 수행된다.
④ 절단집합의 치명도는 절단집합 안의 기본사상의 수(차수)에 달려 있다.
⑤ 차수 1의 절단집합은 차수 2 또는 그 이상의 절단집합보다 더 치명적이다.
⑥ 중요한 인자로는 최소 절단집합의 기본사상의 유형이다. 다음 순위에 따라 기본사상의 치명도를 정한다. 이 순위는 인간의 실수가 작동중인 설비의 고장보다 더 많이 발생하고 작동중인 설비의 고장은 대기중인 설비의 고장보다 더 많이 발생한다는 가정에 근거한다. 기본사상이 둘일 때는 다음 표에 따른다.

※ 순위 : 인간의 실수 → 작동중인 설비고장 → 대기중인 설비고장

[표] 기본사상의 순위

순위	기본사상 1	기본사상 2
1	인간실수	인간실수
2	인간실수	작동중인 설비의 고장
3	인간실수	대기중인 설비의 고장
4	작동중인 설비의 고장	작동중인 설비의 고장
5	작동중인 설비의 고장	대기중인 설비의 고장
6	대기중인 설비의 고장	대기중인 설비의 고장

3. 절단집합과 통과집합의 정의

① 고장목의 절단집합(Cut Set)은 어떤 기본사상이 (동시에) 발생시 정상사상이 발생하는 것을 보장하는 기본사상의 집합이다. 최소 절단집합 안의 기본사상들의 수는 절단집합의 차수(order)라 한다.
② 고장목의 통과집합(Path Set)은 (동시에) 정상사상이 발생하지 않게 하는 기본사상들이 집합이다.

> **합격예측**
>
> **시스템에 영향을 미치는 고장의 형태**
> ① 노출 또는 개방된 고장
> ② 폐쇄 또는 차단된 고장
> ③ 가동 및 정지의 고장
> ④ 운전단속의 고장
> ⑤ 오작동 등

> **참고**
>
> **MIL-STD-882B 용어 정의**
> ① hazard : 예측할 수 있는 재해의 상태
> ② risk : 위험중요도와 위험 가능성의 형태로 재난의 발생 표현
> ③ safety : 죽음과 부상, 직업병을 야기시킬 수 있는 요인 또는 설비나 재산에 손실을 줄 수 있는 상황에서 벗어난 상태
> ④ system safety : 시스템의 수명곡선을 통하여 작업효율, 시간, 비용을 제한하는 최적의 안전을 위하여 기술과 관리의 원칙과 규정 그리고 기법들을 적용한 시스템

> **합격예측**
>
> **MIL-STD-882E 심각도 카테고리**
>
> | 설명 | 심각도 카테고리 | 사고 결과 기준 |
> |---|---|---|
> | 재앙 수준 | 1 | 다음 중 하나 이상을 유발할 수 있다. : 사망, 영구적 완전장애, 회복 불가한 중대한 환경 영향 또는 $10M 이상의 금전적 손실 |
> | 임계 수준 | 2 | 다음 중 하나 이상을 유발할 수 있다. : 영구적 부분 장애, 3명 이상의 입원을 유발할 수 있는 직업병이나 상해, 회복 가능한 중대한 환경 영향 또는 $1M~$10M의 금전적 손실 |
> | 미미한 수준 | 3 | 다음 중 하나 이상을 유발할 수 있다. : 1일 이상 결근을 유발하는 직업병이나 상해, 회복 가능한 중간정도의 환경 영향 또는 $100K~$1M의 금전적 손실 |
> | 무시 가능 수준 | 4 | 다음 중 하나 이상을 유발할 수 있다. : 결근을 유발하지 않는 직업병이나 상해, 최소한의 환경 영향 또는 $100K 이하의 금전적 손실 |

합격예측

① FTA(결함수분석법) : 정량적, 연역적 분석법
② PHA(예비사고분석) : 최초단계(개발단계) 분석법, 정성적 분석
③ FMEA(고장형과 영향분석) : 정성적·귀납적 분석법
④ FHA(결함위험분석) : 서브 시스템 분석법
⑤ DT와 ETA(사상수분석법) : 정량적, 귀납적 분석법
⑥ THERP(인간과오율 예측기법) : 인간과오의 정량적 분석법
⑦ MORT(경영소홀 및 위험수분석) : FTA와 논리기법이 같음.

합격예측

(1) OAT접근방법
　① 감지
　② 진단
　③ 반응
(2) 인간신뢰도 예측을 위한 컴퓨터 모의실험
　① Monte Carlo 모의실험
　② 확정적 모의실험

4. 최소절단집합과 최소통과집합의 의미

① 절단집합은 시스템의 기능을 저지하는 기본사상의 집합이며 그 속에 포함되어 있는 모든 기본사상이 발생시에 정상사상이 발생하는 것을 말한다.
② 보통은 여러 개의 절단집합이 존재하며 절단집합 등 정상사상을 발생시키는 절단집합을 최소절단집합이라 한다.
③ 최소절단집합은 최소절단집합 내에 포함되는 기본사상이 전수 발생한 때에 최초의 정상사상이 발생하는 기본사상의 집합이다.
④ 최소절단집합 내의 어느 기본사상 중 하나라도 발생하지 않으면 정상사상이 발생하지 않는 집합을 말한다. 따라서 최소절단집합은 각 절단집합 중 중복되는 집합을 제거한 것이 된다.
⑤ 고장목에서 정상사상의 발생에 기여도가 높은 기본사상들의 조합을 찾아내는 방법으로 최소절단집합(minimal cut set) 또는 최소통과집합(minimal path set)이 사용된다.
⑥ 정상사상을 일으키기 위한 최소한의 절단을 최소절단이라 하며 이는 어떤 고장이나 실수를 일으키면 재해가 일어날까 하는 것으로 결국 시스템의 위험성(안전성)을 표시하는 것이고, 최소통과는 어떤 고장이나 실수를 일으키지 않으면 재해는 일어나지 않는다고 하는 것, 다시 말하면 시스템의 신뢰성을 표시하는 것이다.

5. 고장목의 작성과 단순화

① 고장목의 작성은 FTA에 있어서 가장 많은 시간이 소요되는 과정이며, 본 단계에서는 모든 정보가 정리되므로 중요하게 다루어야 하는 단계이다. 또한 정확한 고장목을 작성하려면 분석자는 먼저 시스템을 완전히 이해하고 있어야 하며, 일반적으로 고장목은 다음과 같은 단계를 거쳐 작성된다.
　㉮ 예방될 수 있는 하나의 정상사상(Top Event)을 선정한다.
　㉯ 정상사상의 원인이 되는 모든 종류의 1차적 사상과 2차적 사상을 결정한다.
　㉰ AND Gate와 OR Gate를 사용하여 정상사상과 원인사상의 관계를 정한다.
　㉱ 각 사상을 더 분석할 것인지의 여부를 결정한다.
② 완성된 고장목은 동일한 기본사상이 2개 이상 반복하여 발생될 수 있는데, 이러한 경우는 단순화가 필요하다. 고장목의 단순화는 논리기호에 따라서 상위사상의 발생의 성립 요건을 조사하면 좋고 그것에는 Boolean대수를 사용하는 것이 적절하다. OR 게이트로만 구성되는 고장목의 경우는 논리적으로 전부가 정상사상에 대하여 하나의 OR 게이트로 연결된 것과 같은 형태이며, 또한 실제 발생확률은 적지만 AND 게이트만으로 구성된 고장목의 경우도 전

체가 AND 게이트로 구성된다. 단순화를 고려할 사항은 다음과 같다.
- ㉮ AND 게이트의 바로 아래에 있는 매우 높은 확률의 사상(>0.99)은 삭제될 수 있다.
- ㉯ 종국사상 자체가 정상사상을 일으킨다면, 복합확률이 적어도 단일사상의 절단집합의 확률합보다 작은 차수인 AND 게이트 바로 아래의 종국사상은 제거될 수 있다.
- ㉰ 고장목의 단일사상의 최소절단집합의 확률보다 작은 크기의 차수인 OR 게이트 바로 아래의 종국사상은 제거될 수 있다.

[표] FTA 도표에 사용하는 논리기호

명칭	기호	명칭	기호	명칭	기호
AND Gate		OR Gate		생략사상 (간소화)	
기본사상		생략사상		전이기호	
기본사상 (인간의 실수)		생략사상 (인간의 실수)		전이기호 (전출)	
기본사상 (조작자의 간과)		생략사상 (조작자의 간과)		전이기호 (수량이 다르다.)	

합격예측
결함수 분석법(FTA)의 절차에서 최우선으로 결정할 사항은 정상(top)사상 즉 해석할 재해를 결정하는 것이다.

용어정의
전이기호(이행기호)
FT도상에서 다른 부분에의 이행 또는 연결을 나타내는 기호로 사용된다.

6. 인간에러(human error)예방대책

① 작업상황 개선
② 요원변경
③ 체계의 영향감소

인간실수가 체계에 미치는 영향감소	① 인간실수를 포용하는 체계설계 ② 중복설계(redundancy) ③ 기계는 인간성능 감시, 인간은 기계성능 감시 ④ 중요한 작업의 요원중복 활용 ⑤ 주체계를 후원하기 위한 예비품 대기
체계의 영향을 감소시킨 설계	① 수많은 점검항목 ② 중복설계 ③ 안전규정 → 심각한 인간실수가 특정순서대로 범해져야 심각한 사고유발

Chapter 02 결함수 분석법 출제예상문제

출제예상문제는 복습, 예습문제로 엮었습니다. *WHY : 실제시험에도 순서에 관계없이 출제됩니다. 예습 후 다음장에 공부한 문제가 있으면 기억이 배가 됩니다.

01 ★★★ 결함수 분석(FTA : Fault Tree Analysis)에서 시스템의 안전성을 정량적으로 평가할 때, 이 평가에 포함되는 5개 항목에 대한 위험 점수가 합산해서 몇 점 이상이면 결함수 분석을 다시 하게 되는가?

① 10점 이상 ② 14점 이상
③ 16점 이상 ④ 18점 이상
⑤ 20점 이상

해설
정량적 평가
(1) 정량적 평가 5항목에 의해 A(10점), B(5점), C(2점), D(0점)으로 판정하고 폭발 등급(위험 등급)은 1급이 합산한 점수가 16점 이상, 2급은 11~16점 사이, 3급은 11점 미만(10점 이하)으로서 안전대책을 강구
(2) 정량적 평가 5항목
 ① 해당 화학설비의 취급물질
 ② 해당 화학설비의 용량
 ③ 온도
 ④ 압력
 ⑤ 조작

참고 온도상승속도[(℃/분 → A÷(B×C×D)]

02 ★★ 어떤 결함수의 쌍대결함수를 구하여 컷셋을 구하면 이 컷셋은 본래 결함수의 무엇에 해당되는가?

① 컷셋 ② 패스셋
③ 최소컷셋 ④ 중심컷
⑤ 최소패스셋

해설
미니멀 패스셋(minimal path set)
미니멀 패스를 구하기 위해서는 미니멀 컷과 미니멀 패스의 쌍대성(雙對性)을 이용하여 용이하게 구할 수 있다. 즉, 대상 FT의 쌍대 FT(Dual Fault Tree)를 구하면 된다. 쌍대 FT란 원래의 FT의 논리곱을 논리합으로, 논리합을 논리곱으로 치환시켜 모든 사상이 일어나지 않게 할 경우를 상정하여 FT를 그리고, 그 쌍대 FT의 미니멀 컷을 구하면 그것이 원하는 FT의 미니멀 패스가 되는 것이다.

03 ★★ 다음은 FTA(Fault Tree Analysis)에 사용되는 논리기호이다. 맞지 않는 것은?

① ▭ : 결함사상
② ⬠ : 기본사상
③ ⬡ : 통상사상(가형사상)
④ ◇ : 이하 생략의 결함사상
⑤ AND게이트 모양 : AND게이트

해설
○ : 기본사상

04 ★★★ FTA에 의한 재해사례 연구순서 중 제1단계는?

① 사상(事象)의 재해원인 규명
② FT도(圖)의 작성
③ 톱(top)사상의 선정

[정답] 01 ③ 02 ⑤ 03 ② 04 ③

④ 개선계획의 작성
⑤ Top의 경영자세

해설

D. R. Cheriton의 FTA에 의한 재해사례 연구순서
① 제1단계 : Top사상의 선정
② 제2단계 : 사상의 재해 원인의 규명
③ 제3단계 : FT도의 작성
④ 제4단계 : 개선계획의 작성

05 ★★ FTA의 기호 중 통상상태를 나타내는 기호는?

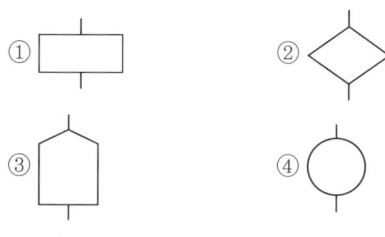

해설

FTA의 기호

기호	명칭	특징
	결함사상	개별적인 결함사상
	기본사상	더 이상 전개되지 않는 기본적인 사상
	통상사상	통상 발생이 예상되는 사상 (예상되는 원인)
	생략사상	정보 부족, 해석 기술의 불충분으로 더 이상 전개할 수 없는 사상. 작업 진행에 따라 해석이 가능할 때는 다시 속행한다.

06 ★★★ 다음의 FT도에서 몇 개의 미니멀 컷셋(minimal cut set)이 존재하는가?

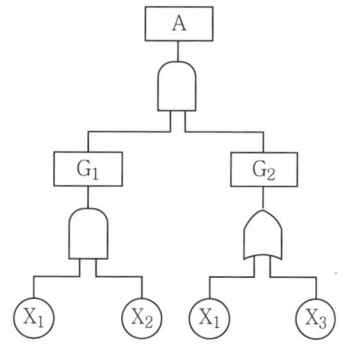

① 1개　　② 2개
③ 3개　　④ 4개
⑤ 5개

해설

$A = G_1 \cdot G_2$
$ = \begin{matrix} X_1 \\ X_2 \end{matrix} \cdot G_2$
$ = \begin{matrix} X_1, X_2, X_1 \\ X_1, X_2, X_3 \end{matrix}$ ┐ 컷셋

◎ 컷셋 중 1개조가 미니멀 컷셋이 된다.

07 ★★ 사고원인 가운데 인간의 과오에 기인된 원인분석위험을 계산함으로써 제품의 결함을 감소시키기 위해 개발된 것은?

① PHA　　② FMEA
③ THERP　　④ MORT
⑤ FHA

해설

(1) MORT(Management Oversight and Risk Tree)
① 미국 에너지연구개발청(ERDA)의 존슨에 의해 1990년 개발된 시스템 안전 프로그램이다.
② MORT 프로그램은 트리를 중심으로 FTA와 같은 논리 기법을 이용하여 관리, 설계, 생산, 보존 등의 광범위하게 안전을 도모하는 것으로서 고도의 안전 달성을 목적으로 한 것이다.(원자력 산업에 이용)
(2) THERP(Technique for Human Error Rate Prediction)시스템에 있어서 인간의 과오를 정량적으로 평가하기 위하여 1963년에 개발된 기법이다.

[정답] 05 ③　06 ②　07 ③

08 최소컷셋(minimal cut set)이란?

① 컷세트 중에 타 컷셋을 포함하고 있는 것을 배제하고 남은 컷셋들을 의미한다.
② 어느 고장이나 에러를 일으키지 않으면 재해가 일어나지 않는 시스템의 신뢰성이다.
③ 기본사상이 일어났을 때 정상사상을 일으키는 기본사상의 집합이다.
④ 기본사상이 일어나지 않을 때 정상사상이 일어나지 않는 기본사상의 집합이다.
⑤ 항상 정상사상이 일어나는 기본사상의 집합이다.

해설
② : 미니멀 패스 ③ : 컷 ④ : 패스와 미니멀 패스 ⑤ : 컷

09 시스템 A의 확률은?

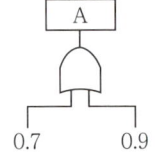

① 0.64 ② 0.82
③ 0.92 ④ 0.87
⑤ 0.97

해설
A = 1 − (1 − 0.7)(1 − 0.9) = 0.97

10 기업에서 설비효율 향상을 위해 작업자의 자주보전활동과 설비의 예방보전활동을 전사적으로 추진하는 것을 무엇이라 하는가?

① TQC(Total Quality Control)
② TPM(Total Productive Maintenance)
③ TSM(Total Safety Management)
④ FTA(Fault Tree Analysis)
⑤ ETA(Event Tree Analysis)

해설
② : 전사적 생산 예방보전활동

11 FTA(Fault Tree Analysis)란 무엇인가?

① 재해발생을 귀납적, 정성적으로 해석, 예측할 수 있다.
② 재해발생을 연역적, 정성적으로 해석, 예측할 수 있다.
③ 재해발생을 연역적, 정량적으로 해석, 예측할 수 있다.
④ 재해발생을 귀납적, 정량적으로 해석, 예측할 수 있다.
⑤ 재해발생을 정성적으로 예측이 가능하다.

해설
FTA
① FTA는 시스템의 고장 상태를 먼저 선정하고 그 고장의 요인을 순차 하위 레벨로 전개하여 가면서 해석을 진행하여 나가는 하향식(top-down) 방법으로, 고장발생의 인간관계를 AND Gate나 OR Gate를 사용하여 논리표(logic diagram)의 형으로 나타내는 시스템 안전 해석 방법이다.
② 재해발생을 연역적, 정량적으로 해석하고 예측한다.

12 특정조합의 기본사상들이 동시에 결함을 발생하였을 때 정상사상을 일으키는 기본사상의 집합을 무엇이라 하는가?

① cut sets ② minimal cut sets
③ path sets ④ minimal path set
⑤ pass cut

해설
컷과 패스
① 컷(cut) : 컷이란 그 속에 포함되어 있는 모든 기본사상(여기서는 통상사상, 생략, 결함사상 등을 포함한 기본사상)이 일어났을 때 정상사상을 일으키는 기본사상의 집합을 말한다.
② 미니멀 컷(minimal cut sets) : 컷 중 그 부분 집합만으로는 정상사상을 일으키는 일이 없는 것, 즉 정상사상을 일으키기 위한 필요 최소한의 컷을 미니멀 컷이라 한다.
③ 패스(path)와 미니멀 패스(minimal path set) : 패스란 그 속에 포함되는 기본사상이 일어나지 않을 때 처음으로 정상사상이 일어나지 않는 기본사상의 집합으로서, 미니멀 패스는 그 필요 최소한 것이다.
④ 미니멀 컷은 어느 고장이나 에러를 일으키면 재해가 일어나는가 하는 것. 즉, 시스템의 위험성(반대로 안전성)을 나타내는 것이며, 미니멀 패스는 어느 고장이나 에러를 일으키지 않으면 재해가 일어나지 않는다는 것. 즉, 시스템의 신뢰성을 나타내는 것이라 할 수 있다. 다시 말하면 미니멀 컷은 시스템의 기능을 마비시키는 사고요인의 집합이며, 미니멀 패스는 시스템의 기능을 살리는 요인의 집합이라 할 수 있다.

[정답] 08 ① 09 ⑤ 10 ② 11 ③ 12 ①

13 시스템안전 프로그램에서의 최초 단계 해석으로서 시스템 내의 위험한 요소가 어떤 위험상태에 있는가를 정성적으로 평가하는 방법은?

① FHA   ② FTA
③ FMEA   ④ FSA
⑤ PHA

해설

PHA : 예비위험분석

14 FTA를 수행할 때 각 기본사상들의 발생이 독립적이 아닌 경우에는 FT를 직·병렬 혼합구조로 파악하여 정상사상의 발생확률의 범위를 구한다. 다음 그림을 보고 정상사상 발생확률의 하한과 상한을 구하면?(단, 발생확률은 Q_1 = 0.1, Q_2 = 0.2, Q_3 = 0.3이다)

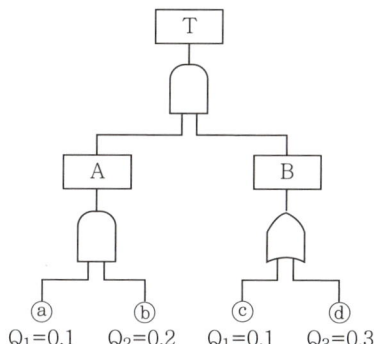

① 0.02, 0.37   ② 0.03, 0.02
③ 0.04, 0.3   ④ 0.01, 0.4
⑤ 0.03, 0.8

해설

하한과 상한
① T = A×B
② A = ⓐ×ⓑ = 0.1×0.2 = 0.02
③ B = 1 − (1 − ⓒ)(1 − ⓓ) = 1−(1−0.1)(1−0.3) = 0.37
④ 결론 : 하한과 상한은 A와 B를 비교하는 것이다.

15 다음 FTA의 논리기호 중 시스템의 기본사상을 나타내는 것은?

① 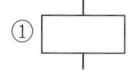   ②

③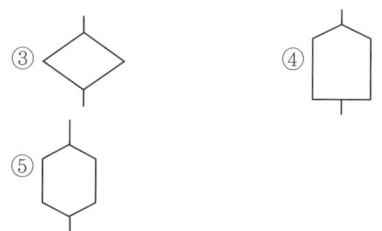

해설

FTA기호
① 결함사상 : 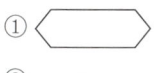   ② 생략사상 :
③ 통상사상 :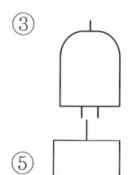

16 FTA의 논리기호 중 OR 게이트는?

①

해설

FTA기호
① : 조건   ② : 기본사상   ③ : AND Gate   ⑤ : 부정게이트

17 다음은 FTA(Fault Tree Analysis)에 사용되는 논리기호이다. 맞지 않는 것은?

① 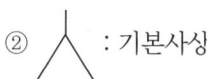 : 결함사상

②  : 기본사상

③ 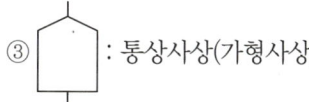 : 통상사상(가형사상)

[정답] 13 ⑤ 14 ① 15 ② 16 ④ 17 ②

④ ◇ : 이하 생략의 결함사상

⑤ ◯ : 기본사상

해설
FTA기호
① 기본사상 : ◯
② 이행기호 : △

18 ★★ 다음은 결함수 분석법의 절차를 나타낸 것이다. 맞는 것은?

① 제일 먼저 FT(Fault Tree)를 작성한다.
② 제일 먼저 cut set, minimal cut set를 구성한다.
③ 재해의 위험도를 검토하여 해석할 재해를 결정하는 것이 최우선이다.
④ 해석하는 재해의 발생확률을 제일 먼저 계산한다.
⑤ 최우선으로 안전성 평가를 나타낸다.

해설
결함수 분석법의 절차(순서)
① 재해의 위험도를 검토하여 해석할 재해를 결정한다(PHA 실시)
② 재해의 위험도를 고려하여 재해발생확률의 목표치 결정
③ 해석하는 재해에 관계되는 모든 결함원인조사(PHA, FMEA 실시)
④ FT 작성
⑤ cut set, minimal cut set를 구한다.

19 ★★★ 부품 A, B, C, D의 신뢰도가 r로 동일할 때 그림과 같은 시스템의 신뢰도를 구하면? 25. 3. 29. 출

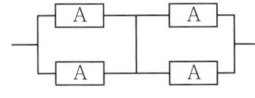

① $r^2(2-r)^2$ ② $r^2(2-r^2)$
③ $r^2(2-r)$ ④ $r(2-r^2)$
⑤ $r^3(3-r^2)$

해설
시스템 신뢰도
$R = [1-(1-r)(1-r)] \times [1-(1-r)(1-r)]$
$= r^2(2-r)^2$

20 ★★ FT를 작성하기 위해서는 몇 가지 기본 기호를 사용하여야 한다. 그림의 삼각형 기호는 다음 중 어느 것을 나타내는가?

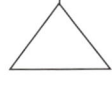

① 결함사상
② 기본사상
③ 조건기호
④ 통상사상
⑤ 전이기호

해설
전이기호

(in : 전입) (out : 전출)
① 삼각형은 tree를 한 장의 종이에 쓸 수 없을 때에 사용
② 전송전기 또는 연결한 것을 나타내는 기호로 적용한다.

21 ★★★ 아래의 FT도(圖)에 있어 A의 사상(事象)이 발생할 수 있는 확률을 구하시오.(단, 사상 ⓐ, ⓑ, ⓒ의 발생확률은 각각 0.1, 0.2, 0.15이다)

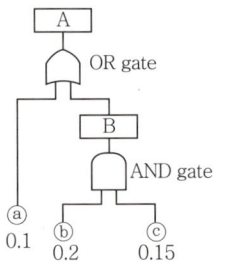

① 1.27×10^{-1} ② 3.5×10^{-1}
③ 3.25×10^{-2} ④ 7.3×10^{-2}
⑤ 8.3×10^{-3}

해설
사상 발생 확률
$R_s = 1-(1-ⓐ)(1-B)$
$= 1-(1-0.1)(1-0.03) = 0.127$

[정답] 18 ③ 19 ① 20 ⑤ 21 ①

22 결함수 분석법의 활용 및 기대 효과와 거리가 먼 것은?

① 사고원인 규명의 간편화
② 사고원인 규명의 이중화
③ 사고원인 분석의 정량화
④ 사고원인 분석의 일반화
⑤ 노력시간절감 가능

해설
결함수 분석법의 기대 효과(FTA 효과)
① 사고원인 규명의 간편화
② 사고원인 규명의 일반화
③ 사고원인 분석의 정량화
④ 노력시간 절감
⑤ 시스템 결함 진단
⑥ 안전점검표 작성

23 다음 그림과 같은 결함수에 대해 기본사상의 발생이 상호 독립적이 아닌 경우의 정상사상 발생 확률의 범위를 구하고자 한다. 옳은 것은?(단, 0.1, 0.2는 기본사상의 발생확률을 나타낸다.)

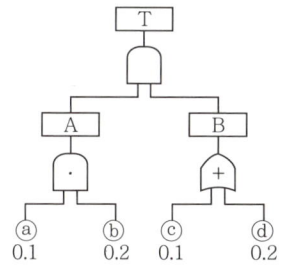

① (0.1~0.42)
② (0.02~0.28)
③ (0.3~0.37)
④ (0.4~0.37)
⑤ (0.5~0.57)

해설
① A = R_S = 0.1 × 0.2 = 0.02
② B = R_S = 1 - (1 - 0.1)(1 - 0.2) = 0.28

24 다음의 결함수에서 정상사상의 재해발생확률을 구하면?(단, 기본사상 ⓐ, ⓑ의 발생확률은 각각 0.1, 0.2이다.)

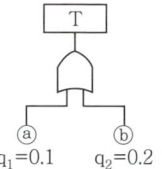

① 0.02
② 0.3
③ 0.28
④ 0.2
⑤ 0.5

해설
R_S = 1 - (1 - 0.1)(1 - 0.2) = 0.28

25 결함수 분석법(FTA)에 해당되지 않는 사항은?

① 새로운 시스템의 개발과 설계 및 생산시 안전관리 측면에서 적용되는 방법
② 결함의 원인과 요인을 추적하지만 상이한 조직의 결함은 직접 발견할 수 없는 점
③ 조직의 기능역할 중에서 주요도가 높은 구성적 요소의 결함으로 인해 발생하는 경로 요인 분석
④ 원하지 않는 결과를 연구할 수 있도록 모든 사건을 추적하는 논리적 도표
⑤ 결함의 원인과 요인을 추적하여 상이한 조직의 발견이 가능

해설
상이한 조직의 결함을 발견할 수 있는 것이 FTA이다.

26 다음 그림은 무슨 사상을 나타내는가?

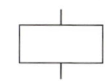

① 결함사상
② 기본사상
③ 통상사상
④ 생략사상
⑤ 전개사상

[정답] 22 ② 23 ② 24 ③ 25 ② 26 ①

> **해설**
>
> **FTA 기호**
> ① 기본사상   ② 생략사상   ③ 통상사상
>

27 ★★★ 예비위험분석에서 달성하기 위하여 노력하여야 하는 4가지 주요 사항이 아닌 것은?

① 시스템에 관한 주요 사고를 식별하고, 개략적인 말로 표시할 것
② 사고를 초래하는 요인을 식별할 것
③ 사고 발생 확률을 계산할 것
④ 식별된 위험을 4가지 범주로 분류할 것
⑤ 사고가 발생한다고 가정하고 시스템에 결과를 식별하여 평가

> **해설**
>
> **PHA의 4가지 주요목표**
> (1) 시스템에 대한 모든 주요 사고를 식별하고 대충의 말로 표시할 것(사고발생의 확률은 식별 초기에는 고려되지 않음)
> (2) 사고를 유발하는 요인을 식별할 것
> (3) 사고가 발생한다고 가정하고 시스템에 생기는 결과를 식별하고 평가할 것
> (4) 식별된 사고의 4가지 범주로 분류할 것
>   ① 파국적   ② 중대(위기적)
>   ③ 한계적   ④ 무시

28 ★★★ 결함수상의 다음 그림의 기호는 무슨 게이트를 나타내는가?

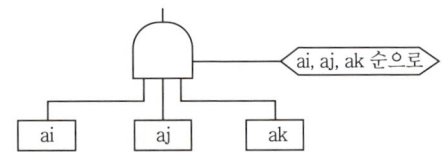

① 우선적 AND 게이트
② 조합 AND 게이트
③ 배타적 AND 게이트
④ AND 게이트
⑤ 전형적 OR게이트

> **해설**
>
> 그림을 잘 보라. AND 게이트에 ai, aj, ak 순으로 되어 있음을 알 수 있다.

29 ★★ 다음 그림의 결함수를 간략히 한 것은?

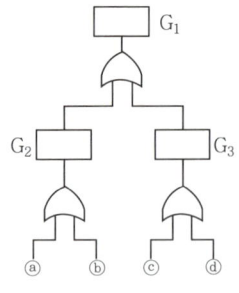

① 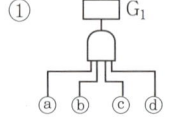   ②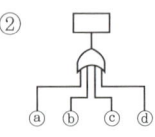

③ 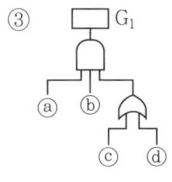   ④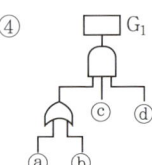

⑤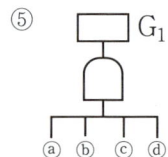

> **해설**
>
> **tree의 간략화**
> $G_1 = G_2 = G_3$, $G_2 = ⓐ + ⓑ$, $G_3 = ⓒ + ⓓ$
> ∴ ⓐ + ⓑ + ⓒ + ⓓ

30 ★★★★★ Safety Assessment 점검 6단계에서 잠재 위험성을 정량적으로 평가하는 단계는?

① 제1단계   ② 제2단계
③ 제3단계   ④ 제4단계
⑤ 제5단계

> **해설**
>
> **안전성 평가(점검) 6단계**
> ① 제1단계 : 관계자료의 정비 검토
> ② 제2단계 : 정성적 평가
> ③ 제3단계 : 정량적 평가
> ④ 제4단계 : 안전대책수립
> ⑤ 제5단계 : 재해정보(사례)에 의한 평가
> ⑥ 제6단계 : FTA에 의한 재평가

[**정답**] 27 ③   28 ①   29 ②   30 ③

31 결함수 분석상 다음 그림의 정상사상의 발생확률이 맞는 것은?

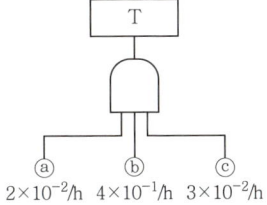

① 9×10^{-2}/h ② 9×10^{-5}/h
③ 24×10^{-4}/h ④ 24×10^{-3}/h
⑤ 24×10^{-5}/h

해설

T = ⓐ × ⓑ × ⓒ
= $(2 \times 10^{-2}) \times (4 \times 10^{-1}) \times (3 \times 10^{-2})$
= 24×10^{-5}/h

32 결함수의 OR 게이트이지만 2개 또는 2 이상의 입력이 동시에 존재하는 경우에는 출력이 생기지 않는 게이트는?

① OR 게이트
② 조합 OR 게이트
③ 배타적 OR 게이트
④ 우선적 OR 게이트
⑤ AND-OR 게이트

해설

AND Gate는 OR Gate에서 이 수정기호를 병용함으로써 여러 가지의 조건부 Gate를 구성할 수 있는 편리한 것이다. 기호 내에 다음에 나타내는 조건을 기입한다.
(1) 우선적 AND Gate
　입력사상 가운데 어느 사상이 다른 사상보다 먼저 일어났을 때에 출력사상이 생긴다. 예를 들면 'A는 B보다 먼저'와 같이 기입한다.
(2) 짜맞춤 AND Gate
　3개 이상의 입력사상 가운데 어느 것인가 2개가 일어나면 출력사상이 생긴다. 예를 들면 '어느 것인가 2개'라고 기입한다.
(3) 위험지속기호
　입력사상이 생겨 어느 일정 시간 지속하였을 때에 출력사상이 생긴다. 예를 들면 '위험 지속 시간'과 같이 기입한다.
(4) 배타적 OR Gate
　OR Gate로 2개 이상의 입력이 동시에 존재할 때에는 출력사상이 생기지 않는다. 예를 들면 '동시에 발생하지 않는다'라고 기입한다.

33 결함수상의 다음 그림의 기호는?

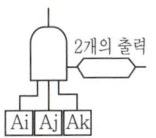

① 우선적 AND 게이트
② 조합 AND 게이트
③ AND 게이트
④ 배타적 OR 게이트
⑤ AND-OR 게이트

해설

2개의 출력이라고 되어 있으니까 조합이다.

34 운영 안전성 분석(OSA)은 제품개발 사이클의 무슨 단계에서 실시하는가?

① 구상단계
② 설계단계
③ 제조, 조립 및 시험단계
④ 운영단계
⑤ 결과단계

해설

OSA(운영 및 지원위험해석)
시스템 요건이 지정된 시스템의 모든 사용 단계에서 생산, 보전, 시험, 운반, 저장, 운전, 비상탈출, 구조, 훈련 및 폐기 등에 사용되는 인원, 순서, 설비에 관하여 해저드를 동정하고 제어하면서 그들의 안전 요건을 결정하기 위하여 실시하는 해석이다.

35 그림에서 나타내는 기호는 무슨 사상을 나타내는가?

① 결함사상 ② 기본사상
③ 통상사상 ④ 생략사상
⑤ 전개사상

[정답] 31 ⑤　32 ③　33 ②　34 ③　35 ②

> **해설**
>
> **FTA 기본논리기호**

▭	결함사상	◇(점선)	생략사상 (인간의 실수)
○	기본사상	◇(빗금)	생략사상 (조작자의 간과)
○(점선)	기본사상 (인간의 실수)	◇	생략사상 (간소화)
◎	기본사상 (조작자의 간과)	△	전이기호
⌂	통상사상	△	전이기호 (전출)
◇	생략사상	▽	전이기호 (수량이 다르다)

36 ★★ 결함수 해석법(FTA)을 최초로 사용하기 시작한 사람은 누구인가?

① 하인리히 ② 시몬스
③ 왓슨   ④ 레오드
⑤ JJS

> **해설**
>
> **결함수 분석법(FTA)의 발달과정**
> ① 1962년 벨 전화 연구소의 Watson에 의해 처음 고안
> ② 벨 전화 연구소 Mearns에 의해 개량(미사일의 우발사고 예측 문제 해결)
> ③ 보잉사의 Haasl, Schroder, Jakson 등이 컴퓨터를 이용한 시뮬레이션의 개발, 본격적 발달
> ④ 1960년대 중반 : 항공 우주안전 분야 → 원자력 산업 → 산업안전 분야로 발달
> ⑤ 1965년 Kolodner나 Recht 등에 의해 산업안전 분야에 소개

37 ★★ 시스템 안전접근방법 중 귀납적, 정량적 방법인 것은?

① OS   ② ETA
③ FTA   ④ FMEA
⑤ ONA

> **해설**
>
> **ETA(Event Tree Analysis : 사상수 분석법)**
> 귀납적, 정량적 안전분석기법

38 ★★★ 보기와 같은 위험관리의 단계를 순서대로 올바르게 나열한 것은?

> ㉠ 위험의 분석   ㉡ 위험의 파악
> ㉢ 위험의 처리   ㉣ 위험의 평가

① ㉠-㉡-㉢-㉣   ② ㉡-㉢-㉠-㉣
③ ㉡-㉠-㉣-㉢   ④ ㉠-㉢-㉡-㉣
⑤ ㉢-㉠-㉣-㉡

> **해설**
>
> **위험관리의 4단계**
> ① 제1단계 : 위험의 파악
> ② 제2단계 : 위험의 분석
> ③ 제3단계 : 위험의 평가
> ④ 제4단계 : 위험의 처리

39 ★★★ 다음 중 설비보전관리에서 설비이력카드, MTBF분석표, 고장원인대책표와 관련이 깊은 관리는?

① 보전기록관리   ② 보전자재관리
③ 보전작업관리   ④ 예방보전관리
⑤ 기록보전관리

> **해설**
>
> **보전기록관리**
> ① 신뢰성·보전성을 효과적으로 개선하기 위한 보전기록 자료
> ② MTBF 분석표, 설비이력카드, 고장원인 대책표 등

[정답] 36 ③ 37 ② 38 ③ 39 ①

Chapter 03 안전성 평가

중점 학습내용

본 장은 안전성 평가로 목적, 개념, 단계 등을 기술하였다. 특히 안전성 평가 6단계 기법을 기술하여 자기자신을 항상 산업재해에 대비하여 점검과 예방을 할 수 있도록 하였고 산업체에서 산업재해가 일어나지 않도록 하기 위하여 21세기 실무안전관리자의 역할을 할 수 있도록 하였다. 그 중심적인 내용은 다음과 같다.
❶ 평가의 개요
❷ 위험분석·관리·신뢰도 및 안전도 계산

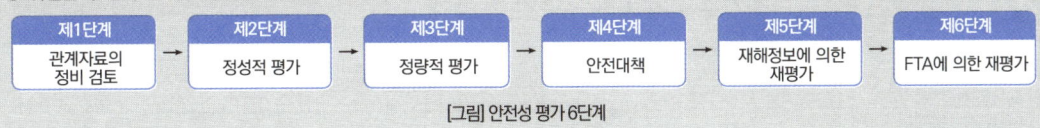

[그림] 안전성 평가 6단계

1 평가의 개요

1. 개 요

(1) Assessment의 정의

Assessment란 설비나 제품의 설비, 제조, 사용에 있어서 기술적, 관리적 측면에 대하여 종합적인 안전성을 사전에 평가하여 개선책을 제시하는 것을 말한다.

(2) 안전평가의 종류

① 테크놀로지 어세스먼트(Technology Assessment) : 기술개발과정에서 효율성과 위험성을 종합적으로 분석 판단함과 아울러 대체수단의 이해득실을 평가하여 의사결정에 필요한 포괄적인 자료를 체계화한 조직적인 계측과 예측의 process라고 말한다. 일명 '기술개발의 종합평가'라고도 말할 수 있다.
② 세이프티 어세스먼트(Safety Assessment)=Risk Assessment : 설비의 전공정에 걸친 안전성 사전평가 행위
③ Risk Assessment(Risk Management) : 위험성 평가
④ Human Assessment : 인간, 사고상의 평가

(3) 안전성 평가의 목적

① 화학설비의 안전성의 평가의 목적은 다음과 같다. 화학물질을 제조, 저장, 취급하는 화학설비(건조설비 포함)를 신설, 변경, 이전하는 경우, 설계단계에서

합격예측

리스크(risk : 위험) 처리기술
① 회피(avoidance)
② 경감, 감축(reduction)
③ 보류(retention)
④ 전가(transfer)

합격예측

① 신뢰도 : $R(t) = e^{-\lambda t}$
② 불신뢰도 : $R(t) = 1 - e^{-\lambda t}$

Q 보충문제

위험성평가(risk assessment)의 순서를 올바르게 나열한 것은?

ㄱ. 위험요인의 결정
ㄴ. 유해위험 요인별 위험성 조사·분석
ㄷ. 기록 및 검토
ㄹ. 위험성 감소조치의 실시
ㅁ. 유해 위험요인 파악

① ㄱ→ㄴ→ㄷ→ㄹ→ㅁ
② ㄱ→ㄴ→ㄹ→ㄷ→ㅁ
③ ㄴ→ㅁ→ㄱ→ㄹ→ㄷ
④ ㅁ→ㄴ→ㄱ→ㄹ→ㄷ
⑤ ㄱ→ㄴ→ㄷ→ㅁ→ㄹ

정답 ④

합격예측

안전성 평가의 6단계
① 1단계 : 관계자료의 정비 검토
② 2단계 : 정성적 평가
③ 3단계 : 정량적 평가
④ 4단계 : 안전대책
⑤ 5단계 : 재해정보에 의한 재평가
⑥ 6단계 : FTA에 의한 재평가

참고

유해·위험방지계획서 제출서류(제조업)
① 건축물 각 층의 평면도
② 기계·설비의 개요를 나타내는 서류
③ 기계·설비의 배치도면
④ 원재료 및 제품의 취급, 제조 등의 작업방법의 개요
⑤ 그 밖에 고용노동부장관이 정하는 도면 및 서류

합격예측

정량적 평가의 5항목
① 해당 화학설비의 취급물질
② 용량   ③ 온도
④ 압력   ⑤ 조작

Q 보충문제

중량물 들기작업을 수행하는데, 10분 간의 산소소비량을 측정한 결과 200[L]의 배기량 중에 산소가 16[%], 이산화탄소가 4[%]로 분석되었다. 해당 작업에 대한 분당 산소소비량[L/min]은 얼마인가?(단, 공기 중 질소는 79vol[%], 산소는 21vol[%]이다.)

[해설]
① 분당 배기량 :
$V_2 = \dfrac{총 배기량}{시간} = \dfrac{200}{10}$
$= 20[L/min]$
② 분당 흡기량 :
$V_1 = \dfrac{(100-O_2-CO_2)}{79} \times V_2$
$= \dfrac{(100-16-4)}{79} \times 20$
$= 20.25[L/min]$
③ 분당 산소소비량 :
$= (V_1 \times 21[\%]) - (V_2 \times 16[\%])$
$= (20.25 \times 0.21) - (20 \times 0.16)$
$= 1.05[L/min]$

화학설비의 안전성을 확보하기 위하여 안전성 평가를 실시함으로써 화학설비의 사용시 발생할 위험을 근원적으로 예방하고자 하는 데 평가의 목적이 있다.
② 사업장의 근본적 안전을 확보하기 위해서 기계·설비의 설계단계에서 안전성을 충분히 검토하여 위험의 발견시 필요한 조치를 강구함으로써 재해를 사전에 예방하고자 하는 데 그 목적이 있다.
③ **법적 목적** : 산업안전보건법에서는 고용노동부령이 정하는 업종 및 규모에 해당하는 사업의 사업주는 해당 사업에 관계있는 건설물, 기계·기구 및 설비 등을 설치, 이전하거나 그 주요 구조부분을 변경할 때는 유해·위험방지계획서를 해당작업시작 15일 전(건설업은 공사착공 전날)까지 한국산업안전보건공단에 2부를 제출하도록 하고 있다.

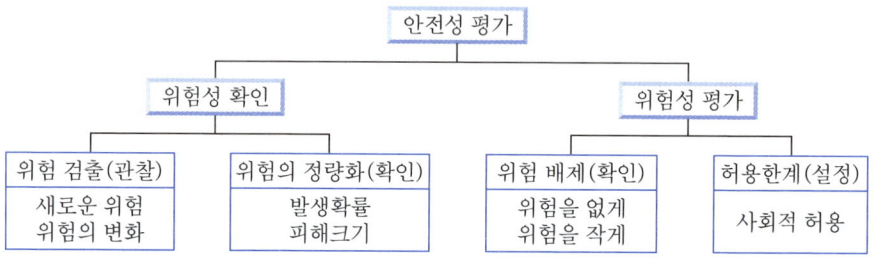

[그림] 안전성 평가

2. 안전성 평가 6단계 23. 4. 1 출

(1) 1단계 : 관계 자료의 정비 검토(작성 준비)

① 입지조건
② 화학설비 배치도
③ 건조물의 평면도, 단면도 및 입면도
④ 제조공정의 개요
⑤ 기계실 및 전기실의 평면도, 단면도 및 입면도
⑥ 공정계통도
⑦ 운전요령
⑧ 요원배치 계획
⑨ 배관이나 계장 등의 계통도
⑩ 제조공정상 일어나는 화학반응
⑪ 원재료, 중간체, 제품 등의 물리화학적인 성질 및 인체에 미치는 영향

(2) 2단계 : 정성적 평가

① 정성적 평가내용에 포함사항

㉮ 입지조건

㉯ 공장 내의 배치

㉰ 소방설비

㉱ 공정기기

㉲ 수송·저장

㉳ 원재료, 중간체, 제품

② 1·2단계의 입지조건에 포함 사항

㉮ 지형은 적절한가, 지반은 연약하지 않은가, 배수는 적당한가

㉯ 지진, 태풍 등에 대한 준비는 충분한가

㉰ 물, 전기, 가스 등의 사용 설비는 충분히 확보되어 있는가

㉱ 철도, 공항, 시가지, 공공시설에 관한 안전을 고려하고 있는가

㉲ 긴급시에 소방서, 병원 등의 방재구급기관의 지원 체제는 확보되어 있는가

(3) 3단계 : 정량적 평가항목

① 해당 화학설비의 취급물질

② 해당 화학설비의 용량

③ 온도

④ 압력

⑤ 조작

[표] 정량적 평가법

구분	A(10점)	B(5점)	C(2점)	D(0점)
물질	① 폭발성 물질 ② 발화성 물질 중 금속리튬, 금속칼륨, 금속나트륨, 황린 ③ 가연성 가스 중 1[m²]당 2[kg] 이상의 압력을 가진 아세틸렌 ④ 위의 ①~③과 동일한 정도의 위험성이 있는 물질	① 발화성의 물질 중 황화인, 적린 ② 산화성의 물질 중 염소산염류, 과염소산염, 무기과산화물 ③ 인화성의 물질 중 인화점이 영하 30[℃] 미만의 물질 ④ 가연성 가스 ⑤ 위의 ①~④와 동일한 정도의 위험성이 있는 물질	① 발화성의 물질 중 셀룰로이드류, 탄화칼슘, 인화석회, 마그네슘분말, 알루미늄 분말 ② 인화성의 물질 중 인화점이 영하 30[℃] 이상 30[℃] 미만의 물질 ③ 위의 ①~②와 동일한 위험성이 있는 물질	A·B 및 C 어느 것에도 속하지 않는 물질
	여기서 말한 물질이란 원재료, 중간체 및 생성물 중 가장 위험성이 큰 것을 말함. 폭발한계의 10[%] 미만의 미량으로 취급하는 경우는 고려하지 않음			

합격예측

안전성 평가의 4가지
① 체크리스트에 의한 평가
② 위험의 예측평가
③ 고장형과 영향분석
④ FTA법

합격예측

비간략구조의 신뢰도 구하는 방법
① 사상공간법
② 경로추적법
③ 분해법
④ minimum cut-set
⑤ minimum tie-set

> **합격예측**
>
> **위험도 등급 및 점수**
> ① 1등급(16점 이상) : 위험도가 높다
> ② 2등급(11~15점 이하) : 주위 상황, 다른 설비와 관련해서 평가한다.
> ③ 3등급(10점 이하) : 위험도가 낮다.

> **합격예측**
>
> **예방보전(Preventive Maintenance : PM)**
> ① 예방보전(豫防保全)은 기계설비의 성능이 표준이하의 상태(고장)로 떨어지는 것을 사전에 방지하는 보전활동을 말한다.
> ② 설비의 예방보전(PM)이란 예정한 시기에 점검 및 시험·급유·조정·분해정비(overhaul)·계획적 수리 및 부품품 갱신 등을 행하여, 설비성능의 저하와 고장 및 사고를 미연에 방지하고, 설비의 성능을 표준 이상으로 유지하는 보전활동이다.

구 분		A(10점)	B(5점)	C(2점)	D(0점)
화학설비의 용량		1,000 이상	500 이상 1,000 미만	100 이상 500 미만	100 미만
		100 이상	50 이상 100 미만	10 이상 50 미만	10 미만
		• 촉매 등을 충전한 반응 장치 등에 관해서는 충전물을 제외한 공간체적으로 함. • 기액혼합계에 있어서의 반응장치에 관해서는 반응형태에 따라, 정제장치에 관해서는 정제 형태에 따라 선택하되 화학반응이 일어나지 않는 정제장치 및 저장장치에 관해서는 1등급을 감하여 평가한다. 단, D급의 것에 대하여는 그대로 한다. ① 기체로 취급하는 경우의 용량(단위 : m^3) ② 액체로 취급하는 경우의 용량(단위 : m^3)			
온도		1,000[℃] 이상으로 취급되는 경우에 그 취급온도가 발화 온도 이상의 경우	① 1,000[℃] 이상으로 취급되는 경우에 그 취급온도가 발화 온도 미만의 경우 ② 250[℃] 이상 1,000[℃] 미만에서 취급온도가 발화온도 이상인 경우	① 250[℃] 이상 1,000[℃] 미만에서 취급하는 경우에 그 취급온도가 발화 온도 미만의 경우 ② 250[℃] 미만에서 취급하는 경우에 그 취급온도가 발화온도 이상의 경우	250[℃] 미만에서 취급하는 경우에 그 취급온도가 발화온도 미만의 경우
압력 (1[cm^2]당 [kg])		1,000 이상	200 이상 1,000 미만	10 이상 200 미만	10 미만
조 작		폭발범위 또는 그 부근에서의 조작	① 온도 상승속도가 400 이상의 조작 ② 운전조건이 통상의 조건에서 25[%] 변화하면 위 ①의 상태로 되는 조작 ③ 운전자의 판단으로 조작이 행해지는 것 ④ 설비 내에 공기 등의 불순물이 들어가 위험한 반응을 일으킬 가능성이 있는 조작 ⑤ 분진폭발을 일으킬 염려가 있는 먼지 혹은 증기를 취급하는 조작 ⑥ 위의 ①~⑤와 동일한 정도의 위험성이 있는 조작	① 온도 상승속도가 4 이상 400 미만의 조작 ② 운전 조건이 통상의 조건에서 25[%] 변화하면 위 ①의 상태로 되는 조작 ③ 그 조작이 미리 기계에 프로그램화되어 있는 것 ④ 정제조작 중 화학반응이 따르는 것 ⑤ 위의 ①~④와 동일한 정도의 위험성이 있는 조작	① 온도 상승속도가 4 미만의 조작 ② 운전조건이 통상 조건에서 25[%] 변화하면 위 ①의 상태로 되는 조작 ③ 반응용기 내에 70[%] 이상의 물이 들어있는 것 ④ 정제조작 중 화학반응이 따르지 않는 것 및 저장 ⑤ 위의 ①~④ 외에 A, B 및 C의 어느 것에도 속하지 않는 조작

※ 주 : 온도 상승속도(1분당 섭씨 몇 도) = A ÷ (B × C × D)
 여기서, A : 반응에 따른 발열속도(1분당 킬로칼로리 : kcal/min)
  B : 화학설비 내의 물질의 비열(섭씨 1도 및 1킬로칼로리 : kcal/kg · ℃)
  C : 화학설비 내의 물질의 밀도(1세제곱미터당 킬로그램)
  D : 화학설비 내의 용량(세제곱미터)

(4) 4단계 : 안전대책수립

① 설비 등에 관한 대책(위험등급 1·2등급의 물적 안전조치사항)
  ㉮ 소화용수 및 살수설비설치
  ㉯ 특수한 계장 또는 설비
  ㉰ 폐기설비 및 급랭설비
  ㉱ 용기 내 폭발방지설비설치
  ㉲ 원격조작
  ㉳ 경보장치설치
  ㉴ 가스검지기설치
  ㉵ 배기설비설치
  ㉶ 비상용 전원장치설치
  ㉷ 폭풍으로부터 보호대책(1급 : 30[m] 이상 격리, 2급 : 15[m] 이상 격리)

② 위험등급 3등급시 설비 등에 관한 대책
  ㉮ 소화용수 및 살수설비설치
  ㉯ 정전기 방지대책강구
  ㉰ 배기설비설치

③ 관리적 대책
  ㉮ 적정한 인원배치   ㉯ 보전
  ㉰ 안전교육훈련

(5) 5단계 : 재해 사례(정보)에 의한 평가

(6) 6단계 : FTA에 의한 재평가

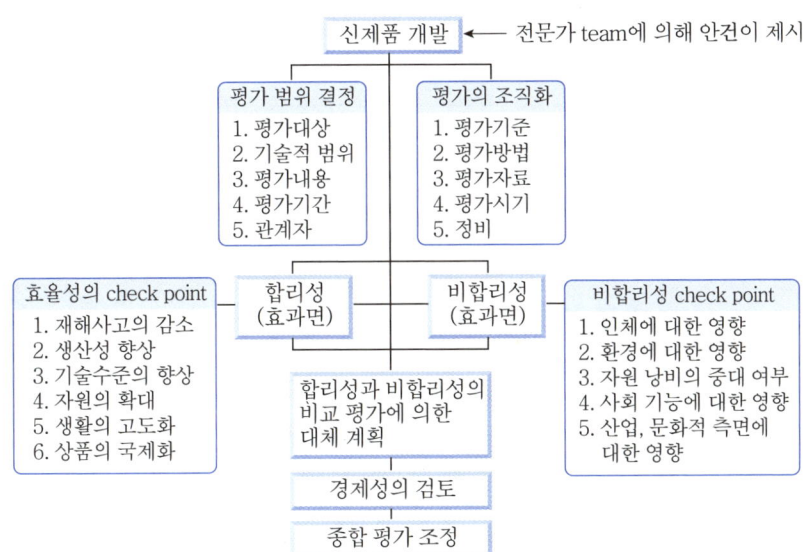

[그림] 기술개발의 종합평가도

합격예측

안전점검의 멀티플 체크의 순서

① 1단계(시스템 어프로치) : 대상에 대한 시스템에 어떤 문제 있는가를 명확히 한다.
② 2단계 : 체크리스트에 의하여 안전진단을 행한다.
③ 3단계(FMEA) : 주요 요인에 대한 잠재위험성을 정량적으로 평가하여 중요도를 정한다.
④ 4단계(안전대책의 시행) : FMEA 결과를 기초로 안전대책을 실행한다.
⑤ 5단계(what if) : 재해상정에 의한 제4단계까지의 경과를 평가하여 보고 "만약에 … 라면" 등으로 살펴본다.
⑥ 6단계 : EAT와 FTA를 활용하여 종합 평가한다.

합격예측

비합리성의 체크포인트
① 사회기능에 대한 영향
② 산업, 문화적 측면에 대한 영향
③ 인체에 대한 영향
④ 자연환경에 대한 영향
⑤ 자원낭비의 증대여부

합격예측

생략사상을 나타내는 기호
① 생략사상
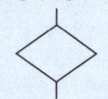
② 생략사상(인간의 에러)
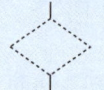
③ 생략사상(간소화)

④ 생략사상(조작자의 간과)

2 위험분석·관리·신뢰도 및 안전도 계산

1. 용어 및 유인어

(1) 용어정리

① 의도(intention) : 의도는 어떤 부분이 어떻게 작동될 것으로 기대된 것을 뜻한다. 이것은 서술적일 수 있고 도면화될 수도 있다. 많은 경우에 플로 시트나 라인 다이어그램을 사용한다.

② 이상(deviation) : 이상은 의도에서 벗어난 것을 뜻하며 유인어를 체계적으로 적용하여 얻어진다.

③ 원인(cause) : 이상이 발생한 원인을 뜻한다. 이상이 있을 수 있거나 현실적인 원인을 가질 경우, 의미있는 것으로 취급한다.

④ 결과(consequence) : 이상이 발생할 경우 그 결과이다.

⑤ 위험(hazard) : 손상, 부상 또는 손실을 초래할 수 있는 결과를 뜻한다.

⑥ 유인어(guide word) : 간단한 말로써 창조적 사고를 유도하고 자극하여 이상을 발견하기 위하여 의도를 한정하기 위해 사용된다.

(2) 유인어(guide words) 25. 3. 29.출

간단한 말로써 창조적 사고를 유도하고 자극하여 이상(deviation)을 발견하기 위하여 의도(intention)를 한정시키기 위해 사용한다. 즉, 구성원들의 사고를 이용해 조작방법이나 오동작을 개선하는 것이다.

① NO 또는 NOT : 설계 의도의 완전한 부정을 의미
② AS Well AS : 성질상의 증가를 나타내는 것으로 설계의도와 운전조건 등 부가적인 행위와 함께 일어나는 것을 의미
③ PART OF : 성질상의 감소, 성취나 성취되지 않음을 나타냄
④ MORE LESS : 양의 증가 또는 양의 감소로 양과 성질을 함께 나타냄
⑤ OTHER THAN : 완전한 대체를 의미
⑥ REVERSE : 설계의도와 논리적인 역을 의미

(3) 사고발생확률 계산

지금 현상 A, B, C … N의 발생확률을 $q_A q_B q_C \cdots q_N$으로 하면 그것들의 논리곱 및 논리합의 확률은 다음과 같다. n개의 논리 현상에 대하여

① 논리곱(AND 게이트)확률 : $q(A \cdot B \cdot C \cdots N) = q_A \cdot q_B \cdot q_C \cdots q_N$

② 논리합(OR 게이트)확률 : $q(A+B+C \cdots N) = 1-(1-q_A)(1-q_B)(1-q_C)$
$$= 1-(1-q_N)$$

따라서 불 대수와 이들의 확률 현상의 계산식을 사용함으로써 FT의 모든 최하단의 현상발생확률이 주어지면 그 FT의 정상 현상, 즉 구하고자 하는 재해의 발생확률을 계산할 수 있다.

(4) minimal cut과 minimal path

① minimal cut : FT는 신뢰성 그래프에서 대응하고 있는 것에서 얻어진 개념으로 FT에서의 cut이란 그 중에 포함되는 모든 기본사상이 일어났을 때 정상사상이 일어나게 되는 기본사상의 짜임인 것이다. 이와 같은 cut 중 정상사상이 일어나기 위한 필요 최소한도의 cut을 minimal cut이라 한다. FTA에 있어서 이러한 minimal cut은 시스템의 약점을 표시한다.

② minimal path : path란 그 속에 포함되는 모든 기본사상이 일어나지 않았을 때 정상사상이 일어나지 않게 되는 기본사상의 짜임으로 그 필요 최소한의 것을 minimal path라고 한다. FTA에 있어서 이러한 minimal path는 대책의 필요점을 표시한다.

2. 위험관리 절차

(1) 위험 및 운전성 검토절차
① 목적과 범위를 결정한다.
② 검토 팀(team)을 선정한다.
③ 검토 준비를 한다.
④ 검토를 행한다.
⑤ 후속조치를 취한다.
⑥ 결과를 기록한다.

(2) 위험 및 운전성 검토 구성원 : 구성인원은 3~5명
① 연구개발담당자
② 생산관리부장
③ 화공기술자
④ 기계기술자
⑤ 설계관리감독자

(3) 위험 및 운전성 검토준비작업 4단계
① 1단계 : 자료의 수집
② 2단계 : 수집된 자료의 수정
③ 3단계 : 검토순서 계획의 수립
④ 4단계 : 필요한 회의 수집

합격예측

효율성의 체크 point
① 재해사고의 감소
② 생산성의 향상
③ 기술수준의 향상
④ 자원의 확대
⑤ 생활의 고도화
⑥ 상품의 고도화

합격예측

- 최소컷셋 : 시스템의 위험성
- 최소패스셋 : 시스템의 신뢰성

Q 보충문제

1. 위험관리 단계에서 발생빈도보다는 손실에 중점을 두며, 기업 간 의존도, 한 가지 사고가 여러가지 손실을 수반하는 것에 대해 유의하여 안전에 미치는 영향의 강도를 평가하는 단계는?
① 위험의 파악 단계
② 위험의 처리 단계
③ 위험의 분석 및 평가 단계
④ 위험의 검출확인, 측정방법 단계
⑤ 위험의 최종단계

정답 ③

2. 다음의 위험관리 단계를 순서대로 나열한 것으로 맞는 것은?

[다음]
㉠ 위험의 분석
㉡ 위험의 파악
㉢ 위험의 처리
㉣ 위험의 평가

① ㉠-㉡-㉢-㉣
② ㉡-㉠-㉣-㉢
③ ㉠-㉢-㉡-㉣
④ ㉡-㉢-㉠-㉣
⑤ ㉠-㉡-㉣-㉢

정답 ②

기술개발의 종합평가
① 1단계 : 사회적 복리기여도
② 2단계 : 실현가능성
③ 3단계 : 안전성과 위험성
④ 4단계 : 경제성
⑤ 5단계 : 종합평가(조성)

용어정의

컷(cut)
컷이란 그 속에 포함되어 있는 모든 기본사상(여기서는 통상사상, 생략 결함사상 등을 포함한 기본사상)이 일어났을 때 정상사상을 일으키는 기본사상의 집합을 말한다.

(4) 위험성 평가(risk assessment)

risk management(위험관리)와 동의어로서, 산업안전에 속하는 위험관리는 바로 안전성 평가이다.

(5) 위험성 평가의 순서

① 위험성의 검출과 확인
② 위험성 측정과 분석평가
③ 위험성의 처리(위험성의 제거 내지 극소화)
④ 위험성 처리방법의 선택
⑤ 계속적인 위험성 감시

(6) 기술개발의 종합평가(technology assessment)

① technology assessment : 기술개발의 과정에서 효율성과 비합리성을 종합적으로 분석, 판단하고 대체수단의 이해득실을 평가하여 의사결정에 필요한 종합적인 자료를 체계화한 조직적인 계획과 예측의 과정을 의미한다.
② technology assessment의 5단계 22. 3. 19 출
　㉮ 1단계 : 사회적 복리 기여도
　㉯ 2단계 : 실현 가능성
　㉰ 3단계 : 안전성과 위험성
　㉱ 4단계 : 경제성
　㉲ 5단계 : 종합평가 조정

(7) TOP이론(콤페스, P.C.Compes)

① T(Technology) : 기술적 사항으로 불안전한 상태를 지칭
② O(Organization) : 조직적 사항으로 불안전한 조직을 지칭
③ P(Person) : 인적사항으로 불안전한 행동을 지칭

(8) 시스템 안전해석

① 인간-기계 시스템 해석(man-machine system analysis)
② 정성적 해석 및 정량적 해석
③ 연역적 해석 및 귀납적 해석
④ 결함수 분석(FTA), 사건수 분석(ETA), 고장형태와 영향해석(FMEA), 중요도해석(FMECA), 특성요인도, MORT 해석

Chapter 03 안전성 평가 출제예상문제

출제예상문제는 복습, 예습문제로 엮었습니다. *WHY : 실제시험에도 순서에 관계없이 출제됩니다. 예습 후 다음장에 공부한 문제가 있으면 기억이 배가 됩니다.

01 ★★ 다음의 decision tree에서 (㉠), (㉡), (㉢)에 들어갈 숫자는?

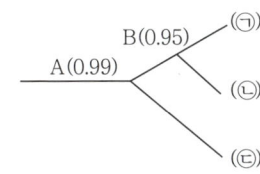

① 0.9405, 0.0495, 0.01
② 0.9999, 0.0495, 0.05
③ 0.9995, 0.9905, 0.05
④ 1.94, 1.04, 0.01
⑤ 1.98, 1.08, 0.01

해설

직·병렬 혼합계산
㉠ A×B = 0.99×0.95 = 0.9405
㉡ A×(1−B) = 0.99×(1−0.95) = 0.0495
㉢ (1−A) = 1−0.99 = 0.01

02 ★★★★★ FMEA에서 고장의 발생확률을 β라 하고, $0.10 \leq \beta < 1.00$일 때의 고장의 영향은?

① 영향 없음
② 실제의 손실
③ 가능한 손실
④ 반드시 손실
⑤ 예상되는 손실

해설

FMEA의 고장발생확률

고장의 영향	발생확률(β)
실제의 손실	$\beta = 1.00$
예상되는 손실	$0.10 \leq \beta < 1.00$
가능한 손실	$0 < \beta \leq 0.10$
영향 없음	$\beta = 0$

03 ★★★★ FMEA의 위험성 분류 중 카테고리(Ⅲ)에 해당되는 것은?

① 영향 없음
② 활동의 지연
③ 임무수행의 실패
④ 생명 또는 가옥의 상실
⑤ 생명손상

해설

FMEA의 위험성 분류
① Category (Ⅰ) : 생명 또는 가옥의 상실
② Category (Ⅱ) : 임무수행의 실패
③ Category (Ⅲ) : 활동의 지연
④ Category (Ⅳ) : 영향 없음

04 ★★★ 고장영향의 β값을 정량화한 것 중 보통 일어날 수 있는 손실을 표시한 것은?

① $\beta = 1.00$
② $0.10 \leq \beta < 1.00$
③ $0 < \beta \leq 0.10$
④ $\beta = 1$
⑤ $\beta = 0.02$

해설

고장영향분류

영향	발생확률
실제의 손실	$\beta = 1.00$
예상되는 손실	$0.10 \leq \beta < 1.00$
가능한 손실	$0 < \beta \leq 0.10$
영향 없음	$\beta = 0$

[정답] 01 ① 02 ⑤ 03 ② 04 ②

05 ★★★ 작업위험분석의 방법이 아닌 것은?

① 면접법 ② 시찰법
③ 질문지법 ④ 설문방법
⑤ 시범법

해설

(1) 작업위험 분석방법
  ① 면접
  ② 관찰(시찰)
  ③ 설문방법(질문지법)
  ④ ①+②+③ (혼합방식)
(2) 작업위험 분석시 고려조건
  ① 육체적 요구조건
  ② 작업환경
  ③ 보건상 위험
  ④ 그 밖에 잠재적 위험
  ⑤ 안전관계
  ⑥ 개인 보호구
  ⑦ 기기 제조원의 책임(인간공학의 결함이나 부적합성)

06 ★★★ 입력 B_1과 B_2의 어느 한쪽이 일어나면 출력 A가 생기는 경우를 '논리합'의 관계라 한다. 이때 입력과 출력 사이에는 무슨 게이트로 연결되는가?

① AMD 게이트 ② 억제 게이트
③ OR 게이트 ④ 부정 게이트
⑤ 생활 게이트

해설

OR 게이트 : 출력 X의 사상은 A, B의 어느 것이나 한 가지 또는 그 구성이(어떤 것이든 무방) 존재할 때 발생하는 것임을 나타내는 게이트이다.

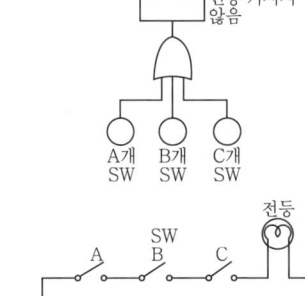

OR게이트는 만약 입력사상의 어느 것이나 일어난다면 출력사상도 일어난다고 하는 것을 나타낸다.

이 기호는 (OR) 또는 (+)와 같이 표시되는 경우가 많다. 예를 들어 그림에서 '불이 켜지지 않음'이라고 하는 사상이 발생하기 위해서는 A, B, C의 스위치 중 어느 하나가 off가 되면 되는 것이므로 입력사상, 출력사상을 연결하는 논리 게이트는 OR 게이트라야만 한다.

07 ★★ 기계설비의 안전성 평가시 본질적인 안전화를 진전시키기 위하여 검토해야 할 사항과 거리가 먼 것은?

① 작업자측에 실수나 잘못이 있어도 기계설비측에서 이를 커버하여 안전을 확보할 것
② 기계설비의 유압회로나 전기회로에 고장이 발생하거나 정전 등 이상상태 발생시 안전 쪽으로 이행
③ 작업방법, 작업속도, 작업자세 등을 작업자가 안전하게 작업할 수 있는 상태로 강구함
④ 재해를 분석하여 근로자의 안전작업방법에 대한 교육을 강화
⑤ 작업자가 실수해도 기계쪽에 본질적 안전대책을 강구한다.

해설

기계설비의 안전성 평가시 검토해야 할 사항은 ①, ②, ③, ⑤이다.

08 ★★ 시스템 위험분석을 위한 정성적, 귀납적 분석 방법으로 시스템에 영향을 미치는 모든 요소의 고장을 형태별로 분석, 검토하는 기법은?

① PHA
② FHA
③ FMEA
④ MORT
⑤ OFF

해설

① PHA : 구상단계, 발주단계에서 실시
② MORT : 연역적, 정량적 분석

[**정답**] 05 ⑤ 06 ③ 07 ④ 08 ③

09 안전성 평가는 다음의 6단계에 의하여 평가되는데 이에 해당되지 않는 것은?

① 관계자료의 정비검토 ② 정성적 평가
③ 작업조건의 평가 ④ 안전대책
⑤ 정량적 평가

해설

안전성 평가의 6단계
① 제1단계 : 관계자료의 정비
② 제2단계 : 정성적 평가
③ 제3단계 : 정량적 평가
④ 제4단계 : 안전대책
⑤ 제5단계 : 재해정보에 의한 재평가
⑥ 제6단계 : FTA에 의한 재평가

10 다음 중 안전성 평가의 단계로 맞는 것은?

① 정성적 평가 – 정량적 평가 – 안전대책 – 작성 준비 – 재평가
② 정량적 평가 – 정성적 평가 – 작성 준비 – 안전대책 – 재평가
③ 작성 준비 – 정성적 평가 – 정량적 평가 – 안전대책 – 재평가
④ 작성 준비 – 정량적 평가 – 정성적 평가 – 안전대책 – 재평가
⑤ FTA 평가 – ETA 평가 – 정량적 평가 – 정성적 평가 – OJT 평가

해설

안전성 평가항목의 6단계(순서)
① 제1단계 : 관계자료의 정비(자료작성준비)
② 제2단계 : 정성적 평가
③ 제3단계 : 정량적 평가
④ 제4단계 : 안전대책수립
⑤ 제5단계 : 재해사례(정보)에 의한 재평가
⑥ 제6단계 : FTA에 의한 재평가

11 다음의 시스템안전 분석기법 중 정성적(定性的) 분석방법과 정량적(定量的) 분석방법을 동시에 사용하는 기법은?

① OS ② FTA
③ ETA ④ PHA
⑤ FMECA

해설

FMECA = 정성적 + 정량적

12 다음 FT도에서 minimal cut set를 구하면?(단, ⓐ~ⓓ는 기본사상)

① (ⓐ, ⓑ, ⓒ, ⓓ)
② (ⓐ, ⓒ, ⓓ)
③ (ⓐ, ⓑ)
④ (ⓒ, ⓓ)
⑤ (ⓐ, ⓒ)

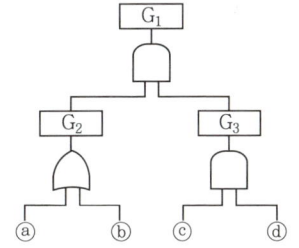

해설

모든 기본사상이 일어났을 때 정상사상을 일으키는 기본사상의 집합을 cut set라 하며 cut set 중 cut set를 포함하는 것을 배제한 최소한의 cut set를 minimal cut set라 한다.

13 위험성 분석에 사용되는 일반적 목표의 위험 레벨은?

① 1×10^{-3}의 위험 레벨
② 1×10^{-4}의 위험 레벨
③ 1×10^{-5}의 위험 레벨
④ 1×10^{-6}의 위험 레벨
⑤ 1×10^{-7}의 위험 레벨

해설

위험성 분류의 일반적 목표의 레벨은 통상 1×10^{-5}이다.

14 안전성 평가의 3단계를 설명한 것은?

① 관계자료의 준비 ② 단계별 평가
③ 정성적 평가 ④ 정량적 평가
⑤ 안전대책

[정답] 09 ③ 10 ③ 11 ⑤ 12 ② 13 ③ 14 ④

> **해설**

안전성 평가 5단계
① 제1단계 : 관계자료의 작성 준비
② 제2단계 : 정성적 평가
③ 제3단계 : 정량적 평가
④ 제4단계 : 안전대책
⑤ 제5단계 : 재평가 ─┬─ 재해정보에 의한 평가
　　　　　　　　　　└─ FTA에 의한 평가

15 ★★ 안전성 평가는 6단계 과정을 거쳐 실시되는데 이에 해당되지 않는 것은?

① 작업조건의 측정　② 정성적 평가
③ 안전대책　　　　④ 관계자료의 정비검토
⑤ 정량적 평가

> **해설**

안전성 평가 6단계는 실기에도 자주 출제된다.

16 ★★★ 다음 중 시스템안전 해석방법이 아닌 것은?

① PHA　　② OJT
③ DT　　　④ MORT
⑤ FTA

> **해설**

OJT는 사업 내 안전교육방법이다.

[정답] 15 ① 16 ②

Chapter 04 각종 설비의 유지관리

중점 학습내용

본 장은 각종 설비의 유지관리의 장으로 안전성 검토의 목적, 개념 및 유해방지 계획서의 제출대상 등을 기술하였다. 특히 안전성 평가단계의 내용과 보전성 설계기법을 기술하여 자기자신을 항상 산업재해에 대비하여 점검과 예방을 할 수 있도록 하였고 산업체에서 산업재해가 일어나지 않도록 하기 위하여 21세기 실무안전관리자의 역할을 할 수 있도록 하였다. 시험에 출제가 예상되는 그 중심적인 내용은 다음과 같다.

❶ 안전성 검토
❷ 공장설비의 안전성 평가
❸ 보전성 공학

Risk 검출 확인 → Risk 측정 분석 → Risk 처리 기술도입 → Risk처리 방법 선택 및 시행 → 계속적인 확인 감독 및 반복적용

[그림] Risk Assessment의 순서

1 안전성 검토

1. 유해위험방지계획서 제출대상 사업장 (제조업 분야 : 전기계약용량 300[kW] 이상인 사업)

① 금속가공제품 제조업 : 기계 및 가구 제외
② 비금속 광물제품 제조업
③ 기타 기계 및 장비 제조업
④ 자동차 및 트레일러 제조업
⑤ 식료품 제조업
⑥ 고무제품 및 플라스틱제품 제조업
⑦ 목재 및 나무제품 제조업
⑧ 기타 제품 제조업
⑨ 1차 금속 제조업
⑩ 가구 제조업
⑪ 화학물질 및 화학제품 제조업
⑫ 반도체 제조업
⑬ 전자부품 제조업

2. 유해위험방지계획서의 제출대상 기계·기구 및 설비

① 금속이나 그 밖의 광물의 용해로
② 화학설비
③ 건조설비
④ 가스집합용접장치
⑤ 근로자의 건강에 상당한 장해를 일으킬 우려가 있는 물질로서 고용노동부령으로 정하는 물질의 밀폐·환기·배기를 위한 설비

합격예측

유해위험방지계획서 첨부서류: 제42조 제3항 관련(공사개요 및 안전보건관리계획)

① 공사 개요서(별지 제101호서식)
② 공사현장의 주변 현황 및 주변과의 관계를 나타내는 도면(매설물 현황을 포함한다)
③ 건설물, 사용 기계설비 등의 배치를 나타내는 도면
④ 전체 공정표
⑤ 산업안전보건관리비 사용계획(별지 제102호서식)
⑥ 안전관리 조직표
⑦ 재해 발생 위험 시 연락 및 대피방법

합격예측

NLE (NIOSH Lifting Equation)

(1) 개발목적
들기작업에 대한 권장무게한계(RWL)를 쉽게 산출하도록 하여 작업의 위험성을 예측하여 인간공학적인 작업방법의 개선을 통해 작업자의 직업성 요통을 사전에 예방하는 것이다.

(2) 개요
① 취급중량과 취급횟수, 중량물 취급위치·인양거리·신체의 비틀기·중량물 들기 쉬움 정도 등 여러 요인을 고려한다.
② 정밀한 작업평가, 작업설계에 이용한다.
③ 중량물 취급에 관한 생리학·정신물리학·생체역학·병리학의 각 분야에서의 연구 성과를 통합한 결과이다.

3. 유해위험방지계획서 제출 대상 건설공사 23. 4. 1., 24. 3. 30. 출

(1) 건축물 또는 시설 등의 건설·개조 또는 해체공사
  가. 지상높이가 31미터 이상인 건축물 또는 인공구조물
  나. 연면적 3만제곱미터 이상인 건축물
  다. 연면적 5천제곱미터 이상인 시설
    ① 문화 및 집회시설(전시장 및 동물원·식물원은 제외한다)
    ② 판매시설, 운수시설(고속철도의 역사 및 집배송시설은 제외한다)
    ③ 종교시설   ④ 의료시설 중 종합병원
    ⑤ 숙박시설 중 관광숙박시설   ⑥ 지하도상가
    ⑦ 냉동·냉장 창고시설
(2) 연면적 5천제곱미터 이상인 냉동·냉장 창고시설의 설비공사 및 단열공사
(3) 최대지간길이가 50[m] 이상인 다리건설 등 공사
(4) 터널건설 등의 공사
(5) 다목적댐, 발전용댐 및 저수용량 2천만톤 이상의 용수전용댐, 지방상수도 전용댐 건설 등의 공사
(6) 깊이 10[m] 이상인 굴착공사

2 공장설비의 안전성 평가

1. 기계설비의 안전평가

(1) 신제품의 안전성 평가방법

① 연구개발단계에서부터 안전성에 대한 정보수집이 이루어져야 하며 이에 따른 재해예방기술의 개발도 병행해 나가야 한다. 필요한 때에는 기계장치의 안전설계에 필요한 자료를 얻기 위한 여러 가지 실험과 연구를 통하여 사고 방지를 위한 공학적 자료를 수집해야 한다.

합격예측 및 관련법규

제45조(심사결과의 구분) ① 공단은 유해·위험방지계획서의 심사결과에 따라 다음 각 호와 같이 구분·판정한다.
  1. 적정 : 근로자의 안전과 보건상 필요한 조치가 구체적으로 확보되었다고 인정되는 경우
  2. 조건부 적정 : 근로자의 안전과 보건을 확보하기 위하여 일부 개선이 필요하다고 인정되는 경우
  3. 부적정 : 건설물·기계·기구 및 설비 또는 건설공사가 심사기준에 위반되어 공사착공 시 중대한 위험발생의 우려가 있거나 계획에 근본적 결함이 있다고 인정되는 경우
② 공단은 심사결과 적정판정 또는 조건부 적정판정을 한 경우에는 별지 제20호 서식의 유해·위험방지계획서 심사결과통지서에 보완사항을 포함(조건부 적정판정을 한 경우에 한한다)하여 해당사업주에게 교부하고 지방고용노동관서의 장에게 보고하여야 한다.
③ 공단은 심사결과 부적정 판정을 한 경우에는 지체없이 별지 제21호 서식의 유해·위험방지계획서 심사결과(부적정)통보서에 그 이유를 기재하여 지방고용노동관서의 장에게 통보하고 사업장 소재지 특별자치도지사·시장·군수·구청장에게 그 사실을 통보하여야 한다.
④ 제3항에 따른 통보를 받은 지방고용노동관서의 장은 사실여부를 확인한 후 공사착공중지명령·계획변경명령 등 필요한 조치를 하여야 한다.
⑤ 사업주는 지방고용노동관서의 장으로부터 공사착공중지명령 또는 계획변경명령을 받은 경우에는 계획서를 보완 또는 변경하여 공단에 제출하여야 한다.

② 원재료의 성질을 어떤 것으로 할 것인지, 그 재료에 대한 물리적, 화학적, 기계적 성질을 충분히 조사·검토해야 한다.
③ 모든 설계는 구조, 강도, 기능과 조작성, 보수성, 신뢰성 등을 충분히 감안하여 설정된 안전설계기준에 의하여 본질적 안전화를 기초로 해야 하며 여기에 풀프루프(foolproof), 페일세이프(fail-safe) 등의 안전장치를 채용하여 잘못 사용, 오조작, 고장시의 대책을 세우고 과부하 등에 대한 충분한 검토가 있어야 한다.
④ 생산에 사용되는 재료는 설계서에 지정된 재료인지, 구입된 재료나 부품은 규격표시 제품인지, 설계대로 가공되고 있는지, 생산관리가 제대로 되고 있는지 등을 충분히 검토해야 한다.

(2) 사용중인 기계의 안전성 평가방법

기존 기계에 대한 안전성 평가는 실제로 기계를 사용하는 입장에서 검토되는 것으로 경험을 통하여 평가를 하므로 어렵지는 않다. 그러나 여기서 주의해야 할 것은 장시간 사용으로 인한 기계의 노후, 부품의 노후, 재질의 노후 등 보이지 않는 기계 자체의 물성적 변화에 의한 잠재적 위험을 평가할 것이냐 하는 것이다.

(3) 사용중인 기계의 개조에 대한 안전성 평가방법

사용중인 기계에 새로 부착되는 부분은 신제품의 안전성 평가 중 고려되어야 할 사항이 적용되어야 하며, 기존 부분의 안전성 평가는 사용중인 기계의 안전성 평가에 따라서 한다. 다만, 새로운 부분과 기존 부분의 연결점에 있어서는 노후된 기존 부분에 대한 설계상의 충분한 검토가 있어야 한다.

(4) 시설배치에 따른 안전성 평가방법

① 작업에 흐름에 따라 기계를 설치한다. 불필요한 운반 작업을 제거할 수 있으며 공간을 경제적으로 이용할 수 있게 된다. 크레인, 포크리프트 등을 이용하는 운반기계설비의 자동화에 크게 도움이 된다.
② 기계설비 주위에 충분한 운전 공간, 보수점검 공간을 확보한다. 재료, 반제품, 공구상자 등을 놓을 수 있는 공간도 고려해야 한다.

> **합격예측**
>
> **페일세이프 설계**
> ① 페일 패시브(자동감지) : 고장시에 에너지를 최적화(정지)시킨다.
> ② 페일 액티브(자동제어) : 고장시에 대책을 취할 때까지 안전상태로 유지시킨다.
> ③ 페일 오퍼레이셔널(차단 및 조정) : 고장시에 시정조치를 취할 때까지 안전하게 기능을 유지시킨다.

> **합격예측**
>
> **NLE 장·단점**
> ① 장점
> ㉮ 들기작업시 안전하게 작업할 수 있는 작업물의 중량을 계산할 수 있다.
> ㉯ 인간공학적 작업부하, 작업자세로 인한 부하, 생리학적 측면의 작업부하 모두를 고려한 것이다.
> ② 단점
> ㉮ 전문성이 요구된다.
> ㉯ 들기작업에만 적절하게 쓰일 수 있으며, 반복적인 작업자세, 밀기, 당기기 등과 같은 작업에 대해서는 평가가 어렵다.

[표] NLE

작업분석/평가도구	분석가능 유해요인	적용 신체부위	적용가능 업종
NIOSH 들기 작업지침 (NIOSH Lifting Equation)	· 반복성 · 부자연스런 또는 취하기 어려운 자세 · 과도한 힘	· 허리	· 포장물 배달 · 음료 배달 · 조립작업	· 인력에 의한 중량물 취급작업 · 무리한 힘이 요구되는 작업 · 고정된 들기작업

(2) NLE 분석절차
 NLE 분석절차는 먼저 자료 수집(작업물 하중, 수평거리, 수직거리 등)을 하여서 단순작업인지 복합작업인지를 밝혀야 한다. 복합작업이면 복합작업 분석을 해야 하고 단순작업일 때 NLE를 분석하는데 분석할 때 권장무게한계(RWL)와 들기 지수(LI)를 구해서 평가한다.

합격예측

근섬유(muscle fibers)

긴 원주형 세포로 대부분 근원섬유(myofibrils)이라 불리는 수축성 요소로 구성된다.
① 근육섬유(fiber)는 패스트 트위치(백근 fast tsitch : FT)와 슬로 트위치(적근 slow twitch : ST)의 2가지 섬유가 있다.
② 패스트 트위치는 미오글로빈이 적어서 백색으로 보이며(백근), 슬로 트위치는 반대로 많아서 암적색으로 보인다.(적근)
③ FT섬유는 무산소성 운동에 동원되며, 단거리 달리기와 같이 단시간 운동에 많이 사용된다.
④ ST섬유는 유산소성 운동에 동원되며, 장시간 지속되는 운동에 사용된다.
⑤ FT는 ST보다 근육섬유가 거의 2배 빨리 최대 장력에 도달하고, 빨리 완화된다.
⑥ ST섬유(백근)는 ST섬유(적근)보다 지름도 더 크며, 고농축 마이오신 ATP아제(myosin-ATPase)로 되어 있다.
⑦ 이러한 차이 때문에 FT섬유가 보다 높은 장력을 나타내지만, 피로도 빨리 오게 된다.

③ 공장 내외는 안전한 통로를 두어야 하며 통로는 선을 그어 작업장과 명확히 구별하도록 한다.
④ 기계설비를 통로측에 설치할 수 없을 경우에는 작업자가 통로 쪽으로 등을 향하여 일하지 않도록 배치한다.
⑤ 원재료나 제품을 놓을 장소를 충분히 확보한다.
⑥ 기계설비의 설치에 있어서 기계설비의 사용중 필요한 보수·점검이 용이하도록 배치한다.
⑦ 비상시에 쉽게 대피할 수 있는 통로를 마련하고 사고 진압을 위한 활동 통로가 반드시 마련되어야 한다.
⑧ 장래의 확장을 고려하여 배치한다.

[표] 공장시설배치에 따른 안전성 평가의 일반적 유의사항

시설물	추천기준
철로 인입선	• 1.2[m] 이내의 주위에 시설물을 두지 않는다. • 철로 위 7[m] 이내에는 시설물을 두지 않는다. • 철로와 고압선간에는 최소 10[m] 간격을 유지한다.
통로	• 차량이 통행하는 통로는 가장 큰 차량의 폭보다 70[cm] 이상 넓어야 한다. • 일방통행이 아니고 쌍방통행일 경우에는 가장 넓은 차량의 2배보다 1[m] 넓게 한다. 또한 차량 속도 제한은 10[km/hr] 이내로 한다.
출구	비상용으로도 적합해야 한다. 따라서 작업장에는 적어도 서로 반대방향에 2개의 출구가 있는 것이 좋다.
층계	경사각이 30~35[°] 이하로 해야 하며, 각 단 높이는 20[cm] 이하로 하고 미끄러지지 않는 재료를 사용해야 한다.
층계 손잡이	0.8[m] 이상 높이의 층계에는 손잡이를 설치하는 것이 좋다. 폭이 1.1[m] 이하인 경우에는 한쪽에 손잡이를 두는 것이 좋으며 1.1[m] 이상인 경우에는 양쪽에, 그리고 2.2[m] 이상인 경우에는 중간에도 손잡이를 두는 것이 좋다.
바닥	평평하여야 하며 미끄러지지 않아야 한다.

합격예측 및 관련법규

제46조(확인) ① 법 제42조제1항 제1호 및 제2호에 따라 유해·위험방지계획서를 제출한 사업주는 해당 건설물·기계·기구 및 설비의 시운전단계에서, 법 제42조제1항제3호에 따른 사업주는 건설공사 중 6개월 이내마다 법 제43조제1항에 따라 다음 각 호의 사항에 관하여 공단의 확인을 받아야 한다.
1. 유해·위험방지계획서의 내용과 실제공사 내용이 부합하는지 여부
2. 법 제42조제6항에 따른 유해·위험방지계획서 변경내용의 적정성
3. 추가적인 유해·위험요인의 존재 여부
② 공단은 제1항에 따른 확인을 할 경우에는 그 일정을 사업주에게 미리 통보해야 한다.
③ 제44조제4항에 따른 건설물·기계·기구 및 설비 또는 건설공사의 경우 사업주가 고용노동부장관이 정하는 요건을 갖춘 지도사에게 확인을 받고 별지 제22호서식에 따라 그 결과를 공단에 제출하면 공단은 제1항에 따른 확인에 필요한 현장방문을 지도사의 확인결과로 대체할 수 있다. 다만, 건설업의 경우 최근 2년간 사망재해(별표 1 제3호 목에 따른 재해는 제외한다)가 발생한 경우에는 그렇지 아니한다.
④ 제3항에 따른 유해·위험방지계획서에 대한 확인은 제44조제4항에 따라 평가를 한 자가 하여서는 안된다.

바닥개구부	1[m] 높이로 사방 손잡이를 둘러 세우고 중간 0.5[m] 높이에도 둘러주는 것이 좋다. 바닥에는 턱을 두르는 것이 좋다.
보수유지용 통로	모든 기계설비는 보수유지를 위한 통로, 사다리, 난간이 마련되어야 한다. 사다리와 난간은 미끄러지지 않는 재질로 되어야 하며 보호손잡이나 울을 설치해야 한다.
머리 위의 시설물	적어도 2[m] 위에 설치되어야 한다.
전기시설물	고전압기계는 허가된 작업자만 취급하도록 하여야 한다. 스위치판, 변압기, 접지 등의 모든 전기 시설물은 전기사업법에 준하여야 하며, 위험·경고표지가 있어야 한다.
고압증기 보일러	고압가스안전관리법에 준해서 한다.
압력용기	ASME Code에 준함이 바람직하며 안전판·파열판·용융 플러그 등은 정기적 검사·보수유지가 필수적으로 시행되어야 한다.
조 명	충분한 조명이 유지되어야 한다.
환 기	먼지·가스 등의 환기가 잘 되어야 하며 필요한 곳에는 국소배기장치가 설치되어야 한다.
배 관	각종 배관은 내용물에 따라 색칠하여 구분함이 바람직하다. 소방용 배관은 적색, 위험물 배관은 황색, 안전한 물질 배관은 녹색
경고표시	위험지역, 금연지역, 고압전기시설, 기계가동, 밸브개폐 등의 지역에는 경고 표지 등의 알맞은 표지를 부착해야 한다.
응급조치 시설	최소한의 응급조치시설이 있어야 하며 상임 의사가 없는 소규모 사업장에서는 응급조치를 할 수 있는 사람이 있어야 한다.

2. Potential FMEA에서의 평가요소 25, 3, 29. 출

미국의 3대 자동차회사('빅 3')인 제너럴 모터스, 포드, 크라이슬러가 공동으로 마련한 QS9000 규격의 Potential FMEA에서의 평가요소로는 빈도, 강도, 검출이 있고, 위험순위(RPN : Risk Priority Number)에 따라 식별된 고장 모드를 순위화한다. 이러한 요소들의 순위는 FMEA의 유형과 대상에 따라 다른 평가요소값을 가지며 평가요소를 정하는 방법으로는 정성적 방법과 정량적 방법이 있다.

① 빈도(Occurrence) – 고장의 빈도
② 강도(Severity) – 고장의 심각도
③ 검출(Detection) – 고객에게 도달하기 전의 고장검출력
④ RPN = (빈도)×(강도)×(검출)

합격예측

제49조(보고 등) 공단은 유해·위험방지계획서의 작성·제출·확인업무와 관련하여 다음 각 호의 하나에 해당하는 사업장을 발견한 경우에는 지체없이 해당 사업장의 명칭·소재지 및 사업주명 등을 명시하여 지방고용노동관서의 장에게 보고하여야 한다.
1. 유해·위험방지계획서를 제출하지 아니한 사업장
2. 유해·위험방지계획서 제출기간이 경과한 사업장
3. 제43조 각 호의 자격을 갖춘 자의 의견을 듣지 아니하고 유해·위험방지계획서를 작성한 사업장

Q 보충문제

어떤 작업을 수행하는 작업자의 배기량을 5분간 측정하였더니 100[L]이었다. 가스미터를 이용하여 배기 성분을 조사한 결과 산소 20[%], 이산화탄소가 3[%]이었다. 이 때 작업자의 분당 산소소비량(A)과 분당 에너지소비량(B)은 약 얼마인가?(단, 흡기 공기 중 산소는 21[vol%], 질소는 79[vol%]를 차지하고 있다.)

① A : 0.038[L/min]
　B : 0.77[kcal/min]
② A : 0.058[L/min]
　B : 0.57[kcal/min]
③ A : 0.073[L/min]
　B : 0.36[kcal/min]
④ A : 0.093[L/min]
　B : 0.46[kcal/min]
⑤ A : 0.081[L/min]
　B : 0.05[kcal/min]

정답 ④

Q 보충문제

1. 설비관리 책임자 A는 동종업종의 TPM 추진사례를 벤치마킹하여 설비관리 효율화를 꾀하고자 한다. 설비관리 효율화 중 작업자 본인이 직접 운전하는 설비의 마모율 저하를 위하여 설비의 윤활관리를 일상에서 직접 행하는 활동과 가장 관계가 깊은 TPM 추진단계는?

① 개별개선활동단계
② 자주보전활동단계
③ 계획보전활동단계
④ 개량보전활동단계
⑤ 예방보전단계

─ 정답 ② ─

2. 다음 [보기]가 설명하는 보전은?

[보기]
미국의 GE사가 처음으로 사용한 보전으로, 설계에서 폐기에 이르기까지 기계설비의 전과정에서 소요되는 설비의 열화손실과 보전 비용을 최소화하여 생산성을 향상시키는 보전방법

① 생산보전   ② 계량보전
③ 사후보전   ④ 예방보전
⑤ 기획보전

─ 정답 ① ─

(1) 정성적 방법

컴포넌트의 이론적인(예상되는) 습성에 따라야 한다. 예로, 빈도의 경우에 기대되는 습성이 정규성이라면, 이런 습성의 시간에 대한 빈도들은 정규분포를 따른다. 강도의 경우, 예상 습성이 로그 정규성이라면 치명적, 재앙적의 반대인 사소한 범주에 속해 척도는 오른쪽이나 왼쪽으로 쏠린다(skew). 검출의 경우, 이산형 분포하면 조직 내에서 고장을 발견하는 것의 반대인 고객에 의해 발견되는 것이 더 문제이므로 이산적인 결과(고객 대 내부조직)를 나타낸다.

(2) 정량적 방법

실제 데이터, 통계적 공정관리 데이터, 역사적 데이터들로 정확해야 한다.

3 보전성공학

1. 보전(Maintenance)

(1) 정 의

수리 가능한 부품이나 시스템을 사용 가능한 상태로 유지시키고 고장이나 결함을 회복시키기 위한 제반 조치 및 활동을 뜻한다.

> **예** KS A 3004 : 1998의 정의
> – 아이템을 사용 및 작동이 가능한 상태로 유지하거나, 또는 고장, 결점 등을 회복하기 위한 모든 조치 및 활동(M1, 보전)

(2) 보전의 분류

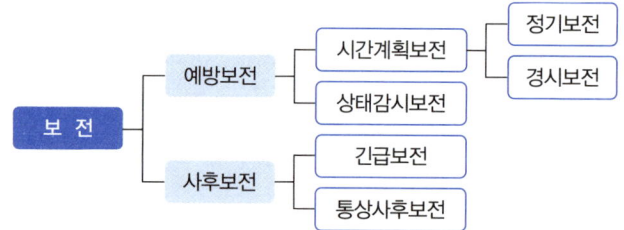

① 예방보전(Preventive Maintenance) : 아이템 사용중의 고장을 미연에 방지하거나 아이템을 사용가능한 상태로 유지하기 위하여 계획적으로 하는 보전(KS A 3004 : 1998)

② 사후보전(Corrective Maintenance, Breakdown Maintenance) : 고장이 발생한 후에 아이템을 작동가능상태로 회복하기 위하여 하는 보전(KS A 3004 : 1998)

③ **시간계획보전(Scheduled Maintenance)** : 예정된 시간계획에 의한 예방보전의 총칭
④ **상태감시보전(Condition-based Maintenance)** : 사용 및 사용중의 동작상태를 확인, 열화경향의 검출, 고장이나 결함의 표적, 고장에 이르는 결과의 기록 및 추적 등의 목적으로 어느 시점에 있어서의 동작치 및 그 경향을 점검, 시험, 계측, 경보 등의 수단 또는 장치에 의하여 감시하는 것
⑤ **정기보전(Periodic Maintenance)** : 예정된 시간간격으로 행하는 예방보전
⑥ **경시보전(Age-based Maintenance)** : 시스템, 재질, 부품 등이 예정된 동작시간에 달하였을 때 행하는 예방보전

[표] 보전예방(Maintenace Prevention : MP)

구분	적용
실기시기	① 기계설비의 노후화가 진행되어 일반적인 보전으로 cost나 생산성에 있어 효율성이 없을 경우 ② 부품 등의 공급에 지장이 있을 경우
실시방법	① 설비의 갱신 ② 갱신의 경우 보전성, 안전성, 신뢰성 등의 보전실시 ③ 기존설비의 보전보다 설계, 제작단계까지 소급하여 보전이 필요없을 정도의 안전한 설계 및 제작이 필요

2. 보전성(Maintainability)

(1) 정의

수리 가능한 부품이나 시스템이 규정된 시간에 보전을 완료할 수 있는 성질(확률)
- **예** KS A 3004 : 1998의 정의
  - 아이템의 보전이 주어진 조건에 있어서 규정된 시간 내에 완료할 수 있는 성질(M9, 보전성)

(2) 보전성의 척도

T : 고장시점으로부터 수리가 완료되는 시간(수리시간)
m(t) : T의 확률밀도함수
① M(t) : 보전도함수
  - 고장난 시스템이 t시간 이내에 회복될 확률
    KS 1 3004 : 1988의 정의
  - 수리계의 보전시간을 확률변수로 간주하였을 때의 분포함수(S8, 보전함수)

합격예측
보전작업의 형태

서비스	주유, 청소, 유효 수명부품의 교체
점검 및 검사	규모와 형태에 따라 점검, 검사 또는 분해 세부 검사로 분류
시정조치	수리, 조정, 교환

합격예측
보전성(maintainability)
① 정의 : 주어진 조건에서 규정된 기간에 보전을 완료할 수 있는 성질 또는 능력을 보전성이라하며 이 성질을 확률로 나타낼 경우 보전도라고 한다.
② 보전성의 척도
  ㉮ 평균수리시간 (Mean Times To Repair : MTTR)
  $$MTTF = \frac{1}{평균수리율(\mu)}$$
  ㉯ 평균정지시간(MDT) : 설비의 보전을 위해 설비가 정지된 시간의 평균을 평균정지시간이라 하며 다음 식에 의해 구한다.
  $$MDT = \frac{총보전작업시간}{총보전작업건수}$$

보충문제
다음 설명에 해당하는 설비보전방식의 유형은?

[다음]
설비보전 정보와 신기술을 최초로 신뢰성, 조작성, 보전성, 안전성, 경제성 등이 우수한 설비의 선정, 조달 또는 설계를 통하여 궁극적으로 설비의 설계, 제작 단계에서 보전활동이 불필요한 체제를 목표로 한 설비보전 방법을 말한다.

① 계량보전 ② 보전예방
③ 사후보전 ④ 일상보전
⑤ 예방보전

정답 ②

합격예측

제50조(공정안전보고서의 세부 내용 등) 영 제44조에 따라 공정안전보고서에 포함하여야 할 세부내용은 다음 각 호와 같다.

1. 공정안전자료
   - 가. 취급·저장하고 있거나 취급·저장하려는 유해·위험물질의 종류 및 수량
   - 나. 유해·위험물질에 대한 물질안전보건자료
   - 다. 유해하거나 위험한 설비의 목록 및 사양
   - 라. 유해하거나 위험한 설비의 운전방법을 알 수 있는 공정도면
   - 마. 각종 건물·설비의 배치도
   - 바. 폭발위험장소 구분도 및 전기단선도
   - 사. 위험설비의 안전설계·제작 및 설치 관련 지침서
2. 공정위험성 평가서 및 잠재위험에 대한 사고예방·피해최소화 대책
   공정위험성 평가서는 공정의 특성 등을 고려하여 다음 각 목의 위험성평가 기법 중 한 가지 이상을 선정하여 위험성평가를 한 후 그 결과에 따라 작성하여야 하며, 사고예방·피해최소화 대책의 작성은 위험성평가 결과 잠재위험이 있다고 인정되는 경우만 해당한다.
   - 가. 체크리스트(Check List)
   - 나. 상대위험순위 결정(Dow and Mond Indices)
   - 다. 작업자 실수 분석(HEA)
   - 라. 사고 예상 질문 분석(What-if)
   - 마. 위험과 운전 분석(HAZOP)
   - 바. 이상위험도 분석(FMECA)
   - 사. 결함 수 분석(FTA)
   - 아. 사건 수 분석(ETA)
   - 자. 원인결과 분석(CCA)
   - 차. 가목부터 자목까지의 규정과 같은 수준 이상의 기술적 평가기법
3. 안전운전계획
   - 가. 안전운전지침서
   - 나. 설비점검·검사 및 보수계획, 유지계획 및 지침서
   - 다. 안전작업허가
   - 라. 도급업체 안전관리계획
   - 마. 근로자 등 교육계획
   - 바. 가동 전 점검지침
   - 사. 변경요소 관리계획
   - 아. 자체감사 및 사고조사계획
   - 자. 그 밖에 안전운전에 필요한 사항
4. 비상조치계획
   - 가. 비상조치를 위한 장비·인력보유현황
   - 나. 사고발생 시 각 부서·관련 기관과의 비상연락체계
   - 다. 사고발생 시 비상조치를 위한 조직의 임무 및 수행 절차
   - 라. 비상조치계획에 따른 교육계획
   - 마. 주민홍보계획
   - 바. 그 밖에 비상조치 관련 사항

$$M(t) = \int_0^t m(u)du$$

② MTTR(Mean Time To Repair) : 평균수리시간
   - 사후보전만 실시할 경우, 보전성의 척도 KS A 3004 : 1988의 정의
   - 수리시간의 평균치(H25, MTTR)

$$MTTR = \int_0^\infty t \cdot m(t)dt$$

③ 수리율(Repair Rate)
   - t시간까지 고장상태로 있던 시스템이 t시간 직후 즉시 수리가 완료될 비율 KS A 3004 : 1988의 정의
   - 순간수리율을 나타내는 시간, t의 함수(S13, 수리율)

$$\mu(t) = \frac{m(t)}{1-M(t)} \qquad m(t) = \frac{dM(t)}{dt}$$

$$cf) \quad 평균수리율 = \frac{수리를 \ 한 \ 횟수}{각각의 \ 수리시간의 \ 합계}$$

㉮ 수리시간이 수리율 μ인 지수분포를 따를 경우

$$m(t) = \mu \cdot e^{-\mu t}, \ t > 0$$

$$M(t) = \int_0^t \mu \cdot e^{-\mu x}dx$$

$$= \mu \cdot \left(\frac{-1}{\mu}[e^{-\mu t}]_0^t\right)$$

$$= -e^{-\mu t} - (-e^0)$$

$$= 1 - e^{-\mu t}, \ t \geq 0$$

$$MTTR = \int_0^\infty t \cdot (u \cdot e^{-\mu t})dt$$

$$= \int_0^t t \cdot (-u \cdot e^{-\mu t})dt \ \text{부분적분} \ uv' = wv - \int u'v$$

$$= -\left([t \cdot e^{-\mu t}]_0^\infty - \int_0^\infty e^{-\mu t}dt\right)$$

$$= -\frac{1}{\mu}[e^{\mu t}]_0^\infty$$

$$= -\frac{1}{\mu}e^{-\mu\infty} + \frac{1}{\mu}e^0 = \frac{1}{\mu}$$

$$\text{MTTR} = \frac{\text{각각 수리시간의 합계}}{\text{수리횟수(고장횟수)}}$$

$$\left[\because \mu(\text{평균수리율}) = \frac{\text{수리횟수(고장횟수)}}{\text{각각 수리시간의 합계}}\right]$$

㉯ n개의 구성부품으로 조립된 시스템의 경우

$$\text{MTTR} = \frac{\sum_{i=1}^{n} \lambda_i \cdot \text{MTTR}_i}{\sum_{i=1}^{n} \lambda_i} = \frac{\dfrac{\text{고장수}}{\text{총 동작시간}} \times \dfrac{\text{수리시간}}{\text{고장횟수}}}{\dfrac{\text{고장수}}{\text{동작시간}}}$$

여기서, λ_i : i번째 구성부품의 고장률
MTTR_i : i번째 구성부품의 평균수리시간

㉰ 각각이 $n_i(i=1, \cdots, N)$개의 부품으로 조합된 N개의 조립품으로 구성된 시스템의 경우

$$\text{MTTR} = \frac{\sum_{i=1}^{N} n_i \lambda_i \text{MTTR}_i}{\sum_{i=1}^{N} n_i \lambda_i}$$

④ MDT(Mean Down Time) : 평균정지시간
- 예방보전과 사후보전을 모두 실시할 때의 보전성의 척도
KS A 3004 : 1988의 정의
- 평균동작불능시간, 평균다운타임(H20, MDT)
동작불능시간의 평균치

$$\text{MDT} = \frac{\text{총보전작업시간}}{\text{총보전작업건수}} = \frac{f_p M_{pt} + f_c M_{ct}}{f_p + f_c}$$

여기서, f_p : 예방보전빈도(예방보전계획에 의거하여 결정된다)
f_c : 사후보전빈도(장치의 신뢰도로부터 결정된다)
M_{pt} : 평균예상보전시간
M_{ct} : 평균사후보전시간

- 사후보전만 실시하는 경우에는 MDT=MTTR이다.

⑤ MTTF(MTBF), MTTR의 추정
㉮ 지수분포 수명 데이터
- 완전 데이터의 경우
지수분포를 따르는 n개의 수명 데이터 $t_1, t_2, \cdots, t_n$

$$\text{MTTRe} = \frac{i}{n}\sum_{i=1}^{n} t_i$$

> **합격예측**
>
> **집중보전의 장·단점**
> (1) 장점
> ① 기동성
> ② 인원배치의 유연성
> ③ 노동력의 유효한 이용
> ④ 보전용 설비공구의 유효한 이용
> ⑤ 보전원 기능향상의 유리성
> ⑥ 보전비 통제의 확실성
> ⑦ 보전기술자 육성의 유리성
> ⑧ 보전 책임의 명확성
> (2) 단점
> ① 운전과의 일체감의 결합성
> ② 현장감독의 곤란성
> ③ 현장 왕복시간 증대
> ④ 작업일정 조정의 곤란성
> ⑤ 특정설비에 대한 습숙의 곤란성

> **합격예측**
>
> **신뢰성 시험**
> (1) 현지시험
> (2) 모의시험
> ① 파괴시험
>   ㉮ 수명시험
>   ㉠ 정상수명시험
>   ㉡ 가속수명시험
>   ㉢ 강제열화시험
>   ㉣ 방치시험
>   ㉯ 한계시험
> ② 비파괴시험
>   ㉮ 동작시험
>   ㉠ 환경시험
>   ㉡ 정상시험
>   ㉯ 방치시험

> **합격예측**
>
> **연속적 직무에서의 인간 실수율**
> ① 연속적인 직무의 유형
>   ㉮ 경계(vigilance)
>   ㉯ 안정화(stabilizing)
>   ㉰ 추적(tracking)
> ② 인간실수율
>   인간실수율(λ) = $\dfrac{실수수}{총직무기간}$

> **합격예측**
>
> **지역보전의 장·단점**
> (1) 장점
>   ① 운전과의 일체감
>   ② 현장감독의 용이성
>   ③ 현장왕복시간 단축
>   ④ 작업일정 조정 용이
>   ⑤ 특정설비에 대한 습숙성
> (2) 단점
>   ① 노동력의 유효이용 곤란
>   ② 인원배치의 유연성 제약
>   ③ 보전용 설비공구의 중복

- 정지중단 데이터의 경우
  n개 시험 중 미리 정해진 중단의 시점 t_c에서 시험중단, r개 고장
  ㉠ 비교체 $MTTFe = \dfrac{i}{r}\left\{\sum_{i=1}^{r} t_i + (n-r)t_c\right\}$
  ㉡ 교체 $MTTFe = \dfrac{n \cdot t_c}{r}$

- 정수 중단 데이터의 경우
  n개 시험 중 r번째 고장의 시점 t_r에서 시험중단
  ㉠ 비교체 $MTTFe = \dfrac{1}{r}\left\{\sum_{i=1}^{r} t_i + (n-r)t_r\right\}$
  ㉡ 교체 $MTTFe = \dfrac{n \cdot t_r}{r}$

- 지수분포의 모든 경우
  $$MTTFe = \dfrac{T}{r} = \dfrac{아이템의\ 총\ 동작시간}{고장수}$$

㉯ 지수분포
- $h(T) = \lambda$
- $MTTF = \theta = \dfrac{1}{\lambda}$
- $R(t) = e^{-\lambda t} = e^{\frac{t}{-\theta}}$
  $\ln R(t) = -\lambda t$
- $t_R = -\dfrac{\ln R}{\lambda} = -\theta \ln R$

3. 보전의 3요소

① 물품
② 사람
③ 보수용 부품 및 설비

[표] 예방보전 22. 3. 19 출

예방보전(PM) : 상시 또는 정기적으로 감시하여 고장 및 결함을 사전에 검출	시간기준보전 (TBM)	돌발적인 고장이나 프로세스의 에러 등을 예방하기 위하여 보전주기에 의해 실시
	상태기준보전 (CBM)	고장이나 예상되는 부분에 계측장비 등을 설치하여 이상현상을 미리 검출하여 설비의 상태에 따라 보전주기나 방법을 결정
	적응보전 (AM)	설비의 노후나 생산환경 등 주변의 여건도 고려하여 설비 상태를 파악, 보전하는 경우

4. 인간실수 확률에 대한 추정기법 적용

(1) 위급사건기법(CIT : Critical Incident Technique)

① 위급사건의 정보화 자료 : 예방수단 개발의 귀중한 실제결함이나 행태적 특이성반영 단서제공
② 정보수집을 위한 면접 : 위험했던 경험들을 확인
　㉮ 사고나 위기 일발　㉯ 조작실수　㉰ 불안전한 조건과 관행 등

(2) 직무위급도 분석(pickrel, et, al의 실수효과 심각성의 4등급)

① 안전　② 경미　③ 중대　④ 파국적

(3) THERP(Technique for Human Error Rate Prediction)

① 인간실수율 예측기법(THERP)은 인간신뢰도 분석에서의 HEP에 대한 예측기법
② 인간신뢰도 분석 사건나무
　㉮ 분석하고자 하는 작업을 기본적 행위로 분할하여 각 행위의 성공 또는 실패확률을 결합하여 성공확률을 추정하는 정량적 분석방법
　㉯ A가 먼저 수행되고 B가 수행되므로 작업 B에 대한 확률은 모두 조건부로 표현
　㉰ 소문자는 작업의 성공, 대문자는 작업의 실패
　㉱ 각 가지에 성공 또는 실패의 조건부 확률이 주어지면 각 경로의 확률계산 가능

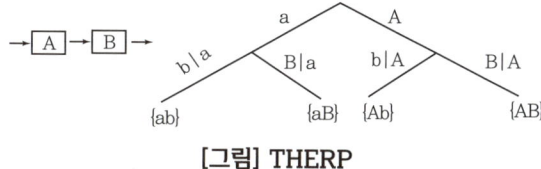

[그림] THERP

(4) 조작자 행동나무(OAT : Operator Action Tree)

① OAT접근방법 : ㉮ 감지　㉯ 진단　㉰ 반응
② 기본적 OAT

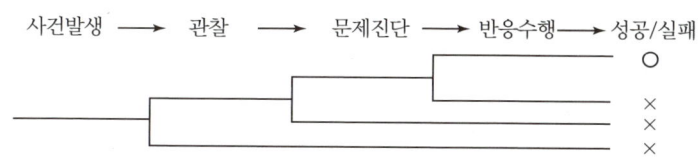

(5) 간헐적 사건의 결함나무(FTA : Fault Tree Analysis)

기초결함 집합의 영향이 논리적 AND나 OR gate를 통해 명시된 전체체계 실패에 이를 때까지 전파

참고
인간정보처리 과정에서 실수(error)가 일어나는 것
① 입력에러 : 확인미스
② 매개에러 : 결정미스
③ 동작에러 : 동작미스
④ 판단에러 : 의지결정의 미스

합격예측
부문보전의 장·단점
(1) 장점
　① 운전과의 일체감
　② 현장감독의 용이성
　③ 현장왕복시간 단축
　④ 작업일정 조정 용이
　⑤ 특정설비에 대한 숙습성
(2) 단점
　지역보전의 결점 이외에 다음과 같은 단점이 있다.
　① 생산우선에 의한 보전 경시
　② 보전기술 향상이 곤란
　③ 보전책임의 분할

합격예측
윤활제의 작용
① 감마작용 ② 냉각작용
③ 밀봉작용 ④ 청정작용
⑤ 녹부식방지작용
⑥ 방진작용
⑦ 동력전달작용

합격예측
윤활제의 종류 및 점도

구분	종류
액체	스핀들유, 절연유, 냉동기유, 터빈유, 압축기유, 실린더유, 디젤엔진유, 절삭유 등
반고체 액상	그리스, 기어콤파운드 등
고체	그라파이트, 2유화몰리브덴
점도	기름의 유동성을 나타내는 척도로서 점도가 높을수록 유동성이 좋지 않다.

▼ 참고
VDT작업
(1) 온도 및 습도
  ① 온도 : 18~24[℃]
  ② 습도 : 40~70[%] 유지
(2) 컴퓨터단말기조작업무에 대한 조치사항
  ① 실내는 명암의 차이가 심하지 아니하도록 하고 직사광선이 들어오지 아니하는 구조로 할 것
  ② 저휘도형의 조명기구를 사용하고 창·벽면 등은 반사되지 아니하는 재질을 사용할 것
  ③ 컴퓨터단말기 및 키보드를 설치하는 책상 및 의자는 작업에 종사하는 근로자에 따라 그 높낮이를 조절할 수 있는 구조로 할 것
  ④ 연속적인 컴퓨터단말기작업에 종사하는 근로자에 대하여는 작업시간 중에 적정한 휴식시간을 부여할 것

---

(6) 인간신뢰도 예측을 위한 컴퓨터 모의실험
① Monte Carlo 모의실험
② 확정적 모의실험

5. 인간에러(Human Error)

(1) 작업상황 개선
① 전문가의 점검

정확한 원인 식별(상황 점검) → 실수에 미치는 영향평가 → 설계변화 추진

② 작업자의 참여

실수원인 제거(ECR : Error Cause Removal) 프로그램 → 품질관리 분임조(생산착오와 결함감소)

(2) 요원 변경
① 만족스런 작업상황에서의 실수(인간요소)
  ㉮ 불충분한 숙련도
  ㉯ 시력결함
  ㉰ 불량한 태도
  ㉱ 안전의식 부족 등
② 인간과 직무의 완전한 조화 : 신체적 및 정신적 적성이 절대적인 영향 요소일 수 있다.
③ 필요할 경우 작업순환 → 적정한 작업발견에 도움

(3) 체계의 영향 감소
① 인간실수가 체계에 미치는 영향감소
  ㉮ 인간실수를 포용하는 체계설계
  ㉯ 중복설계(redundancy)
  ㉰ 기계는 인간성능감시, 인간은 기계성능감시
  ㉱ 중요한 작업의 요원중복 활용
  ㉲ 주체계를 후원하기 위한 예비품 대기
② 체계의 영향 감소시킨 설계
  ㉮ 수많은 점검항목
  ㉯ 중복설계
  ㉰ 안전규정
  → 심각한 인간실수가 특정순서대로 범해져야 심각한 사고유발

6. 보전시간의 구성(MIL – STD – 721 B)

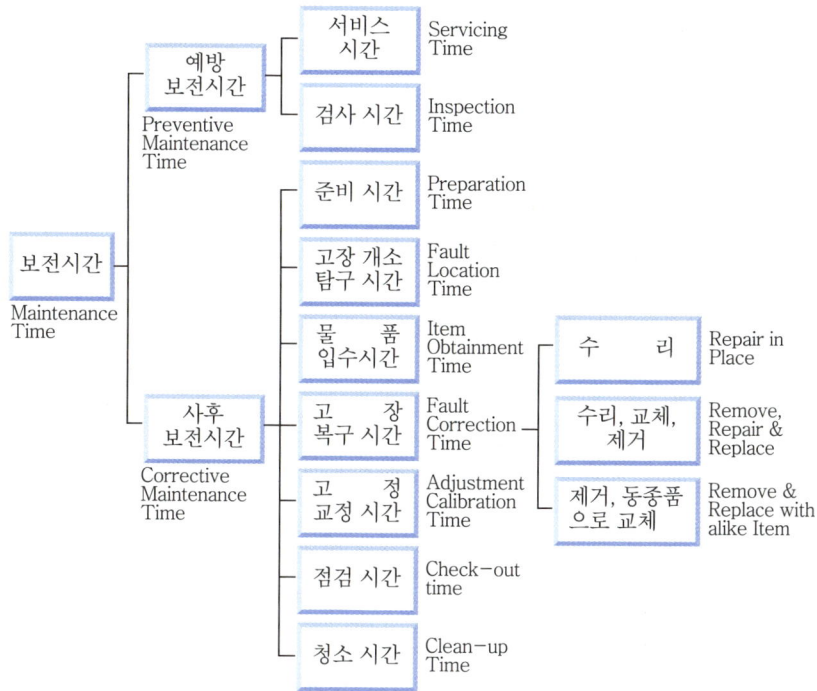

7. 가동성(Availability)

(1) 가용도

어떤 기기나 시스템이 시점 t에서 정상 작동되고 있을 확률

예 KS A 3004 : 1988의 정의
- 수리계가 규정된 시점에서 기능을 유지하고 있는 확률, 또는 어떤 기간중에 기능을 유지하는 시간의 비율(A1, 유동성)

(2) 순간가동성[Instantaneous Availability : A(t)]

주어진 시점 t에서 시스템이 정상 가동할 확률

예 KS A 3004 : 1988의 정의
- 수리계가 주어진 사용 및 보존 조건으로 규정된 시점에서 요구된 기능을 유지하고 있는 확률(A2, 순간유동성)
  $A(t) = P_r[$시스템이 시점 t에서 정상가동$]$

(3) 평균가동성[Average(uptime) Availability : A(T)]

주어진 시간간격(t_1, t_2)에서의 A(t)의 평균

합격예측

① 가용도 = $\dfrac{\text{작동가능시간}}{\text{작동가능시간}+\text{작동불능시간}}$

② 설비고장 강도율 = $\dfrac{\text{설비고장정지시간}}{\text{설비가동시간}}$

③ 설비종합효율 = 시간가동률 × 성능가동률 × 양품률

④ 제품단위당보전비 = $\dfrac{\text{총보전비}}{\text{제품수량}}$

⑤ 설비고장도수율 = $\dfrac{\text{설비고장건수}}{\text{설비가동시간}}$

⑥ 계획공사율 = $\dfrac{\text{계획공사공수(工數)}}{\text{전공수(全工數)}}$

⑦ 운전1시간당보전비 = $\dfrac{\text{총보전비}}{\text{설비운전시간}}$

합격예측

집중보전과 지역보전 절충형의 장·단점

(1) 장점
① 집중그룹의 기동성
② 지역그룹의 운전과의 일체감

(2) 단점
① 집중그룹의 보행손실
② 지역그룹의 노동효율

참고

① 보전의 3요소 : 장치 그 자체의 보전품질, 보전과 관계된 인간요소, 보전시설과 조직의 질

② 보전성 결정요소 : 보전시간, 설계상 판단, 보전방침, 보전요원

보충문제

사용조건을 정상사용조건보다 강화하여 사용함으로써 고장발생시간을 단축하고 검사비용의 절감효과를 얻고자 하는 수명시험은?

① 중도중단시험
② 가속수명시험
③ 감속수명시험
④ 정시중단시험
⑤ 저속수명시험

정답 ②

제조물 책임법

제2조(정의) 이 법에서 사용하는 용어의 뜻은 다음과 같다.

1. "제조물"이란 제조되거나 가공된 동산(다른 동산이나 부동산의 일부를 구성하는 경우를 포함한다)을 말한다.
2. "결함"이란 해당 제조물에 다음 각 목의 어느 하나에 해당하는 제조상·설계상 또는 표시상의 결함이 있거나 그 밖에 통상적으로 기대할 수 있는 안전성이 결여되어 있는 것을 말한다.
   가. "제조상의 결함"이란 제조업자가 제조물에 대하여 제조상·가공상의 주의의무를 이행하였는지에 관계없이 제조물이 원래 의도한 설계와 다르게 제조·가공됨으로써 안전하지 못하게 된 경우를 말한다.
   나. "설계상의 결함"이란 제조업자가 합리적인 대체설계(代替設計)를 채용하였더라면 피해나 위험을 줄이거나 피할 수 있었음에도 대체설계를 채용하지 아니하여 해당 제조물이 안전하지 못하게 된 경우를 말한다.
   다. "표시상의 결함"이란 제조업자가 합리적인 설명·지시·경고 또는 그 밖의 표시를 하였더라면 해당 제조물에 의하여 발생할 수 있는 피해나 위험을 줄이거나 피할 수 있었음에도 이를 하지 아니한 경우를 말한다.
3. "제조업자"란 다음 각 목의 자를 말한다.
   가. 제조물의 제조·가공 또는 수입을 업(業)으로 하는 자
   나. 제조물에 성명·상호·상표 또는 그 밖에 식별(識別) 가능한 기호 등을 사용하여 자신을 가목의 자로 표시한 자 또는 가목의 자로 오인(誤認)하게 할 수 있는 표시를 한 자

예 KS A 3004 : 1988의 정의

- 수리계가 관측된 누적시간에 대하여 요구되는 기능을 수행할 수 있는 누적시간의 비 또는 몇 가지 시점에서 뽑아낸 동일한 관측대상 중 요구되는 기능을 수행할 수 있는 비율의 평균

$$A(t_1, t_2) = \int_{t_1}^{t_2} A(t)dt / (t_2 - t_1)$$

$$A(T) = \frac{1}{T} \int_0^T A(t)dt, \ (t_1 = 0, \ t_2 = T)$$

(4) 정상가동성(Steady State Availability : A(∞))

매우 큰 시간간격에서의 정상가동할 확률

$$A(\infty) \lim_{T \to \infty} A(t) = \lim_{T \to \infty} \frac{1}{T} \int_0^T A(t)dt$$

(5) 가동성의 계산

- 가정
  ㉮ 시스템의 상태는 작동중이든지 고장상태이든지 둘 중 하나뿐이다.
  ㉯ 시스템의 상태는 시간에 따라 변한다.
  ㉰ 현 상태에서 다른 상태로의 시스템의 변이는 순간적으로 일어난다.
  ㉱ 시스템의 고장률(λ)과 수리율(μ)은 상수이다.

위 가정하에서 시스템이 $t + \Delta t$시점에서 정상 가동하고 있을 확률 $[A(t + \Delta t)]$는 다음과 같이 표현할 수 있다.

$$A(t + \Delta t) = A(t)(1 - \lambda \cdot \Delta t) + (1 - A(t)) \cdot \mu \cdot \Delta t \quad \cdots\cdots ①$$

$$= A(t) - \lambda \cdot A(t) \cdot \Delta t + \mu \cdot \Delta t - \mu \cdot A(t) \cdot \Delta t \quad \cdots\cdots ②$$

① 식에서
$\lambda \cdot \Delta t$는 Δt 시간 중 고장날 확률
$\mu \cdot \Delta t$는 고장난 시스템이 Δt 시간 중에 회복될 확률값이다.

② 식의 양변을 Δt로 나눈 후 정리하면(Δt를 0으로 수렴)

$$\lim_{t \to 0} \frac{A(t + \Delta t) + A(t)}{\Delta t} = -(\lambda + \mu)A(t)\mu$$

$$\frac{d}{dt}A(t) = -(\lambda + \mu)A(t) + \mu \text{가 되고}$$

이것은 $A(t) + (\lambda + \mu)A(t) = \mu$의 미분방정식으로
$y' + p(x)y = r(x)$인 1계 미분방정식의 일반해는

$$y = e^{-h} \left[\int e^h r(x)dx + c \right], \ h = \int p(x)dx \text{임을 이용하여 풀어 보면,}$$

$$\longrightarrow A(t)' + (\lambda+\mu)A(t) = \mu$$

$$A(t) = e^{-h}\left[\int e^h r(x)dx + c\right], \; h = \int (\lambda+\mu)dt = (\lambda+\mu)t$$

$$= e^{-(\lambda+\mu)t}\left[\int e^{(\lambda+\mu)t} \cdot \mu dx + c\right]$$

$$= e^{-(\lambda+\mu)t}\left[\frac{\mu}{\lambda+\mu} \cdot e^{(\lambda+\mu)t} + c\right]$$

$$= \frac{\mu}{\lambda+\mu} + c \cdot e^{-(\lambda+\mu)t}$$

여기서 $A(0)=1$임을 이용하여 적분상수 c를 계산하면

$$1 = \frac{\mu}{\lambda+\mu} + c \cdot e^0$$

$$1 - \frac{\mu}{\lambda+\mu} = c \quad \therefore c = \frac{\lambda}{\lambda+\mu}$$

$$\therefore A(t) = \frac{\mu}{\lambda+\mu} + \frac{\lambda}{\lambda+\mu} \cdot e^{-(\lambda+\mu)t} \quad \cdots\cdots \text{③}$$

③ 식의 t값을 무한히 크게 함으로써 다음과 같은 정상가동성을 구할 수 있다.

$$A(\infty) = \lim_{t\to\infty} A(t) = \frac{\mu}{\lambda+\mu} \quad \cdots\cdots \text{④}$$

④의 분모·분자를 $\lambda\cdot\mu$로 나누어주면

$$A(\infty) = \frac{1/\lambda}{1/\lambda + 1/\mu} \text{가 된다.}$$

지수분포인 경우 평균고장률과 평균고장간격(MTBF)은 서로 역수관계에 있으므로 $A = \frac{MTBF}{MTBF+MTTR}$가 된다.

(6) 고유가동성(Inherent Availability)

$[A_i]$ 고유가동성 $= \dfrac{MTBF}{MTBF+MTTR}$

◉ KS A 3004 : 1988의 정의
 - 비수리계의 고유신뢰도에 대응하는 척도

(7) 운용가동성(Operational Availability)

$[A_0]$ 운용가동성 $= \dfrac{MUT + \text{ready time}}{MUT + \text{ready time} + \text{평균 동작불능시간(MDT)}}$

여기서, MUT(Mean Up Time)은 평균가동시간이고
ready time = 대기시간 + warm up 시간 + ⋯
           = 작동주기 − MTBF − MDT로 계산한다.

합격예측

열화의 종류와 분류
① 절대적 열화 : 노후화
② 기술적 열화 : 성능 변화
③ 경제적 열화 : 가치 감소
④ 상대적 열화

제조물 책임법
제1조(목적) 이 법은 제조물의 결함으로 발생한 손해에 대한 제조업자 등의 손해배상 책임을 규정함으로써 피해자 보호를 도모하고 국민생활의 안전 향상과 국민경제의 건전한 발전에 이바지함을 목적으로 한다.

제3조(제조물 책임) ① 제조업자는 제조물의 결함으로 생명·신체 또는 재산에 손해(그 제조물에 대하여만 발생한 손해는 제외한다)를 입은 자에게 그 손해를 배상하여야 한다.

② 제1항에도 불구하고 제조업자가 제조물의 결함을 알면서도 그 결함에 대하여 필요한 조치를 취하지 아니한 결과로 생명 또는 신체에 중대한 손해를 입은 자가 있는 경우에는 그 자에게 발생한 손해의 3배를 넘지 아니하는 범위에서 배상책임을 진다. 이 경우 법원은 배상액을 정할 때 다음 각 호의 사항을 고려하여야 한다.
1. 고의성의 정도
2. 해당 제조물의 결함으로 인하여 발생한 손해의 정도
3. 해당 제조물의 공급으로 인하여 제조업자가 취득한 경제적 이익
4. 해당 제조물의 결함으로 인하여 제조업자가 형사처벌 또는 행정처분을 받은 경우 그 형사처벌 또는 행정처분의 정도
5. 해당 제조물의 공급이 지속된 기간 및 공급 규모
6. 제조업자의 재산상태
7. 제조업자가 피해구제를 위하여 노력한 정도

③ 피해자가 제조물의 제조업자를 알 수 없는 경우에 그 제조물을 영리 목적으로 판매·대여 등의 방법으로 공급한 자는 제1항에 따른 손해를 배상하여야 한다. 다만, 피해자 또는 법정대리인의 요청을 받고 상당한 기간 내에 그 제조업자 또는 공급한 자를 그 피해자 또는 법정대리인에게 고지(告知)한 때에는 그러하지 아니하다.

제3조의2(결함 등의 추정) 피해자가 다음 각 호의 사실을 증명한 경우에는 제조물을 공급할 당시 해당 제조물에 결함이 있었고 그 제조물의 결함으로 인하여 손해가 발생한 것으로 추정한다. 다만, 제조업자가 제조물의 결함이 아닌 다른 원인으로 인하여 그 손해가 발생한 사실을 증명한 경우에는 그러하지 아니하다.
1. 해당 제조물이 정상적으로 사용되는 상태에서 피해자의 손해가 발생하였다는 사실
2. 제1호의 손해가 제조업자의 실질적인 지배영역에 속한 원인으로부터 초래되었다는 사실
3. 제1호의 손해가 해당 제조물의 결함 없이는 통상적으로 발생하지 아니한다는 사실

제4조(면책사유) ① 제3조에 따라 손해배상책임을 지는 자가 다음 각 호의 어느 하나에 해당하는 사실을 입증한 경우에는 이 법에 따른 손해배상책임을 면(免)한다. 25. 3. 29. 출
1. 제조업자가 해당 제조물을 공급하지 아니하였다는 사실
2. 제조업자가 해당 제조물을 공급한 당시의 과학·기술 수준으로는 결함의 존재를 발견할 수 없었다는 사실

8. 제조물 책임(Product Liability : PL)

(1) 개요

① 제조물 책임이란 결함 제조물로 인해 생명·신체 또는 재산 손해가 발생할 경우 제조업자 또는 판매업자가 그 손해에 대하여 배상 책임을 지는 것
② 유럽에서는 100여년의 역사를 가지고 있으며, 미국, 일본에서도 1960~70년대부터 사회문제로 대두되어 '소비자 위험부담시대'에서 '판매자 위험부담시대'로 변환
③ 제조업에서 사고발생을 방지할 책임이 있기 때문에 결함 제조물에 대한 전적인 책임이 있다.

(2) 제조물 책임(PL)의 권리

① 1964년 미국의 케네디 대통령이 소비자의 4대 권리를 주장하고 법령으로 제정
② 소비자의 4대 권리
　㉮ 알리는 권리(The Right to be Informed)
　㉯ 안전의 권리(The Right to be Safety)
　㉰ 선택의 권리(The Right to be Chosen)
　㉱ 들어주는 권리(The Right to be Heard)

1961.1.20 제35대 미 대통령 취임 연설
"국민 여러분, 조국이 여러분을 위해 무엇을 할 수 있을 것인지 묻지 말고, 여러분이 조국을 위해 무엇을 할 수 있는지 스스로에게 물어보십시오. 세계의 시민 여러분, 미국이 여러분을 위해 무엇을 베풀 것인지 묻지 말고 우리모두가 손잡고 인간의 자유를 위해 무엇을 할 수 있을지 스스로에게 물어보십시오."

[사진] 존F. 케네디
(1917.5.29~1963.11.22)

💡 참고

• 보전성 관련 용어 및 정의
　① maintain ──── 보전하다 ── 유지하다
　② maintenance ── 보전 ──── 유지보수
　③ maintenability ── 보전성 ─── 유지보수성
　　　　　　　　　　　보전도 ─── 유지보수도
　④ 보전 : 아이템을 사용 및 작동이 가능한 상태로 유지하거나, 또는 고장, 결점 등을 회복하기 위한 모든 조치 및 활동비교 - 정비라고도 함

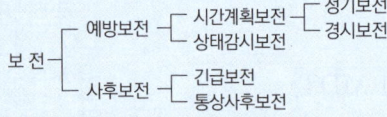

- **방책**　~60　PM(생산보전) : Productive M
　　　　　70~　TPM　　　　　: Total PM
- **방식**　~40　BM(사후보전) : Breakdown M
　　　　　50~　PM(예방보전) : Preventive M　　(시간베이스)
　　　　　　　 CM(계량보전) : Corrective M　　~70 정기보전
　　　　　80~　PM(예지보전) : Predictive M　　80~ 예지보전
　　　　　　　 MP(보전예방) : M Prevention　 (시간베이스)

(3) PL의 방향

① **미국** : PL 청구에 대한 관례법으로 손해를 배상하도록 책임부여
  ㉮ 과실책임
    ㉠ 설계상의 과실 ㉡ 제조상의 과실 ㉢ 경고 표시상의 과실
  ㉯ 보증(담보)책임 : 명시보증, 묵시보증
  ㉰ 엄격책임 : 불합리하고 위험한 상태의 제조물에 대한 책임

② **일본** : 민법으로 손해배상에 대한 청구를 심의
  ㉮ 계약책임 ㉯ 불법행위책임 ㉰ 보증보험
  ㉱ PL에 대한 형법적용 : 업무상 과실치사 등

(4) 대책

① 법률은 어떠한 경우라도 소비자에게 손해를 입혀서는 안 된다는 안전이념이 철저해야 한다.(제조업자, 판매업자의 안전의식 토착화)
② 우리나라에서도 하루 속히 이러한 법규들을 정리해서 안전이 국민생활에 정착될 수 있도록 노력하여야 한다.

(5) 결함

"결함"이란 제품의 안전성이 결여된 것을 의미하는데, "제품의 특성", "예견되는 사용형태", "인도된 시기"등을 고려하여 결함의 유무를 결정한다. 23. 4. 1., 24. 3. 30. 출

① **설계상의 결함** : 제조업자가 합리적인 대체설계를 채용하였더라면 피해나 위험을 줄이거나 피할 수 있었음에도 대체 설계를 채용하지 아니하여 해당 제조물이 안전하지 못하게 된 경우
② **제조상의 결함** : 제조업자가 제조물에 대한 제조, 가공상의 주의 의무 이행 여부에 불구하고 제조물이 의도한 설계와 다르게 제조, 가공됨으로써 안전하지 못하게 된 경우
③ **표시상의 결함** : 제조업자가 합리적인 설명, 지시, 경고, 기타의 표시를 하였더라면 해당 제조물에 의하여 발생될 수 있는 피해나 위험을 줄이거나 피할 수 있었음에도 이를 하지 아니한 경우

---

3. 제조물의 결함이 제조업자가 해당 제조물을 공급한 당시의 법령에서 정하는 기준을 준수함으로써 발생하였다는 사실
4. 원재료나 부품의 경우에는 그 원재료나 부품을 사용한 제조물 제조업자의 설계 또는 제작에 관한 지시로 인하여 결함이 발생하였다는 사실

② 제3조에 따라 손해배상책임을 지는 자가 제조물을 공급한 후에 그 제조물에 결함이 존재한다는 사실을 알거나 알 수 있었음에도 그 결함으로 인한 손해의 발생을 방지하기 위한 적절한 조치를 하지 아니한 경우에는 제1항제2호부터 제4호까지의 규정에 따른 면책을 주장할 수 없다.

제5조(연대책임) 동일한 손해에 대하여 배상할 책임이 있는 자가 2인 이상인 경우에는 연대하여 그 손해를 배상할 책임이 있다.

제6조(면책특약의 제한) 이 법에 따른 손해배상책임을 배제하거나 제한하는 특약(特約)은 무효로 한다. 다만, 자신의 영업에 이용하기 위하여 제조물을 공급받은 자가 자신의 영업용 재산에 발생한 손해에 관하여 그와 같은 특약을 체결한 경우에는 그러하지 아니하다.

제7조(소멸시효 등) ① 이 법에 따른 손해배상의 청구권은 피해자 또는 그 법정대리인이 다음 각 호의 사항을 모두 알게 된 날부터 3년간 행사하지 아니하면 시효의 완성으로 소멸한다.
1. 손해
2. 제3조에 따라 손해배상책임을 지는 자

② 이 법에 따른 손해배상의 청구권은 제조업자가 손해를 발생시킨 제조물을 공급한 날부터 10년 이내에 행사하여야 한다. 다만, 신체에 누적되어 사람의 건강을 해치는 물질에 의하여 발생한 손해 또는 일정한 잠복기간(潛伏期間)이 지난 후에 증상이 나타나는 손해에 대하여는 그 손해가 발생한 날부터 기산(起算)한다.

제8조(「민법」의 적용) 제조물의 결함으로 인한 손해배상책임에 관하여 이 법에 규정된 것을 제외하고는 「민법」에 따른다.

합격예측

위험성 평가 기대효과 및 이익
① 재해에 따른 직·간접적인 손실비용 절감
② 정부규제 완화로 행정업무 부담 경감
③ 산업재해 발생시 사업주에 대한 벌칙 및 과태료 완화
④ 사업장에 맞는 안전보건 체계 구축 가능
⑤ 단계적 투자에 의한 사업장 경쟁력 증가
⑥ 산재 발생에 대한 사업주의 심리적 부담 완화

Q 보충문제

2021년 H작업장 내의 설비 3대에서는 각각 80[dB]과 86[dB] 및 78[dB]의 소음을 발생시키고 있다. H작업장의 전체 소음은 약 몇 [dB]인가?

$PWL(dB)$
$= 10\log\left(10^{\frac{A_1}{10}} + 10^{\frac{A_2}{10}} + 10^{\frac{A_3}{10}}\right)$
$= 10\log\left(10^{\frac{80}{10}} + 10^{\frac{86}{10}} + 10^{\frac{78}{10}}\right)$
$≒ 87.5$

합격예측

조명 방법
(1) 직접조명
  ① 조명기구 간단, 효율성 좋고 설치비용 저렴
  ② 기구구조에 따라 눈부심 현상 있음, 균일한 조도 얻기 힘들고 강한 음영 생성
(2) 간접조명
  ① 눈부심 현상 없고 조도가 균일
  ② 설치가 복잡, 기구효율이 나쁘고 실내입체감이 작아짐
(3) 전반조명
  ① 균등한 조도를 얻기 위해 일정한 간격과 일정한 높이로 광원배치
  ② 공장 등에서 많이 사용
(4) 국소조명
  ① 작업면상의 필요한 장소만 높은 조도를 취하는 방법
  ② 밝고 어둠의 차가 심해 눈부심 현상이 나타나고 눈의 피로가중
(5) 전반·국소조명 혼합
  ① 작업면 전반에 적당한 조도 제공
  ② 필요한 장소에는 높은 조도를 주는 방식

보충학습

1. 소음의 영향

(1) 인체에 미치는 영향

구 분	특 징
생리적 영향	교감신경과 내분비계통을 흥분(맥박증가, 혈압상승, 근육의 긴장, 혈액성분과 소변의 변화, 타액과 위액분비억제, 부신호르몬의 이상분비 등)
심리적 영향	불쾌감과 소음으로 인한 수면 방해, 사고나 집중력 방해, 두뇌작업이나 노동의 악영향, 대화나 텔레비전 청취 방해 등 일상생활 방해로 인한 초조감
신체적 영향	동맥경화, 위궤양, 태아의 발육저하 등
청력 손실	일시적 또는 영구적 난청현상 발생

(2) 직업적 청력상실 영향

구 분	특 징
일시적 난청	① 큰 소리 들은 후 순간적으로 일어나는 청력 저하 → 일반적으로 수일 휴식 후는 정상 청력 회복 ② Corti씨 기관의 신경발달에 손상 → 신경의 전도성이 저하되는 비가역적 피로현상
영구적 난청 (소음성 난청)	① Corti씨 기관내의 유모 세포의 불가역적 파괴현상 ② 고주파음에 오랜시간 노출시에 발생 ③ C5-dip-4,000[Hz]를 중심으로 청력손실이 가장 크다. ④ 4,000[cps] 이상의 높은 음역과 4,500[cps] 이하의 청력 장해
불연속적인 소음으로부터 청력손실	① 간헐적인 소음, 충돌소음, 그리고 충격소음 등을 포함 ② 심한 노출시 청력상실(난청판정구분기호 : D_1)

2. 강렬한 소음작업 등의 관리기준

(1) 소음 감소 조치기준
① 기계기구 등의 대체   ② 시설의 밀폐   ③ 흡음 또는 격리 등

(2) 소음 수준의 주지(근로자에게 알려야 하는 사항)
① 해당 작업장소의 소음 수준   ② 인체에 미치는 영향 및 증상
③ 보호구의 선정 및 착용방법   ④ 그 밖에 소음건강장해 방지에 필요한 사항

(3) 난청발생에 따른 조치(소음성난청)
① 해당 작업장의 소음성난청 발생 원인조사
② 청력손실감소 및 재발방지 대책 마련
③ ②의 규정에 의한 대책의 이행여부 확인
④ 작업전환 등 의사의 소견에 따른 조치

(4) 보호구 착용
① 청력 보호구의 지급 : 개인별 전용의 것으로 지급
② 청력 보호구의 상시점검 및 이상 시 보수 또는 교환

③ 아래의 경우에는 청력보호 프로그램 시행
  ㉮ 소음의 작업환경측정결과 소음수준이 90[dB]을 초과하는 사업장
  ㉯ 소음으로 인하여 근로자에게 건강장해가 발생한 작업장

3. 위험성 평가(HAZOP : Hazard and operability study)

(1) 개요
사업장의 유해·위험요인을 파악하고 해당 유해·위험요인에 의한 부상 또는 질병의 발생 가능성(빈도)과 중대성(강도)을 추정·결정하고 감소대책을 수립하여 실행하는 일련의 과정

• 위험성 평가 우수사업장 인정 혜택
① 인정유효기간(3년)동안 정부의 안전보건 감독을 유예받음
② 정부 포상 또는 표창의 우선 추천
③ 위험성 평가 감소 대책 실행을 위한 해당 시설 및 기기 등에 대하여 보조금 또는 융자금 신청시 우선 지원
④ 위험성 평가 우수사업장 인정시 산재보험료 20[%] 할인 혜택, 사업주 위험성 평가 교육 이수시 산재보험료 10[%] 할인 혜택
※ 다음년도 보험료율 일할 계산(둘 중 높은 요율 적용)

(2) 법적 근거 제36조(위험성 평가의 실시)
① 사업주는 건설물, 기계·기구, 설비, 원재료, 가스, 증기, 분진 등에 의하거나 작업행동, 그 밖에 업무에 기인하는 유해·위험요인을 찾아내어 위험성을 결정하고, 그 결과에 따라 이 법과 이 법에 따른 명령에 의한 조치를 하여야 하며 근로자의 위험 또는 건강장해를 방지하기 위하여 필요한 경우에는 추가적인 조치를 하여야 한다.
② 사업주는 제1항에 따른 평가 시 고용노동부장관이 정하여 고시하는 바에 따라 해당 작업장의 근로자를 참여시켜야 한다.
③ 사업주는 제1항에 따른 평가의 결과와 조치사항을 고용노동부령으로 정하는 바에 따라 기록하여 보존하여야 한다.
④ 제1항에 따른 평가의 방법, 절차 및 시기, 그 밖에 필요한 사항은 고용노동부장관이 정하여 고시한다.

(3) 위험성 평가 우수사업장
① 위험성 평가 우수사업장 인정
위험성평가 인정신청서를 제출한 사업장에 대해 사업장의 위험성 평가 실태를 위험성 평가 기준 및 인정절차에 따라 객관적으로 심사하여 적합한 사업장에 대하여 한국산업안전보건공단 이사장이 증명서를 발급
② 위험성 평가 인정 신청 대상 사업장
상시 근로자 수 100명 미만 사업장(건설공사를 제외)
※ 법 제64조 제1항에 따른 사업의 일부 또는 전부를 도급에 의하여 행하는 사업의 경우는 도급을 준 도급인의 사업장과 도급을 받은 수급인의 사업장 각각의 근로자수를 이 규정에 의한 상시 근로자 수로 본다. - 총 공사금액 120억원(토목공사는 150억원) 미만의 건설공사
③ 위험성 평가 우수사업장 인정절차
④ 위험성 평가 우수사업장 인정 혜택

합격예측

가이드단어	가능한편차	가능한원인	결과	요구되는조치	흐름도에서 추가 사항과 변경

[그림] HAZOP 작업표 양식

은행문제

다음 중 기계 설비의 안전성 평가시 정밀진단기술과 가장 관계가 먼 것은?
① 파단면 해석
② 강제열화 테스트
③ 파괴 테스트
④ 인화점 평가 기술

정답 ④

참고

NIOSH(National Institute of Occupational Safety & Health)
NIOSH는 미국 국립산업안전보건연구원을 나타내는 것으로서 이는 미국의 산업안전보건법에 의하여 1972년에 설립되어 1974년 보건복지부 산하의 질병관리·예방센터로 편입되었으며 행정규제력이 없는 순수 연구기관이다. NIOSH의 주요 업무는 다음과 같다.
① 근로자 또는 사업주의 요청에 의한 작업장 유해요인 조사
② 작업관련 안전보건 연구 및 권고안 제출
③ 작업장 내 화학물질, 기계 등의 유해위험성 평가
④ 산업안전보건청(OSHA) 또는 광산안전보건청(MSHA)에 적절한 기준 제안
⑤ 산업안전보건 인력양성 실시

[표] 근골격계 질환 평가방법

OWAS	와스
RULA	루라
OSHA	오샤
BRIEF	브랩
SI	시
ANSI	안시
REBA	레바

인정유효기간(3년)동안 정부의 안전보건 감독을 유예, 정부 포상 또는 표창의 우선 추천, 위험성평가 감소 대책 실행을 위한 해당 시설 및 기기 등에 대하여 보조금 또는 융자금 신청시 우선 지원, 위험성 평가 우수사업장 인정시 산재보험료 20[%] 할인 혜택, 사업주 위험성 평가 교육 이수시 산재보험료 10[%] 할인 혜택
※ 다음년도 보험료율 일할 계산(둘 중 높은 요율 적용)

4. 근골격계부담작업의 범위

제4조(근골격계부담작업) 「산업안전보건법」 제39조제1항제5호 및 안전보건규칙 제656조제1호에 따른 근골격계부담작업이란 다음 각 호의 어느 하나에 해당하는 작업을 말한다. 다만, 단기간작업 또는 간헐적인 작업은 제외한다. 25. 3. 29. 출

1. 하루에 4시간 이상 집중적으로 자료입력 등을 위해 키보드 또는 마우스를 조작하는 작업
2. 하루에 총 2시간 이상 목, 어깨, 팔꿈치, 손목 또는 손을 사용하여 같은 동작을 반복하는 작업
3. 하루에 총 2시간 이상 머리 위에 손이 있거나, 팔꿈치가 어깨위에 있거나, 팔꿈치를 몸통으로부터 들거나, 팔꿈치를 몸통뒤쪽에 위치하도록 하는 상태에서 이루어지는 작업
4. 지지되지 않은 상태이거나 임의로 자세를 바꿀 수 없는 조건에서, 하루에 총 2시간 이상 목이나 허리를 구부리거나 트는 상태에서 이루어지는 작업
5. 하루에 총 2시간 이상 쪼그리고 앉거나 무릎을 굽힌 자세에서 이루어지는 작업
6. 하루에 총 2시간 이상 지지되지 않은 상태에서 1kg 이상의 물건을 한손의 손가락으로 집어 옮기거나, 2kg 이상에 상응하는 힘을 가하여 한손의 손가락으로 물건을 쥐는 작업
7. 하루에 총 2시간 이상 지지되지 않은 상태에서 4.5kg 이상의 물건을 한 손으로 들거나 동일한 힘으로 쥐는 작업
8. 하루에 10회 이상 25kg 이상의 물체를 드는 작업
9. 하루에 25회 이상 10kg 이상의 물체를 무릎 아래에서 들거나, 어깨 위에서 들거나, 팔을 뻗은 상태에서 드는 작업
10. 하루에 총 2시간 이상, 분당 2회 이상 4.5kg 이상의 물체를 드는 작업
11. 하루에 총 2시간 이상 시간당 10회 이상 손 또는 무릎을 사용하여 반복적으로 충격을 가하는 작업

5. 산업안전보건기준에 관한 규칙

제657조(유해요인 조사) ① 사업주는 근로자가 근골격계부담작업을 하는 경우에 3년마다 다음 각 호의 사항에 대한 유해요인조사를 하여야 한다. 다만, 신설되는 사업장의 경우에는 신설일부터 1년 이내에 최초의 유해요인 조사를 하여야 한다.

1. 설비·작업공정·작업량·작업속도 등 작업장 상황
2. 작업시간·작업자세·작업방법 등 작업조건
3. 작업과 관련된 근골격계질환 징후와 증상 유무 등

② 사업주는 다음 각 호의 어느 하나에 해당하는 사유가 발생하였을 경우에 제1항에도 불구하고 1개월 이내에 조사대상 및 조사방법 등을 검토하여 유해요인 조사를 해야 한다. 다만, 제1호에 해당하는 경우로서 해당 근골격계질환에 대하여 최근 1년 이내에 유해요인 조사를 하고 그 결과를 반영하여 제659조에 따른 작업환경 개선에 필요한 조치를 한 경우는 제외한다. 〈개정 2017. 3. 3., 2024. 6. 28.〉

1. 법에 따른 임시건강진단 등에서 근골격계질환자가 발생하였거나 근로자가 근골격계질환으로 「산업재해보상보험법 시행령」 별표 3 제2호가목·마목 및 제12호라목에 따라 업무상 질병으로 인정받은 경우(근골격계부담작업이 아닌 작업에서 근골격계질환자가 발생하였거나 근골격계부담작업이 아닌 작업에서 발생한 근골격계질환에 대해 업무상 질병으로 인정 받은 경우를 포함한다)
2. 근골격계부담작업에 해당하는 새로운 작업·설비를 도입한 경우
3. 근골격계부담작업에 해당하는 업무의 양과 작업공정 등 작업환경을 변경한 경우

③ 사업주는 유해요인 조사에 근로자 대표 또는 해당 작업 근로자를 참여시켜야 한다.

제658조(유해요인 조사 방법 등) 사업주는 유해요인 조사를 하는 경우에 근로자와의 면담, 증상 설문조사, 인간공학적 측면을 고려한 조사 등 적절한 방법으로 하여야 한다. 이 경우 제657조제2항제1호에 해당하는 경우에는 고용노동부장관이 정하여 고시하는 방법에 따라야 한다.

제659조(작업환경 개선) 사업주는 유해요인 조사 결과 근골격계질환이 발생할 우려가 있는 경우에 인간공학적으로 설계된 인력작업 보조설비 및 편의설비를 설치하는 등 작업환경 개선에 필요한 조치를 하여야 한다.

제660조(통지 및 사후조치) ① 근로자는 근골격계부담작업으로 인하여 운동범위의 축소, 쥐는 힘의 저하, 기능의 손실 등의 징후가 나타나는 경우 그 사실을 사업주에게 통지할 수 있다.

② 사업주는 근골격계부담작업으로 인하여 제1항에 따른 징후가 나타난 근로자에 대하여 의학적 조치를 하고 필요한 경우에는 제659조에 따른 작업환경 개선 등 적절한 조치를 하여야 한다.

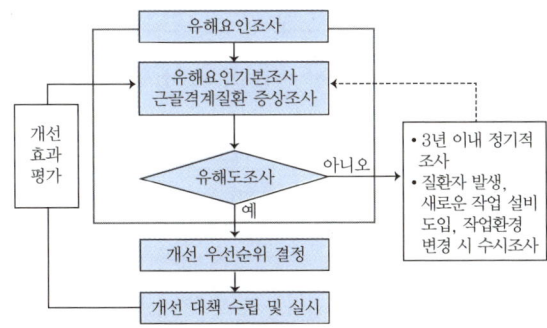

[그림] 근골격계질환 유해요인조사 절차

제661조(유해성 등의 주지) ① 사업주는 근로자가 근골격계부담작업을 하는 경우에 다음 각 호의 사항을 근로자에게 알려야 한다.
1. 근골격계부담작업의 유해요인
2. 근골격계질환의 징후와 증상
3. 근골격계질환 발생 시의 대처요령
4. 올바른 작업자세와 작업도구, 작업시설의 올바른 사용방법
5. 그 밖에 근골격계질환 예방에 필요한 사항

② 사업주는 제657조제1항과 제2항에 따른 유해요인 조사 및 그 결과, 제658조에 따른 조사방법 등을 해당 근로자에게 알려야 한다.

③ 사업주는 근로자대표의 요구가 있으면 설명회를 개최하여 제657조제2항제1호에 따른 유해요인 조사 결과를 해당 근로자와 같은 방법으로 작업하는 근로자에게 알려야 한다.

제662조(근골격계질환 예방관리 프로그램 시행) ① 사업주는 다음 각 호의 어느 하나에 해당하는 경우에 근골격계질환 예방관리 프로그램을 수립하여 시행하여야 한다.

1. 근골격계질환으로 「산업재해보상보험법 시행령」 별표 3 제2호가목·마목 및 제12호라목에 따라 업무상 질병으로 인정받은 근로자가 연간 10명 이상 발생한 사업장 또는 5명 이상 발생한 사업장으로서 발생 비율이 그 사업장 근로자 수의 10퍼센트 이상인 경우
2. 근골격계질환 예방과 관련하여 노사 간 이견(異見)이 지속되는 사업장으로서 고용노동부장관이 필요하다고 인정하여 근골격계질환 예방관리 프로그램을 수립하여 시행할 것을 명령한 경우

② 사업주는 근골격계질환 예방관리 프로그램을 작성·시행할 경우에 노사협의를 거쳐야 한다.

③ 사업주는 근골격계질환 예방관리 프로그램을 작성·시행할 경우에 인간공학·산업의학·산업위생·산업간호 등 분야별 전문가로부터 필요한 지도·조언을 받을 수 있다.

합격예측

[표] 평가기법 22. 3. 19., 24. 3. 30. 출

평가도구명 (Analysis Tools)	구분	평
(1) REBA (레바 : Rapid Entire Body Assessment)	평가되는 위해요인	반복성, 힘, 불편한 자세
	관련된 신체부위	손목, 팔, 어깨, 목, 상체, 허리, 다리
	적용대상 직업종류	간호사, 청소부, 주부 등의 작업이 비고정적인 형태의 서비스업계통
	한계점	반복성 미고려
(2) OWAS (와스 : Ovaco Working Posture Analysing System)	평가되는 위해요인	자세, 힘, 노출시간
	관련된 신체부위	상체, 허리, 하체
	적용대상 직업종류	중량물 취급
	한계점	중량물작업 한정, 반복성 미고려
(3) JSI (시 : Job Strain index : 작업긴장도 지수)	평가되는 위해요인	반복성, 힘, 불편한 자세
	관련된 신체부위	손, 손목
	적용대상 직업종류	경조립작업, 검사, 육류가공, 포장, 자료입력, 세탁
	한계점	손, 손목부위 작업 한정, 평가의 객관성
(4) RULA (루라 : Rapid Upper Limb Assessment)	평가되는 위해요인	반복성, 힘, 불편한 자세
	관련된 신체부위	손목, 팔, 팔꿈치, 어깨, 목, 상체
	적용대상 직업종류	조립작업, 목공작업, 정비작업, 육류가공, 교환대, 치과
	한계점	반복성과 정적자세의 고려가 다소 미흡, 전문성 요구
(5) Revised NIOSH Lifting Equation(NIOSH 들기 작업 지침)	평가되는 위해요인	반복성, 힘, 불편한 자세
	관련된 신체부위	허리
	적용대상 직업종류	물자취급(운반, 정리), 음료수운반, 4[kg] 이상의 중량물취급, 과도한 힘을 요하는 작업, 고정된 들기 작업
	한계점	전문성 요구

Chapter 04 각종 설비의 유지관리
출제예상문제

출제예상문제는 복습, 예습문제로 엮었습니다. *WHY : 실제시험에도 순서에 관계없이 출제됩니다. 예습 후 다음장에 공부한 문제가 있으면 기억이 배가 됩니다.

01 제조물 책임(PL : Product Liability)에서 제품손해배상의 대상이 아닌 것은?

① 제조결함　　② 보전결함
③ 설계결함　　④ 경고결함
⑤ 경고과실결함

해설
과실책임
① 설계결함　② 제조결함　③ 경고결함

02 FMEA에서 고장의 발생확률을 β라 하고, $0 < \beta < 0.10$일 때의 고장의 영향은?

① 영향 없음　　② 가능한 손실
③ 예상되는 손실　④ 실제의 손실
⑤ 사실적 손실

해설

영 향	발생확률
실제의 손실	$\beta = 1.00$
예상되는 손실	$0.10 \leq \beta < 1.00$
가능한 손실	$0 < \beta < 0.10$
영향 없음	$\beta = 0$

03 디버깅(debugging)이란?

① 초기고장기간의 고장원인 도출과정
② 우발고장기간의 고장원인 도출과정
③ 마모고장기간의 고장원인 도출과정
④ 고장원인 도출과는 상관이 없다.
⑤ 고장을 안정시키는 최종 고장

해설
(1) 초기고장 : 감소형(DFR), 디버깅 기간, 번인 기간. 예방대책 → 위험 분석
　① 디버깅 기간 : 기계의 결함을 찾아내 고장률을 안정시키는 기간
　② 번인 기간 : 물품을 실제로 장기간 움직여 보고 그 동안에 고장난 것을 제거하는 기간
(2) 우발고장 : 일정형(CFR), 사용조건상의 고장을 말하며 고장률이 가장 낮다. CFR 기간의 길이를 내용수명(耐用壽命)이라 한다.
(3) 마모고장 : 증가형(IFR), 정기진단(검사) 필요, 설비의 피로에 의해 생기는 고장

04 어느 부품 1만개를 1만 시간 가동중에 5개의 불량품이 발생하였다. 평균 고장시간(MTBF)은?

① 1×10^6시간　　② 2×10^7시간
③ 1×10^8시간　　④ 2×10^9시간
⑤ 3×10^8시간

해설
$$MTBF = \frac{1}{\lambda} = \frac{10,000 \times 10,000}{5} = 2 \times 10^7 \text{시간}$$

05 n개의 요소를 가진 병렬계에 있어서 요소의 수명(MTTF)이 지수분포에 따를 경우, 계의 수명은?

① $MTTF \times n$
② $MTTF \times \frac{1}{n}$
③ $MTTF \times \left(1 + \frac{1}{2} + \cdots + \frac{1}{n}\right)$
④ $MTTF \times \left(1 \times \frac{1}{2} \times \cdots \times \frac{1}{n}\right)$
⑤ $MTTF \div \frac{1}{3} \times \frac{1}{n}$

[정답]　01 ②　02 ②　03 ①　04 ②　05 ③

> [해설]
고장까지의 평균시간(Mean Time Failure)

06 ★ 기계의 기능에서 전형적인 고장률을 표시하는 곡선이 있다. 유용수명 기간중에 우발적인 고장 기간은 언제부터 주로 발생하는가?

① 기계의 시운전시에 발생한다.
② 기계의 일정 안정기에 들어서 발생한다.
③ 기계부품의 수명이 다 되었을 때 발생한다.
④ 기계 초기부터 계속 발생하는 현상이다.
⑤ 기계의 최종점검시 발생하는 현상이다.

> [해설]
(1) ①, ④ 는 초기고장이며 감소형이다.
(2) ② 는 우발고장이며 일정형이다.
(3) ③ 은 마모고장이며 증가형이다.

07 ★★ 시스템안전 달성을 위한 설계단계 중 위험 상태의 최소화 단계에 해당되는 것은?

① 경보장치   ② 페일세이프
③ 안전장치   ④ 특수수단 강구
⑤ 안전대책 강구

> [해설]
시스템안전 프로그램의 5단계
(1) 제1단계 : 구상단계(요구되는 기능의 검토)
(2) 제2단계 : 시방결정단계(기능의 결정 : 종류, 용량, 성능, 안전도, 신뢰도)
(3) 제3단계 : 설계단계(기본설계 및 세부설계)
    ① 첫째 : 우선 위험상태를 최소로 한다. (fail safe 및 용장성 도입)
    ② 둘째 : 안전장치, 안전울타리, interlock 방식 등
    ③ 셋째 : 경보장치 채택
(4) 제4단계 : 제작단계(작업표준 보전방식 안전점검 기초)
(5) 제5단계 : 조업단계

08 ★★ 세이프티 어세스먼트 점검 6단계에서 잠재 위험성을 정량적으로 평가하는 단계는?

① 제1단계   ② 제2단계
③ 제3단계   ④ 제4단계
⑤ 제5단계

> [해설]
안전성 평가 6단계
① 제1단계 : 관계자료의 작성 준비
② 제2단계 : 정성적 평가
③ 제3단계 : 정량적 평가
④ 제4단계 : 안전대책
⑤ 제5단계 : 재평가
⑥ 제6단계 : FTA에 의한 재평가

09 ★★ 수리하면서 사용하는 체계에서 고장과 고장 사이 시간의 평균치는?

① MTBF   ② MTTF
③ MTTFF   ④ MTBME
⑤ MMFS

> [해설]
① 평균고장간격
② 고장까지의 평균시간

10 ★★★ 화학설비의 안전성 평가단계를 다음의 보기를 가지고 바르게 나타낸 것은?

> ㉠ 관계자료의 정비검토   ㉡ 정성적 평가
> ㉢ 정량적 평가   ㉣ 안전대책

① ㉠-㉡-㉢-㉣   ② ㉠-㉢-㉡-㉣
③ ㉠-㉢-㉣-㉡   ④ ㉠-㉡-㉣-㉢
⑤ ㉣-㉢-㉠-㉡

> [해설]
화학설비의 안전성 평가 6단계(기본순서)
① 제1단계 : 관계자료의 정비검토
② 제2단계 : 정성적 평가
③ 제3단계 : 정량적 평가
④ 제4단계 : 안전대책
⑤ 제5단계 : 재해정보에 의한 재평가
⑥ 제6단계 : FTA에 의한 재평가

[정답] 06 ② 07 ② 08 ③ 09 ① 10 ①

11 프레스에 있어서 가이드포스트의 설치위치로 적절한 것은?

① 작업위치의 상형
② 작업위치의 하형
③ 작업위치의 반대측의 상형
④ 작업위치 반대측의 하형
⑤ 작업자의 우측아래 상형

해설
프레스 금형의 기본명칭
Guide Post(기둥)는 반드시 작업자 위치 정면 하형이다.

12 설비는 사용함에 따라 점차 성능의 저하나 고장이 발생하는데 이와 같은 설비 열화의 대책으로 가장 좋은 방법은?

① 일상보전   ② 예방보전
③ 개량보전   ④ 설비갱신
⑤ 최종보전

해설
보전에는 예방이 가장 중요하다.

13 항공기의 안전성 평가에 널리 사용되는 기법으로서 각 중요 부품의 고장률, 운용, 형태, 보정계수, 사용시간, 비율 등을 고려하여 정량적, 귀납적으로 부품의 위험도를 평가하는 분석 기법은?

① FMEA   ② CA
③ FTA   ④ ETA
⑤ FSA

해설
(1) FMEA : 가장 일반적이고 전형적인 방법, 정성적, 귀납적 해석방법
(2) CA : 위험성이 높은 요소, 직접 시스템의 손상이나 인원의 사상에 연결되는 요소에 대해서 특별한 주의와 해석이 필요하며 항공기 안전성 평가에 적용
(3) FTA : 결함수 분석법
(4) ETA : 귀납적, 정량적 방법이며 작성은 좌에서 우로, 성공사상은 상측에, 실패사상은 하측에 분기된다. ETA에서 분기된 각 사상의 확률의 합은 항상 1이다.

14 위험관리 내용을 가장 잘 설명한 것은?

① 위험의 식별   ② 위험의 양적 제시
③ 위험수준의 결정   ④ 위험성의 확인 및 평가
⑤ 위험의 선정

해설
위험관리는 위험수준을 결정하기 위한 것이며 위험 및 운전성 검토 등 합성 경험을 제공하는 것이다.

15 위험 및 운전성 검토를 수행하기 위하여 필요한 4단계 준비작업에 적합하지 않은 것은?

① 자료의 수집
② 안전수칙의 작성
③ 검토 순서 계획의 수립
④ 필요한 회의 소집
⑤ 수집된 자료를 적당한 형태로 수정

해설
준비작업 4단계
① 자료의 수집
② 수집된 자료를 적당한 형태로 수정
③ 검토순서 계획의 수립
④ 필요한 회의 소집

16 많은 부품들이 직렬구조로 이루어진 시스템에서, 아주 적은 t에 대해서 부품의 고장률이 $h_i(t) = \lambda_i + K_i t^n$이고, 상당부분을 차지하는 부품들이 $\lambda_i \neq 0$이면, 이 시스템의 고장은 어떤 분포를 따른다고 할 수 있는가?

① 인양분포   ② 지수분포
③ 정규분포   ④ t 분포
⑤ A분포

해설
지수분포를 설명하고 있다.

[정답] 11 ② 12 ② 13 ② 14 ③ 15 ② 16 ②

17 ★★ FTA를 수행함에 있어 기본사상들의 발생이 서로 독립인가 아닌가의 여부를 파악하기 위해서는 다음 중 어느 값을 계산해 보아야 가장 적합한가?

① 발생확률 ② 고장률
③ 분산 ④ 공분산
⑤ 합격률

해설
공분산의 설명이다.

18 ★★★ 어떤 전자기기의 수명은 지수분포에 따르며, 그 평균수명은 1,000시간이라고 한다. 그런데 이러한 기기를 1,000시간 사용하였으나 아직은 고장없이 작동하고 있다. 이 기기가 앞으로 500시간 동안 고장없이 정상 작동할 확률은? 23. 4. 1., 24. 3. 30. 출

① $e^{-0.5}$ ② $e^{-1.5}$
③ $1-e^{-0.5}$ ④ $1-e^{-1.5}$
⑤ $1-e^{-2.5}$

해설
(1) MTBF(평균고장간격 : Mean Time Between Failures)
  ① 고장이 발생되어도 다시 수리를 해서 쓸 수 있는 제품을 의미
    → 무고장 시간의 평균
    $MTBF = \dfrac{1}{\lambda} = t_0$ ∴ $t_0 = \dfrac{1}{\lambda}$
    λ : 고장률 $= \dfrac{\text{고장(불량품) 건수}}{\text{총 가동시간}}$
  ② 고장에서 고장까지의 정상상태에 머무르는 무고장 동작시간의 평균치
  ③ 평균고장발생의 시간 길이로 수리하면서 사용하는 제품의 신뢰도 척도
(2) MTTF(고장까지의 평균시간 : Mean Time to Failure)
  ① 기계의 평균수명으로 모든 기계가 to를 갖지 않기 때문에 확률분포로 파악
  ② 고장이 발생하면 그것으로 수명이 없어지는 제품
  ③ 한번 고장이 발생하면 수명이 다한 것으로 생각하여 수리하지 않고 폐기하거나 교환하는 제품의 고장까지의 평균시간
(3) 마모고장
  ① 증가형(IFR : Increasing Failure Rate) : C
  ② 점차로 고장률이 상승하는 형으로 볼 베어링 등 기계적 요소나 부품의 마모, 사람의 노화현상
  ③ 마모나 노화에 의해 어떤 시점에서 집중적으로 고장나는 특징을 가진다.
  ④ 고장이 집중적으로 일어나기 직전에 교환을 하면 고장을 사전에 방지할 수 있다.
(4) 감소형(DFR)
  ① 보전효과 : 예방보전(PM)을 하지 않음. debugging이 유효
  ② 신뢰도 R_ω

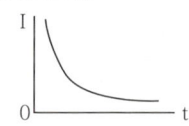

  ③ 고장밀도함수 f_ω

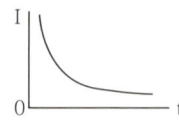

  ④ 고장률 λ_ω

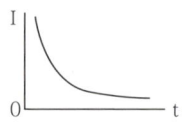

(5) 일정형(CFR)
  ① 예방보존효과(PM)
  ② 신뢰도 R_ω

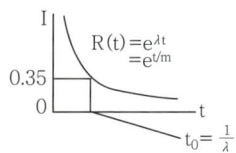
$R(t) = e^{\lambda t} = e^{t/m}$
0.35
$t_0 = \dfrac{1}{\lambda}$

  ③ 고장밀도함수 f_ω

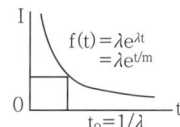
$f(t) = \lambda e^{\lambda t} = \lambda e^{t/m}$
$t_0 = 1/\lambda$

  ④ 고장률 λ_ω

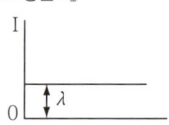

(6) $R(t) = e^{-\lambda t} = e^{-\frac{t}{t_0}} = e^{-\frac{500}{1000}} = e^{-0.5} = 0.6065$

여기서
  고장없이 작동할 확률=신뢰도(R)
  $R = e^{-\frac{t}{t_0}} = e^{-\lambda \cdot t}$
  t_0 : 평균 고장 시간(평균수명)
  λ : 고장률
  t : 앞으로 사용할 시간

[정답] 17 ④ 18 ①

19 공장의 안전점검 중 설비의 안전상태 유지 확보를 위한 가장 적합한 점검방법은?

① 설계 사전검사   ② 수입검사
③ 시업검사(始業檢査)   ④ 기본동작검사
⑤ 자동전수검사

해설

시업검사
① 시업검사는 설비의 안전상태 유지확보를 위해 작업을 시작하기 전에 실시한다.
② 설비의 안전점검을 말한다.

20 어느 부품 1만개를 1만 시간 가동 중에 5개의 불량품이 발생하였다. 평균고장시간(MTBF)은?

① 1×10^6시간   ② 2×10^7시간
③ 1×10^8시간   ④ 2×10^9시간
⑤ 2×10^3시간

해설

$$MTBF = \frac{총작동시간}{고장개수} = \frac{10^4 \times 10^4}{5} = 2 \times 10^7$$

녹색직업 녹색자격증코너

진정으로 원하는 사람이 되고 싶다면
당신이 되고 싶은 사람이 되기 위해서는…
하고 싶지 않은 일을 해야 하고,
듣고 싶지 않은 말을 들어야 하고,
만나고 싶지 않은 사람을 만나야 합니다.
원치 않는 일을 하지 않고
진정 원하는 일을 하는 사람은 없습니다.
-조정민, '사람이 선물이다.'에서

그렇습니다. 당장하고 싶은 일만 하면서 진정 원하는 일을 할 수는 없습니다. 당장의 쾌락을 뒤로 미룰 수 있는 만족 지연의 법칙, 편안한 길 보다는 험난한 길을 우선 택하는 도전정신이 위대함을 낳습니다.

[정답] 19 ③ 20 ②

Part 05 | 인간 공학

Chapter 1 인간공학 및 정보입력표시
Chapter 2 인체계측 및 작업공간
Chapter 3 작업환경관리

Chapter 01 인간공학 및 정보입력표시

중점 학습내용

본 장은 안전 공학도로서 인간의 삶과 목적이 과연 무엇인가를 간략하게 정의하였으며, 인간·기계의 기능, 장단점 등을 기술하고 인간으로서 안전하게 작업할 수 있는 기본사항 등을 구체적으로 서술하여 안전 공학도가 기본적으로 인지해야 할 내용을 제시하였다. 시험에 출제가 예상되는 그 중심내용은 다음과 같이 하였다.

❶ 인간공학의 정의
❷ 인간-기계 체계
❸ 체계 설비와 인간 요소

 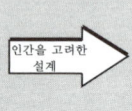 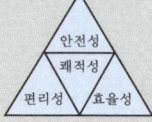

[그림] 인간공학의 목적

합격예측

인간공학의 목표
① 첫째 : 안전성 향상과 사고 방지
② 둘째 : 기계조작의 능률성과 생산성의 향상
③ 셋째 : 쾌적성

합격용어

(1) 인간공학
기계, 기구, 환경 등의 물적 조건을 인간의 특성과 능력에 잘 조화하도록 설계하기 위한 수단을 연구하는 학문이다.
(2) 표기방법
① 유럽중심: Ergonomics(그리스어의 ergon과 nomics의 합성어),「ergon(노동 또는 작업, work)+ nomos(법칙 또는 관리, laws)+ics(학문 또는 학술)」인간의 특성에 맞게 일을 수행하도록 하는 학문
② 미국중심 : Human factor

합격예측

① Chapanis의 Impossible : 위험발생률 : 10^{-8}[day]
② extremely unlikely > 10^{-6}/day
③ remote > 10^{-5}/day
④ occasional > 10^{-4}/day
⑤ reasonably probable > 10^{-3}/day

1 인간공학의 정의

1. 인간공학의 개념

(1) 정의

　미국의 차파니스(Chapanis, A.)는 인간공학은 기계와 그 기계조작 및 환경조건을 인간의 특성, 능력과 한계에 잘 조화하도록 설계하기 위한 수단을 연구하는 것으로, 인간과 기계의 조화있는 체계(man-machine system)를 갖추기 위한 학문이라고 했다. 다시 말하면, 인간공학(human factors engineering : 인간중심)이란 '인간이 사용할 수 있도록 설계하는 과정'이다.

① 인간공학의 초점은 인간이 만들어 생활의 여러 가지 면에서 사용하는 물질, 기구 또는 환경을 설계하는 과정에서 인간을 고려하는 데 있다.
② 인간이 만든 물건, 기구 또는 환경의 설계 과정에서 인간공학의 목표는 두 가지이다.
　㉮ 사람이 잘 사용할 수 있도록 실용적 효능을 높이고 건강, 안정, 만족과 같은 특정한 인간의 가치기준을 유지하거나 높이는 데 있다.
　㉯ 인간의 복지향상
③ 인간공학의 접근방법(approach)은 인간이 만들어 사람이 사용하는 물체, 기구 또는 환경을 설계하는 데 인간의 특성이나 행동에 관한 적절한 정보를 체계적으로 적용하는 것이다.

(2) 인간공학의 내용

① **아동, 청년, 노인의 각종 작업 능력의 발달, 쇠퇴 및 개인차** : 작업의 종류와 그 작업을 수행하는 사람들의 유형에 따라 작업의 수행 능력에 차이가 있으며, 또한 각 개인의 능력 차이에 따라서 작업의 성과가 다르게 나타난다.
② **작업 숙달** : 만일, 사람이 장치에 적합하고 또한 장치가 사람에게 적합하고 직무 절차가 가장 적합하다면 시간, 비용, 노력을 보다 적게 들이고도 요구되는 작업의 숙련도에 도달할 수 있다.
③ **인간의 생리적인 면과 작업 능률과의 관계** : 피로, 중압감 등의 인간의 생리적인 특성들은 작업성과에 커다란 영향을 미친다.
④ **작업방법과 작업능률과의 관계** : 어느 개인이나 집단의 능력 및 특성에 적합한 작업방법에 따라서 작업을 수행하면 작업의 능률이 향상된다.
⑤ **작업형태와 작업능률과의 관계** : 근로시간, 근로일정 등의 작업기간과 휴식시간, 휴일 및 근무 교대(보기 1일 3교대) 등에 관한 작업 제도는 작업의 능률에 영향을 미친다.
⑥ **작업환경과 작업능률과의 관계** : 대기조건(기후, 온도, 기압, 고도 등), 조명, 소음, 먼지, 방사선 그리고 작업장의 기계 장비 및 부품의 배치 등은 작업의 성과에 영향을 미친다.
⑦ **작업의 사회적 조건** : 작업 조직 제도, 교통, 주거 및 기업의 형태 등을 들 수 있다.
⑧ **문제되는 장비나 설비의 운용방법 및 절차** : 문제되는 장치에 대한 적절한 운용방법 및 그 특성들을 근로자가 확실히 알 수 있도록 한다.
⑨ **이들 품목들의 인간 요소적 측면에서의 시험 및 평가** : 문제시되는 장치들이 인간의 특성에 적합한지를 시험 및 평가한다.
⑩ **작업의 설계** : 근로자에게 자신의 작업 항목에 대한 검사 책임을 부여하거나, 근로자로 하여금 자신에게 적합한 작업 방법을 스스로 선택할 수 있는 기회를 준다. 또한 수행해야 할 작업에 대한 인원을 적절히 결정하여 근로자들을 적재적소에 배치한다.

2. 인간공학의 연구목적 및 방법

(1) 인간공학의 연구목적(Chapanis, A.)

① **첫째** : 안전성의 향상과 사고방지
② **둘째** : 기계 조작의 능률성과 생산성의 향상
③ **셋째** : 쾌적성
위 3가지의 궁극적인 목적은 안전과 능률(안전성 및 효율성 향상)이다.

합격예측

인간공학적 제어예방(control prevention) 프로그램에는 4개의 주요 구성요소 25. 3. 29.
① 존재하거나 잠재적인 문제
② 문제가 시키는 위험요소의 규명과 평가
③ 공학적이면서 경영적인 교정방법의 설계와 수행
④ 도입된 교정방법의 효율성 감시와 평가

합격예측

사업장에서의 인간공학 적용 분야 및 기대효과
① 작업관련성 유해·위험 작업 분석(작업환경개선)
② 제품설계에 있어 인간에 대한 안전성평가(장비 및 공구설계)
③ 작업공간의 설계
④ 인간-기계 인터페이스 디자인
⑤ 재해 및 질병 예방
⑥ 노사간 신뢰 구축

합격예측

체계가 공통적으로 갖는 일반적 특성
① 체계의 목적
② 임무 및 기본기능
③ 입력 및 출력
④ 통신유대
⑤ 절차

합격예측

인간의 성능 특성
① 속도
② 정확성
③ 사용자 만족

합격예측

인간공학적 설계대상
① 물건(Objects)
② 기계(Machinery)
③ 환경(Environment)

(2) 인간공학의 가치 및 효과

① 성능의 향상
② 훈련비용의 절감
③ 인력이용률의 향상
④ 사고 및 오용에 의한 손실 감소
⑤ 생산 및 장비유지의 경제성 증대
⑥ 사용자의 수용도 향상

(3) 인간공학의 연구의 분석방법

① 순간조작 분석
② 지각운동정보 분석
③ 연속 control 부담 분석
④ 전 작업 부담 분석
⑤ 사용빈도 분석
⑥ 기계의 상호연관성 분석

(4) 인간공학의 연구방법

① 묘사적 연구(descriptive study) : 현장 연구로 인간기준이 사용
② 실험적 연구(experimental research) : 작업 성능에 대한 모의 실험
③ 평가적 연구(evaluation research) : 체계 성능에 대한 man−machine system이나 제품 등을 평가

(5) 인간기준의 종류(Human Criteria)

① 인간의 성능(빈도수·지속성·자연성) 척도
② 주관적 반응 : 개인성능연구
③ 생리학적 지표 : 동공확장 등으로 연구
④ 사고 및 과오의 빈도

(6) 인간기준의 평가기준

① 빈도 척도
② 강도 척도
③ 잠복시간 척도
④ 지속시간 척도
⑤ 인간의 신뢰도(반복성)

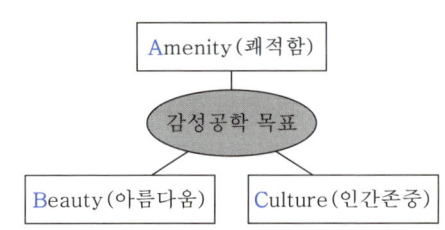

[그림] 감성공학 ABC

(7) 인간공학의 연구기준 중 체계묘사기준

① 체계의 수명   ② 신뢰도   ③ 정비도   ④ 가용도
⑤ 운용비   ⑥ 운용 용이도   ⑦ 소요인력

[표] 감성공학과 인간 interface(계면)의 3단계 24. 3. 30.출

구 분	특 성
신체적(형태적)인터페이스	인간의 신체적 또는 형태적 특성의 적합성여부(필요조건)
인지적 인터페이스	인간의 인지능력, 정신적 부담의 정도(편리 수준)
감성적 인터페이스	인간의 감정 및 정서의 적합성여부(쾌적 수준)

※ 1. 감성적인 부분을 고려하지 않을 시 나타난 결과 : 진부감(陳腐感)
　 2. 인지적 특성이 가장 많이 고려되는 사용자의 인터페이스요소 : 한글입력방식
　 3. 계면(面) : 인간과 기계가 만나는 면

2 인간-기계 체계

1. 인간-기계 통합시스템

시스템(system, 또는 체계)이란, '특정한 기능을 수행하기 위한 조화 있는 상호작용을 하거나 상호 관련되어서 어떤 공통된 목표에 의해 통합된 사물들의 집단'이라 정의된다. 　연구목적 : 안전의 극대화, 생산능률 향상

시스템의 종류는 개방 시스템(open system)과 폐쇄 시스템(closed system)의 두 가지로 나뉜다.

개방 시스템은 입력에 반응하는 출력이 다시 입력에 연결되지 않고 입력에 영향을 끼치지 않는 시스템인 데 반해서, 폐쇄 시스템은 피드백(feedback) 경로가 있어서 입력에서 반응하는 출력이 다시 입력에 연결되어 영향을 끼치는 시스템이다.

시스템 내부에는 그 시스템과 관련을 가지는 또 다른 시스템이 있을 수 있는데, 이 내부 시스템을 흔히 하부 시스템(下部體系 : subsystem)이라 부른다.

모든 시스템은 하부 시스템을 가지고 있으며, 또한 어떤 특정한 목적을 가지고 있다. 이 목적은 분명하게 이해되어야 하며, 시스템이 그 목적을 달성하기 위해서는 특정한 임무들이 수행되어져야 한다. 이때, 각각의 임무는 사람 또는 기계에 적절히 할당되어 수행되며, 각 임무를 수행함으로써 이들이 통합된 인간-기계 시스템으로서의 새롭고 큰 힘을 나타내는 것이다.(설계원칙 : 인간의 효율이 우선적 설계)

(1) 감지기능

인간은 감각기관(눈, 코, 귀 등)을 통해서 감지하지만, 기계는 전자장치 또는 기계장치를 통해 감지한다.

합격예측

인간공학 기준(척도)의 요건
① 적절성
② 무오염성
③ 기준척도의 신뢰성
④ 표준화
⑤ 객관성
⑥ 규준
⑦ 타당성
⑧ 민감도
⑨ 검출성
⑩ 변별성

합격예측

인간-기계 기능계에서 기본 기능
① 감지(sensing)
② 정보저장
　(information storage)
③ 정보처리 및 결심
　(information processing and decision)
④ 행동기능
　(acting function)

합격예측

인간-기계 시스템 설계 6단계
① 1단계 : 시스템의 목표와 성능 명세 결정
② 2단계 : 시스템의 정의
③ 3단계 : 기본설계(작업설계, 직무분석, 기능할당)
④ 4단계 : 인터페이스설계
⑤ 5단계 : 보조물설계
⑥ 6단계 : 시험 및 평가

Q 보충문제

항공기 위치 표시장치의 설계원칙에 있어, 다음 보기의 설명에 해당하는 것은?

[보기]
항공기의 경우 일반적으로 이동부분의 영상은 고정된 눈금이나 좌표계에 나타내는 것이 바람직하다.

① 통합
② 양립적 이동
③ 추종표시
④ 표시의 현실성
⑤ 항로표시성

정답 ②

합격예측

정보보관기능
(1) 기계: 펀치카드, 자기테이프, 형판, 기록, 자료표
(2) 인간: 기억된 학습내용

합격예측

인간의 인지능력과 정보습득

정보량	시각	83[%]
	청각	11[%]
	후각	3.5[%]
	촉각	1.5[%]
	미각	1[%]

합격예측

인터페이스 설계의 종류
① 작업공간
② 표시장치
③ 조종장치
④ 제어장치
⑤ 컴퓨터와의 대화

합격예측

인간-기계 시스템 설계원칙
① 배열을 고려한 설계
② 양립성에 맞는 설계
③ 인체 특성에 적합한 설계

(2) 정보보관기능

인간은 두뇌에 기억하지만, 기계는 자기테이프 또는 천공카드(punch card) 등에 보관한다.

(3) 정보처리 및 의사결정

기억된 내용을 근거로 간단하거나 복잡한 과정을 통해 의사 결정을 내리는 과정이다.

(4) 행동기능

결정된 사항의 실행과 조정을 하는 과정이다.

여기에서, 정보보관기능은 다른 세 기능 모두와 상호작용을 하므로, 나머지 세 기능은 '감지 → 정보처리 및 의사 결정 → 행동 기능'의 순서대로 수행된다.

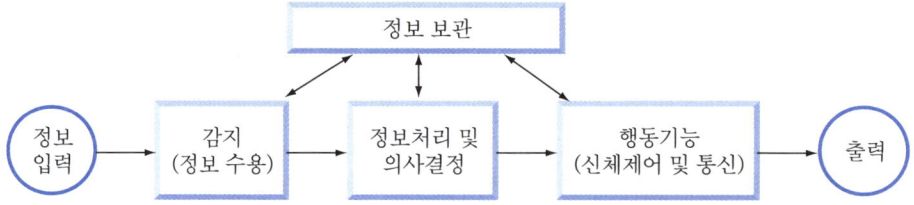

[그림] 인간-기계 통합시스템의 인간 또는 기계에 의해서 수행되는 기본 기능의 유형

인간은 자신의 능력 한계에 도구, 공구 및 기계 등을 사용함으로써 능력을 확대하여 최대의 작업능률을 올리고자 하므로, 인간-기계의 통합시스템은 자연적으로 요구된다.

인간-기계 통합시스템(Man-Machine System : MMS)이란, 한 명 이상의 사람과 한 가지 이상의 기계, 그리고 이들의 환경으로 구성되어 인간만으로 또는 기계만으로 발휘하는 그 이상의 큰 능력을 나타내는 시스템을 말한다.

그런데 인간-기계 통합시스템으로서 대부분의 작업 활동이 수행되므로, 이 통합 시스템의 유형과 그 운용방식 및 특성 등을 잘 알아서 목적하는 바 그 임무를 효율적으로 수행하는 것이 중요하다.

인간-기계 통합시스템의 유형은 인간 대 기계의 통제 정도에 따라서 세 가지로 구분된다.

① **수동 시스템(manual system)** : 수동 시스템은 사용자가 손공구나 그 밖에 보조물 등을 사용하여 자기의 신체적 힘을 동력원으로 하여 작업을 수행하고, 작업의 능률화를 이룩하는 시스템이다. 수동 시스템에서 인간의 역할은 어떤 처리를 위한 힘을 제공하고 기계를 제어하는 것이다. 사용자는 자신의 공구나

보조물에 많은 양의 정보를 주고받으며, 전형적으로 자기 보조에 맞추어 일한다.

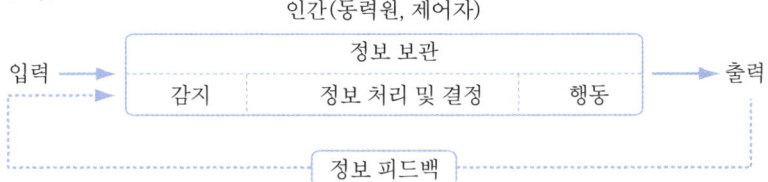

[그림] 수동 시스템

② **기계 시스템**(mechanical system) : 기계 시스템은 반자동 시스템이라고도 하는데, 여러 종류의 동력 공작 기계와 같이 고도로 통합된 부품들로 구성되어 있다. 이 시스템에서 인간의 역할은 제어 기능을 담당한다. 즉, 기계를 돌리고 멈추며, 중간 과정에 대한 조정을 한다. 힘에 대한 공급(동력원)은 기계가 담당한다.

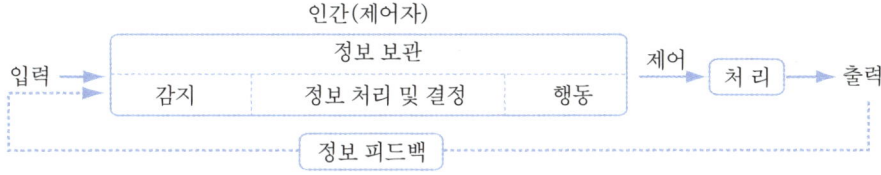

[그림] 기계(반자동) 시스템

③ **자동 시스템**(automatic system) : 시스템이 완전히 자동화된 경우에는 감지, 정보 처리 및 의사 결정, 행동 기능 및 정보 보관 등 모든 임무를 미리 설계된 대로 기계가 수행하게 된다. 이 자동 시스템은 미리 설계되고 프로그램화된 대로 수행되나, 만일 실제 작용이 목표로 한 작용과 달라질 때에는 자동적으로 목표 작용을 지양하는 기능을 가지고 있다. 자동 시스템에 있어서 신뢰성이 완전하다고 하는 것은 불가능한 것이므로, 인간은 주로 감시(monitor)하거나 처리 과정을 감독하는 역할을 담당하게 된다.

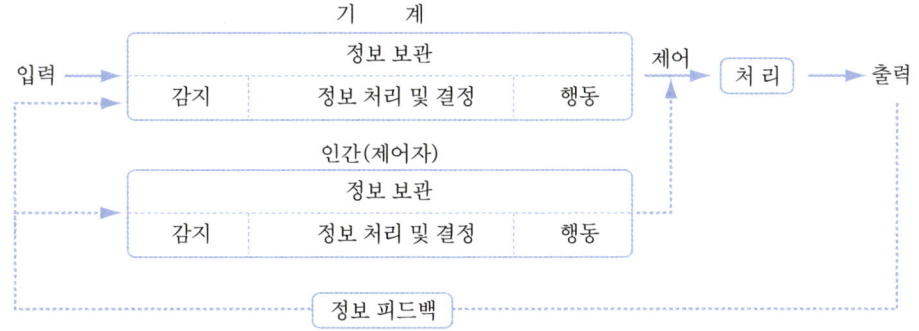

[그림] 자동 시스템

합격예측

인간-기계체계 유형
① 수동체계의 경우 : 장인과 공구, 가수와 앰프
② 기계화 체계의 경우 : 운전하는 사람과 자동차 엔진
③ 자동화 체계 : 인간은 주로 감시, 프로그램 입력, 정비 유지

합격예측

(1) 인간요소적 기능 4가지
 • 작업설계
 • 직무분석
 • 작업명세
 • 요원선발 기준
(2) SD법(Semantic Differential Method)
 오즈구드(Osgood C.E) 등이 각 나라의 언어가 표현하는 의미가 어느 정도 유사한지 조사하는 연구를 통해 평가성, 역량성, 활동성의 3가지 인자로 구성되어 있다는 것을 발견

[표] 실험실과 현장연구비교

구분	실험실	현장
변수형태	용기(쉽다)	어렵다
현실성	낮다	높다
동기부여	높다	낮다
안정성	높다	낮다

합격예측

수동체계(manual system)
수동체계는 수공구나 그 밖에 보조물로 이루어지며 자신의 신체적인 힘을 동력원으로 사용하여 작업을 통제하는 인간 사용자와 결합한다.

합격예측

행동기능
어떤 체계의 행동(action)기능이란 내려진 의사결정의 결과로 발생하는 조작행위를 말한다.
① 물리적인 조종행위나 과정: 조종장치작동, 물체나 물건을 취급, 이동, 변경, 개조하는 것 등이 있다.
② 통신행위: 음성(사람의 경우), 신호, 기록 등의 방법이 사용된다.

합격예측

인간 커뮤니케이션 Link 종류
① 방향성 Link
② 통신계 Link
③ 시각 Link

용어정리

① 감정: 비교적 단순한 심리적 체험 예 밝다, 어둡다
② 감성: 외부의 물리적 자극에 따른 감각, 지각으로 사람의 내부에 일어나는 고도의 심리적 체험 예 쾌적감, 온화함

[표] 운용방식 및 부품과 연결장치의 특성에 의한 인간-기계 통합시스템의 분류

시스템 유형 및 운용 방식	부 품	부품간의 연결장치	보 기
수동 시스템, 사용자 조작, 융통성 있음	손공구 및 보조물	인간(사용자)	장인과 공구, 가수와 앰프
기계 시스템, 운전자 조정, 융통성 없음	상호 관련도가 대단히 높은 여러 부속품들이 명확히 구분할 수 없는 부품 및 연결장치를 이루고 있다.		엔진, 자동차, 공작기계
자동 시스템, 미리 고정 또는 프로그램됨	(동력) 기계 시스템	전선, 도관, 지레 등이 제어회로를 이룬다.	자동화된 처리 공장, 자동교환대, 컴퓨터, NC 공작 기계

2. 인간과 기계의 기능 비교

인간과 기계의 차이는 무엇인가? 감각 기능을 가지고 있고 정보를 보관할 수가 있고 의사결정을 할 수 있으며, 업무를 효과적으로 수행할 수 있다는 점에서 인간과 기계의 차이는 별로 없다. 다만, 작업 수행에 있어서는 기계가 훨씬 능률적이고 전문적인 데 비해서 인간은 생리적, 사회적 특성에 의하여 그 능력의 한계가 제한되어 있다. 반면에, 의사 결정의 논리적 능력에 있어서는 인간의 능력이 훨씬 우수하다.

인간과 기계의 차이는 직무의 할당면에서도 문제가 된다. 즉, 수행되어야 할 어떤 특정한 직무가 주어졌을 때, 이것을 인간에게 할당할 것인지, 아니면 기계에 할당할 것인지 하는 문제이다. 이러한 할당은 대체적으로 두드러진 상대적 우월성이나 경제성 등에 의해서 거의 결정된다.

[표] 인간과 기계의 기능 비교

구 분	인간이 기계보다 우수한 기능	기계가 인간보다 우수한 기능
감지 기능	• 저에너지 자극 감지 • 복잡 다양한 자극 형태 식별 • 예기치 못한 사건의 감지	• 인간의 정상적 감지 범위 밖의 자극 감지 • 인간 및 기계에 대한 모니터 기능
정보저장	• 기억된 학습	• 펀치카드, 녹음테이프, 형판
정보처리 및 결정	• 많은 양의 정보를 장시간 보관 • 관찰을 통한 일반화 • 귀납적 추리 • 원칙 적용 • 다양한 문제 해결(정서적)	• 암호화된 정보를 신속하게 대량 보관 • 연역적 추리 • 정량적 정보처리
행동 기능	• 과부하 상태에서는 중요한 일에만 전념	• 과부하 상태에서도 효율적 작동 • 장시간 중량 작업 • 반복작업, 동시에 여러 가지 작업 가능

[표] 인간-기계의 장단점

구분	장 점	단 점
인간	① 시각, 청각, 촉각, 후각, 미각 등의 작은 자극도 감지한다. ② 각각으로 변화하는 자극 패턴을 인지한다. ③ 예기치 못한 자극을 탐지한다. ④ 기억에서 적절한 정보를 꺼낸다. ⑤ 결정시에 여러 가지 경험을 꺼내 맞춘다. ⑥ 귀납적으로 추리한다. ⑦ 원리를 여러 문제해결에 응용한다. ⑧ 주관적인 평가를 한다. ⑨ 아주 새로운 해결책을 생각한다. ⑩ 조작이 다른 방식에도 몸으로 순응한다.	① 어떤 한정된 범위 내에서만 자극을 감지할 수 있다. ② 드물게 일어나는 현상을 감지할 수 없다. ③ 수계산을 하는 데 한계가 있다. ④ 신속 고도의 신뢰도로서 대량정보를 꺼낼 수 없다. ⑤ 운전작업을 정확히 일정한 힘으로 할 수 없다. ⑥ 반복작업을 확실하게 할 수 없다. ⑦ 자극에 신속 일관된 반응을 할 수 없다. ⑧ 장시간 연속해서 작업을 수행할 수 없다.
기계	① 초음파 등과 같이 인간이 감지 못하는 것에도 반응한다. ② 드물게 일어나는 현상을 감지할 수 있다. ③ 신속하면서 대량의 정보를 기억할 수 있다. ④ 신속정확하게 정보를 꺼낸다. ⑤ 특정 프로그램에 대해서 수량적 정보를 처리한다. ⑥ 입력신호에 신속하고 일관된 반응을 한다. ⑦ 연역적인 추리를 한다. ⑧ 반복 동작을 확실히 한다. ⑨ 명령대로 작동한다. ⑩ 동시에 여러 가지 활동을 한다. ⑪ 물리량을 셈하거나 측정하든가 한다.	① 미리 정해 놓은 활동만을 할 수 있다. ② 학습을 한다든가 행동을 바꿀 수 없다. ③ 추리를 하거나 주관적인 평가를 할 수 없다. ④ 즉석에서 적응할 수 없다. ⑤ 기계에 적합한 부호화된 정보만 처리한다.

합격예측

(1) 기계화 체계(mechanical system)
반자동(semiautomatic) 체계라고도 하며, 동력제어장치가 공작기계와 같이 고도로 통합될 부품들로 구성되어 있다. 이 체계는 변화가 별로 없는 기능들을 수행하도록 설계되어 있으며, 동력은 전형적으로 기계가 제공하고, 운전자의 기능은 조정장치를 사용하여 통제하는 것이다. 인간은 표시장치를 통하여 체계의 상태에 대한 정보를 받고, 정보처리 및 의사결정 기능을 수행하여 결심한 것을 조종장치를 사용하여 실행한다.

(2) 인식과 자극의 정보처리 과정 3단계 내용
① 인지단계
② 인식단계
③ 행동단계

합격예측

① 심리적정보처리단계 : 회상(recall), 인식(recognition), 정리(retention)
② 인간의정보처리시간 : 0.5초(인간의 정보처리능력 한계)

합격예측

SDT(신호검출)이론의 응용
① 소리의 파형, 빛, 레이다영상 등의 시각신호 및 다른 종류의 신호에도 청각과 동일하게 적용
② 응용분야 : 음파탐지, 품질검사 임무, 증인증언, 의료진단, 항공교통통제 등 광범위하게 적용

3 정보입력 표시

1. 시각적 표시장치

(1) 개요

시각의 표시장치로는 정량적 표시, 정성적 표시, 상태표시, 신호 및 경보등, 묘사적 표시, 문자-숫자 및 관련 표시장치, 시각적 암호, 부호 및 기호 등으로 구분한다.

(2) 시각적 표시장치 구분

1) 정량적 표시장치

온도나 속도와 같이 동적으로 변화하는 변수나 자로 재는 길이와 같은 정적 변수의 계량값에 관한 정보를 제공하는 데 사용된다.

① **정목동침형**(定目動針型) : 눈금이 고정되어 있고 지침이 움직이는 형으로서, 지침의 위치는 눈금에 대한 지침의 상대적 위치로서 나타내고자 하는 값과 같다. 그러나 나타내고자 하는 값의 범위가 클 때에 비교적 작은 눈금판에 모두 나타낼 수 없는 제약이 따르기도 한다.(아날로그 선택시 적합)

② **정침동목형**(定針動目型) : 지침이 고정되어 있고 눈금이 움직이는 형으로서, 정목동침형의 단점에 비해서 개창형(開窓型)이나 수직, 수평형의 정침동목형이 계기반 또한 눈금이 긴 경우에는 이동 테이프를 사용하여 계기반 후면에 말아 넣고 필요한 부분만을 노출시켜 볼 수 있다. (장점 : 아날로그 표시장치 면적 최소가능)

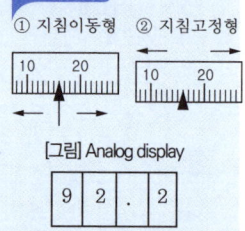

[그림] 이동테이프를 사용한 표시장치

③ **계수형**(計數型) : 수치를 정확히 읽어야 할 경우에는 이산적(離散的) 형태로 표시되는 계수형(digital)이 연속적 형태로 표시되는 닮은꼴(analog) 표시장치보다 더 적합한데, 이는 인접눈금에 대한 지침의 위치를 추정할 필요가 없이 계기반에 나타난 값만 읽으면 되기 때문이다. 그러나 계수형 표시장치에 나타나는 값들이 변하는 경우, 어떤 때에는 읽을 수 없을 정도로 빨리 변할 수도 있다는 것을 유의해야 한다. 계수형은 전력계나 택시요금 계산기 등의 계기와 같이 전자식으로 숫자가 표시되는 곳에 활용된다.

 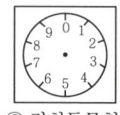

① 정목동침형   ② 정침동목형   ③ 계수형

[그림] 시각적 표시장치

2) 정성적 표시장치

① 정성적 정보를 제공하는 표시장치는 온도, 압력, 속도와 같이 연속적으로 변하는 변수의 대략적인 값이나 변화 추세, 비율 등을 알고자 할 때 주로 사용한다.
② 정성적 표시장치는 색을 이용하여 각 범위 값들을 따로 암호화하여 설계를 최적화시킬 수 있다.
③ 색채 암호가 부적합한 경우에는 구간을 형상 암호할 수 있다.
④ 정성적 표시장치는 상태 점검, 즉 나타내는 값이 정상상태인지의 여부를 판정하는 데도 사용한다.
⑤ 형태성 : 복잡한 구조 그 자체를 완전한 실체로 지각하는 경향이 있기 때문에, 이 구조와 어긋나는 특성은 즉시 눈에 띈다.

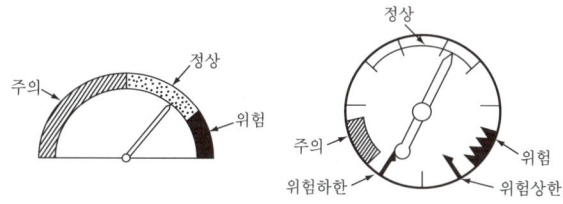

[그림] 정성적 표시장치의 색채 및 형상 암호화

3) 상태표시기(status indicator)

정량적 계기가 상태점검 목적으로만 사용된다면, 정량적 눈금 대신에 상태표시기를 사용할 수 있다.(예 신호등)

4) 신호 및 경보등

점멸등이나 상점등(常點燈)을 이용하며 빛의 검출성에 따라 신호, 경보 효과가 달라진다. 빛의 검출성에 영향을 주는 인자는 다음과 같다.
① 크기, 광속발산도(luminance) 및 노출시간 : 섬광을 검출할 수 있는 절대 역치는 광원의 크기, 광속 발산도, 노출시간의 조합에 관계된다.
② 색광 : 효과 척도가 빠른 순서는 백색, 황색, 녹색, 등색, 자색, 적색, 청색, 흑색 순이다.
③ 점멸속도 : 점멸융합 주파수보다 훨씬 적어야 한다. 주의를 끌기 위해서는 초당 3~10회의 점멸속도에 지속시간 0.05초 이상이 적당하다.

용어정의

최소분간시력(Minimum separable acuity)은 가장 많이 사용하는 시력의 척도로 과녁부분들 간의 최소공간

합격예측

지침의 설계요령
① 선각(先角)이 약 20[°] 정도 되는 뾰족한 지침을 사용한다.
② 지침의 끝은 작은 눈금과 맞닿되 겹치지 않게 한다.
③ 원형 눈금의 경우 지침의 색은 선단에서 눈금의 중심까지 칠한다.
④ 시차(視差)를 없애기 위해 지침은 눈금면과 밀착시킨다.

합격예측

정량적 눈금의 세부특성
정상가시거리 71[cm](28[inch]) 기준 권장길이
① 정상조명 : 1.3[mm] 이상

② 낮은조명 : 1.8[mm] 이상

합격예측

정적 표시장치
일정한 시간이 흘러도 장치(표시)가 변화되지 않는 것

합격예측

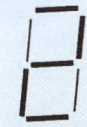

[그림] Electronic displays

합격예측

① **획폭비** : 문자나 숫자의 높이에 대한 획 굵기의 비로서 나타내며, 최적 독해성(최대 명시거리)을 주는 획폭비는 흰 숫자(검은 바탕)의 경우에 1 : 13.3이고 검은 숫자(흰 바탕)의 경우는 1 : 8 정도이다.

② **종횡비**(문자 숫자의 폭 : 높이) : 1 : 1의 비가 적당하며 3 : 5까지는 독해성에 영향이 없고, 숫자의 경우는 3 : 5를 표준으로 한다.

③ **광삼**(irradiation)**현상** : 흰 모양이 주위의 검은 배경으로 번지어 보이는 현상이다.

용어정의

점멸 – 융합주파수(flicker-fusion frequency) : 인치역치방법

① 깜박이는 불빛이 계속 켜진 것처럼 보일 때의 주파수(약 30[Hz])
② 목적 : 피로의 정도측정

Q 보충문제

정보를 유리나 차양판에 중첩시켜 나타내는 표시장치는?
① CRT ② LCD
③ HUD ④ LED
⑤ ABC

정답 ③

---

④ **배경광** : 배경 불빛이 신호등과 비슷하면 신호광의 식별이 힘들어진다. 만약 점멸 잡음광의 비율이 $\frac{1}{10}$ 이상이면 상점등을 신호로 사용하는 것이 더 효과적이다.

5) 정보의 측정단위

과학적 탐구 ― [계량적 측정 / 객관적 측정] ― 정보의 척도 → bit(binary unit의 합성어)

① **bit란** : 실현가능성이 같은 2개의 대안 중 하나가 명시되었을 때 얻을 수 있는 정보량(2진법의 최소단위)

② **정보량** : 실현가능성이 같은 n개의 대안이 있을 때 총 정보량 H는

$$H = \log_2 n$$

이것은 각 대안의 실현확률(n의 역수)로 표현할 수도 있다.(실현확률을 P라고 하면)

$$H = \log_2 \frac{1}{P}$$

③ 평균정보량$(H) = \Sigma P \log_2 \left(\frac{1}{P}\right)$

2. 청각적 표시장치

(1) 개요

1) 시각기관이 그 나름대로 장점을 가지고 있듯이 청각기관도 그 성질상 고유한 장점을 가지고 있다.

2) 보기를 들면, 정보를 전달하는 신호원 자체가 음일 때나 전달되는 정보가 간단하고 짧을 때, 또는 전달된 정보가 후에 다시 참조되지 않아도 될 경우 등이다.

3) 청각적 신호를 받는 데에는 신호의 성질에 따라 다음과 같은 세 가지 기능이 수반된다.

① 첫째, 검출(detection)은 신호의 존재 여부를 결정한다. 즉, 어떤 특정한 정보를 전달해 주는 신호가 존재할 때에 그 신호음을 알아내는 것을 말한다.

② 둘째, 상대구별(위치판별 : direction judgement)은 두 가지 이상의 신호가 근접하여 제시되었을 때 이를 구별한다. 보기를 들면, 어떤 특정한 정보를 전달하는 신호음이 불필요한 잡음과 공존할 때에 그 신호음을 구별하는 것을 말한다. 여러 가지 음들이 동시에 제시될 때 음의 강도, 음색, 음의 지속시간, 그리고 음이 전달되는 방향 등에 의해서 각각의 음을 구별하는 것을 말한다.

③ 셋째, 절대판별(absolute judgement)은 어떤 부류의 특정한 신호가 단독적으로 제시되었을 때에 이를 식별한다. 즉, 어떤 개별적인 자극이 단독적으로 제시될 때, 그 음만이 지니고 있는 고유한 강도, 진동수와 제시된 음의 지

속시간 등과 같은 청각 요인들을 통해 절대적으로 식별하는 것을 말한다. 음악에서 중요하게 여기는 '절대음정'도 이 경우에 속한다.

(2) 청각적 표시장치 구분

1) 신호의 검출(신호검출이론 : SDT)
① 신호의 검출은 신호의 진동수나 지속시간 또는 잡음이 발생한 경우에 따라 약간씩 달라진다.
② 잡음이 발생하는 경우에는 신호 검출의 역치(閾値)가 상승하게 된다.
③ 신호가 정확히 전달되기 위해서는 신호의 강도가 이 역치가 상승된 것보다 더 높아야 한다.
④ 반면에 주위가 조용한 경우에는 40~50[dB]의 음 정도이면 신호가 검출되기에 충분하다.
⑤ 음을 규정하는 데에는 음압 수준의 대수값을 사용하는 것이 관례이다.
⑥ 가장 흔히 사용되는 음의 강도의 척도는 벨[(Bel)의 $\frac{1}{10}$인 데시벨(decibel : dB)]이다.
⑦ 데시벨(dB)은 측정하고자 하는 음의 강도 P_1과 표준값(1,000[Hz] 순음의 가청할 수 있는 최초 음압)인 P_0의 로그 비율로 그 식은 다음과 같다.

$$dB = 20\log_{10}\left(\frac{P_1}{P_0}\right)$$

[표] 청각적 신호의 절대식별

차 원	수준수	비 고
강 도 (순음:純音)	3~5	순음의 경우 1,000~4,000[Hz]로 한정할 필요가 있으나, 광대역 소음이 보다 바람직함(평균식별수 7±2)
진동수	4~7	적을수록 좋으며 충분한 간격을 두어야 한다. 강도는 최소한 30[dB]
지속시간	2~3	확실한 차이를 두어야 함
음의 방향	좌우	두 귀간의 강도차는 확실해야 함
강도 및 진동수	9	주 시력손상에 영향을 미치는 진동주파수 : 10-25[Hz]
암시신호(cue)		소리의 강도차와 위상차

2) 신호의 상대구별
① 강도차의 판단 : 음의 강도는 음이 나타내는 진폭의 대소에 의해서 정해진다. 음의 강도는 음압의 제곱에 비례하며, dB의 숫자가 높을수록 크다. 음의 강도차를 분별하는 인간의 능력을 보여주는데, 적어도 60[dB]과 그 이상의 강도의 신호로써 가장 작은 차이가 발견될 수 있다는 것을 나타내고 있다.

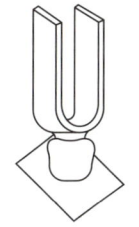

[그림] 소리굽쇠

청각과정(hearing process)
① 헬름홀쯔는 인간의 청각기관인 내이의 와우각(cochlea)이 하프와 같이 다양한 주파수에 감응하는 다수의 구성 성분들을 가지고 있을 것이라고 생각하였다.
② 청각과정으로는 외이(outer ear, external ear)와 중이(middle ear)와 내이(inner ear, internal ear)가 있다.

외이의 기능
외이(outer ear, external ear)는 소리의 모든 역할을 수행
① 귓바퀴(auricle, concha, pinna)는 음성을 레이더 같이 음성 에너지를 수집하여 초점을 맞추고 증폭의 역할을 담당한다.
② 외이도(auditory canal, membrane)는 귓바퀴에서 고막까지의 부분으로 음파를 연결하는 통로의 역할을 담당한다.
③ 고막(ear drum, tympanic membrane)은 외이(outer ear, external ear)와 중이(middle ear)의 경계에 자리잡고 있다.

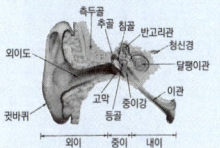

[그림] 귀내부 명칭 해부도

합격예측

음성 합성방법
(1) 규칙 합성법 (synthesis by rule)
  ① 규칙 합성에 의한 음성은 진정한 합성 음성이다.
  ② 장점은 비교적 적은 컴퓨터 용량을 사용하여 아주 많은 어휘가 가능하다.
(2) 분석 합성법
  ① 디지털화한 인간음성을 보다 압축된 자료형식(synthesis by analysis)으로 변환한다.
  ② 장점은 디지털화에 비하여 음성정보 저장에 필요한 컴퓨터 기억용량이 상당히 적다는 점이다.

합격예측

(1) 청각적 장치 사용
  ① 전언이 간단하고 짧을 경우
  ② 전언이 후에 재참조되지 않을 경우
  ③ 즉각적 행동을 요구하는 경우
  ④ 시간적 사상을 다룰 경우
  ⑤ 수신자의 시각계통이 과부하 상태일 경우
  ⑥ 수신 장소가 역조응 또는 암조응 유지가 필요할 경우
  ⑦ 수신자가 자주 움직이는 경우
(2) 전달 확률이 높은 전언의 방법
  ① 사용어휘 : 어휘수가 적을수록 유리
  ② 전언의 문맥 : 문장이 독립된 음절보다 유리
  ③ 전언의 음성학적 국면 : 음성 출력이 높은 음 선택

---

② 진동수 차의 판단 : 음의 진동수를 측정하는 기구인 소리굽쇠를 두드리면 소리굽쇠는 그 고유진동수로 진동하게 된다. 소리굽쇠가 진동하게 됨에 따라 공기의 입자는 전후방으로 움직이게 된다. 이러한 전후 교번에 상응해서 공기의 압력은 증가 또는 감소하게 된다. 이때에 초당 교번수가 초당 주파수(cps) 또는 헤르츠(hertz : Hz)로 표시되는 음의 진동수이다. 일반적으로, 사람의 귀가 감지할 수 있는 것은 개인에 따라 차이는 있지만, 약 20~20,000[Hz]의 진동수를 감지할 수 있다. 약, 1,000[Hz] 이하(특히, 강한 음에 있어서)에 대한 변화감지역은 작으나, 이보다 높은 진동수에서는 변화감지역이 급격히 증가하고 있다는 것을 알 수가 있다. 따라서, 신호가 만약 진동수에 의해서 구별되어야 할 때라면 낮은 진동수를 사용하는 것이 바람직하다.

3) 신호의 절대구별
① 많은 경우에 개별적인 자극이 단독적으로 제시되는데, 이런 경우에는 이를 절대적으로 구별할 필요가 있다.
② 연속적인 값을 가지는 자극을 이렇게 구별할 수 있는 기준의 수는 상당히 적다.

4) 경계 및 경보신호(청각적 표시장치) 선택시 지침
① 귀는 중음역에 가장 민감하므로 500~3,000[Hz]의 진동수를 사용
② 고음은 멀리가지 못하므로 300[m] 이상 장거리용으로는 1,000[Hz] 이하의 진동수 사용
③ 신호가 장애물을 돌아가거나 칸막이를 통과해야 할 때는 500[Hz] 이하의 진동수 사용
④ 주의를 끌기 위해서는 변조된 신호를 사용
⑤ 배경소음의 진동수와 다른 신호를 사용하고 신호는 최소한 0.5~1초 동안 지속
⑥ 경보효과를 높이기 위해서 개시시간이 짧은 고감도 신호 사용
⑦ 주변 소음에 대한 은폐효과를 막기 위해 500~1,000[Hz] 신호를 사용하며, 적어도 30[dB] 이상 차이가 나야 함

[표] 청각적 표시의 설계원리 25. 3. 29.

구분	특징
양립성	• 사용자가 알고 있거나 자연스러운 신호를 선택 • 긴급용 신호일 땐 높은 주파수 사용

근사성	• 복잡한 정보를 나타내고자 할 때 아래와 같이 2단계 신호를 고려
	  – 주의 신호 : 주의를 끌어 정보의 일반적인 분류를 가능하게 함
	  – 지정 신호 : 처음 신호 후 나타냄

분리성	• 기존 입력과 쉽게 식별되는 것이어야 함 • 두가지 이상의 채널을 듣고 있다면 각 채널의 주파수가 분이되어야 함
검약성	• 꼭 필요한 정보만 제공
불변성	• 동일한 신호는 한상 동일한 정보를 지정하게 함

[표] 청각장치와 시각장치의 사용 경위

청각장치 사용 예	시각장치 사용 예
① 전언이 간단할 경우	① 전언이 복잡할 경우
② 전언이 짧을 경우	② 전언이 길 경우
③ 전언이 후에 재참조되지 않을 경우	③ 전언이 후에 재참조될 경우
④ 전언이 시간적인 사상(event)을 다룰 경우	④ 전언이 공간적인 위치를 다룰 경우
⑤ 전언이 즉각적인 행동을 요구할 경우	⑤ 전언이 즉각적인 행동을 요구하지 않을 경우
⑥ 수신자의 시각 계통이 과부하 상태일 경우	⑥ 수신자의 청각 계통이 과부하 상태일 경우
⑦ 수신 장소가 너무 밝거나 암조응(暗調應) 유지가 필요할 경우	⑦ 수신 장소가 너무 시끄러울 경우
⑧ 직무상 수신자가 자주 움직이는 경우	⑧ 직무상 수신자가 한 곳에 머무르는 경우

> **합격예측**
>
> **시각적 장치 사용**
> ① 전언이 복잡하고 길 때
> ② 전언이 후에 재참조될 경우
> ③ 전언이 공간적 위치를 다룰 때
> ④ 수신자의 청각 계통이 과부화 상태일 경우
> ⑤ 수신 장소가 너무 시끄러울 경우
> ⑥ 즉각적인 행동을 요구하지 않을 때
> ⑦ 직무상 한 곳에 머무르는 경우

3. 촉각적 표시장치

(1) 촉각(감)의 표시

① 일상생활에서 우리는 자신이 생각하는 것보다 더 많이 피부 감각에 의존하고 있다. 그러나 아직까지는 촉각적 표시장치를 이용하여 정보를 전송하는 데에는 별로 사용되지 않았다.
② 현재까지의 용도는 주로 맹인용 점자와 형상 암호화된 조정장치를 들 수 있다.
③ 만져서 상호간에 혼란이 발생하지 않도록 용도에 따라서 다회전용, 단회전용, 이산 멈춤 위치용의 세 분류로 구분되어 있다.
④ 조정장치는 형상 이외에도 그 표면의 촉감을 다르게 만들기도 하는데, 흔히 쓰이는 표면가공 중 매끄러운 면, 세로 홈, 도톨도톨한 면 등으로 정확하게 구별할 수 있도록 한다.
⑤ 크기의 차이를 이용한 암호화의 동적(動的)인 표시장치로 보기를 들면, 몸에 진동기를 부착하여 진동하는 음의 강도나 진동수 지속시간 등을 암호화하여 사용하는 것을 들 수 있다.
⑥ 최근에는 기술개발에 힘입어 광학적 영상을 촉각적 진동으로 변화시켜 맹인이 해석할 수 있도록 하는 장치가 개발되고 있으며, 우리 주위의 사물들을 특수 안경으로 포착하여 촉각적인 자극의 형태로 재현하는 기기가 개발되고 있다.

(2) 표시방식 설계시 고려사항

1) 인간이 신속, 정확하게 지각할 수 있도록 하기 위해서는 다이얼, 계기, 눈금표시 등을 적절하게 하여야 하며, 표시 방법이나 모양, 크기, 조명 등 여러 가지 요소들을 인간의 특성에 적합하도록 고안하여 설계하여야 한다.

> **합격예측**
>
> **(1) 촉각(감)적 표시장치**
> ① 2점 문턱값이란 손에 두점을 눌렀을 때 느끼는 감각이 서로 다르게 느끼는 점 사이의 최소 거리
> ② 손바닥 → 손가락 → 손가락 끝
> ③ 촉각적 암호구성 : 점자, 진동, 온도
>
> **(2) 표면촉감을 이용한 조정장치**
> ① 매끄러운면
> ② 세로홈(flute)
> ③ 깔쭉면(knurl)
>
> **(3) 크기를 이용한 조정장치**
> • 크기의 차이를 쉽게 구별할 수 있도록 설계
> ① 직경 : 1.3[cm](1.2″) 차이
> ② 두께 : 0.95[cm](3/8″) 차이
> • 촉감으로 식별 가능한 18개의 손잡이 구성요소(조합)
> ① 세 가지 표면가공
> ② 세 가지 직경 (1.9, 3.2, 4.5)
> ③ 두 가지 두께 (0.95, 1.9)

> **합격예측**
>
> ① 촉각적 표시장치로는 기계적진동(mechanical vibraion)이나 전기적 임펄스(electric impulse)이다.
> ② 암호화를 위하여 고려할 특성 : 형상, 크기, 표면촉감

합격예측
역치
① 자극에 대하여 어떠한 반응을 일으키는데 필요한 최소한의 자극의 세기이며, 역치가 작을수록 예민하다.
② 조작자는 오차가 인식 역치를 넘을 때까지는 반응하지 못한다.

합격예측
정보회로의 순서
표시(정보원) – 감각 – 지각 – 판단 – 응답 – 출력 – 조작

합격예측
(1) 후각 표시장치
① 후각상피 : 코의 윗부분에 위치
② 자극원 : 기체상태의 화학물질
③ 사람의 감각기관중 가장 예민하고 빨리 피로해 지기 쉬운 기관
④ 후각의 전달 경로

```
기체상태의 화학물질
        ↓
   후각상피(후세포)
        ↓
       후신경
        ↓
        대뇌
```

(2) 식별가능한 냄새의 수
① 15~32종류이지만 훈련을 통해 60여 종류까지 가능(복합냄새)
② 강도만 있는 냄새의 경우 : 3~4수준 정도의 식별

(3) 후각적 표시장치 특징
① 표시장치로서의 활용은 저조
　㉮ 심한 개인차
　㉯ 코막힘 등으로 민감도 저하
　㉰ 가장 피로해 지기 쉬운 기관
　㉱ 냄새의 확산 통제가 곤란
② 경보장치로 활용
　㉮ gas 회사의 gas 누출 탐지(부취제)
　㉯ 광산의 탈출 신호용

2) 제어장치의 형태코드법

① **부류A(복수회전)** : 연속조절에 사용하는 놉(knob)으로 빙글빙글 돌릴 수 있는 조절범위가 1회전 이상이며 놉(knob)의 위치가 제어조작의 정보로 중요하지 않다.

② **부류B(분별(단)회전)** : 연속조절에 사용하는 놉(knob)으로 빙글빙글 돌릴 필요가 없고 조절범위가 1회전 미만이며 놉(knob)의 위치가 제어조작의 정보로 중요하다.

③ **부류C(멈춤쇠 위치조정 : 이산 멈춤 위치용)** : 놉(knob)의 위치가 제어조작의 중요 정보가 되는 것으로 분산 설정 제어장치로 사용한다.

(3) 표시장치의 구분

1) 표시장치의 종류

① **정적(static) 표시장치** : 간판, 도표, 그래프, 인쇄물, 필기물 같이 시간의 변화에 따라 변하지 않는 것
② **동적(dynamic) 표시장치**
　㉮ 어떤 변수나 상황을 나타내는 표시장치 : 온도계, 기압계, 속도계, 고도계 등
　㉯ CTR 표시장치 : 레이더, 수중음파탐지기(sonar)
　㉰ 전파용 표시장치 : 전축, TV, 영화
　㉱ 어떤 변수를 조정하거나 맞추는 것을 돕기 위한 것

2) 표시장치의 정보편성시 고려사항

① 자극의 속도와 부하 : 속도압박과 부하압박
② 신호들간의 신호차 : 신호간 간격이 0.5초보다 짧으면 자극 혼동
③ 휴먼에러를 줄이기 위하여 통제 표시장치의 시각신호의 정보편성 요인 : 자극의 속도, 부하, 시간차

3) 표시장치로 나타내는 정보의 유형

① **정량적(quantitative) 정보** : 변수의 정량적인 값
② **정성적(qualitative) 정보** : 가변변수의 대략적인 값, 경향, 변화율, 변화방향 등
③ **상태(status) 정보** : 체계의 상황 혹은 상태
④ **경계(warning) 및 신호(signal) 정보**
⑤ **묘사적(representational) 부호** : 사물, 지역, 구성 등을 사진, 그림 혹은 그래프로 표시(예 산업안전표지)
⑥ **식별(identification)정보** : 어떤 정적 상태, 상황 또는 사물의 식별용
⑦ **문자 숫자(alphanumeric) 및 부호(symbolic)정보** : 구도, 문자, 숫자 및 관

련된 여러 형태의 암호화 정보

⑧ 시차적(time phased) 정보 : pulse화 되었거나 혹은 시차적인 신호, 즉 신호의 지속시간, 간격 및 이들의 조합에 의해 결정되는 신호

(4) 인간에 대한 모니터링(monitoring)의 법칙

① 셀프 모니터링(self-monitoring : 자기감지) : 자극, 고통, 피로, 권태, 이상감각 등의 지각에 의해서 자신의 상태를 알고 행동하는 감시방법, 즉 결과를 파악하여 자신 또는 모니터링 센터에 전달하는 경우가 있다.

② 생리학적 모니터링 : 맥박수, 호흡 속도, 체온, 뇌파 등으로 인간 자체의 상태를 생리적으로 모니터링하는 방법이다.

③ 비주얼 모니터링(visual monitoring) : 동작자의 태도를 보고 동작자의 상태를 파악하는 것으로서, 졸린 상태는 생리적으로 분석하는 것보다 태도를 보고 상태를 파악하는 것이 쉽고 정확하다.

④ 반응에 대한 모니터링 : 자극(청각, 시각, 촉각)을 가하여 이에 대한 반응을 보고 정상 또는 비정상을 판단하는 방법

⑤ 환경의 모니터링 : 간접적인 감시방법으로서 환경조건의 개선으로 인체의 안락과 기분을 좋게 하여 정상작업을 할 수 있도록 만드는 방법

4. 인간요소와 휴먼에러

(1) 휴먼에러 요인

1) 인간에러(human error)의 배후요인(4M)

① 맨(Man) : 본인 이외의 사람(팀워크, 커뮤니케이션)
② 머신(Machine) : 장치나 기계 등의 물적요인(본질안전화, 표준화, 점검, 정비)
③ 미디어(Media) : 인간과 기계를 잇는 매체란 뜻으로 작업의 방법이나 순서, 작업 정보의 실태나 환경과의 관계, 정리정돈 등이 포함된다.(환경개선, 작업방법개선 등)
④ 매니지먼트(Management) : 안전법규의 준수방법, 단속, 점검 관리 외에 지휘감독, 교육훈련 등이 여기에 속한다.(적성배치, 교육·훈련)

2) 과오의 원인 3가지

① 불확성
② 시간지연
③ 순서착오

합격예측

시각적 부호 3가지
① 묘사적 부호 : 사물의 행동을 단순하고 정확하게 묘사한 것(예 위험표지판의 해골과 뼈, 도보표지판의 걷는 사람)
② 추상적 부호 : 전언의 기본 요소를 도식적으로 압축한 부호로 원 개념과는 약간의 유사성이 있을 뿐이다.
③ 임의적 부호 : 부호가 이미 고안되어 있으므로 이를 배워야 하는 부호(예 교통표지판의 삼각형-주의, 원형-규제, 사각형-안내표시)

합격예측

(1) 인간과오의 배후요인 4요소(안전)
① Man
② Machine
③ Media
④ Management

(2) 효율화 대상 4M(생산)
① Machine : 설비의 효율화
② Material : 원재료, 에너지의 효율화
③ Man : 작업의 효율화
④ Method : 관리의 효율화

참고

안전 4M과 생산 4M을 구분한다.

합격예측

Miller의 인간의 절대식별 능력 이론인 "Magical Number 7±2"
① 절대식별 실험을 통한 정보이론에 근거한 전달된 정보량 계산
② 전달된 정보량과 입력정보량을 통한 경로용량 확인
③ 실험을 통한 밀러의 Magical Number 7±2 확인
④ 한계가 많은 절대식별에 미치는 요인 분석 (정보전달의 신뢰성 향상 방안을 찾고자 함)

합격예측

인간실수 분류
① omission error : 작업수행을 행하지 않으므로 발생된 error
② time error : 수행지연
③ commision error : 불확실한 수행
④ sequential error : 순서착오
⑤ extraneous error : 불필요한 작업수행

합격예측

Item은 기계계, 전기계, 유체계로 구분한다.
① 기계계 : 변형, 마모, 파손, 탈락, 가열 등
② 전기계 : 개방, 단락, 잡음, Drift, 입출력 불량, 절연불량
③ 유체계 : 누설, 부식, 폐쇄 등

합격예측

인간의 오류(error) 유형
① 오류(Mistake) 〔22. 3. 19 출〕
판단이나 추론의 과정에서 실패 또는 결함이 있는 경우 부적당한 계획으로 원래 목적 수행 실패
예 운전자의 작업진단 실패 및 잘못된 절차 선택
② 경실수(Slip)
- 계획된 목적수행에 필요한 행위의 실행에 오류가 발생
- 실행과정에서 수행이나 기억에 실패한 경우
예 다이얼을 잘못 읽음, 비슷한 여러 개의 조절기에 하나를 잘못 선택
③ 위반(Violation)
절차서에서 지시한 것을 고의로 따르지 않고 다른 방법을 선택
- 통상 위반(Routine violations) : 개개인이 통상 규칙이나 절차를 따르지 않음
- 예외적위반(Exceptional violations) : 예상치 못한 돌발적 행동 → 우연의 결과가 아니므로 회사의 문화 변화로 예방 가능

3) 인간과오의 내적 요인과 외적 요인

내적 요인(심리적 요인)	외적 요인(물리적 요인)
① 지식 부족	① 단조로운 작업
② 의욕이나 사기 결여	② 복잡한 작업
③ 서두르거나 절박한 상황	③ 생산성이나 지나친 강조
④ 체험적 습관	④ 과다자극 경로
⑤ 선입관	⑤ 재촉
⑥ 주의 소홀	⑥ 동일형상·유사형상의 배열
⑦ 과다자극, 과소자극	⑦ 양립성에 맞지 않는 경우
⑧ 피로	⑧ 공간적 배치 원칙에 위배

4) 인간의 신뢰성 3요소

① **주의력** : 인간의 주의력에는 넓이와 깊이가 있고 또한 내향성과 외향성이 있다. 주의가 외향일 때는 시각을 통하여 사물을 관찰하면서 주의력을 경주할 때이고, 내향일 때는 사고의 상태로서 시각을 통한 사물의 관찰에는 시신경계가 활동하지 않는 상태이다.

② **긴장 수준** : 긴장 수준을 측정하는 방법으로, 인체 에너지의 대사율, 체내 수분의 손실량 또는 흡기량의 억제도 등을 측정하는 방법이 가장 많이 사용되며 긴장도를 측정하는 방법으로 뇌파계를 사용할 수도 있다.

③ **의식 수준**
  ㉮ 경험 수준 : 해당 분야의 근무경력 연수
  ㉯ 지식 수준 : 안전에 대한 교육 및 훈련을 포함한 안전에 대한 지식 수준
  ㉰ 기술 수준 : 생산 및 안전기술의 정도

  주 인간실수 주원인 : 인간 고유의 변화성

(2) 인간실수(휴먼에러)의 분류

1) 심리적 분류(Swain)의 인적(독립행동)오류(불확정, 시간지연, 순서착오)

① 생략에러(Omission Errors : 부작위 실수) : 직무 또는 어떤 단계를 수행치 않음 (누락오류)
② 실행에러(Commission error : 작위 실수) : 직무의 불확실한 수행(예 선택, 순서, 시간, 정성적 착오)
③ 과잉행동에러(Extraneous error : 불필요한 과오) : 수행되지 않아야 할 직무수행
④ 순서에러(Sequential error : 순서적 과오) : 순서에서 벗어난 직무수행
⑤ 시간에러(Timing error : 지연오류) : 계획된 시간 내에 직무수행 실패 너무 늦거나 일찍 수행

2) 인간의 행동과정을 통한 분류

① 입력실수(Input error) : 감지 결함
② 정보처리 실수(Information error) : 착각
③ 의사결정 실수(Decision making error) : 의사결정 과오
④ 출력실수(Output error) : 출력 과오
⑤ 피드백 실수(Feedback error) : 제어 과오

3) 대뇌의 정보처리 에러

① 인지착오 : 확인미스(인지실수)
② 판단착오 : 기억에 대한 실패(판단실수)
③ 조치착오 : 동작 또는 조작실수

4) 실수원인의 level(수준적) 분류

① 1차실수(Primary error : 주과오) : 작업자 자신으로부터 발생한 실수
② 2차실수(Secondary error : 2차과오) : 작업형태나 조건 중에서 문제가 생겨 발생한 실수, 어떤 결함에서 파생
③ 커맨드 실수(Command error : 지시과오) : 직무를 하려고 해도 필요한 정보, 물건, 에너지 등이 없어 발생하는 실수

5) 작업별 human error

① 조작에러 : 기계를 조작하는 데 발생하는 에러
② 설치에러 : 설치, 장치를 설치할 때에 잘못된 착수와 조정을 한 에러
③ 보존에러 : 점검 보수를 주로 하는 보존작업상의 에러
④ 검사에러 : 검사시 발생하는 에러로 검사에 관한 기록상의 에러 등도 포함된다.
⑤ 제조에러 : 컨베이어 시스템에 의한 조립을 주로 하는 제조공정에서의 에러

6) 인간과오의 종합적 요인

① 개인적 특성
② 작업자의 교육, 훈련, 교시 등의 문제
③ 직장의 성격
④ 작업 자체의 특성과 환경조건
⑤ 인간-기계 체계의 인간공학적 설계상 결함

합격예측

대뇌정보처리 error

① 인지 miss : 작업정보의 입수에서 감각중추에서 하는 인지까지 일어난 것으로 확인 miss도 이에 포함한다.
② 판단 miss : 중추과정에서 일으키는 것으로 의지결정의 miss나 기억에 관한 실패도 이에 포함된다.
③ 동작 또는 조작의 miss : 운동중추에서 올바른 지령은 주어졌으나 동작 도중에 miss를 일으키는 것으로 좁은 의미의 조작 miss를 말한다.

합격예측

fail safe

인간이나 기계가 과오나 동작상 실수가 있더라도 사고 또는 재해가 발생되지 않도록 2중, 3중으로 통제를 가하는 체계

Q 보충문제

안전 설계방법 중 페일세이프 설계(fail-safe design)에 대한 설명으로 가장 적절한 것은?

① 오류가 전혀 발생하지 않도록 설계
② 오류가 발생하기 어렵게 설계
③ 오류가 위험을 표시하는 설계
④ 오류가 발생하였더라도 피해를 최소화하는 설계
⑤ 오류발생시 피해는 최대로 설계

정답 ④

(3) 인간의 행동수준

1) Rasmussen의 인간행동 수준의 3단계

① **지식수준** : 여러 종류의 자극과 정보에 대해 심사숙고하여 의사를 결정하고 행동을 수행하는 것으로서, 예기치 못한 일이나 복잡한 문제를 해결할 수 있는 행동 수준의 의식수준

② **규칙수준** : 일상적인 반복작업 등으로서 경험에 의해 판단하고 행동규칙 등에 따라 반응하여 수행하는 의식수준

③ **숙련(반사)조작수준** : 오랜 경험이나 본능에 의하여 의식하지 않고 행동하는 것으로서, 아무런 생각없이 반사운동처럼 수행하는 의식수준

2) System Performance와 Human Error의 관계

$$SP = f(H \cdot E) = K(H \cdot E)$$

① $K \fallingdotseq 1$: HE가 SP에 중대한 영향을 끼친다.(HCE : Human Caused Error)

② $K < 1$: HE가 SP에 risk를 준다.

③ $K \fallingdotseq 0$: HE가 SP에 아무런 영향을 주지 않는다(SCE : Situation Caused Error).

3) 인간행동 관계요소

$$B = f(P \cdot E)$$

여기서, B : 행동, P : 개성, E : 환경, f : 함수

$$B = f(P \cdot E) \rightarrow Ba = f(P \cdot M \cdot E)$$

여기서, Ba : 사고행동, P : 개성, M : 물질, E : 환경

4) Fail-safe

작업방법이나 기계설비에 결함이 발생되더라도 사고가 발생되지 않도록 이중, 삼중으로 제어를 하는 것을 말한다.

① **Fail passive** : 일반적인 산업기계 방식의 구조로 부품의 고장시 기계장치는 정지 상태로 옮겨간다.

② **Fail operational** : 병렬 또는 대기 여분계의 부품을 구성한 경우이며, 부품의 고장이 있어도 다음 정기점검까지 운전이 가능한 구조로 운전상 제일 선호하는 안전한 운전방법이다.

③ **Fail active** : 부품이 고장나면 기계는 경보를 울리는 가운데 짧은 시간 동안의 운전이 가능하다.

④ **Fail soft** : 기계설비 또는 장치의 일부가 고장났을 때, 기능의 저하가 되더라도 전체로서는 기능을 정지시키지 않는 기법

합격예측

작업에 의한 인간과오의 분류
조작과오
설치과오
보존과오
검사과오

합격예측

SP = K(HE)에서
① K≒1 : HE가 SP에 중대한 영향을 끼침
② K<1 : HE가 SP에 risk를 줌
③ K≒0 : HE가 SP에 아무런 영향을 주지 않음

합격용어

foolproof
기계장치의 설계단계에서부터 안전화를 도모하는 기본적 개념. 즉, 인간의 착각·착오·실수 등 인간과오를 방지하기 위한 것

합격예측

동작분석
(1) 목시동작분석
　① therbling 분석
　② 동작경제원칙
　　㉮ 신체사용에 관한 원칙
　　㉯ 작업역 배치원칙
　　㉰ 공구, 설비의 설계원칙
　③ 작업자공정도
(2) 미세동작분석
　① film/tape 분석
　　㉮ micro motion study(simochart)
　　㉯ memo motion study
　② VTR 분석
　　㉮ Video micro motion
　　㉯ Video memo motion
　　㉰ VTD(Video Tape Discussion)
　③ cycle graph
　④ chrono cycle graph
　⑤ strobo 분석
　⑥ eye camera

⑤ Tamper proof : 고의로 안전장치를 제거하는 경우를 대비한 예방 설계 개념

(4) 인간과오의 형태

1) 산업현장에서의 인간과오 종류는 매우 다양하다. 업종, 기업, 사업장 또는 장치나 작업의 종류에 따라서 산업 안전상의 문제가 되고 있는 인간과오의 내용이나 형태, 그 배경요인, 사고의 형태, 파급효과 등은 각기 다른 형태로 나타난다. 일반적인 인간과오의 형태는 크게 다섯 가지로 나눌 수 있다.
① 해야 할 일을 하지 않는다.
② 해야 할 일을 불충분하게 수행한다.
③ 해야 할 일과 상이한 일을 한다.
④ 필요없는 일을 수행한다.
⑤ 시간적으로 부당한 일을 한다.

$$HEP = \frac{과오의\ 수}{과오\ 발생의\ 전체\ 기회수}$$

2) 인간실수 확률에 대한 추정기법

① 사람의 잘못은 피할 수가 없다.
② 인간의 오류의 가능성이나 부정적 결과에 대한 추정 기법을 줄이기 위한 방법으로는 인력 선정과 훈련장치, 절차 및 환경의 설계에 의해 줄일 수 있다.

3) 인간이 과오를 범하기 쉬운 작업특성(성격)

① 공동작업
 ㉮ 2인 이상의 작업자에 의한 작업 step 사이
 ㉯ 고속에서의 수동제어 사이
 ㉰ 분산 배치되어 있는 조작반(操作盤)의 수동제어 사이
② 속도와 정확성을 요하는 작업
 ㉮ 고속을 요하는 작업이나 극도로 정확한 timing을 요하는 작업
 ㉯ 의사결정시간이 짧은 작업
③ 변별(辨別)을 요하는 작업
 ㉮ 다수의 입력원에 기초한 의사결정(다경로 의사결정)
 ㉯ 장시간에 걸친 표시장치의 감시(장시간 감시)
 ㉰ 2개 이상의 표시장치에 따른 빠른 변화의 비교

합격예측

조작상 발생빈도수 순서
① 1순위 : 지식관련(자극의 과대, 과소)
② 2순위 : 정보관련(완전하지 못한 정보전달)
③ 3순위 : 표시장치(표시방법, 위치의 부적절)
④ 4순위 : 제어장치(배치, 식별성, 접촉성의 부적절)
⑤ 5순위 : 조작환경(작업공간, 환경조건의 부적절)
⑥ 6순위 : 시간관련(작업시간의 부적절)

참고

검사작업의 작업자가 볼 베어링을 검사하고 있다. 어느 날 10,000개의 베어링을 조사하여 800개의 불량품을 발견하였으나, 이 Lot에는 실제로 2,000개의 불량품이 있었다. 이 때 HEP는?
① $HEP = \frac{1,200}{10,000} = 0.12$
② HEP : 인간신뢰도의 기본 단위

합격예측

명료도 지수[articulation index : 明瞭度指數]
① 음성을 미소 주파수 대역폭의 성분으로 나눈 다음 그들 각 성분이 음절 명료도 s에 기여하는 정보를 밝히고 여러 가지 경우의 음절 명료도를 계산할 수 있도록 하기 위해 고안된 것
② 명료도 지수 A_0는 s를 다음 식에 따라 환산한 것이다.
$A_0 = -(Q/p) \cdot \log_{10}(1-s)$
③ 주파수 f에서의 대역폭 1[Hz]당의 명료도를 지수 기여도를 D라 하면 $D = (dA_0/df)_f$의 관계가 있으므로 예를 들어, 주파수 0에서 f_0까지 전송한 경우의 명료도 지수는 $A_{f_0} = \int_0^{f_0} D df$와 같이 계산할 수 있다. 또 p는 피시험인 숙련도를 나타내는 계수이다.

④ 부적당한 입력특성을 갖는 경우
  ㉮ 자극입력의 성질과 timing을 모두 또는 어느 한쪽을 예측할 수 없는 경우
  ㉯ 변별해야 할 표시장치가 공통적인 특성을 많이 갖고 있거나 표시 장치가 빠르게 변화하는 경우
  ㉰ 부적당한 시각, 청각 feedback에 따라서 행동해야 하는 경우
  ㉱ 과오의 해소책이 작업수행을 방해하는 경우

Chapter 01 인간공학 및 정보입력표시 출제예상문제

출제예상문제는 복습, 예습문제로 엮었습니다. *WHY : 실제시험에도 순서에 관계없이 출제됩니다. 예습 후 다음장에 공부한 문제가 있으면 기억이 배가 됩니다.

01 ★★ 인간의 실수 중 개인 능력에 속하지 않는 것은?
① 긴장수준 ② 피로상태
③ 교육훈련 ④ 자질
⑤ 의식수준

해설
인간의 신뢰성 요인
① 주의력 ② 의식수준 ③ 긴장수준
◯ 자질은 인간의 특성이다.

02 ★ 인간에러 원인 중 개인능력에 해당되지 않는 것은?
① 피로상태 ② 교육훈련
③ 긴장수준 ④ 지식수준
⑤ 상태변화

해설
의식수준의 종류
① 경험연수 ② 지식수준 ③ 기술수준

03 ★★ 인간의 실수원인 중 개인특성에 해당되는 것이 아닌 것은?
① 심신기능 ② 건강상태
③ 작업부적성 ④ ①+②+③ 모두
⑤ 지식부족

해설
개인특성 3가지 : ①, ②, ③

04 ★★ 다음 인간-기계 체계에서 각종 감각기능에 주어진 역할이 공통역할과 다른 것은?
① 지각 ② 청각
③ 미각 ④ 후각
⑤ 촉각

해설
자극반응시간(reaction time)
① 시각 : 0.20[초] ② 청각 : 0.17[초]
③ 촉각 : 0.18[초] ④ 미각 : 0.70[초]

05 ★★ 인간과 기계계에서 의사결정을 실행에 옮기는 과정에 해당되는 사항은?
① 기억 ② 응답
③ 출력 ④ 조작
⑤ 입력

해설
① 정보저장 : 기억
② 통제 및 작업과정 : 행동기능
③ 행동 직전의 결심 및 조작 : 정보처리 및 의사결정

06 ★★★★★ 인간의 감각 중 반응시간이 가장 빠른 것은?
① 시각 ② 통각
③ 청각 ④ 촉각
⑤ 미각

해설
청각이 0.17초로 제일 빠르다.

[정답] 01 ④ 02 ⑤ 03 ⑤ 04 ① 05 ③ 06 ③

07 다음 중 일정한 고장률을 유지한다고 알려져 있는 전자기구는?

① 트랜지스터　② 진공관
③ 콘덴서　④ 퓨즈
⑤ 차단기

해설

콘덴서 : 일정한 시간 유지로 고장률 방지

08 부호의 3가지 유형과 관계없는 것은?

① 임의적 부호　② 묘사적 부호
③ 사실적 부호　④ 추상적 부호
⑤ 문자, 숫자부호

해설

부호의 유형 3가지
① 임의적 부호 : 이미 고안된 부호이며 배워야 하는 부호이다.
② 묘사적 부호 : 사물이나 행동을 단순하고 정확하게 묘사한 부호이다.
③ 추상적 부호 : 전언의 기본요소를 도식적으로 압축한 부호이다.

09 기준의 요건에 대한 설명 중 맞는 것은?

① 적절성 : 반복 실험시 재현성이 있어야 한다.
② 신뢰성 : 기준척도는 측정하고자 하는 변수 이외의 다른 변수의 영향을 받아서는 안된다.
③ 무오염성 : 기준이 의도된 목적에 부합하여야 한다.
④ 민감도 : 동일 단위로 환산 가능한 척도여야 한다.
⑤ 반복성 : 무조건 반복한다.

해설

기준의 구비조건 3가지
(1) 인간의 신뢰도를 높이면 인간행동의 잘못은 크게 줄어든다.
(2) 사용되는 기준 3가지 : ①, ②, ③
(3) 설명은 제외

10 우리가 흔히 사용하는 시각적 표시장치와 청각적 표시장치 중 청각적 표시장치를 사용하는 것이 더 좋은 경우는?

① 전언이 공간적인 위치를 다룬다.
② 수신자의 청각 계통이 과부하 상태일 때
③ 직무상 수신자가 한 곳에 머무르는 경우
④ 전언이 길다
⑤ 수신장소가 너무 밝거나 암조응이 요구될 때

해설

①, ②, ③, ④는 시각적 표시장치가 효과적일 때이다.

11 인간의 청각적 식별이 가능한 자극의 차원은?

① 강도　② 형태
③ 구성　④ 위치
⑤ 모양

해설

형태, 구성, 위치모양은 시각적 식별의 차원이다.

12 정보가 음성으로 전달되어야 효과적일 때는 어느 경우인가?

① 정보가 어렵고 추상적일 때
② 정보가 긴급할 때
③ 정보의 영구적인 기록이 필요할 때
④ 여러 종류의 정보를 동시에 제시해야 할 때
⑤ 전언이 복잡할 때

해설

청각장치와 시각장치의 사용 경위

청각장치 사용(예)	시각장치 사용(예)
① 전언이 간단할 경우	① 전언이 복잡할 경우
② 전언이 짧을 경우	② 전언이 길 경우
③ 전언이 후에 재참조되지 않을 경우	③ 전언이 후에 재참조될 경우
④ 전언이 시간적인 사상(event)을 다룰 경우	④ 전언이 공간적인 위치를 다룰 경우
⑤ 전언이 즉각적인 행동을 요구할 경우	⑤ 전언이 즉각적인 행동을 요구하지 않을 경우
⑥ 수신자의 시각 계통이 과부하 상태일 경우	⑥ 수신자의 청각 계통이 과부하 상태일 경우
⑦ 수신 장소가 너무 밝거나 암조응(暗調應) 유지가 필요할 경우	⑦ 수신 장소가 너무 시끄러울 경우
⑧ 직무상 수신자가 자주 움직이는 경우	⑧ 직무상 수신자가 한 곳에 머무르는 경우

【정답】 07 ③　08 ③　09 ④　10 ⑤　11 ①　12 ②

13 다음 중 정보의 시각적 제시가 바람직한 경우는?

① 주위 환경이 소란할 때
② 정보가 간단하고 직선적일 때
③ 정보가 정확한 순간을 다룰 때
④ 작동자가 여러 곳으로 움직여야 할 때
⑤ 전언이 짧다.

해설

②, ③, ④, ⑤는 청각적 제시가 바람직한 상태이다.

14 통제표시비(C/D비)를 설계할 때에 고려해야 할 요소가 아닌 것은?

① 계기의 크기   ② 방향성
③ 조작시간   ④ 공차
⑤ 신뢰도

해설

통제표시비 설계 5요소
① 계기의 크기 ② 공차   ③ 목측거리
④ 조작시간   ⑤ 방향성

15 양립성이란 인간의 기대가 자극들, 반응들, 혹은 자극-반응 등과 모순되지 않는 관계를 말한다. 다음 중 양립성의 분류에 해당되지 않는 것은?

① 공간 양립성   ② 형태 양립성
③ 개념 양립성   ④ 운동 양립성
⑤ 양식 양립성

해설

양립성의 종류
① 공간 양립성   ② 개념 양립성
③ 운동 양립성   ④ 양식 양립성

16 인간이 과오를 범하기 쉬운 작업 성격이 아닌 것은?

① 단독작업   ② 공동작업
③ 장시간 감시 ④ 다경로 의사결정
⑤ 부적당한 입력특성

해설

인간과오를 유발하기 쉬운 작업의 특성
(1) 공동작업
 ① 고속작업에서 수동제어 사이
 ② 2인 이상의 작업자에 의한 step 사이
 ③ 분산 배치되어 있는 조작반 수동제어 사이
(2) 속도와 정확성
 ① 고속을 요하는 작업
 ② 극도로 정확한 타이밍을 요하는 작업
 ③ 의사결정 시간이 짧은 작업
(3) 판별
 ① 장시간에 걸친 표시장치의 감시
 ② 두 개 이상의 표시장치에 대한 빠른 변화의 비교
 ③ 다수의 입력원에 기초한 의사결정
(4) 부적당한 입력특성
 ① 구별해야 할 표시장치가 공통적인 특성을 많이 갖고 있는 경우
 ② 구별해야 할 표시장치가 빠르게 변화하는 경우
 ③ 자극 입력의 성질과 타이밍을 예측할 수 없는 경우
 ④ 과오의 해결책이 작업수행을 방해하는 경우
 ⑤ 부적당한 시각, 청각 또는 feedback에 따라서 행동하는 경우

17 정보를 전송하기 위한 표시장치를 선택할 때 청각장치를 사용하는 것이 더 좋은 경우는?

① 전언이 즉각적인 행동을 요구한다.
② 전언이 공간적인 위치를 다룬다.
③ 수신 장소가 너무 시끄러울 때
④ 직무상 수신자가 한 곳에 머무르는 경우
⑤ 전언이 복잡하다.

해설

(1) ②, ③, ④, ⑤는 시각적 표시장치를 사용하는 것이 효과적이다.
(2) 시각적 장치는 눈으로만 보는 것이 아니고 글로 쓰고 메모하는 것이다.

18 다음 중 정보를 받아들이는 기계에서 정보의 변수에 해당되는 것은?

① 규칙성   ② 정확성
③ 재해성   ④ 개방성
⑤ 탈락성

해설

기계의 정보변수
① 정확성   ② 빈도
③ 강도

[정답] 13 ① 14 ⑤ 15 ② 16 ① 17 ① 18 ②

19 고장 모드의 예측선정시 item으로 전기 계통에 속하지 않는 것은?

① 개방
② 잡음
③ 입·출력 불량
④ 변형
⑤ 절연불량

해설

(1) FMEA의 전기 계통의 item
　① 개방　　　② 탈락
　③ 잡음　　　④ drift
　⑤ 입·출력불량　⑥ 절연불량
(2) 기계적 item
　① 변형　　　② 마모
　③ 파손　　　④ 탈락
　⑤ 가열
(3) 유체계 item
　① 누설　　　② 부식
　③ 폐쇄

20 사고의 외적 요인으로서의 4M에 해당되지 않는 것은?

① Man
② Machine
③ Material
④ Media
⑤ Management

해설

사고의 외적 요인 4M(인간에러 배후요인 4M)
① Man　　　② Machine
③ Media(Method)　④ Management

21 피로에 영향을 주는 기계측의 인자가 아닌 것은?

① 기계의 종류
② 기계의 크기
③ 조작부분의 감촉
④ 기계의 색
⑤ 조작부분의 배치

해설

①, ③, ④, ⑤ : 피로에 영향을 주는 기계측의 인자

22 기억 후 망각률이 가장 높은 기간은?

① 하루 이내
② 하루 이상 7일 이내
③ 7일 이상 15일 이내
④ 15일 이상 30일 이내
⑤ 1개월 이내

해설

기억은 24시간 이내 50[%] 이상을 망각한다.

23 인간의 동작을 분석하는 경우 동작경제법칙에 속하지 않는 것은?

① 동작범위는 가급적 최소로 할 것
② 양손동작은 가급적 동시에 하도록 할 것
③ 동작순서는 합리화할 것
④ 중심이동을 가급적 크게 할 것
⑤ 적게 운동한다.

해설

동작경제의 3원칙
(1) 동작능력활용의 원칙(신체사용에 관한 원칙)
　① 발 또는 왼손으로 할 수 있는 것은 오른손을 사용하지 않는다.
　② 양손으로 동시에 작업을 시작하고 동시에 끝낸다.
(2) 작업량 절약의 원칙(공구 및 설비의 설계에 관한 원칙)
　① 적게 운동한다.
　② 재료나 공구는 취급하는 부근에 정돈할 것
　③ 동작의 수를 줄일 것
　④ 동작의 양을 줄일 것
　⑤ 물건을 장시간 취급할 때는 장구를 사용할 것
(3) 동작개선의 원칙(작업역의 배치에 관한 원칙)
　① 동작이 자동적으로 리드미컬한 순서로 한다.
　② 양손은 동시에 반대방향으로 좌우대칭적으로 운동하게 할 것
　③ 관성, 중력, 기계력 등을 이용할 것
　④ 작업점의 높이를 적당히 하고 피로를 줄인다.

24 기계의 정보처리기능에 알맞은 것은?

① 임기응변적 기능
② 응용능력적 기능
③ 연역적 처리 기능
④ 귀납적 처리 기능
⑤ 종합적 처리기능

해설

① 기계는 연역적　　② 인간은 귀납적

[정답] 19 ④　20 ③　21 ②　22 ①　23 ④　24 ③

25 계기반(計器盤) panel의 형 중 주로 대략의 값과 시간적 변화를 필요로 하는 경우에 쓰이는 경우는?

① 지침이동형(指針移動形)
② 지침고정형(指針固定形)
③ 계수형(計數型)
④ 사각형 눈금
⑤ 원형 눈금

해설
① 계수형 : 정확, 정밀값　② 원형 눈금 : 대략적 값

26 인간에러원인 중 환경조건의 상태악화와 관련이 먼 것은?

① 정전　② 색채부조화
③ 소음　④ 고온
⑤ 조명

해설
인간의 동작특성 중 외적 요인
① 동적(動的) 조건 : 대상물의 동적 성질에 따른 조건이며 최대 요인이 된다.
② 정적(靜的)조건 : 높이, 폭, 길이, 크기 등의 조건
③ 환경(環境)조건 : 기온, 습도, 조명, 분진 등의 물리적 환경 조건

27 Human error의 주요소인 정신력과 관계있는 생리적 조건이 아닌 것은?

① 피로　② 근육운동의 부적합
③ 생리적 이상　④ 정신력의 부족
⑤ 주의소홀

해설
근육운동의 부적합은 물리적인 요인이다.

28 인간과 기계계에서 기계의 표시기에 해당되는 인간계의 요소는?

① 환경요인　② 기억
③ 감각기　④ 중추신경
⑤ 운동기

해설
표시기는 보기 위한 눈이다. 즉, 감각기를 의미한다.

29 다음 중 사정효과(range effect)를 바르게 설명한 것은?

① 조작자가 움직일 수 있는 속도나 조종장치에 가할 수 있는 위험에는 상한이 없다.
② 조작자는 작은 오차에는 과잉반응, 큰 오차에는 과소반응을 한다.
③ 조작자는 비우발적인 입력신호는 미리 알 수 있다.
④ 조작자는 남을 때까지는 반응하지 못한다.
⑤ 모든 곳에 속도를 표시한다.

해설
②는 사정효과의 설명이다.

30 다음 표시장치 중 동적 표시장치는?

① 도로표지판　② 도표
③ 지도　④ 그래프
⑤ 고도계

해설
(1) 정적 표시장치
　① 간판　② 도표　③ 그래프　④ 인쇄물　⑤ 필기물
(2) 동적 표시장치
　① 온도계　② 기압계　③ 속도계　④ 고도계

31 display를 layout할 때의 기본요인이 아닌 것은?

① 확인　② group 편성
③ 관련성　④ 가시성
⑤ 보편성

해설
display의 기본요인
① 확인　② group 편성　③ 관련성　④ 가시성

[정답] 25 ⑤　26 ①　27 ②　28 ③　29 ②　30 ⑤　31 ⑤

32 음의 크기 수준을 측정할 수 있는 척도에 해당되지 않는 것은?

① phon에 의한 수준
② 지수에 의한 수준
③ 인식소음수준
④ sone에 의한 수준
⑤ sone과 phon의 관계에 의한 음의 수준

해설
음의 크기의 수준 : ①, ③, ④, ⑤

33 기계의 정보저장 형태에 속하지 않는 것은 다음 중 어느 것인가?

① 펀치카드   ② 자기테이프
③ 녹음테이프   ④ 위치카드
⑤ USB

해설
(1) 인간의 저장방법 : 기억
(2) 기계의 저장방법 : ①, ②, ③, ⑤

34 단일 차원의 시각적 암호 중 구성암호, 영문자암호, 숫자암호에 대하여 암호로서의 성능이 가장 좋은 것부터 배열한 것은?

① 숫자암호 – 영문자암호 – 구성암호
② 영문자암호 – 숫자암호 – 구성암호
③ 영문자암호 – 구성암호 – 숫자암호
④ 구성암호 – 숫자암호 – 영문자암호
⑤ 구성암호 – 영문자암호 – 숫자암호

해설
시각적 암호의 비교
• 숫자, 영자, 기하적 형상, 구성, 색의 비교실험
  식별, 위치, 계수, 비교, 확인의 실험 → 숫자, 색 암호의 성능 우수, 다음으로 영자, 형상암호, 구성암호의 순

[정답] 32 ② 33 ④ 34 ①

Chapter 02 인체계측 및 작업공간

중점 학습내용

본 장은 인체계측 및 작업공간으로 인체계측방법과 계측자료의 응용원칙 등을 기술하였다. 부품배치의 4원칙과 설계의 원칙 및 특수작업역을 기술하여 자기자신을 항상 재해에 대비하여 점검할 수 있도록 하였고 산업체에서 산업재해가 일어나지 않도록 하기 위하여 21세기 실무안전관리자의 역할을 할 수 있도록 하였다. 시험에 출제가 예상되는 그 중심적인 내용은 다음과 같다.
❶ 인체계측 및 인간의 체계제어
❷ 신체활동의 생리학적 측정법
❸ 작업공간 및 작업자세
❹ 인간의 특성과 안전

1 인체계측 및 인간의 체계제어

1. 인체계측방법

(1) 정적 인체계측(구조적 인체치수)

① 체위를 일정하게 규제한 정지상태에서의 기본자세(선 자세, 앉은 자세)에 관한 신체의 각 부를 계측하는 것이다.
② 마틴식 인체계측기를 활용하며 나체 측정을 원칙으로 한다.(측정점과 측정항목 : 57점, 205항목)

(2) 동적 인체계측(기능적 인체치수)

① 일반적으로 상지나 하지의 운동이나 체위의 움직임에 따른 상태에서 계측(특정작업에 국한) 한다.
② 실제 작업 또는 생활 조건에 밀접한 관계를 갖는 현실성 있는 인체치수를 구할 수 있다.
③ 마틴식(Martin type anthropometer) 계측기로는 측정이 불가능하며, 사진 및 시네마 필름을 사용한 3차원 해석 장치나 새로운 계측 시스템이 요구된다.

2. 인체계측 자료의 응용 3원칙

(1) 최대치수와 최소치수(극단적인 사람을 위한) 설계

구분	최대 집단치	최소 집단치
정의	대상 집단에 대한 인체 측정 변수의 상위 백분위수 (percentile)를 기준으로 90, 95, 99[%]치가 사용 울타리	관련 인체 측정 변수 분포의 하위 백분위수를 기준으로 1, 5, 10[%]치가 사용
사용 예	① 출입문, 통로, 의자사이의 간격 등의 공간 여유의 결정 ② 줄사다리, 그네 등의 지지물의 최소 지지중량(강도)	선반의 높이 또는 조정장치까지의 거리, 버스나 전철의 손잡이 등의 결정

➤ 효과와 비용고려 : 95[%]나 5[%]치 사용

합격예측

인체계측의 의의 및 목적
① 인간-기계 체계(man-machine system)를 인간공학적 입장에서 새로이 설계하거나 개선하는 경우 가장 기초가 되는 인간인자는 인체계측 데이터(data)이다.
② 인간공학적 설계를 위한 자료가 목적이다.
③ 인간공학에서의 인체계측은 인간과 기계기구 사이에 개재하는 여러 관계를 추구하고 사용상태의 향상을 도모하려는 것이다.

합격예측

사정효과(range effect)
눈으로 보지 않고 손을 수평면상에서 움직이는 경우에 짧은 거리는 지나치고 긴 거리는 못미치는 경향을 말하며 조작자가 작은 오차에는 과잉반응, 큰 오차에는 과소반응을 하는 것이다.

합격예측
조종장치의 설계기준
① 조종장치는 더 큰 힘을 발휘하고 넓은 파악범위를 갖게 하며 불필요한 노력과 위험을 감소시키기 위하여 개발되어 왔다.
② 조종장치의 주된 목적은 인간신체의 확장이라고 할 수 있다.
③ 2차원 혹은 3차원의 기하학적인 모양을 사용하면, 형상코딩은 촉각과 시각 둘 다 가능하다.
④ 어둡거나 중복된 확인이 필요한 상황에서 실수를 최소화하는 데 특히 유용하며, 상대적으로 많은 종류의 모양 판별을 가능하게 한다.
⑤ 조종장치는 인간기계체계가 최대의 효율을 발휘할 수 있고 사용자의 능력과 한계를 고려하여 설계되어야 한다.

합격예측
24. 3. 30 출
인체계측자료의 응용원칙
① 최대치수와 최소치수 : 최대치수 또는 최소치수를 기준으로 하여 설계한다.
② 조절범위(조절식) : 체격이 다른 여러 사람에 맞도록 만든 것이다.
③ 평균치를 기준으로 한 설계 : 최대치수나 최소치수, 조절식으로 하기에 곤란할 때 평균치를 기준으로 하여 설계한다.

(2) 조절범위(조정범위) 설계
① 사무실 의자의 높낮이 조절, 자동차 좌석의 전후조절 등
② 통상 5[%]치에서 95[%]치까지에서 90[%] 범위를 수용대상으로 설계
③ 가장 우선적으로 설계적용 고려순서 : 조절식 → 극단치 → 평균치

(3) 평균치를 기준으로 한 설계
최대치수나 최소치수 조절식으로 하기가 곤란할 때 평균치를 기준으로 하여 설계한다.(예 ① 은행창구 ② 슈퍼마켓 계산대)

[표] 인체 측정상의 주의사항

구 분	방 법
목적의 확인	계측 목적을 확인한다. 이것은 아래 항목의 결정에 중요하다.
피측자 선정	통계적으로 수백 명 이상의 집단을 계측하는 것이 바람직하다. 같은 연령의 사람에게도 여러 가지 변동요인(성차, 지역차, 운동차, 학력차, 일 등)에 의해서 계측치에 편차가 생기기 때문에 그것을 명심하고 피측자를 선정한다.
정밀도와 측정 방법	[mm] 정도로 계측하기 위해서는 인류학적인 측정 방법에 준한 것이 바람직하다. 그러나 이 측정에는 상당한 숙련을 필요로 한다. 그 때문에 여유를 포함한 측정이나, 동작 범위 등의 해석에는 사진 계측 등의 방법을 고려하는 것이 좋다. **보충학습** 측정에 사용되는 기구 ① 정적인 계측에 적당한 것 : 마틴 측정기, 실루엣 사진기 등 ② 동적인 자세의 계측기에 적당한 것 : 사이클 그래프, 마르티스트로보, 시네마 필름, VTR 등
기록 용지의 작성	측정 월일·장소·피험자명·측정 부위를 명기한 그림, 측정 부위 피험자명 등을 기입한 카드를 준비한다.
자세의 규제	기본이 되는 선 자세와 앉은 자세에 관하여 서술하면 다음과 같다. ① 선 자세 : 등줄기를 긴장하지 않고 펴서, 어깨 힘을 뺀다. 손바닥을 몸쪽으로 돌리고, 손가락을 대퇴부 쪽으로 가볍게 붙인다. 무릎은 자연스럽게 펴고, 자에 발꿈치를 붙이고, 양발의 첫째 발가락을 약 45°로 벌리고, 머리는 귀와 눈이 수평이 되게 한다. ② 앉은 자세 : 연골머리 높이로 조절한 수평면에 앉아, 등줄기를 펴고 걸터앉는다. 손을 가볍게 쥐고 대퇴부 위에 놓고, 좌우 대퇴부는 대략 평행하게 하고, 무릎을 직각으로 하고, 발바닥을 바닥에 평행하게 붙인다. 머리는 귀와 눈을 수평하게 한다.
측정 요령	① 측정점을 확인하고 랜드마크(landmark)를 붙인다. ② 피험자의 자세를 점검한다. ③ 피험자에게는 가능한 한 접촉하지 않는다. ④ 정확하게 기구를 유지한다. ⑤ 측정은 원칙적으로 우측에서 한다. ⑥ 복창하고 기록한다. ⑦ 측정에 누락이 없는가를 확인한다.

2 신체활동의 생리적 측정법

1. 작업의 종류에 따른 측정방법

(1) 동적 근력작업(動的筋力作業)
에너지대사량, 즉 에너지대사율(RMR), 산소섭취량, CO_2 배출량 등과 호흡량, 심박수, 근전도(EMG : 국소적 근육활동척도) 등

(2) 정적 근력작업(靜的筋力作業)
에너지대사량과 심박수와의 상관관계, 또 그 시간적 경과, 근전도 등

(3) 신경적 작업(神經的作業)
심박수, 매회 평균호흡진폭, 수장(手掌) 피부저항치, 정신전류현상, 오줌 속의 스테로이드, 노르아드레날린 배설량 등

(4) 심적 작업
플리커값(인지역치) 등을 측정

2. 부품(공간)배치의 4원칙 22. 3. 19

(1) 중요성(도)의 원칙(일반적 위치결정)
부품을 작동하는 성능이 체계의 목표 달성에 긴요한 정도에 따라 우선순위를 결정한다.

(2) 사용빈도의 원칙(일반적 위치결정)
부품을 사용하는 빈도에 따라 우선순위를 결정한다.

(3) 기능별(일관성) 배치의 원칙(배치결정)
기능적으로 관련된 부품들(표시장치, 조종장치 등)을 모아서 배치한다.

(4) 사용순서의 원칙(배치결정)
사용순서에 따라 장치들을 가까이에 배치한다.

3. 의자의 설계원칙 25. 3. 29.

(1) 체중분포
① 사람이 의자에 앉았을 때 체중이 주로 좌골결절(坐骨結節 : ischiadic tuberosity)에 실려야 편안하다.
② 체중분포는 등압선으로 표시한다.

참고
① 근전도(EMG : electromyogram) : 근육활동의 전위차를 기록한 것으로, 심장근의 근전도를 심전도(ECG : electrocardiogram)라 하며, 신경활동 전위차의 기록은 ENG (electroneurogram)라 한다.
② 피부전기반사 (GSR : Galvanic Skin Reflex) : 작업부하의 정신적 부담도가 피로와 함께 증대하는 양상을 수장(手掌) 내측의 전기저항의 변화에서 측정하는 것으로, 피부전기저항 또는 정신전류현상이라고 한다.
③ 플리커값 : 정신적 부담이 대뇌피질의 활동수준에 미치고 있는 영향을 측정한 값
④ EEG : 뇌전도

합격예측
정적 위치조정 중의 떨림
진전(tremor : 잔잔한 떨림)을 감소시키는 방법
① 몸과 작업에 관계되는 부위를 잘 받친다.
② 손이 심장높이(상하좌우 : 8in)에 있을 때가 손떨림이 적다.
③ 작업대상물에 기계적 마찰이 있을 때

합격예측

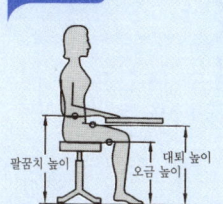

[그림] 신체 치수와 작업대 및 의자 높이의 관계

합격예측

조종장치의 조건
① 접근성(accessibility) : 사용자의 인체계측자료의 적용 - 표시장치는 원거리기능, 손과 발의 파악한계 및 작동범위
② 인식성, 식별성(identifiability) : 타 조종장치와의 식별성 가능, 상태 - on, off, 형태, 색상, 부호화, 표식(label)
③ 사용성(usability) : 힘(조종장치의 사용에 요구되는 힘) - power, precision
④ 조정의 용이성(fine adjustment) : 조종 반응비율 → 조종장치의 움직임에 따른 표시장치의 움직임의 비
⑤ 정보의 환류 : 움직임에 따른 반응 : click, 촉감, 상태(lever의 위치) - feed back

합격예측

① 정상작업역 : 상완을 자연스럽게 수직으로 늘어뜨린 채, 전완만으로 편하게 뻗어 파악할 수 있는 구역 (34~45[cm])
② 최대작업역 : 전완과 상완을 곧게 펴서 파악할 수 있는 구역(56~65[cm])

(2) 의자좌판(면)의 높이

① 좌판 앞부분이 대퇴를 압박하지 않도록 오금 높이보다 높지 않아야 한다. 이때 치수는 5[%]치 이상 되는 모든 사람을 수용할 수 있게 선택하고, 신발의 뒤꿈치가 수센티미터를 더한다는 점을 감안해야 한다.(최소집단치 적용)
② 사무실 의자의 좌판과 등판 각도는 좌판각도 3[°], 등판각도 100[°]가 적합하다.

(3) 의자좌판(면)의 깊이와 폭(넓이)

① 좌판의 바람직한 깊이와 폭은 (다용도, 타자용, 휴게실용 등) 의자 종류에 따라 다르지만 일반적으로 폭은 큰 사람에게 맞도록 하고, 깊이는 장딴지 여유를 주고 대퇴를 압박하지 않도록 작은 사람에게 맞도록 해야 한다.
② 의자가 길거나 옆으로 붙어있는 경우 팔꿈치 폭을 고려한다.(95[%]치 사용 : 콩나물 효과)

(4) 몸통(상반신)의 안정

사람이 의자에 앉을 때 체중이 주로 좌골결절에 실려야 몸통 안정이 쉬워진다. 이 점에서 좌판과 등판의 각도, 등판의 만곡, 등판의 지지가 중요한 역할을 한다.

3 작업공간 및 작업자세

1. 작업공간(work space)

(1) 작업공간포락면(包絡面, envelope)

① 한 장소에 앉아서 수행하는 작업활동에서 사람이 작업하는 데 사용하는 공간을 말한다.
② 작업의 성질에 따라 포락면의 경계가 달라진다.

(2) 파악한계(grasping reach)

앉은 작업자가 특정한 수작업 기능을 편히 수행할 수 있는 공간의 외곽한계를 말한다.

(3) 특수작업역(域)

특정 공간에서 작업하는 구역

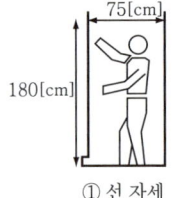
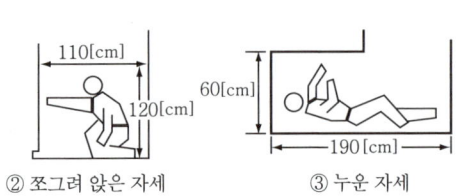

① 선 자세　　② 쪼그려 앉은 자세　　③ 누운 자세

④ 의자에 앉은 자세   ⑤ 구부린 자세   ⑥ 엎드린 자세

[그림] 특수작업역의 작업자세

2. 수평작업대

(1) 정상작업역(正常作業域)

상완(上腕)을 자연스럽게 수직으로 늘어뜨린 채 전완(前腕)만으로 편하게 뻗어 파악할 수 있는 구역(34~45[cm])

(2) 최대작업역(最大作業域)

전완과 상완을 곧게 펴서 파악할 수 있는 구역(55~65[cm])

(3) 어깨중심선과의 간격

19[cm]

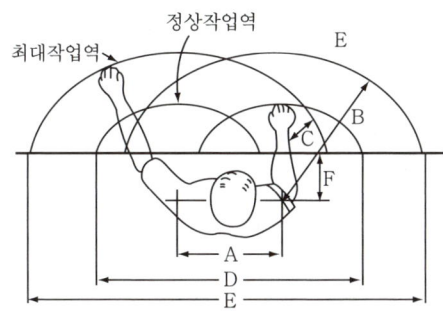

[그림] 정상작업역과 최대작업역

[표] 작업대 설계기준

치 수	미 국 인		한 국 인	
	남 자	여 자	남 자	여 자
A	40.64	35.56	37.78	34.92
B	67.31	59.69	62.10	57.91
C	39.37	35.56	34.73	32.14

D=2C+A   E=2B+A   F=19[cm]

(4) 팔꿈치 높이 : 작업대 높이기준

① 경조립 작업은 팔꿈치 높이보다 5~10[cm] 정도 낮게

합격예측

인간기억의 정보량
(1) 단위시간당 영구보관(기억)할 수 있는 정보량 0.7[bit/sec]
(2) 인간의 기억 속에 보관할 수 있는 총용량 약 1억(10^9 : 100[mega]) ~1,000조(10^{15})[bit]
(3) 신체 반응의 정보량
인간이 신체적 반응을 통하여 전송할 수 있는 정보량은 그 상한치가 약 10[bit/sec] 정도이다.
(4) 경로용량 및 전달된 정보량
① channel(경로용량) capacity : 절대식별에 근거하여 자극에 대해서 우리에게 줄 수 있는 최대정보량
② 전달된 정보량 : 자극의 불확실성과 반응의 불확실성의 중복부분을 나타낸다.

용어정의

작업공간포락면
(work space envelope)
한 장소에 앉아서 수행하는 작업활동에서, 사람이 작업하는 데 사용되는 공간을 말한다.

합격예측
근골격계 질환의 특성
① 미세한 근육이나 조직의 손상으로 시작된다.
② 초기에 치료하지 않을시 완치가 어렵다.
③ 신체의 기능장해를 유발한다.
④ 집단발병의 우려가 있다.
⑤ 완전 치료가 어렵고 발생의 최소화를 하는 것이 중요하다.

합격예측
심장활동의 측정
① 심장주기 : 수축기(약 0.3초), 확장기(약 0.5초)의 주기 측정
② 심박수 : 분당 심장 주기수 측정(분당 75회)
③ 심전도(ECG) : 심장근 수축에 따른 전기적 변화를 피부에 부착한 전극으로 측정
④ 심전도계 : 심장의 수축과 확장의 전기적 변동 기록

참고
VFF(시각적 점멸융합 주파수)
중추신경계의 피로, 즉 정신피로의 척도로 사용되는 측정법이다.

합격예측
의자설계시 인간공학적 원칙 4가지
① 등받이의 굴곡은 요추의 굴곡(전만곡)과 일치해야 한다.
② 좌면의 높이는 사람의 신장에 따라 조절 가능해야 한다.
③ 정적인 부하와 고정된 작업자세를 피해야 한다.
④ 의자의 높이는 오금의 높이보다 같거나 낮아야 한다.

② 중조립작업은 팔꿈치 높이보다 10~20[cm] 정도 낮게
③ 정밀 작업은 팔꿈치 높이보다 0~10[cm] 정도 높게

3. display가 형성하는 목시각(目視角)

(1) 수평작업조건

① 최적조건 : 15[°] 좌우및 아래쪽
② 제한조건 : 95[°] 좌우

(2) 수직작업조건

① 최적조건 : 0~30[°] 하한
② 제한조건 : 75[°] 상한, 85[°] 하한

(3) 정상작업 위치에서 모든 display를 보기 위한 조업자의 시계

60~90[°]

(4) 정적자료와 동적자료의 상관관계

① 높이(키, 눈, 어깨, 엉덩이) : 3[%] 감소
② 팔꿈치 높이 : 작업 중에 들어 올리면 5[%] 증가
③ 앉은 무릎 높이 및 오금 높이 : 굽 높은 구두를 신으면 변화(그 외 변화 없음)
④ 전방 또는 측방 팔길이 : 편안한 자세면 30[%] 감소, 어깨와 몸통을 심하게 돌리면 20[%] 증가

4 인간의 특성과 안전

1. 기계설계 진행방법

(1) 인간공학 입장에서 본 기계설계의 진행방법

① Ross A. McFarland
  ㉮ 작업분석
  ㉯ 청사진 단계
  ㉰ mock-up 단계(모형제작 단계)
② W. E. Woodson
  ㉮ 준비
  ㉯ 선택
  ㉰ 점검

(2) 기계설비의 layout 검토사항(기계배치시 고려사항)

① 작업의 흐름에 따라 기계를 배치한다.

② 기계, 설비 주위에는 충분한 공간을 둔다.
③ 공장의 내외에는 안전한 통로 확보 및 항시 이것을 유효하게 확보한다.
④ 원자재 또는 제품 저장소 공간을 충분히 확보한다.
⑤ 기계, 설비의 설치시 사용중 점검, 보수가 용이하도록 배려한다.
⑥ 압력용기, 고속회전체, 고압전기설비, 폭발성 물품을 취급하는 기계, 설비 등의 설치에 있어서는 작업자와의 관계위치, 원격거리 등을 고려한다.
⑦ 장래 확장을 고려하여 설계 및 배치를 한다.

(3) 기계설계의 개선

재해방지를 위한 기계설계의 인간공학적 안전대책은 인간의 특성에 맞추어 기계의 조작이나 안전성 여부를 설계할 때부터 적합하도록 해야 한다.

① **구조의 개선** : 많은 경우에 재해는 근로자가 가동중인 기계 속에 부주의로 인하여 손, 발 등 인체의 일부를 넣기 때문에 발생한다. 근로자가 실수나 부주의로 인하여 이러한 잘못을 범할 수가 있는데, 혹 근로자가 이런 잘못을 했다 하더라도 재해가 발생되지 않도록 하기 위해서는 기계 및 작업환경의 구조를 변경하여 개선하도록 해야 한다.

② **방호장치의 설치** : 많은 공작기계의 경우, 회전부분이나 절삭부분 등의 위험한 요소가 노출되어 있어 작업복이나 머리칼 또는 인체의 일부가 노출된 부분에 접촉하게 되면 재해가 발생하기 쉽다. 그러나 어느 경우에 있어서는 기계 자체의 기능 때문에 구조를 변경할 수 없게 될 경우 또는 구조 변경시에 드는 경제적 비용 때문에 할 수 없는 구조에는 노출되어 있는 위험한 부분에 보호망 같은 안전방호장치를 설치하여 위험을 방지하도록 해야 한다.

③ **자동정지장치**

근로자의 부주의로 인해 위험부분에 인체가 접촉되었을 때나 적절한 기계 조작을 취하지 못했을 때는 가동중인 기계가 자동적으로 정지하도록 설계하여 재해를 방지하도록 한다. 자동정지장치로서는 적외선을 이용한 광전식(光電式)과 전파를 이용한 전자감응식(電子感應式) 등이 있다. 또는 인체가 가동중인 기계에 닿지 않도록 작업 수행에 지장이 없는 정도로 일정한 길이의 끈을 손이나 몸에 설치하여 재해를 방지하도록 한다.

④ **인체의 생리기능에 적합한 설계**

실제 작업활동에 있어서 기계의 조작에 위험이 따르는 면보다는 기계를 조작하는 활동이 인간의 생리적 특성 및 기능에 부적합하게 되어 있어 피로하기 쉽고 비능률적인 생산활동을 하는 경우가 많다. 그렇기 때문에 기계장비나 설비 등을 조작하고 다루는 데 있어서 인간의 생리적 기능에 적합하도록 설계해야 한다.

> **합격예측**
>
> **조종장치의 저항력**
> ① 탄성저항 : 조종장치의 변위에 따라 변한다.
> ② 점성저항 : 출력과 반대방향으로, 그 속도에 비례해서 작용하는 힘 때문에 생기는 저항력이다.
> ③ 관성저항 : 관계된 기계장치의 중량으로 인한 운동(또는 운동방향의 변화)에 대한 저항으로 가속도에 따라 변한다.
> ④ 정지 및 미끄럼 마찰저항 : 처음 움직임에 대한 저항력인 정지마찰은 급격히 감소하나, 미끄럼마찰은 계속하여 운동에 저항하며 변위나 속도(또는 가속도)와는 무관하다.

> **합격예측**
>
> **(1) 뼈의 역할**
> ① 신체 중요부분 보호
> ② 신체의 지지 및 형상 유지
> ③ 신체 활동 수행
>
> **(2) 뼈의 기능**
> ① 골수에서 혈구세포를 만드는 조혈 기능
> ② 칼슘, 인 등의 무기질 저장 및 공급 기능
>
> **(3) 근골격계 질환 유형**
> • 허리부위
> ① 요부염좌
> ② 근막통 증후군
> ③ 추간판 탈출증
> ④ 척추분리증 등
> • 어깨부위
> ① 근막통 증후군
> ② 상완이두 건막염
> ③ 극상근 건염
> ④ 견봉하점액낭염
> • 목부위
> ① 근막통 증후군
> ② 경추자세 증후군
> • 손과 목부위
> ① 수근관 증후군(손목터널 증후군)
> ② 방아쇠 손가락
> ③ 결절종
> ④ 척골관 증후군
> ⑤ 수완진동 증후군
> • 팔꿈치 부위
> ① 외상과염(테니스 엘보)
> ② 내상과염(골프 엘보)
> ③ 척골관 증후군
> ④ 지연성 척골 신경마비 등

합격예측

신체부위의 동작

① • 굴곡(flexion) : 부위 간의 각도 감소
• 신전(extension) : 부위 간의 각도 증가
② • 외전(abduction) : 몸의 중심선으로부터의 이동
• 내전(adduction) : 몸의 중심선으로의 이동
③ • 외선(lateral rotation) : 몸의 중심선으로부터의 회전
• 내선(medial rotation) : 몸의 중심선으로의 회전

합격예측

근력·지구력·완력

① 근력 : 등척적으로 근육이 낼 수 있는 최대의 힘으로 정적조건에서 힘을 낼 수 있는 근육의 능력
② 지구력 : 근육을 사용하여 특정한 힘을 유지할 수 있는 시간으로 표현
③ 완력 : 밀고 당기는 힘의 측정, 팔을 앞으로 뻗었을 때 최대이며, 왼손은 오른손보다 10[%] 정도 적다.

용어정의

근골격계질환

반복적인 동작, 부적절한 작업자세, 무리한 힘의 사용, 날카로운 면과의 신체접촉, 진동 및 온도 등의 요인에 의하여 발생하는 건강장해로서 목, 어깨, 허리, 상·하지의 신경·근육 및 그 주변 신체조직 등에 나타나는 질환을 말한다.

Q 보충문제

일반적으로 보통 작업자의 정상적인 시선으로 가장 적합한 것은?
① 수평선을 기준으로 위쪽 5[°] 정도
② 수평선을 기준으로 위쪽 15[°] 정도
③ 수평선을 기준으로 아랫쪽 5[°] 정도
④ 수평선을 기준으로 아랫쪽 15[°] 정도
⑤ 수직선을 기준으로 아랫쪽 30[°] 정도

정답 ④

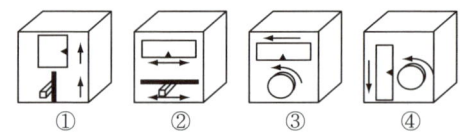

[그림] 혼란을 일으킬 가능성이 적은 제어기 및 표시장치

보기를 들면, 표시기의 눈금 숫자는 오른쪽방향으로 증가하며, 기계나 차량 등의 운전대에 설치된 손잡이(handle)의 회전방향대로 기계나 차량 등이 움직이도록 설계한 것 등이다. 인간의 생리적 기능에 적합하게 설계된 것으로서는 위의 그림과 같은 것들을 들 수 있다.

위의 그림에서 ①, ②는 손잡이와 눈금의 이동을 같은 방향으로 하였고, ③, ④는 다이얼의 방향과 눈금의 방향을 같은 방향으로 한 경우인데, 만일 이들을 설계의 부주의로 인해 반대방향으로 했다면 작동상의 혼란을 일으켜 사고의 원인이 된다.

이와 같이, 인간의 생리적 기능에 적합한 설계가 이루어지면 작업능률향상에 기여할 수 있지만, 반대로 기계의 조작방법이 인간의 생리적 기능에 부적합하게 설계되어 있다면 작동의 혼란으로 인해 피로하기 쉽고 비능률적인 면도 있을 뿐만 아니라, 사고를 일으키는 원인이 되기도 한다.

2. 신체부위의 운동

(1) 기본적인 동작

① 굴곡(flexion : 굽히기) – 부위간의 각도가 감소 ┐ 팔꿈치 운동
　신전(extension : 펴기) – 부위간의 각도가 증가 ┘
② 내전(adduction : 모으기) – 몸의 중심선으로의 이동 ┐ 팔·다리운동
　외전(abduction : 벌리기) – 몸의 중심선으로부터의 이동 ┘
③ 내선(medial rotation) – 몸의 중심선으로의 회전 ┐ 발운동
　외선(lateral rotation) – 몸의 중심선으로부터의 회전 ┘
④ 하향(pronation) – 손바닥을 아래로 ┐ 손운동
　상향(supination) – 손바닥을 위로 ┘

(2) 실용적인 동작

① 위치(positioning) 동작　② 연속(continuous) 동작
③ 조작(manipulative) 동작　④ 반복(repetitive) 동작
⑤ 축차(sequential) 동작　⑥ 정적(static) 조절

해설

(1) 에너지대사율(RMR) : 작업강도 단위로서 산소호흡량을 측정하여 에너지의 소모량을 결정하는 방식

(2) RMR = $\dfrac{\text{작업대사량}}{\text{기초대사량}}$ = $\dfrac{\text{작업시의 소비에너지} - \text{안정시 소비에너지}}{\text{기초대사량}}$

① 작업시 소비에너지와 안정시 소비에너지 측정법 : 더글라스 백법
② 산소소비량의 측정은 douglas bag을 사용하여 배기를 수집하고 bag에서 배기의 표본을 취하여 가스분석장치로 성분을 분석하고, 가스미터를 통과시켜 배기량을 측정한다.
③ 흡기량×79[%]이므로

∴ 흡기량 = 배기량 $\dfrac{(100 - CO_2[\%] - O_2[\%])}{79}$

∴ O_2 소비량 = 흡기량×21[%] - 배기량×O_2[%]

∴ 1l O_2 소비 = 5[kcal]

---

12 ★★★ 작업의 강도를 에너지대사율로 구분, 중 정도 작업에 필요한 수치는?

① 0~2　　② 2~4
③ 4~6　　④ 8~10
⑤ 10 이상

해설
작업강도의 구분
① 경작업 : 0~2　　② 중(中)작업 : 2~4
③ 중(重)작업 : 4~7　　④ 초중작업 : 7 이상

---

13 ★★ 형상이나 크기의 관계를 확실히 판단하여 각 부분을 뜯어서 다시 맞추어 통일된 형태가 되도록 손으로 조작하는 과정을 무엇이라 하는가?

① 공간 시각화　　② 공간 지각화
③ 기계적 이해　　④ 손과 팔의 솜씨
⑤ 기계적 적용

해설
통일된 형태 조작 : 공간 시각화

---

14 ★★ 인간 error의 종합적인 요인이 아닌 것은?

① 인간-기계의 인간공학적 설계의 결함
② 작업자의 교육, 훈련, 교시 등의 문제
③ 생산공정의 자동화
④ 선천적 특성
⑤ 직장의 성격

해설
인간과오의 종합적 요인
① 개인적특성
② 작업자의 교육, 훈련, 교시 등의 문제
③ 직장의 성격
④ 작업 자체의 특성과 환경조건
⑤ 인간-기계 체계의 인간공학적 설계상 결함

---

15 ★★ 다음 작업 중 에너지소비량이 가장 높은 작업은?

① 벽돌쌓기
② 삽질(7.2[kg] 이상)
③ 전자부품의 조립작업
④ 도끼로 나무절단
⑤ 기계가공작업

해설
도끼로 나무절단은 온몸으로 하는 동작이다.

---

16 ★★★ 인체는 눈에 띌 만한 발한 없이도 인체의 피부와 허파로부터 하루에 600[g] 정도의 수분이 무감증발된다. 이 무감증발로 인한 열손실률은 얼마인가?[단, 37[℃]의 물 1[g]을 증발시키는 데 필요한 에너지는 2,410[J/g](575.7[cal/g]임)]

① 17[watt]　　② 19[watt]
③ 21[watt]　　④ 23[watt]
⑤ 25[watt]

해설
열손실률(R) = $\dfrac{\text{증발에너지(Q)}}{\text{증발시간(T)}}$

= $\dfrac{600[g] \times 2,410[J/g]}{24 \times 60 \times 60[sec]}$

= 16.736[J/sec] = 17[watt]

> 참고 1[J/sec] = 1[watt]에 의거한다.

[정답] 12 ②　13 ①　14 ③　15 ④　16 ①

17 자극이 있은 후 동작을 개시하기까지에 걸리는 시간은 특히 자극의 종류에 따른 별도의 반응을 요구할 때 더 걸린다. 이렇게 반응이 지연되는 가장 큰 이유는?

① 감각수용기 지연 ② 피질로의 신경전달
③ 중앙처리 지연   ④ 근육으로의 신경전달
⑤ 시력부적응

해설
반응지연 : 중앙처리(두뇌)지연

18 어떤 장치에 이상을 알려 주는 경보기가 있어서 그것이 울리면 일정 시간 이내에 장치의 운전을 정지하고, 상태를 점검하여 필요한 조치를 하여야 한다. 장치에 고장이 발생된 사항을 조사한즉, 이 작업자는 두 개의 장치에 대해서 같은 일을 담당하고 있고, 그 장치는 장소적으로 떨어져 있기 때문에 한쪽에 가까이 있을 때에 다른 쪽의 경보가 울리면 시간 재조정을 할 수 없었다면 이 때의 error는?

① primary error
② secondary error
③ command error
④ omission error
⑤ Human error

해설
원인의 level적 분류
① primary error(1차 에러) : 작업자 자신으로부터 발생한 과오
② secondary(2차 에러) : 작업형태나 작업조건 중에서 다른 문제가 생겨 그 이유 때문에 필요한 사항을 실행할 수 없는 과오
③ command error : 작업자가 움직이려 해도 움직일 수 없으므로 발생하는 과오

19 다음 중 동작경제의 원칙이 아닌 것은?

① 양손을 동시에 반대방향으로 운동한다.
② 동작은 가급적 직선운동으로 한다.
③ 동작의 수를 늘리고 그 양을 줄인다.
④ 양손의 동작은 시차적으로 교대하여 운동한다.
⑤ 동작의 수를 줄인다.

해설
동작의 수를 줄이고 양을 줄여야 한다.

20 다음 중 완력검사에서 당기는 힘을 측정할 때 가장 큰 힘을 낼 수 있는 팔꿈치의 각도는?

① 90[°]   ② 120[°]
③ 150[°] ④ 180[°]

해설
완력
① 밀고 당기는 힘의 측정
② 팔을 앞으로 뻗었을 때 최대이며, 왼손은 오른손보다 10[%] 정도 적다.

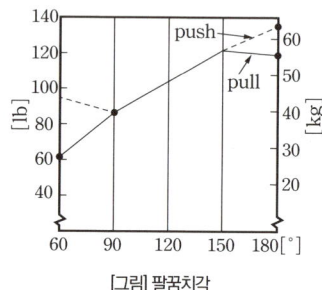

[그림] 팔꿈치각

21 정지조종(static reaction)원인이 되는 것은?

① 진전   ② 전도
③ 동조   ④ 운용
⑤ 동력

해설
① 진전(tremor) : 떨지 않도록 노력
② 수직 운동시 발생되며 문제의 병은 요통이다.

22 작업설계(job design)를 함에 있어 인간요소적 접근방법은?

① 작업만족도를 강조한다.
② 능률과 생산성을 강조한다.
③ 작업순환과 배치를 강조한다.
④ 작업에 대한 책임을 강조한다.
⑤ 작업배치를 최적화한다.

[정답] 17 ③ 18 ② 19 ③ 20 ③ 21 ① 22 ②

해설
(1) 작업설계의 고려조건
 ① 작업확대(job enlargement)
 ② 작업효율화(job enrichment)
 ③ 작업만족도(job satisfaction)
(2) 인간요소적 접근방법 : 작업에 대한 능률과 생산성 강조

23 ★★★ 고음은 멀리 가지 못한다. 300[m] 이상의 장거리 신호는 몇 [Hz] 이하의 진동수를 사용하여야 하는가? 상한 주파수를 고르면?

① 500[Hz] ② 1,000[Hz]
③ 2,000[Hz] ④ 3,000[Hz]
⑤ 4,000[Hz]

해설
300[m]이상 : 1,000[Hz]사용

보충학습
① 가청범위 : 2,000~20,000[Hz]
② 회화이해 : 500~3,500[Hz]

참고 p.2-27(4.경계 및 경보 선택시지침)

24 ★ 작업종류별 중 산소소비량이 중(heavy)에 해당되는 것은?

① 2.5[l/분]   ② 1.5~2.0[l/분]
③ 1.0~1.5[l/분] ④ 0.5~1.0[l/분]
⑤ 3.0~4.0[l/분]

해설
산소소비량 중작업 : 1.5~2.0[l/분]

25 ★★ 신체의 안전성을 증대시키는 조건이 아닌 것은?

① 모멘트의 균형을 고려한다.
② 몸의 무게 중심을 낮춘다.
③ 몸의 무게 중심을 기저 내에 들게 한다.
④ 기저를 크게 한다.
⑤ 기저를 작게 한다.

해설
기저를 크게 해야 한다.

26 ★★★ 인간의 모든 신체부위의 동작은 기본적인 몇 가지로 분류한다. 몸의 중심선으로부터 밖으로 이동하는 동작을 지칭하는 용어는?

① 외전   ② 외선
③ 내전   ④ 내선
⑤ 신전

해설
신체부위의 운동
① 굴곡(flexion) : 부위간의 각도가 감소
 신전(extension) : 부위간의 각도가 증가
② 내전(adduction) : 몸의 중심선으로의 이동
 외전(abduction) : 몸의 중심선으로부터의 이동
③ 내선(medial rotation) : 몸의 중심선으로의 회전
 외선(lateral rotation) : 몸의 중심선으로부터의 회전
④ 하향(pronation) : 손바닥을 아래로
 상향(supination) : 손바닥을 위로

27 ★★ 다음 중 진전(tremor)이 가장 적게 일어나는 경우는?

① 손이 어깨높이에 있을 때
② 손이 심장높이에 있을 때
③ 손이 배꼽높이에 있을 때
④ 손이 무릎높이에 있을 때
⑤ 손이 얼굴높이에 있을 때

해설
진전이 제일 많이 일어나는 작업은 서서 작업하는 것이다.

28 ★★ 인간의 실수원인 중 개인특성에 해당되는 것이 아닌 것은?

① 심신기능   ② 건강상태
③ 작업부적성 ④ ①, ②, ③ 모두
⑤ 지식부족

[정답] 23 ② 24 ② 25 ⑤ 26 ① 27 ② 28 ⑤

> **해설**
> 인간의 실수원인 중 개인특성
> 심신기능, 건강상태, 작업부적성

29 인간과 기계는 상호 보완적인 기능을 담당하며 하나의 체계로서 임무를 수행한다. 다음 중 인간 기계 체계에 의해서 수행되는 기본기능이 아닌 것은?

① 감지
② 의사결정
③ 행동
④ 저장
⑤ 감시

> **해설**
> 인간-기계의 기본기능은 ①, ②, ③, ④이다.

30 감각적으로 물리현상을 왜곡하는 지각현상에 해당되는 것은?

① 주의산만
② 착각
③ 피로
④ 부주의
⑤ 주의

> **해설**
> 주의산만, 피로, 부주의, 주의는 심리적이고 정신적인 현상이다.

31 자극-반응조합의 공간, 운동관계자가 인간의 기대와 모순되지 않는 성질을 무엇이라고 하는가?

① 적응성
② 변별성
③ 양립성
④ 신뢰성
⑤ 운동성

> **해설**
> 본문은 양립성의 설명이다.

32 작업강도는 에너지대사율(RMR)로써 측정될 수 있다. 사무작업이나 감시작업의 에너지대사율은?

① 0~1RMR
② 2~4RMR
③ 4~7RMR
④ 7~9RMR
⑤ 10RMR 이상

> **해설**
> ① 0~1RMR : 사무감시작업
> ② 7RMR 이상 : 초중작업

33 다음 중 다른 것으로 착각하여 실행한 error는?

① extraneous error
② time error
③ omission error
④ commission error
⑤ primary

> **해설**
> ④는 다른 것의 착각이다.

34 흰 바탕에 검은 문자나 숫자의 경우 최적독해성(最適讀解性)을 주는 획폭비(strokewidth ratio)로 적당한 것은?

① 1 : 5
② 1 : 8
③ 1 : 10
④ 1 : 13.3
⑤ 1 : 14

> **해설**
> 획폭비
> ① 문자나 숫자의 획폭은 보통문자나 숫자의 높이에 대한 획굵기의 비로써 나타낸다.
> ② 최적획폭비는 흰 바탕에 검은 숫자의 경우는 1 : 8, 검은 바탕에 흰 숫자의 경우는 1 : 13.30이다.

35 진전(tremor)과 표동(drift)이 문제가 되는 동작은?

① 정지조정(static reaction)
② 계열동작(serial movement)
③ 연속동작(continuous movement)
④ 반복동작(repetitive movement)
⑤ 탄성저항

> **해설**
> 저항의 분류

[정답] 29 ⑤ 30 ② 31 ③ 32 ① 33 ④ 34 ② 35 ①

① 탄성저항 : 조종장치의 변위에 따라 변한다.
② 점성저항 : 출력과 반대방향으로 그 속도에 비례해서 작용하는 힘 때문에 생기는 항력이다.
③ 관성(inertia) : 기계장치의 질량(중량)으로 인한 운동에 대한 저항으로 가속도에 따라 변한다.
④ 정지 및 미끄럼 마찰 : 처음 움직임에 대한 저항력인 정지마찰은 급속히 감소하나, 미끄럼 마찰은 계속하여 운동에 저항하여 변위나 속도와는 무관하다.

36 ★★★★★ 다음 중 누적손상장애(CTDs)의 원인으로 거리가 먼 것은?

① 진동공구의 사용
② 과도한 힘의 사용
③ 높은 장소에서의 작업
④ 부적절한 자세에서의 작업
⑤ 낮은 온도작업

해설

누적손상장애
(1) CTDs(누적외상병)의 원인
　① 부적절한 자세　　② 무리한 힘의 사용
　③ 과도한 반복작업　④ 연속작업(비휴식)
　⑤ 낮은 온도 등
(2) CTDs의 예방대책

관리적인 면	짧은 간격의 작업전환(짧게 자주 휴식), 준비운동, 수공구의 적절한 사용 등
공학적인 면	자동화 작업, 직무 재설계, 작업장 재설계, 수공구의 재설계, 작업의 순환배치 등
치료적인 면	충분한 휴식, 영양분 섭취, 초음파 적용, 보호구 사용, 적절한 투약, 외과 수술 등

37 ★★★★★ 일반적인 조건에서 정량적 표시장치의 두 눈금 사이의 간격은 0.13[cm]를 추천하고 있다. 다음 중 142[cm]의 시야거리에서 가장 적당한 눈금 사이의 간격은 얼마인가?

① 0.065[cm]　　② 0.13[cm]
③ 0.26[cm]　　④ 0.39[cm]
⑤ 0.43[cm]

해설

$$Y = \frac{0.13 \times X}{0.71} = \frac{0.13 \times 1.42}{0.71} = 0.26[cm]$$

참고 ① X의 단위는 [m]이다.
② 정량적 표시장치 관측거리 : 71[cm] 기억

[정답] 36 ③　37 ③

Chapter 03 작업환경관리

중점 학습내용

본 장은 작업환경관리로서 인간과 가장 밀접한 장으로서 열교환방법, 불쾌지수, 조명, 온도, 색채 등을 기술했다. 특히 통제비와 통제기능 등을 기술하여 자기자신을 항상 재해에 대비하여 점검할 수 있도록 하였고 산업체에서 산업재해가 일어나지 않도록 하기 위하여 21세기 실무 안전관리자의 역할을 할 수 있도록 하였다. 시험에 출제가 예상되는 그 중심적인 내용은 다음과 같다.

❶ 작업조건과 환경조건
❷ 작업환경과 인간공학

구 분	종 류
연속인 조절	① knob ② crank ③ handle ④ lever ⑤ pedal
불연속적인 조절	① hand push button ② foot push button ③ toggle switch ④ rotary switch
안전(통제) 장치	① push button의 오목면이용 ② toggle switch의 커버설치 ③ 안전장치와 통제장치는 겸하여 설치하는 것이 효율적

합격날개

합격예측

열교환방법
S(열축적) = M(대사열) − E(증발) ± R(복사) ± C(대류) − W(한 일)

합격예측

색채의 생물학적 작용
① 적색은 신경에 대한 흥분작용을 가지고 조직호흡면에서 환원작용을 촉진한다.
② 청색은 진정작용을 갖고 있고 조직호흡면에서 산화작용을 촉진한다.

보충문제

인체의 피부와 허파로부터 하루에 600[g]의 수분이 증발된다면 이러한 증발로 인한 열손실률은 몇 와트[Watt]나 되겠는가?(단, 물 1[g]을 증발시키는 데 필요한 에너지는 2,410 [J/g]이다.)
① 약 15[Watt]
② 약 17[Watt]
③ 약 19[Watt]
④ 약 21[Watt]
⑤ 약 31[Watt]

정답 ②

해설 열손실률
① 600/24 = 25[g/h]
② 열손실률(R) = $\dfrac{Q}{t}$
= $\dfrac{25[g/h] \times 2,410[J/g]}{60[h] \times 60[s]}$
= 16.736[J/s] = 17[Watt]

1 작업조건과 환경조건

1. 열교환방법

인간과 주위와의 열교환 과정은 다음과 같이 열균형 방정식으로 나타낼 수 있다.

$$S(열축적) = M(대사열) - E(증발) \pm R(복사) \pm C(대류) - W(한\ 일)$$

여기서, S는 열이득 및 열손실량이며, 열평형 상태에서는 0이다.

(1) 대사열

① 인체는 대사활동의 결과로 계속 열을 발생한다.(성인남자 휴식상태 : 1[kcal/분]≒70[W], 앉아서 하는 활동 : 1.5~2[kcal/분], 보통 신체활동 5[kcal/분]≒350[W], 중노동 : 10~20[kcal/분])
② 에너지대사 : 체내에서 유기물을 합성화하거나 분해하는데 필요한 에너지

(2) 대 류

고온의 액체나 기체가 고온대에서 저온대로 직접 이동하여 일어나는 열전달이다.

(3) 복사(radiation)

광속으로 공간을 퍼져 나가는 전자에너지이다.

(4) 증발(evaporation)

37[℃]의 물 1[g]을 증발시키는 데 필요한 증발열(에너지)은 2,410[joule/g]

(575.7[cal/g])이며, 매 [g]의 물이 증발할 때마다 이만한 에너지가 제거된다.

$$열손실률(R) = \frac{증발에너지(Q)}{증발시간(t)}$$

(5) P4SR(추정 4시간 발한율)

주어진 일을 수행하는 데 순환된 젊은 남자의 4시간 동안의 발한량을 건습구 온도, 공기유동속도, 에너지소비, 피복을 고려하여 추정한 지수이다.

(6) Oxford지수

습건(WD)지수라고도 하며, 습구·건구온도의 가중 평균치로서 다음과 같이 나타낸다.
WD=0.85W(습구온도)+0.15d(건구온도)

(7) 열 및 냉에 대한 순화(acclimatization)

사람이 열 또는 냉에 습관적으로 노출되면 일련의 생리적인 적응이 일어나면서 순화된다.

(8) 실효온도(감각온도, effective temperature)

실효온도는 온도, 습도 및 공기 유동이 인체에 미치는 열효과를 하나의 수치로 통합한 경험적 감각지수로 상대습도 100[%]일 때의 (건구)온도에서 느끼는 것과 동일한 온감(溫感)이다.

① 실효온도에 영향을 주는 요인 : 온도, 습도, 기류(대류 : 공기유동)
② 허용한계
  ㉮ 정신작업(사무작업) : 60~64[℉]
  ㉯ 경작업 : 55~60[℉]
  ㉰ 중작업 : 50~55[℉]
③ 보온율(clo 단위) : 보온 효과는 clo 단위로 측정한다.

$$clo단위 = \frac{0.18[℃]}{[kcal/m^2hr]} = \frac{℉}{Btu/ft^2/hr} \qquad 열유동률(R) = \frac{A \cdot \Delta T}{clo}$$

④ 열교환(증발)에 영향을 주는 4요소 : 기온, 습도, 복사온도, 대류

(9) 불쾌지수

① 기온과 습도에 의하여 감각온도의 개략적 단위로서 사용하는 불쾌지수가 있다.
② 불쾌지수=섭씨(건구온도+습구온도)×0.72±40.6
③ 불쾌지수=화씨(건구온도+습구온도)×0.4+15
④ 불쾌지수가 80 이상일 때는 모든 사람이 불쾌감을 가지기 시작하고, 75의 경

합격예측

불쾌지수
① 70 이하 : 불쾌감이 없이 쾌적한 상태
② 70~75 이하 : 불쾌감을 느끼기 시작
③ 76~80 이하 : 절반정도가 불쾌감을 느낌
④ 80 이상 : 모든 사람이 불쾌감을 가짐

합격예측

권장무게한계(RWL : Recommended Weight Limit)
① 건강한 작업자가 그 작업 조건에서 작업을 최대 8시간 계속해도 요통의 발생위험이 증대되지 않는 취급물 중량의 한계값이다.
② 권장무게 한계값은 모든 남성의 99[%], 모든 여성의 75[%]가 안전하게 들 수 있는 중량물 값이다.
③ RWL=LC×HM×VM× DM×AM×FM×CM
  • LC = 부하상수 = 23[kg]
  • HM = 수평계수 = 25/H
  • VM = 수직계수 = 1 - (0.003×|V-75|)
  • DM = 거리계수 = 0.82 + (4.5/D)
  • AM = 비대칭계수 = 1 - (0.0032×A)
  • FM = 빈도계수(표 이용)
  • CM = 결합계수(표 이용)
④ LI(Lifting Index : 들기 지수)
  LI = 작업물 무게/RWL

합격예측

동작시간
신호에 따라서 동작을 실행하는데 걸리는 시간 약 0.3[초] (조종활동에서의 최소치)이다.
① 총반응시간 = 단순반응시간 + 동작시간 = 0.2 + 0.3 = 0.5[초]
② 예상치 못할 경우 반응시간 : 0.1[초]

합격예측
IES추천 조명반사율 권고
① 바닥 : 20~40[%]
② 기구, 사용기기, 책상 : 25~40[%]
③ 창문발(blind), 벽 : 40~60[%]
④ 천장 : 80~90[%]

합격예측
추천 조명수준
① 세밀한 조립작업 : 300[fc](foot-candle)
② 아주 힘든 검사작업 : 500[fc]
③ 보통 기계작업 : 100[fc]
④ 드릴 또는 리벳작업 : 30[fc]

합격예측
조명(조도)수준
① 초정밀작업 : 750[Lux] 이상
② 정밀작업 : 300[Lux] 이상
③ 보통작업 : 150[Lux] 이상
④ 그 밖의 작업 : 75[Lux] 이상

합격예측
광도
단위면적당 표면에서 반사 또는 방출되는 광량을 말하며, 주관적 느낌으로서의 휘도에 해당되나 휘도는 여러 가지 요소에 의해 영향을 받는다.

구분	정의
Lambert [L]	완전발산 또는 반사하는 표면이 1[cm] 거리에서 표준 촛불로 조명될 때의 조도와 같은 광도
milli-lambert [mL]	1[L]의 1/1,000로서, 1foot-Lambert와 비슷한 값을 갖는다.
foot-Lambert [fL]	완전발산 또는 반사하는 표면이 1[fc]로 조명될 때의 조도와 같은 광도
nit [cd/m²]	완전 발산 또는 반사하는 평면이 π[lux]로 조명될 때의 조도와 같은 광도

우는 절반 정도가 불쾌감을 가지며, 70~75에서는 불쾌감을 느끼기 시작하며, 70 이하는 모두 쾌적하다.

2. 조명

(1) 조명의 정의 22. 3. 19

생산안전환경의 쾌적성에 크게 미치므로 적절한 조명은 생산성을 향상시키고, 작업 및 제품에 불량이 감소되며, 피로가 경감되어 재해가 감소된다.

(2) 조명단위

① fc(foot-candle) : 1촉광[cd]의 점광원으로부터 1[foot] 떨어진 곡면에 비추는 광의 밀도(1[lumen/ft²])

② lux(meter-candle) : 1촉광[cd]의 점광원으로부터 1[m] 떨어진 곡면에 비추는 광의 밀도(1[lumen/m²])

$$1[fc]=1[lumen/ft^2] \fallingdotseq 10[lumen/m^2]=10[lux]$$

③ 거리가 증가할 때에 조도는 역제곱의 법칙에 따라 감소한다.

$$조도 = \frac{광도[cd]}{(거리)^2}$$

(3) 반사율(reflectance)

표면에 도달하는 조명과 광속발산도의 관계

$$반사율[\%] = \frac{광속발산도[fL]}{조명[fc]} \times 100$$

① 옥내 최적반사율
  ㉮ 천장 : 80~90[%]
  ㉯ 벽 : 40~60[%]
  ㉰ 가구 : 25~45[%]
  ㉱ 바닥 : 20~40[%]
② 천장과 바닥의 반사비율은 최소한 3 : 1 이상 유지해야 한다.

3. 휘광(glare)

(1) 휘광(glare)의 정의

눈부심은 눈이 적용된 휘도보다 훨씬 밝은 광원(직사휘광) 혹은 반사광(반사휘광)이 시계 내에 있음으로써 생기며 성가신 느낌과 불편감을 주고 시성능(visual performance)을 저하시킨다.

① 광원으로부터의 직사휘광 처리방법
　㉮ 광원의 휘도를 줄이고 광원의 수를 늘린다.
　㉯ 광원을 시선에서 멀리 위치시킨다.
　㉰ 휘광원 주위를 밝게 하여 광속 발산(휘도)비를 줄인다.
　㉱ 가리개(shield), 갓(hood) 혹은 차양(visor)을 사용한다.

② 창문으로부터의 직사휘광 처리방법
　㉮ 창문을 높이 단다.
　㉯ 창의 바깥쪽에 드리우개(overhang)를 설치한다.
　㉰ 창문 안쪽에 수직날개(fin)를 달아 직사광선을 제한한다.
　㉱ 차양(shade) 혹은 발(blind)을 사용한다.

③ 반사휘광의 처리방법
　㉮ 발광체의 휘도를 줄인다.
　㉯ 일반(간접) 조명 수준을 높인다.
　㉰ 산란광, 간접광, 조절판(baffle), 창문에 차양(shade) 등을 사용한다.
　㉱ 반사광이 눈에 비치지 않게 광원을 위치시킨다.
　㉲ 무광택 도료, 빛을 산란시키는 표면색을 한 사무용 기기, 윤기를 없앤 종이 등을 사용한다.

④ 신호 및 경보등
점멸등이나 상점등(常點燈)을 이용하여 빛의 검출성에 따라 신호, 경보효과가 달라진다. 빛의 검출성에 영향을 주는 인자는 다음과 같다.
　㉮ 크기, 광속발산도(luminance) 및 노출시간 : 섬광을 검출할 수 있는 절대 역치는 광원의 크기, 광속 발산도, 노출시간의 조합에 관계된다.
　㉯ 색광 : 효과 척도가 빠른 순서는 백 → 황 → 녹 → 등 → 자 → 적 → 청 → 흑색 순이다.
　㉰ 점멸속도 : 점멸 융합 주파수보다 적어야 한다. 주의를 끌기 위해서는 초당 3~10회의 점멸속도에 지속시간 0.05[초] 이상이 적당하다.
　㉱ 배경광 : 배경 불빛이 신호등과 비슷하면 신호광의 식별이 힘들어진다. 만약 점멸 잡음광의 비율이 $\frac{1}{10}$ 이상이면 상점등을 신호로 사용하는 것이 더 효과적이다.

4. 온도

(1) 온도의 영향

① 안전활동에 가장 적당한 온도인 19~21[℃]보다 상승하거나 하강함에 따라 사고 빈도는 증가된다.
② 심한 고온이나 저온 상태에서는 사고의 강도가 증가된다.
③ 극단적인 온도의 영향은 연령이 많을수록 현저하다.

합격예측

실효온도

① 실효온도(체감온도 또는 감각온도)에 영향을 주는 요인 : 온도, 습도, 대류(공기유동)
② 허용한계 :
  정신(사무작업)(60~64[°F]),
  경작업(55~60[°F]),
  중작업(50~55[°F])

합격예측

거리에 따른 음의 강도 변화식

dB수준으로는
$dB_2 = dB_1 - 20\log\left(\dfrac{d_2}{d_1}\right)$

합격예측

단순반응시간 (simple reaction time)

하나의 특정한 자극만이 발생할 수 있을 때 반응에 걸리는 시간으로 자극을 예상하고 있을 때 반응시간은 0.15~0.2[초] 정도이다(특정기관, 강도, 지속시간 등의 자극의 특성, 연령, 개인차 등에 따라 차이가 있음).

Q 은행문제

음의 강약을 나타내는 기본 단위는?
① dB ② pont
③ hertz ④ diopter
⑤ Lux

정답 ①

---

④ 고온은 심장에서 흐르는 혈액의 대부분을 냉각시키기 위하여 외부 모세혈관으로 순환을 가용하게 되므로 뇌중추에 공급할 혈액의 순환예비량을 감소시킨다.
⑤ 심한 저온상태와 관련된 사고는 수족 부위의 한기(寒氣) 또는 손재주의 감퇴와 관계가 깊다.
⑥ 안락한계 ┌ 한기 : 17~21[℃]
          └ 열기 : 22~24[℃]
⑦ 불쾌한계 ┌ 한기 : 17[℃]
          └ 열기 : 24~41[℃]

(2) 온도에 따른 증상(변화)

① 10[℃] 이하 : 옥외작업 금지, 수족이 굳어짐
② 10~15.5[℃] : 손재주 저하
③ 18~21[℃] : 최적상태
④ 37[℃] : 갱내 온도는 37[℃] 이하로 유지

(3) 온도변화에 따른 인체의 적응

① 적온에서 추운 환경으로 바뀔 때(저온스트레스)
  ㉮ 피부온도가 내려간다.
  ㉯ 피부를 경유하는 혈액순환량이 감소하고, 많은 양의 혈액이 몸의 중심부를 순환한다.
  ㉰ 직장(直腸)온도가 약간 올라간다.
  ㉱ 소름이 돋고 몸이 떨린다.
② 적온에서 더운 환경으로 변할 때(고온스트레스)
  ㉮ 피부온도가 올라간다.
  ㉯ 많은 양의 혈액이 피부를 경유한다.
  ㉰ 직장온도가 내려간다.
  ㉱ 발한이 시작된다.
③ 열압박(heat stress)
  ㉮ 체심(core)온도가 가장 우수한 피로지수이다.
  ㉯ 체심온도는 38.8[℃]만 되면 기진하게 된다.
  ㉰ 실효온도가 증가할수록 육체작업의 기능은 저하된다.
  ㉱ 열압박은 정신활동에도 악영향을 미친다.
④ 열압박 지수(HSI)
  $HSI = E_{req}(요구되는 증발량)/F_{max}(최대증발량) \times 100$

5. 소음(noise : 원치 않는 소리, 주관적인 판단)

(1) 소음대책

① 소음원 통제 : 기계의 적절한 설계, 적절한 정비 및 주유, 기계에 고무받침대(mounting) 부착, 차량에 소음기(muffler) 등을 사용한다.(가장 효과적인 방법)
② 소음의 격리 : 씌우개(enclosure), 방, 장벽 등을 사용하며, 집의 창문을 닫을 경우 약 10[dB] 감음된다.
③ 차폐장치 및 흡음재 사용
④ 음향처리재 사용
⑤ 적절한 배치(layout)
⑥ 배경음악(BGM : Back Ground Music) : 60±3[dB]
⑦ 방음보호구 사용 : 귀마개, 귀덮개(소극적인 대책)

(2) 복합소음

① 같은 소음수준의 기계가 2대 이상일 경우 3[dB]이 증가된다.
② 두 소음수준의 차가 10[dB] 이내인 경우 복합소음이 발생된다.

(3) masking 현상

① 두 음의 차가 10[dB] 이상인 경우 발생된다.
② 10[dB] 이상의 차에 의해 높은 음이 낮은 음을 상쇄시켜 높은 음만 들려 낮은 음이 들리지 않는 현상이다.
③ 90[dB]과 60[dB]이 발생되는 기계가 공존시 60[dB]이 발생되는 기계는 90[dB] 소음이 발생되는 기계에 의해 상쇄되는 현상으로 90[dB]의 소리만 들린다.

[표] 음압과 허용노출관계(120[dB] 이상격벽설치) 24. 3. 30

dB 기준	90	95	100	105	110	115
허용노출시간	8시간	4시간	2시간	1시간	30분	15분

[참고] 표는 강렬한 소음작업의 기준임

(4) 청력 손실

① 청력 손실의 정도는 노출되는 소음 수준에 따라 증가한다.
② 청력 손실은 4,000[Hz]에서 가장 크게 나타난다.
③ 강한 소음은 노출기간에 따라 청력 손실을 증가시키지만 약한 소음의 경우에는 관계 없다.
④ 초음파 소음
  ㉮ 가청영역위의 주파수를 갖는 소음(일반적으로 20,000[Hz] 이상)
  ㉯ 노출한계 : 20,000[Hz] 이상에서 110[dB]로 노출한정

6. 시력

(1) 정(靜)시력

① 정지된 물체나 물건 등을 식별할 수 있는 시각적 능력
② 최소가분(可分)시력(간격해상력)의 역수로 나타낸다.

$$시각(분) = \frac{57.3 \times 60 \times L}{D}$$

여기서, D : 물체와 눈 사이의 거리
L : 시선과 직각으로 측정한 물체의 크기(글자인 경우 획폭)

③ 시력이 1.0이란 최소가분시력이 1(또는 $\frac{1}{60}[°]$)이라 할 수 있다.
④ 57.3과 60은 시각이 60분 이하일 때 radian 단위를 분으로 환산하기 위한 상수이다.

(2) 동(動)시력

① 움직이는 물체를 식별할 수 있는 시각적 능력
② 초당 물체의 이동각도로 표시한다.
③ 60[°/sec] : 초당 물체의 이동속도가 60[°] 이상이면 시력은 급격히 감소
④ 정상인의 시계 : 200[°]
⑤ 물체의 색채를 식별할 수 있는 시계 : 70[°]
⑥ 인간이 노화에 따라 가장 먼저 감퇴되는 것 : 시력(시각)
⑦ 시각의 최소감지범위 : $10^{-6}[ml]$
⑧ 시각의 최대감지범위 : $10^{4}[ml]$
⑨ 20~25세의 시성능이 1.0이라 할 때 연령에 따른 필요한 조명기준
  ㉮ 40세 : 1.17배
  ㉯ 50세 : 1.58배
  ㉰ 65세 : 2.66배의 조명이 필요하다.

(3) 굴절률(D : Diopter)

① 광학렌즈에서 빛의 굴절을 재는 단위로서 초점거리의 역수로 나타낸다.
② 디옵터(D) = $\frac{1}{단위\ 초점거리[m]}$
③ 사람눈의 굴절률 = $\frac{1}{0.017}$ = 59D
④ D값이 클수록 초점거리는 가까워진다.
⑤ 젊은 사람의 눈은 보통 59D에서 70D까지 11D 정도 굴절률을 증가시킬 수 있으며 이것을 조절폭이라 한다.

합격예측

음의 크기의 수준 24. 3. 30

① Phon : 1,000[Hz] 순음의 음압수준(dB)을 나타낸다.
② sone : 1,000[Hz], 40[dB]의 음압수준을 가진 순음의 크기(=40[Phon])를 1[sone]이라 한다.
③ sone과 Phon의 관계식
∴ sone치 = $2^{(phon-40)/10}$
④ 인식소음 수준
  ㉮ PNdb(perceived noise level)의 척도는 910~1,090[Hz]대의 소음 음압수준
  ㉯ PLdb(perceived level of noise)의 척도는 3,150[Hz]에 중심을 둔 1/3 옥타브대 음을 기준으로 사용
⑤ 음력레벨(PWL, Sound Power Lever)
PWL = $10\log\left(\frac{P}{P_0}\right)$dB
(P : 음력(Watt), P_0 : 기준의 음력 10^{-12}[Watt])

합격예측

masking(은폐 : 차폐)현상
dB이 높은 음과 낮은 음이 공존할 때 낮은 음이 강한 음에 가로막혀 숨겨져 들리지 않게 되는 현상을 말한다.

참고

(1) 부분적 소음 노출분량 = $\frac{소리수준에서\ 실제\ 소모된\ 시간}{소리수준에서\ 최대\ 허용\ 가능한\ 시간}$

(2) 고진동수 소음 노출 시의 생체 피해 3단계
매우 짧은 노출에도 정상적인 청각기능에 영구적인 피해 가능성

1단계
자음분별곤란현상

↓

2단계
부분적 청각상실

↓

3단계
완전한 귀머거리

7. 색채

(1) 먼셀(Munsell)의 표색계에서 색의 3요소

HV/C-H : Hue(색상), V : Value(명도), C : Chroma(채도)

① 색의 3속성 : 색상, 명도, 채도
② 조명의 3요소 : 휘도, 광도, 조도
③ 무채색의 3요소 : 흑색, 회색, 백색
④ CIE색계(빛의 3원색) : 적색(X), 녹색(Y), 청색(Z)

(2) 시 식별(시력·대비) 영향요인(인자)

① 광도　　② 조도　　③ 광속발산도　　④ 대비
⑤ 반사율　⑥ 노출시간　⑦ 이동　　⑧ 휘도(glare)

(3) CAS란

① 색채조절(color conditioning)　② 공기조절(air conditioning)
③ 음향조절(sound conditioning)

(4) 색채와 심리(Therapy : 테라피)

① 빨간색 : 공포, 열정, 애정, 활기, 용기　② 노란색 : 주의, 조심, 희망, 광명, 향상
③ 파란색 : 진정, 냉담, 소극, 소원　④ 녹색 : 안전, 안식, 평화, 위안
⑤ 보라색 : 우미, 고취, 불안, 영원

(5) 색채조절의 효과 및 목적

① 피로의 경감　　② 생산성 향상
③ 재해감소　　　④ 작업의 질적 향상
⑤ 밝기의 증가　　⑥ 기술향상
⑦ 불량품 감소　　⑧ 능률향상
⑨ 동기유발　　　⑩ 재해사고방지를 위한 표지의 명확화

[표] 소음의 ABCD측정 척도

구분	기준
A측정치	가장 공통적으로 사용하는 것으로 인간귀의 특성에 가장 가깝게 반응(소리의 세기, 시끄러움, 성가심 등은 A측정치에 근거)
B측정치	사람들이 중간세기의 소리에 얼마나 잘 반응하는가를 표시하기 위해 사용 (드물게 사용)
C측정치	모두 거의 동일하게 주파수가중치 부여
D측정치	주로 항공기 소음을 위해 고안된 것

합격예측

① 명도가 높은 색채는 빠르고 경쾌하게 느껴지고 낮은 색채는 둔하고 느리게 느껴진다.
② 느리고 둔한 색에서 가볍고 경쾌한 느낌을 주는 색의 순서를 들어보면 다음과 같다.
∴ 흑 → 청 → 적 → 자 → 등 → 녹 → 황 → 백
③ 팽창색에서 수축색으로 향하는 색의 순서를 나타내면 다음과 같다.
∴ 황 → 등 → 적 → 자 → 녹 → 청

합격예측

귀의 구조 및 기능

구조		기능
외이	귓바퀴	소리를 모음
	외이도	소리의 이동 통로
중이	고막	소리에 의해 최초로 진동하는 얇은 막
	청소골	고막의 소리를 증폭시켜 내이(난원창)로 전달 (22배 증폭)
	유스타키오관	외이와 중이의 압력 조절
내이	달팽이관	(임파액으로 차 있음)청세포가 분포되어 있어 소리 자극을 청신경으로 전달
	전정기관	위치감각 / 평형감각기관
	반고리관	회전감각 /

합격예측

ISO(international organization for standardization : 국제표준화기구) 소음기준
① 소음평가지수(noise rating number : NRN)로 85를 기준
② 500, 1,000, 2,000[Hz]를 중심주파수로 하며 최대치의 평균으로 산출
③ 가장 낮은 범위 : 4~8[Hz]

합격예측

통제비 설계시 고려해야 할 사항 5가지
① 계기의 크기 ② 공차
③ 방향성 ④ 조작시간
⑤ 목측거리

용어정의

(1) coriolis현상
비행기와 함께 선회하던 조종사가 머리를 선회면 밖으로 움직일 때 평형감각을 상실하는 현상
(2) JND
물리적 자극의 변화여부를 감지할 수 있는 최소자극단위

합격예측

① 시각 전달 경로
빛 → 각막 → 동공 → 수정체 → 유리체 → 망막 → 시세포 → 시신경 → 대뇌

[표] 황반과 맹점

구분	특징
황반	망막의 중심부로 시세포가 밀집하여 상이 뚜렷하게 맺히는 곳
맹점	시신경이 지나가는 부분으로 시세포가 없어 상이 맺혀도 보이지 않는 경우

② 망막의 감광요소

구분	특징
원추체 (cone)	밝은 곳에서 기능, 색구별, 황반에 집중, 색맹, 색약세포
간상체 (rod)	조도 수준이 낮을 때 기능, 흑백의 음영 구분, 망막주변에 분포

[표] 눈의 구조 · 기능 · 모양 24. 3. 30

구조	기 능	모 양
각막	최초로 빛이 통과하는 곳, 눈을 보호	
홍채	동공의 크기를 조절해 빛의 양 조절	
모양체	수정체의 두께를 변화시켜 원근 조절	
수정체	렌즈의 역할, 빛을 굴절시킴	
망막	상이 맺히는 곳, 시세포 존재, 두뇌전달	
맥락막	망막을 둘러싼 검은 막, 어둠 상자 역할	

(6) 대비(luminance contrast)[%]

보통 표적의 광속발산도(L_t)와 배경의 광속발산도(L_b)의 차를 나타내는 척도인데 다음 공식에 의해 계산된다.

$$대비 = \frac{L_b - L_t}{L_b} \times 100$$

① 표적이 배경보다 어두울 경우 : 대비값은 +100[%]~0 사이
② 표적이 배경보다 밝을 경우 : 대비값은 0~-∞ 사이

(7) 암조응(Dark Adaptation)

① 밝은 곳에서 어두운 곳으로 갈 때 : 원추세포의 감수성상실, 간상세포에 의해 물체 식별
② 완전 암조응 : 보통 30~40분 소요(명조응 : 수초 내지 1~2분)

2 작업환경과 인간공학

1. 통제의 개요

(1) 통제기기의 선택조건

① 계기지침의 일치성
② 통제기기가 복잡하고 정밀한 조절이 필요한 때에는 멀티로테이션 컨트롤 기기를 사용하는 것이 좋다.
③ 통제기기의 선택 중에서 그 조작력과 세팅 범위가 중요한 경우에는 통제표시비 내용을 검토하여야 한다.
④ 특정목적에 사용되는 통제기기는 단일보다는 여러 개를 조합하여 사용하는 것이 효과적이다.

(2) 통제표시비의 설계시 고려사항

① **계기의 크기** : 계기의 조절시간에 짧게 소요되는 사이즈(size)를 선택해야 하며, 사이즈가 작으면 오차가 많이 발생하므로 상대적으로 생각해야 한다.

② **공차** : 계기에 인정할 수 있는 공차가 주행시간의 단축과 관계를 고려하여 짧은 주행 시간 내에 공차의 인정 범위를 초과하지 않는 계기를 마련해야 한다.

③ **목측거리(目測距離)** : 작업자의 눈과 계기표시판과의 거리는 주행과 조절에 크게 관계되고 있다. 목측거리가 길면 길수록 조절의 정확도는 작아지면서 시간이 많이 걸리게 된다.

④ **조작시간** : 통제기기 시스템에서 발생하는 조작시간의 지연은 직접적으로 통제표시비가 크게 작용하고 있다. 작업자의 조절 동작과 계기의 반응운동간의 지연시간을 가져오는 경우에는 통제비를 감소시키는 것 이외에 방법이 없다.

⑤ **방향성** : 통제기기의 조작방향과 표시 지표의 운동방향이 일치하지 않으면 작업자의 동작에 혼란을 가져오고 작업시간이 오래 걸리면 또한 오차도 커진다. 계기의 방향성은 안전과 능률에 크게 영향을 미치고 있으므로 설계시에 가장 주의해야 한다.

2. 통제표시비(통제비)

(1) 통제표시비의 개념

통제표시비를 일명 C/D라고도 하며, 통제기기와 시각표시 관계를 나타내는 비율로서 이는 연속조종장치에만 적용되는 개념이다. 통제표시비를 간단히 통제비라고도 하며, 통제기기의 변위량을 X[cm]로 하고 표시 계기의 지침의 변위량을 Y[cm]로 할 때에 $\dfrac{C}{D} = \dfrac{X}{Y}$로 나타낸다.

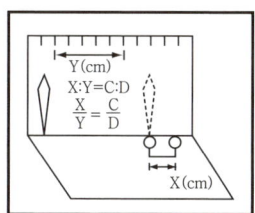

[그림] 통제표시비

(2) 통제표시비와 조작시간과의 관계[젠킨스(W. L. Jenkins)시험]

회전 노브(knob)를 사용한 통제기기의 표시판에 불이 켜지자 동작을 개시하여 목적하는 표시까지 바늘을 움직이는 데 요하는 시간과 목표 근처에서 목표와 바늘을 일치시키는 데 소요되는 시간, 즉 조절시간의 3단계로 구분하게 된다. 즉 불이

합격예측

통제장치를 조작하는데 가장 시간이 적게 드는 순서

수동푸시버튼<토글스위치<발푸시버튼<로터리스위치

합격예측

거시동작
① 위치동작 ② 연속동작
③ 조작동작 ④ 반복동작
⑤ 축차동작 ⑥ 정적조절

미시동작
① therblig ② MTM 등

합격예측

양립성(compatibility)
정보입력 및 처리와 관련한 양립성은 인간의 기대와 모순되지 않는 자극들간의, 반응들간의 또는 자극반응조합의 관계를 말하는 것

합격예측

heat illness(열중독증)
① 열발진(heat rash) : 작업환경에서 가장 흔히 발생하는 피부장해(땀띠)
② 열경련(heat cramp) : 고열 작업환경에서 심한 근육작업 후에 근육의 수축이 격렬하게 일어나며, 탈수와 체내 염분농도 부족에 의해 야기되는 장해
③ 열소모(heat exhaustion) : 땀을 많이 흘려 수분과 염분 손실이 많을 때 발생하며 두통, 구역감, 현기증, 무기력증, 갈증 등의 증상이 발생
④ 열사병(heat stroke) : 땀을 많이 흘려서 수분과 염분 손실이 많을 때 발생하고, 갑자기 의식상실에 빠지는 경우
⑤ 열허탈(heat collapse) : 고온 노출이 계속되어 심박수 증가가 일정 한도를 넘었을 때 일어나는 순환장해
⑥ 열피로(heat fatigue) : 고열에 순환되지 않은 작업자가 장시간 고열환경에서 정적인 작업을 할 경우 발생

합격예측

직각 또는 착오의 유형
- 위치의 오인
- 순서의 오인
- 패턴의 오인
- 형태의 오인
- 기억의 틀림

합격예측

수공구 설계원칙
① 손목을 곧게 펼 수 있도록 : 손목이 팔과 일직선일 때 가장 이상적
② 손가락으로 지나친 반복동작을 하지 않도록 : 검지의 지나친 사용은 「방아쇠 손가락」증세 유발
③ 손바닥면에 압력이 가해지지 않도록(접촉면적을 크게) : 신경과 혈관에 장애 (무감각증, 떨림현상)
④ 그 밖에 설계원칙
 ㉮ 안전측면을 고려한 디자인
 ㉯ 적절한 장갑의 사용
 ㉰ 왼손잡이 및 장애인을 위한 배려
 ㉱ 공구의 무게를 줄이고 균형유지 등

합격예측

(1) 최적 C/D비
① 이동동작과 조종 동작을 절충하는 동작이 수반
② 최적치는 두 곡선의 교점 부호
③ C/D비가 작을수록 이동시간은 짧고, 조종은 어려워서 민감한 조종장치이다. 22. 3. 19 출

(2) C/D비교
① 선형 조종장치가 선형 표시장치를 움직일 때는 각각 직선변위의 비 (제어표시비)

C/D비 = 조종장치(제어기기)의 이동거리 / 표시장치(표시기기)의 반응거리

② 회전 운동을 하는 조정 장치가 선형 표시장치를 움직일 경우 23. 4. 1 출

C/D비 = $\dfrac{(\alpha/360) \times 2\pi L}{\text{표시장치의 이동거리}}$

L : 반경(지레의 길이), α : 조종장치가 움직인 각도

커지면 시각의 감지시간, 통제기기의 주행시간, 그리고 조종시간의 3요소가 조작시간에 포함되는 시간이다. 최적통제비는 1.18~2.42의 범위가 가장 효과적이다.

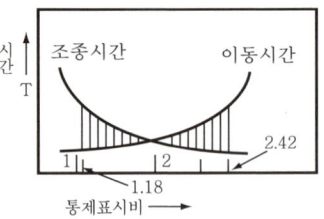

[그림] 통제표시비와 조작시간

(3) 조종구(ball control)에서의 C/D비 또는 C/R비

회전운동을 하는 조종장치가 선형 표시장치를 움직일 때는 L을 반경(지레 길이), α를 조종장치가 움직인 각도라 할 때 C/D = $\dfrac{(\alpha/360) \times 2\pi L}{\text{표시장치 이동거리}}$로 정의된다.

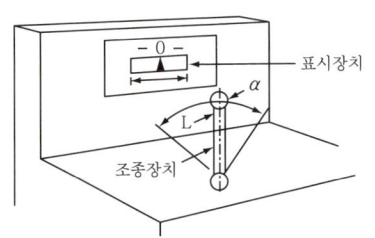

[그림] 선형 표시장치를 움직이는 조종구에서의 C/D

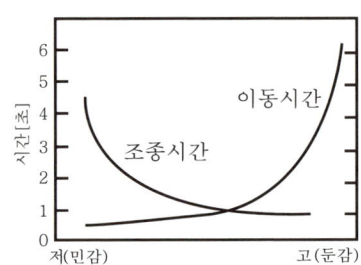

[그림] C/R비

3. 자동제어

(1) 자동제어의 장점

① 품질의 향상이 현저하고 균일한 제품이 나온다.
② 생산속도가 상승한다.
③ 원료, 연료 및 동력이 절약된다.
④ 노동조건의 향상과 위험한 환경의 안전화가 이루어진다.
⑤ 생산설비의 수명이 연장된다.
⑥ 생산설비의 감소화가 될 수 있다.

(2) 서보기구(servo mechanism)

① 물체의 위치, 방위, 자세 등을 제어량으로 하고 목표값의 임의의 변화에 항시 추종하도록 구성된 제어계

② 레이더의 제어, 선박이나 항공기 등의 자동조타장치, 공작기계의 제어, 자동 평형계기 등이 있다.

(3) 시퀀스(sequential)제어

지시대로 동작을 하며 수정을 할 수 없다.

(4) 공정제어(process control)

압력, 유량, 온도 등 상태나 양을 제어한다.

(5) feedback제어

① 제어결과를 측정하여 목표로 하는 동작이나 상태와 비교하여 잘못된 점을 수정하여 가는 제어 방식
② 제어계의 동작 상태를 방해하는 외부의 작용을 제거할 수 있다.
③ 제어대상의 특성을 파악할 수 없어도 소기의 목적을 달성할 수 있다.
④ 되먹임제어(feed-back control) : 폐쇄루프제어(closed loop control)

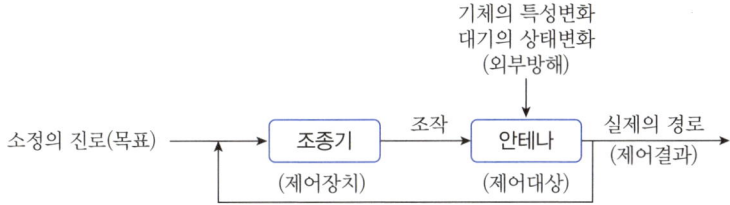

⑤ 개방루프제어(open loop control)

4. 기계의 통제기능(machine control function)

(1) 양의 조절에 의한 통제(연속조절조종장치)

투입되는 연료량, 전기량(저항, 전류, 전압), 음량, 회전량 등의 양을 조절하여 통제하는 장치

① 노브(knob) : 보통노브, 동심노브, 손잡이노브, 문자반 회전노브
② 크랭크(crank)
③ 핸들(hand wheel)
④ 레버(lever)

합격예측

(1) 양립성(compatibility)
정보입력 및 처리와 관련한 양립성은 인간의 기대와 모순되지 않은 자극들 간의, 반응들간의 또는 자극반응 조합의 관계를 말하는 것으로 다음의 3가지가 있다.
① 공간적 양립성 : 표시장치가 조종장치에서 물리적 형태나 공간적인 배치의 양립성
② 운동 양립성 : 표시 및 조종장치, 체계반응의 운동방향의 양립성
③ 개념 양립성 : 사람들이 가지고 있는 개념적 연상(어떤 암호체계에서 청색이 정상을 나타내 듯이)의 양립성
④ 양식 양립성 : 직무에 알맞은 자극과 응답의 양식의 존재에 대한 양립성 **예** 음성과업에 대해서는 청각적 자극제시와 음성 응답 과업에서 갖는 양립성

(2) 음압수준(Sound Pressure Level : SPL)
① 음의 강도의 척도는 bel의 1/10인 데시벨(decibel : dB)로 나타내며, 음압수준으로 표시하면 다음과 같이 된다.

$$dB 수준(dpl) = 20\log_{10}\left(\frac{P_1}{P_0}\right)$$

여기서,
P_0 : 기준음압(2×10^{-5}[N/m²] : 1,000[Hz]에서의 최소 가청치)
P_1 : 측정하려는 음압
② dB은 상대적 단위로서, P_1과 P_2의 음압을 갖는 두 음의 강도차는 다음과 같다.

$$db_{2-1} = db_2 - db_1$$
$$= 20\log\frac{P_2}{P_0} - 20\log\frac{P_1}{P_0}$$
$$= 20\log\frac{P_2}{P_1}$$

참고

전신진동이 인간성능에 끼치는 영향
① 진동은 진폭에 비례하여 시력을 손상하며 10~25[Hz]의 경우 가장 심하다.
② 진동은 진폭에 비례하여 추적능력을 손상하며 5[Hz] 이하의 낮은 진동수에서 가장 심하다.
③ 안정되고 정확한 근육조절을 요하는 작업은 진동에 의해서 저하된다. 반응시간, 감시, 형태식별 등 주로 중앙신경처리에 달린 임무는 진동의 영향을 덜 받으며, 시력 및 추적능력 등은 진동의 영향을 많이 받는다.

VDT(영상 표시 단말기) 작업의 안전
(1) 작업자세
   ① 시선은 화면상단과 눈높이가 일치할 정도로 하고 시야 범위는 수평선상으로부터 10~15[°] 밑에 오도록 하며 화면과 눈과의 거리는 40[cm] 이상 확보
   ② 위팔은 자연스럽게 늘어뜨리고 어깨가 들리지 않아야 하며 팔꿈치 내각은 90[°] 이상 아래 팔은 손등과 수평을 유지하여 키보드 조작
   ③ 무릎의 내각은 90[°] 전후로 하며 종아리와 대퇴부에 무리한 압력이 없도록 할 것
(2) 조명과 채광
   ① 주변환경의 조도기준

화면의 바탕색상	검은색 계통	흰색 계통
조도기준	300~500[lux]	500~700[lux]

   ② 화면을 보는 시간이 많을수록 화면밝기와 작업대 주변 밝기의 차를 줄일 것
   ③ 문서간의 밝기비 = 1 : 10

---

⑤ 페달(pedal) : 회전식, 왕복식, 직동식

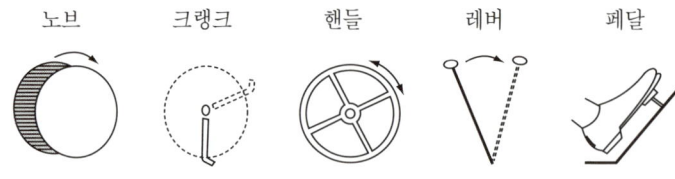

[그림] 양의 조절에 의한 통제

(2) 개폐에 의한 통제(불연속조절 통제장치)

on-off로 동작 자체를 개시하거나 중단하도록 통제하는 장치
① 수동식 푸시버튼(hand push button)
② 발푸시버튼(foot push button)
③ 토글스위치(toggle switch)
④ 로터리스위치(rotary selector switch)

[그림] 개폐에 의한 통제

(3) 반응에 의한 통제

계기, 신호 또는 감각에 의하여 행하는 통제장치(**예** 자동경보 시스템)

Chapter 03 작업환경관리 출제예상문제

출제예상문제는 복습, 예습문제로 엮었습니다. *WHY : 실제시험에도 순서에 관계없이 출제됩니다. 예습 후 다음장에 공부한 문제가 있으면 기억이 배가 됩니다.

01 ★★★★★
그림의 조종구(ball control)와 같이 상당한 회전운동을 하는 조종장치가 선형 표시장치를 움직인 각도라 할 때, 조종표시장치의 이동비율(control display ratio)을 나타낸 것은?

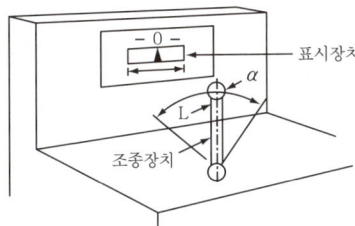

① $\dfrac{(\alpha/360) \times 2\pi L}{\text{표시장치 이동거리}}$ ② $\dfrac{\text{표시장치 이동거리}}{(\alpha/360) \times 4\pi L}$

③ $\dfrac{(\alpha/360) \times 4\pi L}{\text{표시장치 이동거리}}$ ④ $\dfrac{\text{표시장치 이동거리}}{(\alpha/360) \times 2\pi L}$

⑤ $\dfrac{\text{조종장치의 크기}}{\text{계기의 크기}}$

해설
통제표시비(통제비)
일명 C/D비라고도 하며 통제기기와 시각 표시의 관계를 나타내는 비율로서 통제기기의 이동거리 X를 표시판의 지침이 움직인 거리 Y로 나눈 값을 말한다.

$$\dfrac{C}{D}\text{비} = \dfrac{X}{Y}$$

X : 통제기기의 변위량(cm)
Y : 표시계기의 지침의 변위량(cm)

$$\dfrac{C}{D}\text{비} = \dfrac{(\alpha/360) \times 2\pi L}{\text{표시계기의 이동거리}}$$

α : 조종장치가 움직인 각도
L : 반경(지례의 길이)

02 ★★★★★
진전(손떨림, tremor)을 감소시킬 수 있는 손의 높이는?

① 입높이 ② 심장높이
③ 배꼽높이 ④ 무릎높이
⑤ 얼굴높이

해설
진전(tremor)
① 진전(tremor)과 표동(drift)이 문제가 되는 동작 : 정지조정(static reaction)
② 정지조정(static reaction)에서 문제가 되는 것 : 진전
③ 진전이 일어나기 쉬운 조건 : 떨지 않도록 노력할 때
④ 진전이 가장 많이 일어나는 운동 : 수직운동
⑤ 진전이 적게 일어나는 경우 : 손이 심장높이에 있을 때

03 ★★★
인간의 대뇌에서의 정보처리 과정에서 복잡하고 높은 수준의 정보가 계속되어 당황하거나 공포를 느끼게 될 때 어떤 상태로 진행되기 쉬운가?

① 의식의 혼란 ② 의식의 공황
③ 의식의 지연 ④ 의식의 우회
⑤ 의식의 단절

해설
부주의 현상
(1) 의식의 단절(의식의 중단)
  ① 지속적인 의식의 흐름에 단절이 생기고, 공백의 상태가 나타난 경우의 것으로서, 특수한 질병의 경우에 나타나고, 심신과 함께 건강한 경우에는 나타나지 않는다.
  ② 위험요소가 존재하는 시점에서의 의식의 단절이 오면 사고를 면할 수 없게 된다.
  ③ 위험시점에서의 의식수준은 phase 0 상태이다.

[그림] 의식의 단절 상태도

(2) 의식의 우회
  ① 의식의 흐름이 샛길로 빗나갈 경우의 것으로, 일을 하고 있을 때 우연히 걱정, 고뇌, 욕구불만 등에 의해 다른 것에 주의하는 것이 이것에 해당된다.

[정답] 01 ① 02 ② 03 ①

② 잠재위험 부분에 의식이 집중되지 않고 그 부분에서의 의식이 우회되면 또한 재난을 당하게 될 것이다. 이때의 위험부분에 대한 의식수준 역시 phase 0 상태가 된다.

[그림] 의식의 우회 상태도

(3) 의식수준의 저하
① 뚜렷하지 않은 머리의 상태, 심신이 피로할 때나, 단조로운 작업 등의 경우에 일어나기 쉽다.
② 작업 중 위험요소가 잠재되어 있는 부분에서 의식수준이 저하되거나 의식이 열화되면 위험에 대응할 수 없다.
③ 작업자의 의식수준은 대체로 phase 1 이하로 되는 상태이다.

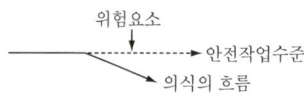

[그림] 의식수준의 저하 상태도

(4) 의식의 혼란
외부의 자극이 애매모호하거나, 너무 강하거나 또는 약할 때와 같이 외적 조건에 문제가 있을 때 의식이 혼란되고, 외적 자극에 의식이 분산되어 작업에 잠재되어 있는 위험 요인에 대응할 수 없게 된다.

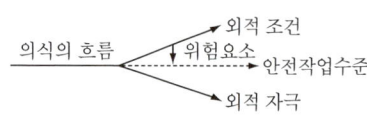

[그림] 의식의 혼란 상태도

(5) 의식의 과잉
① 돌발사태 및 긴급이상사태에 직면하면 순간적으로 긴장되고, 의식이 한 방향으로만 쏠리는 주의 일점 집중현상이 생긴다.
② 판단력이 둔화 또는 정지되고 주의력이 떨어진다.
③ 의식수준은 phase Ⅳ 상태로 된다.

04 ★★ 기초대사(basal metabolism)와 여가(leisure)의 필요대사량은?

① 약 1,500[kcal/일]
② 약 1,800[kcal/일]
③ 약 2,300[kcal/일]
④ 약 2,700[kcal/일]
⑤ 약 4,000[kcal/일]

해설

① 하루 동안에 보통 사람이 낼 수 있는 에너지 : 약 4,300[kcal/일]
② 하루 동안에 기초대사와 여가대사에 필요한 에너지 : 약 2,300[kcal/일]
③ 4,300 − 2,300 = 2,000[kcal/일](여유분, 축적분)

05 ★★ 작업위험분석시 고려사항으로 틀린 것은?

① 안전관계
② 작업표준
③ 작업환경조건
④ 개인 보호구
⑤ 육체적인 요구조건

해설

작업위험분석시 고려조건
① 육체적 요구조건　② 작업환경
③ 보건상 위험　　　④ 그 밖에 잠재적 위험
⑤ 안전관계　　　　⑥ 개인 보호구
⑦ 기기 제조원의 책임(인간공학의 결함이나 부적합성)

06 ★★★ 건구온도 30[℃], 습구온도 20[℃]일 때의 옥스퍼드(Oxford) 지수는 몇 도인가?

① 21.5[℃]
② 22.5[℃]
③ 23.5[℃]
④ 24.5[℃]
⑤ 25.5[℃]

해설

Oxford 지수 : WD(습건)지수라고도 하며, 습구·건구 온도의 가중평균치로 나타낸다.
WD = 0.85(습구온도) + 0.15(건구온도)
　　 = (0.85 × 20) + (0.15 × 30) = 21.5[℃]

07 ★★★ 소음을 통제하는 일반적인 방법에 해당되지 않는 것은?

① 흡음제 사용
② 차폐장치 사용
③ 음향처리제 사용
④ 적절한 정비 및 주유
⑤ 귀마개 및 귀덮개 사용

해설

소음통제의 일반적인 방법
① 기계의 적절한 설계
② 적절한 정비 및 주유
③ 기계에 고무받침대(mounting) 부착
④ 차량에 소음기(muffler) 사용

【 정답 】 04 ③　05 ②　06 ①　07 ⑤

08 ★★
1촉광의 광원으로부터 1[foot] 떨어진 곡면의 1[ft²]가 받는 광량은 1[m] 떨어진 곡면의 1[ft²]가 받는 광량의 몇 배인가?

① 약 3배 ② 약 9배
③ 약 27배 ④ 약 30배
⑤ 같다

해설

① foot-candle(fc) : 1촉광의 점광원으로부터 1[foot] 떨어진 곡면에 비추어진 빛의 밀도, 즉 1[lumen/ft²]이다.
② lux(meter-candle) : 1촉광의 점광원으로부터 1[m] 떨어진 곡면에 비추어진 빛의 밀도 1[lumen/ft²], 즉 10[ft²]는 약 1[m²]이므로 10[lumen/ft²] = 1[lumen/m²] = 10[lux] = 1[foot·candle]이 된다.
③ 조도의 역자승(逆自乘)의 법칙 : 거리가 증가함에 따라 조도는 다음과 같은 역자승의 법칙에 따라 감소하게 된다.

$$조도 = \frac{광도}{(거리)^2}$$

09 ★★
작업이나 운동이 격렬해져서 근육에 생성되는 젖산이 적시에 제거되지 못하면 작업이 끝난 후에도 남아 있는 젖산을 제거하기 위해 여분의 산소가 필요하게 되므로, 이를 보충하기 위해 맥박과 호흡도 서서히 감소한다. 이 여분의 산소필요량을 무엇이라고 하는가?

① 호기 산소 ② 혐기 산소
③ 산소 잉여 ④ 산소빚
⑤ 산소증가

해설

본 문제는 산소빚의 명쾌한 설명이다.

10 ★★★
다음과 같은 실내표면에서 반사율이 가장 낮아야 하는 것은?

① 바닥 ② 천장
③ 가구 ④ 벽
⑤ 벽면

해설

(1) 옥내 최적반사율(추천 반사율)
① 천장 : 80~90[%]
② 벽 : 40~60[%]
③ 가구 : 25~45[%]
④ 바닥 : 20~45[%]

(2) 천장과 바닥의 반사비율은 최소한 3 : 1 이상이 유지되어야 한다.

11 ★★★
빛의 반사율이 낮아야 하는 순서를 바르게 배열한 것은?

> A : 바닥 B : 천장 C : 가구 D : 벽

① A>B>C>D ② A>C>D>B
③ A>C>B>D ④ A>D>C>B
⑤ D>C>B>A

해설

10번 문제의 해설을 참조할 것

12 ★★
색채는 근로자의 안전과 생산 능률에 많은 영향을 준다. 다음 중 옳지 않은 것은?

① 적색은 위험의 경고이다.
② 엷은 청색은 스위치함의 내부와 정지 조절의 내부 표시용이다.
③ 황색은 경고용이며 녹색은 안전표시이다.
④ 파란색은 지시표지이다.
⑤ 흑백색은 지시표시용이다.

해설

청색은 지시표시이며, 흑백색은 방향표시 및 통획구획선 표시이다.

13 ★★★
사무실 설계시 반사율이 낮은 것부터 나열한 것은?

> ㉠ 바닥   ㉡ 벽
> ㉢ 천장   ㉣ 사용 기기

① ㉠-㉡-㉢-㉣ ② ㉢-㉣-㉠-㉡
③ ㉠-㉣-㉡-㉢ ④ ㉠-㉡-㉣-㉢
⑤ ㉠-㉢-㉣-㉡

[정답] 08 ⑤ 09 ④ 10 ① 11 ② 12 ⑤ 13 ③

해설

반사율(reflectance) : 표면에 도달하는 조명과 광속발산도의 관계

∴ 반사율[%] = $\frac{광속발산도(fL)}{조명(fc)}$ × 100

14 ★★ 피로란 같은 일을 지속할 수 없게 되는 정신적, 생리적 상태를 말한다. 다음 중 경과시간에 따른 피로분류에 해당되지 않는 것은?

① 반복성
② 급성
③ 일주성
④ 만성
⑤ 정신적

해설

피로분류
① 정신
② 육체
③ 급성
④ 만성
⑤ 기계

15 ★★★★ 산업안전보건법상의 조명도가 잘못 연결된 것은?

① 초정밀작업 : 750[lux] 이상
② 정밀작업 : 300[lux] 이상
③ 보통작업 : 150[lux] 이상
④ 그 밖의 작업 : 75[lux] 이상
⑤ 통로작업 : 10[lux] 이상

해설

법적 조도기준
① 초정밀작업 : 750[lux] 이상
② 정밀작업 : 300[lux] 이상
③ 보통작업 : 150[lux] 이상
④ 그 밖의 작업 : 75[lux] 이상

16 ★★★ 다음 색채 중 경쾌하고 가벼운 느낌을 주는 배열이 잘된 순서는?

① 흑색 – 청색 – 적색 – 회색
② 백색 – 흑색 – 적색 – 청색
③ 자색 – 녹색 – 황색 – 백색
④ 검정 – 청색 – 회색 – 흰색
⑤ 적색 – 흑색 – 황색 – 청색

해설

① 명도를 생각하면 된다.
② 완전 흑 : 0
③ 완전 백 : 10

17 ★★ 다음 각 작업별로 조명수준이 높은 작업에서 낮은 작업 순으로 나열한 것은?

㉠ 세밀한 조립 작업 ㉡ 아주 힘든 검사 작업
㉢ 보통 기계 작업   ㉣ 드릴 또는 리벳 작업

① ㉠-㉡-㉢-㉣
② ㉡-㉢-㉣-㉠
③ ㉡-㉠-㉢-㉣
④ ㉠-㉡-㉣-㉢
⑤ ㉡-㉢-㉠-㉣

해설

추천조명수준(IES) 단위 : fc
① 세밀한 조립작업 : 300
② 아주 힘든 검사작업 : 500
③ 보통 기계작업 및 편지 고르기 : 100
④ 드릴, 리벳, 줄질 : 30

18 ★★ 시간 – 동작연구가들이 밝힌 효율적인 작업에 관한 규칙과 일치하지 않는 것은?

① 근로자들이 기계를 조작할 때 움직여야만 하는 거리를 최소화시킨다.
② 양손은 동시에 시작하고 끝나야 한다.
③ 동작은 가능한 대칭에 가까워야 한다.
④ 동작이 반복적으로 빠르게 되려면 직선으로 움직이는 것이 효과적이다.
⑤ 동작을 절약한다.

해설

동작경제의 원칙(Barnes)
직선으로 움직이는 동작은 피해야 한다.

[정답] 14 ① 15 ⑤ 16 ③ 17 ③ 18 ④

19 소음노출로 인한 청력손실에 관한 내용 중 관계가 먼 것은?

① 청력손실의 정도는 노출소음수준에 따라 증가한다.
② 청력손실은 1,000[Hz]에서 크게 나타난다.
③ 강한 소음에 대해서는 노출기간에 따라 청력손실도 증가한다.
④ 약한 소음에 대해서는 노출기간과 청력손실이 관계가 없다.
⑤ 귀마개 및 귀덮개를 착용한다.

해설
청력손실은 4,000[Hz]에서 크게 나타난다.(일명 C_5dip)

20 동작의 합리화를 위한 동작경제의 법칙에서 벗어난 것은?

① 동작을 가급적 조합하여 하나의 동작으로 할 것
② 양손의 동작은 동시에 시작하고, 동시에 끝낼 것
③ 동작의 수는 줄이고, 동작의 속도는 적당히 할 것
④ 동작의 범위는 최소로 하되 사용하는 신체의 범위는 크게 할 것
⑤ 동작을 최소로 할 것

해설
동작의 범위가 최소이며 신체의 범위도 최소화해야 한다.

21 다음은 조명방법을 설명한 것이다. 잘못된 것은?

① 실내 전체를 조명할 때는 전반 조명이 좋다.
② 작업에 필요한 곳이나 시간적으로 강한 빛을 필요로 하는 조명은 투명 조명이 좋다.
③ 유리나 플라스틱 모서리 조명은 투명조명이 좋다.
④ 긴 터널의 경우는 완화 조명이 필요하다.
⑤ 정밀작업은 300[lux] 이상이 필요하다.

해설
유리나 플라스틱 조명은 투명조명을 하면 사고의 원인이 된다.

22 조명이 주는 영향에 관한 연구 결과 중 맞는 것은?

① 밝을수록 작업 수행이 좋아진다.
② 반사광은 세밀한 작업을 하는 데 도움을 준다.
③ 작업장 전체 공간에서 빛이 골고루 퍼지게 하는 것이 좋다.
④ 독서를 하는 데에는 직조명이 더 효과적이다.
⑤ 작업장은 무조건 밝게 한다.

해설
작업장 전체에 빛이 골고루 있어야만 시력을 보호할 수 있다.

23 다음 중 공기의 온열조건의 4요소가 아닌 것은?

① 복사온도   ② 전도열
③ 습도   ④ 공기의 유동
⑤ 기온

해설
공기의 온열조건의 4요소(열교환에 영향을 주는 요소)
① 기온(온도)
② 습도
③ 복사온도
④ 공기의 유동(대류·기류·풍속)

24 물건이 보이기 위한 기본조건이 아닌 것은?

① 시간   ② 색채
③ 대비   ④ 시각
⑤ 명도

해설
(1) 물건이 잘 보이는 조건은 색채(색상, 명도, 채도), 대비, 시각이 필요하다.
(2) 시식별에 영향을 주는 조건
   ① 광도
   ② 조도
   ③ 광속발산도
   ④ 반사율
   ⑤ 대비

[정답] 19 ② 20 ④ 21 ③ 22 ③ 23 ② 24 ①

25 인간의 작업은 인간의 골격 체계를 활용함으로써 가능하다. 다음 중 수작업을 분석하는 경우 골격체계의 구성요소가 아닌 것은?

① 뼈
② 신경
③ 근육
④ 관절
⑤ ②, ③, ④ 모두

해설

골격체계의 구성요소
① 근육
② 신경
③ 관절

26 EMG(electromyogram)를 바르게 설명한 것은 어느 것인가?

① 정신활동의 척도
② 근육활동의 척도
③ 신체활동의 측정 기준
④ 신체기능의 계량
⑤ 몸무게 척도

해설

① 근전도(EMG : electromyogram) : 근육활동의 전위차
② 심전도(ECG : electrocardiogram) : 심장근의 근전도
③ ENG(electroneurogram) : 신경활동전위차
④ 피부전기반사(GSR : galvanic skin reflex) : 작업 부하의 정신적 부담도가 피로와 함께 증대하는 양상을 수장(手掌) 내측의 전기저항의 변화에서 측정하는 것으로, 피부전기저항 또는 정신전류현상이라고도 한다.
⑤ 플리커값(CFF) : 정신적 부담이 대뇌피질의 활동수준에 미치고 있는 영향을 측정한 값이다.

27 인간이 원하는 정보를 검출함에 있어, 주변소음(noise)의 영향을 파악하려는 경우 다음 중 어떤 분야의 이론에 가장 관계가 있는가?

① 정보처리이론
② 신호검출이론
③ 웨버의 법칙
④ 상대식별
⑤ 상수의 법칙

해설

신호검출이론(SDT)
① 잡음(noise)에 실린 신호분포는 잡음만의 분포와 뚜렷이 구분되어야 한다.
② 어느 정도의 중첩이 불가피한 경우에는(허위정보와 신호를 검출하지 못하는 과오 중) 어떤 과오를 좀더 묵인할 수 있는가를 결정하여 관측자의 판정기준설정에 도움을 주어야 한다.

28 제어계통에서 제어동작이 멈추면 체계반응이 거꾸로 돌아오는 현상은?

① 이력현상(hysteresis)
② 사공간(deadspace)
③ 관성(inertia)
④ 사정효과(range effect)
⑤ 교육(education)

해설

이력현상
① 이력현상은 반발(backlash)을 말한다.
② 특히 C/D비가 낮은(민감) 경우에 반발의 악영향이 두드러지므로, C/D비가 낮은 체계에서는 체계오차를 줄이기 위해 이력현상을 최소화시켜야 하고 이것이 비현실적인 경우에는 C/D비를 높여주어야 한다.

29 다음 중 암호체계 사용상의 일반적인 지침에 해당하지 않는 것은?

① 암호의 검출성
② 부호의 양립성
③ 암호의 표준화
④ 부호의 의미
⑤ 암호의 단일 차원화

해설

암호체계 사용상 일반적 지침
① 암호의 검출성(감지장치로 검출)
② 암호의 변별성(인접자극의 상이도 영향)
③ 부호의 양립성(인간의 기대와 모순되지 않을 것)
④ 부호의 의미
⑤ 암호의 표준화
⑥ 다차원 암호의 사용(정보전달 촉진)

[정답] 25 ① 26 ② 27 ② 28 ① 29 ⑤

30 50[phon]의 기준 음을 들려준 후 70[phon]의 소리를 듣는다면 작업자는 주관적으로 몇 배의 소리로 인식하는가?

① 1.5배 ② 2배
③ 3배 ④ 4배
⑤ 5배

> 해설

① 음량 수준이 10[phon]이 증가하면 음량(sone)은 2배로 된다. 따라서 50[phon]에서 70[phon]으로 20[phon]이 증가하였으므로 sone치는 4배로 된다.
② sone치 = $2^{(phon-40)/10}$
③ 50[phon] : sone치 = $2^{(50-40)/10}$ = 2[sone]
④ 70[phon] : sone치 = $2^{(70-40)/10}$ = 2^3 = 8[sone]
⑤ 4배로 들린다.

31 다음 중 기능식 생산에서 유연생산시스템 설비의 가장 적합한 배치는?

① 유자(U)형 배치
② 일자(一)형 배치
③ 합류(Y)형 배치
④ 복수라인(二)형 배치
⑤ X자형 배치

> 해설

유연생산시스템(Flexible Manufacturing System : FMS)
① 다양한 부품의 생산·가공
② 가공준비 및 대기시간의 단축에 의한 제조시간의 최소화
③ 설비 이용률 향상(U자형 배치)
④ 생산 인건비의 감소
⑤ 제품 품질의 향상
⑥ 공정 제공품의 감소
⑦ 종합생산 system에 의한 생산관리능력 향상

[정답] 30 ④ 31 ①

Part 06 | 산업재해조사 및 원인분석

Chapter 1 산업재해조사 및 원인분석
Chapter 2 사업장 위험성평가에 관한 지침
Chapter 3 KOSHA GUIDE

산업재해조사 및 원인분석

중점 학습내용

본 장은 재해의 원인을 분석하였는데 특히 재해의 98% 이상인 직접 원인을 강조하였으며, 재해 발생 메커니즘을 정리하여 재해의 가장 근본 원인을 요약하였다. 재해 원인으로 인한 산업 재해 통계를 산출할 수 있도록 구성하였으며 재해 발생시 직접비, 간접비 등으로 구성하였다. 시험에 출제되는 그 중심적인 내용은 다음과 같다.

❶ 산업재해조사
❷ 산업재해발생 원인분류
❸ 산업재해통계 및 분석
❹ 산업재해코스트 계산방식

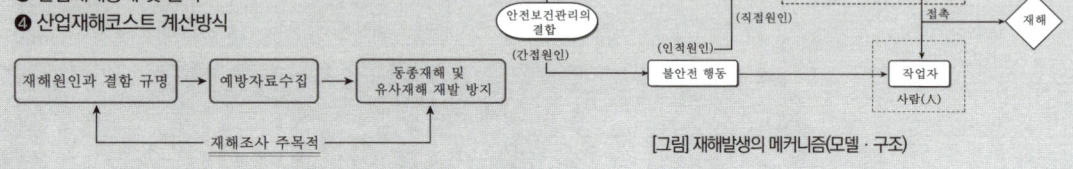

[그림] 재해발생의 메커니즘(모델·구조)

합격예측

재해조사계획 내용
① 사고 조사반의 구성(단독 조사금지)
② 조사항목의 결정
③ 조사방법의 설정
④ 조사자료 범위
⑤ 조사협력기관 또는 협조자 선정
⑥ 종합
⑦ 검증방법

용어정의

위험(Hazard)이란
직·간접적으로 인적, 물적, 환경적으로 피해가 발생될 수 있는 실제 또는 잠재되어 있는 상태를 말한다.

◎ 참고

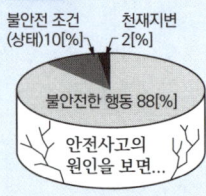

[그림] 안전사고형태 (원인[%])

1 산업재해조사

1. 산업재해의 직·간접원인 22. 3. 19 출

(1) 직접원인(아담스의 "전술적 에러"와 동일)

① 인적 원인(불안전한 행동)
  ㉮ 위험 장소 접근
  ㉯ 안전 장치의 기능 제거
  ㉰ 복장·보호구의 잘못 사용
  ㉱ 기계·기구의 잘못 사용
  ㉲ 운전중인 기계 장치의 손질
  ㉳ 불안전한 속도 조작
  ㉴ 위험물 취급 부주의
  ㉵ 불안전한 상태 방치
  ㉶ 불안전한 자세 동작

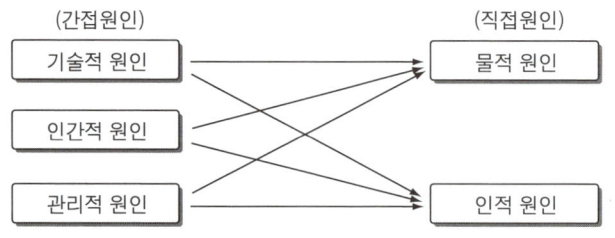

[그림] 직·간접재해원인 비교

② 물적 원인(불안전한 상태)

㉮ 물 자체의 결함
㉯ 안전방호장치의 결함
㉰ 복장, 보호구의 결함
㉱ 기계의 배치 및 작업장소의 결함
㉲ 작업환경의 결함
　㉠ 부적당한 조명
　㉡ 부적당한 온도, 습도
　㉢ 과다한 소음 발산
　㉣ 부적당한 배기
㉳ 생산공정의 결함
　㉠ 위험 작업임에도 조치 불비
　㉡ 위험 공정임에도 조치 불비
　㉢ 위험 상황에 대비한 안전장치 불안전
　㉣ 부적절한 기계 장치, 공구, 용구의 사용
　㉤ 작업 순서의 잘못
　㉥ 기술적, 육체적 무리
㉴ 경계 표시 및 설비의 결함

(2) 간접원인

① **기술적 원인** : 기계·기구·설비 등의 방호 설비, 경계 설비, 보호구 정비 구조재료의 부적당 등
② **안전 교육적 원인** : 무지, 경시, 불이해, 훈련 미숙, 나쁜 습관 등
③ **신체적 원인** : 각종 질병, 스트레스, 피로, 수면 부족 등
④ **정신적 원인** : 태만, 반항, 불만, 초조, 긴장, 공포 등
⑤ **관리적 원인** : 책임감의 부족, 부적절한 인사 배치, 작업 기준의 불명확, 점검·보건 제도의 결함, 근로 의욕 침체, 작업지시 부적절 등

2. 재해(사고)조사방향

① 해당 사고에 대한 순수한 원인 규명을 한다.
② 동종 사고의 재발방지를 위해 노력한다.
③ 생산성 저해요인을 없애야 한다.
④ 관리·조직상의 장애요인을 색출한다.

3. 재해(사고)조사시의 유의사항 25. 3. 29. 출

① 사실 수집에 치중한다.
② 목격자의 단정적 표현이나 추측은 사실과 구별하여 참고 자료로 기록해 둘 것이며 진술은 가급적 사고 직후에 기록하는 것이 좋다.

합격예측

산업재해발생시 기록·보전(3년간 보존)해야 할 사항
① 사업장의 개요 및 근로자의 인적사항
② 재해발생의 일시 및 장소
③ 재해발생의 원인 및 과정
④ 재해재발방지 계획

합격예측

① 기인물 : 재해발생의 주원인이며 재해를 가져오게 한 근원이 되는 기계, 장치, 물(物) 또는 환경 등(불안전상태)
② 가해물 : 직접 사람에게 접촉하여 피해를 주는 기계, 장치, 물(物) 또는 환경 등

[그림] 기인물과 가해물

Q 보충문제

근로자가 벽돌을 손수레에 운반 중 벽돌이 떨어져 발을 다쳤다. 이때 ㉠기인물과 ㉡가해물로 옳은 것은?

① ㉠ 손수레, ㉡ 손수레
② ㉠ 손수레, ㉡ 벽돌
③ ㉠ 벽돌, ㉡ 벽돌
④ ㉠ 벽돌, ㉡ 손수레
⑤ ㉠ 손수레, ㉡ 근로자

정답 ③

합격예측

(1) 자베티키스(Zebetakis)의 연쇄성 이론
① 1단계 : 개인과 환경(안전정책과 결정)
② 2단계 : 불안전한 행동과 불안전한 상태
③ 3단계 : 물질에너지의 기준 이탈
④ 4단계 : 사고
⑤ 5단계 : 구호

(2) 아담스(Adams)의 연쇄이론 23. 4. 1
① 1단계 : 관리구조
② 2단계 : 작전적 에러(경영자 감독자 행동)
③ 3단계 : 전술적 에러(불안전한 행동 or 조작)
④ 4단계 : 사고(물적사고)
⑤ 5단계 : 상해 또는 손실

합격예측

작업수행 중 불안전한 행동
① 인간과오
② 지식부족
③ 태도불량

합격예측

간접원인(관리적 원인)

구분	내용
기술적 요인	① 건물·기계 등의 설계불량 ② 생산공정의 부적당 ③ 구조·재료의 부적합 ④ 점검 및 보존 불량
교육적 요인	① 안전지식 및 경험의 부족 ② 작업방법의 교육 불충분 ③ 경험 훈련의 미숙 ④ 안전수칙의 오해 ⑤ 유해위험 작업의 교육 불충분
작업관리상의 원인	① 안전관리조직 결함 ② 작업지시 부적당 ③ 작업준비 불충분 ④ 인원배치(적성배치) 부적당 ⑤ 안전수칙 미제정 ⑥ 작업기준의 불명확

---

③ 책임을 추궁하는 태도를 보이면 사실을 은폐하게 되므로 주의한다.
④ 조사는 신속히 행하고 2차 재해의 방지를 도모한다.
⑤ 사람, 설비, 환경의 측면에서 재해요인을 도출한다.
⑥ 제3자(객관적)의 입장에서 공정하게 조사하며, 반드시 조사는 2인 이상이 한다.

2 산업재해발생 원인분류

1. 재해발생 메커니즘(mechanism)

(1) 하인리히(H.W. Heinrich)의 산업재해 도미노 이론

① 제1단계 : 사회적 환경과 유전적 요소(가정 및 사회적 환경의 결함)
② 제2단계 : 개인적 결함
③ 제3단계 : 불안전 상태 및 불안전 행동
④ 제4단계 : 사고
⑤ 제5단계 : 상해(재해)

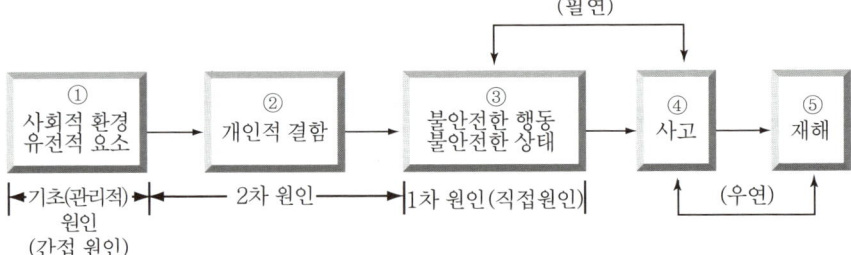

[그림] 재해발생과정 도미노 이론

[그림] 사고발생 메커니즘(mechanism)

(2) 버드(Frank Bird)의 최신(새로운) 연쇄성(domino) 이론

① 제1단계 : 전문적 관리 부족(제어 부족 : 관리 경영) : 근원적 원인
② 제2단계 : 기본원인(기원) - 제거시 큰 사고 예방 가능
③ 제3단계 : 직접원인(징후) : 인적 원인+물적 원인

④ 제4단계 : 사고(접촉)
⑤ 제5단계 : 상해(손해, 손실)

2. 산업재해발생의 mechanism(형태) 3가지

① 단순자극형(집중형)
② 연쇄형
③ 복합형

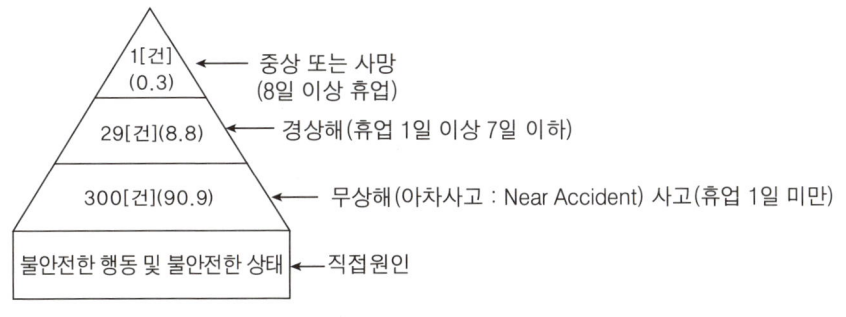

[그림] 재해(⊗)의 발생 형태 3가지

3. 재해 법칙 22. 3. 19 출

(1) 하인리히(H.W.Heinrich)의 1 : 29 : 300

하인리히는 약 50,000여건의 사상 사고(인적 사고)를 분석한 결과 330건의 사고가 발생하는 가운데 무상해 사고 300건, 경상해 29건, 사망 또는 중상해 1건의 비율로 재해가 발생된다는 이론을 발표하였다. 전도 사고를 예로 들어, 330번 넘어지다 보면 중상해(사망) 1건, 경상해 29건, 무상해 사고 300건의 비율로 발생한다는 것이다.

[그림] 하인리히 법칙[단위 : %]

① 재해의 발생 = 물적 불안전 상태 + 인적 불안전 행동 + α = 설비적 결함 + 관리적 결함 + α
② $\alpha = \dfrac{1}{1+29+300} = \dfrac{1}{330}$
∴ α : 숨은 위험한 요인(잠재된 위험의 상태)
③ 재해건수 = 1 + 29 + 300 = 330[건]

합격예측

(1) 웨버(Weaver)의 연쇄성 이론
① 1단계 : 유전과 환경
② 2단계 : 인간의 결함
③ 3단계 : 불안전 행동과 불안전 상태
④ 4단계 : 사고(재해)
⑤ 5단계 : 상해

(2) 웨버의 작전적 에러 질문유형 3가지
① What : 무엇이 불안전한 상태이며 불안전한 행동인가? 즉 사고의 원인은 무엇인가?
② Why : 왜 불안전한 행동 또는 상태가 용납되는가?
③ Whether : 감독과 경영 중에서 어느 쪽이 사고방지에 대한 안전지식을 갖고 있는가?

합격예측

재해발생의 메커니즘 (3가지의 구조적 요소)
① 단순자극형(집중형) : 상호자극에 의하여 순간(일시)적으로 재해가 발생하는 유형이다.
② 연쇄형 : 하나의 사고요인이 또 다른 요인을 발생시키면서 재해를 발생하는 유형이다.
③ 복합형 : 연쇄형과 단순자극형의 복접적인 발생유형이다.

합격예측

콤패서의 이론
재해사고의 크기와 빈도에 관한 이론

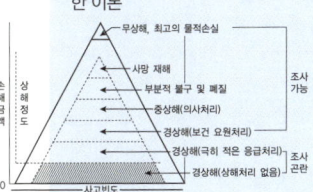

합격예측

하인리히 도미노 이론 중 4단계 사고의 정의
① 원하지 않는 사상
② 비효율적 사상
③ 변형된 사상

합격예측

Near Accident
인명이나 물적 등 일체의 피해가 없는 사고

합격예측

재해조사의 원칙(3E, 4M에 따라 상세히 조사)
① 3E : 관리적 원인, 기술적 원인, 교육적 원인
② 4M : 인적 요인, 기계적 요인, 작업적 요인, 관리적 요인

합격예측

재해(사고)조사 순서
22. 3. 19., 24. 3. 30. 출

(1) 제1단계 : 사실의 확인
 ① 재해발생까지의 경과를 파악
 ② 근원적(물적), 인적, 관리적 면에 관한 사실을 수집
(2) 제2단계 : 재해(사고)요인의 파악
 근원적(물적), 인적, 관리적 면에서 재해요인을 찾는다.
(3) 제3단계 : 사고요인의 결정
 재해요인의 상관관계와 중요도를 고려해 직접원인 및 간접
(4) 제4단계 : 대책수립

(2) ILO의 재해 구성 비율[1 : 20 : 200]

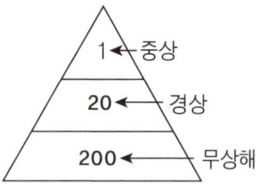

[그림] ILO 재해 구성 비율
① 전체 사고 중 치명 상해 : 0.3[%]
② 전체 사고 중 경미 상해 : 8.8[%]
③ 전체 사고 중 무상해 : 90.9[%]

(3) 버드 이론 1 : 10 : 30 : 600의 법칙 24. 3. 30. 출

1960년대 175,300여 건의 보험사고를 분석하여 하인리히가 처음 주장한 사고 발생 연쇄이론을 수정하고, 641[건]의 사고 중 중상, 경상, 무상해 물적 손실 사고, 무상해 무손실 사고의 비율이 약 1 : 10 : 30 : 600이라고 제시하였다.

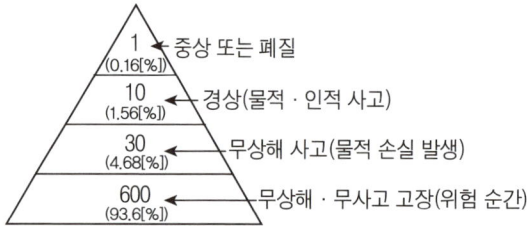

[그림] 버드의 법칙

4. 산업재해발생 조치순서 24. 3. 30. 출

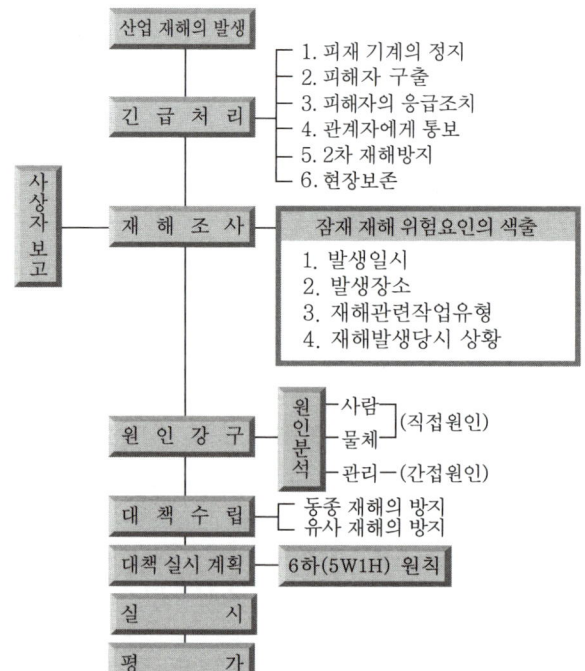

5. 미국의 PDCA법

① Plan(계획, 목표의 설정)
② Decision(Do : 결정, 지시)
③ Control(Check : 결정 사항의 조정, 통제)
④ Assessment(Action : 지시 사항의 결과 확인)

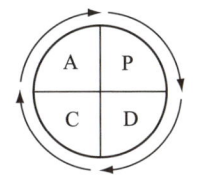

[그림] 미국의 안전관리 4-cycle

6. 하인리히 산업재해예방의 4원칙

(1) 예방가능의 원칙

천재지변을 제외한 모든 인재는 예방이 가능하다.

(2) 손실우연의 원칙

사고의 결과 손실의 유무 또는 대소는 사고 당시의 조건에 따라 우연적으로 발생한다.

(3) 원인연계(계기)의 원칙

사고에는 반드시 원인이 있고 원인은 대부분 복합적 연계 원인이다.

(4) 대책선정의 원칙

사고의 원인이나 불안전 요소가 발견되면 반드시 대책은 선정 실시되어야 하며 대책선정이 가능하다. 대책은 재해방지의 세 기둥이라고 할 수 있다.

7. 하인리히 사고예방대책 기본원리 5단계

(1) 제1단계(안전관리조직 : Organization)

① 안전관리조직을 구성한다.
② 안전활동 방침 및 계획을 수립하고 전문적 기술을 가진 조직을 통한 안전활동을 전개하여 전 종업원이 자주적으로 참여하여 집단의 안전목표를 달성하도록 한다.
③ 안전관리자를 선임한다.

(2) 제2단계(사실의 발견 : Fact finding : 현상파악)

사업장의 특성에 적합한 조직을 통해 ① 사고 및 활동 기록의 검토 ② 작업 분석 ③ 점검 및 검사 ④ 사고조사 ⑤ 각종 안전회의 및 토의 ⑥ 관찰 및 보고서의 연구 등을 통하여 불안전 요소를 발견한다.

(3) 제3단계(분석평가 : Analysis)

제2단계(사실의 발견)에서 나타난 불안전 요소를 통하여 ① 사고 보고서 및 현장

합격예측

① 상해 : 인명피해만을 초래하였을 경우
② 사고 또는 손실 : 물적 피해만을 초래하였을 경우
③ Near Accident : 인명이나 물적 등 일체의 피해가 없는 사고

용어정의

산업재해

산업재해는 산업체에서 일어난 사고의 결과로서 입은 인명 손실과 재산의 피해현상

합격예측

사고의 본질적 특성 4가지

구분	특징
사고의 시간성	사고는 공간적인 것이 아니라 시간적이다.
우연성 중의 법칙성 사고	우연히 발생하는 것처럼 보이는 사고도 알고 보면 분명한 직접원인 등의 법칙에 의해 발생한다.
필연성 중의 우연성	인간의 시스템은 복잡하여 필연적인 규칙과 법칙이 있다하더라도 불안전한 행동 및 상태, 또는 착오, 부주의 등의 우연성이 사고발생의 원인을 제공하기도 한다.
사고의 재현 불가능성	사고는 인간의 안전의지와 무관하게 돌발적으로 발생하며, 시간의 경과와 함께 상황을 재현할 수는 없다.

> **참고**
>
> **경영주의 안전업무**
> ① 안전조직 편성(원활한 안전조직의 확립)
> ② 안전예산의 책정
> ③ 안전한 기계설비 및 작업환경의 유지
> ④ 기본방침 및 안전시책의 시달

합격예측

(1) 간접 원인 : 재해의 가장 깊은 곳에 존재하는 재해 원인이다.
  ① 기초 원인 : 학교 교육적 원인, 관리적인 원인
  ② 2차 원인 : 신체적 원인, 정신적 원인, 안전 교육적 원인, 기술적인 원인
(2) 직접 원인(1차 원인) : 시간적으로 사고발생에 가까운 원인이다.
  ① 물적 원인 : 불안전한 상태(설비 및 환경)
  ② 인적 원인 : 불안전한 행동

합격예측

사람과 에너지관계 사고 4가지 유형
① I형 : 에너지 폭주형
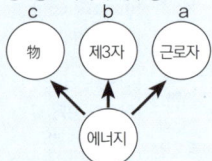
② II형 : 에너지 활동구역에 사람 침입
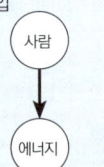
③ III형 : 인체가 에너지에 충돌
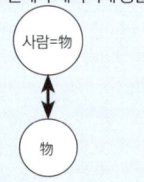
④ IV형 : 대기중 유해·유독물 사고

조사 분석 ② 사고 기록 및 관계 자료 분석 ③ 인적, 물적 환경 조건 분석 ④ 작업 공정 분석 ⑤ 교육 및 훈련 분석 ⑥ 배치 사항 분석 ⑦ 안전수칙 및 작업 표준 분석 ⑧ 보호 장비의 적부 등의 분석을 통하여 사고의 직접 원인과 간접 원인을 나타낸다.

(4) 제4단계(시정방법의 선정 : Selection of remedy)

분석을 통하여 색출된 원인을 토대로 ① 기술적 개선 ② 배치 (인사) 조정 ③ 교육 및 훈련 개선 ④ 안전 행정의 개선 ⑤ 규정 및 수칙·작업 표준·제도 개선 ⑥ 안전 운동 전개 등의 효과적인 개선 방법을 선정한다.

(5) 제5단계(시정책의 적용 : Application of remedy)

시정책에는 하베이가 주장한 3E 대책 즉 ① 교육 ② 기술 ③ 독려, 규제 대책이 있다.(4M 대책적용)

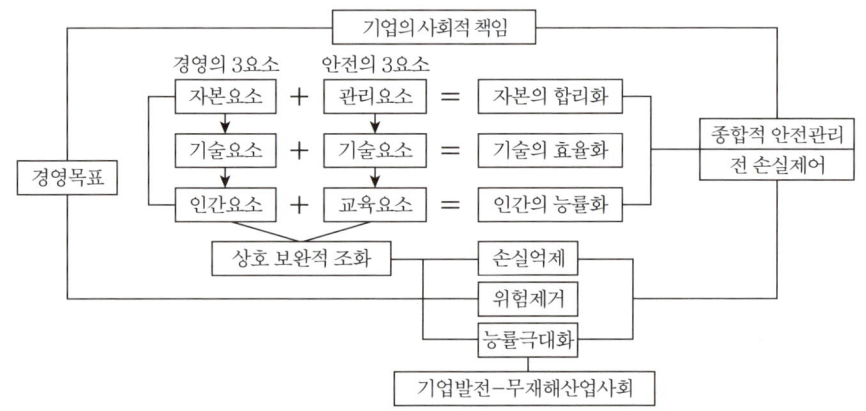

[그림] 경영과 안전의 종합적 가치체계

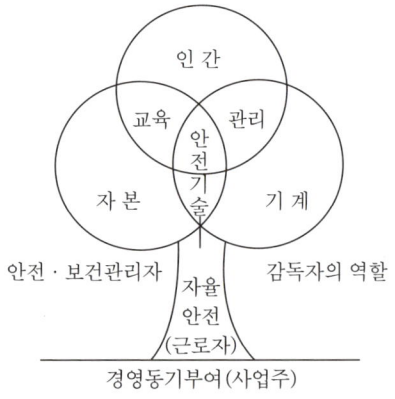

[그림] 경영 동기부여

8. 산업재해 조사표

※ 뒤쪽의 작성 방법을 읽고 작성해 주시기 바라며, [ ]에는 해당하는 곳에 √표시를 합니다. (앞쪽)

I. 사업장 정보	① 산재관리번호 (사업개시번호)		사업자등록번호	
	② 사업장명		③ 근로자 수	
	④ 업종		소재지	(-)
	⑤ 재해자가 사내 수급인 소속인 경우(건설업 제외)	원도급인 사업장명	⑥ 재해자가 파견근로자인 경우	파견사업주 사업장명
		사업장 산재관리번호 (사업개시번호)		사업장 산재관리번호 (사업개시번호)
	건설업만 작성	발주자		[ ]민간 [ ]국가지방자치단체 [ ]공공기관
		⑦ 원수급 사업장명	공사현장 명	
		⑧ 원수급 사업장 산재관리번호(사업개시번호)		
		⑨ 공사종류	공정률 %	공사금액 백만원

※ 아래 항목은 재해자별로 각각 작성하되, 같은 재해로 재해자가 여러 명이 발생된 경우 별도 서식에 추가로 적습니다.

II. 재해 정보	성 명		주민등록번호 (외국인 등록번호)		성별	[ ]남 [ ]여
	국 적	[ ]내국인 [ ]외국인 [국적:]		⑩ 체류자격:]	⑪ 직업	
	입사일	년 월 일		⑫ 같은 종류업무 근속기간	년 월	
	⑬ 고용형태	[ ]상용 [ ]임시 [ ]일용 [ ]무급가족종사자 [ ]자영업자 [ ]그 밖의 사항 [ ]				
	⑭ 근무형태	[ ]정상 [ ]2교대 [ ]3교대 [ ]4교대 [ ]시간제 [ ]그 밖의 사항 [ ]				
	⑮ 상해종류 (질병명)		⑯ 상해부위 (질병부위)		⑰ 휴업예상 일수	휴업 [ ]일
					사망 여부	[ ] 사망

III. 재해발생 개요 및 원인	⑱ 재해 발생 개요	발생일시	[ ]년 [ ]월 [ ]일 [ ]요일 [ ]시 [ ]분
		발생장소	
		재해관련 작업유형	
		재해발생 당시 상황	
	⑲ 재해발생 원인		

IV. ⑳ 재발 방지계획	

※ 위 재발방지 계획 이행을 위한 안전보건교육 및 기술지도 등을 한국산업안전보건공단에서 무료로 제공하고 있으니 즉시 기술지원 서비스를 받고자 하는 경우 오른쪽에 √표시를 하시기 바랍니다. | 즉시 기술지원 서비스 요청 [ ]

합격예측

경영의 3요소
① 자본 ② 기술 ③ 인간
전 cost 비용(T)
 = 재해예방비용(T_1) + 재해비용(T_2)

용어정의

테일러(Taylor)의 과학적 관리방식
생산능률향상을 위해 능률의 논리를 경영관리의 방법으로 체계화한 방식

Q 보충문제

1. 상해의 종류 중 압좌, 충돌, 추락 등으로 인하여 외부의 상처 없이 피하조직 또는 근육부 등 내부조직이나 장기가 손상받은 상해를 무엇이라 하는가?

① 부종   ② 자상
③ 창상   ④ 좌상
⑤ 압상

정답 ④

2. 다음 중 칼날이나 뾰족한 물체 등 날카로운 물건에 찔린 상해를 무엇이라 하는가?

① 자상   ② 장상
③ 절상   ④ 찰과상
⑤ 협착

정답 ①

합격예측

일반적인 재해조사항목
① 사고의 형태
② 기인물 및 가해물
③ 불안전한 행동 및 상태

합격예측

하인리히에 의한 사고원인의 분류

(1) 직접 원인 : 직접적으로 사고를 일으키는 불안전 행동이나 불안전한 상태를 말한다.
(2) 부원인(Subcause) : 불안전한 행동을 일으키는 이유(안전작업 규칙들이 위배되는 이유)
　① 부적절한 태도
　② 지식 또는 기능의 결여
　③ 신체적 부적격
　④ 부적절한 기계적, 물리적 환경
(3) 기초 원인 : 습관적, 사회적, 유전적, 관리감독적 특성

합격예측

작업개선 4단계
① 1단계 : 작업분해
② 2단계 : 세부내용 검토
③ 3단계 : 작업분석
④ 4단계 : 새로운 방법의 적용

[그림] 근골격계 질환

작성자 성명					
작성자 전화번호		작성일	년	월	일
		사업주		(서명 또는 인)	
		근로자대표(재해자)		(서명 또는 인)	
( )지방고용노동청장(지청장) 귀하					
재해 분류자 기입란 (사업장에서는 적지 않습니다)	발생형태	□□□	기인물	□□□□□	
	작업지역·공정	□□□	작업내용	□□□	

210mm×297mm[백상지 80g/㎡(재활용품)]

작성방법

I. 사업장 정보

① 산재관리번호(사업개시번호) : 근로복지공단에 산업재해보상보험 가입이 되어 있으면 그 가입번호를 적고 사업장등록번호 기입란에는 국세청의 사업자등록번호를 적습니다. 다만, 근로복지공단의 산업재해보상보험에 가입이 되어 있지 않은 경우 사업자등록번호만 적습니다.

　※ 산재보험 일괄 적용 사업장은 산재관리번호와 사업개시번호를 모두 적습니다.

② 사업장명 : 재해자가 사업주와 근로계약을 체결하여 실제로 급여를 받는 사업장명을 적습니다. 파견근로자가 재해를 입은 경우에는 실제적으로 지휘·명령을 받는 사용사업주의 사업장명을 적습니다. [예 아파트를 건설하는 종합건설업의 하수급 사업장 소속 근로자가 작업 중 재해를 입은 경우 재해자가 실제로 하수급 사업장의 사업주와 근로계약을 체결하였다면 하수급 사업장명을 적습니다.]

③ 근로자 수 : 사업장의 최근 근로자 수를 적습니다(정규직, 일용직·임시직 근로자, 훈련생 등 포함).

④ 업종 : 통계청(www.kostat.go.kr)의 통계분류 항목에서 한국표준산업분류를 참조하여 세세분류(5자리)를 적습니다. 다만, 한국표준산업분류 세세분류를 알 수 없는 경우 아래와 같이 한국표준산업명과 주요 생산품을 추가로 적습니다. [예 제철업, 시멘트제조업, 아파트건설업, 공작기계도매업, 일반화물자동차 운송업, 중식음식점업, 건축물 일반청소업 등]

⑤ 재해자가 사내 수급인 소속인 경우(건설업 제외) : 원도급인 사업장명과 산재관리번호(사업개시번호)를 적습니다.

　※ 원도급인 사업장이 산재보험 일괄 적용 사업장인 경우에는 원도급인 사업장 산재관리번호와 사업개시번호를 모두 적습니다.

⑥ 재해자가 파견근로자인 경우 : 파견사업주의 사업장명과 산재관리번호(사업개시번호)를 적습니다.

　※ 파견사업주의 사업장이 산재보험 일괄 적용 사업장인 경우에는 파견사업주의 사업장 산재관리번호와 사업개시번호를 모두 적습니다.

⑦ 원수급 사업장명 : 재해자가 소속되거나 관리되고 있는 사업장이 하수급 사업장인 경우에만 적습니다.

⑧ 원수급 사업장 산재관리번호(사업개시번호) : 원수급 사업장이 산재보험 일괄 적용 사업장인 경우에는 원수급 사업장 산재관리번호와 사업개시번호를 모두 적습니다.

⑨ 공사 종류, 공정률, 공사금액 : 수급 받은 단위공사에 대한 현황이 아닌 원수급 사업장의 공사 현황을 적습니다.
    가. 공사 종류 : 재해 당시 진행 중인 공사 종류를 말합니다. [예 아파트, 연립주택, 상가, 도로, 공장, 댐, 플랜트시설, 전기공사 등]
    나. 공정률 : 재해 당시 건설 현장의 공사 진척도로 전체 공정률을 적습니다.(단위공정률이 아님)

II. 재해자 정보

⑩ 체류자격 :「출입국관리법 시행령」별표 1에 따른 체류자격(기호)을 적습니다. [예 E-1, E-7, E-9 등]
⑪ 직업 : 통계청(www.kostat.go.kr)의 통계분류 항목에서 한국표준직업분류를 참조하여 세세분류(5자리)를 적습니다. 다만, 한국표준직업분류 세세분류를 알 수 없는 경우 알고 있는 직업명을 적고, 재해자가 평소 수행하는 주요 업무내용 및 직위를 추가로 적습니다. [예 토목감리기술자, 전문간호사, 인사 및 노무사무원, 한식조리사, 철근공, 미장공, 프레스조작원, 선반기조작원, 시내버스 운전원, 건물내부청소원 등]
⑫ 같은 종류 업무 근속기간 : 과거 다른 회사의 경력부터 현직 경력(동일·유사 업무 근무경력)까지 합하여 적습니다.(질병의 경우 관련 작업근무기간)
⑬ 고용형태 : 근로자가 사업장 또는 타인과 명시적 또는 내재적으로 체결한 고용계약 형태를 적습니다.
    가. 상용 : 고용계약기간을 정하지 않았거나 고용계약기간이 1년 이상인 사람
    나. 임시 : 고용계약기간을 정하여 고용된 사람으로서 고용계약기간이 1개월 이상 1년 미만인 사람
    다. 일용 : 고용계약기간이 1개월 미만인 사람 또는 매일 고용되어 근로의 대가로 일급 또는 일당제 급여를 받고 일하는 사람
    라. 자영업자 : 혼자 또는 그 동업자로서 근로자를 고용하지 않은 사람
    마. 무급가족종사자 : 사업주의 가족으로 임금을 받지 않는 사람
    바. 그 밖의 사항 : 교육·훈련생 등
⑭ 근무형태 : 평소 근로자의 작업 수행시간 등 업무를 수행하는 형태를 적습니다.
    가. 정상 : 사업장의 정규 업무 개시시각과 종료시각(통상 오전 9시 전후에 출근하여 오후 6시 전후에 퇴근하는 것) 사이에 업무수행하는 것을 말합니다.
    나. 2교대, 3교대, 4교대 : 격일제근무, 같은 작업에 2개조, 3개조, 4개조로 순환하면서 업무수행하는 것을 말합니다.
    다. 시간제 : 가목의 '정상' 근무형태에서 규정하고 있는 주당 근무시간보다 짧은 근로시간 동안 업무수행하는 것을 말합니다.
    라. 그 밖의 사항 : 고정적인 심야(야간)근무 등을 말합니다.
⑮ 상해종류(질병명) : 재해로 발생된 신체적 특성 또는 상해 형태를 적습니다.
    [예 골절, 절단, 타박상, 찰과상, 중독·질식, 화상, 감전, 뇌진탕, 고혈압, 뇌졸중, 피부염, 진폐, 수근관증후군 등]
⑯ 상해부위(질병부위) : 재해로 피해가 발생된 신체 부위를 적습니다.
    [예 머리, 눈, 목, 어깨, 팔, 손, 손가락, 등, 척추, 몸통, 다리, 발, 발가락, 전신, 신체내부기관(소화·신경·순환·호흡배설) 등]
    ※ 상해종류 및 상해부위가 둘 이상이면 상해 정도가 심한 것부터 적습니다.

합격예측

하인리히와 버드의 이론비교

	하인리히	버드
재해발생 점유율	1:29:300 법칙 [중상해:경상해:무상해 사고)] – a major or lost time injury – minor injuries – no-injury accidents	1:10:30:600 법칙 [중상:상해:물적만의 사고:상해도 손해도 없는 아차 사고] – serious or disabling ANSI Z16,1 – minor injuries – property damage accidents – incidents with no visible injury or damage
도미노 이론	5골패(고전이론) 1. 선천적 결함 2. 인간의 결함 3. 직접원인 (인적+물적 원인) 4. 사고 5. 상해	5골패(최신이론) 1. 제어의 부족 2. 기본원인 3. 직접원인 4. 사고 5. 상해

합격예측

재해코스트

노구찌의 방식

시몬즈의 평균치법을 근거로 일본의 상황에 맞는 방법을 제시

M = A 또는 (1.15 a + b) + B + C + D + E + F

여기서)
M : 재해 1건당 코스트
A : 법정보상비 (a : 정부보상비, b : 회사보상비)
B : 법정외 보상비
C : 인적손실비용
D : 물적손실비용
E : 생산손실비용
F : 특수손실비용
a : 하인리히의 직접비에 대응
1.15a : 시몬즈의 보험코스트에 대응

합격예측

재해 발생 형태별 분류
① 추락(떨어짐) : 사람이 건축물, 비계, 기계, 사다리, 계단, 경사면, 나무 등에서 떨어지는 것
② 전도(넘어짐) : 사람이 평면상으로 넘어졌을 때를 말함(과속, 미끄러짐 포함)
③ 충돌(부딪힘) : 사람이 정지물에 부딪친 경우
④ 낙하, 비래(떨어짐) : 물건이 주체가 되어 사람이 맞은 경우
⑤ 붕괴, 도괴(무너짐) : 적재물, 비계, 건축물이 무너진 경우
⑥ 협착(끼임, 감김) : 물건에 끼인 상태, 말려든 상태
⑦ 감전 : 전기 접촉이나 방전에 의해 사람이 충격을 받은 경우
⑧ 폭발 : 압력의 급격한 발생 또는 개방으로 폭음을 수반한 팽창이 일어나는 경우
⑨ 파열 : 용기 또는 장치가 물리적인 압력에 의해 파열한 경우
⑩ 화재 : 화재로 인한 경우를 말하며 관련 물체는 발화물을 기재
⑪ 무리한 동작 : 무거운 물건을 들다 허리를 삐거나 부자연한 자세 또는 동작의 반동으로 상해를 입은 경우
⑫ 이상온도접촉 : 고온이나 저온에 접촉한 경우
⑬ 유해물접촉 : 유해물접촉으로 중독되거나 질식된 경우

합격예측

재해코스트
콤페스(P. C. Compas)의 방식
① 직접비용과 간접비용외에 기업의 활동능력이 상실되는 손실도 감안
② 전체재해손실 = 공동비용(불변) + 개별비용(변수)

구분	공동비용	개별비용
항목	① 보험료 ② 안전보건팀 유지비용 ③ 기타(기업의 명예, 안전성 등)	① 작업중단으로 인한 손실 비용 ② 수리대책에 필요한 비용 ③ 치료에 소요되는 비용 ④ 사고조사에 필요한 비용 등

⑰ 휴업예상일수 : 재해발생일을 제외한 3일 이상의 결근 등으로 회사에 출근하지 못한 일수를 적습니다.(추정 시 의사의 진단 소견을 참조)

Ⅲ. 재해발생정보
⑱ 재해발생개요 : 재해원인의 상세한 분석이 가능하도록 언제[년, 월, 일, 요일, 시(24시기준), 분], 어느 장소 및 공정에서, 어떠한 기계·설비를 다루면서, 무슨 작업을 하고 있었을 때, 어떠한 재해가[떨어짐, 넘어짐, 끼임, 무너짐 등] 발생했는지를 상세히 적습니다. 특히 재해가 왜 발생하였는지의 내용을 적을 때에는 재해당시 기계·설비·구조물이나 작업환경 등의 불안전한 상태 요인과 재해자나 동료근로자가 어떠한 불안전한 행동을 했는지 인적요인의 내용을 상세히 적습니다.

[작성예시]

발생일시	2013년 5월 30일 금요일 14시 30분
발생장소	사출성형부 플라스틱 용기 생산 1팀 사출공정에서
재해관련 작업유형	재해자 OOO가 사출성형기 2호기에서 플라스틱 용기를 꺼낸 후 금형을 점검하던 중
재해발생 당시 상황	재해자가 점검중임을 모르던 동료근로자 OOO가 사출성형기 조작스위치를 가동하여 금형사이에 재해자가 끼어 사망하였음

⑲ 재해발생 원인 : 재해가 발생한 사업장에서 재해발생 원인을 인적 요인(무의식 행동, 착오, 피로, 연령, 커뮤니케이션 등), 설비적 요인(기계·설비의 설계상 결함, 방호장치의 불량, 작업표준화의 부족, 점검·정비의 부족 등), 작업·환경적 요인(작업정보의 부적절, 작업자세·동작의 결함, 작업방법의 부적절, 작업환경 조건의 불량 등), 관리적 요인(관리조직의 결함, 규정·매뉴얼의 불비·불철저, 안전교육의 부족, 지도감독의 부족 등)을 적습니다.

Ⅳ. 재발방지계획
⑳ "⑲ 재해발생 원인"을 토대로 재발방지 계획을 적습니다.

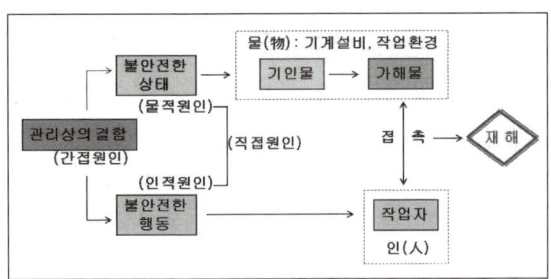

[그림] 재해발생의 메커니즘

3. 산업재해통계 및 분석

1. 목 적

재해정보를 통해서 동종 재해 및 유사 재해의 재발방지가 목적이다.

2. 천인율

① 근로자 1,000명을 1년간 기준으로 한 재해발생비율(재해자수비율)을 뜻한다.
② 계산 공식

$$천인율 = \frac{재해(사상)자수}{평균근로자수} \times 1,000$$

③ 천인율이 5란 뜻은 그 작업장의 수준으로 연간 1,000명이 작업한다면 5명의 재해자가 발생한다는 뜻이다.

3. 빈도율(도수율)(F.R : Frequency Rate of Injury)

① 연 100만 근로 시간당 재해건수를 말한다.
② 계산공식

$$빈도율 = \frac{재해건수}{연근로시간수} \times 1,000,000$$

③ 빈도율이 20.89라는 뜻은 1,000,000인시당 20.89건의 재해가 발생한다는 뜻이다.
④ 빈도율 20.89인 사업장에서 한 사람의 작업자가 평생 작업시 몇 건의 재해를 당하겠는가의 환산빈도율

계산식 : $20.89 \times \frac{100,000}{1,000,000} = 2$

∴ 약 2건(한 사람의 평생 근로 시간은 100,000시간을 기준으로 환산)

⑤ 천인율과 빈도율 상관 관계

천인율 = 2.4 × 빈도율
도수율 = 천인율 ÷ 2.4

※ 2.4적용 : 년근로총시간수 2,400시간 일때만 적용

⑥ 근로자 1명당 근로 시간수
1일 8시간, 1월 25일, 1년 300일, 1년 2,400시간
⑦ 일평생 근로년수 = 40년 × 300일 × 8시간 = 96,000시간
⑧ 잔업시간 : 4,000시간
⑨ 일평생 근로시간 : 100,000시간

합격예측

재해조사의 목적
① 동종 및 유사한 재해의 재발방지
② 재해발생의 원인분석
③ 재해예방의 적절한 대책수립
④ 불안전한 상태와 행동 등을 파악하기 위한 것이다.

용어정의

① 환산도수율 : 작업자가 사업장에서 평생동안(40년 : 10만 시간)작업을 할 때 발생할 수 있는 재해건수를 나타내는 것이다.
② 환산도수율 = 도수율/10 = 도수율 ×0.1

합격예측

[표] 상해 종류

분류 항목	세부 항목
① 골절	뼈가 부러진 상태
② 동상	저온물 접촉으로 생긴 상해
③ 부종	국부의 혈액순환의 이상으로 몸이 퉁퉁 부어 오르는 상해
④ 찔림 (자상)	칼날 등 날카로운 물건에 찔린 상해
⑤ 타박상 (뼘, 좌상)	타박, 충돌, 추락 등으로 피부표면보다는 피하조직 또는 근육부를 다친 상해
⑥ 절단	신체 부위가 절단된 상해
⑦ 중독·질식	음식·약물·가스 등에 의한 중독이나 질식된 상해
⑧ 찰과상	스치거나 문질러서 벗겨진 상해
⑨ 베임 (창상)	창, 칼 등에 베인 상해
⑩ 화상	화재 또는 고온물 접촉으로 인한 상해
⑪ 뇌진탕	머리를 세게 맞았을 때 장해로 일어난 상해
⑫ 익사	물속에 추락해서 익사한 상해
⑬ 피부병	직업과 연관되어 발생 또는 악화되는 피부질환
⑭ 청력 장애	청력이 감퇴 또는 난청이 된 상해
⑮ 시력 장애	시력이 감퇴 또는 실명된 상해

합격예측

(1) 건설업체의 산업재해 발생률
① 사고사망만인율(‱) = $\dfrac{\text{사고사망자 수}}{\text{상시근로자 수}} \times 10,000$
② 상시근로자수 = $\dfrac{\text{연간 국내 공사 실적액}\times\text{노무비율}}{\text{건설업 월 평균임금}\times 12}$

(2) 산업재해 통계업무처리 규정
① 사망만인율 = $\dfrac{\text{사망자수}}{\text{산재보험적용근로자수}} \times 10,000$
② 평균강도율 = $\dfrac{\text{강도율}}{\text{도수율}} \times 1,000$
③ 휴업재해율 = $\dfrac{\text{휴업재해자수}}{\text{임금근로자수}} \times 100$

참고
(1) 도수율과 강도율 차이 도수율은 재해의 많고 적음을 나타내는 재해의 양을 결정하는 것이고, 강도율은 재해의 강약을 나타내는 재해의 질을 결정하는 것이다.
(2) 체감산업안전평가지수 = (0.2×도수율) + (0.8×강도율)

용어정의
도수강도치
재해의 빈도의 다수(도수율)와 상해의 정도의 강약(강도율)을 종합하여 나타낸 종합재해 지수이다.

4. 강도율(S.R : Severity Rate of Injury) 25. 3. 29.출

① 산재로 인한 1,000시간당 요양 재해로 인한 근로손실일수를 말함.(산업재해의 경중의 정도)

② 계산 공식

$$\text{강도율} = \dfrac{\text{총요양근로손실일수}}{\text{연근로시간수}} \times 1,000$$

[표] 신체 장해자 등급 및 근로손실일수

신체장해등급	4	5	6	7	8	9	10	11	12	13	14
손실일수	5,500	4,000	3,000	2,200	1,500	1,000	600	400	200	100	50

※사망자 및 장해등급 1, 2, 3급의 노동(근로)손실일수 : 7,500일

③ 그 밖의 근로손실일수 계산
㉮ 병원에 입원 가료시는 입원일수 × $\dfrac{300}{365}$
㉯ 휴업일수(요양일수) × $\dfrac{300}{365}$

④ 사망에 의한 근로손실일수 7,500일이란?

- 사망자의 평균연령 : 30세
- 근로가능연령 : 55세
- 근로손실연수 = 근로 가능 연령 − 사망자의 평균연령 = 25년
- 연근로일수 : 약 300일
- 사망으로 인한 근로손실일수 = 연근로일수 × 근로손실연수 = 300 × 25 = 7,500일

⑥ 강도율 14인 사업장에서 한 작업자가 평생 작업시 산재로 인해 며칠의 근로손실을 당하겠는가?

계산식 : $14 \times \dfrac{100,000}{1,000} = 1,400 (1,400일)$

⑦ 강도율 2라는 뜻은 1,000시간당 작업시 2일의 근로손실이 발생한다는 뜻이다.

5. 종합재해지수(도수강도치)(F.S.I : Frequency Severity Indicator)

① 도수율과 강도율을 동시에 비교할 수 있는 산술평균이다.
② 재해의 빈도와 상해의 강약도를 혼합하여 집계하는 지표
③ 계산 공식
종합재해지수(F.S.I) = $\sqrt{\text{빈도율}\times\text{강도율}} = \sqrt{FR \times SR}$

6. 안전활동율(미국 R.P.Blake : 브레이크)

① 100만 시간당 안전활동건수를 말한다.

② 계산 공식

$$안전활동율 = \frac{안전\ 활동건수}{평균\ 근로자수 \times 근로시간수} \times 1{,}000{,}000$$

(안전활동건수는 일정 기간 내에 행한 안전개선 권고수, 안전조치한 불안전 작업수, 불안전한 행동 적발수, 불안전한 상태 지적수, 안전회의건수 및 안전홍보건수를 합한 수이다.) ⇐ 사고나기 전 사전활동평가

7. 환산강도율 및 환산도수율

① 환산강도율(평생작업시 예상 근로손실일수 : S) = 강도율 × 100
② 환산도수율(평생작업시 예상 재해건수 : F) = 도수율 ÷ 10 = 도수율 × 0.1
  ▼참고 평생근로시간이 120,000인 경우
    환산도수율 = 도수율 × 0.12
③ $\frac{S}{F}$ 는 재해 1건당 근로 손실일수이다.

8. Safe-T-Score 24. 3. 30. 출

① 세이프 티 스코어(Safe T Score) : 과거와 현재의 안전 성적을 비교 평가하는 방법이다.(안전관리의 수행도 평가)
② 공 식

$$세이프\ 티\ 스코어 = \frac{빈도율(현재) - 빈도율(과거)}{\sqrt{\frac{빈도율(과거)}{근로\ 총시간수(현재)} \times 10^6}}$$

③ 판정 기준
  • +2.00 이상 : 과거보다 심각하게 나빠졌다.
  • +2.00 ~ -2.00인 경우 : 심각한 차이가 없다.
  • -2.00 이하 : 과거보다 좋아졌다.(안전성 개선)

4 산업재해코스트 계산방식

1. 하인리히(H.W. Heinrich)의 재해코스트 산출방식

① 총재해코스트 = 직접비 + 간접비(직접비의 4배)
② 직접비 : 간접비 = 1 : 4
③ 직접비(재해로 인해 받게 되는 산재보상금)
  = (즉, 법령으로 지급되는 산재보상비)

합격예측

Safe-T-Score
① 안전에 관한 과거와 현재의 중대성의 차이를 비교하고자 사용하는 통계방식으로 단위가 없다.
② 계산결과가 (+)이면 나쁜 기록이고 (-)이면 과거에 비해 좋은 기록을 나타내는 것이다.
③ 안전관리수행도 평가에 유용하다.

▼참고
평생근로시간이 120,000인 경우
환산도수율 = 도수율 × 0.12

▼참고
안전활동률
근로시간수 100만 시간당 안전활동건수를 나타낸다.

▼참고
하인리히에 의한 재해코스트 산정방식
∴ 직접비 : 간접비 = 1 : 4

Q 은행문제
재해사례연구의 주된 목적 중 틀린 것은?
① 재해요인을 체계적으로 규명하여 이에 대한 대책을 세우기 위함
② 재해요인을 조사하여 책임소재를 명확히 하기 위함
③ 재해 방지의 원칙을 습득해서 이것을 일상 안전 보건활동에 실천하기 위함
④ 참가자의 안전보건활동에 관한 견해나 생각을 깊게 하고, 태도를 바꾸게 하기 위함

정답 ②

합격예측

재해코스트 역설자
① 하인리히 ② 시몬즈
③ 버드 ④ 콤페스 ⑤ 노구치

합격예측

버드의 빙산

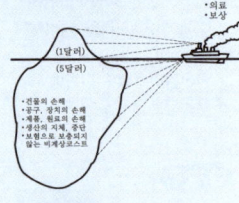

참고

시몬즈 방식
총 cost = 보험 cost + 비보험 cost
(1) 보험 cost = 보험의 총액 + 보험회사에 관련된 여러 경비와 이익금
(2) 비보험 cost =
[휴업 상해건수×A] +
[통원 상해건수×B] +
[응급처지 건수×C] +
[무상해 사고건수×D]
단, 사망과 영구 전노동 불능상해는 제외된다.

합격예측

하인리히와 버드의 이론비교

	하인리히	버드
직접 원인 비율	불안전한 행동: 불안전한 상태 =88[%]:10[%]	
재해 손실 비용	1:4법칙 (직접손실: 간접손실)	1:6~53 (빙산의 원리) (직접손실 :간접손실)
재해 예방 의 5 단계		1. 조직 2. 사실의 발견 3. 분석평가 4. 대책의 선정 5. 대책의 적용
재해 예방 의 4 원칙		1. 손실우연의 원칙 2. 원인계기(연쇄)의 원칙 3. 예방가능의 원칙 4. 대책선정(강구)의 원칙

[표] 직접비와 간접비

구분	직접비(법적으로 지급되는 산재보상비)		간접비(직접비 제외한 모든 비용)
		적용	
요양급여		요양비 전액(진찰, 약제, 처치·수술기타치료, 의료시설수용, 간병, 이송 등)	인적손실 물적손실 생산손실 임금손실 시간손실 기타손실 등
휴업급여		1일당 지급액은 평균임금의 100분의 70에 상당하는 금액	
장해급여		장해등급에 따라 장해보상연금 또는 장해보상일시금으로 지급	
간병급여		요양급여 받은 자가 치유후 간병이 필요하여 실제로 간병을 받는 자에게 지급	
유족급여		근로자가 업무상사유로 사망한 경우 유족에게 지급(유족보상연금 또는 유족보상일시금)	
상병보상 연금		요양개시후 2년 경과된 날 이후에 다음의 상태가 계속되는 경우 지급 ① 부상 또는 질병이 치유되지 아니한 상태 ② 부상 또는 질병에 의한 폐질의 정도가 폐질등급기준에 해당	
장의비		평균임금의 120일분에 상당하는 금액	
기타 비용		상해특별급여, 유족특별급여(민법에 의한 손해배상 청구)	

④ 하인리히 미국 업종분류
㉮ 1 : 4(평균값)
㉯ 1 : 18(제철업)

2. 시몬즈(R.H. Simonds)의 재해코스트 산출방식

① 총재해코스트 = 보험 코스트 + 비보험 코스트
② 보험 코스트 : 산재보험료(반드시 사업장에서 지출)
③ 비보험 코스트 = (휴업상해건수×A) + (통원상해건수×B) + (응급조치건수×C) + (무상해 건수×D)

　주 A, B, C, D는 장해 정도에 따른 비보험 코스트의 평균치

[표] 재해사고(Category)

분류	내용
휴업상해(A)	영구 부분노동불능, 일시 전노동불능
통원상해(B)	일시 부분노동불능, 의사의 조치를 요하는 통원상해
응급처(조)치(C)	20달러 미만의 손실 또는 8시간 미만의 휴업손실 상해
무상해사고(D)	의료조치를 필요로 하지 않는 경미한 상해, 사고 및 무상해 사고

④ 산재보험 코스트 : 산업재해보상보험법에 의해 보상된 금액

⑤ **비보험 코스트** : 산재보험 코스트를 제외한 금액(하인리히의 간접비와 같다.)

[표] 비보험 코스트

- 제3자가 작업을 중지한 시간에 대한 임금 손실(지불한 임금 손실)
- 재료, 설비, 정비, 교체, 철거의 순손실비
- 부상자의 임금 지불 코스트
- 재해에 따른 특별급여 등

> **참고**
> **산업재해 발생원인**
> ① 간접원인 : 재해의 가장 깊은 곳에 존재하는 기본 원인이다.
> ② 직접원인 : 시각적으로 사고 발생에 가장 가까운 원인이다.
> ③ 직접원인과 간접원인 및 예방대책과의 상호관계는 다음과 같다.

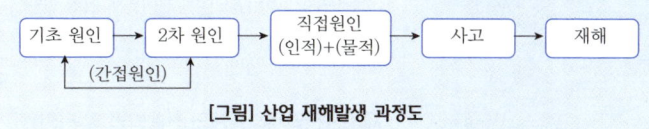

[그림] 산업 재해발생 과정도

3. 재해사례연구의 진행 단계 23. 4. 1

① **전제 조건 – 재해 상황의 파악** : 사례연구의 전제조건인 재해 상황의 파악은 다음에 기재한 항목에 관하여 실시한다.
② **제1단계 – 사실의 확인** : 작업의 개시에서 재해의 발생까지의 경과 가운데 재해와 관계가 있는 사실 및 재해요인으로 알려진 사실을 객관적으로 확인한다. 이상시, 사고시 또는 재해발생시의 조치도 포함된다. 24. 3. 30.
③ **제2단계 – 문제점의 발견** : 파악된 사실로부터 판단하여 각종 기준에서 차이의 문제점을 발견한다. (직접원인)
④ **제3단계 – 근본적 문제점 결정** : 문제점 가운데 재해의 중심이 된 근본적 문제점을 결정하고 다음에 재해 원인을 결정한다. (기본원인) 25. 3. 29.
⑤ **제4단계 – 대책 수립** : 사례를 해결하기 위한 대책을 세운다.

> **합격예측**
> **재해사례 연구순서 4단계**
> ① 1단계 : 사실의 확인
> ② 2단계 : 문제점의 발견
> ③ 3단계 : 근본적 문제점 결정
> ④ 4단계 : 대책 수립

> **용어정의**
> ① 기인물 : 불안전한 상태에 있는 물체(기계, 기구, 설비, 환경 포함)
> ② 가해물 : 직접 사람에게 접촉되어 위해를 가한 물체

[그림] 재해사례 진행 단계

[참고] 산업재해통계업무처리규정
[시행 2022. 5. 2] [고용노동부예규 제194호, 2022. 5. 2., 일부개정]

제1장 총칙
제1조(목적) 이 예규는 「산업안전보건법」 제4조제1항제7호에 따른 산업재해에 관한 조사 및 통계의 유지·관리를 위하여 같은 법 시행규칙 제73조제1항에 따른 산업재해조사표 제출과 전산입력·통계업무 처리에 관하여 필요한 사항을 규정함을 목적으로 한다.

제2조(적용범위) 이 예규는 「산업안전보건법」(이하 "법"이라 한다)의 적용을 받는 사업 또는 사업장(이하 "사업"이라 한다)에 적용한다.

제2장 산출방법
제3조(산업재해통계의 산출방법 및 정의) ① 재해율 등 산업재해통계의 산출방법은 다음 각 호와 같다.

> 1. 재해율 = (재해자수/산재보험적용근로자수) × 100
> ○ "재해자수"는 근로복지공단의 유족급여가 지급된 사망자 및 근로복지공단에 최초요양신청서(재진 요양신청이나 전원요양신청서는 제외한다)를 제출한 재해자 중 요양승인을 받은자(지방고용노동관서의 산재 미보고 적발 사망자 수를 포함한다)를 말함. 다만, 통상의 출퇴근으로 발생한 재해는 제외함.
> ○ "산재보험적용근로자수"는 「산업재해보상보험법」이 적용되는 근로자수를 말함. 이하 같음.
> 2. 사망만인율 = (사망자수/산재보험적용근로자수) × 10,000
> ○ "사망자수"는 근로복지공단의 유족급여가 지급된 사망자(지방고용노동관서의 산재미보고 적발 사망자를 포함한다)수를 말함. 다만, 사업장 밖의 교통사고(운수업, 음식숙박업은 사업장 밖의 교통사고도 포함)·체육행사·폭력행위·통상의 출퇴근에 의한 사망, 사고발생일로부터 1년을 경과하여 사망한 경우는 제외함.
> 3. 휴업재해율 = (휴업재해자수 / 임금근로자수) × 100
> ○ "휴업재해자수"란 근로복지공단의 휴업급여를 지급받은 재해자수를 말함. 다만, 질병에 의한 재해와 사업장 밖의 교통사고(운수업, 음식숙박업은 사업장 밖의 교통사고도 포함)·체육행사·폭력행위·통상의 출퇴근으로 발생한 재해는 제외함.
> ○ "임금근로자수"는 통계청의 경제활동인구조사상 임금근로자수를 말함.
> 4. 도수율(빈도율) = 재해건수 / 연근로시간수 × 1,000,000
> 5. 강도율 = (총요양근로손실일수 / 연근로시간수) × 1,000
> ○ "총요양근로손실일수"는 재해자의 총 요양기간을 합산하여 산출하되, 사망, 부상 또는 질병이나 장해자의 등급별 요양근로손실일수는 별표 1과 같음.
> 6. "재해조사 대상 사고사망자수"는 「근로감독관 직무규정(산업안전보건)」에 따라 지방고용노동관서에서 법 상 안전·보건조치 위반 여부를 조사하여 중대재해로 발생보고한 사망사고 중 업무상 사망사고로 인한 사망자 수를 말함. 다만 각 목의 업무상 사망사고는 제외한다.
>   가. 법 제3조 단서에 따라 법의 일부적용대상 사업장에서 발생한 재해 중 적용조항 외의 원인으로 발생한 것이 객관적으로 명백한 재해[「중대재해처벌 등에 관한 법률」(이하 "중처법"이라 한다) 제2조제2호에 따른 중대산업재해는 제외한다]
>   나. 고혈압 등 개인지병, 방화 등에 의한 재해 중 재해원인이 사업주의 법 위반, 경영책임자 등의 중처법 위반에 기인하지 아니한 것이 명백한 재해
>   다. 해당 사업장의 폐지, 재해발생 후 84일 이상 요양 중 사망한 재해로서 목격자 등 참고인의 소재불명 등으로 재해발생에 대하여 원인규명이 불가능하여 재해조사의 실익이 없다고 지방관서장이 인정하는 재해

② 그 밖에 이 예규에서 사용하는 용어의 뜻은 이 예규에 특별한 규정이 없으면 법, 「산업안전보건법 시행령」및「산업안전보건법 시행규칙」(이하 "규칙"이라 한다)이 정하는 바에 따른다.

제3장 산업재해조사표 입력 및 전송

제4조(입력) 지방고용노동관서의 장은 사업주가 규칙 제73조제1항에 따라 산업재해조사표를 작성하여 제출한 경우에는 기재사항의 적정 여부를 검토하고, 그 결과 등 전월분의 실적을 매월 5일까지 산업안전보건에 관한 행정정보시스템(노사누리)에 입력하여야 한다.

제5조(산업재해조사표의 전송) 고용노동부장관은 제4조에 따라 입력된 산업재해조사표를 한국산업안전보건공단(이하 "공단"이라 한다)에 전송하여야 한다.

제4장 자료관리 및 통계업무 처리

제6조(자료관리) 공단은 고용노동부 및 근로복지공단이 전송한 산업재해 발생 관련 자료 및 업무상재해 관련 자료를 관리하여야 한다.

제7조(통계업무 처리) 공단은 제6조에 따라 전송받은 자료를 집계·분석하여야 한다.

제8조(보고) 공단은 제7조에 따라 집계·분석한 산업재해발생현황을 고용노동부장관에게 보고하여야 한다.

제9조(재해통계 등) ① 고용노동부 산업재해통계업무 담당자는 분기별·연도별 재해발생현황을 작성하여야 한다.

② 제1항의 규정에 따라 작성할 내용은 다음과 같다.

1. 재해율
2. 사망만인율
3. 휴업재해율
4. 강도율
5. 도수율
6. 재해조사 대상 사고사망자 수

③ 지방고용노동관서의 장은 월별·분기별·연도별 재해발생 현황을 관리하여야 한다.

제10조(자료제출) 고용노동부장관이 산업재해통계에 관한 자료제출을 요청하면 공단은 그 자료를 지체 없이 제출하여야 한다.

제11조(재검토기한) 고용노동부장관은「훈령·예규 등의 발령 및 관리에 관한 규정」에 따라 이 예규에 대하여 2022년 7월 1일 기준으로 매 3년이 되는 시점(매 3년째의 6월 30일까지를 말한다)마다 그 타당성을 검토하여 개선 등의 조치를 하여야 한다.

부 칙

제1조(시행일) 이 예규는 발령일부터 시행한다.

[별표 1]

요양근로손실일수 산정 요령

○ 신체장해등급이 결정되었을 때는 다음과 같이 등급별 근로손실일수를 적용한다.

구분	사망	신체장해자 등급											
		1~3	4	5	6	7	8	9	10	11	12	13	14
근로손실일수(일)	7,500	7,500	5,500	4,000	3,000	2,200	1,500	1,000	600	400	200	100	50

※ 부상 및 질병자의 요양근로손실일수는 요양신청서에 기재된 요양일수를 말한다.

Chapter 01 산업재해조사 및 원인분석 출제예상문제

출제예상문제는 복습, 예습문제로 엮었습니다. *WHY : 실제시험에도 순서에 관계없이 출제됩니다. 예습 후 다음장에 공부한 문제가 있으면 기억이 배가 됩니다.

01 ★★★ 다음 중 재해조사시 유의사항이 아닌 것은?

① 조사자는 주관적이고 공정한 입장을 취한다.
② 조사 목적에 무관한 조사는 피한다.
③ 조사는 현장이 변경되기 전에 실시한다.
④ 목격자나 현장 책임자의 진술을 듣는다.
⑤ 재해조사는 2명이 한다.

해설

재해조사시 유의사항
① 재해조사는 객관적이고 공정해야 한다.
② 반드시 1조가 2명 이상이어야 한다.
◐ 여러분도 혼자하면 안 되는 것이 없지요. 그러나 자격시험은 절대평가입니다.

02 ★★★ H건설의 2015년도 도수율이 10.05이고, 강도율이 2.21일 때 이 건설회사에 근무하는 근로자가 입사부터 정년까지 경험하는 재해는 몇 건이며 근로손실일수는 얼마인가?

① 재해건수 : 0.11건, 근로손실일수 : 221일
② 재해건수 : 110건, 근로손실일수 : 220일
③ 재해건수 : 1.01건, 근로손실일수 : 220일
④ 재해건수 : 1.01건, 근로손실일수 : 221일
⑤ 재해건수 : 11.0건, 근로손실일수 : 180일

해설

환산도수율 및 강도율
① 환산도수율 = $\dfrac{도수율}{10} = \dfrac{10.05}{10}$ = 1.005 = 1.01건
② 환산강도율 = 100×강도율 = 100×2.21 = 221일
◐ 인간의 평생작업시간은 10만 시간을 기준으로 계산한 값이다.

03 ★★★★★ 하인리히는 안전대책으로 3E를 주장하였다. 그러나 현재는 단순한 3E만 가지고는 되지 않는다고 한다. 즉 Education, Engineering, Enforcement와 더불어 한 가지를 더 고른다면 다음 중 무엇인가?

① Man   ② Machine
③ Media   ④ Management
⑤ Material

해설

4S 및 3M
① 4S = Standardization + Specification + Simplification + Synthesization
② 3E + 1M = Education + Engineering + Enforcement + Media

04 ★★ 재해손실비 중 간접비에 해당되지 않는 것은?

① 생산손실   ② 시설물자손실
③ 시간손실   ④ 특수손실
⑤ 유족보상비

해설

직접비의 종류
① 유족보상비   ② 치료비
③ 휴업비   ④ 장애보상
⑤ 장례비

05 ★ 재해원인을 조사하는 것은 첫째 사실의 파악, 재발방지에 그 목적이 있는 것이므로 조사를 위한 조사가 아니라 조사 결과에 다음 중 어느 것에 있어서만 할 것인가?

① 습관성   ② 진실성
③ 추측성   ④ 기밀성

[정답] 01 ① 02 ④ 03 ③ 04 ⑤ 05 ②

⑤ 관계성

해설
① 모든 조사는 진실이 있어야 한다.
② 재해조사는 어떠한 추측이 있어서는 안 된다.

06 ★★ 다음 중 재해원인 분류 중 직접 원인에 해당되지 않는 것은?

① 물적 원인
② 1차 원인
③ 인적 원인
④ 인적, 물적 원인
⑤ 기초 원인

해설
① 간접 원인 : 기초 원인(2차 원인)은 간접 원인으로 기본적인 것이다.
② 직접 원인 : 물적, 인적, 1차 원인

07 ★★★ 재해코스트를 산출하는 방식이다. 틀린 것은?

① 직접비와 간접비는 1 : 4로 계산한다.
② 직접비와 간접비를 모두 합한 수치이다.
③ 장애등급별×산재보험률×휴업상해건수+무상해건수
④ 보험코스트+비보험코스트이다.
⑤ 총재해코스트는 직접비의 5배이다.

해설
(1) 하인리히 방식
 ① 직접비 : 간접비 = 1 : 4
 ② 총재해 코스트 : 직접비+간접비 = 직접비×5
(2) 시몬즈 방식 = 보험코스트+비보험코스트

08 ★★★★★ 다음 중 재해발생시 긴급처리 내용이 아닌 것은?

① 현장보존
② 2차 재해방지
③ 사상자 보고
④ 응급조치
⑤ 관계자에게 통보

해설
재해발생 조치사항

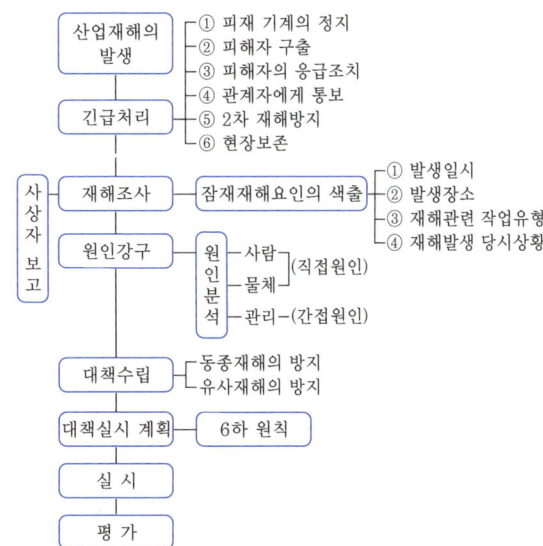

09 ★★★ 다음 재해코스트 산출에서 직접비에 해당되지 않는 것은?

① 장례비 및 치료비
② 요양비 및 휴업보상비
③ 기계·기구 손실 수리비 및 손실 시간비
④ 장애보상비
⑤ 장례비

해설
(1) 직접비(direct cost)
 ① 치료비와 휴업보상비
 ② 장애보상비
 ③ 유족보상비
 ④ 장례비
 ⑤ 재해보상비
(2) 기계·기구 손실비는 간접비에 속한다.

10 ★★★ A회사에서는 전자제품 조립라인에서 4개월 이상 병원에 입원하여 치료를 받아야 될 부상자가 3명이 발생하였다. 다음 중 고용노동부 지방관서의 장에게 지체없이 보고해야 될 사항이 아닌 것은?

① 사고유발자 개요
② 재해자 개요

[정답] 06 ⑤ 07 ③ 08 ③ 09 ③ 10 ③

③ 입원중인 병원명 ④ 원인 및 결과
⑤ 그 밖의 중요한 사항

해설

산업재해 보고사항 3가지
① 발생개요 및 피해 상황
② 조치 및 전망
③ 그 밖의 중요한 사항

참고 산업안전보건법 시행규칙 제4조(산업재해발생보고)

11 ★ 재해 통계를 작성하는 필요성을 설명한 내용 중 옳지 않은 것은?

① 설비상의 결함요인을 개선 시정시키는 데 활용한다.
② 재해의 구성요소를 알고 분포상태를 알아 대책을 세우기 위함이다.
③ 근로자의 행동결함을 발견하여 안전 재교육 훈련 자료로 활용한다.
④ 재해의 재발 방지가 우선되어야 한다.
⑤ 관리 책임소재를 밝혀 관리자의 인책 자료로 삼는다.

해설

① 재해 통계의 목적은 유사재해 및 동종재해 재발방지이다.
② 인책자료로 삼는 것이 아니며 고용노동부장관과 검찰총장이 합의사항으로 어떤 경우라도 안전관리자를 처벌하지 않는다고 약속하였다.

12 ★★ 다음 각종 손실비 항목 중 정부 보상 항목이 아닌 것은?

① 통신비   ② 유족보상비
③ 휴업보상비   ④ 장의비
⑤ 장애보상비

해설

(1) 정부 보상비(법령으로 정한 산재보상비 = 직접비)
　① 휴업보상비   ② 장애보상비
　③ 요양보상비   ④ 장의비
　⑤ 유족보상비
(2) 통신비는 간접비에 속한다.

13 ★★ 노동손실일수 산출근거에 있어서 노동손실년수는 몇 년으로 하는가?

① 20년   ② 25년
③ 10년   ④ 15년
⑤ 12년

해설

사망에 의한 근로손실일수 : 7,500일
① 사망자의 평균 연령 : 30세
② 근로 가능 연령 : 55세
③ 근로손실년수 : 근로 가능 연령 – 사망자의 평균 연령
　= 55 – 30 = 25년

14 ★★ 재해손실비 중 간접비에 해당되지 않는 것은?

① 생산손실   ② 시설물자손실
③ 유족보상비   ④ 시간손실
⑤ 특수손실

해설

③ 직접손실비(휴업보상, 장애보상, 장의비) 등

◆ 직·간접비 문제는 이번 시험에도 출제됩니다.

15 ★★★ 산업재해의 원인으로 간접적 원인에 해당되지 않는 것은?

① 기술적 원인
② 물적 원인
③ 정신적 원인
④ 교육적 원인
⑤ 신체적 원인

해설

(1) 직접 원인 : 물적 원인
(2) 재해의 간접 원인
　① 기술적 원인   ② 교육적 원인
　③ 정신적 원인   ④ 신체적 원인
　⑤ 관리적 원인

[정답] 11 ⑤　12 ①　13 ②　14 ③　15 ②

16 재해조사의 목적을 가장 적절하게 설명한 것은?

① 책임소재를 규명하기 위하여
② 직접적인 사고원인을 찾아내기 위하여
③ 동종 재해사고 방지를 위하여
④ 발생빈도가 많은 사고를 찾아내기 위하여
⑤ 책임자 문책

해설

재해조사 목적은 동종재해 및 유사재해의 재발 방지이다.

17 공장의 근로자가 180명이고 6건의 재해가 발생했다면 도수율은 얼마인가? (단, 하루 8시간, 300일 근무)

① 89 ② 13.89
③ 43.69 ④ 12.79
⑤ 13.80

해설

도수율(빈도율) = $\frac{\text{재해건수}}{\text{연근로시간수}} \times 10^6$

$= \frac{6}{180 \times 8 \times 300} \times 10^6 = 13.888 = 13.89$

18 종업원 500명이 근무하는 공장의 재해 강도율이 0.80이었다. 이 공장에서 연간 재해발생으로 인한 손실일수는 며칠인가?

① 480일 ② 720일
③ 960일 ④ 1,440일
⑤ 1,500일

해설

$0.8 = \frac{X}{500 \times 2,400} \times 1,000$ ∴ $X = 960$

19 A현장의 "88년도 재해건수는 24건, 의사진단에 의한 휴업 총일수는 3600일이었다"의 도수율과 강도율을 각각 구하면? (단, 평균 근로자는 500명임)

구 분	도수율	강도율
①	20.00	2.50
②	2.0	0.25
③	20.00	3.40
④	2.0	0.34
⑤	3.0	0.50

해설

① 도수율 = $\frac{\text{재해건수}}{\text{연근로 시간수}} \times 10^6 = \frac{24}{500 \times 2,400} \times 10^6 = 20.00$

② 강도율 = $\frac{\text{총 요양 근로손실일수}}{\text{연근로시간수}} \times 1,000$

$= \frac{3,600 \times \frac{300}{365}}{500 \times 2,400} \times 1,000 = 2.50$

③ 총요양 근로손실일수 = 휴업일수 $\times \frac{300}{365}$

20 재해발생시 조치할 사항을 옳게 연결한 것은?

① 재해조사 – 원인분석 – 대책수립 – 응급조치(긴급조치)
② 긴급조치 – 재해조사 – 원인분석 – 대책수립
③ 대책수립 – 원인분석 – 긴급조치 – 재해조사
④ 재해조사 – 대책수립 – 원인분석 – 긴급조치
⑤ 재해조사 – 실시 – 평가 – 긴급조치

해설

재해발생 조치순서 7단계
① 제1단계 : 긴급조치 ② 제2단계 : 재해조사
③ 제3단계 : 원인분석 ④ 제4단계 : 대책수립
⑤ 제5단계 : 대책실시계획 ⑥ 제6단계 : 실시
⑦ 제7단계 : 평가

21 재해분류방법에는 크게 4가지로 분류하고 있는데 다음 중 해당이 안 되는 것은?

① 통계적 분류 ② 상해 종류에 의한 분류
③ 관리적 분류 ④ 재해 형태별 분류

[정답] 16 ③ 17 ② 18 ③ 19 ① 20 ② 21 ③

⑤ 개별적 분류

해설

재해분류방법
① 통계적 분류　　② 개별적 분류
③ 상해 종류별 분류　④ 재해 형태별 분류

22 ★
어떤 사업장의 종합 재해지수가 16.95이고 도수율이 20.83이라면 강도율은 얼마인가?

① 20.45　　② 21.92
③ 13.79　　④ 12.54
⑤ 14.98

해설

종합재해지수
① 목적 : 안전기준의 성적을 정하는 것이다.
② 공식(FSI) : $\sqrt{FR \times SR} = \sqrt{20.83 \times SR} = 16.95$

보충학습

$SR = \dfrac{(16.95)^2}{20.83} = 13.79$

23 ★★
다음 중 경상사고가 58건 발생하였다면 무상해 사고는 몇 건 발생하는가?

① 200건　　② 300건
③ 580건　　④ 590건
⑤ 600건

해설

하인리히의 1 : 29 : 300의 법칙
① 1건 : 중상 또는 사망(0.3[%])
② 29건 : 경상해(물적, 인적 포함 : 8.8[%])
③ 300건 : 무상해 사고(90.9[%])
29×2 = 58　∴ 300×2 = 600건

24 ★★★★★
80명의 근로자가 공장에서 1일 8시간, 연간 300일을 작업하여 연간 근로시간수는 192,000시간이었다. 이 기간 동안에 5명의 부상자를 냈을 때 도수율은 얼마가 되겠는가?

① 37.8　　② 16.0
③ 26.0　　④ 16.5
⑤ 33.0

해설

도수율(빈도율) $= \dfrac{재해건수}{연근로시간수} \times 10^6$

$= \dfrac{5}{192,000} \times 10^6 = 26.04 = 26$

25 ★
도수율이 4이고 연근로 시간이 12,000,000시간이라면 몇 건의 재해가 발생하였는가?

① 4.8　　② 48
③ 480　　④ 0.48
⑤ 5.0

해설

도수율 $= \dfrac{재해건수}{연근로시간수} \times 10^6$

$4 = \dfrac{x}{12,000,000} \times 10^6$

∴ $x = 48$

26 ★
400명 근로자가 있는 공장에서 휴업일수 127일인 1건의 산업재해가 발생하였다. 강도율은 얼마인가?(단, 1일 8시간, 연 300일 근무)

① 0.01　　② 0.1
③ 1.0　　④ 0.01
⑤ 0.001

해설

강도율 $= \dfrac{총요양근로손실일수}{연근로시간수} \times 1,000$

$= \dfrac{127 \times \dfrac{300}{365}}{400 \times 8 \times 300} \times 1,000 = 0.1$

27 ★★
재해사례연구 순서를 나열한 것이다. 맞는 순서는?

① 현상파악 – 사실확인 – 문제점 발견 – 대책수립
② 사실확인 – 현장파악 – 대책수립 – 문제점 발견

[정답]　22 ③　23 ⑤　24 ③　25 ②　26 ②　27 ①

③ 문제점 발견 – 사실확인 – 현상파악 – 대책수립
④ 사실확인 – 문제점 발견 – 현상파악 – 대책수립
⑤ 대책수립 – 사실확인 – 현상파악 – 문제점 발견

해설

재해사례연구 순서

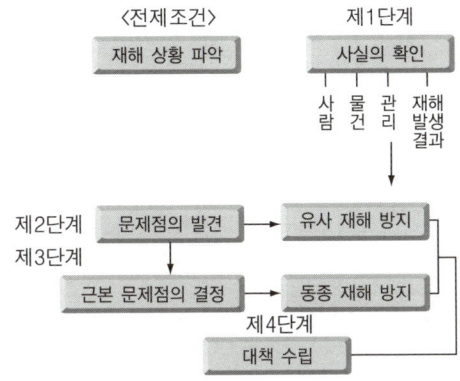

28 ★★★ 재해사례연구 설명 중 틀린 것은?

① 주관적이며 정확성이 있어야 한다.
② 신뢰성이 있어야 한다.
③ 논리적인 분석이 되어야 한다.
④ 과학적이며 객관성이 있어야 한다.
⑤ 조사는 2명 이상이 한다.

해설

재해사례 연구시 유의점
① 재해사례는 객관성이 있어야 한다.
② 신뢰성이 있어야 한다.
③ 논리적 분석이 가능해야 한다.
④ 과학적이어야 한다.

29 ★★★★ 산업재해조사 목적에 해당되지 않는 것은?

① 동종재해 재발방지
② 원인규명
③ 예방 자료 수집
④ 유사재해방지
⑤ 라인 책임자 처벌

해설

산업재해조사 목적
① 동종재해 및 유사재해 재발방지
② 재해원인 규명
③ 예방자료 수집으로 예방대책

30 ★★ 근로자 2,000명이 1년간 300일(1일 8시간) 작업하는데 1명 사망자와 의사진단에 의한 휴업일수 60일의 손실을 가져왔다. 강도율은 얼마인가?

① 1.84 ② 11
③ 1.29 ④ 1.57
⑤ 2.0

해설

$$강도율 = \frac{총요양근로손실일수}{연근로시간수} \times 1,000$$

$$= \frac{7,500 + \left(60 \times \frac{300}{365}\right)}{2,000 \times 300 \times 8} \times 1,000 = 1.57$$

31 ★★★ 상시 500명의 근로자를 두고 있는 사업장에서 1년간 25건의 재해가 발생하였다. 도수율은 얼마인가?

① 10.62 ② 15.43
③ 20.83 ④ 30.25
⑤ 41.0

해설

$$도수율(빈도율) = \frac{재해건수}{연근로시간수} \times 10^6$$

$$= \frac{25}{500 \times 2,400} \times 10^6 = 20.833 = 20.83$$

32 ★★★ 연평균 200명의 근로자가 작업하는 사업장에서 연간 3건의 재해가 발생하여 사망 1명, 30일 가료 1명, 나머지 1명은 20일간 요양하였다. 강도율은?

① 15.61 ② 15.71
③ 17.61 ④ 17.71
⑤ 18.1

해설

[정답] 28 ① 29 ⑤ 30 ④ 31 ③ 32 ②

강도율 = $\dfrac{\text{총요양근로손실일수}}{\text{연근로시간수}} \times 1{,}000 = 15.71$

33 ★★ 산업재해조사 항목 중 관리적 원인이 아닌 것은?

① 기술적 원인 ② 교육적 원인
③ 작업 관리상 원인 ④ 작업 환경의 결함
⑤ 정신적 원인

해설
④는 물적 원인 : 불안전한 상태

참고 결함이라는 말은 직접 원인이다.

34 ★ 다음 중 재해의 간접 원인 중 3E에 속하는 것은?

① Elimination ② Environment
③ Excitement ④ Everyday
⑤ Enforcement

해설
3E, 3S, 5C
① 3E : 교육(Education), 기술(Engineering), 독려(Enforcement)
② 3S : 표준화(standardization), 단순화(Simplification), 전문화(Specialization)
③ 5C : 복장단정(Correctness), 정리정돈(Clearance), 청소청결(Cleaning), 점검확인(Checking), 전심전력(Concentration)

35 ★★★ 근로자가 작업대에서 작업 중 지면에 떨어져 상해를 입었다. 기인물과 가해물이 맞게 표기된 것은 어느 것인가?

① 기인물－지면, 가해물－작업대
② 기인물－작업대, 가해물－지면
③ 기인물－지면, 가해물－지면
④ 기인물－작업대, 가해물－작업대
⑤ 기인물－근로자, 가해물－바닥

해설
① 가해물 : 직접 상해의 원인이 된 기계나 물체를 말한다.
② 기인물 : 재해의 원인이 된 물체나 물건을 말한다.

36 ★★ 다음 중 재해코스트에서 직접비는 어느 것인가?

① 회사 내의 직접적인 손실비
② 보험에서 지급되는 비용
③ 재해자의 재해발생시 인건비
④ 행정손실에 따른 발생 비용
⑤ 특수손실

해설
직접비 : 재해로 인해 받게 되는 산재보상금 즉, 법령(보험)으로 지급되는 산재보상비

37 ★ 다음 중 사업장에서 발생하는 재해손실에서 1 : 4의 원칙에 맞는 것은?

① 보험지급비와 피보험 손실비율
② 치료비와 자체 재해 보상비율
③ 직접손실과 간접손실비율
④ 휴업급여와 손해배상비율
⑤ 보험료와 비보험료

해설
직접비 : 간접비 = 1 : 4

참고 1 : 4는 하인리히의 재해코스트 방식이다.

38 ★★★ 재해사례연구 순서를 나열한 것이다. 맞는 순서는?

① 현상파악－사실확인－문제점 발견－대책수립
② 사실확인－현상파악－대책수립－문제점 발견
③ 문제점 발견－사실확인－현상파악－대책수립
④ 사실확인－문제점 발견－현상파악－대책수립
⑤ 대책수립－사실확인－현상파악－문제점발견

해설
재해사례연구 순서 : 현상파악 → 사실확인 → 문제점 발견 → 근본적 문제점 결정 → 대책수립

[정답] 33 ④ 34 ⑤ 35 ② 36 ② 37 ③ 38 ①

39 하인리히가 사고원인의 분류에서 부원인(副原因 : subcause)으로 분류한 것은 다음 중 무엇인가?

① 가드의 미비 ② 위험한 배열
③ 불안전한 공정 ④ 안전장치 미설치
⑤ 이기적인 불협조

해설

(1) 하인리히의 부원인 : 간접 원인
  ① 부적절한 태도
  ② 지식 또는 기능의 결여
  ③ 신체적인 부적격
(2) ①, ②, ③, ④ : 직접 원인

40 다음은 재해발생 연쇄과정을 설명한 것이다. 옳게 설명한 것은?

① 재해 – 직접원인 – 간접원인 – 사고
② 사고 – 재해 – 간접원인 – 직접원인
③ 간접원인 – 직접원인 – 사고 – 재해
④ 직접원인 – 재해 – 간접원인 – 사고
⑤ 재해 – 사고 – 개인결함 – 선천적 결함

해설

(1) 하인리히의 재해발생 5단계
  ① 제1단계 : 사회적 선천적 결함
  ② 제2단계 : 개인적 결함
  ③ 제3단계 : 불안전한 행동 및 상태
  ④ 제4단계 : 사고
  ⑤ 제5단계 : 재해
(2) 위의 ①·② : 간접원인, ③ : 직접원인

41 재해가 일어났을 때에는 피해자 및 주위의 사람들에 의해서 생산 감소를 일으키는 노동시간의 손실을 수반하게 되는데 이것은 재해손실비상으로는 다음 어느 것에 속하는가?

① 물적 손실 ② 인적 손실
③ 품질 손실 ④ 작업 손실
⑤ 생산 손실

해설

① 산업재해는 물적 손실과 인적 손실로 분류
② 노동시간과 생산감소는 생산 손실의 설명이다.

42 산업재해에 의한 직접 손실이 연간 1,000억원이었다면 이 해의 산업재해에 의한 총손실 비용은 얼마인가?

① 3,000억원 ② 4,000억원
③ 5,000억원 ④ 6,000억원
⑤ 7,000억원

해설

총손실비용 = 직접비 + 간접비
= 1,000억원 + 4,000억원 = 5,000억원

43 근로자 500명인 A공장에서 1일 8시간씩 연간 300일을 작업하는 동안 1일 이상의 재해자가 36건이 발생하였다면 도수율은?

① 10 ② 20
③ 30 ④ 40
⑤ 50

해설

$$\text{도수율(빈도율)} = \frac{\text{재해건수}}{\text{연근로시간수}} \times 10^6$$
$$= \frac{36}{500 \times 8 \times 300} \times 10^6 = 30$$

44 사고방지의 3E에서 교육적인 것은?

① Election ② Engineering
③ Education ④ Enforcement
⑤ Everyday

해설

3E는 ②, ③, ④뿐이다.

[정답] 39 ⑤ 40 ③ 41 ⑤ 42 ③ 43 ③ 44 ③

45 재해비용(코스트)에 대한 설명이 잘못된 것은?

① 재해코스트는 직접비와 간접비의 합이다.
② 재해코스트에 있어 직접비는 간접비보다 크다.
③ 임금에 대한 손실은 간접비에 해당된다.
④ 직접비 계산은 쉬우나 정확한 간접비 계산은 어렵다.
⑤ 직접비와 간접비는 1 : 4이다.

해설
① 재해코스트 중 직접비는 (1)이고, 간접비는 (4)이다.
② 직접비는 간접비보다 작다.

46 재해예방대책은 5단계 과정을 거쳐서 계획을 수립하게 된다. 이때 제4단계에 맞지 않는 것은?

① 기술적인 개선안 ② 작업배치의 조정
③ 교육훈련의 개선 ④ 안전운동 전개
⑤ 작업분석

해설
작업분석은 제2단계(사실의 발견)에 포함된다.

47 재해통계에서 강도율 2.0이란?

① 한 건의 재해강도 2.0[%]의 작업손실
② 근로자 1,000명당 2.0건의 재해 발생
③ 1,000시간 중 발생 재해가 2.0건
④ 한 건의 재해가 1,000시간 작업시 2.0일의 근로 손실
⑤ 근로자가 200명 재해발생

해설
① 강도율 = $\dfrac{총요양근로손실일수}{연근로시간수} \times 1,000$
② 강도율은 재해의 강약을 의미한다.

48 강도율 2.5의 뜻으로 옳은 것은?

① 1,000시간 작업시 2.5건의 재해발생건수
② 1,000시간 작업시 2.5일의 요양근로손실일수
③ 1,000,000시간 작업시 2.5건의 재해발생건수
④ 근로자 1,000명당 2.5의 작업손실
⑤ 재해자가 2.5명 발생

해설
③은 도수율의 설명이다.

49 다음 재해코스트 산출에서 직접비에 해당되지 않는 것은?

① 장례비 및 치료비
② 요양비 및 휴업보상비
③ 기계·기구 손실 수리비 및 손실 시간비
④ 장애보상비
⑤ 유족보상비

해설
기계·기구 및 손실, 시간 등은 간접 손실비이다.

50 재해손실비용 계산법 중 하인리히법에서 직접 손비 중의 정부보상에 해당되지 않는 사항은?

① 의료보상비   ② 장애보상비
③ 요양비   ④ 일시보상비
⑤ 유족보상비

해설
일시보상비는 정부보상에서 제외된다.

51 상시근로자를 400명 채용하고 있는 사업장에서 주당 48시간, 1년간 50주 동안 작업하였을 때 재해가 180건 발생했다. 이에 따른 근로손실일수가 780일이었다. 강도율은 얼마인가?

① 0.45   ② 0.75
③ 0.81   ④ 1.81
⑤ 2.45

[정답] 45 ② 46 ⑤ 47 ④ 48 ② 49 ③ 50 ④ 51 ③

해설

강도율 = $\dfrac{\text{총요양근로손실일수}}{\text{연근로시간수}} \times 1,000$

= $\dfrac{780}{400 \times 48 \times 50} \times 1,000 = 0.81$

52 ★★★★★ 시몬즈(Simonds)의 재해손실비용 산정 방식 중 재해 구분에서 제외되는 것은?

① 영구 전노동불능 상해
② 영구 부분노동불능 상해
③ 일시 전노동불능 상해
④ 일시 부분노동불능 상해
⑤ 응급조치

해설

시몬즈의 재해사고 분류
(1) 휴업상해
　① 영구 일부노동불능
　② 일시 전노동불능
(2) 통원상해
　① 일시 부분노동불능
　② 의사조치를 필요로 하는 통원상해
(3) 응급조치
　① 응급조치
　② 20$ 미만의 손실, 8시간 미만의 휴업
(4) 무상해 사고
　① 20$ 이상 재산 손실
　② 8시간 이상 시간 손실

53 ★★ 재해방지대책의 3E가 아닌 것은?

① 기술(Engineering)
② 환경(Environment)
③ 교육(Education)
④ 관리(Enforcement)
⑤ 매일(Everyday)

해설

3E와 4E
① 3E = ①+③+④
② 4E = ①+②+③+④

54 ★★★ 재해도수율이란 무엇을 나타내는가?

① 재해의 질　　② 재해의 크기
③ 재해의 양　　④ 재해의 비율
⑤ 재해의 무게

해설

도수율(빈도율) = $\dfrac{\text{재해건수}}{\text{연근로시간수}} \times 10^6$

55 ★★ 400명의 근로자가 근무하고 있는 공장에서 4건의 재해가 발생했다. 도수율은 얼마인가?

① 1.16　　② 2.16
③ 3.16　　④ 4.16
⑤ 5.16

해설

도수율 = $\dfrac{\text{재해건수}}{\text{연근로시간수}} \times 10^6$

= $\dfrac{4}{400 \times 2,400} \times 10^6 = 4.17$

56 ★★ 다음 중 도수율이 10.0인 어느 사업장에서 작업자가 평생동안 작업을 한다면 몇 건의 재해를 당하겠는가?(단, 1인의 평생 근로시간은 100,000시간으로 한다.)

① 1.0건　　② 2.0건
③ 10.0건　　④ 20.0건
⑤ 5.0건

해설

환산도수율 = $\dfrac{100,000\text{시간}}{1,000,000\text{시간}} \times \text{도수율}$

= $\dfrac{\text{도수율}}{10} = \dfrac{10}{10} = 1\text{건}$

57 ★ 근로자 200명이 근무하는 어느 사업장에 1년에 9건의 사상자가 발생하였다고 한다. 연천인율은?

① 40.4　　② 45
③ 50.8　　④ 55

[정답] 52 ⑤　53 ⑤　54 ③　55 ④　56 ①　57 ②

⑤ 34

해설

연천인율 = $\frac{재해자수}{평균 근로자수} \times 1,000$

= $\frac{9}{200} \times 1,000 = 45$

58 ★★
연천인율이 80이라 함은 평균근로자수가 100명이 되는 사업장에서 1년 동안에 몇 명의 상해자가 발생되었다는 뜻인가?

① 4명 ② 8명
③ 40명 ④ 80명
⑤ 50명

해설
① 연천인율이란 연간 평균 1,000명당 재해자수를 나타내는 통계
② $\frac{재해자수}{평균 근로자수} \times 1,000$
③ 연천인율이 80이라는 것은 1,000명당 재해자수가 80이라는 뜻이다.
④ 100명 작업시는 8명의 재해자가 발생된다.

59 ★★
다음은 재해사례연구를 행하면서 유의해야 할 사항을 나열하였다. 틀린 사항은?

① 과학적이며 객관성 있는 사례연구가 되어야 한다.
② 주관적이며 독단적으로 판단된 정확성이 있어야 한다.
③ 신뢰성이 있는 자료수집이 있어야 한다.
④ 현장 사실을 분석하여 논리적이어야 한다.
⑤ 재해조사는 진실해야 한다.

해설
① 재해사례연구는 객관적이어야 한다.
② 재해조사는 반드시 2인 이상이 실시한다.

60 ★★★
다음 재해코스트 중 직접 손실액에서 제외되는 것은?

① 휴양보상비
② 유족보상비
③ 각종 위로보상금
④ 장애보상비
⑤ 장의비

해설
하인리히(H. W. Heinrich)의 방식
(1) 총재해코스트 = 직접비 + 간접비(직접비의 4배)
(2) 직접비 : 간접비 = 1 : 4
(3) 직접비(재해로 인해 받게 되는 산재보상금) = (즉 법령으로 지급되는 산재보상비)
  ① 휴업급여
  ② 장애급여 : 1급~14급(산재장애 등급)
  ③ 요양급여 : 병원에 지급
  ④ 유족급여
  ⑤ 장의비
  ⑥ 유족특별급여
  ⑦ 장애특별급여

61 ★★
제조업에서 500명의 근로자가 1주일에 41시간씩 연간 50주를 근로하는데 1년에 36건의 재해가 발생하였다. 이 기업체에서 도수율은?(단, 근로자들이 질병 등으로 인하여 총근로시간 중 3[%] 결근)

① 21.21 ② 25.21
③ 36.21 ④ 41.21
⑤ 51.21

해설

도수율 = $\frac{재해건수}{연근로시간수} \times 10^6$

= $\frac{36}{500 \times 41 \times 50 \times 0.97} \times 10^6 = 36.2$

62 ★
재해조사에 있어서 다음 중 관리적 원인이 아닌 것은 무엇인가?

① 안전수칙의 오해
② 생산방법의 부적당
③ 구조 재료의 부적합
④ 관리소홀
⑤ 복장·보호구의 잘못 사용

[정답] 58 ② 59 ② 60 ③ 61 ③ 62 ⑤

해설
(1) 복장·보호구의 잘못 사용은 불안전한 행동이다.
(2) 직접 원인이다.

63 ★★ 재해코스트 중 직접 손비에 해당하지 않는 것은?

① 휴업보상비　② 치료비
③ 재해조사비　④ 장애보상비
⑤ 장의비

해설
직접비
① 휴업급여 : 평균임금의 $\frac{70}{100}$
② 장애보상비 : 장애등급 기준
③ 요양비 및 치료비 전액
④ 장의비 : 평균임금의 120일분
⑤ 유족보상비 : 평균임금의 1,300일분

64 ★ 연평균 1,000명의 근로자를 채용하고 있는 사업장에서 연간 24건의 재해가 발생하였다면 연천인율은?(단, 근로자는 일일 8시간, 연간 300일 근무한다.)

① 25　② 24
③ 12　④ 10
⑤ 50

해설
연천인율

연천인율 = $\frac{\text{재해자수(연재해자수)}}{\text{평균 근로자수}} \times 1{,}000$

= $\frac{24}{1{,}000} \times 1{,}000 = 24$

참고) 분명히 문제는 잘못된 것이지만 실제 출제된 문제입니다.
간혹 이런 문제도 있음을 유의바람
이유는 천인율은 건수가 아니고 반드시 재해자수이어야만 한다.

◎ 이렇게 해도 된다.

① 도수율 = $\frac{\text{재해건수}}{\text{연근로시간수}} \times 10^6$

= $\frac{24}{1{,}000 \times 300 \times 8} \times 10^6 = 10$

② 연천인율 = 도수율 × 2.4 = 10 × 2.4 = 24

65 ★★★ 2025년도 어느 건설회사의 연간 국내공사 실적액이 300억원이고, 이 해의 노무비율은 0.28이며 이 회사의 1일 평균임금은 70,000원으로 평가되었다. 이 회사의 "환산재해율"을 산정하기 위한 상시근로자수는 얼마인가?(단, 월 평균 근로일수는 25일로 한다.)

① 400명　② 500명
③ 600명　④ 700명
⑤ 800명

해설
상시근로자 수
① 300억 × 0.28 = 84억원(연간 노무비용)
② 70,000 × 25 × 12 = 21,000,000
　　　　　　　　　= 0.21억(근로자 1인의 연간노무비용)
③ $\frac{84억}{0.21억} = 400$명

참고) 상시근로자수 = $\frac{\text{연간공사실적액} \times \text{노무비율}}{\text{건설업 월평균임금} \times 12}$

정보제공
산업안전보건법 시행규칙 [별표 1]
건설업체 산업재해발생률 및 산업재해 발생 보고의무 위반건수의 산정 기준과 방법(제4조 관련)

[정답] 63 ③　64 ②　65 ①

Chapter 02 사업장 위험성평가에 관한 지침

제정 2012. 9. 26. 고용노동부고시 제2012-104호
개정 2024. 12. 18. 고용노동부고시 제2024-76호

산업안전보건법
제36조(위험성평가의 실시)
① 사업주는 건설물, 기계·기구·설비, 원재료, 가스, 증기, 분진, 근로자의 작업행동 또는 그 밖의 업무로 인한 유해·위험 요인을 찾아내어 부상 및 질병으로 이어질 수 있는 위험성의 크기가 허용 가능한 범위인지를 평가하여야 하고, 그 결과에 따라 이 법과 이 법에 따른 명령에 따른 조치를 하여야 하며, 근로자에 대한 위험 또는 건강장해를 방지하기 위하여 필요한 경우에는 추가적인 조치를 하여야 한다.
② 사업주는 제1항에 따른 평가 시 고용노동부장관이 정하여 고시하는 바에 따라 해당 작업장의 근로자를 참여시켜야 한다.
③ 사업주는 제1항에 따른 평가의 결과와 조치사항을 고용노동부령으로 정하는 바에 따라 기록하여 보존하여야 한다.
④ 제1항에 따른 평가의 방법, 절차 및 시기, 그 밖에 필요한 사항은 고용노동부장관이 정하여 고시한다.

제1장 총칙

제1조(목적) 이 고시는 「산업안전보건법」 제36조에 따라 사업주가 스스로 사업장의 유해·위험요인에 대한 실태를 파악하고 이를 평가하여 관리·개선하는 등 필요한 조치를 통해 산업재해를 예방할 수 있도록 지원하기 위하여 위험성평가 방법, 절차, 시기 등에 대한 기준을 제시하고, 위험성평가 활성화를 위한 시책의 운영 및 지원사업 등 그 밖에 필요한 사항을 규정함을 목적으로 한다. 18. 3. 24 출, 20. 7. 25 출

제2조(적용범위) 이 고시는 위험성평가를 실시하는 모든 사업장에 적용한다.

제3조(정의) ① 이 고시에서 사용하는 용어의 뜻은 다음과 같다. 17. 3. 25 출

1. "유해·위험요인"이란 유해·위험을 일으킬 잠재적 가능성이 있는 것의 고유한 특징이나 속성을 말한다.
2. "위험성"이란 유해·위험요인이 사망, 부상 또는 질병으로 이어질 수 있는 가능성과 중대성 등을 고려한 위험의 정도를 말한다.
3. "위험성평가"란 사업주가 스스로 유해·위험요인을 파악하고 해당 유해·위험요인의 위험성 수준을 결정하여, 위험성을 낮추기 위한 적절한 조치를 마련하고 실행하는 과정을 말한다.
4. "근로자"란 기간제, 단시간, 파견 등 고용형태 및 국적과 관계없이 「산업안전보건법」 제2조제3호에 따른 근로자를 말한다.

② 그 밖에 이 고시에서 사용하는 용어의 뜻은 이 고시에 특별히 정한 것이 없으면 「산업안전보건법」(이하 "법"이라 한다), 같은 법 시행령(이하 "영"이라 한다), 같은 법 시행규칙(이하 "규칙"이라 한다) 및 「산업안전보건기준에 관한 규칙」(이하 "안전보건규칙"이라 한다)에서 정하는 바에 따른다.

제4조(정부의 책무) ① 고용노동부장관(이하 "장관"이라 한다)은 사업장 위험성평가가 효과적으로 추진되도록 하기 위하여 다음 각 호의 사항을 강구하여야 한다.

1. 정책의 수립·집행·조정·홍보
2. 위험성평가 기법의 연구·개발 및 보급

3. 사업장 위험성평가 활성화 시책의 운영
4. 위험성평가 실시의 지원
5. 조사 및 통계의 유지·관리
6. 그 밖에 위험성평가에 관한 정책의 수립 및 추진

② 장관은 제1항 각 호의 사항 중 필요한 사항을 한국산업안전보건공단(이하 "공단"이라 한다)으로 하여금 수행하게 할 수 있다.

제2장 사업장 위험성평가

제5조(위험성평가 실시주체) ① 사업주는 스스로 사업장의 유해·위험요인을 파악하고 이를 평가하여 관리 개선하는 등 위험성평가를 실시하여야 한다.
② 법 제63조에 따른 작업의 일부 또는 전부를 도급에 의하여 행하는 사업의 경우는 도급을 준 도급인(이하 "도급사업주"라 한다)과 도급을 받은 수급인(이하 "수급사업주"라 한다)은 각각 제1항에 따른 위험성평가를 실시하여야 한다.
③ 제2항에 따른 도급사업주는 수급사업주가 실시한 위험성평가 결과를 검토하여 도급사업주가 개선할 사항이 있는 경우 이를 개선하여야 한다.

제5조의2(위험성평가의 대상) ① 위험성평가의 대상이 되는 유해·위험요인은 업무 중 근로자에게 노출된 것이 확인되었거나 노출될 것이 합리적으로 예견 가능한 모든 유해·위험요인이다. 다만, 매우 경미한 부상 및 질병만을 초래할 것으로 명백히 예상되는 유해·위험요인은 평가 대상에서 제외할 수 있다.
② 사업주는 사업장 내 부상 또는 질병으로 이어질 가능성이 있었던 상황(이하 "아차사고"라 한다)을 확인한 경우에는 해당 사고를 일으킨 유해·위험요인을 위험성평가의 대상에 포함시켜야 한다.
③ 사업주는 사업장 내에서 법 제2조제2호의 중대재해가 발생한 때에는 지체 없이 중대재해의 원인이 되는 유해·위험요인에 대해 제15조제2항의 위험성평가를 실시하고, 그 밖의 사업장 내 유해·위험요인에 대해서는 제15조제3항의 위험성평가 재검토를 실시하여야 한다.

제6조(근로자 참여) 사업주는 위험성평가를 실시할 때, 법 제36조제2항에 따라 다음 각 호에 해당하는 경우 해당 작업에 종사하는 근로자를 참여시켜야 한다. 25. 3. 29. 출

1. 유해·위험요인의 위험성 수준을 판단하는 기준을 마련하고, 유해·위험요인별로 허용 가능한 위험성 수준을 정하거나 변경하는 경우
2. 해당 사업장의 유해·위험요인을 파악하는 경우
3. 유해·위험요인의 위험성이 허용 가능한 수준인지 여부를 결정하는 경우
4. 위험성 감소대책을 수립하여 실행하는 경우
5. 위험성 감소대책 실행 여부를 확인하는 경우

합격예측

정부의 책무
1. 정책의 수립·집행·조정·홍보
2. 위험성평가 기법의 연구·개발 및 보급
3. 사업장 위험성평가 활성화 시책의 운영
4. 위험성평가 실시의 지원
5. 조사 및 통계의 유지·관리
6. 그 밖에 위험성평가에 관한 정책의 수립 및 추진

> **용어정의**
>
> **유해·위험요소 파악**
> 1. 사업장 순회점검에 의한 방법
> 2. 청취조사에 의한 방법
> 3. 안전보건 자료에 의한 방법
> 4. 안전보건 체크리스트에 의한 방법
> 5. 그 밖에 사업장의 특성에 적합한 방법

제7조(위험성평가의 방법) ① 사업주는 다음과 같은 방법으로 위험성평가를 실시하여야 한다.

1. 안전보건관리책임자 등 해당 사업장에서 사업의 실시를 총괄 관리하는 사람에게 위험성평가의 실시를 총괄 관리하게 할 것
2. 사업장의 안전관리자, 보건관리자 등이 위험성평가의 실시에 관하여 안전보건관리책임자를 보좌하고 지도·조언하게 할 것
3. 유해·위험요인을 파악하고 그 결과에 따른 개선조치를 시행할 것
4. 기계·기구, 설비 등과 관련된 위험성평가에는 해당 기계·기구, 설비 등에 전문 지식을 갖춘 사람을 참여하게 할 것
5. 안전·보건관리자의 선임의무가 없는 경우에는 제2호에 따른 업무를 수행할 사람을 지정하는 등 그 밖에 위험성평가를 위한 체제를 구축할 것

② 사업주는 제1항에서 정하고 있는 자에 대해 위험성평가를 실시하기 위해 필요한 교육을 실시하여야 한다. 이 경우 위험성평가에 대해 외부에서 교육을 받았거나, 관련학문을 전공하여 관련 지식이 풍부한 경우에는 필요한 부분만 교육을 실시하거나 교육을 생략할 수 있다.

③ 사업주가 위험성평가를 실시하는 경우에는 산업안전·보건 전문가 또는 전문기관의 컨설팅을 받을 수 있다.

④ 사업주가 다음 각 호의 어느 하나에 해당하는 제도를 이행한 경우에는 그 부분에 대하여 이 고시에 따른 위험성평가를 실시한 것으로 본다.

1. 위험성평가 방법을 적용한 안전·보건진단(법 제47조)
2. 공정안전보고서(법 제44조). 다만, 공정안전보고서의 내용 중 공정위험성 평가서가 최대 4년 범위 이내에서 정기적으로 작성된 경우에 한한다.
3. 근골격계부담작업 유해요인조사(안전보건규칙 제657조부터 제662조까지)
4. 그 밖에 법과 이 법에 따른 명령에서 정하는 위험성평가 관련 제도

⑤ 사업주는 사업장의 규모와 특성 등을 고려하여 다음 각 호의 위험성평가 방법 중 한 가지 이상을 선정하여 위험성평가를 실시할 수 있다.

1. 위험 가능성과 중대성을 조합한 빈도·강도법
2. 체크리스트(Checklist)법
3. 위험성 수준 3단계(저·중·고) 판단법
4. 핵심요인 기술(One Point Sheet)법
5. 그 외 규칙 제50조제1항제2호 각 목의 방법

제8조(위험성평가의 절차) 사업주는 위험성평가를 다음의 절차에 따라 실시하여야 한다. 다만, 상시근로자 5인 미만 사업장(건설공사의 경우 1억원 미만)의 경우 제1호의 절차를 생략할 수 있다.

1. 사전준비

2. 유해·위험요인 파악

3. 삭제

4. 위험성 결정

5. 위험성 감소대책 수립 및 실행

6. 위험성평가 실시내용 및 결과에 관한 기록 및 보존

제9조(사전준비) ① 사업주는 위험성평가를 효과적으로 실시하기 위하여 최초 위험성평가시 다음 각 호의 사항이 포함된 위험성평가 실시규정을 작성하고, 지속적으로 관리하여야 한다. 22. 3. 19., 24. 4. 30.

1. 평가의 목적 및 방법
2. 평가담당자 및 책임자의 역할
3. 평가시기 및 절차
4. 근로자에 대한 참여·공유방법 및 유의사항
5. 결과의 기록·보존

② 사업주는 위험성평가를 실시하기 전에 다음 각 호의 사항을 확정하여야 한다.

1. 위험성의 수준과 그 수준을 판단하는 기준
2. 허용 가능한 위험성의 수준(이 경우 법에서 정한 기준 이상으로 위험성의 수준을 정하여야 한다)

③ 사업주는 다음 각 호의 사업장 안전보건정보를 사전에 조사하여 위험성평가에 활용할 수 있다.

1. 작업표준, 작업절차 등에 관한 정보
2. 기계·기구, 설비 등의 사양서, 물질안전보건자료(MSDS) 등의 유해·위험요인에 관한 정보
3. 기계·기구, 설비 등의 공정 흐름과 작업 주변의 환경에 관한 정보
4. 법 제63조에 따른 작업을 하는 경우로서 같은 장소에서 사업의 일부 또는 전부를 도급을 주어 행하는 작업이 있는 경우 혼재 작업의 위험성 및 작업상황 등에 관한 정보
5. 재해사례, 재해통계 등에 관한 정보
6. 작업환경측정결과, 근로자 건강진단결과에 관한 정보
7. 그 밖에 위험성평가에 참고가 되는 자료 등

제10조(유해·위험요인 파악) 사업주는 사업장 내의 제5조의2에 따른 유해·위험요인을 파악하여야 한다. 이때 업종, 규모 등 사업장 실정에 따라 다음 각 호의 방법 중 어느 하나 이상의 방법을 사용하되, 특별한 사정이 없으면 제1호에 의한 방법을 포함하여야 한다.

1. 사업장 순회점검에 의한 방법
2. 근로자들의 상시적 제안에 의한 방법
3. 설문조사·인터뷰 등 청취조사에 의한 방법

4. 물질안전보건자료, 작업환경측정결과, 특수건강진단결과 등 안전보건 자료에 의한 방법
5. 안전보건 체크리스트에 의한 방법
6. 그 밖에 사업장의 특성에 적합한 방법

제11조(위험성 결정) ① 사업주는 제10조에 따라 파악된 유해·위험요인이 근로자에게 노출되었을 때의 위험성을 제9조제2항제1호에 따른 기준에 의해 판단하여야 한다.

② 사업주는 제1항에 따라 판단한 위험성의 수준이 제9조제2항제2호에 의한 허용 가능한 위험성의 수준인지 결정하여야 한다.

제12조(위험성 감소대책 수립 및 실행) ① 사업주는 제11조제2항에 따라 허용 가능한 위험성이 아니라고 판단한 경우에는 위험성의 수준, 영향을 받는 근로자 수 및 다음 각 호의 순서를 고려하여 위험성 감소를 위한 대책을 수립하여 실행하여야 한다. 이 경우 법령에서 정하는 사항과 그 밖에 근로자의 위험 또는 건강장해를 방지하기 위하여 필요한 조치를 반영하여야 한다.

1. 위험한 작업의 폐지·변경, 유해·위험물질 대체 등의 조치 또는 설계나 계획 단계에서 위험성을 제거 또는 저감하는 조치
2. 연동장치, 환기장치 설치 등의 공학적 대책
3. 사업장 작업절차서 정비 등의 관리적 대책
4. 개인용 보호구의 사용

② 사업주는 위험성 감소대책을 실행한 후 해당 공정 또는 작업의 위험성의 수준이 사전에 자체 설정한 허용 가능한 위험성의 수준인지를 확인하여야 한다.

③ 제2항에 따른 확인 결과, 위험성이 자체 설정한 허용 가능한 위험성 수준으로 내려오지 않는 경우에는 허용 가능한 위험성 수준이 될 때까지 추가의 감소대책을 수립·실행하여야 한다.

④ 사업주는 중대재해, 중대산업사고 또는 심각한 질병이 발생할 우려가 있는 위험성으로서 제1항에 따라 수립한 위험성 감소대책의 실행에 많은 시간이 필요한 경우에는 즉시 잠정적인 조치를 강구하여야 한다.

제13조(위험성평가의 공유) ① 사업주는 위험성평가를 실시한 결과 중 다음 각 호에 해당하는 사항을 근로자에게 게시, 주지 등의 방법으로 알려야 한다.

1. 근로자가 종사하는 작업과 관련된 유해·위험요인
2. 제1호에 따른 유해·위험요인의 위험성 결정 결과
3. 제1호에 따른 유해·위험요인의 위험성 감소대책과 그 실행 계획 및 실행 여부
4. 제3호에 따른 위험성 감소대책에 따라 근로자가 준수하거나 주의하여야 할 사항

② 사업주는 위험성평가 결과 법 제2조제2호의 중대재해로 이어질 수 있는 유해·위험요인에 대해서는 작업 전 안전점검회의(TBM: Tool Box Meeting) 등을 통해 근로자에게 상시적으로 주지시키도록 노력하여야 한다.

제14조(기록 및 보존) ① 규칙 제37조제1항제4호에 따른 "그 밖에 위험성평가의 실시내용을 확인하기 위하여 필요한 사항으로서 고용노동부장관이 정하여 고시하는 사항"이란 다음 각 호에 관한 사항을 말한다.
　1. 위험성평가를 위해 사전조사 한 안전보건정보
　2. 그 밖에 사업장에서 필요하다고 정한 사항
② 시행규칙 제37조제2항의 기록의 최소 보존기한은 제15조에 따른 실시 시기별 위험성평가를 완료한 날부터 기산한다.

제15조(위험성평가의 실시 시기) ① 사업주는 사업이 성립된 날(사업 개시일을 말하며, 건설업의 경우 실착공일을 말한다)로부터 1개월이 되는 날까지 제5조의2 제1항에 따라 위험성평가의 대상이 되는 유해·위험요인에 대한 최초 위험성평가의 실시에 착수하여야 한다. 다만, 1개월 미만의 기간 동안 이루어지는 작업 또는 공사의 경우에는 특별한 사정이 없는 한 작업 또는 공사 개시 후 지체 없이 최초 위험성평가를 실시하여야 한다. 22. 3. 19.

② 사업주는 다음 각 호의 어느 하나에 해당하여 추가적인 유해·위험요인이 생기는 경우에는 해당 유해·위험요인에 대한 수시 위험성평가를 실시하여야 한다. 다만, 제5호에 해당하는 경우에는 재해발생 작업을 대상으로 작업을 재개하기 전에 실시하여야 한다.
　1. 사업장 건설물의 설치·이전·변경 또는 해체
　2. 기계·기구, 설비, 원재료 등의 신규 도입 또는 변경
　3. 건설물, 기계·기구, 설비 등의 정비 또는 보수(주기적·반복적 작업으로서 이미 위험성평가를 실시한 경우에는 제외)
　4. 작업방법 또는 작업절차의 신규 도입 또는 변경
　5. 중대산업사고 또는 산업재해(휴업 이상의 요양을 요하는 경우에 한정한다) 발생
　6. 그 밖에 사업주가 필요하다고 판단한 경우

③ 사업주는 다음 각 호의 사항을 고려하여 제1항에 따라 실시한 위험성평가의 결과에 대한 적정성을 1년마다 정기적으로 재검토(이때, 해당 기간 내 제2항에 따라 실시한 위험성평가의 결과가 있는 경우 함께 적정성을 재검토하여야 한다)하여야 한다. 재검토 결과 허용 가능한 위험성 수준이 아니라고 검토된 유해·위험요인에 대해서는 제12조에 따라 위험성 감소대책을 수립하여 실행하여야 한다.
　1. 기계·기구, 설비 등의 기간 경과에 의한 성능 저하
　2. 근로자의 교체 등에 수반하는 안전·보건과 관련되는 지식 또는 경험의 변화
　3. 안전·보건과 관련되는 새로운 지식의 습득
　4. 현재 수립되어 있는 위험성 감소대책의 유효성 등

④ 사업주가 사업장의 상시적인 위험성평가를 위해 다음 각 호의 사항을 이행하는 경우 제2항과 제3항의 수시평가와 정기평가를 실시한 것으로 본다.

1. 매월 1회 이상 근로자 제안제도 활용, 아차사고 확인, 작업과 관련된 근로자를 포함한 사업장 순회점검 등을 통해 사업장 내 유해·위험요인을 발굴하여 제11조의 위험성결정 및 제12조의 위험성 감소대책 수립·실행을 할 것
2. 매주 안전보건관리책임자, 안전관리자, 보건관리자, 관리감독자 등(도급사업주의 경우 수급사업장의 안전·보건 관련 관리자 등을 포함한다)을 중심으로 제1호의 결과 등을 논의·공유하고 이행상황을 점검할 것
3. 매 작업일마다 제1호와 제2호의 실시결과에 따라 근로자가 준수하여야 할 사항 및 주의하여야 할 사항을 작업 전 안전점검회의 등을 통해 공유·주지할 것

제3장 위험성평가 인정

제16조(인정의 신청) ① 장관은 소규모 사업장의 위험성평가를 활성화하기 위하여 위험성평가 우수 사업장에 대해 인정해 주는 제도를 운영할 수 있다. 이 경우 인정을 신청할 수 있는 사업장은 다음 각 호와 같다.
1. 상시 근로자 수 100명 미만 사업장(건설공사를 제외한다). 이 경우 법 제63조에 따른 작업의 일부 또는 전부를 도급에 의하여 행하는 사업의 경우는 도급사업주의 사업장(이하 "도급사업장"이라 한다)과 수급사업주의 사업장(이하 "수급사업장"이라 한다) 각각의 근로자수를 이 규정에 의한 상시 근로자 수로 본다.
2. 총 공사금액 120억원(토목공사는 150억원) 미만의 건설공사

② 제2장에 따른 위험성평가를 실시한 사업장으로서 해당 사업장을 제1항의 위험성평가 우수사업장으로 인정을 받고자 하는 사업주는 별지 제1호서식의 위험성평가 인정신청서를 해당 사업장을 관할하는 공단 광역본부장·지역본부장·지사장에게 제출하여야 한다.

③ 제2항에 따른 인정신청은 위험성평가 인정을 받고자 하는 단위 사업장(또는 건설공사)으로 한다. 다만, 다음 각 호의 어느 하나에 해당하는 사업장은 인정신청을 할 수 없다.
1. 제22조에 따라 인정이 취소된 날부터 1년이 경과하지 아니한 사업장
2. 최근 1년 이내에 제22조제1항 각 호(제1호 및 제5호를 제외한다)의 어느 하나에 해당하는 사유가 있는 사업장

④ 법 제63조에 따른 작업의 일부 또는 전부를 도급에 의하여 행하는 사업장의 경우에는 도급사업장의 사업주가 수급사업장을 일괄하여 인정을 신청하여야 한다. 이 경우 인정신청에 포함하는 해당 수급사업장 명단을 신청서에 기재(건설공사를 제외한다)하여야 한다.

⑤ 제4항에도 불구하고 수급사업장이 제19조에 따른 인정을 별도로 받았거나, 법 제17조에 따른 안전관리자 또는 같은 법 제18조에 따른 보건관리자 선임대상인 경우에는 제4항에 따른 인정신청에서 해당 수급사업장을 제외할 수 있다.

제17조(인정심사) ① 공단은 위험성평가 인정신청서를 제출한 사업장에 대하여는 다음에서 정하는 항목을 심사(이하 "인정심사"라 한다)하여야 한다.

1. 사업주의 관심도
2. 위험성평가 실행수준
3. 구성원의 참여 및 이해 수준
4. 재해발생 수준

② 공단 광역본부장·지역본부장·지사장은 소속 직원으로 하여금 사업장을 방문하여 제1항의 인정심사(이하 "현장심사"라 한다)를 하도록 하여야 한다. 이 경우 현장심사는 현장심사 전일을 기준으로 최초인정은 최근 1년, 최초인정 후 다시 인정(이하 "재인정"이라 한다)하는 것은 최근 3년 이내에 실시한 위험성평가를 대상으로 한다. 다만, 인정사업장 사후심사를 위하여 제21조제3항에 따른 현장심사를 실시한 것은 제외할 수 있다.

③ 제2항에 따른 현장심사 결과는 제18조에 따른 인정심사위원회에 보고하여야 하며, 인정심사위원회는 현장심사 결과 등으로 인정심사를 하여야 한다.

④ 제16조제4항에 따른 도급사업장의 인정심사는 도급사업장과 인정을 신청한 수급사업장(건설공사의 수급사업장은 제외한다)에 대하여 각각 실시하여야 한다. 이 경우 도급사업장의 인정심사는 사업장 내의 모든 수급사업장을 포함한 사업장 전체를 종합적으로 실시하여야 한다.

⑤ 인정심사의 운영에 필요한 세부사항은 고용노동부장관의 승인을 거쳐 공단 이사장이 정한다.

제18조(인정심사위원회의 구성·운영) ① 공단은 위험성평가 인정과 관련한 다음 각 호의 사항을 심의·의결하기 위하여 각 광역본부·지역본부·지사에 위험성평가 인정심사위원회를 두어야 한다.

1. 인정 여부의 결정
2. 인정취소 여부의 결정
3. 인정과 관련한 이의신청에 대한 심사 및 결정
4. 심사항목 및 심사기준의 개정 건의
5. 그 밖에 인정 업무와 관련하여 위원장이 회의에 부치는 사항

② 인정심사위원회는 공단 광역본부장·지역본부장·지사장을 위원장으로 하고, 관할 지방고용노동관서 산재예방지도과장(산재예방지도과가 설치되지 않은 관서는 근로개선지도과장)을 당연직 위원으로 하여 10명 이내의 내·외부 위원으로 구성하여야 한다. 이때 외부 위원의 수는 위원장을 제외한 위원 수의 2분의 1 이상으로 한다.

③ 외부위원은 다음 각 호에 해당하는 사람 중에서 위원장이 위촉한다.

1. 노동계·경영계를 대표하는 단체의 산업안전보건 업무 관련자
2. 법에 따른 산업안전지도사 또는 산업보건지도사

> **용어정의**
>
> **인정 취소 해당사업장의 종류**
> 1. 거짓 또는 부정한 방법으로 인정을 받은 사업장
> 2. 직·간접적인 법령 위반에 기인하여 다음의 중대재해가 발생한 사업장(규칙 제2조)
>   가. 사망재해
>   나. 3개월 이상 요양을 요하는 부상자가 동시에 2명 이상 발생한 재해
>   다. 부상자 또는 직업성질병자가 동시에 10명 이상 발생
> 3. 근로자의 부상(3일 이상의 휴업)을 동반한 중대 산업사고 발생사업장
> 4. 법 제10조에 따른 산업재해 발생건수, 재해율 또는 그 순위 등이 공표된 사업장(영 제10조제1항제1호 및 제5호에 한정한다)
> 5. 제21조에 따른 사후심사 결과, 제19조에 의한 인정기준을 충족하지 못한 사업장
> 6. 사업주가 자진하여 인정취소를 요청한 사업장
> 7. 그 밖에 인정취소가 필요하다고 공단 광역본부장·지역본부장 또는 지사장이 인정한 사업장

3. 「국가기술자격법」에 따른 안전·보건 분야의 기술사
4. 「국가기술자격법」에 따른 안전·보건 분야의 기사 자격 또는 「의료법」 제78조에 따른 산업전문간호사 면허를 취득하고 안전·보건 분야 경력이 10년 이상인 사람
5. 전문대학 이상의 학교에서 안전·보건 분야 관련 학과 조교수 이상인 사람
6. 안전·보건 분야 박사학위 소지자로 안전·보건 분야 실무경력이 5년 이상인 사람
7. 「의료법」 제77조에 따른 직업환경의학과 전문의
8. 그 밖에 위원장이 자격이 있다고 인정하는 사람

④ 그 밖에 인정심사위원회의 운영에 관하여 필요한 사항은 고용노동부장관의 승인을 거쳐 공단 이사장이 정한다.

제19조(위험성평가의 인정) ① 공단은 인정신청 사업장에 대한 현장심사를 완료한 날부터 1개월 이내에 인정심사위원회의 심의·의결을 거쳐 인정 여부를 결정하여야 한다. 이 경우 다음의 기준을 충족하는 경우에만 인정을 결정하여야 한다.
1. 제2장에서 정한 방법, 절차 등에 따라 위험성평가 업무를 수행한 사업장
2. 현장심사 결과 제17조제1항 각 호의 평가점수가 100점 만점에 70점을 미달하는 항목이 없고 종합점수가 100점 만점에 90점 이상인 사업장

② 인정심사위원회는 제1항의 인정 기준을 충족하는 사업장의 경우에도 인정심사위원회를 개최하는 날을 기준으로 최근 1년 이내에 제22조제1항 각 호에 해당하는 사유가 있는 사업장에 대하여는 인정하지 아니 한다.

③ 공단은 제1항에 따라 인정을 결정한 사업장에 대해서는 별지 제2호서식의 인정서를 발급하여야 한다. 이 경우 제17조제4항에 따른 인정심사를 한 경우에는 인정심사 기준을 만족하는 도급사업장과 수급사업장에 대해 각각 인정서를 발급하여야 한다.

④ 위험성평가 인정 사업장의 유효기간은 제1항에 따른 인정이 결정된 날부터 3년으로 한다. 다만, 제22조에 따라 인정이 취소된 경우에는 인정취소 사유 발생일 전날까지로 한다.

⑤ 위험성평가 인정을 받은 사업장 중 사업이 법인격을 갖추어 사업장관리번호가 변경되었으나 다음 각 호의 사항을 증명하는 서류를 공단에 제출하여 동일 사업장임을 인정받을 경우 변경 후 사업장을 위험성평가 인정 사업장으로 한다. 이 경우 인정기간의 만료일은 변경 전 사업장의 인정기간 만료일로 한다.
1. 변경 전·후 사업장의 소재지가 동일할 것
2. 변경 전 사업의 사업주가 변경 후 사업의 대표이사가 되었을 것
3. 변경 전 사업과 변경 후 사업간 시설·인력·자금 등에 대한 권리·의무의 전부를 포괄적으로 양도·양수하였을 것

제20조(재인정) ① 사업주는 제19조제4항 본문에 따른 인정 유효기간이 만료되어 재인정을 받으려는 경우에는 제16조제2항에 따른 인정신청서를 제출하여야 한다. 이 경우 인정신청서 제출은 유효기간 만료일 3개월 전부터 할 수 있다.
② 제1항에 따른 재인정을 신청한 사업장에 대한 심사 등은 제16조부터 제19조까지의 규정에 따라 처리한다.
③ 재인정 심사의 범위는 직전 인정 또는 사후심사와 관련한 현장심사 다음 날부터 재인정신청에 따른 현장심사 전일까지 실시한 정기평가 및 수시평가를 그 대상으로 한다.
④ 재인정 사업장의 인정 유효기간은 제19조제4항에 따른다. 이 경우, 재인정 사업장의 인정 유효기간은 이전 위험성평가 인정 유효기간의 만료일 다음날부터 새로 계산한다.

제21조(인정사업장 사후점검) ① 공단은 제19조제3항 및 제20조에 따라 인정을 받은 사업장이 위험성평가를 효과적으로 유지하고 있는지 확인하기 위하여 인정기간 중 1회 이상 사후점검을 할 수 있다. 다만, 사후점검일 기준 잔여공사기간이 3개월 미만인 건설공사는 제외할 수 있다.
② 사후점검은 직전 현장심사를 받은 이후에 사업장에서 실시한 위험성평가에 대해 현장점검을 하는 것으로 하며, 해당 사업장이 제19조에 따른 인정 기준을 유지하는지 여부 및 수립한 위험성 감소대책을 충실히 이행하고 있는지 여부를 확인하여야 한다.

제22조(인정의 취소) ① 위험성평가 인정사업장에서 인정 유효기간 중에 다음 각 호의 어느 하나에 해당하는 사업장은 인정을 취소하여야 한다.
1. 거짓 또는 부정한 방법으로 인정을 받은 사업장
2. 인정기간 중 다음 각 목의 어느 하나에 해당하는 중대재해가 발생한 사업장. 다만, 법 제5조에 따른 사업주의 의무와 직접적으로 관련이 없는 재해로서「고용보험 및 산업재해보상보험의 보험료징수 등에 관한 법률 시행령」제18조의5제1항에서 정하는 사유는 제외한다.
   가. 사망자가 1명 이상 발생한 재해
   나. 3개월 이상의 요양이 필요한 부상자가 동시에 2명 이상 발생한 재해
   다. 부상자 또는 직업성 질병자가 동시에 10명 이상 발생한 재해
3. 근로자의 부상(3일 이상의 휴업)을 동반한 중대산업사고 발생사업장
4. 법 제10조에 따른 산업재해 발생건수, 재해율 또는 그 순위 등이 공표된 사업장(영 제10조제1항제1호 및 제5호에 한정한다)
5. 제21조에 따른 사후점검을 거부하거나 점검 결과 다음 각 목의 어느 하나의 사유가 확인된 사업장
   가. 제19조에 따른 인정기준을 충족하지 못한 경우

나. 현장심사 또는 사후점검에서 개선하도록 지적된 사항을 이행하지 않아 조치 기간을 부여하였음에도 이행하지 않은 것이 확인된 경우
　6. 사업주가 자진하여 인정 취소를 요청한 사업장
　7. 그 밖에 인정취소가 필요하다고 공단 광역본부장·지역본부장 또는 지사장이 인정한 사업장

② 공단은 제1항에 해당하는 사업장에 대해서는 인정심사위원회에 상정하여 인정취소 여부를 결정하여야 한다. 이 경우 해당 사업장에는 소명의 기회를 부여하여야 한다.

③ 제2항에 따라 인정심사위원회가 인정취소를 결정한 경우 인정취소일은 제1항에 따른 인정취소 사유가 발생한 날로 한다.

제23조(위험성평가 지원사업) ① 장관은 사업장의 위험성평가를 지원하기 위하여 공단 이사장으로 하여금 다음 각 호의 위험성평가 사업을 추진하게 할 수 있다.
　1. 추진기법 및 모델, 기술자료 등의 개발·보급
　2. 우수 사업장 발굴 및 홍보
　3. 사업장 관계자에 대한 교육
　4. 사업장 컨설팅
　5. 전문가 양성
　6. 지원시스템 구축·운영
　7. 인정제도의 운영
　8. 그 밖에 위험성평가 추진에 관한 사항

② 공단 이사장은 제1항에 따른 사업을 추진하는 경우 고용노동부와 협의하여 추진하고 추진결과 및 성과를 분석하여 매년 1회 이상 장관에게 보고하여야 한다.

제24조(위험성평가 교육지원) ① 공단은 제21조제1항에 따라 사업장의 위험성평가를 지원하기 위하여 다음 각 호의 교육과정을 개설하여 운영할 수 있다.
　1. 사업주 교육
　2. 평가담당자 교육
　3. 실무 역량 지원 교육

② 공단은 제1항에 따른 교육과정을 광역본부·지역본부·지사 또는 산업안전보건교육원(이하 "교육원"이라 한다)에 개설하여 운영하여야 한다.

③ 제1항제2호 및 제3호에 따른 평가담당자 교육을 수료한 근로자에 대해서는 해당 시기에 사업주가 실시해야 하는 관리감독자 교육을 수료한 시간만큼 실시한 것으로 본다.

제25조(위험성평가 컨설팅지원) ① 공단은 근로자 수 50명 미만 소규모 사업장(건설업의 경우 전년도에 공시한 시공능력 평가액 순위가 200위 초과인 종합건설업체 본사 또는 총 공사금액 120억원(토목공사는 150억원)미만인 건설공사를 말한다)의 사업주로부터 제5조제3항에 따른 컨설팅지원을 요청 받은 경우에 위험성평가 실시에 대한 컨설팅지원을 할 수 있다.

② 제1항에 따른 공단의 컨설팅지원을 받으려는 사업주는 사업장 관할의 공단 광역본부장·지역본부장·지사장에게 지원 신청을 하여야 한다.

③ 제2항에도 불구하고 공단 광역본부장·지역본부·지사장은 재해예방을 위하여 필요하다고 판단되는 사업장을 직접 선정하여 컨설팅을 지원할 수 있다.

제26조(지원 신청 등) ① 제24조에 따른 교육지원 및 제25조에 따른 컨설팅지원의 신청은 별지 제3호서식에 따른다. 다만, 제24조제1항제3호에 따른 교육의 신청 및 비용 등은 교육원이 정하는 바에 따른다.

② 제24조제1항에 따라 사업주 교육 및 평가담당자 교육을 실시하는 기관의 장은 교육 이수자에 대하여 별지 제5호서식 또는 별지 제6호서식에 따른 교육 확인서를 발급하여야 한다.

③ 공단은 예산이 허용하는 범위에서 사업장이 제24조에 따른 교육지원과 제25조에 따른 컨설팅지원을 민간기관에 위탁하고 그 비용을 지급할 수 있으며, 이에 필요한 지원 대상, 비용지급 방법 및 기관 관리 등 세부적인 사항은 공단 이사장이 정할 수 있다.

④ 공단은 사업주가 위험성평가 감소대책의 실행을 위하여 해당 시설 및 기기 등에 대하여 「산업재해예방시설자금 융자 및 보조업무처리규칙」에 따라 보조금 또는 융자금을 신청한 경우에는 우선하여 지원할 수 있다.

⑤ 공단은 제19조에 따른 위험성평가 인정 또는 제20조에 따른 재인정, 제22조에 따른 인정 취소를 결정한 경우에는 결정일부터 3일 이내에 인정일 또는 재인정일, 인정취소일 및 사업장명, 소재지, 업종, 근로자 수, 인정 유효기간 등의 현황을 지방고용노동관서 산재예방지도과(산재예방지도과가 설치되지 않은 관서는 근로개선지도과)로 보고하여야 한다. 다만, 위험성평가 지원시스템 또는 그 밖의 방법으로 지방고용노동관서에서 인정사업장 현황을 실시간으로 파악할 수 있는 경우에는 그러하지 아니한다.

제27조(인정사업장 등에 대한 혜택) ① 장관은 위험성평가 인정사업장에 대하여는 제19조 및 제20조에 따른 인정 유효기간 동안 사업장 안전보건 감독을 유예할 수 있다.

② 제1항에 따라 유예하는 안전보건 감독은 「근로감독관 집무규정(산업안전보건)」 제10조제1항에 따른 사업장 안전보건감독 종합계획에서 정한 감독·점검 중 장관이 별도로 지정한 감독·점검으로 한정한다.

③ 장관은 위험성평가를 실시하였거나, 위험성평가를 실시하고 인정을 받은 사업장에 대해서는 정부 포상 또는 표창의 우선 추천 및 그 밖의 혜택을 부여할 수 있다.

제28조(재검토기한) 고용노동부장관은 이 고시에 대하여 2025년 1월 1일 기준으로 매3년이 되는 시점(매 3년째의 12월 31일까지를 말한다)마다 그 타당성을 검토하여 개선 등의 조치를 하여야 한다.

부　칙〈제2024-76호, 2024. 12. 18.〉

제1조(시행일) 이 고시는 2025년 1월 2일부터 시행한다.
제2조(위험성평가의 인정 및 사후점검에 관한 적용례) ① 제19조제1항의 개정규정은 이 고시 시행 후 인정을 신청한 사업장부터 적용한다.
② 제21조제1항의 개정규정은 이 고시 시행 후 인정을 받은 사업장부터 적용한다.
제3조(인정사업장 사후점검에 관한 경과조치) 이 고시 시행 전 인정을 받은 사업장에 대해 제21조에 따른 사후점검을 할 때에는 제19조제1항의 개정규정에도 불구하고 종전의 규정에 따른다.

사업장 위험성평가에 관한 지침 [별표] 〈신설 2024.12.18.〉

위험성평가 인정심사 항목 및 기준

1. 심사항목 및 기준

심사항목		심사기준	배점
Ⅰ. 사업주의 관심도			100
1. 활동체계 구축		위험성평가 등 안전보건경영에 대한 방침 및 목표 수립	10
		위험성평가 담당자 지정 및 역할 분담 등 조직 구성	10
2. 교육		위험성평가 관련 사업주 / 담당자 교육 이수	30
		위험성평가를 포함한 안전보건 교육 실시	20
3. 예산		연간 안전보건 관련 예산 편성 및 집행	10
4. 재해예방 노력		작업 전 안전점검 등 재해예방을 위한 사업주의 노력	20
Ⅱ. 위험성평가 실행 수준			100
1. 계획 수립		위험성평가 실시규정 작성 및 관리	5
		위험성평가에 필요한 사업장 안전보건정보 수집 및 활용	5
2. 위험요인 파악 및 위험성 결정		사업장 유해·위험요인 파악	20
		유해·위험요인별 위험성 수준 결정	5
3. 위험성 감소대책 수립 및 이행		위험성 감소대책 수립	20
		수립한 위험성 감소대책의 이행	20
4. 지속적 개선		위험성평가의 정기·수시평가(또는 상시평가) 실시	10
5. 결과 공유		위험성평가 결과의 현장 근로자 공유	15
Ⅲ. 구성원의 참여 및 이해 수준			100
1. 사업주/임원 (현장소장 포함)		위험성평가 활동에 대한 사업주의 참여와 지원	40
2. 관리자 (관리감독자)		위험성평가 실행에 대한 관리자의 책임과 역할	30
3. 근로자		위험성평가 실행에 대한 근로자의 참여 및 이해 수준	30
Ⅳ. 재해발생			100
재해발생		동일 업종·규모별 재해율 대비 사업장 재해율	100

2. 종합점수 산정 기준

항목	배점	사업장 평가점수	가중치	환산평가점수
Ⅰ. 사업주의 관심도	100	(a)	10%	a×10%=A
Ⅱ. 위험성평가 실행 수준	100	(b)	60%	b×60%=B
Ⅲ. 구성원의 참여 및 이해 수준	100	(c)	25%	c×25%=C
Ⅳ. 재해발생	100	(d)	5%	d×5%=D
종합점수		A + B + C + D		

3. 감점 기준

인정신청 사업장에 감점항목에 해당하는 사항이 있는 경우 종합점수에서 감점 항목에 해당하는 점수를 감한다.

감점항목	감점
1. 중대산업사고 또는 산업재해가 발생하였음에도 고시 제15조제2항 제5호에 따른 수시 위험성평가를 실시하지 않거나 적정한 감소대책을 이행하지 않은 경우	△5점

[별지 제1호 서식]

「위험성평가」 인정신청서 (☐ 인정 ☐ 재인정)

사업장명	(건설공사명:)	사업장관리번호 (사업개시번호)	
대표자		전 화 번 호	- -
		팩 스 번 호	- -
적합성평가 담 당 자		전화번호(휴대폰)	- -
			-
소재지	(-)		
소분류업종 (공사기간)	(. . ~ . . .)	근 로 자 수 (총 공사금액)	명 (억원)
기타	*위험성평가 인정신청의 범위에 포함되는 수급사업장 명단(사업장명, 대표자, 업종, 근로자수, 연락처 등) 등을 기재(별지로 첨부 가능)		

우리 사업장은 스스로 유해위험요인을 찾아내고 개선하였으므로 「위험성평가」 우수사업장으로 인정을 신청합니다.

년   월   일

신청인   (서명 또는 인)

한국산업안전보건공단 ○○광역본부·지역본부·지사장 귀하

〈개인정보 수집·이용에 따른 고지내용〉

1. 개인정보의 수집·이용 목적 : 회원가입 및 관리
2. 수집하는 개인정보의 항목
   - 필수정보 : 아이디, 성명, 연락처(전화번호 또는 휴대폰번호)
   - 선택정보 : 주소, 이메일
3. 개인정보의 보유·이용 기간 : 회원 가입일로 부터 회원 탈퇴 까지
4. 귀하는 위와 같은 개인정보 수집·이용에 동의하지 않으실 수 있습니다. 동의 거부시에도 회원가입은 가능하나 ○○○ 등의 서비스는 제한될 수 있습니다.(단, 회원가입을 위한 최소한의 정보인 필수정보는 미입력시 회원가입 불가)

☐ 위와 같이 개인정보를 수집·이용하는데 동의하십니까?   ☐ 동의함   ☐ 동의하지 않음

[별지 제2호 서식]

인정번호 : ○○제   호

「위험성평가」인정서

○ 사업장명 :   (건설공사는 공사명 기재)

　-제외하는 부분이 있거나, 수급사업장인 경우는 도급사업장명 등 필요사항을 기재

○ 대 표 자 :

○ 소 재 지 :

○ 유효기간 :

귀 사업장에 대한·위험성평가·수준을 확인한 결과 위험성평가 인정 기준에 적합하므로 위험성평가 우수사업장으로 인정합니다.

년   월   일

한국산업안전보건공단 ○○광역본부·지역본부·지사장

[별지 제3호 서식]

「위험성평가」(☐ 사업주교육 ☐ 평가담당자교육 ☐ 컨설팅(종합, 안전, 보건)) 지원신청서

사업장명	(건설공사명:)	사업장관리번호 (사업개시번호)	
대표자 (사업장을 총괄 관리하는 사람)	( ) *( )는 대표자와 다른 경우에 기재	전 화 번 호	− −
		팩 스 번 호	− −
교육 참석자 (업무담당자)	성명: *컨설팅 지원신청 시는 업무 담당자의 성명과 전화번호를 기재	전화번호	− −
		(휴대폰)	− −
소재지	(−)		
소분류업종 (공사기간)	(. . ~ . .)	근 로 자 수 (총 공사금액)	명 (억원)

사업장이 스스로 유해위험요인을 찾아내고 개선하는 「위험성평가」를 실시하기 위해

☐ 사업주교육
☐ 평가담당자교육
☐ 컨설팅(종합, 안전, 보건) 지원을 신청합니다.

년   월   일

신청인   (서명 또는 인)

한국산업안전보건공단 ○○광역본부·지역본부·지사장 귀하

〈개인정보 수집·이용에 따른 고지내용〉

1. 개인정보의 수집·이용 목적 : 회원가입 및 관리
2. 수집하는 개인정보의 항목
   − 필수정보 : 아이디, 성명, 연락처(전화번호 또는 휴대폰번호)
   − 선택정보 : 주소, 이메일
3. 개인정보의 보유·이용 기간 : 회원 가입일로 부터 회원 탈퇴 까지
4. 귀하는 위와 같은 개인정보 수집·이용에 동의하지 않으실 수 있습니다. 동의 거부시에도 회원가입은 가능하나 ○○○ 등의 서비스는 제한될 수 있습니다.(단, 회원가입을 위한 최소한의 정보인 필수정보는 미입력시 회원가입 불가)
   ☐ 위와 같이 개인정보를 수집·이용하는데 동의하십니까?   ☐ 동의함   ☐ 동의하지 않음

[별지 제4호 서식]

발급번호 : ㅇㅇ(사)-20**-제조(건설,서비스)-0000

「위험성평가」 사업주교육 확인서

사업장명	(건설공사명:)	사업장관리번호 (사업개시번호)	
대표자 (사업장을 총괄 관리하는 사람)	( ) *( )는 대표자와 다른 경 우에 기재	전화번호	- -
		팩스번호	- -
교육일시	20. . . : ~ . . : (시간)		
소재지	(-)		

위 사람은 「위험성평가」 사업주교육에 참석하여 소정의 과정을 이수하였음을 확인합니다.

20 년 월 일

한국산업안전보건공단 ㅇㅇ광역본부·지역본부·지사장

[별지 제5호 서식]

발급번호 : ㅇㅇ(담)-20**-제조(건설,서비스)-0000

「위험성평가」 평가담당자교육 확인서

사업장명	(건설공사명:)	사업장관리번호 (사업개시번호)	
교육이수자 성 명		전 화 번 호	- -
		팩 스 번 호	- -
교육일시	20. . . : ~ . . : (시간) ※ 이 교육 참석자는 교육시간을 해당 시기의 산업안전보건법상 관리 감독자 의무 교육시간을 이수한 것으로 인정합니다.		
소재지	(-)		

위 사람은 「위험성평가」 평가담당자교육에 참석하여 소정의 과정을 이수하였음을 확인합니다.

20 년 월 일

한국산업안전보건공단 ㅇㅇ광역본부·지역본부·지사장

보충학습 1

원인결과 분석기법
(Cause Consequence Analysis : CCA)

결함수 분석기법(FTA) 및 사건수 분석기법(ETA)을 결합한 것으로, 잠재된 사고의 결과 및 근본적인 원인을 찾아내고, 사고결과와 원인 사이의 상호관계를 예측하며, 리스크를 정량적으로 평가하는 리스크 평가방법

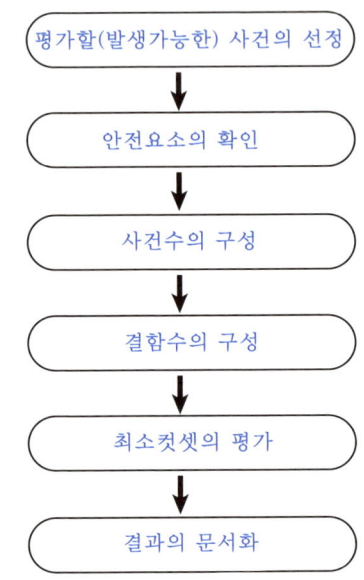

[표] 원인결과 분석기법 수행절차

① 1단계 : 발생가능한 사건의 선정
   FTA와 ETA의 분석대상 선정법이 동일하게 사용될 수 있음
② 2단계 : 안전요소의 확인
   1단계에서 선정된 초기사건으로 인한 영향을 완화시킬 수 있는 모든 안전요소를 확인
③ 3단계 : 사건수의 구성
   ㉮ 2단계에서 확인된 모든 안전요소를 시간별 작동 및 조치 순서대로 성공과 실패로 구분하여 초기사건에서 결과까지 사건경로(사건수)로 구성
   ㉯ 안전요소의 성공과 실패에 따른 분기점은 [그림 1]의 기호로 나타내고, 사고의 결과는 [그림 2]의 기호로 나타냄
④ 4단계 : 초기사건과 안전요소 실패에 대한 결함수 구성
   초기사건과 3단계의 안전요소 실패에 대해 FTA기법을 적용하여 기본원인(기본사상)에서 초기사건까지의 사건경로, 즉 결함수를 구성

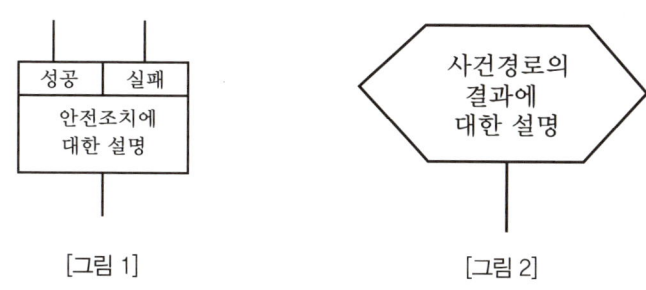

[그림 1]   [그림 2]

 ⑤ 5단계 : 각 사건경로의 최소 컷셋 평가
  ㉮ 기본원인에서 결과까지의 사건경로에 대한 최소 컷셋은 FTA기법의 최소 컷셋과 같은 방법으로 결정
  ㉯ FTA기법을 이용하여 사건경로의 최소 컷셋을 결정할 수 있으며, 이를 CCA에서 확인된 모든 사건경로에 대해 반복

보충학습 2

리스크 관리의 용어 정의에 관한 지침

1. 목적
이 지침은 특정 조직, 단체 또는 개인 등이 리스크 관리에서 사용되는 용어의 의미를 올바르게 해석하고 이해하는데 그 목적이 있다.

2. 적용범위
이 지침은 특정 조직, 단체 또는 개인 등이 리스크 관리를 수행하는 사업장에 적용한다.

3. 용어의 정의

(1) 리스크 관리(Risk management)와 관련된 용어

① "리스크(Risk)"라 함은 특정 목적에 영향을 주는 긍정 또는 부정적인 상황의 발생 기회에 대한 불확실성을 말한다.
 ㉮ 리스크는 사상(Event)의 발생 가능성(Likelihood)과 그 결과(Consequence)의 조합으로 표현될 수 있다.
 ㉯ 리스크는 안전·보건 측면에서 일반적으로 부정적인 결과가 발생될 가능성이 있을 경우 사용된다.
 ㉰ 여기서 사용되는 리스크는 적용 분야별 또는 의미상으로 위험, 위험성, 유해성, 위험도 및 유해도 등으로 표현될 수 있다.

② "리스크 관리(Risk management)"라 함은 리스크와 직·간접적으로 관련된 모든 활동으로서 리스크 평가(Risk assessment), 리스크 처리(Risk treatment), 리스크 정보교환 및 상담(Communication & consultation) 등의 세부절차를 통하여 특정 조직 또는 단체의 리스크를 총괄적으로 관리하는 것을 포함한다.

③ "리스크 관리 시스템(Risk management system)"이라 함은 특정 조직 또는 단체의 리스크를 지속적으로 관리하기 위한 조직화된 체계를 말한다. 이 시스템에는 전략계획, 의사결정, 조직의 문화 등을 포함한다.

④ "리스크 관리 정책(Risk management policy)"이라 함은 리스크 관리와 관련된 특정 조직의 방침과 전체 목적에 대한 설명을 의미한다.
⑤ "리스크 관리 계획(Risk management plan)"이라 함은 리스크 관리에 적용되는 관리 구성요소 및 수단, 접근방식을 구체화하기 위해 리스크 관리 시스템에 포함되는 계획을 말한다.
  ㉮ 관리 구성요소는 절차, 실행, 책임자 지정, 활동 시기 및 순서를 포함한다.
  ㉯ 리스크 관리 계획은 제품, 공정 및 프로젝트, 조직 전체 또는 일부에 적용될 수 있다.

(2) 리스크 관리 절차(Risk management process)와 관련된 용어

"리스크 관리 절차(Risk management process)"라 함은 특정 조직 또는 단체에 대한 환경조건 설정을 시작으로 리스크를 확인, 분석, 평가하고 그 리스크를 어떻게 처리할 것인지에 대한 리스크 처리 방법, 리스크 검토 및 모니터링, 내부 및 외부와의 리스크 정보교환 및 상담 등 세부적인 단계의 적용을 말한다.

① 환경조건(Context)
  "환경조건(Context)"이라 함은 리스크를 관리할 때 그리고 리스크 기준 및 범위를 설정할 때 고려해야 할 외부 또는 내부의 변수를 말한다.
  ㉮ "외부 환경조건(External context)"이라 함은 특정 조직 또는 단체가 목적을 달성하고자 추구하는 외부 환경조건을 말한다. 외부 환경조건은 다음과 같은 항목을 포함한다.
    ㉠ 국외, 국내, 지방 또는 지역의 문화, 사회, 정치, 법률, 규정, 재정, 기술, 경제 및 경쟁 환경조건
    ㉡ 조직의 목적에 영향을 미치는 핵심 원동력
    ㉢ 외부 관계자의 평가와 인식 및 외부 관계자와의 관계
  ㉯ "내부 환경조건(Internal context)"이라 함은 특정 조직 또는 단체가 목적을 달성하고자 추구하는 내부 환경조건을 말한다. 내부 환경조건은 다음과 같은 항목을 포함한다.
    ㉠ 조직의 지배구조, 조직 구성, 규칙 및 책임
    ㉡ 목적 달성을 위한 정책, 전략
    ㉢ 조직의 자원 및 역량(자본, 시간, 인력, 공정, 시스템 및 기술)
    ㉣ 정보 시스템, 정보 흐름, 의사결정 과정(공식 및 비공식 포함)
    ㉤ 내부 관계자의 평가와 인식 및 내부 관계자와의 관계
    ㉥ 조직 문화
    ㉦ 조직에서 채택한 규칙, 지침과 모델
    ㉧ 계약 관계의 형태 및 범위
  ㉰ "리스크 기준(Risk criteria)"이라 함은 리스크의 유의성(Significance)을 판단하기 위한 기준 항목을 말한다.
    ㉠ 리스크 기준은 조직의 목적, 외부 또는 내부 환경조건을 바탕으로 한다.
    ㉡ 리스크 기준에는 관련 비용 및 이익, 법적 요건, 사회·경제·환경적 측면, 당사자의 관심사, 우선순위, 평가에 대한 기타 고려사항을 포함한다.

② 리스크 평가(Risk assessment)

"리스크 평가(Risk assessment)"라 함은 리스크 확인(Risk identification), 리스크 분석(Risk analysis), 리스크 수준 판정(Risk evaluation)에 대한 전체적인 과정을 말한다.

㉮ "리스크 확인(Risk identification)"이라 함은 리스크 근원을 찾아 인지하고 기술하는 과정을 말한다. 리스크 확인은 리스크 근원, 사상, 리스크 근원과 사상의 원인 및 잠재적인 결과의 확인을 포함한다. 리스크 확인은 과거 자료, 이론적 분석, 정보화된 견해 또는 전문가의 의견, 관계자의 요구를 포함한다.

　㉠ "리스크 설명(Risk description)"이라 함은 리스크의 근원, 사상, 원인 및 결과를 포함하는 리스크에 대한 체계적인 서술을 의미한다.

　㉡ "리스크 근원(Risk source)"이라 함은 리스크를 발생시키는 단일 또는 복수의 요인을 말한다. 리스크 근원은 보이거나 보이지 않을 수 있으며, 유해위험요인(Hazard)과 동일한 의미로 해석될 수 있다.

　㉢ "사상(Event)"이라 함은 특정한 단위 상황의 발생 또는 변화를 말한다.

　　ⓐ 사상은 확실하거나 불확실할 수 있다.

　　ⓑ 사상은 하나 또는 여러 개의 사상으로 이루어질 수 있다.

　　ⓒ 사상은 결과를 초래하거나 초래하지 않을 수 있다.

　㉣ "사고(Accident)"라 함은 유해위험요인(Hazard)을 근원적으로 제거하지 못함으로써 위험에 노출되어 사망, 상해, 질병 및 기타 경제적 손실 등 원하지 않는 결과를 초래하는 비고의적인 사상을 말한다.

　㉤ "사건(Incident)"이라 함은 유해위험요인으로 인한 사고(Accident), 앗차사고(Nearmiss), 고의성이 전제되는 범죄(Crime)를 포함하는 사상을 말한다.

　㉥ "유해위험요인(Hazard)"이라 함은 위해의 잠재적 근원을 말한다. 유해위험요인은 리스크 근원(Risk source)이 될 수 있다.

　㉦ "위해(Harm)"라 함은 신체적 상해, 사람의 건강에 대한 손상 또는 재산이나 환경에 대한 손실을 말한다.

　㉧ "리스크 책임자(Risk owner)"라 함은 리스크를 관리하는 책임과 권한을 가진 사람을 말한다.

㉯ "리스크 분석(Risk analysis)"이라 함은 리스크 수준(Risk level)을 결정하고, 리스크의 특성을 이해하기 위한 과정을 말한다. 리스크 평가와 리스크 처리에 대한 결정은 리스크 분석의 결과를 바탕으로 이루어진다.

　㉠ "가능성(Likelihood)"이라 함은 사상의 발생 가능한 정도를 말한다.

　　ⓐ 가능성은 확률(Probability) 또는 빈도(Frequency)로 표현할 수 있다.

　　ⓑ "확률(Probability)"이라 함은 일정한 조건 아래에서 특정 사건이나 사상이 일어날 가능성을 의미하며, 분율(0~1) 또는 퍼센트(0~100 %)로 표시한다.

　　ⓒ "빈도(Frequency)"라 함은 특정한 시간 내에 특정 사건이나 사상이 일어날 가능성을 의미한다.

　㉡ "결과(Consequence)"라 함은 특정 목적에 영향을 미치는 사상의 산출물(Output)을 말한다.

　　ⓐ 결과는 단일 사상에서 단일 또는 복수의 산출물이 발생할 수 있다.

　　ⓑ 결과는 긍정적이거나 부정적일 수 있다.

ⓒ 결과는 정성적 또는 정량적으로 표현할 수 있다.
㉢ "노출(Exposure)"이라 함은 특정 조직 또는 관계자가 사상에 관련되는 정도를 말한다.
㉣ "리스크 매트릭스(Risk matrix)"라 함은 가능성과 결과에 대한 범위를 구분하여 리스크 등급을 표시하고, 리스크 우선순위를 정하기 위한 도구를 말한다.
㉤ "리스크 수준(Risk level)"이라 함은 가능성과 결과가 조합되어 표현된 단일 또는 복수의 리스크에 대한 크기를 말한다.
㉥ "리스크 수준 판정(Risk evaluation)"이라 함은 리스크 또는 리스크 경감이 수용할만 한 수준인지 결정하기 위하여 주어진 리스크 기준과 리스크 분석의 결과를 비교하는 과정을 말한다. 리스크 수준 판정은 리스크 처리 결정을 위해 보조적으로 활용된다.
㉠ "리스크 태도(Risk attitude)"라 함은 특정 조직 또는 단체가 리스크를 회피 또는 수용, 보유, 추구, 평가에 대하는 태도를 말한다.
㉡ "리스크 선호(Risk appetite)"라 함은 특정 조직 또는 단체가 리스크를 추구하거나 보유할 의지가 있는 리스크의 유형과 정도를 말한다.
㉢ "리스크 기피(Risk aversion)"라 함은 리스크를 피하려는 성향을 말한다.
㉣ "리스크 통합(Risk aggregation)"라 함은 전체 리스크 수준을 이해하기 위해 다수의 리스크를 하나의 리스크로 통합시키는 것을 말한다.
㉤ "리스크 허용한계(Risk tolerance)"라 함은 특정 조직 또는 관계자가 목적을 달성하기 위하여 리스크 처리(Risk treatment) 이후의 리스크를 허용할 수 있는 한계를 말한다.
㉥ "리스크 수용(Risk acceptance)"이라 함은 특정 리스크를 수용하는 것을 말한다. 리스크 수용은 리스크 처리(Risk treatment) 없이 또는 처리 과정 중에 발생할 수 있다. 수용된 리스크는 모니터링(Monitoring)과 검토(Review)의 대상이 된다.

③ 리스크 처리(Risk treatment)
"리스크 처리(Risk treatment)"라 함은 리스크를 처리하기 위한 방안을 선택하고 집행하는 과정을 말한다. 리스크 처리에는 리스크 회피, 리스크 감소 및 제거, 리스크 분담, 리스크 보유 등의 방법이 있다. 리스크 처리는 새로운 리스크를 발생시킬 있거나 현재의 리스크를 변화시킬 수 있다.
㉮ "리스크 통제(Risk control)"라 함은 리스크를 통제하기 위한 조치를 말한다. 리스크 통제는 리스크를 통제하는 과정, 정책, 실행 및 그 이외의 활동을 포함한다.
㉯ "리스크 회피(Risk avoidance)"라 함은 특정 리스크에 노출되지 않기 위한 활동 또는 개입되지 않기 위한 결정을 말한다. 리스크 회피에 대한 결정은 리스크 수준 판정의 결과를 바탕으로 한다.
㉰ "리스크 분담(Risk sharing)"라 함은 다른 관계자와 동의하여 리스크를 서로 공유하는 것을 말한다.
㉠ 리스크 분담은 보험 또는 다른 형태의 계약을 통해 수행되어 질 수 있다.
㉡ 리스크 분담 정도는 분담 약정의 명확성 및 신뢰성에 의존한다.
㉢ 리스크 전가는 리스크 분담 방법 중의 하나이다.

㉣ "리스크 재무(Risk financing)"라 함은 리스크 처리에 대한 실행 비용과 관련 비용을 충당할 자금의 준비를 말한다.

㉤ "리스크 보유(Risk retention)"라 함은 특정 리스크로부터 발생하는 손실부담 또는 잠재적 이익에 대한 수용을 말한다. 리스크 보유는 잔존 리스크 (Residual risk)를 포함하며, 보유한 리스크 수준은 리스크 기준에 따라 달라질 수 있다.

㉥ "잔존 리스크(Residual risk)"라 함은 리스크 처리 후에도 남아 있는 리스크를 말한다. 잔존 리스크는 확인되지 않은 리스크도 포함한다.

④ 리스크 정보교환 및 상담(Risk communication and consultation).

"리스크 정보교환 및 상담(Risk communication and consultation)"이라 함은 특정 조직 또는 단체가 관계자(Stakeholders)와 협의하여 리스크 관리에 대한 정보를 제공, 공유 또는 얻기 위해 수행하는 연속적이면서 반복적인 과정을 말한다.

㉮ "관계자(Stakeholders)"라 함은 리스크 관리 활동 또는 결정에 의해 영향을 주고 받거나, 주고 받을 것으로 예상되는 특정 조직, 단체 또는 개인을 말하며 의사결정자도 관계자가 될 수 있다.

㉯ 정보는 리스크의 존재, 특징, 형태, 가능성, 중대성, 평가, 수용, 처리와 관련된다.

㉰ "리스크 인식(Risk perception)"이라 함은 관계자가 특정(관심대상) 리스크에 대해 바라보는 관점을 말한다. 리스크 인식은 관계자의 요구, 현안, 지식, 믿음, 가치관을 반영한다.

⑤ 리스크 모니터링 및 검토(Risk monitoring and review)

"리스크 모니터링(Risk monitoring)"이라 함은 요구되거나 예상된 성능 수준으로부터의 변화를 확인하기 위하여 상태를 지속적으로 점검, 감독, 관찰하는 것을 말한다. 모니터링은 리스크 관리 시스템, 리스크 관리 절차, 리스크 또는 통제에 적용될 수 있다. "검토(Review)"라 함은 설정된 목적을 달성하기 위하여 주제의 적합성, 타당성, 효과를 결정하기 위해 착수된 활동을 말한다.

㉮ "리스크 보고(Risk reporting)"라 함은 내부 또는 외부 관계자에게 리스크와 리스크 관리에 대한 현재 상태의 정보를 제공하는 것을 말하여, 의사소통에 대한 하나의 형태이다.

㉯ "리스크 등록(Risk register)"이라 함은 확인된 리스크에 대한 정보를 등록하는 것을 말한다.

㉰ "리스크 프로파일(Risk profile)"이라 함은 조직 또는 단체에서 관리 대상이 되는 리스크의 우선순위 및 그에 관한 설명을 말한다.

㉱ "리스크 관리 감사(Risk management audit)"라 함은 리스크 관리 체계를 객관적으로 평가하고, 입증하기 위한 체계적이고 문서화된 과정을 말한다

〈출처:KOSHA GUIDE X-1-2014〉

Chapter 02 사업장 위험성평가에 관한 지침 출제예상문제

출제예상문제는 복습, 예습문제로 엮었습니다. *WHY : 실제시험에도 순서에 관계없이 출제됩니다. 예습 후 다음장에 공부한 문제가 있으면 기억이 배가 됩니다.

01 ★★★
생산산업현장에 존재하는 유해·위험요인(hazard)의 제거 또는 감소를 위한 대응 전략으로 옳은 것은 어느 것인가?

① 최소화 : 위험물질을 상대적으로 위험이 낮은 물질로 교체한다.
② 위험완화 : 위험물질의 유해성을 제거하기 위해 유기용제로 희석한다.
③ 위험완화 : 불필요한 복잡성을 최소화하거나 제거하여 설계한다.
④ 단순화 : 위험이 낮은 조건을 사용한다.
⑤ 단순화 : 오류 발생 가능성이 낮은 조업시스템을 설계한다.

해설
용어정의
① '위험성평가'란 유해·위험요인을 파악하고 해당 유해·위험요인에 의한 부상 또는 질병의 발생 가능성(빈도)과 중대성(강도)을 추정·결정하고 감소대책을 수립하여 실행하는 일련의 과정을 말한다.
② '유해·위험요인'이란 유해·위험을 일으킬 잠재적 가능성이 있는 것의 고유한 특징이나 속성을 말한다.
③ '유해·위험요인 파악'이란 유해요인과 위험요인을 찾아내는 과정을 말한다.
④ '위험성'이란 유해·위험요인이 부상 또는 질병으로 이어질 수 있는 가능성(빈도)과 중대성(강도)을 조합한 것을 의미한다.
⑤ '위험성 추정'이란 유해·위험요인별로 부상 또는 질병으로 이어질 수 있는 가능성과 중대성의 크기를 각각 추정하여 위험성의 크기를 산출하는 것을 말한다.
⑥ '위험성 결정'이란 유해·위험요인별로 추정한 위험성의 크기가 허용가능한 범위인지 여부를 판단하는 것을 말한다.
⑦ '위험성 감소대책 수립 및 실행'이란 위험성 결정 결과 허용 불가능한 위험성을 합리적으로 실천 가능한 범위에서 가능한 한 낮은 수준으로 감소시키기 위한 대책을 수립하고 실행하는 것을 말한다.
⑧ '기록'이란 사업장에서 위험성평가 활동을 수행한 근거와 그 결과를 문서로 작성하여 보존하는 것을 말한다.

정보제공
고용노동부 고시(제2024-76호) : 사업장 위험성평가에 관한 지침 : 제3조(정의)

● 2012년 기출문제

참고) 본 문제는 현행법과 일치하지 않습니다.

02 ★★★
고용노동부 고시 「사업장 위험성평가에 관한 지침」에서의 위험성평가 방법으로 옳지 않는 것은?

① 안전보건관리책임자는 위험성평가의 실시를 총괄 관리한다.
② 안전관리자, 보건관리자는 위험성평가의 실시를 관리한다.
③ 안전관리자, 보건관리자는 유해·위험요인의 파악, 위험성의 추정, 결정, 위험성 감소대책의 수립·실행을 한다.
④ 해당 작업에 종사하는 근로자는 특별한 사정이 없는 한 해당 작업에 대한 유해·위험요인을 파악하거나 감소대책을 수립하는데 참여한다.
⑤ 기계·기구, 설비 등과 관련된 위험성평가에는 해당 기계·기구, 설비 등에 전문지식을 갖춘 사람을 참여시킨다.

해설
위험성 평가의 방법
① 안전보건관리책임자 등 해당 사업장에서 사업의 실시를 총괄 관리하는 사람에게 위험성평가의 실시를 총괄 관리하게 할 것
② 사업장의 안전관리자, 보건관리자 등에게 위험성평가의 실시를 관리하게 할 것
③ 작업내용 등을 상세하게 파악하고 있는 관리감독자에게 유해·위험요인의 파악, 위험성의 추정, 결정, 위험성 감소대책의 수립·실행을 하게 할 것
④ 유해·위험요인을 파악하거나 감소대책을 수립하는 경우 특별한 사정이 없는 한 해당작업에 종사하고 있는 근로자를 참여하게 할 것
⑤ 기계·기구, 설비 등과 관련된 위험성평가에는 해당 기계·기구, 설비 등에 전문지식을 갖춘 사람을 참여하게 할 것
⑥ 안전·보건관리자의 선임의무가 없는 경우에는 제2호에 따른 업무를 수행할 사람을 지정하는 등 그 밖에 위험성평가를 위한 체제를 구축할 것

참고) 사업장 위험성 평가에 관한 지침(제7조 : 위험성 평가의 방법)

[정답] 01 ① 02 ③

[정보제공] 2024년 12월 18일(고용노동부 고시 제2024-76호)
○ 2013년 기출문제

03 ★★★ 고용노동부 고시 「사업장 위험성평가에 관한 지침」에서의 위험성평가 인정신청에 대한 설명으로 옳은 것은?

① 1년 중 사업수행 기간이 6개월 미만인 일시적인 사업 또는 계절사업을 하는 사업장은 인정신청을 할 수 있다.
② 건설업 중 잔여공사기간이 6개월 미만인 건설공사는 인정신청을 할 수 있다.
③ 수급사업장이 산업안전보건법상 안전관리자 또는 보건관리자 선임대상인 경우에는 인정신청에서 수급사업장을 제외할 수 있다.
④ 사업의 일부 또는 전부를 도급에 의하여 행하는 사업장은 도급사업장의 사업주가 수급사업장을 일괄하여 인정을 신청할 수 없다.
⑤ 중대재해 등으로 인정이 취소된 날부터 1년이 경과하지 아니한 사업장이라도 인정신청을 할 수 있다.

[해설]
인정 신청할 수 있는 사업장
① 상시 근로자 수 100명 미만 사업장(건설공사를 제외한다.) 이 경우 법 제63조에 따른 작업의 일부 또는 전부를 도급에 의하여 행하는 사업의 경우는 도급사업주의 사업장(이하 "도급사업장"이라 한다)과 수급사업주의 사업장(이하 "수급사업장"이라 한다) 각각의 근로자수를 이 규정에 의한 상시 근로자 수로 본다.
② 총 공사금액 120억원(토목공사는 150억원)미만의 건설공사

[참고] ① 사업장 위험성평가에 관한 지침(제16조 : 인정의 신청)
② 사업장 위험성평가에 관한 지침(제22조 : 인정의 취소)

[정보제공] 2024년 12월 18일(고용노동부 고시 제2024-76호)
○ 2013년 기출문제

04 ★★★ 고용노동부고시 사업장 위험성평가에 관한 지침의 내용으로 옳지 않은 것은?

① 안전보건관리책임자 등 해당 사업장에서 사업의 실시를 총괄 관리하는 사람에게 위험성 평가의 실시를 총괄 관리하게 한다.
② 사업주는 안전보건정보를 사전에 조사하여 위험성평가에 활용하여야 한다.
③ 유해·위험요인을 파악할 때 업종, 규모 등 사업장 실정에 따라 청취조사에 의한 방법 등을 사용하여야 한다.
④ 해당 작업에 종사하고 있는 근로자에게 유해·위험요인의 파악, 위험성의 추정, 위험성의 결정, 위험성 감소대책 수립 및 실행을 하게 한다.
⑤ 허용가능한 위험성이 아니라고 판단되는 경우 위험성의 크기 등을 고려하여 감소대책을 수립하고 실행하여야 한다.

[해설]
위험성 평가방법
① 안전보건관리책임자 등 해당 사업장에서 사업의 실시를 총괄 관리하는 사람에게 위험성평가의 실시를 총괄 관리하게 할 것
② 사업장의 안전관리자, 보건관리자 등에게 위험성 평가의 실시를 관리하게 할 것
③ 작업내용 등을 상세하게 파악하고 있는 관리감독자에게 유해·위험요인의 파악, 위험성의 추정, 결정, 위험성 감소대책의 수립·실행을 하게 할 것
④ 유해·위험요인을 파악하거나 감소대책을 수립하는 경우 특별한 사정이 없는 한 해당 작업에 종사하고 있는 근로자를 참여하게 할 것
⑤ 기계·기구, 설비 등과 관련된 위험성 평가에는 해당 기계·기구, 설비 등에 전문 지식을 갖춘 사람을 참여하게 할 것
⑥ 안전·보건관리자의 선임의무가 없는 경우에는 제2호에 따른 업무에 수행할 사람을 지정하는 등 그 밖에 위험성평가를 위한 체제를 구축할 것

[참고] 사업장 위험성평가에 관한 지침 제7조(위험성평가의 방법)

[정보제공] 2024년 12월 18일(고용노동부 고시 제2024-76호)
○ 2014년 기출문제

[정답] 03 ③ 04 ④

Chapter 03 KOSHA GUIDE

1 사고 피해예측 기법에 관한 기술 지침

1. 목적

이 지침은 공정위험성 평가시 화재·폭발·누출과 같은 사고시의 피해정도 및 피해범위 등을 정량적으로 산정하고 피해최소화 대책을 수립하는 등의 공정 위험성 평가서를 작성하는데 필요한 사항을 정하는데 그 목적이 있다.

2. 적용범위

이 지침은 산업안전보건기준에 관한 규칙(이하 "안전보건규칙"이라 한다) 별표 1의 위험물질 중 인화성 액체, 인화성 가스 및 급성 독성물질을 취급하는 화학설비 및 그 부속설비에 의한 사고피해예측에 적용한다.

3. 용어의 정의

(1) 이 지침에서 사용하는 용어의 정의는 다음과 같다.

① "위험물질"이라 함은 안전보건규칙 별표1의 제4호 인화성 액체, 제5호 인화성 가스 및 제7호 급성 독성물질을 말한다.
② "누출모델(Source term model)"이라 함은 피해예측 특히 확산결과를 계산하기 위하여 사용되는 누출에 관한 일련의 자료, 즉 누출량(또는 누출속도), 누출되는 기간 및 누출되는 위험물질의 상태 등을 예측하는 방법을 말한다.
③ "순간누출"이라 함은 짧은시간에 위험물질이 누출되는 것을 말한다.
④ "연속누출"이라 함은 오랜 시간 동안 위험물질이 누출되는 것을 말한다.
⑤ "확산"이라 함은 위험물질이 공기등과 같은 주변의 유체에 의하여 희석되어지는 것을 말한다.
⑥ "퍼프(Puff)"라 함은 순간누출에 의하여 형성되는 증기운을 말한다.
⑦ "플름(Plume)"이라 함은 연속누출에 의하여 형성되는 증기운을 말한다.

⑧ "비등액체 팽창증기폭발(BLEVE : Boiling liquid expanding vapor explosion)"이라함은 가연성인 위험물질이 용기 또는 배관 내에 비점 이상의 온도 및 압력하에서 액체 상태로 저장·취급되는 경우 외부화재, 부식, 내부 압력초과 및 설비결함 등에 의하여 용기의 파손과 함께 대기 중으로 누출되면 액체상태의 위험물질이 증발되면서 갑자기 증기로 변화되어 외부로치솟게 되는데 이때에 외부 화재, 스파크, 정전기, 담뱃불 등의 발화원에 의하여 폭발 및 화염을 발생시키는 현상을 말한다.

⑨ "화구(Fireball)"라 함은 저장·취급조건에 따라 다르긴 하지만 비등액체 팽창증기폭발에 의하여 공중에 생성된 공같은 모양의 화염 덩어리를 말한다.

⑩ "증기운 폭발(Vapor cloud explosion)"이라 함은 가연성의 위험물질이 용기 또는 배관내에 저장·취급되는 과정에서 서서히 지속적으로 누출되면서 대기 중에 구름형태로 모이게 되어 바람·대류 등의 영향으로 움직이다가 담배 불, 정전기, 기계적 마찰, 스파크 등의 발화원에 의하여 순간적으로 모든가스 가 동시에 폭발하는 현상으로서 폭발에 의한 과압에 의하여 엄청난 손상을 가져오는 현상을 말한다.

⑪ "밀폐계 증기운 폭발(Confined vapor cloud explosion)"이라 함은 용기 나 건물 등 밀폐된 공간에서 위험물질의 가스 또는 증기와 공기와의 혼합물에 의한 폭발을 말한다.

⑫ "물리적 폭발(Physical explosion)"이라 함은 압력용기가 과압방지장치의 고장, 부식·마모·화학적 침식 등에 의한 두께의 감소 및 과열·재질의 결함 등에 의한 용기의 강도 감소 등에 의하여 내부압력에 견디지 못하고 폭발하는 현상을 말한다.

⑬ "과압(Overpressure)"이라 함은 어느 지점에 대기압 보다 큰 압력으로 전달되는 압력을 말한다.

⑭ "폭발파(Blast wave)"라 함은 폭발에 의하여 형성되는 압력 파동을 말한다.

⑮ "증기운 화재(Flash fire)"라 함은 누출된 위험물질이 공기중으로 확산되어 구름형태로 떠다니다가 물질의 폭발하한계 이하로 희석되기전 발화원을 만나면 화재가 발생하는 것을 말한다. 이 경우 화염의 속도는 음속보다 작으며 무시할 수 있을 정도의 과압이 발생한다.

⑯ "고압분출 화재(Jet fire)"라 함은 배관, 저장 탱크등에서 연속적으로 누출되는 고압의 위험물질이 누출원 근처의 발화원에 의하여 점화되는 현상을 말하며 이 경우 연속적으로 복사열이 발생된다.

⑰ "액면 화재(Pool fire)"라 함은 액체(액화가스포함)의 위험물질이 누출되어 주변 바닥에 고여 있는 액체가 기화하여 발화원에 의해 점화된 것을 말한다.

(2) 그 밖에 이 지침에서 사용하는 용어의 정의는 특별한 규정이 있는 경우를 제외하고는 법, 같은 법 시행령, 같은 법 시행규칙 및 안전보건규칙에서 정하는 바에 따른다.

4. 사고피해예측 절차

가상사고를 중심으로 사고피해 예측을 수행하되 그중 사고 발생 빈도 또는 가능성이 높은 가상사고를 중점적으로 분석한다. 가상사고 시나리오 선정은 "최악의 누출 시나리오 선정에 관한 기술지침(KOSHA GUIDE)"과 "화학공장의 피해최소화 대책수립에 관한 기술지침(KOSHA GUIDE)"을 활용한다.

(1) 1단계(근본적인 위험 요소 확인)

정성적인 위험성 평가 단계로서 주로 위험과 운전 분석 기법 또는 체크리스트 기법 등에 의하여 공정내에 잠재하고 있는 위험요소를 확인한다.

(2) 2단계(누출 모델 작성)

누출 모델은 물질이 어떻게 누출되는지를 분석하는 것으로서 배관의 파손, 플랜지 누출, 안전밸브 작동, 운전원 실수 등에 의한 잠재적인 누출원 등을 확인하여 방출되는 위험물질의 양, 온도, 밀도, 시간, 누출상태(가스, 증기, 액체, 혼합물) 등을 계산한다.

(3) 3단계(확산 모델)

2단계의 누출 모델을 근거로 하여 대기 중으로 확산되는 위험물질의 거리에 따른 농도, 확산되는 증기운 구름의 크기, 농도, 형태를 예측한다.

(4) 4단계(피해예측)

누출되는 위험물질이 인화성가스 또는 인화성액체인 경우에는 화재·폭발로 인하여 사업장내의 근로자 및 주변 시설에 미치는 화재·폭발의 영향을 계산하며 독성물질인 경우에는 작업자, 인근 주민 또는 주변 환경에 미치는 영향을 계산 한다.

5. 누출

(1) 누출의 형태

누출의 형태는 위험물질을 저장 또는 취급하고 있는 용기 등에서의 운전원 실수 또는 기계적 결함의 정도, 저장 또는 취급 온도·압력 조건 및 물질의 물리화학적 성질에 따라 달라진다. 일반적으로 누출되는 위험물질의 증기는 누출시간에 따라 순간누출 및 연속누출, 그리고 증기운의 밀도에 따라 가벼운 가스와 무거운 가스로 구분하며 누출량은 설비에서 누출되는 경우와 배관에서 누출되는 경우에 따라 증기 또는 가스 상태, 액체 상태 및 2상(액체-증기) 상태에 대해 유체역학을 적용하여 산출한다. 자세한 내용은 "누출원 모델링에 관한 기술지침(KOSHA GUIDE)"을 참고한다.

(2) 누출결과

인화성가스 및 인화성액체의 누출결과는 최악의 경우 화재 또는 폭발로 나타날 수 있다. 이 화재·폭발의 결과는 누출되는 물질의 특성과 점화되는 시점에서 물질의 상태, 예를들면 누출된 물질이 증기, 가스 또는 액체로 존재하는가 등에 달려있다.

독성물질의 누출에 의한 결과는 누출시간, 누출지점으로 부터의 거리 및 기상 조건에 따라 달라지기 때문에 인화성가스 및 인화성액체의 누출에 의한 결과를 예측하는 것보다 더 어렵다. 따라서 독성물질의 확산에 따른 피해를 최소화 하기 위하여는 독성물질 누출원으로 부터 확산 거리에 따른 농도, 독성 가스운의 지속시간 등을 예측하여야 하며 누출 물질의 독성 정보를 제공하여야 한다.

6. 피해예측

위험물질을 취급하는 화학설비 및 그 부속설비는 근로자, 주변 시설물 및 환경에 심각한 영향을 미칠 수 있는 화재, 폭발 또는 독성물질의 누출 등과 같은 중대산업사고의 발생 가능성이 있다.

(1) 확산

누출된 인화성액체 또는 인화성가스가 누출 즉시 점화되지 않는다면 증기운을 형성하여 먼 거리까지 확산된다. 이 증기운은 확산 되면서 공기와 희석되고 결과적으로 폭발 하한계에 도달하여 더 이상 화재의 위험이 없게 된다. 그러나 독성물질인 경우에는 독성물질이 바람에 의해 상당히 먼 거리까지 확산되어 농도가 낮다 할지라도 근로자 및 주민에게 심각한 영향을 미칠 수 있다.

① 가벼운 가스

공기보다 가벼운 가스의 확산은 확산되는 지역의 대기조건에 의하여 영향을 받는다. 적용 가능한 모델은 다음과 같으며 가우시안 플룸모델 및 퍼프모델을 이용한 확산 피해예측절차는 [부록 1]의 "확산피해예측절차(가벼운 가스)"를 참조한다.

㉮ 가우시안 플룸(Gaussian plume) 모델
㉯ 가우시안 퍼프(Gaussian puff) 모델
㉰ 기타

② 무거운 가스

공기보다 무거운 가스의 확산모델은 다음과 같으며 에이치엠피(HMP)모델 및 비엠(BM)모델을 이용한 확산피해예측절차는 〈부록 2〉의 "확산피해예측절차(무거운 가스)"를 참조한다.

㉮ BM(Britter & McQuaid) 모델
㉯ HMP(Hoot, Meroney & Peterka) 모델
㉰ Degadis 모델
㉱ 기타

(2) 액면 화재/증기운 화재/고압분출 화재

누출된 증기운이 점화되면 누출원 쪽으로 화재가 전파된다. 만약 배관 또는 플랜지 부위에서 누출되는 물질이 즉시 점화된다면 고압분출 화재 또는 액면 화재를 형성하게 된다.

증기운 화재시는 가연성 증기운의 크기를 측정하여 복사열을 예측할 수 있도록 대기 확산 모델을 사용하고, 액면 화재시에는 TNO 모델 등의 적절한 액면화재 모델을 사용한다. 간단히 정량적으로 예측할 수 있는 계산절차는 [부록3]의 "TNO 액면화재모델 피해예측절차"를 참조한다.

고압분출 화재는 미국석유협회(API) 또는 TNO 모델을 사용하여 복사열을 예측한다. 간단히 정량적으로 예측할 수 있는 계산절차는 [부록 4]의 "미국석유협회(API) 고압분출화재모델 피해예측절차"를 참조한다.

(3) 비등액체 팽창증기폭발·화구

화재시 저장 탱크의 순간적인 파열에 의해 비등액체 팽창증기폭발·화구 등이 발생할 수 있는데 화구의 크기 또는 화구로 부터 거리에 따른 복사열 등은 비등 액체 팽창증기폭발 및 화구 모델을 사용하여 쉽게 예측할 수 있다. 따라서 비등액체 팽창증기폭발 또는 화구 발생시의 거리에 따른 복사열 등이 주변 시설물 및 근로자에 미치는 영양을 예측하도록 한다. 비등액체 팽창증기폭발·화구의 KOSHA 피해예측 모델은 TNT 당량 또는 단열팽창 모델 등을 사용하여 계산한다.

간단히 정량적으로 예측할 수 있는 계산절차 및 예시는 [부록 5]의 "비등액체 팽창증기폭발·화구 피해예측 절차" 및 [부록 5-예]의 "복사열 산정 예시"를 참조한다.

(4) 물리적 폭발

압력용기의 물리적폭발은 저장하고 있는 에너지를 방출시키는 것으로서 방출에너지는 폭풍파 및 용기 조각의 비산등으로 나타나며 용기에서 인화성가스나 액화성물질을 취급하는 경우에는 그 물질이 2차적으로 폭발을 일으키게 된다.

물리적 폭발 예측에 사용되는 모델은 다음과 같다.
① TNT 당량 모델
② 기타

간단한 수 계산에 의한 물리적 폭발 피해예측 절차는 [부록 6]의 "물리적 폭발 피해예측 절차"를 참조한다.

(5) 증기운 폭발

대량의 인화성가스 또는 인화성액체의 누출에 따른 증기운 폭발의 발생 확률은 비교적 낮지만 그 결과는 매우 엄청나다. 증기운 폭발의 위력은 과압, 폭풍파 등으로 표시된다. 증기운 폭발시에는 거리에 따른 폭발압력이 인체 및 주변 시설물에 미치는 영향을 예측하여야 한다. 증기운 폭발 예측에 사용되는 모델은 다음과 같다.
① TNT 당량 모델
② TNO 상관 모델
③ TNO 멀티에너지 모델
④ 기타

간단한 수계산에 의한 증기운 폭발 피해예측절차 및 예시는 [부록 7]의 "TNT당량모델 피해예측절차," [부록 8]의 "액화석유가스의 증기운 폭발" 및 [부록 8-예]의 "폭발압 산정 예시"를 참조한다.

(6) 밀폐계 증기운폭발

밀폐된 공간에서의 증기운 폭발은 매우 높은 과압, 폭풍파 또는 용기 조각의 비산 등으로 나타난다. 밀폐계 증기운 폭발에 의한 손상의 크기는 화학물질의 양 및 폭발 압력에 따라 다르게 나타난다.

밀폐계 증기운 폭발 예측에 사용되는 모델은 다음과 같다.
① TNT 당량 모델
② TNO 상관 모델
③ TNO 멀티에너지 모델
④ 기타

7. 위험 기준의 정립

화재, 폭발 또는 독성물질의 누출 등과 같은 중대산업사고의 발생시 복사열, 과압 또는 공기중에 확산되어 있는 독성물질에 의하여 사업장 내의 근로자, 인근 주민 또는 주변 시설물 등에 어느 정도의 위험이 미치는지 또는 이 위험을 받아들일 수 있는지 여부를 판단할 수 있는 위험기준을 작성한다.

(1) 확산

① 독성물질

대기중에 확산되는 독성 물질에 근로자, 인근 주민 등이 노출되는 경우 독성 물질의 농도 및 노출시간에 따른 인체에 미치는 영향을 판단할 수 있는 기준은 "화학물질 폭로 영향지수 산정에 관한 기술지침 (KOSHA GUIDE)"에서 규정하는 ERPG-2 농도에 도달할 수 있는 거리로 한다.

② 인화성가스 및 인화성액체

인화성가스 및 인화성액체가 누출되어 대기중에 확산되는 경우에는 그 물질에 의한 화재에 의하여 근로자, 인근주민 및 주위환경에 영향을 주므로 그 판단 기준은 그 물질의 폭발하한농도가 되는 최대거리로 한다.

(2) 화재(복사열) 23. 4. 1

화구 등과 같이 짧은 시간동안 발생하는 강렬한 복사열에 의한 위험 또는 증기운 화재, 고압분출 화재, 액면 화재 등에 의한 장시간의 복사열에 의하여 근로자 또는 주변 기기에 미치는 영향을 판단할 수 있는 기준은 $5[kW/m^2](1,585[Btu/hr/ft^2])$의 복사열이 미치는 거리로 한다. 참고로 복사열에 의한 영향은 [별표 1]과 같다.

(3) 폭발(과압)

증기운 폭발 등과 같은 폭발 사고시 주변 기기 및 근로자 등에 미치는 영향을 판단할 수 있는 기준은 $0.07\ kgf/cm^2$ (6.9 kPa, 1 psi)의 과압이 도달하는 거리로 한다. 참고로 과압에 의한 영향은 [별표 2]와 같다.

8. 피해예측 보고서

피해예측 보고서에는 누출량, 누출시간, 기상 조건등 확산모델 계산에 사용한 누출모델 기본자료 및 거리에 따른 과압, 복사열, 독성물질의 농도등 가상 사고로 인한 피해를 예측할 수 있는 자료가 포함되어야 하며〈별지 양식 1〉내지〈별지 양식3〉의 양식에 그 결과를 요약한다.

(1) 기상 자료

풍향, 풍속, 온도, 습도 등 사업장의 기상자료. 다만, 사업장 내의 기상 자료가 없는 경우에는 주변 기상청, 공항 등에서 측정한 자료를 인용할 수 있다.

(2) 누출 물질의 정보

① 누출 물질의 명칭 및 양
② 누출 시간

(3) 피해예측 결과

제 6항의 피해예측 결과 각 사고 시나리오별로 최소한 다음과 같은 결과가 포함되도록 한다.

① 확산
  ㉮ 누출물질의 농도, 온도, 밀도
  ㉯ 거리에 따른 농도 등
② 액면 화재
  ㉮ 액면의 크기(지름)
  ㉯ 불꽃의 기울기
  ㉰ 복사열량
  ㉱ 거리에 따른 복사열 강도 등
③ 증기운 화재
  ㉮ 가연성 증기운의 크기(지름)
  ㉯ 증기운의 밀도 및 온도
  ㉰ 복사열량
  ㉱ 거리에 따른 복사열 강도 등
④ 고압분출 화재
  ㉮ 거리에 따른 복사열 강도
  ㉯ 불꽃의 기울기
  ㉰ 복사열량 등
⑤ 비등액체팽창증기폭발
  ㉮ 복사열량
  ㉯ 화구의 지름
  ㉰ 화구의 높이 등
  ㉱ 거리에 따른 복사열 강도 등
⑥ 증기운 폭발
  ㉮ 증기운의 크기
  ㉯ 증기운의 밀도 및 온도
  ㉰ 거리에 따른 과압
  ㉱ 최대 과압 등
⑦ 밀폐계 증기운 폭발
  ㉮ 거리에 따른 과압
  ㉯ 파편의 비산에 의한 영향 등
⑧ 물리적 폭발
  ㉮ 거리에 따른 과압
  ㉯ 파편의 비산에 의한 영향 등

2 제어시스템에서의 안전무결성등급(SIL)결정에 관한 지침

1. 목적

이 지침은 사업장에서 사용하는 전기·전자 프로그래머블 안전시스템으로 구성된 제어시스템의 신뢰도 확보에 관련된 안전무결성등급(SIL) 결정에 필요한 사항을 정함을 목적으로 한다.

2. 적용 범위

이 지침은 제어시스템의 안전무결성등급(safety integrity level, SIL) 결정하는 경우에 적용한다.

3. 용어의 정의

(1) 이 지침에서 사용하는 용어의 정의는 다음과 같다.

① "안전무결성(safety integrity)"이라 함은 안전관련 시스템이 주어진 시간 동안 모든 운전상태에서 요구되는 안전기능을 만족스럽게 수행할 수 있는 확률을 말한다.
② "전기·전자 프로그래밍전자장치(electric/Electronic/Programmable electronic devices)"라 함은 전기·전자 프로그램이 가능한 전자기술을 기반으로 한 장치를 말한다.
③ "프로그래밍 전자장치(programmable electronic devices, PED)"라 함은 하드웨어, 소프트웨어 및 입출력 장치로 구성된 컴퓨터 기술을 기반으로 한 전자 장치를 말한다.
④ "안전시스템(safety system)"이라 함은 운전설비의 안전상태를 유지하도록 안 전기능을 수행하는 전기 전자 프로그램 가능형 시스템, 다른 기술로 구성된 시스템 또는 외부의 위험감소 설비 등을 말한다.
⑤ "안전무결성등급(safety integrity level, SIL)"이라 함은 전기 전자 프로그램가능형 전자장치로 구성된 안전시스템에서, 기능안전의 안전무결성 요건(safety integrity requirements)을 명시한 별개의 등급(1~4)을 말하며 그 중 등급 4가 가장 높고 등급 1이 가장 낮다.
⑥ "기능안전(functional safety)"이라 함은 운전설비 또는 운전제어 시스템의 일부인 전기 전자 프로그램 가능형 안전시스템, 다른 기술로 구성된 안전시스템 또는 외부의 위험감소 설비가 올바르게 동작하도록 하는 기능과 관련된 안전을 말한다.

⑦ "필요한 최소 위험 감소(necessary minimum risk reduction, NMRR)"라 함은 안전무결성등급을 결정하는데 필요한 위험 감소 추정치를 말한다.

⑧ "위험 그래프 방법론(risk graph methodology)"이라 함은 IEC 61508-5를 기준하여 인적안전, 환경피해, 재산피해의 안전무결성등급 값을 구한 후에 요구수준 안전무결성등급(required SIL)을 결정하는 방법론을 말한다.

⑨ "위험 변수(risk parameter)"라 함은 결과, 빈도와 노출시간, 유해위험 회피가능성, 원하지 않는 사고발생의 가능성 등의 변수들을 말한다.

⑩ "안전무결성등급 분석 작업표(SIL classification worksheets)"라 함은 요구수준 안전무결성등급을 산정하기 위하여 공정의 위험성 분석 등을 기술하는 작업양식을 말한다.

⑪ "제어안전시스템(safety instrumented system, SIS)"이라 함은 하나 또는 그 이상의 제어안전기능을 사용하는 계장시스템을 말하며 제어안전시스템(SIS)은 센서, 논리시스템, 최종 구성요소의 조합으로 이루어진다.

⑫ "제어안전기능(safety instrumented function, SIF)"이라 함은 기능안전에 필요한 명시된 안전무결성등급의 안전기능으로, 계장안전의 보호기능 또는 계장안전의 제어기능을 말한다.

(2) 그밖에 이 지침에서 사용하는 용어의 정의는 이 지침에서 특별히 규정하는 경우를 제외하고는 산업안전보건법, 같은 법 시행령, 같은 법 시행규칙 및 산업안전보건기준에 관한 규칙에서 정하는 바에 따른다.

4. 안전관련 시스템의 구성

이 지침에서 안전기능을 수행하는데 이용되는 전기·전자프로그램어블 전자장치시스템의 안전수명을 정하는데 필요한 절차, 방법 등은 다음과 같다.

(1) 일반사항

① 안전기능 시스템은 안전에 영향을 미치는 시스템으로써 이에는 컴퓨터와 같은 프로그래밍 전자장치가 일반적으로 사용된다.

② 프로그래밍 전자시스템(Programmable Electronic System, PED)은 컴퓨터를 기본으로 하는 부분적인 시스템을 말하며, 프로그래밍 전자시스템을 갖춘 기계설비의 프로그래밍 전자시스템이 안전과 관련된 시스템의 정지기능을 갖는 경우에는 일반적으로 안전시스템이 된다. 안전시스템의 기능안전에 관한 상세내용은 프로 그램 가능형 안전시스템의 기능안전 확보에 관한 안전가이드(KOSHA GUIDEE-12-2009)를 참조한다.

③ 프로그래밍 전자시스템(PED)은 [그림 1]과 같이 데이터 하이웨이(datahighway)나 기타 통신선을 통해 기기의 센서 및 기타 입력장치로부터 기기의 동작부나 기타 출력장치로 연결된다. 원칙적으로 안전시스템을 운전하는 작업자의 작업방법도 고려하여야 하나, 일반적으로 생략되는 경우가 많다.

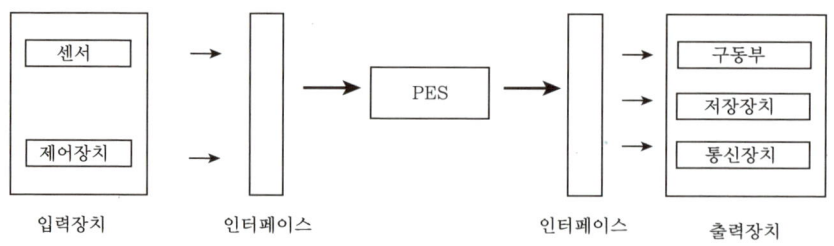

[그림 1] 프로그래밍 전자시스템(PED)의 구조

④ 일부 안전기능 시스템에서는 [그림 2]와 같이 제어시스템(control system)과 보호시스템(protection system)으로 이원화되어 사용될 수 있다. 제어시스템은 설비가 정상적으로 운전되도록 하는 시스템이고, 보호시스템은 고장조건을 취급하거나, 위험상황의 피해 최소화를 위한 출력을 발생하거나, 또는 위험한 사고를 예방하기 위한 시스템이다.

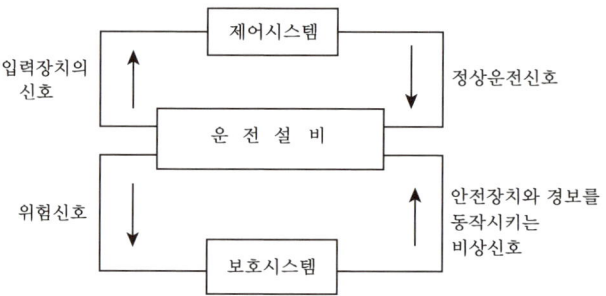

[그림 2] 제어시스템과 보호시스템

⑤ 프로그래밍 전자시스템의 핵심은 프로그램이 가능한 전자부품이며, 이는 다른 프로그램을 사용하거나 지시 시퀀스를 바꾸게 되면 다른 시각 또는 다른 운전방식으로 작업을 수행할 수 있다.
⑥ 프로그래밍 전자시스템의 강점은 다양한 활용에 있으나, 프로그램인 소프트웨어는 안전시스템의 매우 중요한 요소이므로 이의 품질은 매우 중요하다. 이에 대한 내용은「프로그램 가능형 안전시스템의 소프트웨어 안전을 위한 가이드(KOSHA GUIDE E-24-2009)」를 참조한다.

(2) 안전무결성 등급의 결정

안전무결성등급의 결정 및 방법은 5항에서, 인적안전분야는 6항, 환경피해분야는 7항, 재산피해분야에 대해서는 8항에 각각 기술한다.

5. 안전무결성 등급 결정

5.1 안전무결성 등급의 기준 및 적용

① 위험과 운전분석(hazard and operability, HAZOP) 등 정성적 위험성평가에서 확인된 모든 사고 시나리오에 대해 제어안전기능의 필요여부를 판단하고, 각 제어안전기능에 대하여 규명된 안전무결성등급의 값을 부여하여야 하므로 안전무결성등급 검토는 원칙적으로 위험과 운전분석(HAZOP) 등 정성적 위험성평가 후에 수행하는 것이 바람직하다.

② 안전무결성등급 검토는 화학플랜트의 비상정지시스템(ESD system)과 같이 안전과 관련된 제어계통을 대상으로 수행한다.

(1) 인적안전의 기준 및 적용

안전무결성등급 위험목표기준(risk target criteria)의 구분을 위하여 인적안전에 대한안전무결성등급을 산정하는 기술적 내용을 제시한다.

(2) 환경피해의 기준 및 적용

안전무결성등급 위험 목표기준의 구분을 위하여 인적안전에 대한 안전무결성등급을 산정하는 기술적 내용을 제시한다.

(3) 재산피해의 기준 및 적용

안전무결성등급 위험 목표기준의 구분을 위하여 재산피해에 대한 안전무결성등급을 산정하는 기술적 내용을 제시한다.

5.2 안전무결성등급의 산정

① 제어안전시스템과 관련한 시나리오에서 요구수준 안전무결성등급(SIL)은 안전무결성등급 분석 작업표 상에 기입한 인적안전 안전무결성등급, 환경피해 안전무결성등급, 재산피해 안전무결성등급의 값들과 동일하거나 낮도록 산정 한다.

② 요구운전방식(demand mode of operation)에서 제어안전기능의 목표평균 고장확률에 대한 안전무결성등급은 [표 1]을 참조한다.

③ 일반적으로 정유플랜트, 석유화학 및 화학플랜트, 가스플랜트, 발전플랜트, 제철플랜트 등에서의 제어계통 설계기준은 "안전무결성등급 3" 이상을 요구하며, 아울러 기기공급업자(vendor)로부터 제3자 인증(certificate)을 요구하기도 한다.

[표 1] 안전무결성등급 : 평균고장확률 (probability of failure on demand)(IEC 61511-1 참조) 23. 4. 1 출

안전무결성 등급	요구운전방식[1] 목표 평균 고장 확률[2]	비고
4	10^{-5} 이상~10^{-4} 미만	
3	10^{-4} 이상~10^{-3} 미만	
2	10^{-3} 이상~10^{-2} 미만	
1	10^{-2} 이상~10^{-1} 미만	

주1 : 요구운전방식(Demand mode of operation)에서 안전시스템을 구축하기 위한 운전의 요구횟수는 1년에 1회 이하이고 성능검사(proof-test)의 요구횟수는 1년에 2회 이하이어야 한다.
 2 : 여기에서 고장확률이란 제어시스템 내에 사용된 부품(parts or components) 및 관련 프로그램의 고장 확률을 포함한다.

④ 안전무결성등급 3은 제어기기의 고장확률이 1천분의 1 미만이면서 1만분의 1 이상의 신뢰도를 말한다. 즉, 제어기기의 신뢰도가 99.999[%] 이상이면서 99.9999[%] 미만인 것을 의미한다.
⑤ 바람직한 안전무결성등급 검토를 위하여는 각각의 제어계통에 대한 요구수준 안전무결성등급을 산정한 후에 이를 검증하는 과정을 수행 한다.
⑥ 요구에서 안전무결성등급에 따른 각각의 위험감소목표는 [표 2]와 같다.

[표 2] 안전무결성등급: 목표 위험 감소(target risk reduction)(IEC 61511-1 참조)

안전무결성 등급	요구운전방식 목표 평균 고장 확률[2]	비고
4	10^4 이상~10^5 미만	
3	10^3 이상~10^4 미만	
2	10^2 이상~10^3 미만	
1	10 이상~10^2 미만	

주1 : 요구운전방식(demand mode of operation)에서 안전시스템을 구축하기 위한 운전의 요구횟수는 1년에 1회 이하이고 성능검사(proof-test)의 요구횟수는 1년에 2회 이하이어야 한다.
 2. 참고로 ISA-S84.01(Application of safety instrumented systems for the process industries)에 따른 안전무결성등급에 대한 제어안전시스템의 성능 요구사항은 [표 3]과 같다.

[표 3] ISA-S84.01에 따른 안전무결성등급의 성능요구사항(ISA-S84.01 참조)

안전무결성 등급	1	2	3
제어안전시스템 성능요구사항	안전 가용도 범위(Safety availability range)		
	0.9~0.99	0.99~0.999	0.999~0.9999
	고장확률(PFD) 평균 범위(Average range)		
	$10^{-1}\sim10^{-2}$	$10^{-2}\sim10^{-3}$	$10^{-2}\sim10^{-4}$

주: ANSI/ ISA S84.01:
1) Application of Safety Instrumented Systems for the Process Industries
2) US National Standard
3) OSHA 'recognised' under 29 CFR (Process Safety Management of Highly Hazardous Chemicals, etc.) (1910.119)

6. 인적안전무결성등급 산정절차

인적안전 안전무결성등급 값은 [그림 3]의 위험 그래프 방법을 이용하여 결정하되, 이에 대한 위험 변수는 [표 4]와 같이 결과(C), 빈도와 노출시간(F), 유해위험 회피가능성(P), 원하지 않는 사고발생의 가능성(W)을 참고한다.

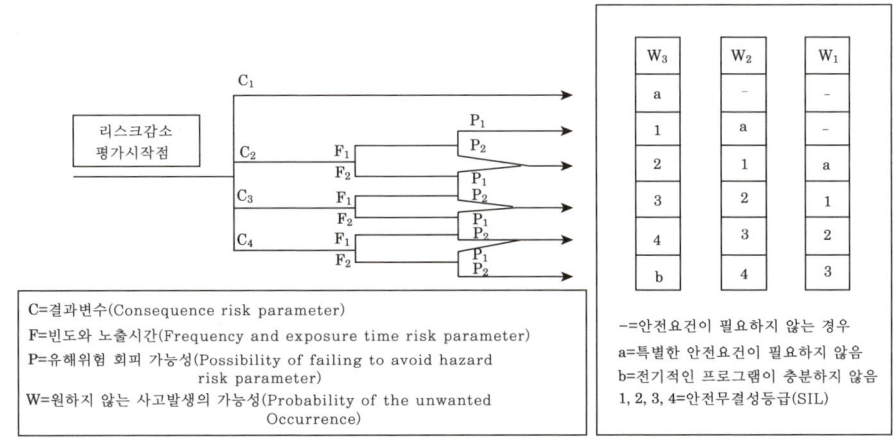

[그림 3] 인적안전에 대한 위험 그래프 방법론

(1) 결과 위험 변수(C)에 대한 설명

결과 위험 변수(C)는 인명에 대한 사고피해의 등급으로서 경미한 사고는 C1, 다수의 중상 또는 사망사고 1명은 C2, 사망 2인 이상 사고는 C3, 다수가 사망한 사고는 C4 등급으로 구분하며 사고피해를 예측한 데이터를 참고하여 선정한다.

(2) 빈도와 노출시간 위험 변수(F)에 대한 설명

빈도와 노출시간 위험 변수(F)는 위험요인 지역에 노출되는 빈도의 등급으로서 매우 희박하게 노출되는 경우 F1, 빈번히 노출되는 경우에는 F2 등급으로 구분하여 선정한다.

(3) 유해위험 회피가능성 위험 변수(P)에 대한 설명

유해위험 회피가능성 위험 변수(P)는 위험요인에 회피할 수 있는 정도를 결정하는 등급으로서 위험상황에 대하여 회피가능하거나 사전에 경고가 가능한 경우 P1 등급, 위험상황에 대하여 회피가 불가능하거나 사전에 경고가 불가능한 경우에는 P2등급으로 구분하며 다음의 고려조건을 참고하여 선정한다.

① 공정운전(즉, 숙련자 또는 비숙련자에 의한 운전 시 관리감독을 받는지 또는 관리감독을 받지 않는지)
② 위험요인 사상의 진행률(예: 급작스럽게, 빠르게 또는 느리게)
③ 위험 인식의 용이성(예: 즉각적인 발견, 기술적인 혹은 비기술적인 측정에 의한 감지)
④ 위험요인 사상의 회피(예: 대피로의 가능성 또는 조건부 회피)
⑤ 실제 안전경험(동일한 제어 하의 기기 또는 이와 유사한 제어 하의 기기에 대한 경험의 유무)

(4) 원하지 않는 사고 발생의 가능성 위험 변수(W)에 대한 설명

원하지 않는 사고발생의 가능성 위험 변수(W)는 안전시스템이 추가로 설치되지 않았을 경우 사고발생 정도를 결정하는 등급으로서 사고발생 건수가 연간 0.1건 미만일 경우 W1, 사고발생 건수가 연간 0.1건 이상 1건 이하일 경우 W2, 사고발생 건수가 연간 1건을 초과하여 10 이하일 경우 W3 등급으로 구분하며 아래의 고려조건을 참고하여 선정한다.

① 사고발생확률은 위험감축장비는 구비하였으나 안전시스템이 추가로 설치되지 않았을 경우 발생 가능한 사고빈도를 추정함.
② 제어 하의 기기 시스템의 사용경험 또는 이와 유사한 경험이 없다면, 사고발생확률 추정은 계산방법에 의하며 그 확률은 최악의 예상치를 적용함.

<표 4> 인적안전에 대한 위험 데이터

위험 변수	등급분류		비고
결과변수 (Consequence risk parameter, C)	C_1	경상	
	C_2	다수의 중상 또는 사망 1명	
	C_3	사망 2인 이상	
	C_4	사망 다수	
빈도와 노출시간 (Frequency of, and exposure time in, thw hazardous zone, F)	F_1	매우 희박함	
	F_2	빈번함	
유해위험 회피가능성 (Possibility of avoiding the hazardous event, P)	P_1	회피 가능	1. 고려조건 1) 공정운전(즉, 숙련자 또는 비숙련자에 의한 운전 시 관리감독을 받는 지 혹은 관리감독을 받지 않는 지) 2) 위험요인 사상의 진행률(예: 급작스럽게, 빠르게 또는 느리게) 3) 위험 인식의 용이성(예: 즉각적인 발견, 기술적인 혹은 비기술적인 측정에 의한 감지)
	P_2	회피 불가능	4) 위험요인 사상의 회피(예: 대피로의 가능성 또는 조건부 회피) 5) 실제 안전경험(동일한 제어 하의 기기 또는 이와 유사한 제어 하의 기기에 대한 경험의 유무)
원하지 않는 사고발생의 가능성 (Probability of the unwanted occurrence, W)	W_1	낮음(연간 0.1건 미만)	2. 사고발생확률은 위험감축장비는 구비하였으나 안전시스템이 추가로 설치되지 않았을 경우 발생 가능한 사고빈도를 추정함 3. 제어 하의 기기 시스템의 사용경험 또는 이와 유사한 경험이 없다면, 사고발생확률 추정은 계산방법에 의하며 그 확률은 최악의 예상치를 적용함
	W_2	중간(연간 0.1건 이상 1건 이하)	
	W_2	높음(연간 0.1건 초과 10건 이하)	

(5) 인적안전에 대한 안전무결성등급 산정방법

① 인적안전에 대한 위험 변수인 결과 변수(C), 빈도와 노출시간 (F), 유해위험 회피가능성(P), 원하지 않는 사고발생의 가능성(W)에 대하여 각각의 등급에 따라 부록의 [그림 4]에서 보는 바와 같이 시작점에서 출발하여 우선적으로 결과 변수(C) 등급에 따라 C1, C2, C3, C4 등급 중 하나를 결정하고 빈도와 노출시간(F), 유해위험 회피가능성(P), 원하지 않는 사고발생의 가능성(W)을 각각의 등급에 따라 결정하여 필요한 최소 위험 감소(necessary minimum risk reduction)를 구한다.

② 그 다음에 최종적으로 [그림 3]에서 명시한 바와 같이 필요한 최소 위험 감소 (NMRR)인 '-', 'a', 'b', '1', '2', '3', '4'에 상응하는 인적안전 안전무결성 등급을 산정한다.

(6) 인적안전에 대한 안전무결성 산정의 예

인적안전에 대한 안전무결성등급을 산정하는 예는 아래 [그림 4], [표 5]와 같다. 예를 들어, 결과 변수(C)는 C2, 빈도와 노출시간(F)은 F2, 유해위험 회피가능성(P)은 P2, 원하지 않는 사고발생의 가능성(W)은 W3등급일 경우 아래 [그림 4]과 같이 시작점에서 출발하여 C2 → F2 → P2 → W3의 필요한 최소 리스크 감소 (NMRR)인 '3'을 결정하면 '3'은 [그림 4]에서 명시한 바와 같이 인적안전 안전무결성등급 3으로 산정한다.

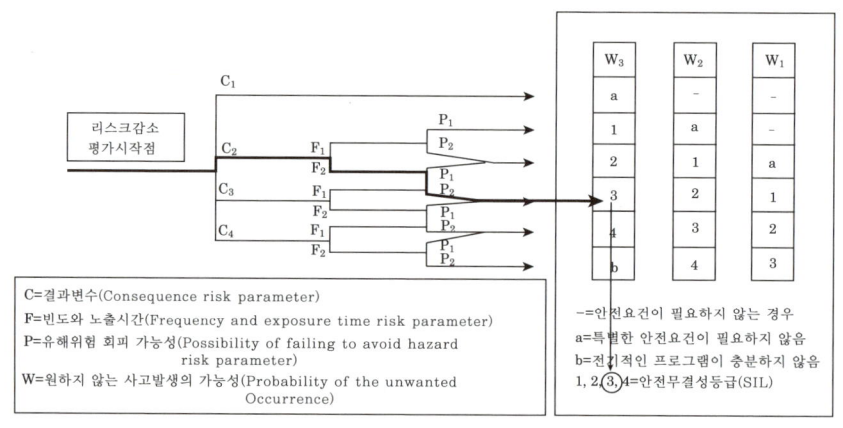

[그림 4] 인적안전에 대한 안전무결성 등급 산정 방법

[표 5] 등급분류에 따른 인적안전 안전무결성등급 산정

위험 변수	등급 분류	비고
1) 결과 변수(Consequence risk parameter, C)	C_2	
2) 빈도와 노출시간(Frequency of, and exposure time in, the hazardous zone, F)	F_2	
3) 유해위험 회피가능성(Possibility of avoiding the hazardous event, P)	P_2	
4) 원하지 않는 사고발생의 가능성(Probability of the unwanted occurrence, W)	W_3	
5) 필요한 최소 위험 감소(Necessary minimum risk reduction, NMRR)	3	
6) 인적안전 안전무결성등급	SIL3	

7. 환경피해 안전무결성등급 산정 절차

환경피해에 대한 위험 변수는 [표 6]과 같이 결과 변수(C), 유해위험 회피가능성(P), 원하지 않는 사고발생의 가능성(W)으로 구성되어 지며, 이 값들을 사용하여 [그림 5]의 위험 그래프 방법론을 통해 인적안전 안전무결성등급 값을 산정한다.

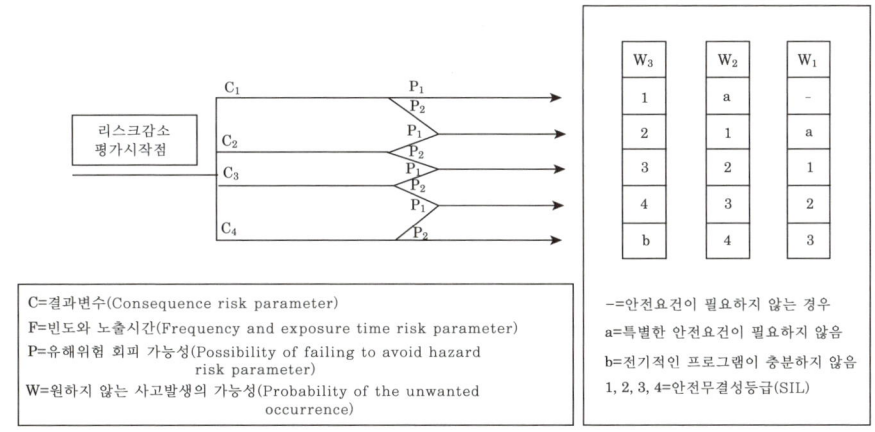

[그림 5] 환경피해에 대한 위험그래프 방법론

(1) 결과 위험 변수(C)에 대한 설명

결과 위험 변수(C)는 환경에 대한 사고피해의 등급으로서 소량누출 피해는 C1, 사업장 내부 누출피해는 C2, 사업장 외부로 누출피해가 발생하였으나 빠른 방제가 가능한 경우는 C3, 사업장 외부로 지속적으로 누출피해가 발생하는 경우는 C4 등급으로 구분하며 아래의 고려조건을 참고하여 선정한다.

① 밸브나 플랜지에서 보통의 누출, 소규모 액체 유출 또는 지하수에 영향이 없는 소규모 토양오염
② 플랜지 개스킷 블로우 아웃(blow-out)이나 압축기 밀봉(seal)의 파열에 의한 단위공정 외부로 매우 불쾌한 증기운(vapor cloud)의 이동
③ 식물, 동물에 일시적 피해를 야기하는 증기 또는 분무상태(aerosol)의 누출, 강 또는 바다로 액체 유출
④ 식물, 동물에 지속적 피해를 야기하는 증기 또는 분무상태(aerosol)의 누출.
⑤ 고체의 낙진(먼지, 촉매, 그을음, 화산재) 또는 지하수에 영향을 주는 액체 누출

(2) 빈도와 노출시간 위험 변수(F)에 대한 설명

빈도와 노출시간 위험 변수(F)는 점유(occupancy)의 개념을 적용하지 않아 사용하지 않는다.

(3) 유해위험 회피가능성 위험 변수(P)에 대한 설명

유해위험 회피가능성 위험 변수(P)는 위험요인에 회피할 수 있는 정도를 결정하는 등급으로서 위험상황에 대하여 회피가능하거나 사전에 경고가 가능한 경우 P1 등급, 위험상황에 대하여 회피가 불가능하거나 사전에 경고가 불가능한 경우에는 P2 등급으로 구분하며 다음의 고려조건을 참고하여 선정한다.

① 공정운전(즉, 숙련자 또는 비숙련자에 의한 운전 시 관리감독을 받는지 혹은 관리감독을 받지 않는지)
② 위험요인 사상의 진행률(예 : 급작스럽게, 빠르게 또는 느리게)
③ 위험 인식의 용이성(예 : 즉시 발견, 기술적 또는 비기술적 측정에 의한 감지)
④ 위험요인 사상의 회피(예 : 대피로의 가능성 또는 조건부 회피)
⑤ 실제 안전경험(동일한 제어 하의 기기 또는 이와 유사한 제어 하의 기기에 대한 경험의 유무).

(4) 원하지 않는 사고 발생의 가능성 리스크 변수(W)에 대한 설명

원하지 않는 사고발생의 가능성 리스크 변수(W)는 안전시스템이 추가로 설치되지 않았을 경우 사고발생 정도를 결정하는 등급으로서 사고발생 건수가 연간 0.1건 미만일경우 W1, 사고발생 건수가 연간 0.1건 이상 1건 이하일 경우 W2, 사고발생 건수가 연간 1건을 초과하여 10 이하일 경우 W3 등급으로 구분하며 아래의 고려조건을 참고하여 선정한다.

① 사고발생확률은 위험감축장비는 구비하였으나 안전시스템이 추가로 설치되지 않았을 경우 발생 가능한 사고빈도를 추정함.
② 제어 하의 기기 시스템의 사용경험 또는 이와 유사한 경험이 없다면, 사고발생확률 추정은 계산방법에 의하며 그 확률은 최악의 예상치를 적용함

(5) 환경피해에 대한 안전무결성등급 산정방법

① 환경피해에 대한 리스크 변수인 결과 변수(C), 유해위험 회피가능성(P), 원하지 않는 사고발생의 가능성(W)에 대하여 각각의 등급에 따라 [그림 6]에서와 같이 시작점에서 출발하여 우선적으로 결과 변수(C) 등급에 따라 C1, C2, C3, C4 등급 중 하나를 결정하고 빈도와 노출시간(F), 유해위험 회피가능성(P), 원하지 않는 사고발생의 가능성(W)을 각각의 등급에 따라 결정하여 필요한 최소 리스크 감소NMRR(necessary minimum risk reduction)을 구한다.
② 그 다음에 최종적으로 [그림 5]에서 명시한 바와 같이 필요한 최소 위험 감소(NMRR)인 '–', 'a', 'b', '1', '2', '3', '4'에 상응하는 환경피해 안전무결성 등급을 산정한다.

[표 6] 환경피해에 대한 위험 데이터

위험 변수	등급분류		비고
결과변수 (consequence risk parameter, C)	C_1	소량누출	1. 밸브나 플랜지에서 보통의 누출 2. 소규모 액체 유출 3. 지하수에 영향 없는 소규모 토양오염
	C_2	사업장 내부 누출	4. 플랜지 캐스킷 블로우 아웃(blow-out)이나 압축기 밀봉(Seal)의 파열에 의한 단위공정 외부로 매우 불쾌한 증기운의 이동
	C_3	일시적인 사업장 외부 누출	5. 식물, 동물에 일시적 피해를 야기하는 증기 또는 분무상태(aerosol)의 누출 6. 강 또는 바다로 액체 누출
	C_4	지속적인 사업장 외부 누출	7. 식물, 동물에 지속적 피해를 야기하는 증기 또는 분무상태(aerosol)의 누출 8. 고체의 낙진(먼지, 촉매, 그을음, 화산재) 9. 지하수에 영향을 주는 액체 누출
유해위험 회피가능성 (possibility of avoiding the hazardous event, P)	P_1	회피 가능	10. 고려조건 1) 공정운전(즉, 숙련자 또는 비숙련자에 의한 운전 시 관리감독을 받는 지 또는 관리감독을 받지 않는지) 2) 위험요인 사상의 진행률(예: 급작스럽게, 빠르게 또는 느리게)
	P_2	회피 불가능	3) 위험 인식의 용이성(예: 즉각적인 발견, 기술적인 혹은 비기술적인 측정에 의한 감지) 4) 위험요인 사상의 회피(예: 대피로의 가능성 또는 조건부 회피) 5) 실제 안전경험(동일한 제어 하의 기기 또는 이와 유사한 제어 하의 기기에 대한 경험의 유무)
원하지 않는 사고발생의 가능성 (probability of the unwanted occurrence, W)	W_1	낮음(연간 0.1건 미만)	11. 사고발생확률은 위험감축장비는 구비하였으나 안전시스템이 추가로 설치되지 않았을 경우 발생 가능한 사고빈도를 추정함
	W_2	중간(연간 0.1건 이상 1건 이하)	
	W_2	높음(연간 1건 초과 10건 이하)	12. 제어 하의 기기 시스템의 사용경험 또는 이와 유사한 경험이 없다면, 사고발생확률 추정은 계산방법에 의하며 그 확률은 최악의 예상치를 적용함

(6) 환경피해에 대한 안전무결성 산정의 예

환경피해에 대한 안전무결성등급을 산정하는 예는 아래 [그림 6], [표 7]과 같다. 예를 들어, 결과 변수(C)는 C2, 유해위험 회피가능성(P)은 P2, 원하지 않는 사고 발생의 가능성(W)은 W3등급일 경우 [그림 6]과 같이 시작점에서 출발하여 C2 → P2 → W3의 필요한 최소 리스크 감소(NMRR)인 '3'을 결정하면 '3'은 [그림 6]에서 명시한 바와 같이 인적안전 안전무결성등급 3으로 산정한다.

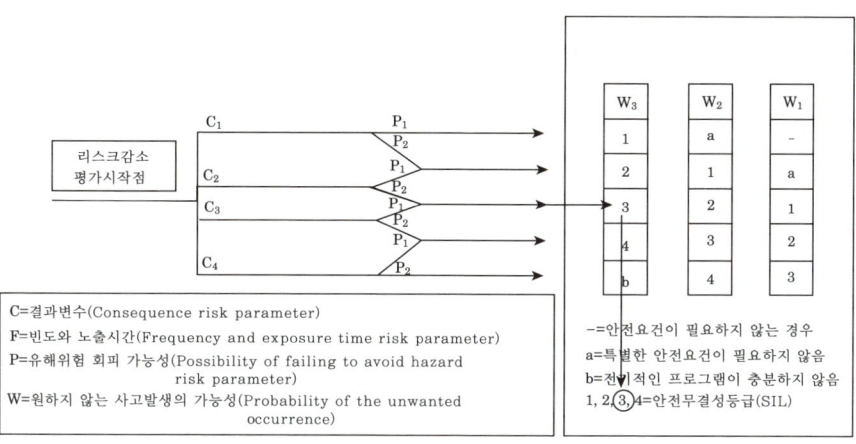

[그림 6] 환경피해에 대한 안전무결성 등급 산정 방법

[표 7] 등급분류에 따른 환경피해 안전무결성등급 산정

위험 변수	등급 분류	비고
1) 결과 변수(consequence risk parameter, C)	C_2	
2) 유해위험 회피가능성(possibility of avoiding the hazardous event, P)	P_2	
3) 원하지 않는 사고발생의 가능성(probability of the unwanted occurrence, W)	W_3	
4) 필요한 최소 위험 감소(necessary minimum risk reduction, NMRR)	3	
5) 환경피해 안전무결성등급	SIL3	

8. 재산피해 안전무결성등급 산정 절차

재산피해에 대한 위험 변수는 [표 8]과 같이 결과 변수(C), 유해위험 회피가능성 (P), 원하지 않는 사고발생의 가능성(W)으로 구성되어 지며, 이 값들을 사용하여 [그림 7]의 위험 그래프 방법론을 통해 인적안전 안전무결성등급 값을 산정한다.

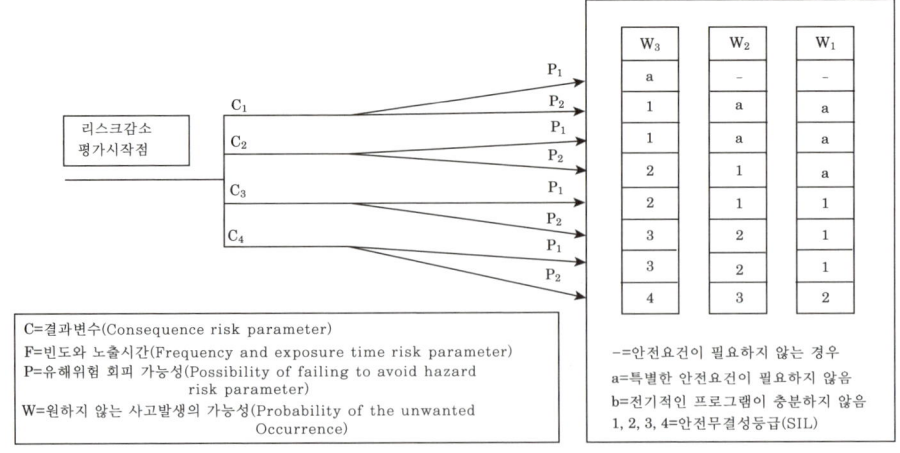

[그림 7] 재산피해에 대한 위험 그래프 방법론

(1) 결과 위험 변수(C)에 대한 설명

결과 위험 변수(C)는 재산에 대한 사고피해의 등급으로서 6천만원 미만의 피해는 C1, 6천만원 이상 1억2천만원 미만의 피해는 C2, 1억2천만원 이상 12억원 미만의 피해는 C3, 12억원 이상의 피해는 C4 등급으로 구분하며 아래의 고려조건을 참고하여 선정한다.

① 1~2일 생산손실 또는 미약한 설비손상
② 1주 생산손실 또는 약간의 설비손상
③ 1달 생산손실 또는 상당한 설비손상
④ 6개월 이상의 막대한 생산손실 또는 설비손상.

(2) 빈도와 노출시간 위험 변수(F)에 대한 설명

빈도와 노출시간 위험 변수(F)는 점유(occupancy)의 개념을 적용하지 않아 사용하지 않는다.

(3) 유해위험 회피가능성 위험 변수(P)에 대한 설명

유해위험 회피가능성 위험 변수(P)는 위험요인에 회피할 수 있는 정도를 결정하는 등급으로서 위험상황에 대하여 회피가능하거나 사전에 경고가 가능한 경우 P1 등급, 위험상황에 대하여 회피가 불가능하거나 사전에 경고가 불가능한 경우에는 P2등급으로 구분하며 다음의 고려조건을 참고하여 선정한다.

① 공정운전(즉, 숙련자 또는 비숙련자에 의한 운전 시 관리감독을 받는지 혹은 관리감독을 받지 않는지)
② 위험요인 사상의 진행률(예: 급작스럽게, 빠르게 또는 느리게)

③ 위험 인식의 용이성(예: 즉각적인 발견, 기술적인 혹은 비기술적인 측정에 의한 감지)
④ 위험요인 사상의 회피(예: 대피로의 가능성 또는 조건부 회피)
⑤ 실제 안전경험(동일한 제어 하의 기기 또는 이와 유사한 제어 하의 기기에 대한 경험의 유무)

(4) 원하지 않는 사고 발생의 가능성 리스크 변수(W)에 대한 설명

원하지 않는 사고발생의 가능성 리스크 변수(W)는 안전시스템이 추가로 설치되지 않았을 경우 사고발생 정도를 결정하는 등급으로서 사고발생 건수가 연간 0.1건 미만일경우 W1, 사고발생 건수가 연간 0.1건 이상 1건 이하일 경우 W2, 사고발생 건수가 연간 1건을 초과하여 10 이하일 경우 W3 등급으로 구분하며 아래의 고려조건을 참고하여 선정한다.

① 사고발생확률은 위험감축장비는 구비하였으나 안전시스템이 추가로 설치되지 않았을 경우 발생 가능한 사고빈도를 추정하다.
② 제어 하의 기기 시스템의 사용경험 또는 이와 유사한 경험이 없다면, 사고발생확률 추정은 계산방법에 의하며 그 확률은 최악의 예상치를 적용한다.

[표 8] 재산피해에 대한 위험 데이터

위험 변수	등급분류		비고
결과변수 (Consequence risk parameter, C)	C_1	피해액 6천만원 미만(5만불 미만)	1. 1~2일 생산손실 또는 미약한 설비손상
	C_2	피해약 6천만원 이상 1억2천만원 미만(5만불이상 10만불 미만	2. 1주 생산손실 또는 약간의 설비손상
	C_3	피해액 1억2천만원 이상 12억원 미만(10만불 이상 100만불 미만)	3. 1달 생산손실 또는 상당한 설비손상
	C_4	피해액 12억원 이상(100만불 이상)	4. 6개월 이상의 막대한 생산손실 또는 설비손상

유해위험 회피가능성(Possibility of avoiding the hazardous event, P)	P_1	회피 가능	5. 고려조건 1) 공정운전(즉, 숙련자 또는 비숙련자에 의한 운전 시 관리감독을 받는 지 혹은 관리감독을 받지 않는지) 2) 위험요인 사상의 진행률(예: 급작스럽게, 빠르게 또는 느리게) 3) 위험 인식의 용이성(예: 즉각적인 발견, 기술적인 혹은 비기술적인 측정에 의한 감지)
	P_2	회피 불가능	4) 위험요인 사상의 회피(예: 대피로의 가능성 또는 조건부 회피) 5) 실제 안전경험(동일한 제어 하의 기기 또는 이와 유사한 제어 하의 기기에 대한 경험의 유무)
원하지 않는 사고발생의 가능성 (Probability of the unwanted occurrence, W)	W_1	낮음(연간 0.1건 미만)	6. 사고발생확률은 위험감축장비는 구비하였으나 안전시스템이 추가로 설치되지 않았을 경우 발생 가능한 사고빈도를 추정함 7. 제어 하의 기기 시스템의 사용경험 또는 이와 유사한 경험이 없다면, 사고발생확률 추정은 계산방법에 의하며 그 확률은 최악의 예상치를 적용함
	W_2	중간(연간 0.1건 이상 1건 이하)	
	W_3	높음(연간 1건 초과 10건 이하)	

(5) 재산피해에 대한 안전무결성등급 산정방법

재산피해에 대한 리스크 변수인 결과 변수(C), 유해위험 회피가능성(P), 원하지 않는 사고발생의 가능성(W)에 대하여 각각의 등급에 따라 [그림 8]에서와 같이 시작점에서 출발하여 우선적으로 결과 변수(C) 등급에 따라 C1, C2, C3, C4 등급 중 하나를 결정하고 빈도와 노출시간(F), 유해위험 회피가능성(P), 원하지 않는 사고 발생의 가능성(W)을 각각의 등급에 따라 결정하여 필요한 최소 리스크 감소 NMRR(necessary minimum risk reduction)을 구한다.

그 다음에 최종적으로 [그림 7]에서 명시한 바와 같이 필요한 최소 위험 감소(NMRR)인 '-', 'a', 'b', '1', '2', '3', '4'에 상응하는 환경피해 안전무결성등급을 산정한다.

(6) 재산피해에 대한 안전무결성 산정의 예

재산피해에 대한 안전무결성등급을 산정하는 예는 아래 [그림 8], [표 9]와 같다. 예를 들어, 결과 변수(C)는 C2, 유해위험 회피가능성(P)은 P2, 원하지 않는 사고

발생의 가능성(W)은 W3등급일 경우 아래 [그림 8]과 같이 시작점에서 출발하여 C2 → P2 → W3의 필요한 최소 리스크 감소(NMRR)인 '2'를 결정하면 '2'는 [그림 8]에서 명시한 바와 같이 인적안전 안전무결성등급 2로 산정한다.

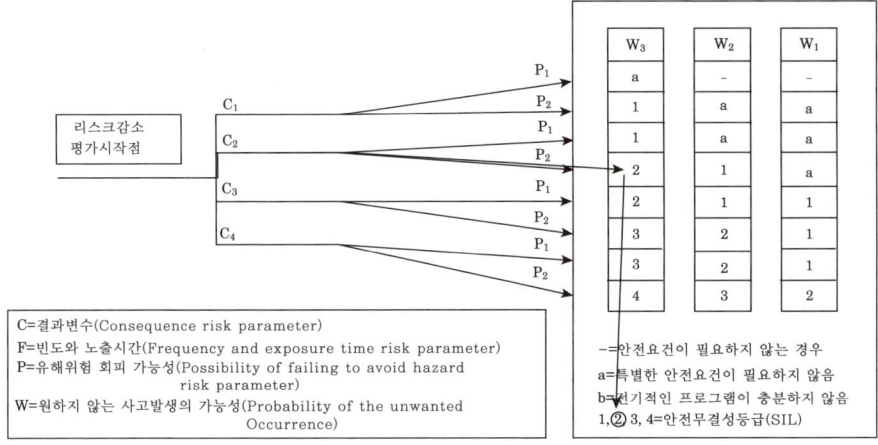

[그림 8] 재산피해에 대한 안전무결성 등급 산정 방법

[표 9] 등급분류에 따른 재산피해 안전무결성등급 산정

위험 변수	등급 분류	비고
1) 결과 변수(consequence risk parameter, C)	C_2	
2) 유해위험 회피가능성(possibility of avoiding the hazardous event, P)	P_2	
3) 원하지 않는 사고발생의 가능성(probability of the unwanted occurrence, W)	W_3	
4) 필요한 최소 위험 감소(necessary minimum risk reduction, NMRR)	3	
5) 재산피해 안전무결성등급	SIL2	

9. 안전무결성등급(SIL) 분석 작업표 작성방법

(1) 안전무결성등급 분석 과정

① 안전안전무결성등급 분석은 작성된 제어안전시스템에 대하여 IEC 61508 및 IEC61511을 기준으로 한 위험 그래프 방법론(risk graph methodology)을 사용하여 요구수준 안전무결성등급을 산정하는 과정이다.
② 안전무결성등급 구분은 다음과 같은 구성원을 팀으로 하여 실행한다.
㉮ 공정전문가(process specialist)

㉯ 공정제어기술자(process control engineer)
㉰ 생산관리자(operations management)
㉱ 안전전문가(safety specialist)
㉲ 대상 공정의 운전경험자(person who has practical experience of operating the process under consideration) 등

(2) 안전무결성등급의 위험 목표기준(risk target criteria) 결정

① 안전무결성등급 분석에서 위험 등급은 각 분야 전문가들의 회의를 통해 위험그래프 방법론(risk graph methodology)을 사용하여 결정하며, 다음과 같은 항목을 결정한다.
　㉮ 공정 위험(결과, 빈도) 반영
　㉯ 실패확률 및 반영
　㉰ 인적안전 위험 반영
　㉱ 환경피해 위험 반영
　㉲ 재산피해 위험 반영
　㉳ 허용 위험 반영
　㉴ 안전무결성등급 결정
② 안전무결성등급 결정은 KS C IEC 61508 및 KS C IEC 61511을 참조하여 결정한다.

(3) 안전무결성등급 분석 작업표

안전무결성등급 분석 작업표는 다음과 같은 항목들을 포함하여 작성한다.
① 제어안전시스템 번호
　제어안전시스템(SIS)의 번호(Tag No. 등)를 기입한다.
② 공정배관·계장도 번호
　공정배관·계장도(P&ID)의 번호를 기입한다.
③ 제어안전기능 설명
　제어안전기능(SIF)에 대한 설명을 기입한다.
④ 설계의도
　설계자의 설계의도 및 설계사양을 기입한다.
⑤ 요구 시나리오
　사고발생의 시나리오를 기입한다.
⑥ 사고발생결과
　사고발생의 결과인 인적안전, 환경피해 및 재산피해를 기입한다.
⑦ 현재안전조치

각각의 요구 시나리오에 대해 관심 대상의 제어안전기능을 제외한 현재안전조치(Safeguard)를 기입한다.

⑧ 결과 변수(consequence risk parameter) : (C)
결과 위험변수를 기입한다.

⑨ 빈도와 노출시간(frequency of, and exposure time in, the hazardous zone) : (F)
폭발위험장소(hazardous zone)에 노출되는 빈도와 시간을 기입한다.

⑩ 유해위험 회피가능성(possibility of avoiding the hazardous event) : (P)
유해위험(hazardous event)의 회피 가능성을 기입한다.

⑪ 원하지 않는 사고발생의 가능성(probability of the unwanted occurrence) : (W)
원치 않는 사고발생의 가능성을 기입한다.

⑫ 인적안전
인적안전무결성등급 산정 절차(6항 참조)에 따라 해당하는 값을 기입한다.

⑬ 환경피해
환경피해 안전무결성등급 산정 절차(7항 참조)에 따라 해당하는 값을 기입한다.

⑭ 재산피해
재산피해안전무결성등급 산정 절차(8항 참조)에 따라 해당하는 값을 기입한다.

⑮ 요구수준 안전무결성등급
인적안전 안전무결성등급, 환경피해 안전무결성등급, 재산피해 안전무결성등급 값들 중 가장 높은 안전무결설등급 값을 기입한다.

⑯ 안전무결성등급 분석 작업표의 양식은 [표 10]을 기준으로 한다.

⑰ 안전무결성등급 분석 작업표의 작성 예는 [부록]을 참조한다.

[표 10] 안전무결성등급 분석 작업표

안전 무결성 등급 분석 작업표		비고
(1) 제어안전시스템 번호		
(2) 공정배관·계장도 번호		
(3) 제어안전기능 설명		
(4) 설계의도		
(5) 요구 시나리오		
(6) 사고발생결과		
(7) 현재안전조치		

(8) 결과 변수(C) (consequence risk parameter)				
(9) 빈도와 노출시간(F) (frequency of, and exposure time in, the hazardous zone)				
(10) 유해위험 회피가능성(P)(possibility of avoiding the hazardous event)				
(11) 원하지 않는 사고발생의 가능성(W) (probability of the unwanted occurrence)				
(12) 인적 안전	(13) 환경피해	(14) 재산피해	약자	
C	C	C	C = 결과 변수 (consequence risk parameter)	
F	F	F	F = 빈도와 노출시간 (frequency and exposure time risk parameter)	
P	P	P	P = 유해위험 회피가능성 (possibility of avoiding hazard risk parameter)	
W	W	W	W = 원하지 않는 사고발생의 가능성(possibility of the unwanted occurrence)	
NMRR	NMRR	NMRR	NMRR = 필요한 최소 위험 감소 (necessary minimum risk reduction)	
인적 안전 안전 무결성 등급 (SIL)	환경 피해 안전 무결성 등급 (SIL)	재산 피해 안전 무결성 등급 (SIL)	(15) 요구수준 안전무결성 등급	

3 공정안전성 분석(K-PSR)기법에 관한 기술지침

1. 목적

이 지침은 공정위험성평가서를 작성하기 위한 공정안전성 분석(K-PSR)에 필요한 사항을 제시하는데 그 목적이 있다.

2. 적용범위

이 지침은 화학공장의 연속식 공정과 회분식 공정의 안전성을 평가하는 데에 적용한다. 특히 설치·가동중인 기존의 화학공장에서 위험과 운전분석(HAZOP) 기법 등으로 위험성평가를 실시한 후, 다시 공정상의 안전성을 재검토 또는 분석하는데 활용한다.

3. 정의

(1) 이 지침에서 사용하는 용어의 정의는 다음과 같다.

① "공정안전성 분석 기법(K-PSR, KOSHA Process safety review)"이라 함은 설치·가동중인 기존 화학공장의 공정안전성(Process safety)을 재검토하여 사고위험성을 분석(Review)하는 기법이다

② "가이드워드(Guide words)"라 함은 공정상의 잠재위험을 찾아내는데 도움을 주는 용어를 말하며, 위험형태와 원인으로 표현된다. 회분식 공정 및 연속식 공정의 가이드워드는 [별표 1] 및 [별표 2]와 같다.

③ "위험형태"라 함은 사업장에서 발생한 사고로 인하여 직·간접적으로 인적, 물적, 환경적 피해를 입히는 원인이 될 수 있는 잠재적인 위험의 종류를 말하며 본 지침에서는 누출, 화재·폭발, 공정 트러블 및 상해 등 4가지로 표현된다. 23. 4. 1

④ "원인·결과"라 함은 위험형태가 발생될 수 있는 사고 원인 및 이로 인하여 발생 가능한 사고결과를 말한다.

⑤ "관련 문제사항"이라 함은 해당 위험 및 원인·결과 사항에 대한 주요 관심사항 및 팀원 또는 경영진에서 생각하는 주요 쟁점사항 등을 말한다.

⑥ "현재안전조치"라 함은 잠재 위험 및 원인·결과 사항에 대한 안전장치의 역할을 하고 있는 이미 설치된 장치나 현재의 관리상황 등을 말한다.

⑦ "개선권고사항"이라 함은 위험 및 원인·결과 사항에 대한 현재안전조치가 부족하다고 판단될 때 추가적인 안전성을 확보하기 위해 도출된 장치 또는 활동 등을 말한다.

(2) 그 밖의 용어의 정의는 이 지침에서 특별한 규정이 있는 경우를 제외하고는 산업안전보건법, 같은 법 시행령, 같은 법 시행규칙 및 산업안전보건기준에 관한 규칙에서 정하는 바에 의한다.

4. 공정안전성 평가절차

(1) 평가절차

평가절차는 다음과 같다.

[그림 1] 평가절차

(2) 검토항목 선정 시 고려사항

① 검토항목은 공정의 복잡성(공정배관계장도의 수량 등) 및 팀의 경험에 따라 그 크기를 정해야 한다.
② 검토항목은 기능상의 구분과 시스템의 복잡성에 따라 구분할 수 있다
③ 기능상으로 검토항목을 설정할 때 고려할 사항은 다음과 같다.
　㉮ 가능한 한 공정을 따른다.

㉯ 공정배관계장도(P&ID) 전반을 고려한다.
　㉰ 아래와 같은 경우에는 검토항목을 변경한다.
　　㉠ 설계목적이 변경될 때
　　㉡ 공정 조건에 중요한 변경이 있을 때
　　㉢ 이전 검토항목 다음에 주요 기기가 있을 때
④ 검토항목을 정하고 관련 정보를 작성한다.
⑤ 검토항목별로 가이드워드에 따라 원인·결과 및 관련 문제사항을 도출한다.

(3) 평가팀 구성 및 리더의 역할

① 평가팀 구성

평가팀은 다음 인원으로 구성하되, 경험이 풍부한 생산 및 정비담당자를 반드시 포함하여야 한다.
　㉮ 리더 : 운전경험, 위험성평가 교육훈련 등이 충분한 자
　㉯ 팀원 : 정비 및 생산 관리자, 기술(공정) 및 안전기술자

② 팀 리더의 역할
　㉮ 평가팀의 리더는 [그림 1]의 평가절차에 따라 먼저 공정 자료와 도면 목록을 준비한다.
　㉯ 평가팀의 리더는 평가의 개요와 목적을 팀 구성원에게 충분히 설명하여야 한다.
　㉰ 도면에 표기된 모든 장치 및 설비에 대한 목적과 특성을 설명하고 토의한다.
　㉱ 평가항목에 따라 설계목적과 특성을 상세히 설명한 후 가이드워드와 원인·결과를 도출한다.
　㉲ 과거에 유사 설비에서 발생했던 사고 사례에 대하여도 평가한다.

(4) 자료 수집

① 팀 리더는 평가의 목적과 범위를 정한 후 평가에 필요한 자료를 수집한다.
② 평가에 사용되는 설계도서는 최신의 것이어야 한다.
③ 기존 공장의 평가에 사용되는 설계도서들은 현장과 일치되는 것이라야 한다.
④ 평가에 필요한 자료목록은 다음과 같다.
　㉮ 기존의 위험성 평가서 (HAZOP 등)
　㉯ 공정관련 자료
　　㉠ 공정흐름도(PFD), 공정배관계장도(P&ID), 제어계통 설명서
　　㉡ 방출 및 블로우다운 보고서, 경보 및 자동운전정지 설정치 목록
　　㉢ 운전 및 수정/변경사항 이력
　　㉣ 사고 보고서(아차사고 포함)

㉰ 비상조치계획

(5) 평가 회의 일정

본 분석 기법을 통한 잠재 위험 분석의 효율을 높이기 위하여 장시간의 회의는 바람직하지 않으며 통상적으로 일주일에 2~3회, 하루에 3시간 내에서 회의를 진행하는 것이 좋다.

(6) 평가시 협의사항

평가 수행 전에 평가팀이 협의하여야 할 사항은 다음과 같다
① 평가목표, 목적, 방법 및 관리에 대한 팀 브리핑
② 운전이력, 최초의 설계의도, 기계설비 변경사항, 생산능력
③ 운전 중 취급하는 화학물질과 화학물질의 위험성, 사람의 노출, 환경에 대한 영향, 그리고 가능한 반응을 검토
④ 설계 및 운전상의 특별 고려사항
⑤ 운전, 화학물질, 공정의 중대한 잠재위험
⑥ 평가 범위
⑦ 공정의 지역별, 단계별로 평가항목 선별 방법

5. 평가수행

(1) 위험성 평가 진행방법

① 4.2항에 따라 첫 번째 검토항목을 선정한다.
② 잠재적인 위험물질 누출 가능성을 확인한다.
③ 그 사고의 원인·결과를 평가한다.
④ 잠재된 사고가 심각한 위험형태인지를 결정한다.
⑤ 심각하지 않으면, 다음의 가이드 워드로 계속 진행한다.
⑥ 위험형태별 원인·결과 및 현재 안전조치를 [별지서식1]에 기록한다.
⑦ 이러한 평가사항들이 다음 4가지 범주에 부합하는지 여부를 평가한다.
　㉮ 위험물질 누출의 가능성
　㉯ 현재의 설계 및 운전기준에 불일치
　㉰ 중요 안전 절차의 필요성 또는 사용 유무
　㉱ 정량적 위험성평가 등 추가 검토의 필요성
⑧ 현재안전조치가 충분하지 않을 경우 개선권고사항을 준비한다.

(2) 평가 진행의 기록

① 평가팀장은 평가에 의해 도출된 개선권고사항은 조치가 가능하도록 우선순위

를 정하여 최종보고서에 포함시켜 경영진에게 보고한다.
② 후속조치의 이행 팀이 이해할 수 있도록 다음과 같은 자료들을 개선권고사항에 포함시켜 전달한다.
　㉮ 평가 팀이 검토하였던 시나리오
　㉯ 평가 팀에 의해 파악된 가능한 결과
　㉰ 평가 팀이 제안한 변경의 요지
　㉱ 변경대상 또는 권고되는 검토사항
③ 모든 개선권고사항은 다음과 같은 사항을 고려하여 작성한다.
　㉮ 무슨 조치가 필요한가?
　㉯ 어디에 이 조치가 필요한가?
　㉰ 왜 이 조치가 시행되어야 하나?

(3) 평가결과보고서 작성

① 평가결과보고서에는 다음과 같은 사항이 포함되어야 한다.
　㉮ 공정 및 설비 개요
　㉯ 공정의 위험 특성
　㉰ 검토 범위와 목적
　㉱ 팀 리더 및 구성원의 인적사항
　㉲ 검토 결과
　㉳ 우선순위 및 일정이 포함된 조치계획
② 평가 팀에 의해 사용되었던 모든 타당성 있는 자료를 모아 위험성평가 서류철을 작성한다.
③ 공정흐름도 및 운전절차 등 검토회의 시에 사용하였던 공정안전자료의 사본과 사용했던 주요기기가 표시된 공정배관계장도 등은 위험성평가 서류에 철하여 보관한다.
④ 평가회의에서 논의된 내용은 작업일자별로 서류화하여야 한다. 또한 서기는 검토과정에서 논의된 내용과 회의 결과를 기록하여야 한다.
⑤ 회의결과 사본은 검토를 위하여 팀 구성원에 배포되어져야 한다.

(4) 개선권고사항의 후속조치

① 평가팀장은 평가결과 보고서가 발행된 이후 1개월 이내에 후속조치 책임부서를 포함한 이행조치 계획을 수립하여승인을 받는다.
② 경영자는 공정안전관리 추진팀에게 평가결과보고서의 내용들이 적절하게 추진되고 있는지를 관리하도록 한다.

부록 01 | 과년도 출제문제

제13회 2023년도 필기문제(2023년 4월 1일)
제14회 2024년도 필기문제(2024년 3월 30일)
제15회 2025년도 필기문제(2025년 3월 29일)

산업안전지도사 자격시험
제1차 시험문제지

2023년도 4월 1일 필기문제

제2과목 산업안전일반	총 시험시간 : 90분 (과목당 30분)	문제형별 A

수험번호	20230401	성 명	도서출판 세화

【수험자 유의사항】

1. 시험문제지는 단일 형별(A형)이며, 답안카드 형별 기재란에 표시된 형별(A형)을 확인하시기 바랍니다. 시험문제지의 **총면수, 문제번호 일련순서, 인쇄상태** 등을 확인하시고, 문제지 표지에 수험번호와 성명을 기재하시기 바랍니다.
2. 답은 각 문제마다 요구하는 **가장 적합하거나 가까운 답 1개**만 선택하고, 답안카드 작성 시 시험문제지 **형별누락, 마킹착오**로 인한 불이익은 전적으로 **수험자에게 책임**이 있음을 알려 드립니다.
3. 답안카드는 국가전문자격 공통 표준형으로 문제번호가 1번부터 125번까지 인쇄되어 있습니다. 답안 마킹 시에는 반드시 **시험문제지의 문제번호와 동일한 번호**에 마킹하여야 합니다.
4. **감독위원의 지시에 불응하거나 시험시간 종료 후 답안카드를 제출하지 않을 경우** 불이익이 발생할 수 있음을 알려 드립니다.
5. 시험문제지는 시험 종료 후 가져가시기 바랍니다.

【안내사항】

1. 수험자는 QR코드를 통해 가답안을 확인하시기 바랍니다.
   (※ 사전 설문조사 필수)
2. 시험 합격자에게 '합격축하 SMS(알림톡) 알림 서비스'를 제공하고 있습니다.

▲ 가답안 확인

- 수험자 여러분의 합격을 기원합니다 -

2. 산업안전일반

01 산업안전보건법령상 안전보건교육 교육대상별 교육내용에서 특별교육 대상에 해당하지 않는 작업명은?

① 전압이 75볼트 이상인 정전 및 활선작업

② 콘크리트 파쇄기를 사용하여 하는 파쇄작업(2미터 이상인 구축물의 파쇄작업만 해당한다)

③ 굴착면의 높이가 2미터 이상이 되는 지반 굴착(터널 및 수직갱 외의 갱 굴착은 제외한다)작업

④ 선박에 짐을 쌓거나 부리거나 이동시키는 작업

⑤ 게이지 압력을 제곱미터당 1킬로그램 이상으로 사용하는 압력용기의 설치 및 취급작업

답 ⑤

해설
게이지압력을 제곱센티미터당 1킬로그램 이상으로 사용하는 압력용기의 설치 및 취급작업 교육내용
① 안전시설 및 안전기준에 관한 사항
② 압력용기의 위험성에 관한 사항
③ 용기 취급 및 설치기준에 관한 사항
④ 작업안전 점검방법 및 요령에 관한 사항
⑤ 그 밖에 안전보건관리에 필요한 사항

참고
산업안전일반 p.30 ((32) 게이지 압력을 제곱센티미터당 1킬로그램[cm²/kg] 이상으로 사용하는 압력용기의 설치 및 취급작업)

정답근거
산업안전보건법 시행규칙 [별표 5] 안전보건교육 교육대상별 교육내용(제26조 제1항 등 관련)

산업안전지도사 · 과년도 기출문제

02 교육훈련 기법에서 강의법(Lecture method)의 장점으로 옳지 않은 것은?

① 수강자의 학습참여도가 높고 적극성과 협조성을 부여하는 데 효과적이다.
② 오래된 전통 교수방법이며 안전지식의 전달방법으로 유용하다.
③ 시간과 장소의 제약이 비교적 적다.
④ 수업의 도입이나 초기단계에 적용이 효과적이다.
⑤ 많은 인원을 대상으로 교육할 수 있다.

답 ①

해설

토의식 교육과 강의식 교육의 특징

토의식	강의식
• 교육의 주역은 참가자이다. • 참가자가 자주적, 적극적이 되기 쉽다. • 상호통행적, 상호개발적이다. • 교육내용을 참가자 전원에 철저하게 주의시키기 쉽다. • 중지를 모아 문제의 대책을 검토할 수 있다. • 참가자 개개인에게 동기부여가 쉽다. • 기능적·태도적인 것의 교육이 쉽다. • 발언, 질문하기가 쉬우므로 참가의 만족감이 크다. • 회의의 결론, 결정에 참가자가 납득, 협조하여 목표의 달성 의욕을 높인다. • 참가자 1인당의 피상적 경비는 많아질 수 있으나 효과는 올리기 쉽다.	• 교육의 주역은 강사이다. • 수강자가 의타적, 소극적이 되기 쉽다. • 일방통행적, 개인개발적이다. • 교육내용을 철저하게 주의시키기 어렵다. • 생각이나 원리, 법규 등을 단시간에 체계적, 이론적으로 다수인에게 전달할 수 있다. • 참가자 개개인에 동기부여가 어렵다. • 기능적·태도적인 것의 교육이 어렵다. • 발언, 질문이 어렵고 참여의식이 낮다. • 참가자의 납득, 협조를 얻기 어렵고 목표 달성 의욕도 환기시키기 어렵다. • 강사의 결론, 요청을 타인의 일로 받아들이기 쉽다. • 수강자 1인당 경비는 적으나 교육효과를 올리기 어려운 경우도 있다.

참고

산업안전일반 p.11 ([표] 토의식 교육과 강의식 교육의 비교)

03 원인결과분석(CCA)기법에 관한 기술지침상 원인결과분석의 평가절차를 순서대로 옳게 나열한 것은?

ㄱ. 안전요소의 확인
ㄴ. 최소컷셋 평가
ㄷ. 사건수의 구성
ㄹ. 평가할 사건의 선정
ㅁ. 결과의 문서화
ㅂ. 결함수의 구성

① ㄱ→ㄹ→ㄷ→ㅂ→ㄴ→ㅁ
② ㄱ→ㄹ→ㅂ→ㄴ→ㄷ→ㅁ
③ ㄷ→ㅂ→ㄴ→ㄹ→ㄱ→ㅁ
④ ㄹ→ㄱ→ㄷ→ㅂ→ㄴ→ㅁ
⑤ ㄹ→ㄱ→ㅂ→ㄴ→ㄷ→ㅁ

답 ④

해설

원인결과 분석기법(Cause Consequence Analysis : CCA)
결함수 분석기법(FTA) 및 사건수 분석기법(ETA)을 결합한 것으로, 잠재된 사고의 결과 및 근본적인 원인을 찾아내고, 사고 결과와 원인 사이의 상호관계를 예측하며, 리스크를 정량적으로 평가하는 리스크 평가방법

[표] 원인결과 분석기법 수행절차

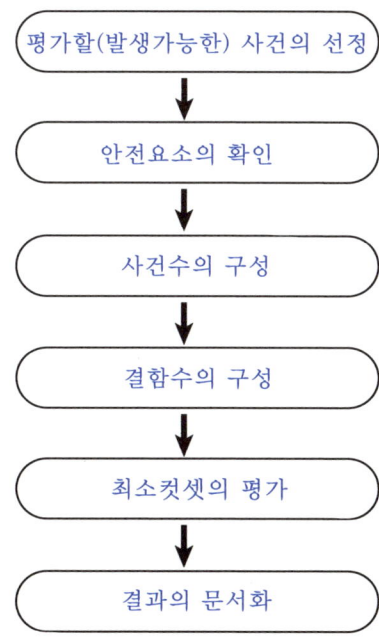

참고

산업안전일반 p.339 (보충학습 : 원인결과 분석기법)

04 안전관리 활동을 통해서 얻을 수 있는 긍정적인 효과가 아닌 것은?

① 근로자의 사기 진작
② 생산성 향상
③ 손실비용 증가
④ 신뢰성 유지 및 확보
⑤ 이윤 증대

답 ③

해설

안전관리 활동의 긍정적 효과
① 인명의 존중(인도주의 실현)
② 사회 복지의 증진
③ 생산성의 향상(품질향상)
④ 경제성의 향상
⑤ 인적·물적 손실예방

참고

산업안전일반 p.44 (2. 안전관리의 긍정적 효과)

05 현장이나 직장에서 직속상사가 부하직원에게 일상 업무를 통하여 **지식, 기능, 문제해결능력 및 태도** 등을 교육 훈련하는 방법으로 개별교육에 적합한 것은?

① TWI(Training Within Industry)

② OJT(On the Job Training)

③ ATP(Administration Training Program)

④ MTP(Management Training Program)

⑤ Off JT(Off the Job Training)

답 ②

해설

OJT와 OFF JT

(1) OJT(On the Job Training)
관리감독자 등 직속상사가 부하직원에 대해서 일상 업무를 통하여 지식, 기능, 문제해결 능력 및 태도 등을 교육훈련 하는 방법이며, 개별교육 및 추가지도에 적합하다. (예 코칭, 직무순환, 멘토링 등)

(2) OFF JT(OFF the Job Training)
공통된 교육목적을 가진 근로자를 일정한 장소에 집합시켜 외부강사를 초청하여 실시하는 방법으로 집합교육에 적합하다.

[표] OJT와 OFF JT 특징

OJT의 특징	OFF JT의 특징
① 개개인에게 적절한 지도훈련이 가능하다. ② 직장의 실정에 맞게 구체적이고 실제적 훈련이 가능하다. ③ 즉시 업무에 연결되는 관계로 몸과 관련이 있다. ④ 훈련에 필요한 업무의 계속성이 끊어지지 않는다. ⑤ 효과가 곧 업무에 나타나며 훈련의 좋고 나쁨에 따라 개선이 쉽다. ⑥ 훈련효과를 보고 상호 신뢰, 이해도가 높아지는 것이 가능하다.	① 다수의 근로자에게 조직적 훈련을 행하는 것이 가능하다. ② 훈련에만 전념하게 된다. ③ 각자 전문가를 강사로 초청하는 것이 가능하다. ④ 특별 설비기구를 이용하는 것이 가능하다. ⑤ 각 직장의 근로자가 많은 지식이나 경험을 교류할 수 있다. ⑥ 교육 훈련 목표에 대하여 집단적 노력이 흐트러질 수 있다.

참고

① 산업안전일반 p.9 (1. OJT와 OFF JT)
② 산업안전일반 p.12 (4. 관리감독자 교육)

합격키

2022년 3월 19일(문제 5번) 출제

06. 산업안전보건법상 산업안전보건위원회의 심의·의결 사항으로 옳은 것을 모두 고른 것은?

> ㄱ. 산업재해에 관한 통계의 기록 및 유지에 관한 사항
> ㄴ. 사업장의 산업재해 예방계획의 수립에 관한 사항
> ㄷ. 작업환경측정 등 작업환경의 점검 및 개선에 관한 사항
> ㄹ. 유해하거나 위험한 기계·기구·설비를 도입한 경우 안전 및 보건 관련 조치에 관한 사항

① ㄱ
② ㄴ, ㄹ
③ ㄷ, ㄹ
④ ㄱ, ㄴ, ㄷ
⑤ ㄱ, ㄴ, ㄷ, ㄹ

답 ⑤

해설

산업안전보건법

제24조(산업안전보건위원회) ① 사업주는 사업장의 안전 및 보건에 관한 중요 사항을 심의·의결하기 위하여 사업장에 근로자위원과 사용자위원이 같은 수로 구성되는 산업안전보건위원회를 구성·운영하여야 한다.
② 사업주는 다음 각 호의 사항에 대해서는 제1항에 따른 산업안전보건위원회(이하 "산업안전보건위원회"라 한다)의 심의·의결을 거쳐야 한다.
  1. 제15조제1항제1호부터 제5호까지 및 제7호에 관한 사항
  2. 제15조제1항제6호에 따른 사항 중 중대재해에 관한 사항
  3. 유해하거나 위험한 기계 · 기구 · 설비를 도입한 경우 안전 및 보건 관련 조치에 관한 사항
  4. 그 밖에 해당 사업장 근로자의 안전 및 보건을 유지·증진시키기 위하여 필요한 사항
③ 산업안전보건위원회는 대통령령으로 정하는 바에 따라 회의를 개최하고 그 결과를 회의록으로 작성하여 보존하여야 한다.
④ 사업주와 근로자는 제2항에 따라 산업안전보건위원회가 심의·의결한 사항을 성실하게 이행하여야 한다.
⑤ 산업안전보건위원회는 이 법, 이 법에 따른 명령, 단체협약, 취업규칙 및 제25조에 따른 안전보건관리규정에 반하는 내용으로 심의·의결해서는 아니 된다.
⑥ 사업주는 산업안전보건위원회의 위원에게 직무 수행과 관련한 사유로 불리한 처우를 해서는 아니 된다.
⑦ 산업안전보건위원회를 구성하여야 할 사업의 종류 및 사업장의 상시근로자 수, 산업안전보건위원회의 구성·운영 및 의결되지 아니한 경우의 처리방법, 그 밖에 필요한 사항은 대통령령으로 정한다.

정답근거

산업안전보건법

보충학습

제15조(안전보건관리책임자) ① 사업주는 사업장을 실질적으로 총괄하여 관리하는 사람에게 해당 사업장의 다음 각 호의 업무를 총괄하여 관리하도록 하여야 한다.
  1. 사업장의 산업재해 예방계획의 수립에 관한 사항
  2. 제25조 및 제26조에 따른 안전보건관리규정의 작성 및 변경에 관한 사항
  3. 제29조에 따른 안전보건교육에 관한 사항
  4. 작업환경측정 등 작업환경의 점검 및 개선에 관한 사항
  5. 제129조부터 제132조까지에 따른 근로자의 건강진단 등 건강관리에 관한 사항
  6. 산업재해의 원인 조사 및 재발 방지대책 수립에 관한 사항
  7. 산업재해에 관한 통계의 기록 및 유지에 관한 사항
  8. 안전장치 및 보호구 구입 시 적격품 여부 확인에 관한 사항

9. 그 밖에 근로자의 유해·위험 방지조치에 관한 사항으로서 고용노동부령으로 정하는 사항

② 제1항 각 호의 업무를 총괄하여 관리하는 사람(이하 "안전보건관리책임자"라 한다)은 제17조에 따른 안전관리자와 제18조에 따른 보건관리자를 지휘·감독한다.

③ 안전보건관리책임자를 두어야 하는 사업의 종류와 사업장의 상시근로자 수, 그 밖에 필요한 사항은 대통령령으로 정한다.

07 재해의 통계적 원인분석 방법에 해당하지 않는 것은?

① 파레토도
② 특성요인도
③ 소시오메트리도
④ 클로즈분석도
⑤ 관리도

답 ③

해설

산업재해통계도 종류
① 파레토도
② 특성요인도
③ 크로스분석
④ 관리도

참고

산업안전일반 p.117 (5. 산업재해통계도)

보충학습

소시오메트리(비공식집단 인간관계 양식)
① 사회측정법은 집단 내에서의 개인 상호간의 감정 형태와 관심도를 측정하여 집단 구조(group structure), 집단발전 내지는 사회적 관계의 측정과 정의를 내리려고 시도한 방법의 하나로 쓰이는 사회측정 이론으로 모레노(J. L. Moreno)에 의하여 창안되었다.
② 소시오메트리(sociometry)는 집단의 구조를 밝혀내어 집단 내에서 개인간의 인기의 정도, 지위, 좋아하고 싫어하는 정도, 하위 집단의 구성 여부와 형태, 집단에의 충성도, 집단의 응집력 등을 연구·조사하여 행동지도의 자료를 삼는 것을 말한다.

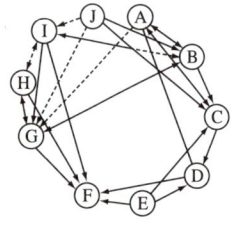

교우도식(Ⅰ)

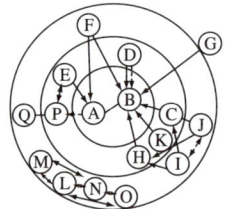

교우도식(Ⅱ)

(Ⅰ)에서 보는 바와 같은 교우도식 또는 집단의 구조도를 소시오그램(sociogram)이라고 한다. 이 소시오그램에 의하면 시각적으로 집단의 구조나 구성원의 위치나 직위에 대한 이해가 쉽게 된다. 그 예를 들면 (Ⅱ)와 같다.
③ 소시오메트리(sociometry)의 유용성은 널리 인정받고 있다. ㉮ 집단관계에서 하위 집단을 발견하여 그 그룹을 해체 시키든가 집단 내에서 개인의 위치를 변경하는 데에 도움을 주고, ㉯ 고립자와 상호 반목자를 발견 지도함으로써 원만한 인간관계의 유지와 직장의 생활성과 사기를 높일 수가 있는 것이다.

08 제조물 책임법에 관한 내용으로 옳지 않은 것은?

① "제조업자"란 제조물의 제조·가공 또는 수입을 업(業)으로 하는 자를 말한다.

② 동일한 손해에 대하여 배상할 책임이 있는 자가 2인 이상인 경우에는 연대하여 그 손해를 배상할 책임이 있다.

③ "제조물"이란 제조되거나 가공된 동산(다른 동산이나 부동산의 일부를 구성하는 경우를 포함한다)을 말한다.

④ "설계상의 결함"이란 제조업자가 합리적인 설명·지시·경고 또는 그 밖의 표시를 하였더라면 해당 제조물에 의하여 발생할 수 있는 피해나 위험을 줄이거나 피할 수 있었음에도 이를 하지 아니한 경우를 말한다.

⑤ 제조업자는 제조물의 결함으로 생명·신체 또는 재산에 손해(그 제조물에 대하여만 발생한 손해는 제외한다)를 입은 자에게 그 손해를 배상하여야 한다.

답 ④

해설

제조물 책임법 용어정의

① "제조물"이란 제조되거나 가공된 동산(다른 동산이나 부동산의 일부를 구성하는 경우를 포함한다)을 말한다.

② "결함"이란 해당 제조물에 다음 각 목의 어느 하나에 해당하는 제조상·설계상 또는 표시상의 결함이 있거나 그 밖에 통상적으로 기대할 수 있는 안전성이 결여되어 있는 것을 말한다.

　㉮ "제조상의 결함"이란 제조업자가 제조물에 대하여 제조상·가공상의 주의의무를 이행하였는지에 관계없이 제조물이 원래 의도한 설계와 다르게 제조·가공됨으로써 안전하지 못하게 된 경우를 말한다.

　㉯ "설계상의 결함"이란 제조업자가 합리적인 대체설계(代替設計)를 채용하였더라면 피해나 위험을 줄이거나 피할 수 있었음에도 대체설계를 채용하지 아니하여 해당 제조물이 안전하지 못하게 된 경우를 말한다.

　㉰ "표시상의 결함"이란 제조업자가 합리적인 설명·지시·경고 또는 그 밖의 표시를 하였더라면 해당 제조물에 의하여 발생할 수 있는 피해나 위험을 줄이거나 피할 수 있었음에도 이를 하지 아니한 경우를 말한다.

3. "제조업자"란 다음 각 목의 자를 말한다.

　㉮ 제조물의 제조·가공 또는 수입을 업(業)으로 하는 자

　㉯ 제조물에 성명·상호·상표 또는 그 밖에 식별(識別) 가능한 기호 등을 사용하여 자신을 가목의 자로 표시한 자 또는 가목의 자로 오인(誤認)하게 할 수 있는 표시를 한 자

정답근거

제조물책임법 제2조(정의)

참고

산업안전일반 p.219 ((5) 결함)

산업안전지도사 · 과년도 기출문제

09 제어시스템에서의 안전무결성등급(SIL)에 관한 일부내용이다. ( )에 들어갈 것으로 옳은 것은?

안전무결성 등급	목표평균 고장확률
(ㄱ)	10^{-5} 이상 ~ 10^{-4} 미만
(ㄴ)	10^{-2} 이상 ~ 10^{-1} 미만

① ㄱ : 1, ㄴ : 4
② ㄱ : 1, ㄴ : 5
③ ㄱ : 4, ㄴ : 1
④ ㄱ : 5, ㄴ : 1
⑤ ㄱ : 5, ㄴ : 2

답 ③

해설

안전무결성등급 : 평균고장확률(probability of failure on demand)(IEC 61511-1 참조)

요 구 운 전 방 식[1]		비고
안전무결성 등급	목표평균 고장확률[2]	
4	10^{-5} 이상 ~ 10^{-4} 미만	
3	10^{-4} 이상 ~ 10^{-3} 미만	
2	10^{-3} 이상 ~ 10^{-2} 미만	
1	10^{-2} 이상 ~ 10^{-1} 미만	

주1 : 요구운전방식(Demand mode of operation)에서 안전시스템을 구축하기 위한 운전의 요구 횟수는 1년에 1회 이하이고 성능검사(proof-test)의 요구횟수는 1년에 2회 이하이어야 한다.
2 : 여기에서 고장확률이란 제어시스템 내에 사용된 부품(parts or components) 및 관련 프로그램의 고장 확률을 포함한다.

참고

산업안전일반 p.364 ([표 1] 안전무결성 등급 : 평균고장확률)

정답근거

KOSHA GUIDE E-149-2015 제어시스템에서의 안전무결성등급(SIL)결정에 관한 지침

10 산업재해발생의 기본 원인 4M에 해당하지 않는 것은?

① Man
② Method
③ Machine
④ Media
⑤ Management

답 ②

해설

3E, 4M, TOP

① 3E
- Enforcement
- Engineering
- Education

② 사고의 배후요인 4M
- Man
- Machine
- Media
- Managment

③ TOP
- Technique
- Organization
- Person

[그림] 3E

[그림] 4M

[그림] Top

참고

산업안전일반 p.57 (합격날개 : 합격예측)

11 공정안전성 분석(K-PSR)기법에 관한 기술지침상 "위험형태"에 해당하는 것을 모두 고른것은?

> ㄱ. 누출　　　　　　　ㄴ. 화재·폭발
> ㄷ. 공정 트러블　　　　ㄹ. 상해

① ㄱ, ㄴ
② ㄱ, ㄷ
③ ㄴ, ㄷ
④ ㄱ, ㄴ, ㄷ
⑤ ㄱ, ㄴ, ㄷ, ㄹ

답 ⑤

해설

용어정의

① "공정안전성 분석 기법(K-PSR, KOSHA Process safety review)"이라 함은 설치·가동중인 기존 화학공장의 공정안전성(Process safety)을 재검토하여 사고위험성을 분석(Review)하는 기법이다
② "가이드워드(Guide words)"라 함은 공정상의 잠재위험을 찾아내는데 도움을 주는 용어를 말하며, 위험형태와 원인으로 표현된다.
③ "위험형태"라 함은 사업장에서 발생한 사고로 인하여 직·간접적으로 인적, 물적, 환경적 피해를 입히는 원인이 될 수 있는 잠재적인 위험의 종류를 말하며 본 지침에서는 누출, 화재·폭발, 공정 트러블 및 상해 등 4가지로 표현된다.

정답근거

KOSHA GUIDE P-111-2021 공정안전성 분석(K-PSR)기법에 관한 기술지침

참고

산업안전일반 p.382 (③ 위험형태)

12 인간공학적 동작 경제원칙에 관한 내용으로 옳지 않은 것은?

① 양손은 동시에 시작하고 동시에 끝나지 않도록 한다.
② 양팔의 동작은 동시에 서로 반대방향으로 대칭적으로 움직이도록 한다.
③ 손과 신체동작은 작업을 원만하게 수행할 수 있는 범위 내에서 가장 낮은 동작 등급을 사용하도록 한다.
④ 족답장치를 활용하여 양손이 다른 일을 할 수 있도록 한다.
⑤ 휴식시간을 제외하고는 양손이 동시에 쉬지 않도록 한다.

답 ①

해설

동작 경제의 3원칙(Barnes)에서 신체의 사용에 관한 원칙(Use of The human body)

① 두 손의 동작은 같이 시작하고 같이 끝나도록 한다.
② 휴식시간을 제외하고는 양손이 동시에 쉬지 않도록 한다.
③ 두 팔의 동작은 동시에 서로 반대방향으로 대칭적으로 움직이도록 한다.
④ 손과 신체의 동작은 작업을 원만하게 처리할 수 있는 범위 내에서 가장 낮은 동작 등급을 사용하도록 한다.
⑤ 가능한 한 관성을 이용하여 작업을 하도록 하되 작업자가 관성을 억제하여야 하는 경우에는 발생되는 관성을 최소화 하도록 한다.
⑥ 손의 동작은 원활하고 연속적인 동작이 되도록 하며, 방향이 급작스럽게 크게 변화하는 모양의 직선동작은 피하도록 한다.
⑦ 탄도동작은 제한되거나 통제된 동작보다 더 신속하고 용이하며 정확하다.
⑧ 가능하다면 쉽고도 자연스러운 리듬이 작업동작에 생기도록 작업을 배치한다.
⑨ 눈의 초점을 모아야 작업을 할 수 있는 경우는 가능하면 없애고 불가피한 경우에는 눈의 초점이 모아져야 하는 두 작업 지점간의 거리를 최소화한다.

참고

산업안전일반 p.174 (3. 동작경제의 원칙)

산업안전지도사 · 과년도기출문제

13 부품 신뢰도가 A인 동일한 4개의 부품을 병렬로 연결하였을 때 전체시스템의 신뢰도는 0.9984가 되었다. 이 부품 신뢰도 A는 얼마인가?

① 0.5　　　　　　　　　　② 0.6
③ 0.7　　　　　　　　　　④ 0.8
⑤ 0.9

답 ④

해설

병렬 신뢰도 계산
① $1-(1-0.8)(1-0.8)(1-0.8)(1-0.8) = 0.9984$
② $(1-A)^4 = 1-0.9984$
③ $1-A = \sqrt[4]{1-0.9984} = 0.2$
④ $A = 1-0.2 = 0.8$

참고

① 산업안전일반 p.95 (3. 인간-기계 시스템 신뢰도)
② 산업안전일반 p.164 (문제 25번)

14 안정성평가 6단계에서 단계별 내용으로 옳지 않은 것은?

① 2단계 : 정성적 평가

② 3단계 : 정량적 평가

③ 4단계 : 안전대책

④ 5단계 : 재해정보에 의한 재평가

⑤ 6단계 : ETA에 의한 재평가

답 ⑤

해설

안전성 평가의 6단계
① 1단계 : 관계자료의 정비검토
② 2단계 : 정성적 평가
③ 3단계 : 정량적 평가
④ 4단계 : 안전대책
⑤ 5단계 : 재해정보에 의한 재평가
⑥ 6단계 : FTA에 의한 재평가

참고

산업안전일반 p.192 (2. 안전성 평가 6단계)

15 인간-기계시스템 설계과정 6단계를 순서대로 옳게 나열한 것은?

> ㄱ. 시스템의 정의
> ㄴ. 목표 및 성능명세 결정
> ㄷ. 기본설계
> ㄹ. 인터페이스 설계
> ㅁ. 촉진물, 보조물 설계
> ㅂ. 시험 및 평가

① ㄱ → ㄴ → ㄷ → ㄹ → ㅁ → ㅂ
② ㄱ → ㄴ → ㄹ → ㄷ → ㅁ → ㅂ
③ ㄱ → ㄷ → ㄴ → ㅁ → ㄹ → ㅂ
④ ㄴ → ㄱ → ㄷ → ㄹ → ㅁ → ㅂ
⑤ ㄴ → ㄷ → ㄱ → ㅁ → ㄹ → ㅂ

답 ④

해설

인간-기계시스템 설계과정 6단계
① 1단계 : 시스템의 목표와 성능 명세 결정
② 2단계 : 시스템의 정의
③ 3단계 : 기본설계
④ 4단계 : 인터페이스설계
⑤ 5단계 : 보조물설계
⑥ 6단계 : 시험 및 평가

참고

산업안전일반 p.106(문제 31번) 적중

보충학습

인간 - 기계 시스템 기본설계 3단계
① 작업설계
② 직무분석
③ 기능할당
④ 인간성능-요건명세

16 사고 피해예측 기법에 관한 기술지침상 위험 기준의 정립에 관한 내용이다. ( )에 들어갈 것으로 옳은 것은?

> ○ 화재(복사열) : 화구 등과 같이 짧은 시간동안 발생하는 강렬한 복사열에 의한 위험 또는 증기운화재, 고압분출 화재, 액면 화재 등에 의한 장시간의 복사열에 의하여 근로자 또는 주변 기기에 미치는 영향을 판단할 수 있는 기준은 (ㄱ)[kW/m²]의 복사열이 미치는 거리로 한다.
> ○ 폭발(과압) : 증기운 폭발 등과 같은 폭발 사고시 주변 기기 및 근로자 등에 미치는 영향을 판단할 수 있는 기준은 (ㄴ)[kPa]의 과압이 도달하는 거리로 한다.

① ㄱ : 1, ㄴ : 0.07　　　② ㄱ : 1, ㄴ : 6.9
③ ㄱ : 5, ㄴ : 0.07　　　④ ㄱ : 5, ㄴ : 6.9
⑤ ㄱ : 10, ㄴ : 0.07

답 ④

해설

화재와 폭발

① 화재(복사열)
　화구 등과 같이 짧은 시간동안 발생하는 강렬한 복사열에 의한 위험 또는 증기운 화재, 고압분출 화재, 액면 화재 등에 의한 장시간의 복사열에 의하여 근로자 또는 주변 기기에 미치는 영향을 판단할 수 있는 기준은 5[kW/m²] (1,585[Btu/hr/ft²])의 복사열이 미치는 거리로 한다.

② 폭발(과압)
　증기운 폭발 등과 같은 폭발 사고시 주변 기기 및 근로자 등에 미치는 영향을 판단할 수 있는 기준은 0.07[kgf/cm²] (6.9 kPa, 1 psi)의 과압이 도달하는 거리로 한다.

참고

산업안전일반 p.358(2. 화재, 3. 폭발)

정답근거

KOSHA GUIDE P-102-2012 사고피해예측 기법에 관한 기술지침

산업안전지도사 · 과년도기출문제

17 A부품의 고장확률 밀도함수는 평균고장률이 시간당 10^{-2}인 지수분포를 따르고 있다. 이 부품을 180분 작동시켰을 때의 불신뢰도는?(단, 소수점 셋째자리에서 반올림하여 소수점 둘째자리까지 구하시오.)

① 0.03
② 0.05
③ 0.95
④ 0.97
⑤ 0.99

답 ①

해설

불신뢰도

① 신뢰도(R) = $e^{-\frac{t}{t_0}} = e^{-\lambda \cdot t} = e^{-10^{-2} \times 3} = e^{-0.03} = 0.97$

- t_0 : 평균 고장 시간(평균수명)
- λ : 고장률
- t : 앞으로 사용할 시간

② 불신뢰도(고장발생확률) = 1 - 신뢰도(R) = 1 - 0.97 = 0.03

참고

산업안전일반 p.230(문제 18번)

합격키

2020년 7월 25일(문제 18번, 문제 25번)

보충학습

예 ① e^{-5}면 : $\frac{1}{e^5}$

② e^{-15}면 : $\frac{1}{e^{15}}$

③ e^{+27}이면 : 10^{27}을 곱한다.(10^{27})

18 산업안전보건기준에 관한 규칙상 공기압축기를 가동하기 전에 관리감독자가 하여야 하는 작업시작 전 점검사항으로 옳지 않은 것은?

① 슬라이드 또는 칼날에 의한 위험방지 기구의 기능
② 압력방출장치의 기능
③ 언로드밸브(unloading valve)의 기능
④ 회전부의 덮개
⑤ 드레인밸브(drain valve)의 조작 및 배수

답 ①

해설

공기압축기 가동전 작업시작전 점검사항
① 공기저장 압력용기의 외관상태
② 드레인밸브의 조작 및 배수
③ 압력방출장치의 기능
④ 언로드밸브의 기능
⑤ 윤활유의 상태
⑥ 회전부의 덮개 또는 울
⑦ 그 밖의 연결부위의 이상유무

정답근거
산업안전보건기준에 관한 규칙 [별표 3] 작업시작전 점검사항

참고
산업안전일반 p.110 (3. 공기압축기를 가동할 때)

19 재해사례연구의 진행단계에 관한 내용이다. 진행단계를 순서대로 옳게 나열한 것은?

ㄱ. 재해와 관계가 있는 사실 및 재해요인으로 알려진 사실을 객관적으로 확인한다.
ㄴ. 재해의 중심이 된 근본적인 문제점을 결정한 후 재해원인을 결정한다.
ㄷ. 재해 상황을 파악한다.
ㄹ. 파악된 사실로부터 문제점을 파악한다.
ㅁ. 동종재해와 유사재해의 예방대책 및 실시계획을 수립한다.

① ㄱ→ㄷ→ㄴ→ㄹ→ㅁ
② ㄱ→ㄷ→ㄹ→ㄴ→ㅁ
③ ㄴ→ㄷ→ㄱ→ㄹ→ㅁ
④ ㄷ→ㄱ→ㄴ→ㄹ→ㅁ
⑤ ㄷ→ㄱ→ㄹ→ㄴ→ㅁ

답 ⑤

해설

재해사례연구의 진행 단계

① 전제 조건 – 재해 상황의 파악 : 사례연구의 전제조건인 재해 상황의 파악은 다음에 기재한 항목에관하여 실시한다.
② 제1단계 – 사실의 확인 : 작업의 개시에서 재해의 발생까지의 경과 가운데 재해와 관계가 있는 사실 및 재해요인으로 알려진 사실을 객관적으로 확인한다. 이상시, 사고시 또는 재해발생시의 조치도포함된다.
③ 제2단계 – 문제점의 발견 : 파악된 사실로부터 판단하여 각종 기준에서 차이의 문제점을 발견한다.(직접원인)
④ 제3단계 – 근본적 문제점 결정 : 문제점 가운데 재해의 중심이 된 근본적 문제점을 결정하고 다음에 재해 원인을 결정한다.(기본원인)
⑤ 제4단계 – 대책 수립 : 사례를 해결하기 위한 대책을 세운다.

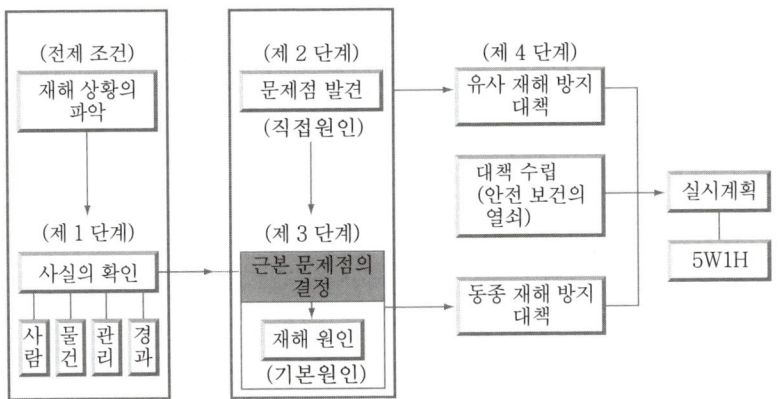

[그림] 재해사례 진행 단계

참고

산업안전일반 p.311 (3. 재해사례 연구의 진행단계)

20 암실 내에서 정지된 작은 빛을 응시하고 있으면 그 빛이 움직이는 것처럼 보이는 것을 자동운동이라고 한다. **자동운동이 생기기 쉬운 조건**으로 옳은 것은?

① 광점이 클 것

② 광의 강도가 작을 것

③ 시야의 다른 부분이 밝을 것

④ 대상이 복잡할 것

⑤ 광의 눈부심과 조도가 클 것

답 ②

해설

자동운동

암실내에서 정리된 소광점을 응시하고 있으며 그 광점이 움직이는 것을 볼 수 있는데 이것을 자동운동이라 한다. 자동운동이 생기기 쉬운 조건은 다음과 같다.
① 광점이 작을 것
② 시야의 다른 부분이 어두울 것
③ 광의 강도가 적을 것
④ 대상이 단순할 것

참고

기업진단·지도 p.152 (합격날개 : 합격예측)

21 통전경로별 위험도가 큰 순서대로 옳게 나열한 것은?

> ㄱ. 오른손 - 가슴 ㄴ. 왼손 - 한발 또는 양발
> ㄷ. 왼손 - 가슴 ㄹ. 왼손 - 오른손

① ㄱ>ㄴ>ㄷ>ㄹ
② ㄴ>ㄷ>ㄱ>ㄹ
③ ㄷ>ㄱ>ㄴ>ㄹ
④ ㄹ>ㄱ>ㄴ>ㄷ
⑤ ㄹ>ㄱ>ㄷ>ㄴ

답 ③

해설

통전경로별 위험도
① 왼손 - 가슴 : 1.5
② 오른손 - 가슴 : 1.3
③ 왼손 - 한발 또는 양발 : 1.0, 양손 - 양발 : 1.0
④ 오른손 - 한발 또는 양발 : 0.8
⑤ 왼손 - 등 : 0.7, 한손 또는 양손 - 앉아 있는 자리 : 0.7
⑥ 왼손 - 오른손 : 0.4
⑦ 오른손 - 등 : 0.3

보충학습

[표 1] 전압분류

전압분류	직류	교류
저압	1,500[V] 이하	1,000[V] 이하
고압	1,500~7,000[V] 이하	1,000~7,000[V] 이하
특별고압	7,000[V] 초과	7,000[V] 초과

[표 2] 전압·전류·저항·전력

구분	전압	전류	저항	전력
기호	V	A	R	P
정의	전기적인 압력	전자의 흐름	전기의 흐름을 방해하는 소자	전기에너지가 다른 형태의 에너지로 바뀌어 수행한 일

22
반지름 30[cm]의 조종구를 20[°] 움직였을 때 표시계기의 지침이 2[cm] 이동하였다면, 이 계기의 통제표시비는?

① 약 4.12
② 약 5.23
③ 약 7.34
④ 약 8.42
⑤ 약 10.46

답 ②

해설

통제표시비

$$= \frac{(\alpha/360) \times 2\pi L}{\text{표시장치의 이동거리}} = \frac{\frac{20}{360} \times 2 \times \pi \times 30}{2} = 5.23$$

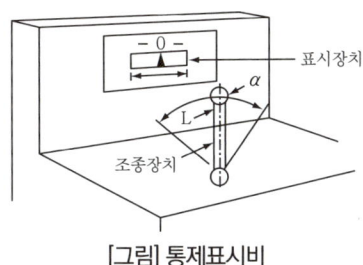

[그림] 통제표시비

참고

산업안전일반 p.284 (합격날개 : 합격예측)

합격키

2022년 3월 9일(문제 9번)

보충학습

$$C/D\text{비} = \frac{(\alpha/360) \times 2\pi L}{\text{표시장치의 이동거리}}$$

L : 반경(지레의 길이), α : 조종장치가 움직인 각도

23. 시몬즈(Simonds)의 재해손실비 평가방법에 관한 내용이다. ( )에 들어갈 것으로 옳은 것은?

○ 총 재해비용 = 산재보험비용 + (ㄱ) 비용
○ (ㄱ)비용 = 휴업상해건수 × A + (ㄴ)건수 × B + (ㄷ)건수 × C + 무상해사고건수 × D
(여기서, A, B, C, D는 장애 정도별 비보험비용의 평균치임)

① ㄱ : 비보험, ㄴ : 입원상해, ㄷ : 유족상해
② ㄱ : 간접, ㄴ : 입원상해, ㄷ : 비응급조치
③ ㄱ : 비보험, ㄴ : 통원상해, ㄷ : 응급조치
④ ㄱ : 간접, ㄴ : 통원상해, ㄷ : 중상해
⑤ ㄱ : 비보험, ㄴ : 물적손실, ㄷ : 비응급조치

답 ③

해설

시몬즈(Simonds)의 재해코스트(손실비) 평가 방법

① 총재해비용 = 산재보험 + 비보험 비용
② 보험 코스트 : 산재보험료(반드시 사업장에서 지출)
③ 비보험 코스트 = (휴업상해건수 × A) + (통원상해건수 × B) + (응급조치건수 × C) + (무상해 건수 × D)
   주 A, B, C, D는 장애 정도에 따라 결정

> **재해사고**
> (1) 휴업상해(영구 부분노동 불능, 일시 전노동 불능)
> (2) 통원상해(일시 부분노동 불능, 의사의 조치를 필요로 하는 통원 상해)
> (3) 응급조치(8시간 미만 휴업)
> (4) 무상해사고(인명손실과는 무관함)

④ 산재보험 코스트 : 산업재해보상보험법에 의해 보상된 금액
⑤ 비보험 코스트 : 산재보험 코스트를 제외한 금액(하인리히의 간접비와 같다.)

[표] 비보험 코스트

> • 제3자가 작업을 중지한 시간에 대한 임금 손실(지불한 임금 손실)
> • 재료, 설비, 정비, 교체, 철거의 순손실비
> • 부상자의 임금 지불 코스트
> • 재해에 따른 특별급여 등

참고
산업안전일반 p.79 (2. 시몬즈의 방식)

보충학습

시몬즈와 하인리히 방식의 차이점
① 시몬즈는 보험 cost와 비보험 cost로, 하인리히는 직접비와 간접비로 구분
② 산재보험료와 보상금의 차이 : 시몬즈는 보험 cost에 가산, 하인리히는 가산하지 않음
③ 간접비와 비보험 cost는 같은 개념이나 구성 항목에 차이
④ 시몬즈는 하인리히의 1 : 4 방식을 전면 부정하고 새로운 산정방식인 평균치법 채택

24 매슬로우(Maslow)의 동기부여이론(욕구 5단계이론)에 관한 내용으로 옳지 않은 것은?

① 제1단계 : 생리적 욕구(생명유지의 기본적 욕구)

② 제2단계 : 도전욕구(새로운 것에대한 도전 욕구)

③ 제3단계 : 사회적 욕구(소속감과 애정 욕구)

④ 제4단계 : 존경 욕구(인정받으려는 욕구)

⑤ 제5단계 : 자아실현 욕구(잠재적 능력의 실현 욕구)

답 ②

해설

매슬로우(Maslow, A. H.)의 욕구 5단계 이론

① 제1단계(생리적 욕구 : 생명유지의 기본적 욕구) : 기아, 갈증, 호흡, 배설, 성 욕 등 인간의 가장 기본적인 욕구(종족보존)
② 제2단계(안전욕구) : 자기보존욕구
③ 제3단계(사회적 욕구) : 소속감과 애정욕구
④ 제4단계(존경욕구) : 인정받으려는 욕구
⑤ 제5단계(자아실현의 욕구) : 잠재적인 능력을 실현하고자 하는 욕구(성취욕구)

참고

기업진단·지도 p.137 (5. 매슬로우의 욕구 5단계 이론)

보충학습

매슬로우의 기본과정

① 인간을 특수한 형태의 충족되지 못한 욕구들을 만족시키기 위하여 동기화되어 있다.
② 하위 욕구로부터 상위의 욕구로 발달한다.
③ 하위에 있는 욕구일수록 강하고 우선순위가 높다.
④ 상위로 올라갈수록 각 욕구의 만족 비율이 낮아진다.

읽을거리

Abraham Harold Maslow
(1908.4.1.~1970.6.8.)

매슬로우는 뉴욕 브루클린(Brooklyn)에서 태어나고 자랐다. 러시아에서 이주해 온 유대인 집안의 7남매 중 장남이었는데, 그에 대한 부모님의 교육에 대한 열정이 높았다. 어린 시절 매슬로우는 수줍음이 많고 소극적인 성격에 겁도 많았다. 선생님들과 친구들의 반유대주의 때문에 힘든 시간을 보내기도 하였다. 자기애적 성향이 강하고 흑인에 대한 편견에 사로잡혀 있던 어머니와는 적대적인 관계였다. 1928년 첫 번째 결혼을 하고는 위스콘신대학교에서 심리학 교육을 받으면서 실험적 행동주의자가 되기로 마음먹었다.
위스콘신에서는 주로 행동과 성에 관하여 연구하였다. 1930년에 학부를 졸업한 뒤 1931년에 석사학위를 받았고, 1934년에는 박사학위까지 받았다. 졸업 후에는 뉴욕으로 돌아가서 손다이크(Thorndike)와 함께 컬럼비아에서 연구를 하였다. 그곳에서 매슬로우는 인간의 성에 대한 연구에 더욱 관심을 집중하였다. 이후 브루클린(Brooklyn)대학교의 강단에 섰고, 당시 미국으로 이주해 온 유럽의 많은 지성들, 즉 아들러(Adler), 프롬(Fromm), 호나이(Horney) 등을 만나게 되었다. 1951년부터 1969년까지는 브랜디스(Brandeis)대학교의 심리학 부장을 맡았는데, 그때 골드슈타인(Goldstein)과 만났다. 캘리포니아에서 말년을 보내다가 1970년에 심장발작으로 사망한 매슬로우는 인본주의 흐름에 앞장선 인물로 평가되고 있다. [출처 : 네이버 지식백과]

25. 산업안전보건기준에 관한 규칙에서 정하고 있는 "충격소음작업" 정의의 일부내용이다. ( )에 들어갈 것으로 옳은 것은?

> "충격소음작업"이란 소음이 1초 이상의 간격으로 발생하는 작업으로서 다음 각 목의 어느 하나에 해당하는 작업을 말한다.
> 가. 120데시벨을 초과하는 소음이 1일 (ㄱ)회 이상 발생하는 작업
> 나. (ㄴ)데시벨을 초과하는 소음이 1일 1천회 이상 발생하는 작업

① ㄱ : 1천, ㄴ : 125
② ㄱ : 3천, ㄴ : 125
③ ㄱ : 5천, ㄴ : 125
④ ㄱ : 8천, ㄴ : 130
⑤ ㄱ : 1만, ㄴ : 130

답 ⑤

해설

소음

① "소음작업"이란 1일 8시간 작업을 기준으로 85데시벨 이상의 소음이 발생하는 작업을 말한다.
② "강렬한 소음작업"이란 다음 각목의 어느 하나에 해당하는 작업을 말한다.
  ㉮ 90데시벨 이상의 소음이 1일 8시간 이상 발생하는 작업
  ㉯ 95데시벨 이상의 소음이 1일 4시간 이상 발생하는 작업
  ㉰ 100데시벨 이상의 소음이 1일 2시간 이상 발생하는 작업
  ㉱ 105데시벨 이상의 소음이 1일 1시간 이상 발생하는 작업
  ㉲ 110데시벨 이상의 소음이 1일 30분 이상 발생하는 작업
  ㉳ 115데시벨 이상의 소음이 1일 15분 이상 발생하는 작업
③ "충격소음작업"이란 소음이 1초 이상의 간격으로 발생하는 작업으로서 다음 각 목의 어느 하나에 해당하는 작업을 말한다.
  ㉮ 120데시벨을 초과하는 소음이 1일 1만회 이상 발생하는 작업
  ㉯ 130데시벨을 초과하는 소음이 1일 1천회 이상 발생하는 작업
  ㉰ 140데시벨을 초과하는 소음이 1일 1백회 이상 발생하는 작업
④ "진동작업"이란 다음 각 목의 어느 하나에 해당하는 기계·기구를 사용하는 작업을 말한다.
  ㉮ 착암기(鑿巖機)
  ㉯ 동력을 이용한 해머
  ㉰ 체인톱
  ㉱ 엔진 커터(engine cutter)
  ㉲ 동력을 이용한 연삭기
  ㉳ 임팩트 렌치(impact wrench)
  ㉴ 그 밖에 진동으로 인하여 건강장해를 유발할 수 있는 기계·기구
⑤ "청력보존 프로그램"이란 소음노출 평가, 소음노출 기준 초과에 따른 공학적 대책, 청력보호구의 지급과 착용, 소음의 유해성과 예방에 관한 교육, 정기적 청력검사, 기록·관리 사항 등이 포함된 소음성 난청을 예방·관리하기 위한 종합적인 계획을 말한다.

참고
산업안전일반 p.279 (합격날개 : 합격예측)

합격키
2021년 3월 13일(문제 15번)

정답근거
산업안전보건기준에 관한 규칙 제512조(정의)

SAFETY ENGINEER

2024년도 3월 30일 필기문제

산업안전지도사 자격시험
제1차 시험문제지

제2과목 산업안전일반	총 시험시간 : 90분 (과목당 30분)	문제형별 A

수험번호	20240330	성 명	도서출판 세화

【수험자 유의사항】

1. 시험문제지는 단일 형별(A형)이며, 답안카드 형별 기재란에 표시된 형별(A형)을 확인하시기 바랍니다. 시험문제지의 **총면수, 문제번호 일련순서, 인쇄상태** 등을 확인하시고, 문제지 표지에 수험번호와 성명을 기재하시기 바랍니다.
2. 답은 각 문제마다 요구하는 **가장 적합하거나 가까운 답 1개**만 선택하고, 답안카드 작성 시 시험문제지 **형별누락, 마킹착오**로 인한 불이익은 전적으로 **수험자에게 책임**이 있음을 알려 드립니다.
3. 답안카드는 국가전문자격 공통 표준형으로 문제번호가 1번부터 125번까지 인쇄되어 있습니다. 답안 마킹 시에는 반드시 **시험문제지의 문제번호와 동일한 번호**에 마킹하여야 합니다.
4. **감독위원의 지시에 불응하거나 시험시간 종료 후 답안카드를 제출하지 않을 경우** 불이익이 발생할 수 있음을 알려 드립니다.
5. 시험문제지는 시험 종료 후 가져가시기 바랍니다.

【안 내 사 항】

1. 수험자는 QR코드를 통해 가답안을 확인하시기 바랍니다.
   (※ 사전 설문조사 필수)
2. 시험 합격자에게 '합격축하 SMS(알림톡) 알림 서비스'를 제공하고 있습니다.

▲ 가답안 확인

- 수험자 여러분의 합격을 기원합니다 -

2. 산업안전일반

01 안전보건교육규정에서 정의하는 교육에 관한 내용으로 옳지 않은 것은?

① "비대면 실시간교육"이란 정보통신매체를 활용하여 강사와 교육생이 쌍방향으로 실시간 소통하면서 이루어지는 교육을 말한다.

② "인터넷 원격교육"이란 정보통신매체를 활용하여 교육이 실시되고 훈련생관리 등이 웹상으로 이루어지는 교육을 말한다.

③ "현장교육"이란 사업장의 생산시설 또는 근무장소에서 실시하는 교육을 말한다.

④ "안전보건관리담당자 양성교육"이란 안전보건총괄책임자 자격을 부여하기 위한 양성교육을 말한다.

⑤ "전문화교육"이란 직무교육기관이 근로자등 및 직무교육대상자의 전문성을 높이기 위해 업종 또는 관련 분야별로 개발·운영하는 교육을 말한다.

답 ④

해설

안전보건 관리담당자 양성교육
① 안전보건관리 담당자 양성교육은 당연히 안전보건관리담당자를 양성하기 위한 교육이다.
② 근로자 20명~50명 미만 제조업 등에서 의무적으로 두어야 한다.

정답근거

(1) 산업안전보건법
제19조(안전보건관리담당자) ① 사업주는 사업장에 안전 및 보건에 관하여 사업주를 보좌하고 관리감독자에게 지도·조언하는 업무를 수행하는 사람(이하 "안전보건관리담당자"라 한다)을 두어야 한다. 다만, 안전관리자 또는 보건관리자가 있거나 이를 두어야 하는 경우에는 그러하지 아니하다.
② 안전보건관리담당자를 두어야 하는 사업의 종류와 사업장의 상시근로자 수, 안전보건관리담당자의 수·자격·업무·권한·선임방법, 그 밖에 필요한 사항은 대통령령으로 정한다.
③ 고용노동부장관은 산업재해 예방을 위하여 필요한 경우로서 고용노동부령으로 정하는 사유에 해당하는 경우에는 사업주에게 안전보건관리담당자를 제2항에 따라 대통령령으로 정하는 수 이상으로 늘리거나 교체할 것을 명할 수 있다.
④ 대통령령으로 정하는 사업의 종류 및 사업장의 상시근로자 수에 해당하는 사업장의 사업주는 안전관리전문기관 또는 보건관리전문기관에 안전보건관리담당자의 업무를 위탁할 수 있다.

(2) 산업안전보건법 시행령
제24조(안전보건관리담당자의 선임 등) ① 다음 각 호의 어느 하나에 해당하는 사업의 사업주는 법 제19조제1항에 따라 상시근로자 20명 이상 50명 미만인 사업장에 안전보건관리담당자를 1명 이상 선임해야 한다.
1. 제조업
2. 임업
3. 하수, 폐수 및 분뇨 처리업
4. 폐기물 수집, 운반, 처리 및 원료 재생업
5. 환경 정화 및 복원업
② 안전보건관리담당자는 해당 사업장 소속 근로자로서 다음 각 호의 어느 하나에 해당하는 요건을 갖추어야 한다.
1. 제17조에 따른 안전관리자의 자격을 갖추었을 것

2. 제21조에 따른 보건관리자의 자격을 갖추었을 것
3. 고용노동부장관이 정하여 고시하는 안전보건교육을 이수했을 것
③ 안전보건관리담당자는 제25조 각 호에 따른 업무에 지장이 없는 범위에서 다른 업무를 겸할 수 있다.
④ 사업주는 제1항에 따라 안전보건관리담당자를 선임한 경우에는 그 선임 사실 및 제25조 각 호에 따른 업무를 수행했음을 증명할 수 있는 서류를 갖추어 두어야 한다.

보충학습

안전보건교육규정

[시행 2024. 4. 17.] [고용노동부고시 제2024-20호, 2024. 4. 17., 일부개정]

제2조(정의) ① 이 고시에서 사용하는 용어의 뜻은 다음 각 호와 같다.
1. "사업주등"이란 다음 각 목의 어느 하나에 해당하는 자를 말한다.
   가. 사업주
   나. 「산업안전보건법」(이하 "법"이라 한다) 제166조의2에 따른 현장실습산업체의 장(이하 "현장실습산업체의 장"이라 한다)
   다. 「파견근로자 보호 등에 관한 법률」 제2조제4호에 따른 사용사업주(이하 "사용사업주"라 한다)
2. "근로자등"이란 다음 각 목의 어느 하나에 해당하는 사람을 말한다.
   가. 근로자
   나. 법 제166조의2에 따른 현장실습생(이하 "현장실습생"이라 한다)
   다. 「파견근로자 보호 등에 관한 법률」 제2조제5호에 따른 파견근로자(이하 "파견근로자"라 한다)
3. "근로자등 안전보건교육"이란 법 제29조제1항부터 제3항까지의 규정에 따라 사업주가 근로자에게, 현장실습산업체의 장이 현장실습생에게, 사용사업주가 파견근로자에게 실시하여야 하는 다음 각 목의 안전보건교육을 말한다.
   가. 정기교육: 법 제29조제1항에 따라 정기적으로 실시하여야 하는 교육
   나. 채용 시 교육: 법 제29조제2항에 따라 다음 어느 하나의 경우에 해당할 때 근로자등의 직무 배치 전 실시하여야 하는 교육
      1) 사업주가 근로자를 채용하는 경우(법 제29조제2항 단서의 경우에는 제외한다)
      2) 현장실습산업체의 장이 현장실습생과 현장실습계약을 체결하는 경우
      3) 사용사업주가 파견근로자로부터 근로자파견의 역무를 제공받는 경우
   다. 작업내용 변경 시 교육: 법 제29조제2항에 따라 근로자등이 기존에 수행하던 작업내용과 다른 작업을 수행하게 될 경우 변경된 작업을 수행하기 전 실시하여야 하는 교육
   라. 특별교육: 법 제29조제3항에 따라 근로자등이 「산업안전보건법 시행규칙」(이하 "규칙"이라 한다) 별표 5제1호라목의 어느 하나에 해당하는 작업을 수행하게 될 경우 나목 또는 다목에 따른 교육 외에 추가로 실시하여야 하는 교육
4. "건설업 기초안전보건교육"이란 법 제31조제1항에 따라 건설업의 사업주가 건설 일용근로자를 채용할 때 해당 근로자로 하여금 이수하도록 하여야 하는 안전보건교육을 말한다.
5. "직무교육"이란 법 제32조제1항에 따라 사업주(같은 항 제5호 각 목의 경우에는 해당 기관의 장을 말한다)가 같은 항 각 호에 해당하는 사람(이하 "직무교육대상자"라 한다)으로 하여금 이수하도록 하여야 하는 직무와 관련한 다음 각 목의 안전보건교육을 말한다.
   가. 신규교육: 규칙 제29조제1항에 따라 직무교육대상자가 선임, 위촉 또는 채용된 경우 이수하여야 하는 교육
   나. 보수교육: 규칙 제29조제1항에 따라 직무교육대상자가 신규교육을 이수한 날을 기준으로 2년마다 이수하여야 하는 교육
6. "특수형태근로종사자 안전보건교육"이란 법 제77조제2항에 따라 「산업안전보건법 시행령」(이하 "영"이라 한다) 제68조에 따른 특수형태근로종사자로부터 노무를 제공받는 자(이하 "특고노무수령자"라 한다)가 해당 특수형태근로종사자에게 실시하여야 하는 다음 각 목의 안전보건교육을 말한다.
   가. 최초 노무제공 시 교육: 규칙 제95조제1항에 따라 영 제68조에 따른 특수형태근로종사자의 직무 배치 전 실시하여야 하는 교육

나. 특별교육: 규칙 제95조제1항에 따라 영 제68조에 따른 특수형태근로종사자가 규칙 별표 5제1호라목의 어느 하나에 해당하는 작업을 수행하게 될 경우 해당 작업을 수행하기 전 실시하여야 하는 교육
7. "성능검사 교육"이란 법 제98조제1항제2호 및 규칙 제131조에 따른 교육으로서 자율안전검사의 검사원 자격을 부여하기 위한 안전에 관한 성능검사 교육을 말한다.
8. "안전관리자 양성교육"이란 법 제17조, 영 별표 4 제7호의2, 제11호 및 제12호에 따른 교육으로서 안전관리자 자격을 부여하기 위한 교육을 말한다.
9. "안전보건관리담당자 양성교육"이란 법 제19조 및 영 제24조제2항제3호에 따른 교육으로서 안전보건관리담당자 자격을 부여하기 위한 안전보건교육을 말한다.
10. "전문화교육"이란 직무교육기관이 근로자등 및 직무교육대상자의 전문성을 높이기 위해 업종 또는 관련 분야별로 개발·운영하는 교육을 말한다.
11. "안전보건교육기관"이란 법 제33조제1항에 따라 고용노동부장관에게 등록한 다음 각 목의 교육기관을 말한다.
    가. 근로자 안전보건교육기관: 영 제40조제1항에 따라 고용노동부장관에게 등록한 교육기관으로서 제3호와 제6호에 따른 교육을 실시할 수 있는 교육기관
    나. 건설업 기초안전보건교육기관: 영 제40조제2항에 따라 고용노동부장관에게 등록한 교육기관으로서 제4호에 따른 교육을 실시할 수 있는 교육기관
    다. 직무교육기관: 영 제40조제3항에 따라 고용노동부장관에게 등록한 교육기관으로서 제5호와 제10호에 따른 교육을 실시할 수 있는 교육기관
12. "집체교육"이란 교육 전용시설 또는 그 밖에 교육을 실시하기에 적합한 시설(생산시설 또는 근무 장소는 제외한다)에서 강의, 발표, 토의 및 토론, 세미나 또는 체험·실습 방식 등으로 실시하는 교육을 말한다.
13. "현장교육"이란 사업장의 생산시설 또는 근무장소에서 실시하는 교육을 말한다(작업 전 안전점검회의(TBM), 위험예지훈련 등 작업 전·후 실시하는 단시간 안전보건 교육을 포함한다).
14. "인터넷 원격교육"이란 정보통신매체를 활용하여 교육이 실시되고 훈련생관리 등이 웹상으로 이루어지는 교육을 말한다.
15. "비대면 실시간교육"이란 정보통신매체를 활용하여 강사와 교육생이 쌍방향으로 실시간 소통하면서 이루어지는 교육을 말한다.
16. "우편통신교육"이란 인쇄매체 또는 전자문서로 된 교육교재를 이용하여 교육이 실시되고 교육생관리 등이 웹상으로 이루어지는 교육을 말한다.

② 삭제

02 산업안전보건법령상 안전보건개선계획서에 관한 내용으로 옳지 않은 것은?

① 안전보건개선계획서에는 시설, 안전보건관리체제, 안전보건교육, 산업재해 예방 및 작업환경의 개선을 위하여 필요한 사항이 포함되어야 한다.
② 사업주는 안전보건개선계획서 수립·시행 명령을 받은 날부터 60일 이내에 관 할 지방고용노동관서의 장에게 해당 계획서를 제출해야 한다.
③ 지방고용노동관서의 장이 안전보건개선계획서를 접수한 경우에는 접수일부터 30일 이내에 심사하여 사업주에게 그 결과를 알려야 한다.
④ 지방고용노동관서의 장은 안전보건개선계획서의 적정 여부 확인을 공단 또는 지도사에게 요청할 수 있다.
⑤ 고용노동부장관은 산업재해 예방을 위하여 종합적인 개선조치를 할 필요가 있 다고 인정되는 사업장의 사업주에게 고용노동부령으로 정하는 바에 따라 그 사업장, 시설, 그 밖의 사항에 관한 안전 및 보건에 관한 개선계획을 수립하여 시행할 것을 명할 수 있다.

답 ③

해설
지방노동관서장 심사기간 : 15일 이내

정답근거
(1) 산업안전보건법
제49조(안전보건개선계획의 수립·시행 명령) ① 고용노동부장관은 다음 각 호의 어느 하나에 해당하는 사업장으로서 산업재해 예방을 위하여 종합적인 개선조치를 할 필요가 있다고 인정되는 사업장의 사업주에게 고용노동부령으로 정하는 바에 따라 그 사업장, 시설, 그 밖의 사항에 관한 안전 및 보건에 관한 개선계획(이하 "안전보건개선계획"이라 한다)을 수립하여 시행할 것을 명할 수 있다. 이 경우 대통령령으로 정하는 사업장의 사업주에게는 제47조에 따라 안전보건진단을 받아 안전보건개선계획을 수립하여 시행할 것을 명할 수 있다.
1. 산업재해율이 같은 업종의 규모별 평균 산업재해율보다 높은 사업장
2. 사업주가 필요한 안전조치 또는 보건조치를 이행하지 아니하여 중대재해가 발생한 사업장
3. 대통령령으로 정하는 수 이상의 직업성 질병자가 발생한 사업장
4. 제106조에 따른 유해인자의 노출기준을 초과한 사업장
② 사업주는 안전보건개선계획을 수립할 때에는 산업안전보건위원회의 심의를 거쳐야 한다. 다만, 산업안전보건위원회가 설치되어 있지 아니한 사업장의 경우에는 근로자대표의 의견을 들어야 한다.
제50조(안전보건개선계획서의 제출 등) ① 제49조제1항에 따라 안전보건개선계획의 수립·시행 명령을 받은 사업주는 고용노동부령으로 정하는 바에 따라 안전보건개선계획서를 작성하여 고용노동부장관에게 제출하여야 한다.
② 고용노동부장관은 제1항에 따라 제출받은 안전보건개선계획서를 고용노동부령으로 정하는 바에 따라 심사하여 그 결과를 사업주에게 서면으로 알려 주어야 한다. 이 경우 고용노동부장관은 근로자의 안전 및 보건의 유지·증진을 위하여 필요하다고 인정하는 경우 해당 안전보건개선계획서의 보완을 명할 수 있다.
③ 사업주와 근로자는 제2항 전단에 따라 심사를 받은 안전보건개선계획서(같은 항 후단에 따라 보완한 안전보건개선계획서를 포함한다)를 준수하여야 한다.
(2) 산업안전보건법 시행령
제49조(안전보건진단을 받아 안전보건개선계획을 수립할 대상) 법 제49조제1항 각 호 외의 부분 후단에서 "대통령령으로 정하는 사업장"이란 다음 각 호의 사업장을 말한다.
1. 산업재해율이 같은 업종 평균 산업재해율의 2배 이상인 사업장
2. 법 제49조제1항제2호에 해당하는 사업장
3. 직업성 질병자가 연간 2명 이상(상시근로자 1천명 이상 사업장의 경우 3명 이상) 발생한 사업장

4. 그 밖에 작업환경 불량, 화재·폭발 또는 누출 사고 등으로 사업장 주변까지 피해가 확산된 사업장으로서 고용노동부령으로 정하는 사업장

제50조(안전보건개선계획 수립 대상) 법 제49조제1항제3호에서 "대통령령으로 정하는 수 이상의 직업성 질병자가 발생한 사업장"이란 직업성 질병자가 연간 2명 이상 발생한 사업장을 말한다.

(3) 산업안번보건법 시행규칙

제60조(안전보건개선계획의 수립·시행 명령) 법 제49조제1항에 따른 안전보건개선계획의 수립·시행 명령은 별지 제26호서식에 따른다.

제61조(안전보건개선계획의 제출 등) ① 법 제50조제1항에 따라 안전보건개선계획서를 제출해야 하는 사업주는 법 제49조제1항에 따른 안전보건개선계획서 수립·시행 명령을 받은 날부터 60일 이내에 관할 지방고용노동관서의 장에게 해당 계획서를 제출(전자문서로 제출하는 것을 포함한다)해야 한다.
② 제1항에 따른 안전보건개선계획서에는 시설, 안전보건관리체제, 안전보건교육, 산업재해 예방 및 작업환경의 개선을 위하여 필요한 사항이 포함되어야 한다.

제62조(안전보건개선계획서의 검토 등) ① 지방고용노동관서의 장이 제61조에 따른 안전보건개선계획서를 접수한 경우에는 접수일부터 15일 이내에 심사하여 사업주에게 그 결과를 알려야 한다.
② 법 제50조제2항에 따라 지방고용노동관서의 장은 안전보건개선계획서에 제61조2항에서 정한 사항이 적정하게 포함되어 있는지 검토해야 한다. 이 경우 지방고용노동관서의 장은 안전보건개선계획서의 적정 여부 확인을 공단 또는 지도사에게 요청할 수 있다.

▎합격키▕
2012년, 2013년, 2023년 출제

산업안전지도사 · 과년도기출문제

03 버드(F. Bird)의 제해 구성비율에 해당하는 것은?

① 1 : 20 : 200

② 1 : 29 : 300

③ 1 : 10 : 29 : 300

④ 1 : 10 : 30 : 600

⑤ 1 : 10 : 40 : 600

답 ④

해설

버드 이론 1 : 10 : 30 : 600의 법칙

① 1960년대 175,300여 건의 보험사고를 분석하였다.
② 하인리히가 처음 주장한 사고 발생 연쇄이론을 수정하고, 641[건]의 사고 중 중상, 경상, 무상해 물적 손실 사고, 무상해 무손실 사고의 비율이 약 1 : 10 : 30 : 600이라고 제시하였다.

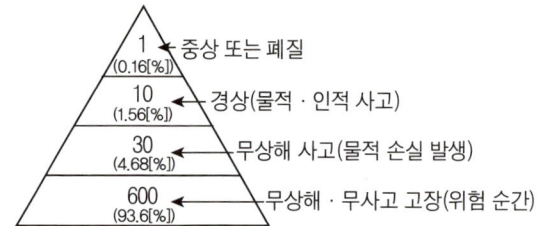

[그림] 버드의 법칙(Frank E. Bird. Jr., 1921~2007)

참고

산업안전일반 p.300(3. 버드이론 1 : 10 : 30 : 600의 법칙)

04 산업안전보건법령상 안전보건관리담당자의 업무가 아닌 것은?

① 산업재해에 관한 통계의 유지·관리·분석을 위한 보좌 및 지도·조언

② 위험성평가에 관한 보좌 및 지도·조언

③ 작업환경측정 및 개선에 관한 보좌 및 지도·조언

④ 안전보건교육 실시에 관한 보좌 및 지도·조언

⑤ 산업 안전·보건과 관련된 안전장치 및 보호구 구입 시 적격품 선정에 관한 보좌 및 지도·조언

답 ①

해설
안전보건 관리 담당자 업무
① 법 제29조에 따른 안전보건교육 실시에 관한 보좌 및 지도·조언
② 법 제36조에 따른 위험성평가에 관한 보좌 및 지도·조언
③ 법 제125조에 따른 작업환경측정 및 개선에 관한 보좌 및 지도·조언
④ 법 제129조부터 제131조까지의 규정에 따른 각종 건강진단에 관한 보좌 및 지도·조언
⑤ 산업재해 발생의 원인 조사, 산업재해 통계의 기록 및 유지를 위한 보좌 및 지도·조언
⑥ 산업 안전·보건과 관련된 안전장치 및 보호구 구입 시 적격품 선정에 관한 보좌 및 지도·조언

참고
산업안전일반 p.76(합격날개 : 합격예측)

정답근거
산업안전보건법 시행령 제25조(안전보건관리담당자의 업무)

05 안전보건교육 방법에서 하버드학파의 5단계 교수법을 순서대로 옳게 나열 한 것은?

> ㄱ. 준비시킨다(Preparation)
> ㄴ. 총괄시킨다(Generalization)
> ㄷ. 교시한다(Presentation)
> ㄹ. 연합한다(Association)
> ㅁ. 응용시킨다(Application

① ㄱ → ㄴ → ㄷ → ㄹ → ㅁ
② ㄱ → ㄴ → ㄹ → ㄷ → ㅁ
③ ㄱ → ㄷ → ㄹ → ㄴ → ㅁ
④ ㄱ → ㄷ → ㄹ → ㅁ → ㄴ
⑤ ㄱ → ㄹ → ㄷ → ㅁ → ㄴ

답 ③

해설

하버드학파 5단계 교수법
① 준비(preparation) : 안전교육 준비
② 교시(발표, presentation) : 안전교육 실시
③ 연합(조합, association) : 기존 지식과 연결하여 연합단계
④ 총괄(consolidation) : 교육 피드백 등 복습
⑤ 응용(application) : 실제 업무에 응용 등

참고

산업안전일반 p.11(3. 하버드학파의 5단계 교수법)

읽을거리 하버드대학교 도서관의 명언 37가지

1. 지금 잠을 자면 꿈을 꾸지만 지금 공부하면 꿈을 이룬다.
2. 내가 헛되이 보낸 오늘은 어제 죽은 이가 갈망하던 내일이다.
3. 늦었다고 생각했을 때가 가장 빠른 때이다.
4. 오늘 할 일을 내일로 미루지 마라.
5. 공부할 때의 고통은 잠깐이지만 못 배운 고통은 평생이다.
6. 공부는 시간이 부족한 것이 아니라 노력이 부족한 것이다.
7. 행복은 성적순이 아닐지 몰라도 성공은 성적순이다.
8. 공부가 인생의 전부는 아니다. 그러나 인생의 전부도 아닌 공부 하나도 정복하지 못한다면 과연 무슨 일을 할 수 있겠는가?
9. 피할 수 없는 고통은 즐겨라.
10. 남보다 더 일찍 더 부지런히 노력해야 성공을 맛 볼 수 있다.
11. 성공은 아무나 하는 것이 아니다. 철저한 자기 관리와 노력에서 비롯된다.
12. 시간은 간다.
13. 지금 흘린 침은 내일 흘릴 눈물이 된다.
14. 개같이 공부해서 정승같이 놀자.
15. 오늘 걷지 않으면, 내일 뛰어야 한다.
16. 미래에 투자하는 사람은 현실에 충실한 사람이다.
17. 오늘 보낸 하루는 내일 다시 돌아오지 않는다.
18. 지금 이 순간에도 적들의 책장은 넘어가고 있다.
19. no pains no gains 고통이 없으면 얻는 것도 없다.
20. 꿈이 바로 앞에 있는데, 당신은 왜 팔을 뻗지 않는가?
21. 눈이 감기는가? 그럼 미래를 향한 눈도 감긴다.
22. 졸지 말고 자라.
23. 성적은 투자한 시간의 절대량에 비례한다.
24. 가장 위대한 일은 남들이 자고 있을 때 이뤄진다.
25. 지금 헛되이 보내는 이 시간이 시험을 코앞에 둔 시점에서 얼마나 절실하게 느껴지겠는가?
26. 불가능이란 노력하지 않는 자의 변명이다.
27. 노력의 댓가는 이유 없이 사라지지 않는다.
28. 오늘 걷지 않으면 내일은 뛰어야 한다.
29. 절실하지 않은 자는 꿈을 꿀수없다.
30. 10분뒤와 10년후를 동시에 생각하라.
31. 신은 잊어라 그는 영원히 방관자일 뿐이다.
32. 최선은 절대 나를 배반하지 않는다.
33. 나는 천천히 가는 사람입니다. 그러나 뒤로가진 않습니다.
34. 죽어라 열심히 공부해도 죽지는 않는다.
35. 포기하지 마라. 저 모퉁이만 돌면 희망이란 녀석이 기다리고 있다.
36. 실패는 용서해도 포기는 용서 못한다.
37. 인간의 정신과 육체는 쓰면 쓸수록 강해진다.

06 다음에서 설명하고 있는 안전관리의 생산성 측면 효과로 옳지 않은 것은?

> 안전관리란 생산성의 향상과 손실(Loss)의 최소화를 위하여 행하는 것으로 비능률적 요소인 사고가 발생하지 않는 상태를 유지하기 위한 활동이다.

① 근로자의 사기진작.
② 사회적 신뢰성 유지 및 확보
③ 이윤 증대
④ 비용 절감
⑤ 생산시설의 고급화 및 다양화

답 ⑤

해설

안전관리가 생산성 측면에서 가져오는 효과
① 근로자의 사기진작
② 생산성 향상
③ 사회적 신뢰성 유지 및 확보
④ 이윤증대
⑤ 비용절감

참고
산업안전일반 p.44(1. 안전관리)

합격키
2023년 4월 1일 출제

07 안전교육의 지도원칙으로 옳지 않은 것은?

① 피교육자 중심 교육

② 동기부여

③ 어려운 부분에서 쉬운 부분으로 진행

④ 오관(감각기관) 활용

⑤ 기능적 이해

답 ③

해설

교육지도의 핵심 8가지 원칙
① 피교육자가 중심의 교육실시
② 동기부여를 한다.
③ 반복한다.
④ 쉬운 것에서부터 어려운 것으로 한다.
⑤ 한 번에 한 가지씩을 한다.
⑥ 인상의 강화
⑦ 오감을 활용한다.
⑧ 기능인 이해를 돕는다.

참고
산업안전일반 p.5(1. 교육 지도의 원칙)

산업안전지도사 · 과년도기출문제

08 안전보건교육규정에서 정하고 있는 "직무교육의 방법"의 일부 내용이다. ( )에 들어갈 것으로 옳은 것은?

> 교육형태: 다음 각 목에 따른 교육형태 중 어느 하나 또는 혼합한 방식 으로 할 것. 다만, 총 교육시간의 (ㄱ)분의 (ㄴ) 이상을 가목이나 나목 또는 (ㄷ)목의 형태로 할 것
> 가. 집체교육 나. 현장교육
> 다. 인터넷 원격교육 라. 비대면 실시간교육

① ㄱ: 2, ㄴ: 1, ㄷ: 다
② ㄱ: 2, ㄴ: 1, ㄷ: 라
③ ㄱ: 3, ㄴ: 1, ㄷ: 다
④ ㄱ: 3, ㄴ: 2, ㄷ: 다
⑤ ㄱ: 3, ㄴ: 2, ㄷ: 라

답 ⑤

해설

직무교육대상
(1) 사업장 안전보건관계자 직무교육대상
  ① 안전보건관리책임자
  ② 안전관리자
  ③ 보건관리자
  ④ 안전보건관리담당자
(2) 안전 및 보건 업무 종사자
  ① 안전관리전문기관
  ② 보건관리전문기관
  ③ 건설재해예방전문지도기관
  ④ 안전검사기관
  ⑤ 자율안전검사기관
  ⑥ 석면조사기관
(3) 직무교육의 종류 및 시간
  ① 보수교육(2년마다)
  ② 안전보건관리책임자 신규 6시간 보수 6시간
  ③ 안전보건관리담당자 신규 양성교육 갈음 보수교육 8시간
(4) 직무교육 시기 및 방법
  ① 선임, 채용된 후 3개월 이내, 보건관리자가 의사인 경우 1년 이내에만 신규교육 2년이 되는 날을 기준으로 전후 6개월 사이에 보수 교육
  ② 교육방법
    집체교육, 현장교육, 인터넷 원격교육, 비대면 실시간 교육
    혼합한 방식으로 인터넷 원격교육외 3분의 2 이상이 되도록 실시
(5) 직무교육 신청방법
  안전보건공단 또는 고용노동부에서 지정한 안전보건교육기관 중 안전보건공단의 승인을 받은 곳에서 이수할 수 있음
(6) 직무교육 미이수 과태료
  ① 안전보건관리책임자, 안전관리자, 보건관리자 미이수 : 500만원 과태료
  ② 안전보건관리담당자 미이수 : 1차 100만원, 2차 200만원, 3차 500만원 과태료
  ③ 안전 및 보건업무를 담당하는 기관에 종사하는 사람 미이수 : 300만원 과태료

> **보충학습**

제3조의2(근로자등 안전보건교육의 방법) ① 사업주등은 근로자등 안전보건교육을 자체적으로 실시하거나 법 제29조제4항에 따라 근로자 안전보건교육기관에 위탁하여 실시할 수 있다.
② 사업주등이 근로자등 안전보건교육을 자체적으로 실시할 때에는 다음 각 호의 사항을 준수하여야 한다.
1. 교육내용: 다음 각 목의 사항을 고려하여 규칙 별표 5에 따른 교육내용의 범위에서 사업주등이 정할 것
   가. 근로자등이 사업장 내 작업환경, 작업내용, 성(性), 나이 등으로 인한 위험성을 인지하고 예방 및 대응할 수 있도록 이에 초점을 맞춰 교육내용을 정할 것
   나. 사업장 내 위험성이 변경되거나 새로운 위험성을 확인하는 경우 이에 맞춰 교육내용을 조정할 것
   다. 특별교육의 경우에는 규칙 별표 5제1호라목에 따른 개별 교육내용을 모두 포함할 것. 다만, 다음의 어느 하나에 해당하는 경우에는 개별 교육내용의 범위에서 작업에 따른 위험성과 그에 따른 예방 및 대응 방법에 초점을 맞춰 교육내용을 정할 것
      1) 특별교육 대상 작업이 단기간 작업(2개월 이내에 종료되는 1회성 작업을 말한다) 또는 간헐적 작업(연간 총 작업일수가 60일을 초과하지 않는 작업을 말한다)인 경우
      2) 특별교육을 받아야 하는 근로자가 일용근로자(타워크레인 신호 작업에 종사하는 일용근로자는 제외한다)인 경우
2. 교육시간: 규칙 별표 4에 따른 교육시간 이상으로 할 것
3. 교육형태: 다음 각 목에 따른 교육형태 중 어느 하나 또는 혼합한 방식으로 할 것. 다만, 관리감독자 정기교육은 해당연도 총 교육시간의 2분의 1 이상, 특별교육은 총 교육시간의 3분의 2 이상을 가목이나 나목 또는 라목의 형태로 할 것
   가. 집체교육
   나. 현장교육
   다. 인터넷 원격교육
   라. 비대면 실시간교육
4. 교재: 규칙 제36조제1항에 따라 교육종류별 교육내용에 적합한 교재를 사용할 것
5. 강사: 규칙 제26조제3항과 이 고시 별표 1에 따른 기준을 만족하는 사람(소속 근로자등이 아닌 사람을 포함한다)으로 할 것. 다만, 강사가 직접 출연할 수 없는 동영상이나 만화 등을 활용한 인터넷 원격교육을 할 때에는 본문에 따른 강사가 교육내용을 감수하는 등 교육과정 제작에 참여하도록 할 것
③ 사업주등으로부터 근로자등 안전보건교육을 위탁받은 근로자 안전보건교육기관이 교육과정을 개설·운영할 때에는 다음 각 호의 사항을 준수하여야 한다.
1. 교육내용, 교육시간 및 교재에 대해서는 제2항제1호, 제2호 및 제4호를 준용한다. 이 경우 "사업주등"은 "근로자 안전보건교육기관"으로 본다.
2. 교육형태: 다음 각 목에 따른 교육형태 중 어느 하나 또는 혼합한 방식으로 할 것. 다만, 관리감독자 정기교육은 해당연도 총 교육시간의 2분의 1 이상, 특별교육은 총 교육시간의 3분의 2 이상을 가목이나 나목 또는 라목의 형태로 할 것
   가. 집체교육
   나. 현장교육
   다. 인터넷 원격교육
   라. 비대면 실시간교육
   마. 우편통신교육(관리감독자 정기교육에 한정한다)
3. 강사: 영 별표 10제2호와 이 고시 별표 1제5호의 기준을 만족하는 사람(소속 강사가 아닌 사람을 포함한다)으로 할 것. 다만, 강사가 직접 출연할 수 없는 동영상이나 만화 등을 활용한 인터넷 원격교육을 할 때에는 본문에 따른 강사가 교육내용을 감수하는 등 교육과정 제작에 참여하도록 할 것
4. 관리감독자 정기교육과정의 경우「통계법」제22조에 따라 통계청장이 고시한 한국표준산업분류에 따른 대분류별로 구분하여 개설할 것
④ 사업주등은 정기교육에 대하여는 사업장의 실정에 따라 그 시간을 적절히 분할하여 실시할 수 있다.

> **참고**

안전보건교육규정 제3조의2(근로자등 안전보건교육의 방법)

산업안전지도사 · 과년도기출문제

09 제조물 책임법상 결함에 해당되는 것을 모두 고른 것은?

> ㄱ. 제조상 결함 ㄴ. 배송상 결함
> ㄷ. 설계상 결함 ㄹ. 표시상 결함

① ㄱ, ㄴ
② ㄷ, ㄹ
③ ㄱ, ㄷ, ㄹ
④ ㄴ, ㄷ, ㄹ
⑤ ㄱ, ㄴ, ㄷ, ㄹ

답 ③

해설

제조물 책임법

(1) 제조물
제조되거나 가공된 동산(다른 동산이나 부동산의 일부를 구성하는 경우를 포함)을 말한다.

(2) 결함의 종류
제조상, 설계상 또는 표시상의 결함이 있거나 그 밖에 통상적으로 기대할 수 있는 안전성이 결여되어 있는 경우를 말한다.

① 제조상 결함
제조물에 대하여 제조상 가공상의 주의의무를 이행하였는지에 관계없이 제조물이 원래 의도한 설계와 다르게 제조 가공됨으로써 안전하지 못하게 된 경우

② 설계상 결함
제조업자가 합리적인 대체설계를 채용하였더라면 피해나 위험을 줄이거나 피할 수 있었음에도 대체설계를 채용하지 아니하여 해당 제조물이 안전하지 못하게 된 경우

③ 표시상 결함
제조업자가 합리적인 설명 지시 경고 또는 그 밖의 표시를 하였더라면 해당 제조물에 의하여 발생할 수 있는 피해나 위험을 줄이거나 피할 수 있었음에도 이를 하지 아니한 경우

참고
산업안전일반 p.219(5. 결함)

정답근거
제조물 책임법

합격키
2023년 4월 1일 출제

읽을거리 1961.1.20 제35대 미 대통령 취임 연설
"국민 여러분, 조국이 여러분을 위해 무엇을 할 수 있을 것인지 묻지 말고, 여러분이 조국을 위해 무엇을 할 수 있는지 스스로에게 물어보십시오. 세계의 시민 여러분, 미국이 여러분을 위해 무엇을 베풀 것인지 묻지 말고 우리모두가 손잡고 인간의 자유를 위해 무엇을 할 수 있을지 스스로에게 물어보십시오."

10 재해조사의 1단계(사실 확인)에 포함되는 활동을 모두 고른 것은?

> ㄱ. 재해 발생 작업의 지휘·감독 상황 조사
> ㄴ. 재해 발생의 직접 원인(불안전 상태와 불안전 행동) 판단
> ㄷ. 재해 발생 기계·설비의 위험방호설비 확인

① ㄱ
② ㄴ
③ ㄱ, ㄷ
④ ㄴ, ㄷ
⑤ ㄱ, ㄴ, ㄷ

답 ③

해설

재해조사 4단계
(1) 사실의 확인
  ① 재해 발생까지의 경과 확인
  ② 인적 물적 관리적인 면에 관한 사실 수집
  ③ 재해 발생시 조치 여부
  ④ 불안전 행동 유무에 관한 관계자 사실 청취
  ⑤ 작업 중 지도, 지휘 조사
  ⑥ 작업 환경, 조건의 조사
(2) 재해요인의 확인(문제점의 발견)
  ① 인적 물적 관리적인 면에서의 재해요인 파악
  ② 직접원인의 확정 및 문제점 도출
(3) 재해 요인의 결정(근본적 문제점의 결정)
  - 재해 요인의 상관관계의 중요도 고려하여 재해요인의 결정
(4) 대책의 수립
  ① 구체적이고 실시 가능한 대책 선정
  ② 동종 재해 및 유사 재해 방지하기 위한 예방대책의 수립

참고

산업안전일반 p.311(3. 재해사례연구의 진행 단계)

합격키

① 2022년 3월 19일 출제
② 2023년 4월 1일 출제

11 재해 통계에 관한 내용으로 옳은 것은?

① 강도율 계산 시 사망 재해의 경우 10,000일의 근로손실일수를 산정한다.
② 도수율(빈도율)은 연 근로시간 100,000시간당 재해 발생 건수를 의미한다.
③ 재해율(천인율)은 연 평균 근로자 1,000명당 재해 발생 건수를 의미한다.
④ 종합재해지수(FSI)는 도수율과 강도율을 곱한 값이다.
⑤ 안전성 비교(Safety T Score)는 현재의 안전성을 과거와 비교한 것으로서 -2 이하인 경우 과거에 비해 안전성이 개선된 것을 의미한다.

답 ⑤

해설

재해통계

(1) 개요
재해 통계는 정성적 방법과 정량적 방법을 통해 동종 유사 재해 방지 대책의 자료활동되며, 산업안전보건법상 통계의 유지관리는 정부의 책무이다.

(2) 목적
① 안전보건 정책의 방향 설정
② 안전보건 성적의 측정과 개선
③ 안전보건 투자의 효율성과 경제성 검증

(3) 재해 통계의 종류
① 정성적 통계 방법
  - 시간별, 요일별, 월별, 직장별
② 정량적 통계 방법

㉮ 연천인율 $= \dfrac{\text{재해(사상)자 수}}{\text{평균근로자수}} \times 1,000$

㉯ 도수율(빈도율) $= \dfrac{\text{재해발생 건수}}{\text{연 근로 시간 수}} \times 1,000,000$

㉰ 강도율 $= \dfrac{\text{총요양 근로손실일 수}}{\text{연 근로 시간 수}} \times 1,000$

㉱ 사망만인율 $= \dfrac{\text{사망자 수}}{\text{산재보험 적용 근로자 수}} \times 10,000$

㉲ FSI(종합재해지수) $= \sqrt{\text{도수율} \times \text{강도율}}$

㉳ 세이프티 스코어 $= \dfrac{(\text{현재 빈도율} - \text{과거 빈도율})}{\sqrt{\dfrac{\text{과거빈도율}}{\text{총근로시간(현재)}} \times 10^6}}$

㉴ Safe T.score
  : 과거와 현재의 안전성적을 비교 평가하는 방법
  ㉠ +2.0 이상 : 과거보다 심각하게 나쁘다.
  ㉡ +2.0~-2.0 : 심각한 차이가 없다.
  ㉢ -2.0 이하 : 과거보다 좋다.(안전성 개선)

(4) 재해 통계의 분석방법
① 파레토도
② 특성요인도
③ 크로스 분석도

④ 관리도
(5) 재해 통계 작성 시 유의 사항
① 통계로 상황을 추정하지 말 것
② 통계 사실을 정확히 판단할 것
③ 통계의 내용은 충분하고 정확할 것
④ 통계 작성이 안전 활동은 아님을 명심할 것

참고

산업안전일반 p.39(8. Safe-T-Score)

12 재해 발생 시 조치사항으로 옳지 않은 것은?

① 재해 피해자 구출과 응급조치를 가장 먼저 실시한다.

② 재해 조사를 위하여 현장을 보존하고 촬영 등의 기록을 실시한다.

③ 재해 조사 담당 인력에 안전관리자를 포함시킨다.

④ 재해 조사는 2차 재해 발생 우려가 없는지 확인 후 가능하면 신속히 실시한다.

⑤ 빠른 복구를 위해 재해 조사는 재해 발생 현장으로 대상 범위를 한정하여 실시한다.

답 ⑤

해설

산업재해발생 조치순서

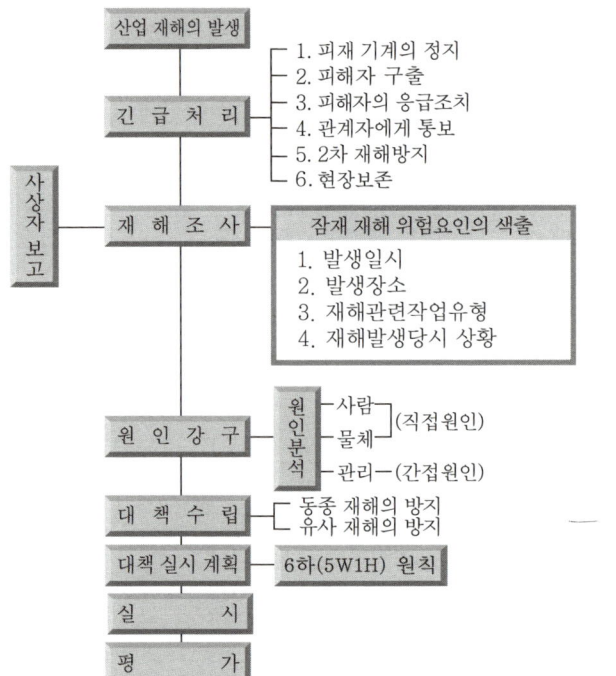

참고

산업안전일반 p.300(4. 산업재해 발생 조치 순서)

13 인간-기계 시스템에 관한 설명으로 옳은 것은?

① 인간-기계 인터페이스는 인간-기계 시스템을 구성하는 요소이다.
② 인간-기계 시스템에서 표시장치는 인간의 반응을 표시하는 장치를 의미한다.
③ 작업자가 전동 공구를 사용하여 제품을 조립하는 과정은 인간-기계 시스템에 해당하지 않는다.
④ 인간의 주관적 반응은 인간-기계 시스템의 평가기준 중 시스템 기준(system-descriptive criteria)에 해당한다.
⑤ 인간-기계 시스템을 평가할 때 심박수는 인간 성능에 관한 척도(performance measure)에 해당한다.

답 ①

해설

사용자 인터페이스 정의

사람과 사물 또는 시스템 등 사이에서 의사소통을 할 수 있도록 일시적 또는 영구적인 접근을 목적으로 만들어진 물리적 가상적 매개체를 뜻한다.

[표] 감성공학과 인간 interface(계면)의 3단계

구 분	특 성
신체적(형태적)인터페이스	인간의 신체적 또는 형태적 특성의 적합성여부(필요조건)
인지적 인터페이스	인간의 인지능력, 정신적 부담의 정도(편리 수준)
감성적 인터페이스	인간의 감정 및 정서의 적합성여부(쾌적 수준)

※ 1. 감성적인 부분을 고려하지 않을 시 나타난 결과 : 진부감(陳腐感)
2. 인지적 특성이 가장 많이 고려되는 사용자의 인터페이스요소 : 한글입력방식
3. 계면(面) : 인간과 기계가 만나는 면

참고

산업안전지도사(2. 산업안전일반) p.235 [표] 감성공학과 인간 interface의 3단계

14 산업안전보건기준에 관한 규칙상 소음 및 진동에 의한 건강장해의 예방에 관한 내용으로 옳지 않은 것은?

① 1일 8시간 작업을 기준으로 90데시벨의 소음이 발생한 작업은 소음작업에 해당한다.

② 105데시벨의 소음이 1일 30분 발생하는 작업은 강렬한 소음작업에 해당한다.

③ 임팩트 렌치(impact wrench)를 사용하는 작업은 진동작업에 속한다.

④ 1초 간격으로 125데시 벨의 소음이 1일 1만회 발생하는 작업은 충격소음작업에 해당한다.

⑤ 청력보존 프로그램 시행 대상 사업장에서는 소음의 유해성과 예방에 관한 교육과 정기적 청력검사를 실시해야 한다.

답 ②

해설

소음과 진동

(1) 소음작업 : 1일 8시간 작업 기준으로 85[dB] 이상의 소음의 발생하는 작업
(2) 강렬한 소음 작업
　① 90[dB] 이상의 소음이 1일 8시간 이상 발생하는 작업
　② 95[dB] 이상의 소음이 1일 4시간 이상 발생하는 작업
　③ 100[dB] 이상의 소음이 1일 2시간 이상 발생하는 작업
　④ 105[dB] 이상의 소음이 1일 1시간 이상 발생하는 작업
　⑤ 110[dB] 이상의 소음이 1일 30분 이상 발생하는 작업
　⑥ 115[dB] 이상의 소음이 1일 15분 이상 발생하는 작업
(3) 충격소음작업 : 소음이 1초 이상의 간격으로 발생하는 작업
　① 120[dB] 초과하는 소음이 1일 1만회 이상
　② 130[dB] 초과하는 소음이 1일 1천회 이상
　③ 140[dB] 초과하는 소음이 1일 1백회 이상
(4) 진동작업 기계 기구를 사용하는 작업
　① 착암기
　② 동력을 이용한 해머
　③ 체인톱
　④ 엔진커터
　⑤ 동력을 이용한 연삭기
　⑥ 임팩트 렌치
　⑦ 그 외 건강장해 유발 가능 기계 기구

참고

산업안전지도사(2. 산업안전일반) p.279 [표] 음양과 허용 노출관계

합격정보

산업안전보건기준에 관한 규칙 제512조(정의) 4장 소음 및 진동에 의한 건강장해의 예방

15 인간의 시각 기능에 관한 설명으로 옳지 않은 것은?

① 명순응은 암순응에 비해 시간이 짧게 걸린다.
② 암순응 과정에서 원추세포와 간상세포의 순으로 순응 단계가 진행된다.
③ 눈에서 물체까지의 거리가 멀어질수록 수정체의 두께를 두껍게 하여 초점을 맞춘다.
④ 최소가분시력(minimum separable acuity)은 일정 거리에서 구분할 수 있는 표적의 최소 크기에 따라 정해진다.
⑤ 가장 민감한 빛의 파장은 간상세포가 원추세포에 비해 짧다.

답 ③

해설

인간의 시각 기능

(1) 시각
  ① 인간의 시력을 측정하는 방법에는 여러가지가 있으나 가장 보편적으로 사용되는 것은 최소가분시력으로 눈이 식별할 수 있는 표적의 최소공간을 말한다.
  ② 시각은 보는 물체에 의한 눈에서의 대각인데 일반적으로 호의 분이나 초단위로 나타낸다.

(2) 망막 구조
  ① 원추세포 : 낮처럼 조도 수준이 높을 때 기능하고 색을 구별하며 황반에 집중되는 세포
  ② 간상세포 : 밤처럼 조도 수준이 낮을 때 기능하고 주로 망막 주변에 있으며 흑백의 음영만을 구분하는 세포
  ③ 시력의 순응 : 명순응이 암순응보다 시간이 짧다.
  ④ 수정체 : 두껍게는 가까운 거리, 얇게는 먼거리에 초점을 맞춘다.

[표] 눈의 구조·기능·모양

구조	기능	모양
각막	최초로 빛이 통과하는 곳, 눈을 보호	
홍채	동공의 크기를 조절해 빛의 양 조절	
모양체	수정체의 두께를 변화시켜 원근 조절	
수정체	렌즈의 역할, 빛을 굴절시킴	
망막	상이 맺히는 곳, 시세포 존재, 두뇌전달	
맥락막	망막을 둘러싼 검은 막, 어둠 상자 역할	

참고

산업안전지도사(2. 산업안전일반) p.282 [표] 눈의 구조·기능·모양

16 제품 설계에 인체 측정치를 적용하는 절차를 순서대로 옳게 나열한 것은?

> ㄱ. 설계에 필요한 인체치수 선택
> ㄴ. 적절한 인체측정 자료 선택
> ㄷ. 필요한 여유치 결정
> ㄹ. 인체측정 자료 응용 원리 결정

① ㄱ → ㄴ → ㄹ → ㄷ
② ㄱ → ㄹ → ㄴ → ㄷ
③ ㄴ → ㄱ → ㄷ → ㄷ
④ ㄴ → ㄷ → ㄱ → ㄹ
⑤ ㄹ → ㄴ → ㄱ → ㄷ

답 ②

해설

인체측정

(1) 인체 측정치 적용절차
 ① 설계에 필요한 인체치수 선택
 ② 인체측정 자료 응용원리 결정
 ③ 적절한 인체측정자료 선택
 ④ 필요한 여유치 결정
(2) 인체계측자료의 응용원칙
 ① 최대치수와 최소치수 : 최대치수 또는 최소치수를 기준으로 하여 설계한다.
 ② 조절범위(조절식) : 체격이 다른 여러 사람에 맞도록 만든 것이다.
 ③ 평균치를 기준으로 한 설계 : 최대치수나 최소치수, 조절식으로 하기에 곤란할 때 평균치를 기준으로 하여 설계한다.
(3) 조절범위(조정범위) 설계
 ① 사무실 의자의 높낮이 조절, 자동차 좌석의 전후조절 등
 ② 통상 5[%]치에서 95[%]치까지에서 90[%] 범위를 수용대상으로 설계
 ③ 가장 우선적으로 설계적용 고려순서 : 조절식 → 극단치 → 평균치

참고

산업안전지도사(2. 산업안전일반) p.260(합격날개 : 합격예측)

17 산업안전보건기준에 관한 규칙상 근골격계부담작업으로 인한 건강장해 예방과 관련된 내용으로 옳지 않은 것은?

① 근골격계질환 예방과 관련하여 노사 간 이견(異見)이 없는 근로자 수 80명인 사업장에서 연간 업무상 질병으로 인정받은 근골격계질환자가 5명 발생한 경우에 근골격계질환 예방관리 프로그램을 수립 및 시행해야 한다.

② 근로자가 근골격계부담작업을 하는 경우에 해당 작업에 대해 3년마다 유해요인조사를 실시하여야 한다.

③ 근골격계부담작업에 해당하는 새로운 작업·설비를 도입한 경우에는 지체 없이 유해요인조사를 실시해야 한다.

④ 5킬로그램 이상의 중량물을 들어올리는 작업을 하는 경우에는 취급하는 물품의 중량과 무게중심에 대해 작업장 주변에 안내표시하여야 한다.

⑤ 근골격계부담작업 유해요인조사를 실시할 때 작업과 관련된 근골격계질환 징후와 증상 유무를 조사해야 한다.

답 ①

해설

근골격계 부담작업
① 근골격계질환으로 업무상 질병으로 근로자가 연간 10명 이상 발생한 사업장 또는 5명 이상 발생한 사업장으로서 발생 비율이 그 사업장 근로자 수의 10[%] 이상인 경우
② 근골격계질환 예방과 관련하여 노사 간 이견이 지속되는 사업장으로서 고용노동부장관이 필요하다고 인정하여 수립하여 시행할 것을 명령한 경우
  ㉮ 노사협의 필요
  ㉯ 인간공학, 산업의학, 산업위생, 산업간호 등 분야 전문가 지도 조언 받을 수 있다.

합격정보

산업안전보건기준에 관한 규칙 제662조 근골격계질환 예방관리 프로그램 수립, 시행

18 근골격계질환 예방을 위한 유해요인 평가방법에 관한 설명으로 옳은 것은?

① REBA는 손으로 물체를 잡을 때 손잡이 조건을 평가에 반영한다.

② NLE의 LI는 값이 클수록 안전한 작업이다.

③ REBA는 보행 동작을 평가에 반영한다.

④ NLE는 중량물의 수평 운반거리를 평가에 반영한다.

⑤ OWAS는 팔꿈치 각도를 평가에 반영한다.

답 ①

해설

근골격계질환이란?
무리한 힘의 사용, 반복적인 동작, 부적절한 작업자세, 날카로운 면과의 신체접촉, 진동 및 온도 등의 요인으로 인해 근육과 신경, 힘줄, 인대, 관절 등의 조직이 손상되어 신체에 나타나는 건강장해를 총칭한다. 근골격계질환은 요통(LowBack Pain), 수근관증후군(Carpal Tunnel Syndrome), 건염(Tendonitis), 흉곽출구증후군(Thoracic Outlet Syndrome), 경추자세증후군(Tension Neck Syndrome) 등으로 표현되기도 한다.

[그림] 종류와 증상

유해요인 평가/조사방법
① OWAS : 작업자세(상지, 하지)로 인한 작업부하를 평가, 중량물의 사용도 고려, 팔을 평가에 반영
  ㉮ 양팔을 어깨 아래로 내린 자세
  ㉯ 한팔만 어깨 위로 올린 자세
  ㉰ 양팔 모두 어깨 위로 올린 자세
② RULA : 작업자세-상지에 초점, 근육 부하를 평가
③ REBA : 하지에 초점, 근골격 부담 작업의 유해요인 조사시 작업분석, 평가도구로 가장 적절(손잡이 조건을 평가에 반영)
  ㉮ 반복성   ㉯ 정적작업
  ㉰ 힘   ㉱ 작업자세
  ㉲ 연속작업시간
    ㉠ 그룹 A : 목(neck), 상체(trunk), 다리(lower limbs)
    ㉡ 그룹 B : 상완(upper arm), 전완(lower arm), 손목(wrist)
④ JSI : 병리학 기초, 정량적 평가기법

보충학습
산업안전지도사(2. 산업안전일반) p.224(합격날개 : 합격예측)

21 서로 독립인 기본사상 a, b, c로 구성된 아래의 결함수(Fault Tree)에서 정상사상 T에 관한 최소절단집합(minimal cut set)을 모두 구하면?

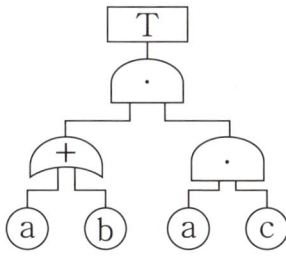

① {a, b}
② {a, c}
③ {b, c}
④ {a, b, c}
⑤ {a, c}, {a, b, c}

답 ②

해설

최소절단집합

① $T = \dfrac{a}{b} \cdot c = (a,a,c)(b,a,c) = (a,c)(a,b,c)$

② 미니멀 컷셋 $= (a,c)$

보충학습

산업안전지도사(2. 산업안전일반) p.176(5. 컷셋, 미니멀 컷셋 요약)

22 신뢰도가 A인 동일한 부품 3개를 그림과 같이 직렬 및 병렬로 연결하였을 때 전체시스템의 신뢰도는 0.8309이다. 이 부품의 신뢰도 A는 얼마인가?

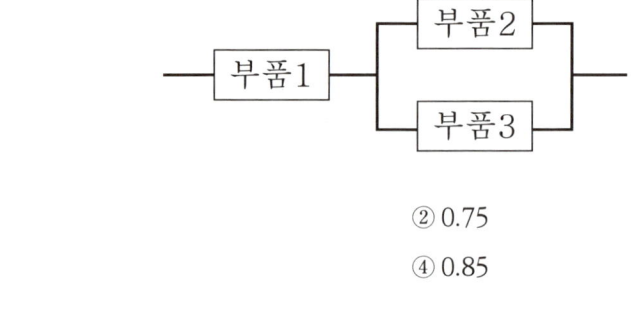

① 0.70
③ 0.80
⑤ 0.90

② 0.75
④ 0.85

답 ④

해설

부품의 신뢰도
① $0.8309 = 부품1 \times \{1-(1-부품2)(1-부품3)\}$
② $A \times [1-(1-A)^2] = 0.8309$
③ $Rs = 0.8309 \times 1 - (1-0.8309)(1-0.8309)$

보충학습
산업안전지도사(2. 산업안전일반) p.164(문제 25번)

23. 정성적, 귀납적인 시스템안전 분석기법으로 시스템에 영향을 미치는 모든 요소의 고장을 형태별로 분석하여 그 영향을 검토하는 기법은?

① ETA
② FMEA
③ THERP
④ FTA
⑤ PHA

답 ②

해설

시스템안전에서의 사실의 발견방법
① FTA(Fault Tree Analysis) : 결함수 분석(목분석법)
② ETA(Event Tree Analysis) : 귀납적, 정량적 분석
③ FMEA(Failure Mode and Effect Analysis) : 고장의 유형과 영향 분석
④ FMECA(Failure Mode Effect and Criticality Analysis) : FMEA + CA(정성적 + 정량적)
⑤ THERP(Technique for Human Error Rate Prediction) : 인간과오율 예측법
⑥ OS(Operability Study) : 안전요건 결정기법
⑦ MORT(Management Oversight and Risk Tree) : 연역적, 정량적 분석기법

FHA(Fault Hazard Analysis)
결함위험분석으로 서브시스템 해석 등에 사용되는 해석법이다.

보충학습
산업안전지도사(2. 산업안전일반) p.165(문제 29번)

산업안전지도사 · 과년도기출문제

24 A부품의 고장확률 밀도함수는 지수분포를 따르며, 평균수명은 10^4 시간이다. 이 부품을 10^3시간 작동시켰을 때의 신뢰도는 얼마인가? (단, 소수점 셋째 자리에서 반올림하여 소수점 둘째자리까지 구한다.)

① 0.05

② 0.10

③ 0.15

④ 0.85

⑤ 0.90

답 ⑤

해설

신뢰도 계산

$R(t) = e^{-\lambda t} = e^{-\frac{t}{t_0}} = e^{-\frac{1000}{10000}} = e^{-0.1} = 0.90$

여기서

고장없이 작동할 확률 = 신뢰도(R)

$R = e^{-\frac{t}{t_0}} = e^{-\lambda \cdot t}$

- t_0 : 평균 고장 시간(평균수명)
- λ : 고장률
- t : 앞으로 사용할 시간

보충학습

산업안전지도사(2. 산업안전일반) p.228(문제 18번)

합격키

2023년 4월 1일 출제

25. 사업장 위험성평가에 관한 지침에 따라 위험성평가 실시규정을 작성할 때 반드시 포함되어야 할 사항이 아닌 것은?

① 평가의 목적 및 방법

② 결과의 기록·보존

③ 위험성평가 인정신청서 작성방법

④ 근로자에 대한 참여·공유방법 및 유의사항

⑤ 평가담당자 및 책임자의 역할

답 ③

해설

위험성 평가 실시규정 작성시 포함사항
① 평가의 목적 및 방법
② 평가담당자 및 책임자의 역할
③ 평가시기 및 절차
④ 주지방법 및 유의사항
⑤ 결과의 기록·보존

보충학습
산업안전지도사(2. 산업안전일반) p.329 제9조(사전준비)

합격키
2022년 3월 19일 출제

정답근거
사업장 위험성 평가에 관한 지침 제19조(사전준비)

산업안전지도사 자격시험
제1차 시험문제지

2025년도 3월 29일 필기문제

제2과목 산업안전일반	총 시험시간 : 90분 (과목당 30분)	문제형별 A

수험번호	20250329	성 명	도서출판 세화

【수험자 유의사항】

1. 시험문제지 표지와 시험문제지 내 **문제형별의 동일여부** 및 시험문제지의 **총면수·문제번호 일련순서·인쇄상태** 등을 확인하시고, 문제지 표지에 수험번호와 성명을 기재하시기 바랍니다.
2. 답은 각 문제마다 요구하는 **가장 적합하거나 가까운 답 1개**만 선택하고, 답안카드 작성 시 시험문제지 **형별누락, 마킹착오**로 인한 불이익은 전적으로 **수험자에게 책임**이 있음을 알려 드립니다.
3. 답안카드는 국가전문자격 공통 표준형으로 문제번호가 1번부터 125번까지 인쇄되어 있습니다. 답안 마킹 시에는 반드시 **시험문제지의 문제번호와 동일한 번호**에 마킹하여야 합니다.
4. **감독위원의 지시에 불응하거나 시험 시간 종료 후 답안카드를 제출하지 않을 경우** 불이익이 발생할 수 있음을 알려 드립니다.
5. 시험문제지는 시험 종료 후 가져가시기 바랍니다.

【안 내 사 항】

1. 수험자는 QR코드를 통해 가답안을 확인하시기 바랍니다.
   (※ 사전 설문조사 필수)
2. 시험 합격자에게 '합격축하 SMS(알림톡) 알림 서비스'를 제공하고 있습니다.

▲ 가답안 확인

- 수험자 여러분의 합격을 기원합니다 -

2. 산업안전일반

01 다음에서 설명하고 있는 안전교육 방법은?

> ○ 스스로 자신의 성장과 향상 의욕을 고려하고 주도적으로 학습하는 방법
> ○ 장점 : 자율적으로 필요한 시간에 개인의 관심, 흥미, 능력, 환경 등에 적합하게 수행할 수 있고 학습참여와 내용 선택에서도 높은 자율성이 부여됨

① 시범법 ② 토의법
③ 실연법 ④ 반복법
⑤ 프로그램 학습법

답 ⑤

해설

교육훈련기법의 종류

종류	기법
강의법	안전지식의 전달방법으로 특히 초보적인 단계에 대해서는 효과가 큰 방법
시범	기능이나 작업과정을 학습시키기 위해 필요로 하는 분명한 동작을 제시하는 방법
반복법	이미 학습한 내용이나 기능을 반복해서 말하거나 실연토록 하는 방법
토의법	10~20인 정도로 초보가 아닌 안전지식과 관리에 대한 유경험자에게 적합한 방법
실연법	이미 설명을 듣고 시범을 보아서 알게 된 지식이나 기능을 교사의 지도 아래 직접 연습을 통해 적용해 보는 방법
프로그램 학습법	학습자가 프로그램 자료를 가지고 단독(주도적)으로 학습하도록 하는 방법
모의법	실제의 장면이나 상황을 인위적으로 비슷하게 만들어두고 학습하게 하는 방법
구안법 (Project method)	참가자 스스로가 계획을 수립하고 행동하는 실천적인 학습활동 과제에 대한 목표 결정 → 계획수립 → 활동시킨다 → 행동 → 평가

참고

산업안전지도사(2. 산업안전일반) p.34 [표] 교육훈련기법의 종류

산업안전지도사 · 과년도기출문제

02 "학습자가 지니고 있는 각자의 요구와 능력 등에 알맞은 학습활동의 기회를 마련해 주어야 한다"는 학습지도원리에 해당하는 것은?

① 직관의 원리
② 개별화의 원리
③ 자발성의 원리
④ 목적의 원리
⑤ 통합의 원리

답 ②

해설

학습지도원리

원리명	내용 요약	특징 및 포인트
직관의 원리	이론보다는 실체 사물이나 사례를 통해 학습하게 한다.	"눈으로 보고, 손으로 만지고, 직접 느끼게" 하는 것. 추상적 설명보다 구체적 경험 우선
개별화의 원리	학습자의 수준, 능력, 흥미에 따라 맞춤형으로 지도한다.	"모든 학습자는 다 다르다"는 전제를 바탕으로 개인별 접근
자발성의 원리	학습자가 스스로 배우고자 하는 의욕을 가지게 한다.	강제 대신 '스스로 하고 싶게' 만드는 분위기 조성 중요
목적의 원리	학습 목표를 분명히 제시하고, 그 목표에 맞춰 지도한다.	"왜 배우는가"를 명확히 알게 하여 학습 방향성 강화
통합의 원리	여러 지식이나 기능을 서로 연결해서 가르친다.	단편적인 지식이 아니라 종합적, 통합적으로 이해하게 지도.

참고
산업안전지도사(2. 산업안전일반) p.5 (6. R.W.Tyler 교육지도 원리)

합격키
2022년 3월 19일 출제

보충학습

용어정의
① 직관 : 보여주고 느끼게 하자.
② 개별화 : 각자에게 맞는 방법으로 가르치자.(맞춤형)
③ 자발성 : 스스로 배우게 하자.
④ 목적 : 배우는 이유를 분명히 하자.
⑤ 통합 : 지식들을 서로 연결하자.

03 제조물 책임법상 손해배상책임을 지는 자가 사실을 입증한 경우에 손해배상 책임을 면(免)하는 사유에 해당하지 않는 것을 모두 고른 것은?

> ㄱ. 제조업자가 해당 제조물을 공급하지 아니하였다는 사실
> ㄴ. 제조업자가 해당 제조물을 공급한 당시의 과학·기술 수준으로 결함의 존재를 발견할 수 있었다는 사실
> ㄷ. 제조물의 결함이 제조업자가 해당 제조물을 공급한 당시의 법령에서 정하는 기준을 준수함으로써 발생하였다는 사실
> ㄹ. 원재료나 부품의 경우에는 그 원재료나 부품을 사용한 제조물 제조업자의 설계 또는 제작에 관한 지시로 인하여 결함이 발생하였다는 사실

① ㄱ
② ㄴ
③ ㄱ, ㄴ
④ ㄴ, ㄷ
⑤ ㄱ, ㄴ, ㄷ, ㄹ

답 ②

해설

면책사유

제4조(면책사유) ① 제3조에 따라 손해배상책임을 지는 자가 다음 각 호의 어느 하나에 해당하는 사실을 입증한 경우에는 이 법에 따른 손해배상책임을 면(免)한다.
1. 제조업자가 해당 제조물을 공급하지 아니하였다는 사실
2. 제조업자가 해당 제조물을 공급한 당시의 과학·기술 수준으로는 결함의 존재를 발견할 수 없었다는 사실
3. 제조물의 결함이 제조업자가 해당 제조물을 공급한 당시의 법령에서 정하는 기준을 준수함으로써 발생하였다는 사실
4. 원재료나 부품의 경우에는 그 원재료나 부품을 사용한 제조물 제조업자의 설계 또는 제작에 관한 지시로 인하여 결함이 발생하였다는 사실

② 제3조에 따라 손해배상책임을 지는 자가 제조물을 공급한 후에 그 제조물에 결함이 존재한다는 사실을 알거나 알 수 있었음에도 그 결함으로 인한 손해의 발생을 방지하기 위한 적절한 조치를 하지 아니한 경우에는 제1항제2호부터 제4호까지의 규정에 따른 면책을 주장할 수 없다.

정답확인

제조물 책임법 제4조(면책사유)

보충학습

제조물 책임(PL)의 권리
① 1964년 미국의 케네디 대통령이 소비자의 4대 권리를 주장하고 법령으로 제정
② 결함의 종류 3가지
  ㉮ 제조상의 결함   ㉯ 설계상의 결함   ㉰ 경고표시상의 결함

읽을거리

1961.1.20 제35대 미 대통령 취임 연설

"국민 여러분, 조국이 여러분을 위해 무엇을 할 수 있을 것인지 묻지 말고, 여러분이 조국을 위해 무엇을 할 수 있는지 스스로에게 물어보십시오. 세계의 시민 여러분, 미국이 여러분을 위해 무엇을 베풀 것인지 묻지 말고 우리모두가 손잡고 인간의 자유를 위해 무엇을 할 수 있을지 스스로에게 물어보십시오."

산업안전지도사 · 과년도기출문제

04 적응기제에 관한 내용이다. (   )에 들어갈 것으로 옳은 것은?

> ○ (ㄱ) : 어떤 행동이 억압되었을 때 그 행동이 사회적으로 용납할 수 있는 이유를 설명함으로써 자아를 보호하는 행동
> ○ (ㄴ) : 현실적으로 도저히 만족할 수 없는 욕구나 소원을 상상의 세계에서 얻으려고 하는 행동
> ○ (ㄷ) : 억압당한 욕구가 사회적, 문화적으로 가치 있는 목적으로 향하여 노력함으로써 욕구를 충족시키는 것

① ㄱ : 동일시, ㄴ : 고립,   ㄷ : 보상
② ㄱ : 동일시, ㄴ : 백일몽, ㄷ : 승화
③ ㄱ : 합리화, ㄴ : 고립,   ㄷ : 승화
④ ㄱ : 합리화, ㄴ : 백일몽, ㄷ : 승화
⑤ ㄱ : 합리화, ㄴ : 백일몽, ㄷ : 보상

답 ④

해설

적응기제 3가지

① 도피기제(Excape Mechanism) : 갈등을 해결하지 않고 도망감

구분	특징
억압	무의식으로 쑤셔 넣기
퇴행	유아 시절로 돌아가 유치해짐
백일몽	공상의 나래를 펼침
고립(거부)	외부와의 접촉을 끊음

② 방어기제(Defence Mechanism) : 갈등을 이겨내려는 능동성과 적극성

구분	특징
보상	열등감을 다른 곳에서 강점으로 발휘함
합리화	자기변명, 자기실패의 합리화, 자기미화, 자아보호
승화	열등감과 욕구불만을 사회적으로 바람직한 가치로 나타내는 것
동일시	힘 있고 능력 있는 사람을 통해 자기만족을 얻으려 함
투사	자신의 열등감을 다른 것에 던져 그것들도 결점이 있음을 발견해서 열등감에서 벗어나려 함

③ 공격기제(Aggressive Mechanism) : 직접적, 간접적

참고

산업안전지도사(3. 기업진단지도) p.150 (보충학습 : 적응기제 3가지)

05 산업안전보건법령상 다음과 같은 기계 등을 보유하여 작업하는 사업장의 사업주가 특별교육을 실시하여야 하는 대상 작업에 해당하는 것을 모두 고른 것은?

> ㄱ. 정격하중 2.8톤 천장주행크레인 1대, 정격하중 0.5톤 호이스트 5대를 보유하여 사용한 작업
> ㄴ. 3톤 지게차 1대를 보유하여 사용한 작업
> ㄷ. 고정식인 둥근톱기계, 띠톱계, 대패기계 및 모떼기기계를 각 1대씩 보유하여 사용한 작업

① ㄱ
② ㄴ
③ ㄱ, ㄷ
④ ㄴ, ㄷ
⑤ ㄱ, ㄴ, ㄷ

답 ①

해설

특별교육 내용

1톤 이상의 크레인을 사용하는 작업 또는 1톤 미만의 크레인 또는 호이스트를 5대 이상 보유한 사업장에서 해당 기계로 하는 작업(제39호의 작업은 제외한다)
① 방호장치의 종류, 기능 및 취급에 관한 사항
② 걸고리·와이어로프 및 비상정지장치 등의 기계·기구 점검에 관한 사항
③ 화물의 취급 및 안전작업방법에 관한 사항
④ 신호방법 및 공동작업에 관한 사항
⑤ 인양 물건의 위험성 및 낙하·비래(飛來)·충돌재해 예방에 관한 사항
⑥ 인양물이 적재될 지반의 조건, 인양하중, 풍압 등이 인양물과 타워크레인에 미치는 영향
⑦ 그 밖에 안전·보건관리에 필요한 사항

참고

산업안전지도사(2. 산업안전일반) p.30(2. 특별안전보건교육(14)

정답확인

산업안전보건법 시행규칙 [별표 5] 라. 특별교육 대상 작업별 교육

보충학습

① 목재가공용 기계 5대 이상 보유 사업장
② 운반용 등 하역기계를 5대 이상 보유한 사업장

06 재해발생 원인에 관한 휴의 이론 중 다음에서 설명하고 있는 요인에 해당하는 것은?

> 무리한 행동, 안전작업에 대한 소홀, 신체적 특성을 고려하지 못한 작업 배치, 자동화 기계의 일반기계와의 속도차이, 단순작업이 계속될 경우의 권태감·무력감, 작업자의 신체기능의 변화, 정보처리능력의 변화 등으로 스트레스가 증가하여 재해가 발생할 수 있다.

① 심리적 요인
② 기계적 요인
③ 인위적 요인
④ 기술적 요인
⑤ 환경적 요인

답 ③

해설

휴(Huh : 허)의 재해이론 5가지

① 심리적 요인 : 직무분석, 근로자의 배회, 교육, 훈련, 작업내용, 공정편성, 감독자의 재교육, 직무수행의 질적향상 → 작업자 심리요인
② 기계적 요인 : 기계의 고장, 리크-시스템(Leak System)의 미흡, 제동장치, 비상정지 고장, 표시기의 미흡 → 기계의 System요인
③ 환경적 요인 : 조명, 환기시설, 4S, 온·습도 작업환경, VDT, 소음, 분진 → 직무환경적 요인
④ 기계설계의 오류 : 안전장치 미부착, 기계배치의 위험성 동작순서의 복잡성, 조작미숙, 보수, 수리의 난이, 안전성 미흡 → 기계중심의 요인
⑤ 인위적 요인 : 무리한 행동 불균형, 보호구 미착용, 지시명령의 위반, 안전작업 소홀, 태도, 사후평가, 작업에 대한 변화 → 작업자의 생체기능변화, stress변화

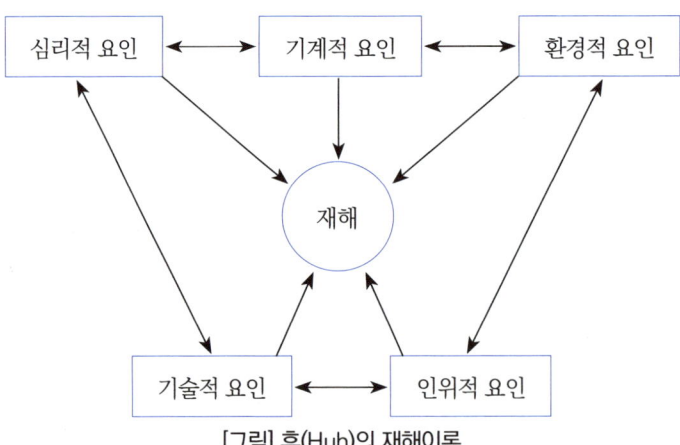

[그림] 휴(Huh)의 재해이론

07 T.B.M(Tool Box Meeting)의 실시순서 5단계를 옳게 나열한 것은?

ㄱ. 작업지시　　　　　ㄴ. 도입
ㄷ. 점검 및 정비　　　ㄹ. 확인
ㅁ. 위험예측

① ㄱ - ㄴ - ㄷ - ㄹ - ㅁ
② ㄱ - ㄴ - ㄹ - ㄷ - ㅁ
③ ㄴ - ㄱ - ㄷ - ㅁ - ㄹ
④ ㄴ - ㄷ - ㄱ - ㅁ - ㄹ
⑤ ㄴ - ㄹ - ㄷ - ㄱ - ㅁ

답 ④

해설

TBM 진행 5단계

단계	순서	방법
1단계	도입	직장체조, 상호인사, 목표제창
2단계	점검정비	건강, 복장, 공구, 보호구, 안전장치, 사용기기 등 점검정비
3단계	작업지시	당일 작업에 대한 설명 및 지시를 받고 복창하여 확인
4단계	위험예측	당일 작업의 위험을 예측하고 대책 토의, 원포인트 위험예지훈련
5단계	확인	대책을 수립하고 팀의 목표 확인. 원포인트 지적확인, 터치 앤 콜

참고

산업안전지도사(2. 산업안전일반) p.58(5. TBM 진행 5단계)

산업안전지도사 · 과년도기출문제

08 산업안전보건법령상 산업안전보건위원회의 심의·의결을 거쳐야 하는 사항이 아닌 것은?(그 밖에 근로자의 유해·위험 방지조치에 관한 사항으로서 고용노동부령으로 정하는 사항은 제외함)

① 사업장의 산업재해 예방계획의 수립에 관한 사항

② 안전보건관리규정의 작성 및 변경에 관한 사항

③ 안전장치 및 보호구 구입 시 적격품 여부 확인에 관한 사항

④ 작업환경측정 등 작업환경의 점검 및 개선에 관한 사항

⑤ 안전보건교육에 관한 사항

답 ③

해설

안전보건관리 책임자 및 산업안전보건 위원회

(1) **제15조(안전보건관리책임자)** ① 사업주는 사업장을 실질적으로 총괄하여 관리하는 사람에게 해당 사업장의 다음 각 호의 업무를 총괄하여 관리하도록 하여야 한다.
   1. 사업장의 산업재해 예방계획의 수립에 관한 사항
   2. 제25조 및 제26조에 따른 안전보건관리규정의 작성 및 변경에 관한 사항
   3. 제29조에 따른 안전보건교육에 관한 사항
   4. 작업환경측정 등 작업환경의 점검 및 개선에 관한 사항
   5. 제129조부터 제132조까지에 따른 근로자의 건강진단 등 건강관리에 관한 사항
   6. 산업재해의 원인 조사 및 재발 방지대책 수립에 관한 사항
   7. 산업재해에 관한 통계의 기록 및 유지에 관한 사항
   8. 안전장치 및 보호구 구입 시 적격품 여부 확인에 관한 사항
   9. 그 밖에 근로자의 유해 · 위험 방지조치에 관한 사항으로서 고용노동부령으로 정하는 사항

② 제1항 각 호의 업무를 총괄하여 관리하는 사람(이하 "안전보건관리책임자"라 한다)은 제17조에 따른 안전관리자와 제18조에 따른 보건관리자를 지휘 · 감독한다.

③ 안전보건관리책임자를 두어야 하는 사업의 종류와 사업장의 상시근로자 수, 그 밖에 필요한 사항은 대통령령으로 정한다.

(2) **제24조(산업안전보건위원회)** ① 사업주는 사업장의 안전 및 보건에 관한 중요 사항을 심의 · 의결하기 위하여 사업장에 근로자위원과 사용자위원이 같은 수로 구성되는 산업안전보건위원회를 구성 · 운영하여야 한다.

② 사업주는 다음 각 호의 사항에 대해서는 제1항에 따른 산업안전보건위원회(이하 "산업안전보건위원회"라 한다)의 심의 · 의결을 거쳐야 한다.
   1. 제15조제1항제1호부터 제5호까지 및 제7호에 관한 사항
   2. 제15조제1항제6호에 따른 사항 중 중대재해에 관한 사항
   3. 유해하거나 위험한 기계 · 기구 · 설비를 도입한 경우 안전 및 보건 관련 조치에 관한 사항
   4. 그 밖에 해당 사업장 근로자의 안전 및 보건을 유지 · 증진시키기 위하여 필요한 사항

③ 산업안전보건위원회는 대통령령으로 정하는 바에 따라 회의를 개최하고 그 결과를 회의록으로 작성하여 보존하여야 한다.

④ 사업주와 근로자는 제2항에 따라 산업안전보건위원회가 심의 · 의결한 사항을 성실하게 이행하여야 한다.

⑤ 산업안전보건위원회는 이 법, 이 법에 따른 명령, 단체협약, 취업규칙 및 제25조에 따른 안전보건관리규정에 반하는 내용으로 심의 · 의결해서는 아니 된다.

⑥ 사업주는 산업안전보건위원회의 위원에게 직무 수행과 관련한 사유로 불리한 처우를 해서는 아니 된다.

⑦ 산업안전보건위원회를 구성하여야 할 사업의 종류 및 사업장의 상시근로자 수, 산업안전보건위원회의 구성 · 운영 및 의결되지 아니한 경우의 처리방법, 그 밖에 필요한 사항은 대통령령으로 정한다.

정답확인

산업안전보건법, 2025년 3월 29일 1과목에도 출제

09 위험성평가기법에 관한 설명으로 옳지 않은 것은?

① FMEA는 각 요소의 고장유형과 그 고장이 미치는 영향을 분석하는 방법으로 귀납적 분석기법이다.
② PHA는 시스템 내의 위험요소가 어떤 위험 상태에 있는가를 평가하는 기법이다.
③ MORT는 FTA와 동일한 논리방법을 사용하여 관리, 설계, 생산 및 보전 등의 넓은 범위에 걸친 안전성 확보를 위하여 활용하는 기법이다.
④ HEA는 운전원, 보수반원, 기술자 등의 불안전행동으로 발생할 수 있는 피해에 대해서 그 원인을 파악·추적하여 문제점을 개선하기 위한 평가기법이다.
⑤ HAZOP은 잠재된 사고의 결과 및 근본적인 원인을 찾아내고 사고결과와 원인 사이의 상호관계를 예측하며 리스크를 평가하는 기법이다.

답 ⑤

해설

용어정의
① "위험과 운전분석(Hazard and operability(HAZOP) study)"이라 함은 공정에 존재하는 위험요인과 공정의 효율을 떨어뜨릴 수 있는 운전상의 문제점을 찾아내어 그 원인을 제거하는 방법을 말한다.
② "위험요인"이라 함은 인적·물적손실 및 환경피해를 일으키는 요인(요소) 또는 이들 요인이 혼재된 잠재적 위험요인으로 실제 사고(손실)로 전환되기 위해서는 자극이 필요하며 이러한 자극으로는 기계적 고장, 시스템의 상태, 작업자의 실수 등 물리·화학적, 생물학적, 심리적, 행동적 원인이 있음을 말한다.
③ "운전성"이라 함은 운전자가 공장을 안전하게 운전할 수 있는 상태를 말한다.

참고
산업안전지도사(2. 산업안전일반) p.161(1. 위험 및 운전성검토)

정답확인
① KOSHA Guide P-82-2023
　연속공정의 위험과 운전분석(HAZOP) 기법에 관한 기술지침
② 사업장 위험성 평가에 관한지침 제3조(정의) 고용노동부 고시 제2024-76호(2024. 12. 18.)
　- "유해·위험요인" 이란 유해·위험을 일으킬 잠재적 가능성이 있는 것의 고유한 특징이나 속성을 말한다.
③ "위험성" 이란 유해·위험요인이 사망, 부상 또는 질병으로 이어질 수 있는 가능성과 중대성 등을 고려한 위험의 정도를 말한다.
④ "위험성평가"란 사업주가 스스로 유해·위험요인을 파악하고 해당 유해·위험요인의 위험성 수준을 결정하여, 위험성을 낮추기 위한 적절한 조치를 마련하고 실행하는 과정을 말한다.
⑤ "근로자"란 기간제, 단시간, 파견 등 고용형태 및 국적과 관계없이 「산업안전보건법」 제2조제3호에 따른 근로자를 말한다.

10 산업안전보건법령에서 정하고 있는 **안전보건관리책임자**를 두어야 하는 사업의 종류 및 사업장의 상시 근로자 수의 연결로 옳지 않은 것은?

① 의료용 물질 및 의약품 제조업 - 50명 이상

② 금융 및 보험업 - 300명 이상

③ 해체, 선별 및 원료 재생업 - 50명 이상

④ 소프트웨어 개발 및 공급업 - 50명 이상

⑤ 정보서비스업 - 300명 이상

답 ④

해설

안전보건관리책임자를 두어야 하는 사업의 종류 및 사업장의 상시근로자 수(제14조제1항 관련)

사업의 종류	사업장의 상시근로자 수
1. 토사석 광업 2. 식료품 제조업, 음료 제조업 3. 목재 및 나무제품 제조업; 가구 제외 4. 펄프, 종이 및 종이제품 제조업 5. 코크스, 연탄 및 석유정제품 제조업 6. 화학물질 및 화학제품 제조업; 의약품 제외 7. 의료용 물질 및 의약품 제조업 8. 고무 및 플라스틱제품 제조업 9. 비금속 광물제품 제조업 10. 1차 금속 제조업 11. 금속가공제품 제조업; 기계 및 가구 제외 12. 전자부품, 컴퓨터, 영상, 음향 및 통신장비 제조업 13. 의료, 정밀, 광학기기 및 시계 제조업 14. 전기장비 제조업 15. 기타 기계 및 장비 제조업 16. 자동차 및 트레일러 제조업 17. 기타 운송장비 제조업 18. 가구 제조업 19. 기타 제품 제조업 20. 서적, 잡지 및 기타 인쇄물 출판업 21. 해체, 선별 및 원료 재생업 22. 자동차 종합 수리업, 자동차 전문 수리업	상시 근로자 50명 이상
23. 농업 24. 어업 25. 소프트웨어 개발 및 공급업 26. 컴퓨터 프로그래밍, 시스템 통합 및 관리업 26의2. 영상ㆍ오디오물 제공 서비스업 27. 정보서비스업 28. 금융 및 보험업 29. 임대업; 부동산 제외 30. 전문, 과학 및 기술 서비스업(연구개발업은 제외한다) 31. 사업지원 서비스업 32. 사회복지 서비스업	상시 근로자 300명 이상

사업의 종류	사업장의 상시근로자 수
33. 건설업	공사금액 20억원 이상
34. 제1호부터 제26호까지, 제26호의2 및 제27호부터 제33호까지의 사업을 제외한 사업	상시 근로자 100명 이상

정답확인

산업안전보건법 시행령 [별표 2] 안전보건관리책임자를 두어야 하는 사업의 종류 및 사업장의 상시근로자 수

11 서로 독립인 기본사상 $X_1 \sim X_5$로 구성된 다음의 결함수(Fault Tree)에서 정상사상 T에 관한 최소절단집합(minimal cut set)을 모두 구한 것은?

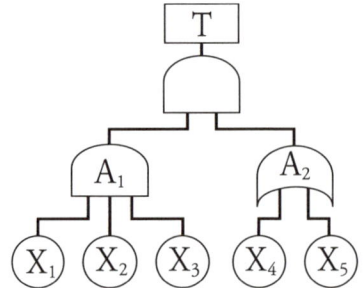

① $(X_1, X_2, X_3), (X_1, X_4, X_5)$
② $(X_1, X_2, X_3, X_4), (X_1, X_2, X_3, X_5)$
③ $(X_1, X_2, X_4), (X_1, X_3, X_5), (X_2, X_3, X_5)$
④ $(X_1, X_2, X_4), (X_1, X_2, X_5), (X_1, X_4, X_5)$
⑤ $(X_1, X_4, X_5), (X_2, X_4, X_5), (X_3, X_4, X_5)$

답 ②

해설

최소컷셋(Minimal Cut Sets)과 최소패스셋(Minimal Path Sets)

구분	특징
컷셋	시스템을 고장나게 하는 기본사상의 조합
패스셋	시스템을 고장아지 않도록 하는 기본사상의 조합
최소컷셋	시스템을 고장나게 하는 최소한의 기본사상의 조합
최소패스셋	시스템을 고장나지 않도록 하는 최소한의 기본사상

$$T = A_1 \cdot A_2 = \begin{matrix} X_1 \\ X_2 \\ X_3 \end{matrix} \cdot A_2 = (X_1, X_2, X_3, X_4), (X_1, X_2, X_3, X_5)$$

참고

산업안전지도사(2. 산업안전일반) p.178(5. 컷셋·미니멀 컷셋 요약)

합격키

① 2018년 3월 24일 (문제 15번) 출제
② 2024년 3월 30일 출제

12 신뢰성 척도에 관한 함수 중 옳은 것을 모두 고른 것은?(단, F(t) : 고장분포함수, f(t) : 고장밀도함수, R(t) : 신뢰도함수, h(t) : 고장률함수, t : 시간이다.)

> ㄱ. $F(t) = 1 - R(t)$
>
> ㄴ. $f(t) = \dfrac{d}{dt} F(t)$
>
> ㄷ. $h(t) = \dfrac{f(t)}{1 - F(t)}$
>
> ㄹ. $h(t) = \dfrac{df(t)/dt}{1 - F(t)}$

① ㄱ, ㄷ
② ㄱ, ㄴ, ㄷ
③ ㄱ, ㄷ, ㄹ
④ ㄴ, ㄷ, ㄹ
⑤ ㄱ, ㄴ, ㄷ, ㄹ

답 ②

해설

신뢰도 척도
① 신뢰도 함수 $R(t) = 1 - F(t)$로 나타낼 수 있다.
② f(t)는 고장밀도 함수로 단위시간 당 어떤 비율로 고장이 발생하는지 나타내는 함수이다.
③ f(t)를 일정시간 t까지 적분을 하게 되면 누적고장률 함수 F(t)를 구할 수 있고 다른 표현으로는 불신뢰도라고 한다.
④ 신뢰도(R(t))와 누적고장률 함수의 합은 항상 1이 된다.

합격키

2018. 3. 24 (문제 11번), (문제 12번) 출제

보충학습

① F(t) : 고장분포함수(Failure Distribution Function)
② f(t) : 고장밀도함수(Dailure Density Function)
③ R(t) : 신뢰도함수(Reliability Function)
④ h(t) : 고장률함수(Hazard Rate Function)
⑤ t : 시간

13 HAZOP 기법에서 적용되는 가이드 워드(guide word)의 의미가 옳지 않은 것은?

① part of : 성질상 증가
② other than : 완전한 대체
③ more/less : 양의 증가 혹은 감소
④ no/not : 설계 의도의 완전한 부정
⑤ reverse : 설계 의도의 논리적인 역

답 ①

해설

유인어(guide words)

(1) 개요
① 간단한 말로써 창조적 사고를 유도하고 자극하여 이상(deviation)을 발견하기 위하여 의도(intention)를 한정시키기 위해 사용한다.
② 구성원들의 사고를 이용해 조작방법이나 오동작을 개선하는 것이다.

(2) 용어정의
① NO 또는 NOT : 설계 의도의 완전한 부정을 의미
② AS Well AS : 성질상의 증가를 나타내는 것으로 설계의도와 운전조건 등 추가적인 행위와 함께 일어나는 것을 의미
③ PART OF : 성질상의 감소, 성취나 성취되지 않음을 나타냄
④ MORE LESS : 양의 증가 또는 양의 감소로 양과 성질을 함께 나타냄
⑤ OTHER THAN : 완전한 대체를 의미
⑥ REVERSE : 설계의도와 논리적인 역을 의미

참고

산업안전지도사(2. 산업안전일반) p.198(2. 유인어)

14 FMEA에 따라 평가한 결과 위험우선순위점수(Risk Priority Number)가 가장 높은 고장 유형은?
(단, S는 Severity, O는 Occurrence, D는 Detection rating이다.)

① S : 5, O : 6, D : 3
② S : 6, O : 5, D : 4
③ S : 7, O : 4, D : 3
④ S : 8, O : 3, D : 2
⑤ S : 9, O : 3, D : 4

답 ②

해설

PFMEA평가 기준

(1) 개요
① PFMEA는 세 가지 핵심 요소인 Severity(심각도), Occurrence(발생 가능성), Detection(탐지 가능성)을 평가하여 RPN(Risk Priority Number, 위험 우선순위 번호)를 산정한다.
② 각 요소는 1~10점 척도로 평가한다.
③ RPN=S×O×D=6×5×4=120

(2) 해석
① Severity(S, 심각도) - 실패가 제품과 고객에 미치는 영향
  ㉮ 해당 실패 모드가 발생했을 때 제품의 성능, 품질, 안전성에 미치는 영향을 평가하는 요소
  ㉯ 점수가 높을수록 더 심각한 문제를 의미

점수	영향(Impact)	설명
10	생명 위험	심각한 안전 문제, 법규 위반, 제품 리콜 가능
9	규제 위반	법적 요구 사항 위반, 생산 중단 가능
8	기능 상실	제품이 의도한 기능을 수행할 수 없음
7	성능 저하	주요 기능 문제, 고객 불만 가능성 높음
6	경미한 기능 문제	일부 성능 저하, 사용 가능하지만 불편
5	품질 문제	사양 미달, 고객 클레임 가능성 있음
4	경미한 품질 문제	기능에는 영향 없으나 외관상 문제 발생
3	미미한 영향	경미한 불량, 고객인지 가능성 낮음
2	매우 경미한 영향	내부 품질 검사에서 발견되는 사소한 문제
1	무시 가능	제품 성능 및 품질에 영향 없음

② Occurrence(O, 발생 가능성)
  ㉮ 특정 실패 모드가 얼마나 자주 발생하는지를 평가한다.
  ㉯ 과거 데이터, 공정 능력(Cpk), SPC(통계적 공정 관리) 데이터를 기반으로 점수를 산정한다.

점수	발생가능성(Probabvillty)	발생 빈도(예시)
10	매우 자주 발생	1,000개 중 1개 이상 불량 발생
9	자주 발생	10,000개 중 1개 불량
8	비교적 자주 발생	50,000개 중 1개 불량
7	가끔 발생	100,000개 중 1개 불량
6	중간 수준 발생	500,000개 중 1개 불량
5	드물게 발생	1,000,000개 중 1개 불량
4	매우 드물게 발생	5,000,000개 중 1개 불량
3	거의 발생하지 않음	10,000,000개 중 1개 불량
2	매우 낮은 확률	50,000,000개 중 1개 불량
1	사실상 발생 불가능	100,000,000개 중 1개 불량

③ Detection(D, 탐지 가능성)
  ㉮ 문제가 발생했을 때 이를 탐지할 수 있는 가능성을 평가한다.
  ㉯ 공정 검사, 자동 감지 시스템, 작업자 검사 방법 등을 고려하여 점수를 산정한다.

점수	탐지 가능성(Detection Capability)	발생 빈도(예시)
10	탐지 불가능	오류를 감지할 방법이 없음
9	탐지 어려움	공정 관리가 어렵고 검출 가능성이 낮음
8	탐지 가능성이 낮음	100% 검출 불가능, 수작업 검사에 의존
7	부분적으로 탐지 가능	통계적 검사 또는 샘플링 검사만 수행
6	어느정도 탐지 가능	자동 검사 시스템이 있으나 오류 발생 가능
5	일반적인 품질 검사 수행	작업자의 검사로 불량 감지 가능
4	향상된 품질 검사수행	SPC(통계적 공정 관리) 적용
3	고급 검사 시스템 적용	자동화된 검사 기법 활용(비전 검사 등)
2	매우 높은 탐지 가능성	100% 자동 검사 및 에러방지 시스템 적용
1	완벽한 탐지 가능	이중 검사 시스템 적용, 불량 발생 즉시 감지

[예제] 자동차 조립 공정에서 나사 체결 문제

평가요소	점수
Severity(S)	7(나사 풀림 → 기능 문제)
Occurrence(O)	6(100만 개 중 1개 발생)
Detectivon(D)	5(작업자 검사)
RPN계산	7×6×5=210

15 다음은 각 부품의 신뢰도가 a, b인 시스템의 신뢰성 블록도(Block Diagram) 이다. 이 시스템의 신뢰도로 옳은 것은?

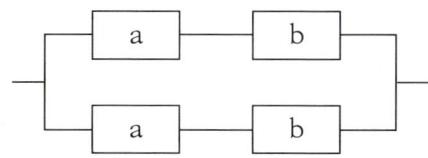

① $1-(ab)^2$
② $\{1-(1-a)(1-b)\}^2$
③ $(1-ab)^2$
④ $1-(1-a)(1-b)$
⑤ $1-(1-ab)^2$

답 ⑤

해설

시스템 신뢰도
$Rs = 1-(1-ab)(1-ab) = 1-(1-ab)^2$

참고
산업안전지도사(2. 산업안전일반) p.188(문제 19번)

16. 사업장 위험성평가에 관한 지침에서 사업주가 위험성평가를 실시할 때 해당 작업에 종사하는 근로자를 참여시켜야 하는 경우로 옳은 것을 모두 고른 것은?

ㄱ. 위험성 감소대책을 수립하여 실행하는 경우
ㄴ. 위험성 감소대책 실행 여부를 확인하는 경우
ㄷ. 해당 사업장의 유해·위협요인을 파악하는 경우
ㄹ. 유해·위험요인의 위험성이 허용 가능한 수준인지 여부를 결정하는 경우

① ㄱ, ㄹ
② ㄱ, ㄴ, ㄷ
③ ㄱ, ㄴ, ㄹ
④ ㄴ, ㄷ, ㄹ
⑤ ㄱ, ㄴ, ㄷ, ㄹ

답 ⑤

해설

제6조(근로자 참여) 사업주는 위험성평가를 실시할 때, 법 제36조제2항에 따라 다음 각 호에 해당하는 경우 해당 작업에 종사하는 근로자를 참여시켜야 한다.
1. 유해·위험요인의 위험성 수준을 판단하는 기준을 마련하고, 유해·위험요인별로 허용 가능한 위험성 수준을 정하거나 변경하는 경우
2. 해당 사업장의 유해·위험요인을 파악하는 경우
3. 유해·위험요인의 위험성이 허용 가능한 수준인지 여부를 결정하는 경우
4. 위험성 감소대책을 수립하여 실행하는 경우
5. 위험성 감소대책 실행 여부를 확인하는 경우

참고

산업안전지도사(2. 산업안전일반) p.329 제6조(근로자 참여)

정답확인

사업장 위험성 평가에 관한 지침 제2024-76호(2024. 12.18)

17 다음 논리식을 가장 간단하게 표현한 것은?

$$\overline{A}\overline{B}\overline{C}+\overline{A}B\overline{C}+A\overline{B}\overline{C}+A\overline{B}C+AB\overline{C}+ABC$$

① $A+\overline{C}$
② $AB+\overline{C}$
③ $A\overline{B}+C$
④ $\overline{B}C+\overline{C}$
⑤ $A+\overline{B}$

답 ①

해설

항등정리

① $A+0=A$, $A\times 1=A$(A에 0과 1을 각각 대입하면 A에 대입한 값이 나오므로 결과는 A가 된다.)
② $A+1=1$(A에 0과 1을 넣어도 결과는 언제나 1이 된다. 왜냐하면 불대수는 0과 1로 이루어진 2진수 이므로)
③ $A\times 0=0$(A에 0과 1을 넣어도 결과는 언제나 0이 된다.)
④ $A'B'C'+A'BC'+AB'C'+AB'C+ABC'+ABC$식에서 $AB'C'$와 ABC'를 한 개씩 더 복제한 후, 이 식을 A와 C'에 대해 묶으면 된다.
⑤ $ABC+AB'C'+AB'C+ABC'+A'B'C'+ABC'+A'BC'+AB'C'=A+A+C'+C'$이 되어, 답은 $A+C'$가 나오게 된다.

참고

산업안전지도사(2. 산업안전일반) p.155(7. 불대수의 기본공식)

합격키

2021년 3월 13일(문제 25번) 출제

보충학습

Minterm(기초항＝최소항)

① 모든 변수를 사용해서 곱하기형태로 구성한 것을 minterm이라고 부른다.
② 변수가 하나라도 빠지면 minterm이 아니다.
③ 진리표의 수식을 보면 알겠지만 1의 입력에는 식을 그대로 사용하지만 0의 입력에는 bar를 붙여서 사용한 것을 확인할 수 있다.
④ minterm이라는 것은 항 연산의 결과가 1이 되게 하는 방정식을 이야기한다.
⑤ 불식의 (SOP, POS) 2가지 존재
　㉮ SOP(Sum of Product) : 두 개 또는 그 이상의 곱셈항들이 더해지는 형식   예 $ABC'+AB$
　㉯ POS(Product of Sum) : 두 개 또는 그 이상의 덧셈항들이 곱해지는 형식   예 $(A+B)(A'+C)$
⑥ 진리표에서 1을 반환한 함수(불식, 논리식)에 대해서 입력값의 곱을 표현한 것을 민텀합으로 표현한 것을 맥스텀이라고 한다.
⑦ 모든 함수는 som(sum of minterm) 이라는 말은 minterm 수십개를 묶어서 함수를 만든다는 그냥 최소 함수로 최대함수를 만든다는 이야기다.

x	y	z	MINTERMS	NOTATION
0	0	0	x'y'z'	m_0
0	0	1	x'y'z	m_1
0	1	0	x'yz'	m_2
0	1	1	x'yz	m_3
1	0	0	xy'z'	m_4
1	0	1	xy'z	m_5
1	1	0	xyz'	m_6
1	1	1	xyz	m_7

18 인간공학을 기업에 적용함에 따른 기대효과로 옳은 것은?

① 생산성 감소

② 직무만족도 저하

③ 노사간 신뢰 구축

④ 산재손실비용의 증가

⑤ 이직률 증가

답 ③

해설

사업장에서의 인간공학 적용 분야 및 기대효과
① 작업관련성 유해·위험 작업 분석(작업환경개선)
② 제품설계에 있어 인간에 대한 안전성 평가(장비 및 공구설계)
③ 작업공간의 설계
④ 인간-기계 인터페이스 디자인
⑤ 재해 및 질병 예방
⑥ 노사간 신뢰 구축

참고

산업안전지도사(2. 산업안전일반) p.235(합격날개 : 합격예측)

19 산업안전보건법령상 "고용노동부령으로 정하는 안전인증대상기계등"에 해당 하는 기계 및 설비 중 설치·이전하는 경우와 주요 구조 부분을 변경하는 경우에는 안전인증을 받아야 한다. 두 가지 모두의 경우에 안전인증을 받아야 하는 기계 및 설비로 옳은 것은?

① 프레스
② 압력용기
③ 리프트
④ 롤러기
⑤ 고소작업대

답 ③

해설

제107조(안전인증대상기계등) 법 제84조제1항에서 "고용노동부령으로 정하는 안전인증대상기계등"이란 다음 각 호의 기계 및 설비를 말한다.
1. 설치·이전하는 경우 안전인증을 받아야 하는 기계
    가. 크레인
    나. 리프트
    다. 곤돌라
2. 주요 구조 부분을 변경하는 경우 안전인증을 받아야 하는 기계 및 설비
    가. 프레스
    나. 전단기 및 절곡기(折曲機)
    다. 크레인
    라. 리프트
    마. 압력용기
    바. 롤러기
    사. 사출성형기(射出成形機)
    아. 고소(高所)작업대
    자. 곤돌라

참고
산업안전지도사(2. 산업안전일반) p.113(합격날개 : 합격예측 및 관련법규)

정답확인
산업안전보건법 시행규칙

출제년도
2025년 3월 29일 산업안전보건법령 출제

20 재해조사 시 유의사항으로 옳은 것을 모두 고른 것은?

> ㄱ. 책임추궁보다 재발방지를 우선하는 태도를 가지고 조사한다.
> ㄴ. 재해조사자는 항상 주관적인 입장에서 공정하게 조사하여야 한다.
> ㄷ. 목격자의 추측적인 말은 참고로 한다.
> ㄹ. 재해조사는 발생 후 가능한 빨리 현장이 변형되지 않은 상태에서 실시한다.

① ㄱ, ㄴ
② ㄴ, ㄷ
③ ㄷ, ㄹ
④ ㄱ, ㄴ, ㄷ
⑤ ㄱ, ㄷ, ㄹ

답 ⑤

해설

재해(사고) 조사시의 유의사항
① 사실 수집에 치중한다.
② 목격자의 단정적 표현이나 추측은 사실과 구별하여 참고 자료로 기록해 둘 것이며 진술은 가급적 사고 직후에 기록하는 것이 좋다.(객관적 입장에서)
③ 책임을 추궁하는 태도를 보이면 사실은 은폐하게 되므로 주의한다.
④ 조사는 신속히 행하고 2차 재해의 방지를 도모한다.
⑤ 사람, 설비, 환경의 측면에서 재해요인을 도출한다.
⑥ 제3자의 입장에서 공정하게 조사하며, 반드시 조사는 2인 이상이 한다.

참고

산업안전지도사(2. 산업안전일반) p.299(재해조사시의 유의사항)

21 재해사례연구의 순서에서 제3단계에 해당하는 것은?

① 근본적 문제점의 결정
② 재해상황의 파악
③ 사실의 확인
④ 문제점의 발견
⑤ 대책수립

답 ①

해설

재해사례연구의 진행 단계

① 전제 조건 - 재해 상황의 파악 : 사례연구의 전제조건인 재해 상황의 파악은 다음에 기재한 항목에 관하여 실시한다.
② 제1단계 - 사실의 확인 : 작업의 개시에서 재해의 발생까지의 경과 가운데 재해와 관계가 있는 사실 및 재해요인으로 알려진 사실을 객관적으로 확인한다. 이상시, 사고시 또는 재해발생시의 조치도 포함된다.
③ 제2단계 - 문제점의 발견 : 파악된 사실로부터 판단하여 각종 기준에서 차이의 문제점을 발견한다.(직접원인)
④ 제3단계 - 근본적 문제점 결정 : 문제점 가운데 재해의 중심이 된 근본적 문제점을 결정하고 다음에 재해 원인을 결정한다.(기본원인)
⑤ 제4단계 - 대책 수립 : 사례를 해결하기 위한 대책을 세운다.

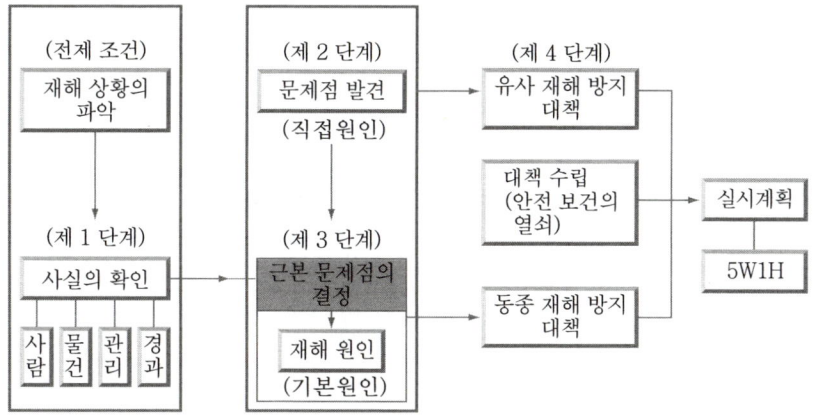

[그림] 재해사례 진행 단계

참고
산업안전지도사(2. 산업안전일반) p.313(3. 재해사례연구의 진행 단계)

합격키
① 2023년 4월 1일 출제
② 2024년 3월 30일 출제

산업안전지도사 · 과년도기출문제

22 연평균 근로자 400명이 작업하는 A제조공장에서 연간 5건의 재해가 발생하였다. 이로 인해 사망 1명, 신체장애등급 11급 3명, 나머지 1명은 휴업일수 50일을 초래하였다. 강도율은 약 얼마인가? (단, 1일 8시간, 연간 285일 작업 하며, 결근율은 7%이다.)

① 9.70

② 9.93

③ 10.02

④ 10.30

⑤ 10.62

답 ④

해설

강도율(S.R : Severity Rate of Injury)

① 산재로 인한 1,000시간당 요양 재해로 인한 근로손실일수를 말함.(산업재해의 경중의 정도)

② 계산 공식

$$강도율 = \frac{총요양근로손실일수}{연근로시간수} \times 1,000 = \frac{7500 + (400 \times 3) + (5 \times \frac{285}{365})}{400 \times 8 \times 285 \times 0.93} \times 1,000 = 10.303 = 10.30$$

참고

산업안전지도사(2. 산업안전일반) p.310(4. 강도율)

보충학습

[표] 신체 장해자 등급 및 근로손실일수

신체장해등급	4	5	6	7	8	9	10	11	12	13	14
손실일수	5,500	4,000	3,000	2,200	1,500	1,000	600	400	200	100	50

※사망자 및 장해등급 1, 2, 3급의 노동(근로)손실일수 : 7,500일

③ 그 밖의 근로손실일수 계산

㉮ 병원에 입원 가료시는 입원일수 $\times \frac{300}{365}$

㉯ 휴업일수(요양일수) $\times \frac{300}{365}$

23 인간공학적 의자설계 시 일반원칙에 관한 내용으로 옳지 않은 것은?

① 척추의 요부전만을 유지한다.
② 디스크가 받는 압력을 감소시킨다.
③ 정적 자세고정을 증가시킨다.
④ 등근육의 정적 부하를 감소시킨다.
⑤ 조정이 용이해야 한다.

답 ③

해설

의자 설계 일반 원리(칙)
① 요추 전만 곡선을 유지할 것
② 디스크의 압력을 줄일 것
③ 등 근육의 정적 부하를 감소시킬 것
④ 자세고정을 줄일 것
⑤ 쉽게 조절할 수 있도록 설계할 것

참고

산업안전지도사(2. 산업안전일반) p.263(3. 의자의 설계 원칙)

24 근골격계부담작업의 범위 및 유해요인조사 방법에 관한 고시에서 정하고 있는 근골격계부담작업에 해당하지 않는 것은?(단, 단기작업 또는 간헐적인 작업은 제외한다.)

① 하루에 5시간 이상 집중적으로 자료입력 등을 위해 키보드 또는 마우스를 조작하는 작업
② 하루에 3시간 이상 목, 어깨, 팔꿈치, 손목 또는 손을 사용하여 같은 동작을 반복하는 작업
③ 하루에 2시간 이상 쪼그리고 앉거나 무릎을 굽힌 자세에서 이루어지는 작업
④ 하루에 12회 이상 25kg 이상의 물체를 드는 작업
⑤ 하루에 총 1시간 이상, 분당 2회 이상 2.5kg 이상의 물체를 드는 작업

답 ⑤

해설

근골격계부담작업의 범위

제4조(근골격계부담작업)「산업안전보건법」제39조제1항제5호 및 안전보건규칙 제656조제1호에 따른 근골격계부담작업이란 다음 각 호의 어느 하나에 해당하는 작업을 말한다. 다만, 단기간작업 또는 간헐적인 작업은 제외한다.
1. 하루에 4시간 이상 집중적으로 자료입력 등을 위해 키보드 또는 마우스를 조작하는 작업
2. 하루에 총 2시간 이상 목, 어깨, 팔꿈치, 손목 또는 손을 사용하여 같은 동작을 반복하는 작업
3. 하루에 총 2시간 이상 머리 위에 손이 있거나, 팔꿈치가 어깨위에 있거나, 팔꿈치를 몸통으로부터 들거나, 팔꿈치를 몸통뒤쪽에 위치하도록 하는 상태에서 이루어지는 작업
4. 지지되지 않은 상태이거나 임의로 자세를 바꿀 수 없는 조건에서, 하루에 총 2시간 이상 목이나 허리를 구부리거나 트는 상태에서 이루어지는 작업
5. 하루에 총 2시간 이상 쪼그리고 앉거나 무릎을 굽힌 자세에서 이루어지는 작업
6. 하루에 총 2시간 이상 지지되지 않은 상태에서 1kg 이상의 물건을 한손의 손가락으로 집어 옮기거나, 2kg 이상에 상응하는 힘을 가하여 한손의 손가락으로 물건을 쥐는 작업
7. 하루에 총 2시간 이상 지지되지 않은 상태에서 4.5kg 이상의 물건을 한 손으로 들거나 동일한 힘으로 쥐는 작업
8. 하루에 10회 이상 25kg 이상의 물체를 드는 작업
9. 하루에 25회 이상 10kg 이상의 물체를 무릎 아래에서 들거나, 어깨 위에서 들거나, 팔을 뻗은 상태에서 드는 작업
10. 하루에 총 2시간 이상, 분당 2회 이상 4.5kg 이상의 물체를 드는 작업
11. 하루에 총 2시간 이상 시간당 10회 이상 손 또는 무릎을 사용하여 반복적으로 충격을 가하는 작업

참고
산업안전지도사(2. 산업안전일반) p.224(4. 근골격계 부담작업의 범위)

정답확인
근골격계 부담작업의 범위 및 유해요인 조사 방법에 관한 고시

25 청각적표시장치의 일반원리에 해당하지 않는 것은?

① 근사성

② 검약성

③ 분리성

④ 변동성

⑤ 양립성

답 ④

해설

청각적 표시 설계 원인
(1) 양립성
   ① 사용자가 알고 있거나 자연스러운 소리 사용
   ② 긴급용 신호 높은 주파수 사용
(2) 근사성
   복잡한 정보 나타낼 때 2단계 신호 고려
      ㉮ 주의신호 : 주의를 끌어 식별 유도
      ㉯ 지정신호 : 정확한 정보 지정
(3) 분리성
   ① 기존 입력과 쉽게 구분
   ② 여러채널을 듣고 있다면 채널별 주파수 분리
(4) 검약성
   꼭 필요한 정보만 제공
(5) 불변성
   동일 신호 항상 동일 정보 지정

참고
산업안전지도사(2. 산업안전일반) p.246([표] 청각적표시의 설계원리)

부록 02 | 찾아보기
참고문헌 및 자료
답안카드

- 찾아보기
- 참고문헌 및 자료
- 답안카드

부록 찾아보기

영문·숫자

Check List 판정시 유의사항	111
Check List에 포함되어야 하는 사항	111
display가 형성하는 목시각(目視角)	266
ETA(Event Tree Analysis : 사건수 분석)	179
ETA, FAFR, CA	160
FTA에 의한 고장해석 사례	175
FTA에 의한 고장해석 : 결함수 분석(목분석)법	168
FTA의 실시	169
FTA의 중요 분야별 효과	174
H.W. Heinrich의 안전론 정의	51
ILO의 국제 노동 통계의 구분(근로불능 상해의 종류)	49
J.H. Harvey의 3E	51
man-machine system의 신뢰성	97
MORT(Management Oversight and Risk Tree: 경영소홀 및 위험수 분석)	158
MTBF(평균고장간격 : Mean Time Between Failures)	94
MTTF(고장까지의 평균시간 : Mean Time To Failure)	95
MTTR(평균수리시간 : Mean Time To Repair)	95
OJT와 OFF JT	9
Potential FMEA에서의 평가요소	209
Safe T Score	311
system의 개요	152
THERP(인간과오율 예측기법 : Technique for Human Error Rate Prediction)	160
Webster 사전에 의한 안전 정의	51
"무지해"라 함은 무엇을 뜻하는가(무재해의 용어 정의)	53

ㄱ

가동성(Availability)	217
간략(簡略)구조(Reducible Structure)	100
강도율(S.R : Severity Rate of Injury)	310
검사원 성능검사교육	33
결함위험분석(FHA : Fault Hazards Analysis)	156
계획 작성(수립)시 고려사항	76
계획의 구비조건	76
계획의 기본방향	76
고장목 정성적 평가	181
고장목의 작성과 단순화	182
고장목의 정량적 평가	180
고장형태와 영향분석(FMEA : Failure Modes and Effects Analysis)	157
공해와 사상	49
관리감독자 교육	12
관리감독자 업무 내용	80
교육의기본방향	9
교육지도의 원칙(교육지도 8원칙)	5
교육훈련	2
교육훈련평가의 4단계(직접효과와 간접효과를 측정)	35
근로자	50
근무중 안전완장을 항시 착용하여야 하는 자	136
기계설계 진행방법	266
기계설비의 안전평가	206
기계의 통제기능(machine control function)	287

ㄴ, ㄷ

노구찌(野口三郎)의 방식	83
대책의 우선순위 결정시 유의사항	81
디시전 트리(Decision Trees)	159

ㅁ

마모고장	96
무재해운동의 3대원칙	52
무재해운동의 3요소(3기둥)	52
무재해운동의 3이념	53
무재해운동의 시간 계산 방식	53
무재해운동의 정의	52
문제해결 8단계 4라운드	56
물질안전보건자료에 관한 교육내용	34
미국의 PDCA법	303

ㅂ

방음보호구 적용범위	134
버즈(F.E.Bird's Jr)의 방식	82
병렬 model과 중복설계 구조 : fail safe system	99
병렬(parallel system)연결(Rs : fail safety) 구조	98
병렬체계(parallel system)	97
보안경	132
보전(Maintenance)	210
보전성(Maintainability)	211
보전시간의 구성(MIL-STD-721B)	217
보전의 3요소	214
보호구 선택시의 유의사항	127
보호면	134
부품(공간)배치의 4원칙	263

비간략(非簡略)구조(Irreducible Structure)	100
빈도율(도수율)(F.R : Frequency Rate of Injury)	309

ㅅ

사건(Incident)	50
사업주	50
산업안전보건표지 종류	134
산업재해 조사표	305
산업재해 통계도	119
산업재해(industrial losses)	48
산업재해발생 조치순서	302
산업재해발생의 메커니즘 3가지	301
산업재해의 직·간접원인	298
색의 3속성	138
색의 선택 조건	138
색채	283
색채조절의 목적	138
설비의 신뢰성 요인	94
소음(noise:원치 않는 소리, 주관적인 판단)	281
수평작업대	265
시각적 표시장치	242
시력	282
시몬즈(R.H. Simonds)의 방식	81
시몬즈(R.H. Simonds)의 재해코스트 산출방식	312
시스템 분석의 종류	154
시스템의 기능 및 달성방법	153
시스템의 병렬 구조	99
신뢰도 개선(改善)	101
신뢰도의 평가지수	94
신체부위의 운동	268

ㅇ

항목	페이지
안전감독 실시 방법(STOP : Safety Training Observation Program)	57
안전검사	117
안전관리	46
안전관리계획 작성시 고려해야 할 사항	80
안전관리의 긍정적 효과(안전의 가치, 이념)	46
안전관리자의 업무	78
안전대	130
안전모	129
안전보건관리계획 내용의 주요항목	81
안전보건관리책임자 등에 대한 교육시간	33
안전보건관리책임자의 업무	78
안전보건교육 교육대상별 교육내용 및 시간	24
안전보건교육(내용, 방법, 단계, 원칙)	35
안전보건교육계획	4
안전보건교육의 3단계 및 진행 4단계	23
안전보건교육의 체계	35
안전보건진단	48
안전보건진단의 종류	117
안전보건표지의 색도기준 및 용도	138
안전보건표지의 종류와 형태	137
안전보건표지판의 크기 및 표준기준	136
안전사고(accident)	47
안전사고와 부상의 종류	48
안전성 평가 6단계	194
안전인증 기관의 확인	128
안전인증 대상기계	113
안전인증 면제·취소·사용금지 대상	114
안전인증 및 자율안전 확인 제품의 표시내용(방법)	116
안전인증보호구	127
안전점검 및 진단의 순서	110
안전점검시 유의사항	111
안전점검의 정의	109
안전점검의 종류(점검주기에의 구분)	109
안전점검의 직접적 목적	110
안전증표의 도형 및 표시방법	139
안전표찰을 부착하여야 할 곳	138
안전화	132
안전활동률(미국 R.P.Blake:브레이크)	310
열교환방법	276
예비위험분석(PHA : Preliminary Hazards Analysis)	156
요소의 병렬 구조	99
우발고장	96
운용 및 지원위험분석(Operating and Support →O&S Hazard Analysis)	159
위험 및 운전성 검토	161
위험(Hazard)	50
위험관리 절차	199
위험도(Risk)	50
위험예지훈련응용기법의 종류	58
위험예지훈련의 4단계(문제 해결 4단계)	54
위험예지훈련의 종류	54
유해위험방지계획서 제출대상 건설공사	206
유해위험방지계획서 제출대상 사업장(제조업 분야 : 전기계약용량 300[kW] 이상인 사업)	205
유해위험방지계획서의 제출대상 기계·기구 및 설비	205
의자의 설계원칙	263
인간공학의 개념	234
인간공학의 연구목적 및 방법	235
인간과 기계의 기능 비교	240
인간–기계 통합시스템	237
인간실수 확률에 대한 추정기법 적용	215
인간에러(Human Error)	216
인간에러(human error)예방대책	183
인간요소와 휴먼에러	249
인체계측 자료의 응용 3원칙	261
인체계측방법	261

ㅈ

자극과 반응(Stimulus & Response) : S-R 이론	14
자동제어	286
자율검사 프로그램에 따른 안전검사	118
자율검사기관의 지정취소 등의 사유	118
자율안전확인 대상기계의 종류	115
작업공간(work space)	264
작업의 종류에 따른 측정방법	263
작업환경 측정	48
재해 법칙	301
재해 요소와 발생 모델	80
재해(loss, calamity)	48
재해(사고)조사방향	299
재해(사고)조사시의 유의사항	299
재해발생 메커니즘(mechanism)	300
재해사례연구의 진행 단계	313
전체 관찰방법	56
절단집합과 통과집합의 정의	181
점검방법에 의한 구분	110
제조물 책임(Product Liability : PL)	220
조 명	278
종합재해지수(도수강도치)(F.S.I : Frequency Severity Indicator)	310
중대재해	48
직렬연결 구조	98
직렬체계(serial system) : 직접 운전 작업	97
직업병	50
집중 발상법(Brain Storming : BS)	56

ㅊ

천인율	309
청각적 표시장치	244
초기고장	95
촉각적 표시장치	247
최소절단집합과 최소통과집합의 의미	182

ㅋ

컷셋·미니멀 컷셋 요약	178
콤페스(P.C Compes)의 방식	83

ㅌ

토의식과 강의식 교육	10
통제의 개요	284
통제표시비(통제비)	285
특별안전보건교육대상 작업별 교육내용	28
특수형태 근로종사자에 대한 안전보건교육	34

ㅍ

파지와 망각	13
페일세이프(fail safe)	50

ㅎ

하인리히(H.W. Heinrich)의 방식	81
하인리히(H.W. Heinrich)의 재해코스트 산출방식	311
하인리히(H.W.Heinrich)의 사고예방대책 기본원리 5단계	303
하인리히의 산업재해예방의 4원칙	303
학습 및 강의	7
호흡용 보호구	131
환산강도율 및 환산도수율	311
휘광(glare)	278

부록 - 참고문헌 및 자료

1. Campbell,A.,M.,$Alexander,M.1995.
2. ORP연구소, 직무능력중심 채용과 NCS, ORP연구소, 2016.
3. 고명훈, 생산관리시스템, 선학출판사, 2003.
4. 공민선, 기업정리력, 라온북, 2015.
5. 공업진흥청, ISO/IEC 인증제도에 관한 이론과 실제, 공업진흥청, 1995.
6. 권혁기외, 인전자원관리, 도서출판청람,2015.
7. 김두환외 6인, 안전관리대사전, 한국안전연구원, 1993.
8. 김민준, 신인전자원관리, 법학사, 2016.
9. 김병석외 1인, 시스템안전공학, 형설출판사, 2006.
10. 김병진외 3인, 산업안전관리(공통), 한국산업안전공단,1995.
11. 김병철, 프로젝트관리의 이해, 도서출판세화, 2010
12. 김영재외, 경영학개론, 한올출판사, 2017.
13. 김원경, 전략적인전자원관리, 형설출판사, 2005.
14. 김태경, 지금당장 경영학 공부하라, 한빛비즈, 2014.
15. 나기현, 전략적인전자원관리, 부산외국어대학교출판부, 2014.
16. 독학사학위연구소, 인전자원관리, (주)시대고시기획, 2017.
17. 李炯秀, 電氣安全工學槪論, 신광문화사, 1993.
18. 문용갑외, 조직갈등관리, 학지사, 2016.
19. 박재희외, 인간공학, 한경사, 2010.
20. 박필수, 産業安全管理論, 중앙경제사,1993.
21. 서광석, 산업위생관리기사, 도서출판대학서림, 2004.
22. 서영민, 산업위생관리기사, 성안당, 2012.
23. 서창호외, 산업위생관리기술사 기출문제 예상문제해설, 한솔아카데미, 2017.
24. 손희주역, 심리학에 속지말라, 부키, 2014.
25. 양성환, 인간공학, 형설출판사, 2006.
26. 염경철, 품질경영기사, 성안당, 2013.
27. 염영하, 표준기계공작법, 동명사, 1997.
28. 오병권외4인, 인간과 환경, 경기도교육청, 2006.
29. 윤두열, 인전자원관리론, 무역경영사, 2016.
30. 이근희, 인간공학, 창지사, 1985.
31. 이덕수, 위험물기능장필기, (주)시대고시기획, 2015.
32. 이덕수외 1인, 위험물기능사필기, 도서출판 책과상상, 2015.
33. 이순룡외, 생산운영관리, 법문사, 2016.
34. 이영순외3인, 화공안전공학, 대영사.1994.
35. 이우헌외, 경영학원론, 신영사, 2017.
36. 이종대, 알기쉬운산업보건학, 고려의학, 2004.
37. 이평원, 행정조직관리, 청목출판사, 2016.
38. 이헌, 생산관리, GS인터버전, 2016.
39. 日本總合安全硏究所, FTA安全工學, 機電硏究社, 2007.
40. 정병용외1인, 현대인간공학, 민영사, 2005.
41. 정순진, 경영학연습, 법문사, 2010.
42. 정일구, 도요다처럼 생산하고 관리하고경영하라, 시대의창, 2008.
43. 정재수, 산업안전보건 , 한국산업인력공단, 2002

44. 정재수, 건설안전기사 실기작업형, 도서출판세화, 2026
45. 정재수, 건설안전기사 실기필답형, 도서출판세화, 2026
46. 정재수, 건설안전기사 필기, 도서출판세화, 2026
47. 정재수, 건설안전기술사, 도서출판세화, 2017
48. 정재수, 건설안전산업기사 필기, 도서출판세화, 2026
49. 정재수, 고등학교 산업안전공학, 서울교과서, 2015
50. 정재수, 기계안전기술사, 도서출판세화, 2017
51. 정재수, 산업보건지도사필기1.2.3., 도서출판세화, 2026
52. 정재수, 산업안전기사 실기작업형, 도서출판세화, 2026
53. 정재수, 산업안전기사 실기필답형, 도서출판세화, 2026
54. 정재수, 산업안전기사필기, 도서출판세화, 2026
55. 정재수, 산업안전기사필기동영상, 한국방송통신대학교, 2026
56. 정재수, 산업안전산업기사필기, 도서출판세화, 2026
57. 정재수, 산업안전지도사실기(건설), 도서출판세화, 2026
58. 정재수, 산업안전지도사실기(기계), 도서출판세화, 2026
59. 정재수, 산업안전지도사필기1.2.3., 도서출판세화, 2026
60. 정재수, 재난안전방재 관계법규, 도서출판세화, 2015
61. 정재수, 전기안전기술사200점, 도서출판세화, 2026
62. 정재수, 화공안전기술사200점, 도서출판세화, 2026
63. 주상윤, 산업심리학, 울산대학출판부, 2009.
64. 진종순외, 조직형태론, 대영문화사, 2016.
65. 편집부, 보건산업100년사, 보건신문사, 2016.
66. 한국고시회편집부, NCS(국가직무능력표준) NHIS 국민건강보험공단NCS직업기초능력평가, 한국고시회, 2016.
67. 한국능률협회, 안전보건경영시스템 추진 실무과정, 한국능률협회, 1999.
68. 한국방재학회, 재난관리론, 도서출판구미서관, 2014.
69. 한국산업안전공단, 건설업 공종별 위험성 평가 모델, 한국산업안전공단, 2007.
70. 한국산업안전공단, 산업재해예방 기술에 관한 연구, 한국산업안전공단, 2000.
71. 한국산업안전공단, 전기작업의 안전, 한국산업안전공단, 1993.
72. 한국산업안전학회, 불안전한 행동 인간특성에 관한연구, 한국산업안전학회, 1996.
73. 한국산업인력공단, 국가직무능력표준생산관리(공정관리), 진한엠엔비, 2015.
74. 한국산업인력공단, 국가직무능력표준생산관리(구매조달), 진한엠엔비, 2015.
75. 한국산업인력공단, 국가직무능력표준생산관리(자재관리), 진한엠엔비, 2015.
76. 한국생산성본부, 생산자동화 성공사례집, 한국생산성본부, 1999.
77. 한국표준협회, 표준화, 한국표준협회, 1999.
78. 한국표준협회, 품질경영, 한국표준협회, 1999.
79. 한돈희, 산업보건위생, 동화기술교역, 2011.
80. 한돈희외, 산업보건위생, 신광문화사, 2013.
81. 홍성수역, 생산관리, 새로운제안, 2007.
82. Naver 통합검색, 2021.

마킹주의

바르게 마킹: ●
잘못 마킹: ⊗, ⊙, ◎, ⊕, ⊖

(예 시)

수험자 유의사항

1. 시험 중에는 통신기기(휴대전화·소형 무전기 등) 및 전자기기(초소형 카메라 등)를 소지하거나 사용할 수 없습니다.
2. 부정행위 예방을 위해 시험문제지에도 수험번호와 성명을 반드시 기재하시기 바랍니다.
3. 시험시간이 종료되면 즉시 답안작성을 멈춰야 하며, 종료시간 이후 계속 답안을 작성하거나 감독위원의 답안카드 제출지시에 불응할 때에는 당해 시험이 무효처리 됩니다.
4. 기타 감독위원의 정당한 지시에 불응하여 타 수험자의 시험에 방해가 될 경우 퇴실조치 될 수 있습니다.

답안카드 작성 시 유의사항

1. 답안카드 기재·마킹 시에는 반드시 검정색 사인펜을 사용해야 합니다.
2. 답안카드를 잘못 작성했을 시에는 카드를 교체하거나 수정테이프를 사용할 수 있습니다.
  - 그러나 불완전한 수정처리로 인해 발생하는 전산자동판독불가 등 불이익은 수험자의 귀책사유입니다.
  - 수정테이프 이외의 수정액, 스티커 등은 사용 불가
3. 성명란은 수험자 본인의 성명을 정자체로 기재합니다.
4. 해당차수(교시)시험을 기재하고 해당 란에 마킹합니다.
5. 시험문제지 형별 기재란은 시험문제지 형별을 기재하고, 우측 형별마킹란은 해당 형별을 마킹합니다.
6. 수험번호란은 숫자로 기재하고 아래 해당번호에 마킹합니다.
7. 시험문제지 형별 및 수험번호 등 마킹착오로 인한 불이익은 전적으로 수험자의 귀책사유입니다.
8. 감독위원의 날인이 없는 답안카드는 무효처리 됩니다.
9. 상단과 우측의 검은색 때(▮▮▮) 부분은 낙서를 금지합니다.

부정행위 처리규정

시험 중 다음과 같은 행위를 하는 자는 당해 시험을 무효처리하고 자격별 관련 규정에 따라 일정기간 동안 시험에 응시할 수 있는 자격을 정지합니다.

1. 시험과 관련된 대화, 답안카드 교환, 다른 수험자의 답안·문제지를 보고 답안 작성, 대리시험을 치르거나 치르게 하는 행위, 시험문제 내용과 관련된 물건을 휴대하거나 이를 주고받는 행위
2. 시험장 내외로부터 도움을 받아 답안을 작성하는 행위, 공인어학성적 및 응시자격서류를 허위기재하여 제출하는 행위
3. 통신기기(휴대전화·소형 무전기 등) 및 전자기기(초소형 카메라 등)를 휴대하거나 사용하는 행위
4. 다른 수험자와 성명 및 수험번호를 바꾸어 작성·제출하는 행위
5. 기타 부정 또는 불공정한 방법으로 시험을 치르는 행위

성명	홍 길 동
교시(차수) 기재란	(교시·차) ① ② ③
문제지 형별 기재란	(형) Ⓐ Ⓑ
선택과목 1	
선택과목 2	

수험번호

0	1	3	2	9	8	0	1
●	⓪	⓪	⓪	⓪	⓪	●	⓪
①	●	①	①	①	①	①	●
②	②	②	●	②	②	②	②
③	③	●	③	③	③	③	③
④	④	④	④	④	④	④	④
⑤	⑤	⑤	⑤	⑤	⑤	⑤	⑤
⑥	⑥	⑥	⑥	⑥	⑥	⑥	⑥
⑦	⑦	⑦	⑦	⑦	⑦	⑦	⑦
⑧	⑧	⑧	⑧	⑧	●	⑧	⑧
⑨	⑨	⑨	⑨	●	⑨	⑨	⑨

감독위원 확인

(인)

저자약력

정재수(靑波 : 鄭再琇)

인하대학교 공학박사/GTCC명예교육학 박사/한양대학교 공학석사/공학사/문학사/각종국가고시 출제, 검토, 채점, 감독, 면접위원역임/매경TV/EBS/KBS라디오 출연 및 강사/중소기업진흥공단 강사/대한산업안전협회 강사/호원대학교/신성대학교/대림대학교/수원대학교 외래교수/울산대학교/군산대학교/한경대학교 등 특강/한국폴리텍Ⅱ대학 산학협력단장, 평생교육원장, 산학기술연구소장, 디자인센터장/한국폴리텍 대학 교수/한국폴리텍대학남인천캠퍼스 학장/대한민국산업현장 교수/(사)대한민국에너지상생포럼 집행위원장/(사)한국안전돌봄서비스협회 회장/(사)대한민국 청렴코리아 공동대표/협성대학교 IPP 추진기획단 특별위원/인천광역시 새마을문고 회장/GTCC대학교 겸임교수/ISO 국제선임심사원/산업안전 우수 숙련기술자/한국열린사이버대학교 특임교수/**한국방송통신대학교 및 한국 폴리텍 대학 공동 선정 동영상 강의**

저서

- 산업안전공학(도서출판 세화)
- 건설안전기술사(도서출판 세화)
- 건설안전기사(필기, 실기 필답형, 실기 작업형)(도서출판 세화)
- 산업보건지도사 시리즈(도서출판 세화)
- 공업고등학교안전교재(서울교과서)
- 한국방송통신대학과 한국폴리텍대학 선정 동영상 촬영
- 기계안전기술사(도서출판 세화)
- 산업안전기사(필기, 실기 필답형, 실기 작업형)(도서출판 세화)
- 산업안전지도사 시리즈(도서출판 세화)
- 산업안전보건(한국산업인력공단)
- 산업안전보건동영상(한국산업인력공단) 등 60여권 저술

상훈

대한민국 근정 포장/국무총리 표창/행정자치부 장관표창/
300만 인천광역시민상 수상 및 효행표창 등 7회 수상/인천광역시 교육감 상 수상/남동구 자원봉사상 수상/TS공단 이사장상 수상
Vision2010교육혁신대상수상/2018년 대한민국청렴대상수상/30년이상봉사 새마을기념장 수상/몽골옵스 주지사 표창 수상

출강기업(무순)

삼성(전자, 건설, 중공업, 조선, 물산)/현대(건설, 자동차, 중공업, 제철)/대우(건설, 자동차, 조선), SK(정유, 건설)/GS건설/에스원(S1)/두산(건설, 중공업), 동부(반도체), POSCO건설, 멀티캠퍼스, e-mart, CJ 등 100여기업/이상 안전자격증특강

산업안전(보건)지도사 시리즈 공통필수과목

산업안전지도사
[2] 산업안전일반

18판 19쇄 발행(2025.10.2. 인쇄)2026. 1. 26.	10판 1쇄 발행(개정증보판)	2019. 2. 20.
17판 18쇄 발행 2025. 1. 15.	9판 1쇄 발행(개정증보판)	2018. 7. 20.
16판 17쇄 발행 2024. 1. 20.	8판 1쇄 발행(개정증보판)	2018. 2. 10.
16판 16쇄 발행 2023. 5. 20.	7판 1쇄 발행(개정증보판)	2018. 1. 01.
15판 15쇄 발행 2023. 3. 30.	6판 1쇄 발행(개정증보판)	2017. 1. 01.
14판 14쇄 발행 2022. 7. 20.	5판 1쇄 발행(개정증보판)	2017. 1. 30.
13판 1쇄 발행 2022. 2. 20.	4판 1쇄 발행(개정증보판)	2016. 1. 30.
12판 2쇄 발행 2021. 4. 20.	3판 1쇄 발행(개정증보판)	2015. 2. 1.
12판 1쇄 발행 2021. 2. 10.	2판 1쇄 발행(개정증보판)	2013. 1. 30.
11판 2쇄 발행 2020. 3. 10.	1판 1쇄 발행	2012. 2. 22
11판 1쇄 발행(개정증보판) 2020. 2. 20.		

지은이	정재수
펴낸이	박 용
펴낸곳	도서출판 세화
주소	경기도 파주시 회동길 325-22(서패동 469-2)
영업부	(031)955-9331~2
편집부	(031)955-9333
FAX	(031)955-9334
등록	1978. 12. 26 (제 1-338호)

정가 **45,000**원
ISBN 978-89-317-1352-7 13530

파손된 책은 교환하여 드립니다.
본 도서의 내용 문의 및 궁금한 점은 더 정확한 정보를 위하여 저자분에게 문의하시고, 저희 홈페이지 수험서 자료실이나 저자 이메일에 문의바랍니다.
저자 정재수(jjs90681@naver.com)

산업안전, 건설안전, 기술사, 지도사 등 안전자격증취득 준비는 이렇게 하세요

기초부터 차근차근 다져나가는 것이 중요합니다.
이론 습득을 정확히 한 후 과년도 기출문제 풀이와 출제예상문제로 반복훈련하십시오.

기사 · 산업기사

STEP 1 | 기초 이론 | **기 사 산업기사 필 기** | 과목별 필수요점 및 이론 학습과 출제예상문제 풀이로 개념잡고 최근 과년도 기출문제 풀이로 유형잡는 필기 수험 완벽 대비서

⇩

STEP 2 | 기출 문제 풀이 | **기 사 산업기사 필기 과년도** | 과년도 기출문제를 상세한 백과사전식 문제풀이로 필기 수험 출제경향을 미리 알고 대비할 수 있는 최고·최상의 수험준비서

⇩

STEP 3 | 실기 대비 | **실 기 필 답 형** | 요점 및 예상문제 합격작전과 과년도기출문제 풀이로 준비하는 실기 필답형시험 완벽 대비서

⇩

STEP 4 | 실전 테스트 | **실 기 작 업 형** | 요점 및 예상문제 합격작전과 과년도기출문제 풀이로 준비하는 실기 작업형시험 완벽 대비서

지도사 · 기술사

STEP 1 | 공통 필수 | **1 차 필 기** | 과목별 필수요점과 출제예상문제 풀이 및 과년도 기출문제 풀이로 준비하는 1차 필기시험 완벽 대비서

⇩

STEP 2 | 전공 필수 | **2 차 필 기** | 전공별 필수요점과 출제예상문제 풀이 및 과년도 기출문제 풀이로 준비하는 2차 필기시험 완벽 대비서
(기술사 STEP 1, 2 동시)

⇩

STEP 3 | 실기 | **3 차 면 접** | 각 자격증별 면접의 시작부터 면접 사례까지, 심층면접 대비를 위한 면접합격 가이드

건설안전

「일품」 건설안전기사 필기, 건설안전산업기사 필기

2색 컬러 B5_합격요점 포함 [필기수험 대비 01]
- 본서의 요점정리는 간단하고 명료하게 구체적으로 표현을 했다.
- 본서는 최근 심도있게 거론이 되고 있는 출제예상문제를 빠짐없이 수록하여 타 교재와 차별화가 되도록 구성하였다.
- 건설안전기사(산업기사) 자격 취득의 결론은 본서의 요점과 예상문제 합격작전으로 합격을 보장할 수 있도록 엮었다.
- 최근까지 출제된 과년도 출제 문제를 수록하여 수험준비에 만전을 기하였다.

「일품」 건설안전기사필기 과년도, 건설안전산업기사필기 과년도

2색 컬러 B5_계산문제총정리, 미공개문제 포함 [필기수험 대비 02]
- 제1회의 해설에서 이해하지 못했다면 제2, 제3의 문제해설을 통하여 반드시 이해할 수 있도록 하였다.
- 한 문제(1항목)를 이해하여 열 문제(10항목)를 해결할 수 있게 구성하였다.
- 건설안전기사(산업기사) 자격취득의 결론은 본서의 문제와 해설의 합격작전으로 합격을 보장할 수 있도록 엮었다.
- 최근까지 출제된 과년도 출제 문제를 수록하여 수험준비에 만전을 기하였다.

「일품」 건설안전(산업)기사실기필답형, 건설안전(산업)기사실기작업형

2색 컬러 B5_최종정리 포함 [실기수험 대비 01] | _전면컬러 B5 [실기수험 대비 02]
- 본서의 요점정리는 간단하고 명료하게 구체적으로 표현을 했다.
- 본문의 요점에서 이해하지 못했다면 예상문제 합격작전에서 반드시 이해할 수 있도록 하였다.
- 한 문제(1항목)를 이해하면 열 문제(10항목)를 해결할 수 있도록 구성하였다.
- 참고 및 고시 등을 수록하여 단원마다 중요점을 재강조하였다.
- 본서는 최근 심도있게 거론이 되고 출제가 예상되는 모든 문제를 빠짐없이 수록하여 타 교재와 차별화가 되도록 구성하였다.
- 건설안전 자격취득의 결론은 본서의 요점과 예상문제 합격작전이 합격을 보장한다.

산업안전지도사

「일품」 산업안전지도사 1차필기

총 3단계로 구성 _1색 B5 [1차 필기수험 대비]
- [Ⅰ] 산업안전보건법령, [Ⅱ] 산업안전 일반, [Ⅲ] 기업진단·지도, 산업안전지도사(과년도)
- 본서의 요점정리는 간단하고 명료하게 구체적으로 표현을 했다.
- 본문의 요점에서 이해하지 못했다면 출제예상문제에서 반드시 이해할 수 있도록 하였다.
- 본서는 최근 심도있게 거론이 되고 있는 출제예상문제를 빠짐없이 수록하여 타 교재와 차별화가 되도록 구성하였다.
- 산업안전지도사 자격 취득의 결론은 본서의 요점과 예상문제 합격작전으로 합격을 보장할 수 있도록 엮었다.

「일품」 산업안전지도사 2차 전공필수 및 3차 면접

총 4과목 중 택1 _1색 B5 [2차 전공필수수험 대비]
- 본서의 요점정리는 간단하고 명료하게 구체적으로 표현을 했다.
- 본문의 요점에서 이해하지 못했다면 출제예상문제에서 반드시 이해할 수 있도록 하였다.
- 산업안전지도사 자격 취득의 결론은 본서의 요점과 예상문제·실전모의시험 합격작전으로 합격을 보장할 수 있도록 엮었다.

산업안전

「일품」 산업안전기사 필기, 산업안전산업기사 필기

2색 컬러 B5_합격요점 포함 [필기수험 대비 01]
- 본서의 요점정리는 간단하고 명료하게 구체적으로 표현을 했다.
- 본서는 최근 심도있게 거론이 되고 있는 출제예상문제를 빠짐없이 수록하여 타 교재와 차별화가 되도록 구성하였다.
- 산업안전기사(산업기사) 자격 취득의 결론은 본서의 요점과 예상문제 합격작전으로 합격을 보장할 수 있도록 엮었다.
- 최근까지 출제된 과년도 출제 문제를 수록하여 수험준비에 만전을 기하였다.

「일품」 산업안전기사필기 과년도 , 산업안전산업기사필기 과년도

2색 컬러 B5_계산문제총정리, 미공개문제 포함 [필기수험 대비 02]
- 제1회의 해설에서 이해하지 못했다면 제2, 제3의 문제해설을 통하여 반드시 이해할 수 있도록 하였다.
- 한 문제(1항목)를 이해하여 열 문제(10항목)를 해결할 수 있게 구성하였다.
- 산업안전기사(산업기사) 자격취득의 결론은 본서의 문제와 해설의 합격작전으로 합격을 보장할 수 있도록 엮었다.
- 최근까지 출제된 과년도 출제 문제를 수록하여 수험준비에 만전을 가하였다.

「일품」 산업안전(산업)기사실기필답형, 산업안전(산업)기사실기작업형

2색 컬러 B5_최종정리 포함 [실기수험 대비 01] | _전면컬러 B5 [실기수험 대비 02]
- 본서의 요점정리는 간단하고 명료하게 구체적으로 표현을 했다.
- 본문의 요점에서 이해하지 못했다면 예상문제 합격작전에서 반드시 이해할 수 있도록 하였다.
- 한 문제(1항목)를 이해하면 열 문제(10항목)를 해결할 수 있도록 구성하였다.
- 참고 및 고시 등을 수록하여 단원마다 중요점을 재강조하였다.
- 본서는 최근 심도있게 거론이 되고 출제가 예상되는 모든 문제를 빠짐없이 수록하여 타 교재와 차별화가 되도록 구성하였다.
- 산업안전 자격취득의 결론은 본서의 요점과 예상문제 합격작전이 합격을 보장한다.

기술사

「일품」 기계안전기술사, 건설안전기술사, 화공안전기술사, 전기안전기술사

1색 B5 [기술사 필기수험 대비]
- 본서의 요점정리는 간단하고 명료하게 구체적으로 표현을 했다.
- 본문의 요점에서 이해하지 못했다면 출제예상문제에서 반드시 이해할 수 있도록 하였다.
- 본서는 최근 심도있게 거론이 되고 있는 출제예상문제를 빠짐없이 수록하여 타 교재와 차별화가 되도록 구성하였다.
- 기술사 자격 취득의 결론은 본서의 요점과 예상문제 합격작전으로 합격을 보장할 수 있도록 엮었다.
- 최근까지 출제된 과년도 출제 문제를 수록하여 수험준비에 만전을 기하였다.

기술사 200점

「일품」 기계안전기술사, 건설안전기술사, 화공안전기술사, 전기안전기술사

1색 B5 [기술사 필기수험 대비]
- 본서의 요점정리는 간단하고 명료하게 구체적으로 표현을 했다.
- 본문의 요점에서 이해하지 못했다면 출제예상문제에서 반드시 이해할 수 있도록 하였다.
- 본서는 최근 심도있게 거론이 되고 있는 시사성문제 및 모범답안을 빠짐없이 수록하여 타 교재와 차별화가 되도록 구성하였다.
- 기술사 자격 취득의 결론은 본서의 요점과 예상문제 합격작전으로 합격을 보장할 수 있도록 엮었다.
- 최근까지 출제된 과년도 출제 문제를 수록하여 수험준비에 만전을 기하였다.

안전관리 수험서의 대표기업

도서출판 세화

기사 · 산업기사

「일품」 건설안전분야 수험서

"우리나라 국내 각종 안전관리자격증 수험에 대비하려면 이러한 내용들을 학습해야 합니다. 대부분의 내용이 자격증 취득에 많은 도움을 주도록 알찬 내용들로 꾸며져 있습니다."

건설안전기사 필기 / 건설안전산업기사 필기 / 건설안전기사필기 과년도 / 건설안전산업기사필기 과년도 / 건설안전(산업)기사실기 필답형 / 건설안전(산업)기사실기 작업형

「일품」 산업안전분야 수험서

산업안전기사 필기 / 산업안전산업기사 필기 / 산업안전기사필기 과년도 / 산업안전산업기사필기 과년도 / 산업안전(산업)기사실기 필답형 / 산업안전(산업)기사실기 작업형

지도사 · 기술사

「일품」 산업안전지도사 수험서

1차 필기 　　　　　　　　　　　　2차 전공필수　　　　　　　3차 면접

[I] 산업안전보건법령 / [II] 산업안전 일반 / [III] 기업진단 · 지도 / 기계안전공학 / 건설안전공학

「일품」 기술사 200(300)점 수험서　　　　「일품」 기술사 수험서

기계안전기술사 300점 / 건설안전기술사 300점 / 화공안전기술사 200점 / 전기안전기술사 200점 / 기계안전기술사 / 건설안전기술사

www.sehwapub.co.kr 에서 주문하세요!!